天然气成藏与地球化学研究进展

李　剑　主编

石 油 工 业 出 版 社

内 容 提 要

本书是有关天然气成因与鉴别、生排烃机理、天然气藏盖层封盖机理、天然气成藏机理与富集规律研究新进展的一部专著，对发展我国天然气地质理论有重要科学价值与实践意义，书中主要观点对我国深层—超深层领域油气勘探有一定的借鉴作用。

本书可供从事油气地球化学与成藏研究人员、天然气勘探工作者、科研院所研究人员和相关高校师生参考。

图书在版编目（CIP）数据

天然气成藏与地球化学研究进展 / 李剑主编. — 北京：石油工业出版社，2022. 10
ISBN 978-7-5183-5385-9

Ⅰ. ①天… Ⅱ. ①李… Ⅲ. ①天然气-油气藏形成-研究 ②天然气-地球化学-研究 Ⅳ. ①P618. 130. 2

中国版本图书馆 CIP 数据核字（2022）第 086222 号

出版发行：石油工业出版社
（北京安定门外安华里 2 区 1 号　100011）
网　址：www. petropub. com
编辑部：（010）64523537
图书营销中心：（010）64523633
经　销：全国新华书店
印　刷：北京中石油彩色印刷有限责任公司

2022 年 10 月第 1 版　2022 年 10 月第 1 次印刷
787×1092 毫米　开本：1/16　印张：26. 5
字数：670 千字

定价：200. 00 元

前　言

天然气是化石能源中最清洁的能源，在现今能源结构中扮演着重要角色，从 2000 年以来，中国天然气工业飞速发展，2021 年中国天然气产量突破 $2000\times10^8m^3$，在一次能源消费结构中占比达到 8.9%，即使在“双碳”背景下，天然气仍然是未来我国能源的重要组成部分。我国含油气盆地构造复杂，多数为叠合盆地，多期生烃、多期成藏，天然气的成因判识、气源追踪和成藏机理研究难度大。随着勘探的不断深入，天然气勘探逐渐向深层—超深层和非常规领域拓展，天然气的生成机理、生成下限、高—成熟天然气的成因判识、古老碳酸盐岩及致密砂岩大气田的成藏机理研究显得尤为重要。

天然气主要由甲烷、乙烷、丙烷、丁烷等烃类气体及氮气、二氧化碳、氢气、硫化氢、稀有气体等非烃类气体组成，也含少量的重烃和有害元素汞。由于组成简单、可利用信息及指标相对较少，有些组分含量低，甚至是痕量，检测非常困难，如高演化的天然气，乙烷及以上烃类组分含量很少，乙烷同位素检测很难，丙烷、丁烷同位素检测就更困难；又如，汞的含量为纳克级，影响因素又多，准确检测非常困难。因此，开展天然气成因、来源及成藏研究是一项十分困难的工作。我们研究团队近些年研发了包括天然气中重烃的富集及 C_{5-8}轻烃、氮气同位素、二氧化碳氧同位素、硫化氢硫同位素、稀有气体全组分定量及同位素、天然气中汞等新的检测技术，建立了一系列高—过成熟天然气成因鉴别和气源示踪指标及图版，解决了我国复杂天然气藏的天然气成因和气源问题。

研究团队研发了高温高压生排烃模拟装置，室内实验与地质相结合，探讨了腐泥型天然气的排烃效率，建立了全过程生烃模式，提出了腐泥型烃源岩的生烃下限，天然气 C_{2-4} 重烃的大量裂解时限及甲烷开始裂解的时限，为深层—超深层天然气勘探提供了理论基础。此外，还研发了天然气成藏物理模拟、天然气运聚可视化定量模拟技术，地质、地球化学特征与实验模拟相结合，创建了古老碳酸盐岩和致密砂岩大气田的成藏理论，为大气田的勘探提供了理论支持。

本书集中反映了研究团队近年来有关天然气成藏与地球化学研究方面的最新研究成果。全书共包括天然气成因与鉴别、生排烃机理、天然气藏盖层封盖机理、天然气成藏机理与富集规律四部分，收录的文章以李剑为第一作者（通讯作者）为主，由于篇幅所限，研究团队其他同志的文章收录较少，深感抱歉。在本书编辑出版过程中，中国石油勘探开发研究院实验中心给予了大力支持，郝爱胜、马硕鹏提供了极大的帮助，在此表示感谢。

作者

目　　录

一、天然气成因与鉴别

二、生排烃机理

三、天然气藏盖层封盖机理

四、天然气成藏机理与富集规律

一、天然气成因与鉴别

多元天然气成因判识新指标及图版

李　剑[1,2]　李志生[1,2]　王晓波[1,2]　王东良[3]　谢增业[1,2]
李　谨[1,2]　王义凤[1,2]　韩中喜[1,2]　马成华[1,2]　王志宏[1,2]
崔会英[1,2]　王　蓉[1,2]　郝爱胜[1,2]

1. 中国石油勘探开发研究院天然气地质研究所，河北廊坊
2. 中国石油天然气集团公司天然气成藏与开发重点实验室，河北廊坊
3. 中国石油勘探开发研究院科技文献中心，北京

摘要：为解决深层—超深层和非常规领域天然气勘探中面临的高演化、多元天然气成因和来源判识等关键性技术难题，通过实验新技术及地质资料综合分析，完善了多元天然气成因判识方法体系。建立了腐泥型有机质不同演化阶段干酪根降解气和原油裂解气，聚集和分散型液态烃裂解气，N_2、CO_2 有机和无机成因，惰性气体壳源和幔源成因，He、N_2、CO_2、天然气汞含量判识煤成气和油型气等多元天然气成因判识新指标及图版。通过在主要含气盆地的应用，明确了四川、塔里木和松辽盆地复杂气藏天然气成因和来源，有效支持四川盆地震旦系—寒武系古老碳酸盐岩、塔里木盆地库车坳陷深层、松辽盆地深层火山岩等领域的天然气勘探。

关键词：多元天然气；成因判识；裂解气；N_2；CO_2；惰性气体；汞含量

天然气通常由甲烷、乙烷、丙烷、丁烷、C_{5-8}轻烃、氮气、二氧化碳及稀有气体等组分组成。由于组成简单，可利用信息及指标相对较少，因此开展天然气成因及来源研究是一项十分困难的工作。Galimov、Stahl、Welhan、戴金星、徐永昌、刘文汇等学者较早地开展了天然气的有机和无机成因鉴别研究工作[1-6]，推动了天然气成因鉴别的不断发展。特别是“六五”以来，戴金星院士及其研究团队在煤成气和油型气成因鉴别方面形成了天然气组分、碳同位素组成、轻烃、生物标志物 4 大类多项判识指标及图版[4,7-11]，对指导天然气成因鉴别和中国煤成气勘探发挥了重要的支撑作用。

近年来，随着天然气勘探向深层—超深层、非常规领域的拓展，以及勘探难度的不断增大、多种类型复杂气藏如原油裂解气（包括聚集和分散型液态烃裂解气）及高含氮、高含二氧化碳气藏的发现，现有的天然气成因判识方法已无法解决腐泥型有机质干酪根降解气和原油裂解气、聚集和分散型液态烃裂解气、有机和无机成因气判识等高演化、多元天然气成因及来源等关键性技术难题。鉴于天然气中可利用信息有限，因此将烃类气体及其以外的 He、N_2、CO_2、汞等组分信息充分利用显得尤为重要。本文借助地球化学测试手段和新技术研发，建立了腐泥型有机质不同演化阶段干酪根降解气和原油裂解气，聚集和分散型液态烃裂解气，N_2、CO_2 有机和无机成因，惰性气体壳源和幔源成因，He、N_2、CO_2、天然气汞含量判识煤成气和油型气等多元天然气成因判识新指标及图版，探讨了重点含气盆地深层高演化、复杂气藏天然气成因判识和来源问题，并用于指导天然气勘探。

1 原油裂解气判识

1.1 腐泥型有机质干酪根降解气与原油裂解气判识

深层、高演化、古老碳酸盐岩大气田天然气来源比较复杂，既可能来源于干酪根的初次降解，也可能来源于原油的二次裂解。Prinzhofer 等[12]、Behar 等[13]基于Ⅱ型和Ⅲ型干酪根热模拟实验建立了干酪根初次降解气和原油二次裂解气的判识图版，但实验模拟的演化程度较低，不同升温速率对参数的影响考虑不够，不能有效判识高演化阶段干酪根降解气与原油裂解气。为此，选取张家口地区新元古界青白口系下马岭组低成熟腐泥型页岩（TOC=2.79%，R_o=0.52%），采用高温高压黄金管体系及高压釜热模拟实验装置，对源于该页岩的原始干酪根、原油（原始干酪根在常规高压釜模拟体系中加热至生油高峰生成的液态烃）和残余干酪根（去除液态烃后的残余样品）开展了生气模拟实验和模拟产物相关分析，在此基础上新建了腐泥型有机质不同演化阶段干酪根降解气和原油裂解气 ln（C_1/C_2）—ln（C_2/C_3）判识图版（图1）。

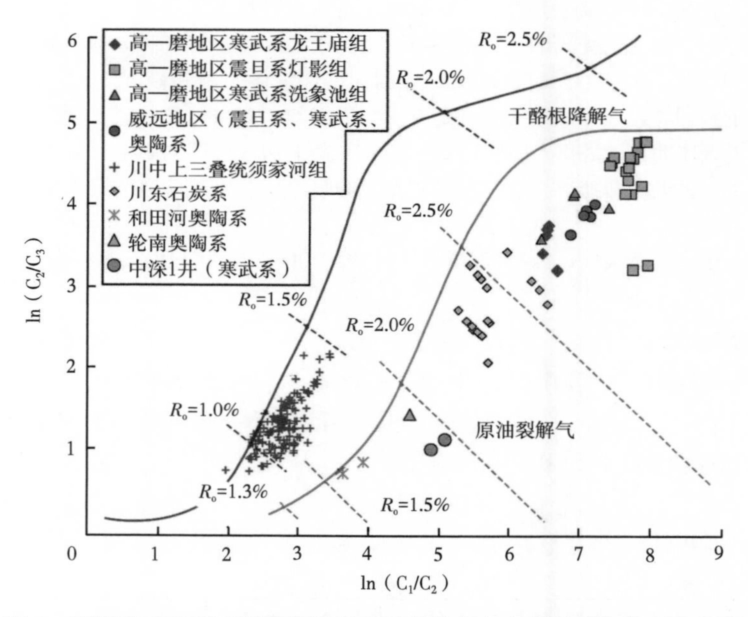

图1 腐泥型有机质不同演化阶段干酪根降解气与原油裂解气判识图版

图版中红线代表原油裂解气 ln（C_1/C_2）与 ln（C_2/C_3）值随成熟度演化的轨迹，蓝线代表干酪根降解气 ln（C_1/C_2）与 ln（C_2/C_3）值随成熟度演化的轨迹。原油裂解气与干酪根降解气的演化特征具有明显差异：原油裂解气的 ln（C_2/C_3）值早期快速增大、晚期基本稳定；而干酪根降解气的 ln（C_2/C_3）值总体呈现出近水平—快速增大—再次近于水平—再次增大的特征。上述差异可能与原油和干酪根的结构、裂解或降解所需活化能及烃类气体产率不同有关。

四川盆地高石梯—磨溪地区（简称高—磨地区）震旦系—寒武系天然气的 ln（C_1/C_2）值为6.35~7.85，ln（C_2/C_3）值为3.11~4.69，基本落入图版中原油裂解气 R_o 值大于2.5%的范围，表明震旦系—寒武系天然气主要为原油裂解气（图1、表1）。这一认识与现今气藏储集层中发育丰富的古油藏原油裂解气残留的炭沥青及震旦系—寒武系天然气轻烃组成表现为原油裂解气特征的认识吻合[14-16]。川中三叠系须家河组天然气样品总体落入图版中干酪根降解气 R_o 为1.0%~1.5%，表明川中须家河组天然气为干酪根降解气。此外，川东石炭系、塔里木盆地中深1井寒武系及和田河气田和轮南气田奥陶系天然气样品点总体均落入原油裂解气 R_o 为1.5%~2.5%，主要为原油裂解气。

表1 四川盆地高石梯—磨溪地区部分天然气组分、轻烃地球化学参数数据表

井号	井段（m）	层位	ln（C_1/C_2）	ln（C_2/C_3）	ΣC_{6-7}环烷烃/（n-C_6+n-C_7）	甲基环己烷/（n-C_7）
高石1	5300.00~5390.00	震旦系灯二段	7.63	3.13	2.05	1.60
高石1	5130.00~5196.00	震旦系灯四段下部	7.85	3.18		
高石1	4956.50~5093.00	震旦系灯四段下部	7.76	4.15		
高石2	5380.00~5403.00	震旦系灯二段	7.52	4.04	1.68	4.33
高石2	5023.00~5121.00	震旦系灯四段	7.64	4.49		
高石3	5783.00~5810.00	震旦系灯二段	7.81	4.69	3.79	4.32
高石3	5154.50~5365.50	震旦系灯四段	7.56	4.22	1.49	2.48
高石3	4555.00~4577.00	寒武系龙王庙组	6.56	3.11		
高石3	4605.00~4622.00	寒武系龙王庙组	6.56	3.12		
高石6	5018.00~5030.00	震旦系灯二段—灯四段	7.53	4.33	1.67	1.55
高石6	4986.00~5001.00	震旦系灯四段上部	7.57	4.37	4.24	4.27
高石6	5200.00~5221.00	震旦系灯四段下部	7.59	4.50	3.79	3.48
磨溪8	5422.00~5456.00	震旦系灯二段	7.69	4.57	1.49	1.59
磨溪8	5102.00~5172.00	震旦系灯四段上部	7.61	4.04	1.66	1.67
磨溪8	4697.50~4713.00	寒武系龙王庙组	6.35	3.31	3.25	2.35
磨溪9	5423.40~5495.50	震旦系灯二段	7.31	4.40	1.87	1.73
磨溪9	4549.00~4607.50	寒武系龙王庙组	6.40	3.54		
磨溪10	5449.00~5470.00	震旦系灯二段	7.33	4.44	2.66	2.08
磨溪10	4680.00~4697.00	寒武系龙王庙组	6.42	3.60		
磨溪11		震旦系灯二段	7.71	4.68	1.71	1.64
磨溪11	5149.00~5208.00	震旦系灯四段上部	7.36	4.50	3.90	2.65
磨溪11	4684.00~4712.00	寒武系龙王庙组上段	6.41	3.60	4.55	3.81
磨溪11	4723.00~4734.00	寒武系龙王庙组下段	6.44	3.65	3.96	3.36
荷深1	5401.00~5440.00	震旦系灯二段	7.83	4.57		
威46		寒武系			1.97	1.91
威42		寒武系			1.63	2.06
威65		寒武系			1.69	1.74
威201		志留系			1.79	2.14

1.2 聚集和分散型液态烃裂解气判识

原油裂解气是含油气盆地中重要的天然气类型，既包括古油藏裂解形成的聚集型液态烃裂解气，也包括滞留在烃源岩和运移通道中的分散液态烃裂解气[17]。前人建立了甲基环己烷/正庚烷判识聚集和分散型液态烃裂解气的指标[17]，但该指标以单一介质（蒙脱石）条件下原油裂解实验为基础，尚需要进一步深化、完善。本文利用黄金管限定体系模拟实验装置，选取塔里木盆地轮南 32 井奥陶系海相原油样品，开展了不同介质（碳酸钙、蒙脱石）、不同原油配比（80%原油+20%介质、50%原油+50%介质、30%原油+70%介质、15%原油+85%介质、5%原油+95%介质、2%原油+98%介质、1%原油+99%介质）、不同温度系列（370℃、385℃、400℃、415℃、430℃、445℃、460℃、475℃、490℃）的裂解模拟实验，详细研究了不同状态、不同裂解程度下原油裂解气的 C_{6-7}轻烃组成特征及差异（图 2）。不同介质、不同混合比例的原油裂解模拟实验表明，聚集状态的原油（以原油比例大于等于 30%的样品点为代表）裂解气体产物轻烃组成中 $\sum C_{6-7}$环烷烃/（n-C_6+n-C_7）和甲基环己烷/n-C_7 两项参数随原油裂解程度增大（温度增加）而增大［图 2（a)］；分散液态烃（以原油比例小于等于 5%的样品点为代表）裂解气体产物中轻烃组成参数随裂解程度增大（温度增加）而减小［图 2（b)］。当裂解温度在 450℃（相当于 R_o=1.5%）左右轻烃组成上述两项参数发生突变：碳酸钙介质下，聚集状态的原油裂解气体产物中轻烃组成参数由小于 1 变为大于 1，并随裂解温度增加进一步增大；蒙脱石介质下，分散液态烃裂解气体产物中轻烃组成参数由大于 1 变为小于 1，并随裂解温度增加进一步减小。

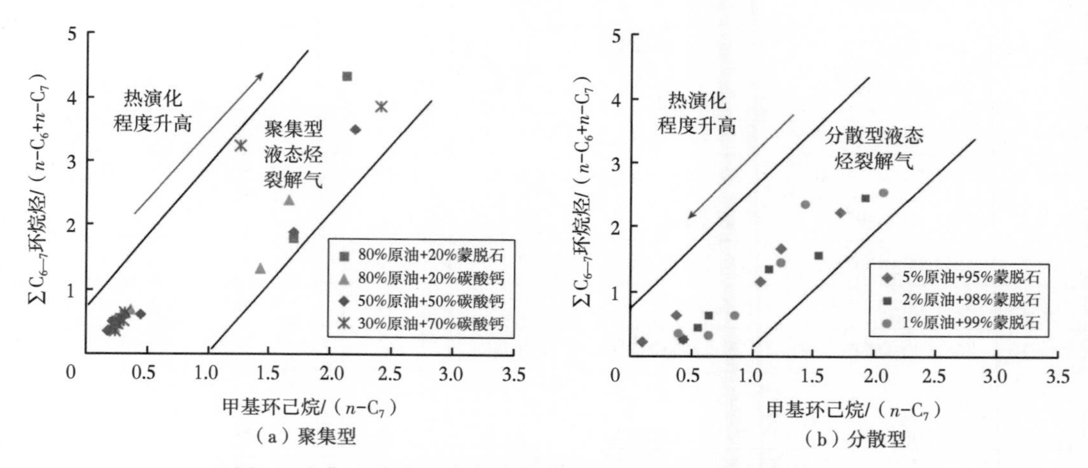

图 2 聚集和分散型液态烃裂解气模拟实验轻烃参数分布图

造成突变的原因可能为：（1）聚集状态的原油在热解温度小于 450℃（R_o<1.5%）时，高相对分子质量的重烃开始裂解生成大量的 C_{6-14}、C_{2-5}、C_1 烃和沥青[18]，在此阶段生成的 C_{6-7}轻烃中正构烷烃的产率相对大于环烷烃，导致两项参数小于 1；当温度大于 450℃时，原油继续在更高温度作用下进行大量裂解[19]，C_{6-14}烃大量裂解为更短链的烃类气体，正构烷烃裂解速率相对快于环烷烃，因而导致两项参数随裂解温度增加进一步增大。（2）分散液态烃在热解温度小于 450℃（R_o<1.5%）时，黏土矿物的催化作用降低了

烃类裂解反应的活化能[20]，烃源岩中分散液态烃裂解形成的 C_{6-14} 烃提前裂解，且正构烷烃裂解速率大于环烷烃，造成参数大于1；随着裂解温度增加，受黏土矿物催化作用，环烷烃开环作用不断增强，导致环烷烃相对含量低于正构烷烃，造成参数小于1。综合上述模拟实验研究结果，利用两个参数建立了聚集和分散型液态烃裂解气的轻烃判识指标和图版（图3、表2）。

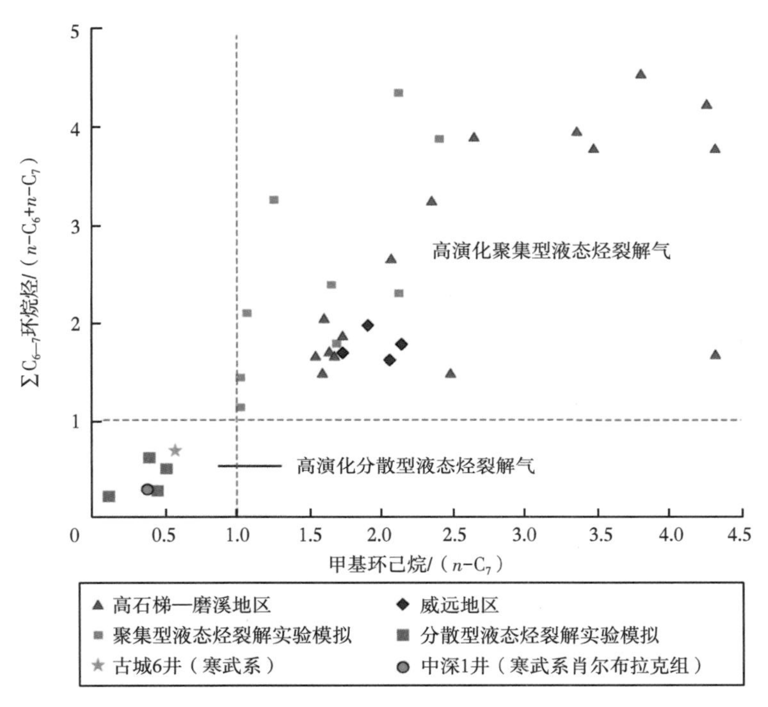

图3 高演化聚集和分散型液态烃裂解气判识图版

表2 聚集型和分散型液态烃裂解气判识指标

热解温度（近似 R_o）	聚集型液态烃裂解气		分散型液态烃裂解气	
	ΣC_{6-7}环烷烃/（n-C_6+n-C_7）	甲基环己烷/（n-C_7）	ΣC_{6-7}环烷烃/（n-C_6+n-C_7）	甲基环己烷/（n-C_7）
<450℃（R_o<1.5%）	<1.0	<1.0	>1.0	>1.0
>450℃（R_o>1.5%）	>1.0	>1.0	<1.0	<1.0

通过对四川盆地高石梯—磨溪地区震旦系灯影组、寒武系龙王庙组及威远地区寒武系、奥陶系、志留系天然气轻烃分析，可以看出 ΣC_{6-7}环烷烃/（n-C_6+n-C_7）和甲基环己烷/n-C_7 两个参数普遍大于1，最大值达到4.55，数据全部落入高演化聚集型液态烃裂解气区，证明该地区天然气为聚集型液态烃裂解气（图3、表2）。高石梯—磨溪古隆起高部位储集层沥青含量明显较斜坡部位高，并与现今气藏分布具有较好的一致性，表明了原油裂解气具有就近聚集的特征，实现了高丰度聚集[21]。此外，塔里木盆地古城6井、中深1井寒武系天然气样品点落入高演化分散型液态烃裂解气区，表明两井寒武系天然气主要为分散型液态烃裂解气。

2 有机、无机成因气判识

2.1 有机、无机成因氮气判识

氮气（N_2）是天然气中一种重要的非烃气体。气藏中氮气的成因和来源具有多样性，许多学者对天然气中氮气开展了大量研究[22-26]。由于不同类型氮的氮同位素（$\delta^{15}N$）分布范围存在重叠，因而仅利用氮气 $\delta^{15}N$ 很难对天然气中氮气的成因和来源进行判识。惰性气体的壳、幔源成因对于 N_2 有机、无机成因具有重要的间接指示作用。国内外也有利用伴生惰性气体确定幔源岩浆成因 N_2 的报道，如美国加利福尼亚大峡谷中部分高氮天然气中的氮属岩浆来源[27]，中国一些温泉气中的氮源于岩浆[28]，广东三水盆地天然气中也有岩浆来源氮[23]。本次在综合前人研究基础上，选取 R/R_a（R 和 R_a 分别表示天然气样品和大气的 $^3He/^4He$ 值）与 $\delta^{15}N$ 两项关键参数，建立了 N_2 有机、无机成因的 R/R_a—$\delta^{15}N$ 判识指标及图版（图4）：（1）当 R/R_a 值小于等于0.1，N_2 一般为壳源有机成因；（2）当 R/R_a 值大于等于1.0且 $\delta^{15}N$ 值为-5.0‰～10.0‰时，N_2 一般为火山—幔源无机成因；（3）当 $0.1<R/R_a<1.0$ 且 $1.0‰<\delta^{15}N<4.0‰$ 时，N_2 一般为壳源无机成因；（4）当 $0.1<R/R_a<1.0$ 且 $\delta^{15}N$ 值大于等于4.0‰或 $\delta^{15}N$ 值小于等于1.0‰，N_2 一般为壳源有机—无机混合成因；（5）当 $R/R_a\approx1$ 且 $\delta^{15}N\approx0$，N_2 一般为大气成因。

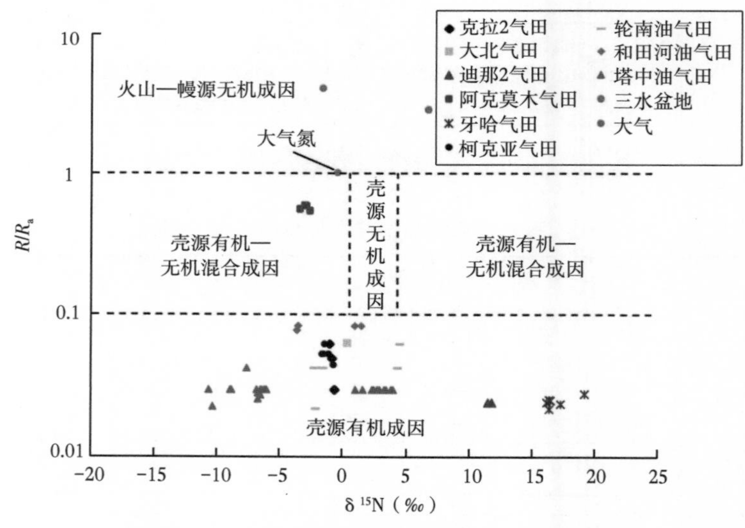

图4 N_2 有机、无机成因的 R/R_a—$\delta^{15}N$ 判识图版

（三水盆地天然气样品数据引自文献［23］）

利用上述图版对塔里木盆地天然气中 N_2 进行了判识应用：塔里木盆地天然气中He的 R/R_a 值主要分布在0.01～0.10，为典型壳源成因，N_2 的 $\delta^{15}N$ 值主要为-10.6‰～19.3‰，样品点基本落入壳源有机成因区域（图4），表明天然气中 N_2 主要为壳源有机成因。此外，三水盆地2个天然气样品 R/R_a 值分布在3～4，N_2 的 $\delta^{15}N$ 值分布在-2.6‰～7.5‰，样品点落入火山—幔源无机成因区，表明天然气中 N_2 为火山—幔源无机成因；阿克莫木

气田天然气中 He 的 R/R_a 值在 0.57~0.60，样品点落入壳源有机—无机混合成因区，表明阿克莫木气田天然气中 N_2 可能为壳源有机—无机混合成因。

2.2 有机、无机成因二氧化碳判识

二氧化碳（CO_2）是天然气中常见的非烃组分之一。利用二氧化碳组分含量和碳同位素指标是目前判识有机成因和无机成因 CO_2 的最常用方法[4,8-9]。CO_2 含有 C、O 两种元素，本文在大量的实验研究基础上探索尝试利用两种稳定同位素指标来判识 CO_2 成因。

前人研究表明，地质体中氧同位素受蒸发—凝聚分馏、水—岩同位素交换、矿物晶格的化学键对氧同位素的选择、生物化学作用（如植物光合作用）等影响，呈现出明显的变化规律：大气水的 $\delta^{18}O$ 值变化范围最大，为-55.0‰~10.0‰；大气二氧化碳 $\delta^{18}O$ 值最高，可达 41.0‰；陨石中 $\delta^{18}O$ 值主要分布在 3.7‰~6.3‰；火成岩中 $\delta^{18}O$ 值主要分布在 5.0‰~13.0‰；沉积岩 $\delta^{18}O$ 值变化范围较大，为 10.0‰~36.0‰（其中砂岩 $\delta^{18}O$ 值最低，为 10.0‰~16.0‰；页岩其次，为 14.0‰~19.0‰；石灰岩最高，为 22.0‰~36.0‰）；变质岩 $\delta^{18}O$ 值变化范围也较大，为 6.0‰~25.0‰[29-33]。

利用 CO_2 碳氧同位素分析技术[34]，在对塔里木、四川、松辽盆地 10 多个气田（或地区）50 个天然气样品分析基础上，发现利用 $\delta^{18}O_{CO_2}$-$\delta^{13}C_{CO_2}$ 可以很好地划分二氧化碳的有机、无机成因（图 5）：（1）当 $\delta^{18}O_{CO_2}$ 值为 5.0‰~15.0‰且 $\delta^{13}C_{CO_2}$ 值小于-10.0‰时，为有机成因；（2）当 $\delta^{18}O_{CO_2}$ 值为 0~10.0‰且 $\delta^{13}C_{CO_2}$ 值为-8.0‰~-4.0‰时，为幔源无机成因；（3）当 $\delta^{18}O_{CO_2}$ 值为 10.0‰~40.0‰且 $\delta^{13}C_{CO_2}$ 值为-4.0‰~4.0‰时，则属碳酸盐岩热解的无机成因。需要指出，碳酸盐岩由于受水—岩同位素交换反应控制，同位素分馏强烈，通常具有较高氧同位素值，明显高于高温下受岩浆结晶分异顺序控制的幔源成因火成岩中氧同位素值，同时也高于沉积岩中有机成因来源的氧同位素值。

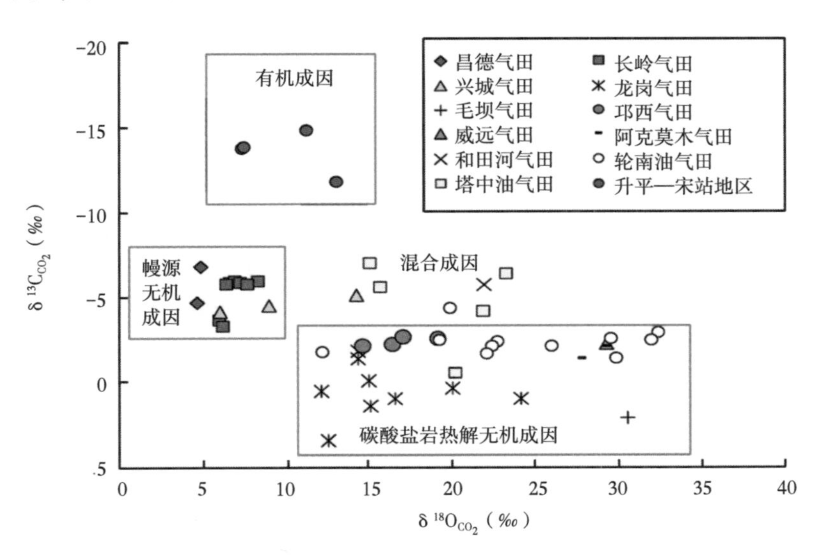

图 5　CO_2 有机、无机成因碳氧同位素判识图版（据文献［34］，修改）

利用上述图版对松辽、四川、塔里木盆地天然气中 CO_2 成因进行了判识应用：松辽盆地长岭、昌德、兴城地区天然气中 CO_2 主要为幔源无机成因，升平—宋站地区天然气主要

为有机成因；四川盆地龙岗、邛西、威远气田及塔里木盆地轮南油气田天然气中 CO_2 主要为碳酸盐岩热解来源的无机成因。

2.3 壳源、幔源成因惰性气体判识

惰性气体是研究地质历程的重要示踪剂，在天然气成因判识和气源追索研究中具有广泛的应用前景，特别在判断幔源气、无机气方面具有独特的优势[35-43]。目前国内惰性气体全组分含量和全系列同位素分析及应用研究较为薄弱。针对上述问题，开发形成了惰性气体全组分含量及同位素分析技术[41,43]，丰富和发展了现有的天然气成因判识和气源对比技术体系，在此基础上新建了考虑 He、Ne、Xe 等多种惰性气体同位素的综合判识指标及图版（图 6、图 7）：（1）当惰性气体 $R/R_a<1$（$^3He/^4He<1.4\times10^{-6}$）、$^{20}Ne/^{22}Ne<9.8$、$^{129}Xe/^{130}Xe<6.496$，惰性气体为壳源成因；（2）当惰性气体 $R/R_a>1$（$^3He/^4He>1.4\times10^{-6}$）、$^{20}Ne/^{22}Ne>9.8$、$^{129}Xe/^{130}Xe>6.496$，惰性气体具有显著幔源成因混入，为壳—幔混合成因。

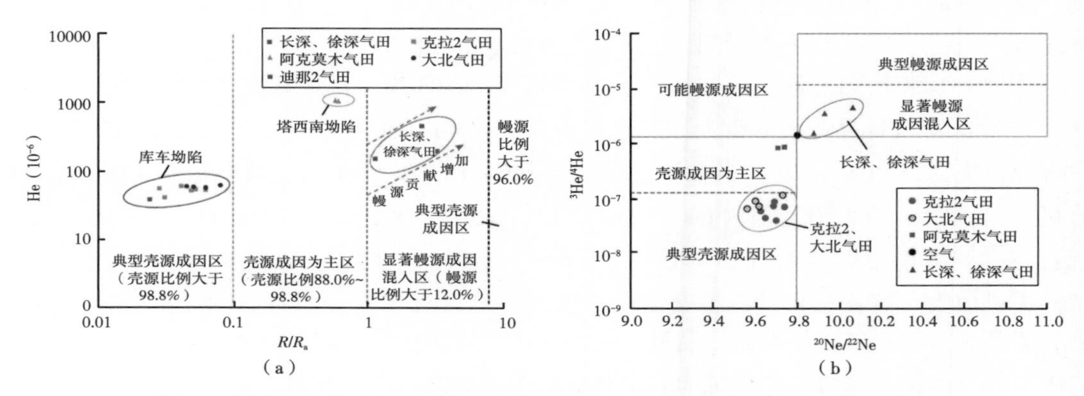

图 6 塔里木和松辽盆地天然气中惰性气体 He—R/R_a、$^3He/^4He$—$^{20}Ne/^{22}Ne$ 成因判识图版（图版据文献［41，43］）

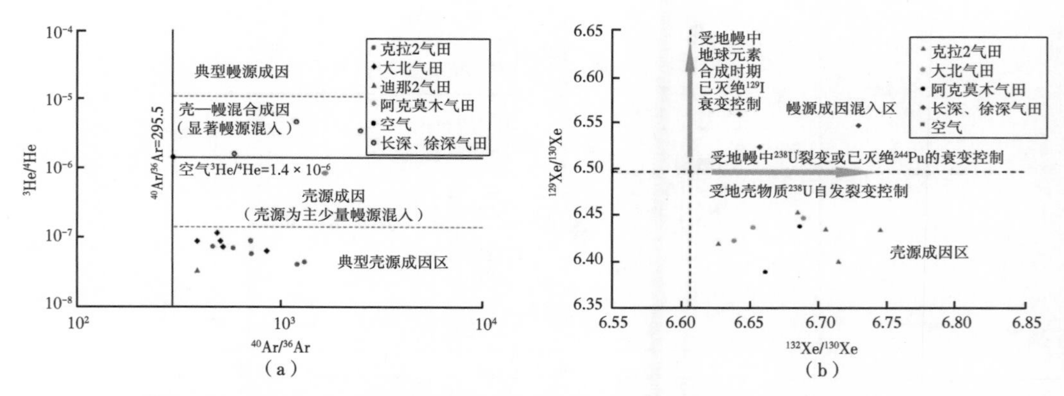

图 7 塔里木和松辽盆地天然气中惰性气体 $^3He/^4He$—$^{40}Ar/^{36}Ar$、$^{129}Xe/^{130}Xe$—$^{132}Xe/^{130}Xe$ 成因判识图版（图版据文献［41，43］）

利用上述图版在塔里木和松辽盆地进行了判识应用。塔里木盆地克拉 2、大北、迪那 2 气田天然气样品 R/R_a 值总体分布在 0.01~0.10［图 6（a）］，$^{20}Ne/^{22}Ne$ 值主要分布在

9.50~9.74［图6（b）］，$^{40}Ar/^{36}Ar$ 值主要分布在387~1323，平均值约为675［图7（a）］，$^{129}Xe/^{130}Xe$ 值主要分布在6.301~6.452［图7（b）］，样品点总体落入典型壳源成因区，因此，克拉2、大北、迪那2气田惰性气体为典型壳源成因。松辽盆地长深、徐深气田天然气样品 $^{3}He/^{4}He$ 值分布在 1.57×10^{-6}~4.55×10^{-6}、$R/R_a>1$［图6（a）］，$^{20}Ne/^{22}Ne$ 值分布在9.88~10.01、^{20}Ne 相对大气过剩［图6（b）］，$^{40}Ar/^{36}Ar$ 值分布在594~2473、大于白垩系烃源岩生成天然气的估算值412~571［图7（a）］，$^{129}Xe/^{130}Xe$ 值相对大气过剩［图7（b）］，表明惰性气体具有明显的幔源混入特征。因此，长深、徐深气田惰性气体为具有显著幔源混入的壳—幔混合成因。

3 煤成气、油型气判识新指标

在煤成气、油型气判识方面，已经形成烃类气体、轻烃、生物标志物等多类型判识指标，目前鲜见利用He、N_2、CO_2 判识煤成气、油型气的报道。He、N_2、CO_2 作为天然气的重要组成部分，与烃类之间关系十分密切，因此，优选He、N_2、CO_2 相关指标用以判识煤成气和油型气，对于丰富现有的煤成气、油型气鉴别指标体系具有重要意义。

3.1 He和 N_2 联合判识煤成气、油型气

煤成气中 N_2 含量主要分布在0~31.20%，主频为0~4%；油型气中 N_2 含量主要分布在1.05%~57.10%，主频为2%~20%；煤成气中 N_2 的 $\delta^{15}N$ 值主要分布在-8.0‰~19.3‰，主频为-8‰~12‰；油型气中 N_2 的 $\delta^{15}N$ 值主要分布在-10.6‰~4.6‰，主频为-10‰~4‰。煤成气中 N_2 含量相对低、$\delta^{15}N$ 值相对较重，而油型气中 N_2 含量相对较高、$\delta^{15}N$ 值相对较轻，二者的差异主要是由于腐泥型母质富氮、$\delta^{15}N$ 值偏轻，腐殖型母质贫氮，$\delta^{15}N$ 值偏重及烃源岩热演化差异造成。此外，烃源岩沉积环境的氧化还原条件和水体盐度差异也是重要影响因素[44]。

利用煤成气、油型气中 N_2 含量和 $\delta^{15}N$ 值差异，结合He同位素 R/R_a 值，建立了He和 N_2 联合判识煤成气、油型气的 R/R_a—$\delta^{15}N$—N_2 判识指标及图版（图4、图8）。具体方法：首先利用 R/R_a—$\delta^{15}N$ 图版对 N_2 进行有机、无机成因判识；确定 N_2 为有机成因后，可以进一步利用 $\delta^{15}N$—N_2 图版对与 N_2 伴生的烃类气体进行煤成气和油型气判识。当天然气中He同位素 $R/R_a<0.1$ 时（确保天然气中与He、N_2 伴生的烃类气体为壳源有机成因），具体判识指标如下：（1）由于高等植物来源的腐殖型母质贫氮、$\delta^{15}N$ 相对偏重，因此，当 N_2 含量小于等于9%、$\delta^{15}N$ 值大于等于5.0‰，一般多为煤成气；（2）由于低等浮游动植物来源的腐殖型母质富氮、$\delta^{15}N$ 相对偏轻，因此，当 N_2 含量大于等于9%、$\delta^{15}N$ 值小于等于5.0‰，或 N_2 含量小于9%、$\delta^{15}N$ 值小于等于-5.0‰，一般多为油型气；（3）N_2 含量小于等于9%、$-5.0‰<\delta^{15}N<5.0‰$，可能为煤成气或油型气或者二者混合气，可根据烷烃 $\delta^{13}C$ 进一步区分。

利用该方法对塔里木盆地主要煤成气、油型气气田进行了判识应用。塔里木盆地天然气的 $^{3}He/^{4}He$ 值基本在 10^{-8} 量级、$R/R_a<0.1$，He为典型壳源成因，利用 R/R_a—$\delta^{15}N$ 图版（图4）可以将 N_2 判识为壳源有机成因；然后利用 $\delta^{15}N$—N_2 图版（图8）进一步对与之伴生的烃类气体进行煤成气和油型气判识：（1）塔中油气田大部分、和田河气田全部落入油

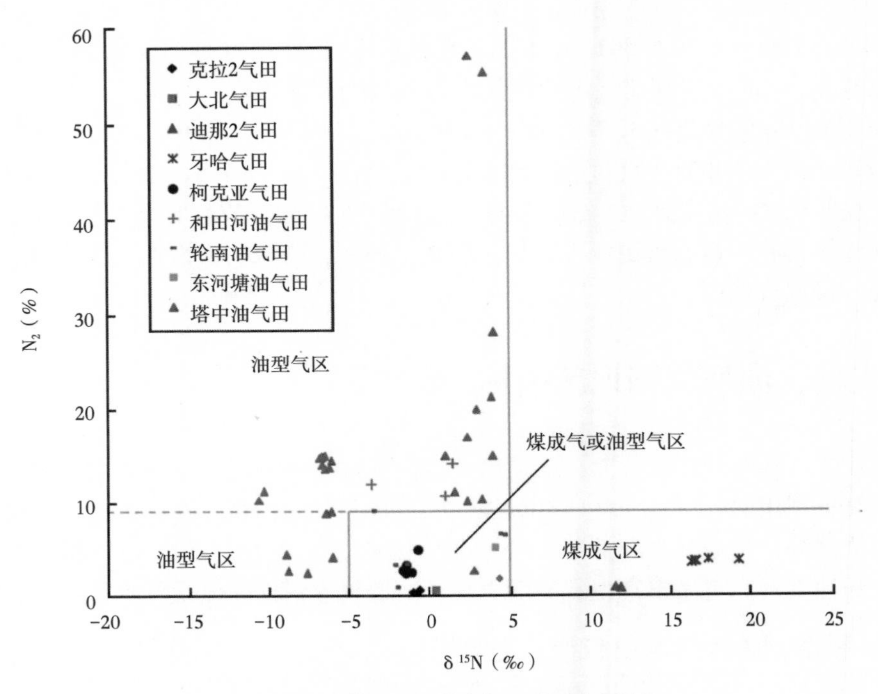

图 8　N_2—$\delta^{15}N$ 判识煤成气、油型气图版

型气区，可以判识为油型气；（2）迪那 2、牙哈气田完全落入煤成气区，可以判识为煤成气；（3）克拉 2、大北、柯克亚、东河塘、轮南油气田落入混合区域，进一步结合目前公认的烷烃 $\delta^{13}C$ 的方法可以判断东河塘、轮南油气田天然气为油型气。

3.2　He 和 CO_2 联合判识煤成气、油型气

煤成气中 CO_2 的 $\delta^{13}C_{CO_2}$值总体相对较轻，主要分布在−26.4‰～−2.6‰；油型气中 CO_2 的 $\delta^{13}C_{CO_2}$值总体相对较重，主要分布在−15.8‰～1.9‰。天然气中 CO_2 主要有有机成因、幔源无机成因、碳酸盐岩热解成因 3 种类型。煤成气和油型气中有机成因 CO_2 的 $\delta^{13}C_{CO_2}$值均小于−10.0‰，二者没有太大差异；但由于油型气中存在碳酸盐岩热解成因的无机成因 CO_2，因而造成了煤成气中 CO_2 的 $\delta^{13}C_{CO_2}$ 值总体相对较轻，油型气中 CO_2 的 $\delta^{13}C_{CO_2}$值总体相对较重现象的存在。因此，可以利用二者上述差异开展煤成气、油型气判识。

根据煤成气、油型气中 CO_2 的 $\delta^{13}C_{CO_2}$值差异，结合 He 同位素 R/R_a 值，建立了 He 和 CO_2 联合判识煤成气、油型气的 R/R_a—$\delta^{13}C_{CO_2}$判识指标及图版（图 9）。当天然气中 He 同位素 $R/R_a<0.1$ 时（确保天然气中与 He、CO_2 伴生的烃类气体为壳源有机成因）：（1）CO_2 的 $\delta^{13}C_{CO_2}$值小于等于−15.0‰，一般多为煤成气；（2）$\delta^{13}C_{CO_2}$值大于等于−2.5‰，一般多为油型气；（3）$-15.0‰<\delta^{13}C_{CO_2}<-2.5‰$，可能为油型气或煤成气或二者混合成因气，可根据烷烃 $\delta^{13}C$ 进一步判识区分。

利用该方法对部分煤成气、油型气气田进行了判识应用：（1）克拉 2 气田全部，迪那 2 和新场气田部分样品落入煤成气区，可直接判识为煤成气；（2）塔河油田奥陶系、塔中 Ⅰ 号油气田部分样品落入油型气区域，可直接判识为油型气；（3）塔中 Ⅰ 号、迪那 2、新

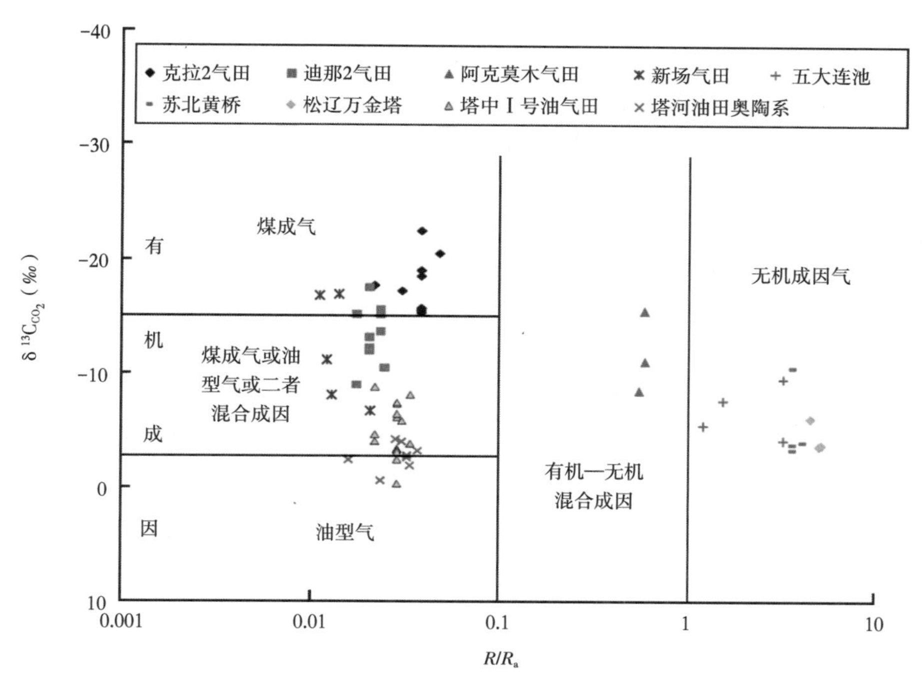

图 9　He 和 CO_2 联合判识煤成气、油型气的 R/R_a—$\delta^{13}C_{CO_2}$ 判识图

场气田部分样品落入中间区域，进一步结合目前公认的烷烃 $\delta^{13}C$ 的方法可以判断迪那 2、新场气田天然气为煤成气。

3.3　煤成气、油型气判识的天然气汞含量指标再探究

天然气汞含量是现有煤成气和油型气判识体系中的一项重要指标[4,7-8]。近年来随着研究工作深入，发现天然气汞含量作为煤成气和油型气判识指标的界限还有待进一步探究[45]。通过对中国陆上 8 个主要含气盆地近 500 口天然气井的煤成气、油型气汞含量检测研究发现：煤成气汞含量总体分布在 0～2240000ng/m³，其中 30% 的样品汞含量小于 5000ng/m³，30%的样品汞含量大于 30000ng/m³，煤成气汞含量算术平均值约 30000ng/m³；油型气汞含量总体分布在 0～30000ng/m³，约 85%样品汞含量小于 5000ng/m³，油型气汞含量平均值约为 3000ng/m³。因此：（1）当天然气汞含量大于 30000ng/m³ 时，一般为煤成气；（2）当天然气汞含量为 10000～30000ng/m³ 时，煤成气的概率约为 80%；（3）当天然气汞含量为 5000～10000ng/m³ 时，煤成气的概率约为 67%；（4）当天然气汞含量在 0～5000ng/m³，油型气的概率约为 74%。

4　结论

完善了腐泥型有机质不同演化阶段干酪根降解气和原油裂解气的 $\ln(C_1/C_2)$—$\ln(C_2/C_3)$ 判识图版，明确了四川盆地高石梯—磨溪地区震旦系—寒武系天然气为原油裂解气；新建了利用 $\sum C_{6-7}$环烷烃/(n-C_6+n-C_7) 和甲基环己烷/n-C_7 判识聚集和分散型液态烃裂解气

的轻烃判识指标和图版，进一步明确了高石梯—磨溪及威远地区天然气为聚集型液态烃裂解气。

建立了 N_2 有机无机成因的 R/R_a—$\delta^{15}N$，CO_2 有机无机成因的 $\delta^{18}O_{CO_2}$—$\delta^{13}C_{CO_2}$，惰性气体壳幔源成因的 He—R/R_a、$^3He/^4He$—$^{20}Ne/^{22}Ne$、$^3He/^4He$—$^{40}Ar/^{36}Ar$、$^{129}Xe/^{130}Xe$—$^{132}Xe/^{130}Xe$ 判识指标及图版，明确了塔里木盆地天然气中 N_2 主要为有机成因，四川盆地龙岗、邛西、威远气田天然气中 CO_2 主要为碳酸盐岩热解无机成因，塔里木盆地克拉 2、大北、迪那 2 气田惰性气体为典型壳源成因，松辽盆地长深、徐深气田惰性气体为壳—幔混合成因。

新建了 He、N_2、CO_2 联合判识煤成气和油型气的 R/R_a—$\delta^{15}N$—N_2 及 R/R_a—$\delta^{13}C_{CO_2}$判识指标及图版，重新探讨了天然气汞含量作为煤成气、油型气判识指标的界限值，丰富完善了现有的煤成气、油型气成因判识指标体系。

参考文献

[1] Galimov E M. Izotopy Ugleroda v Neftegazovoy Geologii（Carbon isotopes in petroleum geology）[M]. Moscow: Mineral Press, 1973: 384.

[2] Stahl W J. Carbon and nitrogen isotopes in hydrocarbon research and exploration [J]. Chemical Geology, 1977, 20 (77): 121-149.

[3] Welhan J A, Craig H. Methane, hydrogen and helium in hydrothermal fluids at 21°N on the East Pacific Rise [M] // Rona P A, Bostrom K, Laubier L. Hydrothermal processes at seafloor spreading centers. New York: Plenum Press, 1983: 391-410.

[4] 戴金星. 各类烷烃气的鉴别 [J]. 中国科学：化学，1992，22 (2)：185-193.

[5] 徐永昌，沈平，刘文汇，等. 天然气中稀有气体地球化学研究 [M]. 北京：科学出版社，1998.

[6] 刘文汇，徐永昌. 天然气成因类型及判别标志 [J]. 沉积学报，1996，14 (1)：110-116.

[7] Dai Jinxing, Yang Shunfeng, Chen Hanlin, et al. Geochemistry and occurrence of inorganic gas accumulations in Chinese sedimentary basins [J]. Organic Geochemistry, 2005, 36 (12): 1664-1688.

[8] 戴金星，邹才能，张水昌，等. 无机成因和有机成因烷烃气的鉴别 [J]. 中国科学：地球科学，2008，38 (11)：1329-1341.

[9] 戴金星. 中国煤成大气田及气源 [M]. 北京：科学出版社，2014.

[10] 李剑，罗霞，李志生，等. 对甲苯碳同位素值作为气源对比指标的新认识 [J]. 天然气地球科学，2003，14 (3)：177-180.

[11] 胡国艺，李剑，李谨，等. 判识天然气成因的轻烃指标探讨 [J]. 中国科学：地球科学，2007，37 (S2)：111-117.

[12] Prinzhofer A A, Huc A Y. Genetic and post-genetic molecular and isotopic fractionations in natural gases [J]. Chemical Geology, 1995, 126 (3): 281-290.

[13] Behar F, Ungerer P, Kressmann S, et al. Thermal evolution of crude oils in sedimentary basins: Experimental simulation in a confined system and kinetic modeling [J]. Revue De L'Institut Francais Du Petrole, 1991, 46 (2): 151-181.

[14] 杜金虎，邹才能，徐春春，等. 川中古隆起龙王庙组特大型气田战略发现与理论技术创新 [J]. 石油勘探与开发，2014，41 (3)：268-277.

[15] 邹才能，杜金虎，徐春春，等. 四川盆地震旦系—寒武系特大型气田形成分布、资源潜力及勘探发现 [J]. 石油勘探与开发，2014，41 (3)：278-293.

[16] 魏国齐，谢增业，宋家荣，等. 四川盆地川中古隆起震旦系—寒武系天然气特征及成因 [J]. 石油勘

探与开发，2015，42（6）：702-711.

[17] 赵文智，王兆云，王东良，等．分散液态烃的成藏地位与意义［J］．石油勘探与开发，2015，42（4）：401-413.

[18] 李贤庆，仰云峰，冯松宝，等．塔里木盆地原油裂解生烃特征与生气过程研究［J］．中国矿业大学学报，2012，41（3）：397-405.

[19] 胡国艺，李志生，罗霞，等．两种热模拟体系下有机质生气特征对比［J］．沉积学报，2004，22（4）：718-723.

[20] Pan Changchun, Jiang Lanlan, Liu Jinzhong, et al. The effect of calcite and montmorillonite on oil cracking in confined pyrolysis experiments [J]. Organic Geochemistry, 2010, 41 (7): 611-626.

[21] 谢增业，李志生，国建英，等．烃源岩和储层中沥青形成演化实验模拟及其意义［J］．天然气地球科学，2016，27（8）：1489-1499.

[22] 张子枢．气藏中氮的地质地球化学［J］．地质地球化学，1988，16（2）：51-56.

[23] 杜建国，刘文汇，邵波．天然气中氮的地球化学特征［J］．沉积学报，1996，14（1）：143-147.

[24] 朱岳年．天然气中分子氮成因及判识［J］．中国石油大学学报（自然科学版），1999，23（2）：23-26.

[25] 何家雄，陈伟煌，李明兴．莺—琼盆地天然气成因类型及气源剖析［J］．中国海上油气（地质），2000，14（6）：398-405.

[26] 李谨，李志生，王东良，等．塔里木盆地含氮天然气地球化学特征及氮气来源［J］．石油学报，2013，34（S1）：102-111.

[27] Jenden P D, Kaplan I R, Poreda R J, et al. Origin of nitrogen-rich natural gases in the California Great Valley: Evidence from helium, carbon and nitrogen isotope ratios [J]. Geochimica et Cosmochimica Acta, 1988, 52 (4): 851-861.

[28] 戴金星．云南腾冲县硫磺塘天然气碳同位素组成特征和成因［J］．科学通报，1988，33（15）：1168-1170.

[29] Craig H. Isotopic variations in meteoric waters [J]. Science, 1961, 133 (3465): 1702-1703.

[30] Bottinga Y, Javoy M. Oxygen isotope partitioning among the minerals in igneous and metamorphic rocks [J]. Reviews of Geophysics and Space Physics, 1975, 13 (13): 401-418.

[31] Taylor H P. The oxygen isotope geochemistry of igneous rocks [J]. Contributions to Mineralogy and Petrology, 1968, 19 (1): 1-71.

[32] Hoefs J. Stable isotope geochemistry [M]. 5th ed. Berlin: Springer, 2004.

[33] 郑永飞，陈江峰．稳定同位素地球化学［M］．北京：科学出版社，2000.

[34] 李谨，李志生，王东良，等．天然气中 CO_2 氧同位素在线检测技术与应用［J］．石油学报，2014，35（1）：68-75.

[35] Mamyrin B A, Anufrriev G S, Kamenskii I L, et al. Determination of the isotopic composition of atmospheric helium [J]. Geochemistry International, 1970, 7 (4): 465-473.

[36] Clarke W B, Jenkins W J, Top Z. Determination of tritium by mass spectrometric measurement of ^3He [J]. The International Journal of Applied Radiation and Isotopes, 1976, 27 (9): 515-522.

[37] 徐永昌，王先彬，吴仁铭，等．天然气中稀有气体同位素［J］．地球化学，1979，8（4）：271-282.

[38] Ozima M, Podesek F A. Noble gas geochemistry [M]. London: Cambridge University Press, 1983.

[39] Kennedy B M, Hiyagon H, Reynolds J H. Crustal neon: A striking uniformity [J]. Earth and Planetary Science Letters, 1990, 98 (3): 277-286.

[40] 徐胜，徐永昌，沈平，等．中国东部盆地天然气中氖同位素组成及其地质意义［J］．科学通报，1996，41（21）：1970-1972.

[41] 王晓波，李志生，李剑，等．稀有气体全组分含量及同位素分析技术［J］．石油学报，2013，34

(S1): 70-77.

[42] 魏国齐, 王东良, 王晓波, 等. 四川盆地高石梯—磨溪大气田稀有气体特征 [J]. 石油勘探与开发, 2014, 41 (5): 533-538.

[43] Wang Xiaobo, Chen Jianfa, Li Zhisheng, et al. Rare gases geochemical characteristics and gas source correlation for Dabei gas field in Kuche depression, Tarim Basin [J]. Energy Exploration & Exploitation, 2016, 34 (1): 113-128.

[44] 陈践发, 徐学敏, 师生宝. 不同沉积环境下原油氮同位素的地球化学特征 [J]. 中国石油大学学报 (自然科学版), 2015, 39 (5): 1-6.

[45] 李剑, 韩中喜, 严启团, 等. 中国气田天然气中汞的成因模式 [J]. 天然气地球科学, 2012, 23 (3): 413-419.

本文原刊于《石油勘探与开发》, 2017 年第 44 卷第 4 期。

天然气中 CO_2 氧同位素在线检测技术与应用

李　谨[1,2]　李志生[1,2]　王东良[1,2]
李　剑[1,2]　谢增业[1,2]　孙庆伍[1,2]

1. 中国石油勘探开发研究院廊坊分院
2. 中国石油天然气集团有限公司天然气成藏与开发重点实验室，河北廊坊

摘要：氧同位素作为有效的地球化学参数，在同位素地质年代学、环境科学研究等许多领域得到广泛应用，CO_2 氧同位素也是一个非常有效的示踪剂，可用于判识气源，然而这一指标尚未应用于油气勘探领域。应用气相色谱—气体稳定同位素质谱联用技术，建立了天然气中 CO_2 的氧同位素在线检测方法。在对松辽盆地、四川盆地、塔里木盆地天然气组分、组分碳同位素、稀有气体组成与稀有气体同位素等地球化学资料研究的基础上，对盆地天然气中 CO_2 氧同位素进行分析，发现不同盆地、不同来源天然气中 CO_2 的碳、氧同位素分布特征存在明显差异，表明 CO_2 的氧同位素具有较好的成因指示意义。通过 CO_2 的碳—氧同位素分布，可将气藏中 CO_2 细分为上地幔来源、碳酸盐岩来源及有机成因，为天然气成因及气源对比研究提供了新手段。

关键词：天然气；CO_2；氧同位素；在线检测技术；成因判识

CO_2 是天然气中常见的非烃组分之一，多数天然气中都含有一定量的 CO_2 气体。一般来讲，高含 CO_2 的天然气主要分布在地幔隆起区、火山岩浆活动区、断裂发育的地壳活动区、地热异常的碳酸盐岩分布区、油气富集区和含煤盆地中[1-3]。中国的高含 CO_2 气藏主要分布在东部的断陷盆地中，目前已发现高含 CO_2 气藏（田）共有 30 多个，主要分布在海拉尔盆地、松辽盆地、渤海湾盆地、苏北盆地、三水盆地、珠江口盆地、莺歌海盆地、北部湾的福山凹陷[4-8]。

对 CO_2 的研究早已成为地球科学界与环境科学界共同关注的热点问题[9-12]，大气中 CO_2 含量与全球性温室效应关系密切，同时 CO_2 和一些特殊的地质过程有着密切的联系，天然气中富含的 CO_2 给地下烃类气体的勘探和开发带来了很大风险及工程技术难题。因此，CO_2 地质研究具有重要的理论和现实意义[3]。在 CO_2 地质学研究中，天然气中 CO_2 是地质学家认识地质地球化学过程的有效指标。CO_2 成因研究具有很重要的地位，CO_2 成因是控制 CO_2 分布的关键因素，查明 CO_2 成因是掌握 CO_2 富集规律的前提，国内外许多地质学家对 CO_2 成因及其判识指标进行了大量的研究工作[4,7,13-21]。目前，二氧化碳成因判识的方法主要有：CO_2 含量鉴别法[1]、CO_2 碳同位素鉴别法[13-15]及组合鉴别法，如 CO_2 含量—$\delta^{13}C_{CO_2}$ 判别法、CO_2—He 判别法等[16]。

CO_2 的氧同位素是一个非常有效的示踪剂，尽管其氧同位素容易与水之间达到氧同位

素平衡，但在达到平衡之前，它仍保持着其气源的氧同位素组成特征[22]。目前，CO_2 的氧同位素已经广泛应用于同位素地质年代学、环境科学研究、物理、化学、生物学、医学、药物学等许多领域。例如：在地球化学研究中，可以利用矿物之间氧同位素分馏系数进行地质测温和地球化学示踪探索[23-24]。氧同位素的示踪作用在水文研究中还有更重要的作用：①水体示踪，探索水循环某一部分的源头、历史和相对年龄[25-26]；②溶解物示踪，研究与水—岩交换相关的地球化学过程，溶解的气体组分和离子组分的地球化学史[27]。还可用于研究土壤水气的蒸发、水库水的平衡以及地表和地下水的相互作用[28-29]。然而，在油气勘探中，CO_2 的氧同位素的研究尚未见有应用，因此，笔者将以天然气 CO_2 的氧同位素特征为研究重点，结合天然气中其他地球化学特征，探讨天然气中 CO_2 氧同位素在 CO_2 成因判识中的应用。

1 实验方法的建立

氧具有 3 种稳定同位素：^{16}O、^{17}O 和 ^{18}O，由于 ^{16}O、^{18}O 丰度和质量数相差比较大，通常选用 $^{18}O/^{16}O$ 比值作为氧的绝对同位素比值[30]。氧同位素一般通过气态 CO_2 进行质谱分析，通过检测 CO_2 质量数 46（$^{12}C^{16}O^{18}O$）与质量数 44（$^{12}C^{16}O^{16}O$）峰的比值，计算样品中 CO_2 的氧同位素值。

以往，气体 CO_2 的氧同位素的分析方法一般采用双路进样—稳定同位素质谱检测法[31]。首先，需要将气体样品中的 CO_2 进行冷阱富集，然后除去富集产物中的水之后，送入质谱进行检测。这种方法属于常量分析，样品需求量大，制样过程需要进行冷阱富集，容易造成 N_2O 污染，检测值需要进行校正，此外，对于制样过程中所采用的器材的材质也有要求。因此，该方法对操作要求比较严格，相应产生误差的因素也多。笔者采用气相色谱—连续流接口—气体稳定同位素质谱联用技术建立了一种简单、快捷、准确的天然气中 CO_2 氧同位素 GC/ConFlow/IRMS 在线测定法。

1.1 主要仪器

采用 Thermo Fisher 公司生产的 MAT253 色谱同位素质谱联用仪（GC/ConFlow/IRMS）。该系统由 3 部分组成：气相色谱仪（Trace Ultra GC）、连续流接口、MAT253 气体同位素质谱仪。

1.2 实验方法简介

笔者采用 GC/ConFlow/IRMS 法（色谱分离—连续流接口—质谱检测），选用 HP-Molesieve 5Å 分子筛毛细柱将 CO_2 从天然气中分离之后，通过连续流接口进入质谱仪进行检测。气相色谱条件：色谱柱为 HP-Molseieve 5Å 分子筛毛细柱，30m×0.32mm×20μm，程序升温条件为：40℃保持 5min，10℃/min~80℃，5℃/min~260℃，分流比 1∶7。质谱仪条件：电子轰击（EI）离子源，电子能量 124eV，加速电压 10kV。工作参比气（高纯 CO_2，含量≥99.999%），以国际标准（VSMOW）为参考，计算样品中 CO_2 的氧同位素值。

为了避免空气中 CO_2 的污染，井口天然气在取气时要求采用两端带有阀门的高压钢瓶，取气前钢瓶应抽真空或用高压井口天然气冲洗 10~15min，取样压力大于 3MPa。

1.3 系统的稳定性及线性范围

仪器正常工作条件下，连续通入10组标准CO_2气连续测定，作ZERO-TEST，检测质谱系统的稳定性。标准CO_2气$\delta^{18}O$值（相对于工作标准高纯CO_2的比值）如表1标准偏差为0.023‰，优于仪器系统的要求值0.05‰，表明仪器系统的稳定性可靠。

表1 系统的稳定性

标准峰个数	1	2	3	4	5	6	7	8	9	10	标准偏差
标准$CO_2\delta^{18}O$（‰，VSMOW）	0.018	0.019	0	−0.015	−0.016	−0.001	−0.016	−0.015	−0.024	−0.013	0.023586

相同条件下，作系统的线性，确定系统的检测范围。即通过改变标准CO_2的进样量，得到10组不同离子强度的氧同位素比值（表2）。信号强度在1329~21146mV，总体标准偏差为0.041‰，小于仪器要求的0.06‰。从表2中发现信号强度在3~18V时，标准偏差最低，为0.024‰，优于总体标准偏差0.041‰，因此可选取3~18V作为实验的最佳线性范围。

表2 系统的线性

标准峰个数	1	2	3	4	5	6	7	8	9	10	标准偏差
信号强度（mV）	1329	2790	4261	6061	8161	10300	12545	15215	18059	21146	0.04137
标准$CO_2\delta^{18}O$（‰，VSMOW）	−0.125	0	−0.043	0.010	0	−0.016	−0.029	−0.039	−0.055	−0.080	

1.4 样品检测的可重复性

为了检验新方法的分析精度和分析数据的重复性，笔者对松辽盆地芳深9井天然气（CO_2含量约92.7%）进行不同时间的重复检测（表3），结果表明天然气中CO_2氧同位素组成分析的标准偏差小于0.2‰，满足CO_2氧同位素研究工作的需要。

表3 芳深9井天然气样品中CO_2碳、氧同位素重复测试结果

分析日期	分析时间	$\delta^{18}O$（‰，VSMOW）	$\delta^{13}C$（‰，VPDB）
2009-08-24	10:43:24	3.90	−5.28
	11:54:12	3.83	−5.49
	16:24:51	3.86	−5.58
	17:20:11	3.91	−5.63
	18:01:17	3.92	−5.45
	18:43:25	3.99	−5.57
	20:51:17	3.98	−5.27
	21:25:36	3.83	−5.58
2009-08-25	11:03:11	3.87	−5.58
	10:08:20	3.72	−5.72
2009-08-26	10:42:54	3.74	−5.56
	15:10:58	3.96	−5.60

续表

分析日期	分析时间	$\delta^{18}O$（‰，VSMOW）	$\delta^{13}C$（‰，VPDB）
2009-8-27	10:15:58	3.64	-5.56
	10:57:11	3.71	-5.63
2009-09-01	16:58:25	3.86	-5.19
2009-09-02	10:48:53	3.87	-5.27
2009-09-03	15:27:21	3.61	-5.35
2009-09-15	10:20:10	3.90	-5.13
平均值		3.84	-5.47
标准偏差		0.11	0.18

2　天然气中 CO_2 来源及特点

天然气中 CO_2 的成因类型很多，主要分为有机成因和无机成因。一般来讲，有机成因的 CO_2 是有机质在不同的地球化学作用中形成的，主要有以下形成途径：（1）地层中有机物氧化生成 CO_2[32-33]；（2）有机物热裂解产生的 CO_2[34-35]；（3）有机物热降解生成的 CO_2[36]；（4）有机物微生物降解形成的 CO_2[33]；（5）硫酸盐热化学还原作用（TSR）产生的 CO_2[36-37]。前4种来源的 CO_2 所处的地质环境比较单一，沉积有机质多处于稳定沉降的过程，影响因素主要为微生物和地温条件，没有构造断裂活动及硫酸盐热化学还原反应的次生改造作用影响。天然气中 CO_2 含量多低于8%，$\delta^{13}C_{CO_2}$ 值小于-10‰，主要在-30‰～-10‰，天然气中甲烷及其同系物的碳同位素组成具有随碳数增大而变重的分布特征即 $\delta^{13}C_1<\delta^{13}C_2<\delta^{13}C_3<\delta^{13}C_4$[1,8]；硫酸盐热化学还原作用（TSR）主要发生在富含硫酸盐的海相碳酸盐岩沉积中，硫酸盐与有机质或烃类在一定温度条件下发生化学还原反应，TSR作用生成的 CO_2 含量大于5%，$\delta^{13}C_{CO_2}$ 值多大于-2‰。然而，理论上TSR反应生成 CO_2 的碳同位素会比较轻，实验值一般是 $\delta^{13}C_{CO_2}<-30.0$‰，造成这种情况的原因主要有：TSR反应所产生的 H_2S 会与周围的碳酸盐岩发生反应，产生碳同位素较重的 CO_2；TSR生成的 CO_2 与硫酸盐中 Mg^{2+}、Fe^{2+} 和 Ca^{2+} 等金属离子相结合并以碳酸盐的形式沉淀下来，致使残留 CO_2 的 $\delta^{13}C_{CO_2}$ 值变重，而碳酸盐中碳同位素变轻[37]。此外，由于TSR反应过程优先与重烃（C_{2+}）发生反应，富含 ^{12}C 的烃类优先反应，^{13}C 的烃类逐渐富集，从而导致重烃（C_{2+}）的碳同位素异常重，且重烃的含量低[38]。

无机成因的 CO_2 一般有以下几种形成途径：幔源 CO_2、地壳岩石熔融脱气产生的 CO_2、碳酸盐岩来源 CO_2、碳酸盐胶结物热分解产生的 CO_2 等。幔源 CO_2 包括已经大量脱气的上地幔（以洋中脊为代表）和尚未脱气的下地幔岩浆脱气作用产生的 CO_2，其 CO_2 含量多大于60%，这类 CO_2 的 $\delta^{13}C_{CO_2}$ 值大多在-6‰±2‰[1]。与其伴生的稀有气体氦的 $^3He/^4He$ 比值通常≥1.1×10^{-5}，$CO_2/^3He$ 比率为（2～7）$\times10^9$。此外，处于深大断裂分布区的地幔来源、岩浆脱气成因的 CO_2 气藏通常伴随无机烷烃气的出现[1,8]；地壳岩石熔融脱气产生的 CO_2 是地壳岩石和消减带岩石由于断裂、岩石内含水矿物脱水作用或超变质作用影响而引起固相岩石重新熔融形成岩浆过程中，岩浆分异脱碳气所产生 CO_2[39-40]。这

类岩浆脱气产生的 CO_2 也因其岩浆母源碳的来源不同而表现出可变的地球化学特征，一般认为其 $\delta^{13}C_{CO_2}$ 值在-10‰~-6‰。伴生氦的 $^3He/^4He$ 比值通常在 10^{-7}~10^{-6}；碳酸盐岩来源包括碳酸盐岩热分解产生的 CO_2、碳酸盐岩溶蚀产生的 CO_2。碳酸盐岩热分解产生的 CO_2 与热流体活动关系密切，由于碳酸盐岩在热水作用下很容易分解生成 CO_2[35]，热流体活动可导致盆地内形成高温高压特征，促使地层中碳酸盐岩发生反应形成 CO_2[2]。碳酸盐岩溶蚀作用产生的 CO_2 主要与地层中的酸性流体有关（有机酸、H_2S、HCO_3^-等）[37,41]。碳酸盐岩热分解及溶蚀作用产生的 CO_2，其 $\delta^{13}C_{CO_2}$ 值接近于碳酸盐岩的 $\delta^{13}C_{CO_2}$ 值，为 0±3.7‰；碳酸盐胶结物主要是沉积碎屑岩中的钙质胶结物和泥质岩石中的一些碳酸盐矿物，如方解石、白云石或菱铁矿，由于其形成温度较低，具有很大的热不稳定性。一般在成岩作用过程中，便可分解生成 CO_2，其 $\delta^{13}C$ 值也最大限度地继承了方解石的 $\delta^{13}C$ 值，在-15‰~-9‰范围内。与海相碳酸盐岩热分解及碳酸盐胶结物分解产生 CO_2 伴生氦的 $^3He/^4He$ 比值通常约 10^{-8}。

3　天然气中 CO_2 碳、氧同位素应用

笔者采集了松辽盆地、塔里木盆地、四川盆地含 CO_2 的天然气样品。松辽盆地样品来自盆地北部徐家围子断陷的徐深气田、昌德气田及盆地南部长岭断陷的长岭气田；四川盆地天然气取自龙岗、毛坝、邛西、威远等气田；塔里木盆地的天然气样品来自和田河、塔中、轮南等油气田。所有天然气样品均进行了天然气组分、组分碳同位素及 CO_2 的碳、氧同位素检测，部分天然气样品进行了稀有气体同位素检测（表4）。

松辽盆地徐家围子断陷昌德气田天然气中甲烷含量为6.38%~80.49%，天然气组分较干，非烃含量很高，CO_2 含量在14.9%~92.7%，N_2 含量低于2%；CO_2 的碳同位素值在-6.8‰~-5.3‰，CO_2 的氧同位素在3.9‰~4.9‰；伴生甲烷同系物的碳同位素呈反序排列，具有无机成因气负碳同位素系列的特征；天然气中 $^3He/^4He$ 值分布在（3.9~4.5）×10^{-6}，具有幔源气体的混入特征；谈迎等通过对昌德东气藏火山岩储集层岩石化学数据和气体化学成分研究，认为气藏的形成和幔源岩浆有关[19]。综上所述，昌德气田气藏中 CO_2 为无机幔源成因。

长岭断陷长岭气田天然气中甲烷含量为0.68%~92.81%，天然气中的非烃含量最高，CO_2 含量在22.0%~98.6%，N_2 含量在0.4%~4.9%；CO_2 的碳同位素值在-5.9‰~-3.2‰，CO_2 氧同位素在6.4‰~8.3‰；伴生甲烷同系物的碳同位素呈反序排列，具有无机成因气负碳同位素系列的特征。长岭气田含二氧化碳气藏主要分布在营城组火山岩与登娄库组砂岩中，这些二氧化碳气藏的分布与深大断裂的关系非常紧密，深大断裂沟通地幔，$^3He/^4He$ 值为（3.0~5.3）×10^{-6}[36]，表明储层有幔源气体混入。因此，可以认为长岭气田天然气中 CO_2 是无机幔源成因。

兴城气田天然气储集层位主要为营城组，储层岩性主要为流纹岩、流纹质熔结凝灰岩、流纹质凝灰岩、流纹质火山角砾岩。天然气中甲烷含量分布在91.04%~94.09%，干燥系数为0.97。非烃含量较低，其中 CO_2 含量为1.67%~4.09%，N_2 含量在1.23%~1.73%。CO_2 的碳同位素值在-5.1‰~-4.1‰，CO_2 氧同位素在6.0‰~14.3‰，相对于昌德气田、长岭气田 CO_2 氧同位素值重。伴生甲烷同系物的碳同位素呈完全反序排列，$^3He/^4He$ 值为（1.4~1.6）×10^{-6}，判断 CO_2 主要为幔源成因，可能有地壳岩石熔融脱气 CO_2 混入。

表4　不同盆地和地区天然气地球化学数据

盆地	气田/地区	井号	井段（m）	层位	组分含量（%）						碳同位素（‰，VPDB）					$\delta^{13}C_{CO_2}$	$^3He/^4He$
					N_2	CO_2	CH_4	C_2H_8	C_3H_8	C_{4+}	CO_2	CH_4	C_2H_8	C_3H_8	$n-C_4H_{10}$	(‰，VSMOW)	
松辽盆地	昌德气田	芳深6	2755~3409	K_1yc	1.51	14.94	80.49	2.46	0.47	0.13	-6.8	-27.1	-30.9	-32.4	-32.7	4.9	2.20×10^{-6}
		芳深9	3602~3623	K_1yc	0.62	92.77	6.38	0.51	0.08	0.03	-5.3	-26.4	-30.1	-31.2	-32.2	3.9	3.45×10^{-6}
	长岭气田	长深1	3566~3651	K_1yc	4.93	22.04	71.43	1.17	0.05	0.01	-5.9	-23.5	-27.1	-26.3	—	8.3	3.74×10^{-6}
		长深1-2	3697~3704	K_1yc	4.55	28.12	65.79	1.13	0.05	0.01	-5.8	-23.2	-26.7	-26.6	—	6.8	3.07×10^{-6}
		长深2	3791.6~3809	K_1yc	0.71	97.45	1.57	0.01	0	0	-3.6	-17.0	—	—	—	6.0	5.33×10^{-6}
		长深4	—	K_1yc	0.41	98.56	0.68	0	0	0	-3.2	-16.4	—	—	—	6.2	4.80×10^{-6}
		长深平2	3834~4402	K_1yc	4.70	25.65	68.16	1.12	0.05	0.01	-5.8	-23.4	-27.2	-26.8	-33.5	6.7	3.86×10^{-6}
		长深平2-0	3834~4402	K_1yc	4.60	25.10	68.96	1.11	0.05	0.01	-5.9	-23.3	-26.7	-26.7	—	7.0	n.d
		长深平3	—	K_1yc	4.66	26.54	67.49	1.10	0.05	0.01	-5.7	-23.0	-26.7	-26.6	-33.5	6.4	3.44×10^{-6}
		长深平4	4550~3591	K_1yc	4.78	24.41	69.41	1.14	0.05	0.01	-5.8	-23.5	-26.9	-26.7	—	7.3	3.27×10^{-6}
		长深平7	3906~4906	K_1yc	4.48	28.31	65.44	1.07	0.05	0.01	-5.7	-23.4	-26.9	-26.5	—	7.7	3.18×10^{-6}
	兴城气田	徐深1	3595	K_1yc	1.23	1.67	94.09	2.33	0.39	0.19	-4.5	-27.7	-32.5	-34.1	-35.1	9.0	1.57×10^{-6}
		徐深1-205	—	K_1yc	1.38	1.95	93.35	2.31	0.52	0.31	-5.1	-27.1	-34.4	-35.0	-35.9	14.3	1.46×10^{-6}
		徐深5	3620	K_1yc	1.73	4.09	91.04	2.33	0.62	0.18	-4.1	n.d	n.d	n.d	n.d	6.0	n.d
	升平—宋站地区	升深2-1	2997	K_1yc	3.09	2.69	91.90	2.16	0.12	0.04	-13.7	n.d	n.d	n.d	n.d	7.4	n.d
		升深2-5	—	K_1yc	n.d	2.67	n.d	n.d	n.d	0	-13.8	n.d	n.d	n.d	n.d	7.5	n.d
		升深平1	—	K_1yc	3.23	2.30	92.53	1.65	0.12	0.05	-14.8	-26.2	-29.8	-33.7	—	11.3	2.46×10^{-6}
		汪深1	3528	K_1yc	2.74	2.14	91.59	2.84	0.47	0.21	-11.8	-25.9	-28.0	-32.9	-34.4	13.1	n.d
四川盆地	龙岗气田	龙岗7	3510~3526	J_1dn	0.50	3.11	75.20	11.27	6.26	3.40	1.5	-47.9	-33.3	-28.7	-26.8	15.1	n.d
		龙岗12	6023~6033	T_1f	0.52	9.18	89.91	0.38	0.01	0	1.0	-30.8	-28.9	—	—	16.5	n.d
		剑门1	6830~6845	P_2ch	0.63	5.88	93.38	0.11	0.01	0	3.5	-28.6	—	—	—	12.6	n.d
		龙岗26	5774~5778	T_1f	0.55	5.07	94.12	0.25	0	0	0.5	-29.4	-26.2	—	—	20.0	n.d

续表

盆地	气田/地区	井号	井段（m）	层位	组分含量（%）						碳同位素（‰，VPDB）					$\delta^{13}C_{CO_2}$（‰，VSMOW）	$^3He/^4He$
					N_2	CO_2	CH_4	C_2H_8	C_3H_8	C_{4+}	CO_2	CH_4	C_2H_8	C_3H_8	$n-C_4H_{10}$		
四川盆地	龙岗气田	龙岗 27	4772~4795	T_1f	0.54	3.90	95.28	0.27	0.01	0	0	-29.5	-26.0	—	—	15.0	n.d
		龙岗 27	4904~4953	P_2ch	0.72	6.38	92.68	0.22	0	0	0.6	-29.4	-26.1	—	—	12.2	n.d
		龙岗 22	3510~3543	T_2l_4	0.29	1.74	94.08	3.28	0.43	0.16	-1.8	-37.8	-31.3	-28.0	-22.8	14.4	n.d
		龙岗 7	4446~4498	T_2l_4	0.20	22.46	74.68	2.18	0.25	0.19	-1.3	-37.5	-34.9	-29.6	-23.4	14.3	n.d
		龙岗 001-6	6090~6130	T_1f	0.98	3.67	95.02	0.28	0.03	0.02	1.0	-29.5	-26.1	—	—	24.2	n.d
	毛坝气田	毛坝 7	—	P_2ch—T_1f	6.54	21.68	71.56	0.14	0.02	0.02	2.1	-31.3	-31.6	—	—	30.6	n.d
	邛西气田	邛西 10	3707.64	T_3x_2	0.23	1.55	93.57	3.85	0.59	0.18	-2.2	-33.2	-22.8	-22.8	-22.8	16.4	n.d
		邛西 14	3410.85	T_3x_2	0.23	1.55	96.50	1.57	0.12	0.03	-2.5	-30.5	-24.1	-23.8	—	19.3	n.d
		邛西 3	3524.5	T_3x_2	0.25	1.67	93.30	3.91	0.63	0.21	-2.1	-33.1	-23.0	-22.7	-22.4	14.7	2.40×10^{-8}
		邛西 4	3682	T_3x_2	0.24	1.47	93.52	3.91	0.62	0.20	-2.6	-32.9	-23.2	-23.0	-22.0	17.1	n.d
	威远气田	威 93	1196~2052	$\epsilon_{2+3}x$	7.08	4.03	88.58	0.31	0	0	-2.2	-32.3	-36.2	—	—	29.3	2.56×10^{-8}
塔里木盆地	阿克莫木气田	阿克 1	3233~3235	K_1kz	7.60	14.39	77.05	0.65	0.11	0.13	-2.0	-24.9	-21.7	—	—	29.2	n.d
		阿克 1-2	3249.5~3318	K_1kz	7.86	14.49	76.69	0.75	0.12	0.08	-1.4	-24.7	-21.7	-20.2	-22.0	27.6	0.81×10^{-6}
	和田河气田	玛 5-1	2247~2272	O	9.05	5.91	81.92	1.78	0.63	0.59	-5.7	-36.4	-38.0	-34.0	-30.2	22.0	n.d
	轮南油气田	解放 123-2	5185~5280	O	1.27	1.68	93.90	2.11	0.50	0.41	-2.3	-33.8	-34.0	-31.2	—	22.8	n.d
		轮古 11	5187.87~5271	O	1.24	1.78	94.01	2.02	0.46	0.38	-4.3	-33.6	-34.1	-31.1	-29.6	19.9	n.d
		轮古 1-4C	5444~5510	O	8.96	1.38	84.45	2.97	1.08	0.78	-2.0	-33.5	-35.8	-32.7	-30.0	26.1	n.d
		轮古 18	5472~5546.8	O	1.32	1.61	94.25	2.04	0.46	0.29	-2.9	-34.3	-33.8	-30.9	-30.1	32.5	n.d
		轮古 351C	6448.5~6486.5	O	0.84	3.92	93.03	1.61	0.33	0.21	-2.4	-32.6	-35.0	-32.7	—	32.1	n.d
		轮古 353	6411.74~6667	O	0.82	2.23	94.56	1.69	0.33	0.28	-1.4	-33.5	-33.0	-30.3	—	30.0	n.d
		轮古 39	5690~5715	O	1.79	2.08	94.37	1.33	0.22	0.15	-2.1	-34.0	-35.0	-32.9	—	22.5	n.d
		轮古 631-1	5891~5936	O	1.13	2.16	94.31	1.68	0.34	0.27	-1.6	-33.6	-34.1	-31.3	—	22.2	n.d

续表

盆地	气田/地区	井号	井段（m）	层位	组分含量（%）						碳同位素（‰，VPDB）					$\delta^{13}C_{CO_2}$（‰，VSMOW）	$^3He/^4He$
					N_2	CO_2	CH_4	C_2H_8	C_3H_8	C_{4+}	CO_2	CH_4	C_2H_8	C_3H_8	$n-C_4H_{10}$		
塔里木盆地	轮南油气田	轮南 48C	5304.6~5464	O	1.23	1.90	94.02	1.88	0.41	0.37	-1.7	-33.6	-34.0	-31.1	—	12.2	n.d
		轮南 621	5720.8~5785.5	O	1.92	1.88	94.22	1.46	0.25	0.18	-2.4	-33.8	-35.4	-33.2	—	19.4	n.d
		轮南 634	5780~5796	O	1.20	1.90	94.07	1.88	0.43	0.38	-2.5	-34.4	-33.7	-31.1	—	29.6	n.d
	塔中油气田	塔中 101	3726~3733	$C_{Ⅲ}$	8.73	1.17	82.97	4.22	1.30	1.14	-6.3	-42.8	-41.1	-35.0	-30.1	23.3	n.d
		塔中 101-1	3719~3737.5	$C_{Ⅲ}$	9.17	1.08	82.95	4.22	1.26	1.05	-7.0	-42.7	-40.3	-34.0	-30.1	15.1	n.d
		塔中 242	4516.56~4546.56	O	4.47	1.50	88.40	2.72	1.13	1.30	-4.1	-37.7	-33.7	-30.9	-27.8	21.9	n.d
		塔中 26	4300~4360	O_{1+2}	11.10	1.30	83.03	2.53	1.08	0.77	-0.5	-37.4	-37.6	-33.8	-31.2	20.3	n.d
		塔中 62-11H	4861~5843	O_1	2.75	3.88	87.21	3.19	0.75	1.02	-5.5	-39.3	-30.5	-30.1	-30.0	15.7	n.d

注：$Є_{2+3}x$ 为中—上寒武统洗象池群；O_{1+2} 为中—下奥陶统；$C_{Ⅲ}$ 为石炭系第二油组；P_2ch 为上二叠统长兴组；T_1f 为下三叠统飞仙关组；T_2l_4 为中三叠统雷口坡组四段；T_3x_2 为上三叠统须家河组二段；J_1dn 为下侏罗统大安寨组；K_1yc 为下白垩统营城组；K_1kz 为下白垩统克孜勒苏群；n.d 表示没有进行检测；—表示无法检测。

升平—宋站地区白垩系营城组天然气组分特征与兴城气田相似，甲烷含量在91.6%~92.5%，非烃含量低，CO_2 含量在2.14%~2.69%，N_2 含量在2.74%~3.23%。CO_2 的碳同位素值轻，在-14.8‰~-11.8‰，为有机成因 CO_2，CO_2 氧同位素在7.4‰~14.3‰。伴生甲烷同系物的碳同位素呈完全反序排列，表现为无机烷烃气特征。$^3He/^4He$ 值为（1.6~2.5）$\times10^{-6}$，说明有幔源气体混入。该地区营城组储层岩性主要为流纹岩，下伏沙河子组、火石岭组岩性为灰黑色泥岩、砂砾岩互层夹煤层，存在有机 CO_2 来源的地质条件。因此，认为储层中 CO_2 主要为有机成因，而稀有气体主要为幔源。

四川盆地天然气样品来自中—上寒武统洗象池群、上二叠统长兴组、下三叠统飞仙关组、中三叠统雷口坡组、上三叠统须家河组及下侏罗统大安寨组中。除上三叠统须家河组为碎屑岩储层外，其他均属于海相碳酸盐岩储层。天然气中甲烷含量为71.5%~96.5%，天然气干燥系数大于0.95，部分接近1。天然气中存在较多的 CO_2，且含量变化大，其中毛坝气田最高（20%以上），其次为威远和龙岗气田（3%~6%），邛西气田 CO_2 含量最低（约1.5%）。氮气含量较低，一般小于1%。天然气中多存在硫化氢气体，含量在0~15%。CO_2的碳同位素值很重，在-2.6‰~3.5‰，CO_2 的氧同位素在12.2‰~29.3‰。天然气中氦、氩含量低，$^3He/^4He$ 均在 10^{-8}数量级，表现为壳源特征[42]。鉴于天然气藏多为海相碳酸盐岩储层，且存在TSR作用[37-38]，CO_2 的碳同位素值很重，由此认为气藏中的 CO_2 主要为碳酸盐岩热解成因和TSR作用产生的硫化氢对碳酸盐岩的酸蚀成因。

塔里木盆地除阿克莫木气田的样品来自白垩系碎屑岩储层外，其他天然气样品均来自奥陶系、石炭系海相碳酸盐岩储层。天然气组分以烃类气体为主，甲烷含量为76.7%~94.3%，非烃气体含最高，主要为 N_2 和 CO_2。本次所采样品中，以阿克莫木气田天然气中 CO_2 含量最高，约为15%，其他气田中 CO_2含量多在1%~6%。N_2 含量为1%~10%。天然气中 CO_2的碳同位素在-7.0‰~-1.4‰，CO_2 的氧同位素在15.1‰~32.5‰。稀有气体$^3He/^4He$ 在（1.4~83）$\times10^{-8}$，表现为壳源特征[43-44]。鉴于储层多为碳酸盐岩沉积，且

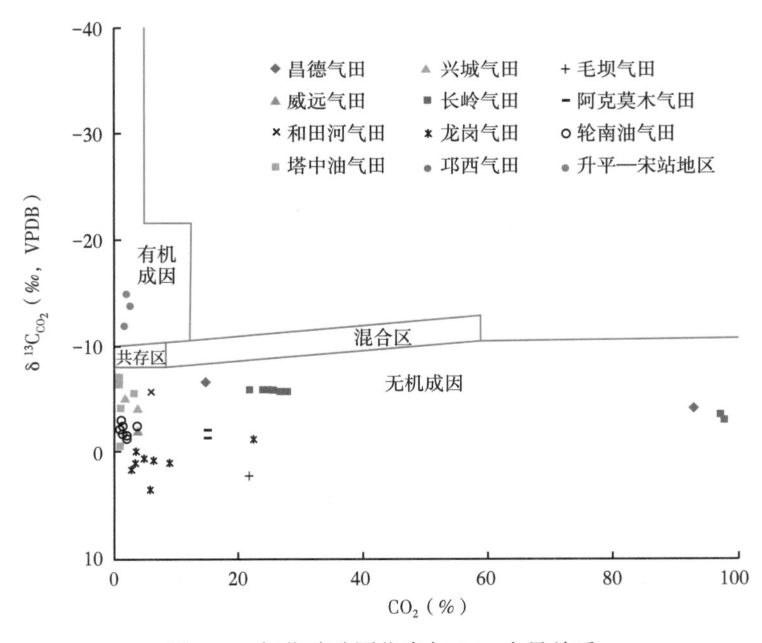

图1 二氧化碳碳同位素与 CO_2 含量关系

存在热液流体活动[45]和酸性流体的溶蚀作用[41]，认为天然气中的 CO_2 属于碳酸盐岩来源。

通过对松辽盆地、塔里木盆地、四川盆地天然气地球化学特征进行系统研究，绘制天然气中 CO_2的稳定碳同位素与 CO_2的百分含量关系图（图 1）[46]，塔里木盆地、四川盆地天然气中二氧化碳由于具有较重的碳同位素值，分布在无机 CO_2分布区，松辽盆地升平—宋站地区营城组天然气分布在有机 CO_2成因区。

在 CO_2 含量与 CO_2氧同位素关系图上，四川、塔里木盆地天然气中 CO_2 氧同位素分布特征与松辽盆地存在明显差异（图 2），指示 CO_2 的氧同位素也可以作为判识天然气成因的有利指标。笔者在天然气组分、组分碳同位素、稀有气体组成与稀有气体同位素等地球化学资料的基础上，尝试采用 CO_2的碳、氧同位素划分 CO_2 成因。CO_2的氧同位素的采用，进一步完善了 CO_2 成因判识指标（表 5）。通过 CO_2的碳、氧同位素关系图可将气藏中 CO_2细分为地幔来源 CO_2、碳酸盐岩来源 CO_2、有机成因 CO_2。

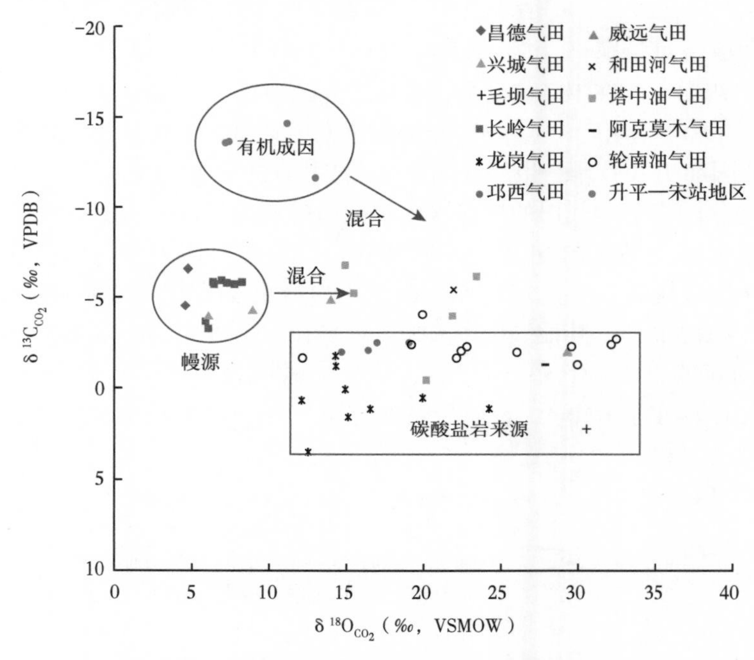

图 2　天然气中 CO_2碳同位素、氧同位素组成分布

表 5　CO_2 成因综合判识指标

鉴别指标	CO_2（%）	$\delta^{13}C_{CO_2}$(‰，VPDB)	$\delta^{18}O_{CO_2}$(‰，VSMOW)	$^3He/^4He$
地幔来源 CO_2	>60	−8～−4	0～10	$>1.1\times10^{-6}$
碳酸盐岩来源 CO_2	—	−4～4	10～40	$n\times10^{-8}$
有机成因 CO_2	一般小于 10	<−10	5～15	10^{-8}～10^{-6}

4　结论

（1）采用气相色谱与同位素质谱联机技术，建立了天然气中 CO_2 氧同位素在线检测

方法，该方法消除了制样过程中产生的人为误差，提高了检测精度和效率。

（2）通过对松辽盆地、四川盆地、塔里木盆地天然气中 CO_2 氧同位素进行系统研究，结合天然气组分、组分碳同位素、稀有气体组成与稀有气体同位素等地球化学资料，发现盆地中不同来源 CO_2 的碳、氧同位素分布存在明显差异，说明 CO_2 的氧同位素具有较好的成因判识价值。

（3）CO_2 的碳、氧同位素的采用进一步完善了 CO_2 成因判识指标，为气源对比研究提供了新的手段。

参 考 文 献

[1] 戴金星，戴春森，宋岩，等．中国东部无机成因的 CO_2 气藏及其特征［J］．中国海上油气：地质，1994，8（4）：215-222.

[2] 朱岳年．二氧化碳地质研究的意义及全球高含二氧化碳天然气的分布特点［J］．地球科学进展，1997，12（1）：26-31.

[3] 涂光炽．关于 CO_2 若干问题的讨论［J］．地学前缘，1996，3（3）：53-62.

[4] 唐忠驭．三水盆地二氧化碳气藏地质特征及成因探讨［J］．石油实验地质，1980，3（4）：10-18.

[5] 唐忠驭．天然二氧化碳气藏的地质特征及其利用［J］．天然气工业，1983，8（3）：22-26.

[6] 裘松余，钟世友．松辽盆地南部万金塔二氧化碳气田的地质特征及其成因［J］．石油与天然气地质，1985，6（4）：434-439.

[7] 宋岩．松辽盆地万金塔气藏天然气成因［J］．天然气工业，1991，11（1）：17-21.

[8] 戴金星．非生物天然气资源的特征与前景［J］．天然气地球科学，2006，17（1）：1-6.

[9] Hansen J E，Johnson D，Lacis A，et al. Climate impact of increasing atmospheric carbon dioxide［J］. Science，1981，213（4511）：957-966.

[10] Manabe S，Wetherald R T. The effects of doubling the CO_2 concentration on the climate of a general circulation model［J］. Journal of Atmospheric Sciences，1975，32（1）：3-15.

[11] Rasool S I，Schneider S H. Atmospheric carbon dioxide and aerosols：Effects of large increases on global climate［J］. Science，1971，173（3992）：138-141.

[12] Assonov S S，Brenninkmeijer C A M，Schuck T J，et al. Analysis of ^{13}C and ^{18}O isotope data of CO_2 in CARIBIC aircraft samples as tracers of upper troposphere/lower stratosphere mixing and the global carbon cycle［J］. Atmospheric Chemistry and Physics，2010，10（17）：8575-8599.

[13] 宋岩，戴金星．中国东部温泉气的组合类型及其成因初探［J］．天然气地球科学，1991，2（5）：199-202.

[14] 沈平，徐永昌．中国陆相成因天然气同位素组成特征［J］．地球化学，1991（2）：144-152.

[15] Gould K W，Hart G N，Smith J W. Techical note：carbon dioxidein the south coalfields N. S. W. A factor in the evaluation of natural gas potential［C］. Proceeding of the Australasian Institute of Mining and Metallurgy，1981，279：41-42.

[16] 何家雄，李明兴，陈伟煌，等．莺琼盆地天然气中 CO_2 的成因及气源综合判识［J］．天然气工业，2001，21（3）：15-21.

[17] 戴金星，文亨范，宋岩．五大连池地幔成因的天然气［J］．石油实验地质，1992，14（2）：200-203.

[18] 张晓东．中国东北地区 CO_2 气藏成因及聚集规律分析［J］．石油学报，2003，24（6）：13-17.

[19] 谈迎，张长木，刘德良．松辽盆地北部昌德东气藏 CO_2 成因的地球化学判据［J］．海洋石油，2005，25（3）：18-23.

[20] 鲁雪松，宋岩，柳少波，等．松辽盆地幔源 CO_2 分布规律与运聚成藏机制［J］．石油学报，2009，

30 (5): 661-666.

[21] 付晓飞，宋岩．松辽盆地无机成因气及气源模式 [J]. 石油学报，2005，26 (4): 23-28.

[22] Schimel D, Enting I G, Heimaann M, et al. CO_2 and the carbon cycle [C] //Houghton J T. Climate Change 1994: Radiative Forcing of Climate Change and an Evaluation of the IPCC IS92 Emission Scenarios. New York: Cambridge University Press: 35-71.

[23] 刘德良，孙先如，李振生，等．鄂尔多斯盆地奥陶系碳酸盐岩脉流体包裹体碳氧同位素分析 [J]. 石油学报，2007，28 (3): 68-74.

[24] 窦伟坦，刘新社，王涛．鄂尔多斯盆地苏里格气田地层水成因及气水分布规律 [J]. 石油学报，2010，31 (5): 767-773.

[25] Chimmer R A, Cooper D J. Using stable oxygen isotopes to quantify the water source used for transpiration by native shrubs in the San Luis Valley, Colorado USA [J]. Plant and Soil, 2004, 260 (1/2): 225-236.

[26] Horita J, Weselowski D. Liquid-vapor fractionation of oxygen and hydrogen isotopes of water from the freezing to the critical temperature [J]. Geochimica Cosmochimica Acta, 1994, 58 (16): 3425-3437.

[27] Liu Wei, He Baichu, Chen Zhensheng. Oxygen isotope exchange kinetics between coexisting minerals and water in the Aral granite pliiton of the Altay Mountains, Northern Xinjiang [J]. Acta Geologica Sinica, 1996, 9 (4): 366-379.

[28] Siegenthaler U, Oeschger H. Predicting future atmospheric carbon dioxide levels [J]. Science, 1978, 199 (4327): 388-395.

[29] Allison G B, Barnes C J, Hughes M W. The distribution of deuterium and 180 in dry soils 2. Experimental [J]. Journal of Hydrology, 1983, 64 (1/4): 377-397.

[30] Craig H. Isotopic standards for carbon and oxygen and correction factors for mass-spectrometric analysis of carbon dioxide [J]. Geochem Cosrnochim Acta, 1957, 12 (1/2): 133-149.

[31] Vaughn B H, Ferretti D F, Miller J B, et al. Stable isotope measurements of atmospheric CO_2 and CH_4 [C] //de Groot P A. Handbook of stable isotope analytical techniques. Amsterdam: Elsevier, 2004, 1: 272-304.

[32] Barker C, Takach N E. Prediction of natural gas composition in ultradeep reservoir [J]. AAPG Blletin, 1992, 76 (12): 1859-1873.

[33] Pankina R G. Origin of CO_2 in petroleum gases (from the isotopic composition of carbon) [J]. International Geology Review, 1978, 21 (5): 535-5391.

[34] 王民，卢双舫，王东良，等. 不同热模拟实验煤热解产物特征及动力学分析 [J]. 石油学报，2011，32 (5): 806-814.

[35] 高岗，刚文哲，郝石生．碳酸盐烃源岩加水热模拟试验中二氧化碳成因探讨 [J]. 石油实验地质，1995，17 (3): 210-214.

[36] 连承波，钟建华，渠芳，等．CO_2 成因与成藏研究综述 [J]. 特种油气藏，2007，14 (5): 7-12.

[37] 刘全有，金之钧，高波，等．川东北地区酸性气体中 CO_2 成因与 TSR 作用影响 [J]. 地质学报，2009，83 (8): 1195-1202.

[38] 朱光有，张水昌，梁英波，等．硫酸盐热化学还原反应对烃类的蚀变作用 [J]. 石油学报，2005，26 (5): 48-52.

[39] Malty B, Tolstikhin IN. CO_2 fluxes from mid-ocean ridges, arcs and plumes [J]. Chemical Geology, 1998, 145 (3-4): 233-248.

[40] Lowenstern J B. Carbon dioxide in magmas and implications for hydrothermal systems [J]. Mineralium Deposita, 2001, 36 (6): 490-502.

[41] 朱东亚，胡文瑄，张学丰，等．塔河油田奥陶系灰岩埋藏溶蚀作用特征 [J]. 石油学报，2007，28 (5): 57-62.

[42] 戴金星，夏新宇，秦胜飞，等．中国有机烷烃气碳同位素系列倒转的成因. 石油与天然气地质，2003，24（1）：3-6.
[43] 徐永昌，沈平，陶明信，等．中国含油气盆地天然气中氦同位素分布［J］. 科学通报，1994，39（16）：1505-1508.
[44] 张殿伟，刘文汇，郑建京，等．塔中地区天然气氦、氩同位素地球化学特征［J］. 石油勘探与开发，2005，32（6）：38-41.
[45] 金之钧，朱东亚，胡文瑄，等．塔里木盆地热液活动地质地球化学特征及其对储层影响［J］. 地质学报，2006，80（2）：245-253.
[46] 戴金星. 天然气地质和地球化学论文集（第2卷）［M］. 北京：石油工业出版社，2000：201.

本文原刊于《石油学报》，2014年第35卷第1期。

稀有气体全组分含量及同位素分析技术

王晓波[1,2,3]　李志生[1,3]　李　剑[1,3]　王东良[1,3]　陈践发[2]
谢增业[1,3]　孙明良[1,3]　王义凤[1,2,3]　李　谨[1,3]　王　蓉[1,3]

1. 中国石油勘探开发研究院廊坊分院，河北廊坊
2. 中国石油大学地球科学学院，北京
3. 中国石油天然气集团公司天然气成藏与开发重点实验室，河北廊坊

摘要： 通过引进和自主研发相结合，建立了一套大型综合性设备，对天然气、烃源岩、储层包裹体、原油、地层水等多种类型油气地质样品中的稀有气体进行纯化、富集，同时进行He、Ne、Ar、Kr、Xe全组分含量及同位素分析。开发形成了不同类型油气地质样品中稀有气体制样技术系列，建立了完整的稀有气体He、Ne、Ar、Kr、Xe全组分及同位素分析技术。选取松辽、塔里木盆地大气田典型天然气样品，开展了稀有气体He、Ne、Ar、Kr、Xe全组分含量及同位素分析，明确了长深、徐深及克拉2气田天然气样品中稀有气体He、Ne、Ar、Kr、Xe全组分含量总体分布特征，建立完善了稀有气体He、Ne、Ar、Kr、Xe多种成因类型判识图版。对长深、徐深及克拉2气田天然气中稀有气体进行了综合成因判识，提供了有效的实验技术支持。

关键词： 稀有气体；制样技术；全组分含量及同位素分析；分布特征；综合成因判识

稀有气体，即He、Ne、Ar、Kr、Xe、Rn，系指元素周期表中的零族元素，在地球中含量极低，因其化学惰性，又称为惰性气体。由于Rn为放射性元素，在地质研究中稀有气体通常涉及He、Ne、Ar、Kr、Xe。稀有气体由于化学性质不活泼、自然界丰度极低、成因又与特定核过程相关，因而成为研究地质历程的重要示踪剂[1-16]。油气中的稀有气体组分和同位素蕴涵着丰富的油气地质信息，在天然气成因、运移、气源追索、壳—幔物质相互作用、大地构造和大地热流[17-28]等方面研究中具有广泛的应用前景，是进行气源对比及判断无机气混入（幔源气混入）的重要手段。

目前，中国油气地质中稀有气体分析技术及研究的广度与深度还远远不够，主要存在样品处理手段单一，组分及同位素分析技术以He、Ar分析为主，Ne、Kr、Xe组分及同位素分析技术薄弱，稀有气体全组分含量及同位素分析技术尚待开发和完善等问题，制约了稀有气体分析技术在油气地质领域的应用和发展。因此，建立一套完整的、适用于不同类型油气地质样品的稀有气体全组分含量测定及同位素分析系统，开发完善的稀有气体全组分含量和同位素分析技术，开展油气地质样品中稀有气体组分及同位素分析和应用研究，对于推动中国稀有气体分析技术的发展、促进稀有气体在油气地质领域的应用具有重要意义。

1　稀有气体分析技术

稀有气体制样系统包括天然气、岩石、包裹体、液体中稀有气体制样装置，为自主研发技术。稀有气体同位素质谱仪采用英国 NU 仪器公司的 Noblesse 型质谱仪。通过稀有气体制样系统与质谱仪联机，可对气、固、液三种状态涉及天然气、烃源岩、储层包裹体、原油、地层水等多种类型地质样品中稀有气体进行纯化、富集，进行 He、Ne、Ar、Kr、Xe 全组分含量及同位素分析。

1.1　稀有气体制样技术

稀有气体制样系统主要包括天然气中稀有气体制样装置、岩样真空高温熔样装置、包裹体中稀有气体制样装置和液体中稀有气体制样装置。系统组成及工作流程如图 1 所示。

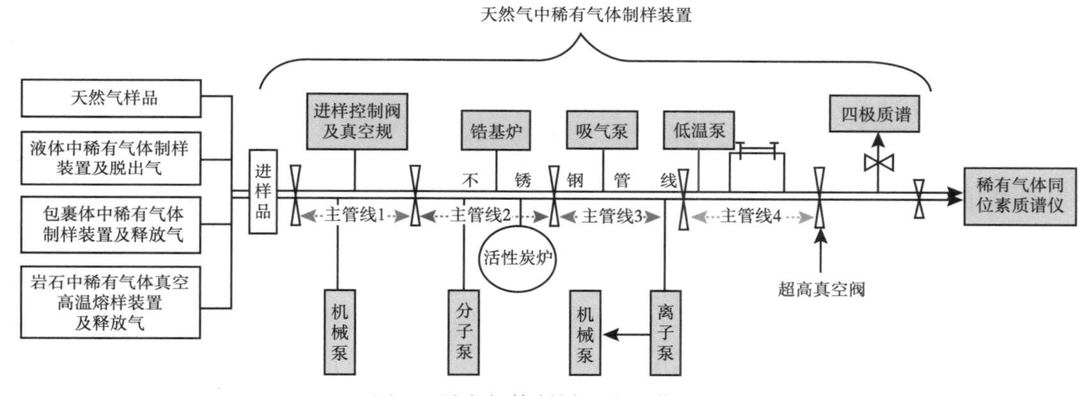

图 1　稀有气体制样系统工作流程

天然气中稀有气体制样装置是稀有气体制样系统的主体组成部分和关键核心装置，主要由机械泵、分子泵和离子泵等真空设备组件，进样控制阀及真空规等进样控制组件，锆基炉、吸气泵等样品纯化组件，以及低温泵、活性炭炉、液氮等样品分离组件，不锈钢管线和超高真空阀等组成。将天然气钢瓶通过减压阀连接到装置进样口，利用机械泵对不锈钢管线抽低真空，利用分子泵和离子泵实现管线的高、超高真空；通过进样控制阀和真空规控制天然气样品的进样量；利用锆基炉、吸气泵等对天然气样品中烃类气体、N_2、O_2、CO_2、H_2S 及微量 H_2 等活性气体进行净化处理，富集稀有气体；净化后的稀有气体利用四级质谱在线进行全组分含量测定；进一步根据各稀有气体沸点不同，利用低温泵、活性炭炉及液氮等对稀有气体 He、Ne、Ar、Kr、Xe 进行组分分离后分别送入稀有气体同位素质谱仪在线进行同位素分析。

岩样中稀有气体制样装置主要由真空系统、高温熔样炉、超高真空阀门、不锈钢管线及真空计等组成。在高真空状态下，将少量岩石样品在 1600~1800℃ 下高温熔融并释放出所含烃类气体和稀有气体，脱附出来的气体通过真空管道引入天然气中稀有气体制样装置。

包裹体中稀有气体制样装置主要包括球磨仪和真空研磨罐两部分。将处理好的包裹体样品装入真空研磨罐内，对研磨罐进行密封并连接真空设备组件抽真空，加热去除表面吸附气；待研磨罐真空抽到要求值，断开真空设备组件并将研磨罐装入球磨仪内；设定好样品的研磨时间，启动球磨仪；待样品研磨完成后取下研磨罐并将其连接到天然气中稀有气体制样装置上，脱附出来的气体通过真空管道引入天然气中稀有气体制样装置。

液体中稀有气体制样装置主要由真空系统、真空计及样品瓶等组成。将装有原油或地层水的样品瓶与脱气瓶进行串联连接到液体中稀有气体制样装置，利用真空系统对脱气瓶抽真空，待真空抽到要求值，断开真空系统并将脱气瓶阀门打开进行脱气，脱气完成后取下脱气瓶并将其连接到天然气中稀有气体制样装置上，脱出气通过真空管道引入天然气中稀有气体制样装置。

天然气中稀有气体制样技术是油气地质样品中稀有气体分析的基础和关键。岩石、包裹体、液体样品中稀有气体分析的技术难点是样品的前处理，即采用什么方法、如何保证不受空气污染将赋存于岩石、包裹体及液体样品中包含的微量稀有气体脱附出来，后续对于不同类型样品脱出气中稀有气体的纯化、富集及组分和同位素分析与天然气类似。通过技术攻关，分别建立了天然气、岩石、包裹体、液体样品中稀有气体制样方法和流程，形成了功能齐全、不同类型样品中稀有气体制样技术系列，为开展稀有气体组分和同位素分析提供必要的条件和保证。

1.2 全组分含量分析技术

常规油气中稀有气体组分数据分析，主要以 He、Ar 为主，而 He、Ne、Ar、Kr、Xe 全组分含量数据分析尚处于空白。本实验室利用天然气中稀有气体制样装置的净化组件去除 CH_4 等烃类气体和 H_2、N_2、CO_2、H_2S 等活性气体干扰，富集并纯化稀有气体，并利用四级质谱及其自带编程语言，开发了一套稀有气体组分测量过程控制及数据处理程序，建立了具有较高精度和稳定性的稀有气体全组分含量分析技术，使稀有气体组分分析更加快捷高效。

与天然气中常规组分采用色谱分析方法（在 He 气作载气的动态条件下采用峰面积积分法求取）相比，稀有气体全组分含量分析需要静态真空条件，分析的理论依据是稀有气体同位素离子流信号强度的峰高比法。方法和流程如下：(1) 首先获取仪器的平均灵敏度。以北京昌平蟒山空气为标准，并利用空气中稀有气体的组分含量国际公认值（He：5.24×10^{-6}，Ne：18.18×10^{-6}，Ar：0.934%，Kr：1.14×10^{-6}，Xe：0.087×10^{-6}），通过进一定压力的空气标样，净化处理后分析稀有气体 ^{4}He、^{21}Ne、^{40}Ar、^{84}Kr、^{132}Xe 同位素的离子流信号强度，计算各同位素信号强度与进样分压比，得到上述 5 个同位素的灵敏度，进行多次实验，得到稀有气体 ^{4}He、^{21}Ne、^{40}Ar、^{84}Kr、^{132}Xe 每种同位素的灵敏度平均值（本仪器灵敏度相对百分偏差分别为±3.95%、±3.48%、±2.02%、±1.89%、±3.21%，具有较好的稳定性）。(2) 对天然气样品进行稀有气体纯化、富集，分析天然气样品稀有气体 ^{4}He、^{21}Ne、^{40}Ar、^{84}Kr、^{132}Xe 同位素的离子流信号强度，利用得到的仪器对上述 5 个同位素平均灵敏度及天然气样品进样压力，计算得到天然气样品中稀有气体 He、Ne、Ar、Kr、Xe 全组分含量的实验值。实际分析过程中，需要利用第一次获取的平均灵敏度，将空气标样按照天然气样品的分析方法和流程进行多次重复分析（表 1），得到空气标样实验测量均值，并与空气标样国际公认值进行比较求取校正系数；利用校正系数对天然气样品中稀有气体 He、Ne、Ar、Kr、Xe 全组分含量的实验值进行校正，得到天然气中稀有气体 He、Ne、Ar、Kr、Xe 全组分含量实际值。

表 1　空气标样中稀有气体 He、Ne、Ar、Kr、Xe 全组分含量重复性分析结果

编号	He（10^{-6}）	Ne（10^{-6}）	Ar（10^{-5}）	Kr（10^{-6}）	Xe（10^{-8}）
air1	5.2445	20.2276	940.2780	1.0091	8.8390
air2	5.2533	21.0392	949.3540	1.0438	8.3145
air3	5.2024	20.0964	943.2980	0.9908	8.1936
air4	5.3091	20.8245	952.5610	1.0288	8.0433
air5	5.3687	20.4039	937.6630	1.0001	8.2348
air6	5.3826	20.7096	935.9510	1.0458	7.9393
air7	5.4036	20.3205	945.2850	0.9954	8.0433
air8	5.25508	20.9724	965.919	1.012796	7.67316
air9	4.88774	22.5397	939.318	0.96813	7.23332
air10	4.88971	21.8562	923.443	0.96312	7.18472
air11	5.08011	20.8577	919.229	0.953924	7.1796
air12	5.13274	22.0154	946.826	0.989624	7.19748
空气标样实验均值	5.2008	20.9886	941.5938	1.0001	7.8397
空气标样国际公认值	5.240	18.180	934.000	1.140	8.700

利用稀有气体全组分含量分析技术，对空气标样进行多次重复性分析，空气标样的实验值及其均值与国际公认值十分接近，表明该方法具有较高的准确性；12 次空气标样重复性分析的相对百分偏差分别为±3.36%、±3.66%、±1.32%、±2.99%、±6.96%，表明该方法误差整体较小，具有较好的稳定性和重复性。此外，天然气样品的重复性分析（2~3 次）的相对百分偏差总体分别小于±1.91%、±2.59%、±2.67%、±7.53%、±4.09%，也表明天然气样品分析总体具有较好的重复性和可靠性。

1.3　同位素分析技术

稀有气体 He、Ne、Ar、Kr、Xe 具有多个稳定同位素比值：He 有 1 个（$^{3}He/^{4}He$），Ne 有 2 个（$^{20}Ne/^{22}Ne$、$^{21}Ne/^{22}Ne$），Ar 有 2 个（$^{40}Ar/^{36}Ar$、$^{38}Ar/^{36}Ar$），Kr 有 5 个（$^{78}Kr/^{83}Kr$、$^{80}Kr/^{83}Kr$、$^{82}Kr/^{83}Kr$、$^{84}Kr/^{83}Kr$、$^{86}Kr/^{83}Kr$），Xe 有 8 个（$^{124}Xe/^{130}Xe$、$^{126}Xe/^{130}Xe$、$^{128}Xe/^{130}Xe$、$^{129}Xe/^{130}Xe$、$^{131}Xe/^{130}Xe$、$^{132}Xe/^{130}Xe$、$^{134}Xe/^{130}Xe$、$^{136}Xe/^{130}Xe$），共计 18 个同位素比值。因此，通过一次进样将所有同位素比值全部准确测量是一项十分困难的任务。

目前国内稀有气体 He、Ar 同位素分析技术已经十分成熟；Kr、Xe 中部分含量较高的同位素比值也有学者进行过分析和研究，但由于受到仪器条件的限制，将 Kr 和 Xe 所有同位素比值全部准确测量存在困难；对于 Ne 的 ^{20}Ne、^{22}Ne 同位素由于受 $2^{++}Ar$、$^{2++}CO_2$ 的干扰，准确测量 Ne 的同位素丰度及比值是一个国际性难题，国内尚没有较好的解决方法。针对上述存在问题，本实验室通过将天然气中稀有气体制样装置与稀有气体同位素质谱仪联机，根据 He、Ne、Ar、Kr、Xe 每种稀有气体各自同位素分析的特殊要求和特点，分别建立了 He、Ne、Ar、Kr、Xe 各自同位素分析所需的调节参数、测量及计算方法，开发形成了完整的稀有气体 He、Ne、Ar、Kr、Xe 同位素分析技术系列。

稀有气体同位素分析需要极高的静态真空条件，原理是依据稀有气体同位素离子信号强度的峰高比法，测量同种稀有气体不同同位素离子的信号强度，计算稀有气体同位素比值。方法和流程如下：(1) 以空气为标样，利用稀有气体同位素质谱仪进行每种稀有气体的同位素比值实验测量，将空气标样同位素实验值与空气中稀有气体同位素国际公认值进行比较，求取相对偏差及校正系数；(2) 采用与空气标样相同的分析方法和流程对样品进行分析，得到样品中稀有气体 He、Ne、Ar、Kr、Xe 各同位素比值的实验值，利用校正系数对实验值进行数据校正，得到样品的实际值。

利用建立的稀有气体同位素分析技术对空气标样中稀有气体 He、Ne、Ar、Kr、Xe 各同位素进行分析，空气标样中稀有气体同位素实验测得值与空气标样国际公认值非常接近，相对百分偏差总体较小，表明稀有气体 He、Ne、Ar、Kr、Xe 同位素分析方法具有较高的精度和准确性（表 2）。对样品进行分析后，利用各同位素比值的校正系数对样品测量值进行数据校正，可得到样品稀有气体同位素实际值。

表 2　空气标样中部分稀有气体同位素分析结果对比

同位素比值	$^{21}Ne/^{22}Ne$	$^{20}Ne/^{22}Ne$	$^{40}Ar/^{36}Ar$	$^{38}Ar/^{36}Ar$	$^{124}Xe/^{130}Xe$	$^{128}Xe/^{130}Xe$	$^{131}Xe/^{130}Xe$	$^{132}Xe/^{130}Xe$	$^{134}Xe/^{130}Xe$	$^{136}Xe/^{130}Xe$
空气国际公认值	0. 0290	9. 80	295. 5	0. 1880	0. 0234	4. 735	5. 213	6. 607	2. 563	2. 176
实验测量值	0. 0277	9. 542	304. 4	0. 1879	0. 0240	4. 799	5. 388	6. 411	2. 534	2. 149
相对百分偏差(%)	±4. 48	±2. 64	±3. 01	±0. 1	±2. 69	±1. 35	±3. 35	±2. 97	±1. 14	±1. 25
校正系数	0. 9552	0. 9737	1. 0302	0. 9995	1. 0257	1. 0179	1. 0336	0. 9704	0. 9887	0. 9876

2　技术应用

利用稀有气体全组分含量及同位素分析技术，对挑选的松辽盆地长深、徐深气田及塔里木盆地克拉 2 气田典型天然气样品首次开展了全面的稀有气体 He、Ne、Ar、Kr、Xe 全组分含量和同位素分析，并在此基础上进行了初步地质应用探讨。

2.1　全组分含量分析技术应用

对松辽盆地徐深气田徐深 6 井，长深气田长深平 2 井、长深 2 井营城组天然气及塔里木盆地克拉 2 气田克拉 2-7 井天然气进行了稀有气体 He、Ne、Ar、Kr、Xe 全组分含量分析，并对天然气中稀有气体 He、Ne、Ar、Kr、Xe 全组分含量总体分布特征进行了系统分析（表 3、图 2）。

表 3　松辽、塔里木盆地部分天然气样品中稀有气体 He、Ne、Ar、Kr、Xe 全组分含量数据

井号	He (10^{-6})	Ne (10^{-6})	Ar (10^{-5})	Kr (10^{-6})	Xe (10^{-8})	所属气田
徐深 6 井	151±5	3. 1291±0. 1146	4. 8102±0. 0635	0. 0149±0. 0004	0. 2783±0. 0194	松辽徐深气田
长深 2 井	195±7	4. 1440±0. 1518	7. 4027±0. 0977	0. 0154±0. 0005	0. 4418±0. 0307	松辽长深气田
长深平 2 井	453±15	6. 1790±0. 2263	33. 1313±0. 4374	0. 0404±0. 0012	0. 8632±0. 0600	松辽长深气田
克拉 2-7 井	55±2	1. 7914±0. 0656	3. 5320±0. 0466	0. 0105±0. 0003	0. 2235±0. 0155	塔里木克拉 2 气田
空气标样含量国际公认值	5. 24	18. 18	934	1. 140	8. 7	

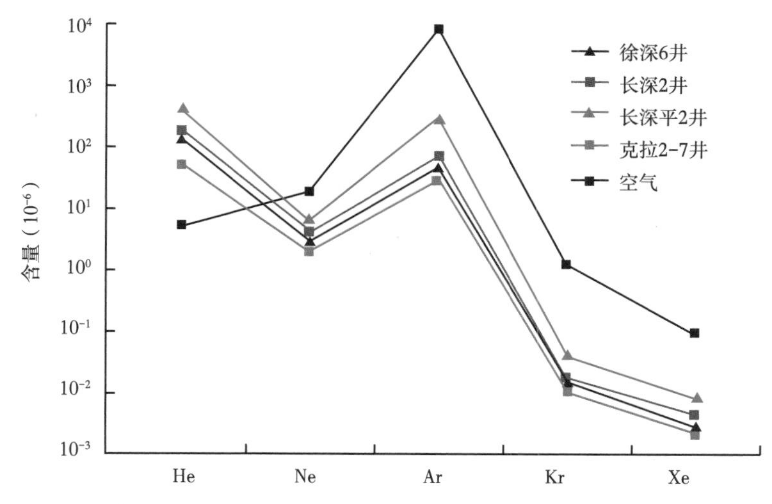

图 2　松辽、塔里木盆地部分天然气中 He、Ne、Ar、Kr、Xe 全组分含量折线图

松辽、塔里木盆地天然气样品中稀有气体全组分含量具有如下特征。(1) 四个天然气样品中 He 含量总体较高，高于大气含量值（5.24×10^{-6}）1～2 个数量级。其中，长深平 2 井 He 含量最高达 453×10^{-6}，长深 2、徐深 6 井次之为（150～200）$\times10^{-6}$，克拉 2-7 井最低为 55×10^{-6}。(2) 四个天然气样品 Ne、Ar、Kr、Xe 含量总体相对较低。其中 Ne 含量为（1.7914～6.1790）$\times10^{-6}$，低于大气含量值 18.18×10^{-6} 约 1 个量级；Ar 含量（35.32～331.313）$\times10^{-6}$，低于大气含量 9340×10^{-6} 为 2～3 个量级；Kr 含量（0.0105～0.404）$\times10^{-6}$，低于大气含量 1.14×10^{-6} 约 2 个量级；Xe 含量（0.2235～0.8632）$\times10^{-8}$，低于大气含量 8.7×10^{-8} 约 1 个量级。(3) 稀有气体全组分含量总体为长深气田>徐深气田>克拉 2 气田。(4) 长深平 2 井 He 含量总体接近工业利用的标准（500×10^{-6}），具有重要工业利用价值；此外，长深气田和徐深气田其他井 He 含量普遍较高（150～200）$\times10^{-6}$，也具有一定的潜在工业利用价值。

2.2　同位素分析技术应用

在全组分分析基础上，进一步利用稀有气体 He、Ne、Ar、Kr、Xe 同位素分析技术对松辽盆地徐深气田徐深 6 井，长深气田长深平 2、长深 2 井营城组天然气及塔里木盆地克拉 2 气田克拉 2-7 井天然气进行了稀有气体 He、Ne、Ar、Kr、Xe 同位素分析（表 4），并在此基础上利用 He、Ne、Ar、Kr、Xe 同位素进行天然气成因判识。

表 4　松辽、塔里木盆地部分天然气样品中稀有气体 He、Ne、Ar、Kr、Xe 同位素数据

同位素比值	徐深气田	长深气田		克拉 2 气田	大气
	徐深 6 井	长深平 2 井	长深 2 井	克拉 2-7 井	
$^{3}He/^{4}He$	$(1.574\pm0.059)\times10^{-6}$	$(3.497\pm0.261)\times10^{-6}$	$(4.548\pm0.365)\times10^{-6}$	$(0.0371\pm0.0038)\times10^{-6}$	1.4×10^{-6}
$^{20}Ne/^{22}Ne$	9.88±0.13	9.96±0.23	10.01±0.23	9.70±0.16	9.8
$^{21}Ne/^{22}Ne$	0.0297±0.0008	0.0322±0.0011	0.0324±0.0012	0.0298±0.0011	0.029
$^{40}Ar/^{36}Ar$	594±10	2473±33	1196±14	1210±26	0.188

续表

同位素比值	徐深气田	长深气田		克拉 2 气田	大气
	徐深 6 井	长深平 2 井	长深 2 井	克拉 2-7 井	
$^{38}Ar/^{36}Ar$	0.1923±0.0029	0.2049±0.0023	0.2068±0.0021	0.1943±0.0054	295.5
$^{78}Kr/^{83}Kr$	0.0297±0.0034	0.0301±0.0027	0.0299±0.0035	—	0.0302
$^{80}Kr/^{83}Kr$	0.1948±0.0142	0.1961±0.0151	0.1942±0.0129	0.1970±0.0279	0.1966
$^{82}Kr/^{83}Kr$	1.009±0.0461	1.008±0.0239	1.007±0.0353	1.009±0.0785	1.004
$^{84}Kr/^{83}Kr$	5.021±0.208	5.016±0.142	4.979±0.129	4.972±0.275	4.965
$^{86}Kr/^{83}Kr$	1.540±0.044	1.554±0.091	1.543±0.054	1.521±0.103	1.515
$^{124}Xe/^{130}Xe$	0.0229±0.0010	0.0233±0.0009	0.0233±0.0006	0.0233±0.0012	0.0234
$^{126}Xe/^{130}Xe$	0.0212±0.0015	0.0213±0.0025	0.0216±0.0009	0.0219±0.0016	0.0218
$^{128}Xe/^{130}Xe$	0.4677±0.0371	0.4710±0.0215	0.4781±0.0176	0.4733±0.0491	0.4715
$^{129}Xe/^{130}Xe$	6.523±0.254	6.540±0.197	6.547±0.123	6.484±0.359	6.496
$^{131}Xe/^{130}Xe$	5.303±0.223	5.248±0.149	5.277±0.212	5.226±0.277	5.213
$^{132}Xe/^{130}Xe$	6.657±0.318	6.645±0.193	6.729±0.147	6.639±0.407	6.607
$^{134}Xe/^{130}Xe$	2.655±0.112	2.607±0.087	2.644±0.095	2.573±0.272	2.563
$^{136}Xe/^{130}Xe$	2.241±0.106	2.239±0.084	2.249±0.089	2.212±0.297	2.176

稀有气体在进行成因判识和气源对比特别是在判断无机气（幔源气）混入等方面具有独特的优势。利用松辽盆地徐深 6、长深 2、长深平 2 井，以及塔里木盆地克拉 2-7 井，建立了 He—R/R_a、$^3He/^4He$—$^{20}Ne/^{22}Ne$、$^3He/^4He$—$^{40}Ar/^{36}Ar$、$^{129}Xe/^{130}Xe$—$^{132}Xe/^{130}Xe$ 等多种成因判识图版，初步对徐深、长深气田和克拉 2 气田进行了稀有气体成因综合判识（图 3 至图 6）。

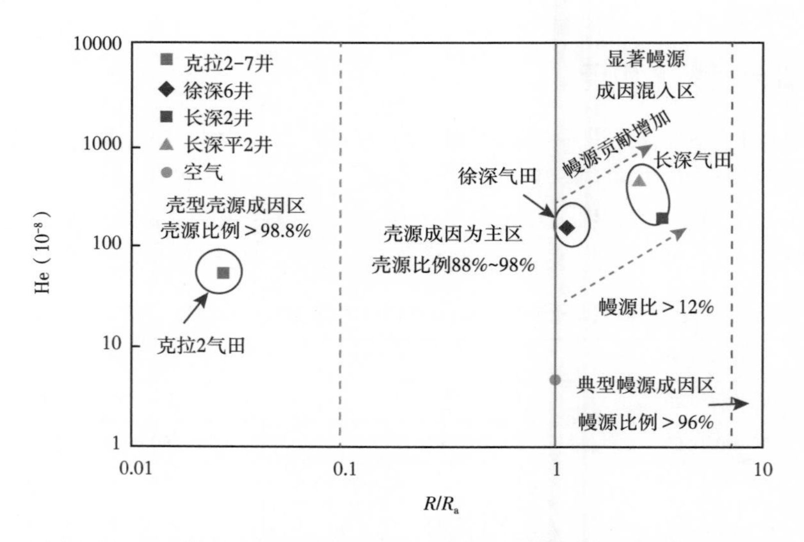

图 3　松辽、塔里木盆地部分天然气中稀有气体 He—R/R_a 成因判识

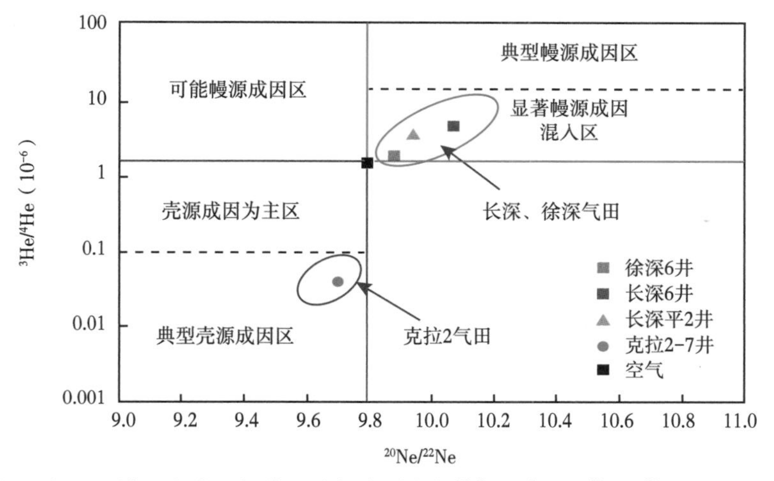

图 4　松辽、塔里木盆地部分天然气中稀有气体 $^{3}He/^{4}He$—$^{20}Ne/^{22}Ne$ 成因判识

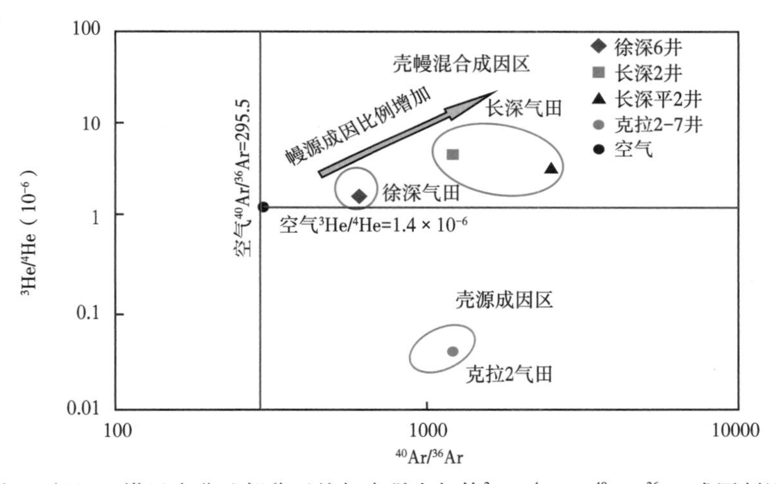

图 5　松辽、塔里木盆地部分天然气中稀有气体 $^{3}He/^{4}He$—$^{40}Ar/^{36}Ar$ 成因判识

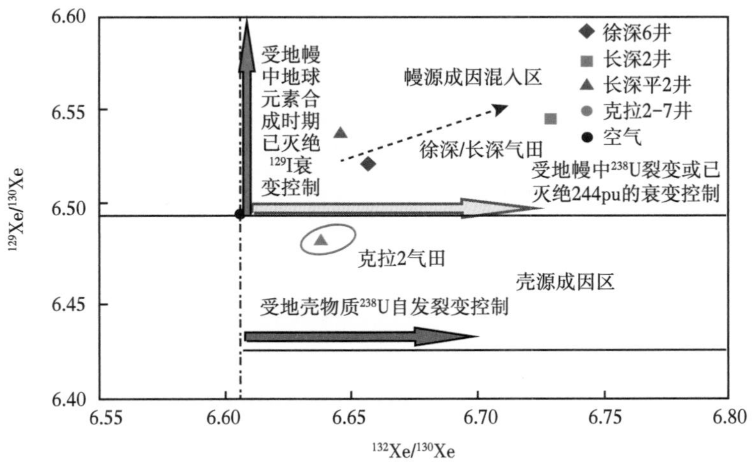

图 6　松辽、塔里木盆地部分天然气中稀有气体 $^{129}Xe/^{130}Xe$—$^{132}Xe/^{130}Xe$ 成因判识

（1）松辽盆地长深2、长深平2、徐深6井天然气的$^{3}He/^{4}He$比值总体分布在（1.574~4.548）×10^{-6}，R/R_a>1，具有明显幔源成因贡献，并且贡献比例为长深气田>徐深气田；He同位素比值越高He组分含量也越大，二者具有明显的正相关关系（图3），表明幔源物质加入对天然气中He丰度的增加具有重要影响。$^{20}Ne/^{22}Ne$比值分布在9.88~10.01，^{20}Ne相对大气过剩，反映存在太阳风型氖[22,23,29]，表明天然气中氖具有幔源来源贡献（图4）。长深2、长深平2井的$^{40}Ar/^{36}Ar$比值为1196~2473，远大于根据Ar同位素年代公式推算的白垩系烃源岩所应具有的比值即412~571[22,23,25,30-32]，而徐深6井的$^{40}Ar/^{36}Ar$比值594也略高于该推算值，因此，长深气田比徐深气田具有更显著的幔源物质贡献（图5）。长深2、长深平2、徐深6井天然气中$^{78}Kr/^{83}Kr$、$^{80}Kr/^{83}Kr$、$^{82}Kr/^{83}Kr$、$^{84}Kr/^{83}Kr$、$^{86}Kr/^{83}Kr$及$^{124}Xe/^{130}Xe$、$^{126}Xe/^{130}Xe$、$^{128}Xe/^{130}Xe$在实验误差范围内与大气值一致，但^{129}Xe及$^{131-136}Xe$相对大气过剩[33]，结合$^{129}Xe/^{130}Xe$及$^{132}Xe/^{130}Xe$成因判识图（图6），认为过剩的^{129}Xe与幔源物质的加入有关。因此，稀有气体He、Ne、Kr、Ar、Xe同位素综合成因判识认为长深、徐深气田具有明显的幔源成因物质贡献特征，并且贡献比例为长深气田>徐深气田。

（2）克拉2气田$^{3}He/^{4}He$比值为3.71×10^{-8}，0.01<R/R_a<0.1，表明天然气中稀有气体为典型壳源成因，壳源成因He比例大于98.8%，且主要为壳源放射元素U、Th衰变的产物[1,7,10,14,34,35]（图3）；$^{20}Ne/^{22}Ne$比值为9.70，$^{21}Ne/^{22}Ne$比值为0.0298，表明^{20}Ne相对亏损，^{21}Ne、^{22}Ne相对过剩，可能来源于地壳物质中丰富的铀、钍、氧和氟元素，诸如^{18}O（n，a）^{21}Ne和^{19}F（n，a）^{22}Ne等核反应[22,23,29]（图4）；$^{40}Ar/^{36}Ar$比值为1210，大于三叠系—侏罗系烃源岩估算值571~920，结合$^{3}He/^{4}He$比值可以排除幔源物质贡献的可能（图5），氩主要来自壳源物质的放射性衰变，Ar同位素比值高于三叠系—侏罗系烃源岩估算值，一方面反映了烃源岩的累积效应，同时也与局部地区含K矿物含量相对丰富具有密切关系。因此，克拉2气田表现出典型壳源成因特征。

3 结论

（1）建立了一套功能齐全，可以对气、固、液三种状态涉及天然气、烃源岩、储层包裹体、原油、地层水等多种类型油气地质样品中稀有气体进行纯化、富集，进行He、Ne、Ar、Kr、Xe全组分含量及同位素分析的大型综合性设备。

（2）建立了天然气、岩石、包裹体、液体样品中稀有气体制样方法和流程，形成了不同类型地质样品中稀有气体制样技术系列，为组分和同位素分析提供必要的前提和保证，开发了具有较高精度、准确性和稳定性的稀有气体He、Ne、Ar、Kr、Xe全组分含量及同位素分析技术。

（3）松辽、塔里木盆地四个天然气样品中He含量总体高于大气含量值1~2个数量级，Ne、Ar、Kr、Xe含量总体低于大气含量1~3个量级；稀有气体全组分含量总体上为长深气田>徐深气田>克拉2气田；长深平2井He含量总体接近工业利用标准，具有重要工业利用价值，长深气田和徐深气田其他2口井天然气He含量为（150~200）×10^{-6}，具有一定的潜在工业利用价值。

（4）利用稀有气体He、Ne、Kr、Ar、Xe同位素结合He—R/R_a、$^{3}He/^{4}He$—$^{20}Ne/^{22}Ne$、$^{3}He/^{4}He$—$^{40}Ar/^{36}Ar$、$^{129}Xe/^{130}Xe$—$^{132}Xe/^{130}Xe$等多种成因判识图版，对松辽、塔里木

盆地部分天然气进行综合成因判识。长深、徐深气田具有明显的幔源物质贡献的特征，并且幔源贡献比例为长深气田>徐深气田；克拉2气田具有典型壳源成因特征。

参考文献

[1] Ozima M, Podesek F A. Noble gas geochemistry [M]. London: Cambridge University Press, 1983: 1-252.

[2] Welhan J A, Craig H. Methane, hydrogen and helium in hydrothermal fluids at 21°N on the East Pacific Rise [C] //Rona P A, Bostrom K, Laubier L. Hydrothermal Processes at Seafloor Spreading Centers. New York: Plenum Press, 1983: 391-410.

[3] Welhan J A, Poreda R J, Rison W, et al. Geothermal gases of the Mud Volcano Area, Yellowstone Park [J]. Eos, Transactions American Geophysical Union, 1983, 64 (45): 882.

[4] Allegre C J, Staudacher T, Sarda P, et al. Constraints on evolution of Earth's mantle from rare gas systematics [J]. Nature, 1983, 303 (5920): 762-766.

[5] Allegre C J, Sarda P, Staudacher T. Speculations about the cosmic origin of He and Ne in the interior of the Earth [J]. Earth and Planetary Science Letters, 1993, 117 (1-2): 229-233.

[6] Anderson D L. Helium-3 from the mantle: Primordial signal or cosmic dust? [J]. Science, 1993, 261 (5118): 170-176.

[7] Clarke W B, Jenkins W J, Top Z. Determination of tritium by mass spectrometric measurement of ^3He [J]. The International Journal of Applied Radiation and Isotopes, 1976, 27 (9): 515-522.

[8] Farley K A, Poreda R J. Mantle neon and atmospheric contamination [J]. Earth and Planetary Science Letters, 1993, 114 (2-3): 325-339.

[9] Honda M, Patterson D B, McDougall I, et al. Noble gases in submarine pillow basalt glasses from the Lau Basin: Detection of a solar component in backarc basin basalts [J]. Earth and Planetary Science Letters, 1993, 120 (3-4): 14-135.

[10] Mamyrin B A, Anufriyev G S, Kamenskiy I L, et al. Determination of the isotopic composition of atmospheric helium [J]. Geochemistry International, 1970, 7: 498-505.

[11] Ozima M, Zashu S. Noble gas state of the ancient mantle as deduced from noble gases in coated diamonds [J]. Earth and Planetary Science Letters, 1991, 105 (1-3): 13-27.

[12] Poreda R J, Farley K A. Rare gases in Samoan xenoliths [J]. Earth and Planetary Science Letters, 1992, 113 (1-2): 129-144.

[13] Poreda R J, Craig H. He and Sr isotopes in the Lau basin mantle: depleted and primitive mantle components [J]. Earth and Planetary Science Letters, 1992, 113 (4): 487-493.

[14] 王先彬．稀有气体同位素地球化学和宇宙化学［M］. 北京：科学出版社，1989：7-22.

[15] 徐永昌，王先彬，吴仁铭，等．天然气中稀有气体同位素［J］. 地球化学，1979，8（4）：271-282.

[16] 方中．开拓我国同位素地质研究新方向——评矿物岩石惰性气体同位素地球化学进展［J］. 地质评论，1996，42（4）：329-333.

[17] 孙明良．天然气中稀有气体同位素的分析技术［J］. 沉积学报，2001，19（2）：271-275.

[18] 孙明良，徐永昌，王先彬．天然气中氦同位素的质谱分析［J］. 分析测试通报，1991，10（5）：50-55.

[19] 孙明良，叶先仁．固体样品中He、Ar同位素的质谱测定［J］. 沉积学报，1997，15（1）：48-53.

[20] 孙明良，陈践发．真空电磁破碎器粉碎盐岩颗粒及稀有气体同位素组成测量的实验研究［J］. 沉积学报，1998，16（1）：103-107.

[21] 徐永昌，沈平，陶明信，等．中国含油气盆地天然气中氦同位素分布［J］．科学通报，1994，39（16）：1505-1509.
[22] 徐永昌，沈平，刘文汇，等．天然气中稀有气体地球化学研究［M］．北京：科学出版社，1998：1-231.
[23] 徐永昌．天然气中的幔源稀有气体［J］．地学前缘，1996，3（3）：63-71.
[24] 戴金星，宋岩，戴春林，等．中国东部无机成因气及其气藏形成条件［M］．北京：科学出版社，1995：1-212.
[25] 刘文汇，徐永昌．天然气中氦氩同位素组成的意义［J］．科学通报，1993，38（9）：818-821.
[26] Battani A，Sarda P，Prinzhofer A. Basin scale natural gas source，migration and trapping traced by noble gases and major elements：the Pakistan Indus Basin［J］. Earth and Planetary Science Letters，2000，181（1-2）：229-249.
[27] 陶明信，徐永昌，沈平，等．中国东部幔源气藏聚集带的大地构造与地球化学特征及成藏条件［J］．中国科学，1996，26（6）：531-536.
[28] Polyak B，Gprasolov E M，Cermak V，et al. Isotopic composition of noble gases in geothermal fluids of the Krušné Hory Mts.，Czechoslovakia，and the nature of the local geothermal anomaly［J］. Geochimica et Cosmochimica Acta，1985，49（3）：695-699.
[29] Kennedy B M，Hiyagon H，Reynolds J H. Crustal neon：a Striking uniformity［J］. Earth and Planetary Science Letters，1990，98（3-4）：277-286.
[30] 沈平，徐永昌，刘文汇，等．天然气研究中的稀有气体地球化学应用模式［J］．沉积学报，1995，13（2）：48-57.
[31] 刘文汇，徐永昌．天然气中氩与源岩、储层钾氩之关系［C］//中国科学院兰州地质研究所．生物、气体地球化学开放研究实验室研究年报．兰州：甘肃科学技术出版社，1987：191-200.
[32] 徐永昌，刘文汇，沈平，等．天然气地球化学的重要分支——稀有气体地球化学［J］．天然气地球科学，2003，14（3）：157-166.
[33] 徐胜，徐永昌，沈平，等．中国中西部盆地若干天然气藏中稀有气候同位素组成［J］．科学通报，1996，41（12）：115-118.
[34] 徐永昌，沈平，陶明信，等．东部油气区天然气中幔源挥发份的地球化学-Ⅰ．氦资源的新类型：沉积壳层幔源氦的工业储集［J］．中国科学（D辑），1996，26（1）：1-8.
[35] 徐永昌，沈平，刘文汇，等．东部油气区天然气中幔源挥发份的地球化学-Ⅱ．幔源挥发份中的氦、氩及碳化合物［J］．中国科学（D辑），1996，26（2）：187-192.

本文原刊于《石油学报》，2013年第34卷增刊1。

塔里木盆地含氮天然气地球化学特征及氮气来源

李　谨[1,2]　李志生[1,2]　王东良[1,2]　李　剑[1,2]

程宏岗[1,2,3]　谢增业[1,2]　王晓波[1,2]　孙庆伍[1,2]

1. 中国石油勘探开发研究院廊坊分院

2. 中国石油天然气集团公司天然气成藏与开发重点实验室，河北廊坊

3. 山东省沉积成矿作用与沉积矿产重点实验室，山东青岛

摘要：为了研究塔里木盆地不同构造带氮气含量和同位素组成的成因和来源，通过对塔里木盆地重点油气田含氮天然气的地球化学特征进行系统研究发现，塔里木盆地天然气中氮气含量与天然气的类型和成熟度有关。研究表明，油型气中氮气含量多大于5%，主要位于中央隆起和塔北隆起的古生代地层中；煤型气中氮气含量一般小于5%，主要位于库车坳陷、塔北隆起和塔西南坳陷的中生代—新生代地层中；天然气中氮气含量在成熟阶段最高，且随天然气成熟度增高氮气含量逐渐降低；天然气中氮同位素与天然气类型关系密切，含轻氮同位素的天然气分布在油型气藏中，含重氮同位素的天然气则分布在煤型气藏中。进一步对塔里木盆地主要油气田天然气中的氮气来源进行研究后发现，虽然塔里木盆地内大多数气田天然气中的氮气与相同储层中的烃类同源，为烃源岩在成熟、高成熟、过成熟阶段产生的氮气，但阿克莫木气田天然气中却存在较为明显的幔源氮气混入。

关键词：含氮天然气；成因；氮同位素；地球化学特征；塔里木盆地

高含氮天然气藏在全球许多含油气盆地中都有发现[1-4]，但天然气中高体积分数的氮气不仅给油气勘探带来了巨大风险，而且也给资源评价和开发造成了一系列难题。20世纪90年代以来，随着国际上各种高精度、高分辨率同位素质谱仪的出现，使氮同位素分析技术得到了快速发展，国内外许多学者开始转向油气勘探过程中氮的地球化学特征研究。Williams等[5-7]研究了盆地沉积物中有机物、无机矿物的氮同位素在成岩变质过程中及油气运移过程中的地球化学特征；Jenden等[2,8-10]利用氮气的同位素资料，结合氮气体积分数、天然气组分碳同位素、稀有气体资料及热模拟实验综合研究了高含氮天然气中氮气的来源。通过探讨天然气中氮的来源，对于研究盆地范围内有机质的成烃演化、油气来源、运移和聚集，以及预测地下天然气组分和降低勘探风险都具有极其重要的价值。

在中国的塔里木、莺歌海、准噶尔和松辽等盆地已发现许多高含氮的天然气藏[11]，因此该类型气藏的勘探和开发已成为一个重要的课题。笔者通过对塔里木盆地含氮天然气地球化学特征的研究，分析了塔里木盆地天然气中氮气的成因，据此为高含氮天然气藏的勘探开发提供一定的借鉴。

1 地质概况

塔里木盆地是具有统一结晶基底的古老克拉通盆地[12]，主体由古生代克拉通盆地叠合而成，在南北两侧又叠置了库车、塔西南等中生代、新生代陆相前陆盆地，面积为 56×10^4km^2。根据盆地现今基底的起伏状况，可将塔里木盆地划分为近东西向的 3 个隆起、4 个坳陷，自北而南依次是：库车坳陷、塔北隆起、北部坳陷、中央隆起、西南坳陷、塔南隆起和东南坳陷（图 1）。盆地内发育震旦系、古生界、中生界和新生界，厚度一般为 12000~13000m，分布范围广。

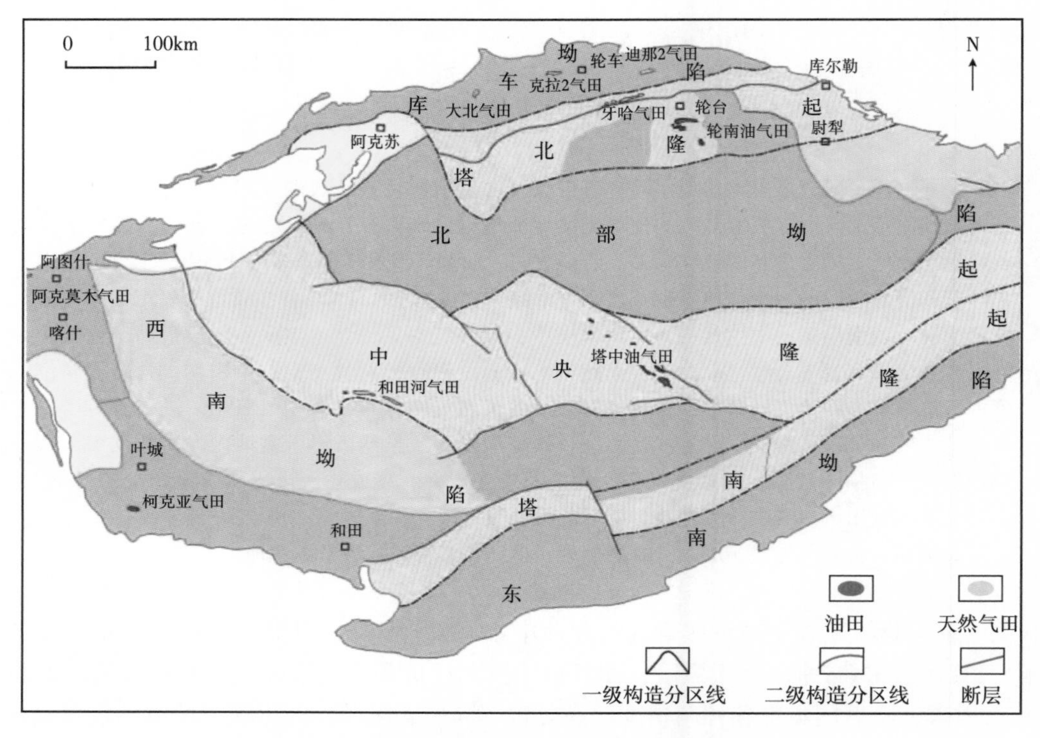

图 1 塔里木盆地区域构造划分及气田位置

塔里木盆地主要发育寒武系—中下奥陶统、中奥陶统—上奥陶统海相烃源岩与石炭系—二叠系海陆过渡相、三叠系—侏罗系陆相烃源岩[13]，中寒武统—下寒武统、中奥陶统—上奥陶统烃源岩是台盆区现存油气的主要来源，石炭系—二叠系、三叠系—侏罗系是前陆区油气的主要来源。由于多旋回沉积演化与变迁，塔里木盆地发育多套区域储盖组合[14]，已有 12 套储层获得工业油气流，其中的上古生界、中新生界主要为碎屑岩，寒武系—奥陶系为碳酸盐岩。塔里木盆地圈闭类型丰富，台盆区地层岩性圈闭发育，也有背斜、断背斜等构造圈闭，前陆区构造圈闭发育，主要分布在山前冲断带。

2 样品及实验条件

2.1 样品采集

实验采集的天然气样品集中在塔里木盆地中央隆起的塔中油气田、和田河气田，塔北隆起的轮南油气田、牙哈气田，塔西南坳陷的阿克莫木气田、柯克亚气田，库车坳陷的大北气田、迪那2气田、克拉2气田，共计41个样品（图1）。天然气样品采集选用两端带有阀门的高压钢瓶，取气前钢瓶用井口高压天然气冲洗10~15min，并在采样后的15d内进行检测。

2.2 含氮天然气中氮同位素检测条件

含氮天然气中氮同位素分析采用Thermo Fisher公司生产的MAT 253（GC/IRMS）色谱—同位素质谱联用仪。使用HP PLOT Molecular Sieve进行气相色谱测试，色谱柱为30m×0.32mm×20μm。首先设定温度为30℃并保持8min，然后以10℃/min升温至280℃，以大气氮为标准，计算样品的氮同位素值。

3 实验结果与讨论

3.1 塔里木盆地含氮天然气地球化学特征

通过同位素检测和分析，将采集的天然气样品进行组分、烃类组分的碳同位素及氮同位素检测（表1）。

3.1.1 天然气组分

塔里木盆地天然气组分以烃类为主，甲烷体积分数为72%~96%，干燥系数为0.86~0.99。天然气中含有较高含量的非烃气体，主要为N_2，体积分数为0.58%~14.72%；其次为CO_2，体积分数为0.20%~14.49%。氮气含量较高的天然气（N_2体积分数大于5%）主要分布在台盆区古生代地层中，包括中央隆起的塔中油气田、和田河气田，塔北隆起的轮南油气田；氮气含量较低的天然气（N_2体积分数小于5%）分布在塔北隆起牙哈气田、塔西南凹陷阿克莫木气田、柯克亚气田及库车坳陷的中生代—新生代地层中。

3.1.2 天然气组分同位素组成

塔里木盆地天然气组分碳同位素变化较大，甲烷碳同位素为-43.7‰~-24.7‰，乙烷碳同位素为-41.1‰~-18.8‰，丙烷碳同位素为-35.0‰~-19.7‰（图2），表现为正碳同位素系列。采用天然气中乙烷$\delta^{13}C_2$值划分天然气类型，$\delta^{13}C_2$值大于-28‰为煤型气，$\delta^{13}C_2$值小于-30‰为油型气[15]，可将塔里木盆地的天然气划分为油型气和煤型气。通过塔里木盆地不同类型天然气中氮气体积分数的分布可以发现，塔里木盆地天然气中的氮气体积分数与天然气成因类型的关系密切（图3）。塔里木盆地油型气主要位于中央隆起的塔中油气田、和田河气田及塔北隆起的轮南油气田，气藏集中在古生界、中生界中，这类天然气中氮气体积分数为2%~15%，绝大多数氮气体积分数高于5%。煤型气主要位于塔西南坳陷的阿克莫木气田、柯克亚气田，塔北隆起的牙哈气田，以及库车坳陷的大北气田、

表 1　塔里木盆地主要油气田天然气样品地球化学数据

油气田	井号	层位	深度（m）	天然气组分体积分数（%）								天然气组分碳同位素 $\delta^{13}C$（‰，PDB）				氮同位素
				C_1	C_2	C_3	i-C_4	n-C_4	C_{5+}	CO_2	N_2	C_1	C_2	C_3	n-C_4	$\delta^{15}N$（‰）
塔中油气田	TZ243	O	4392~4539	83.17	3.47	1.27	0.15	0.36	0.19	1.21	10.18	-38.2	-37.9	-34.0	-30.9	-10.6
	TZ26	O	4300~4360	83.03	2.53	1.08	0.19	0.34	0.44	1.30	11.10	-37.4	-37.6	-33.8	-31.2	-10.3
	TZ242	O	4516.56~4546.56	88.40	2.72	1.13	0.33	0.52	0.93	1.50	4.47	-37.7	-33.7	-30.9	-27.8	-8.9
	TZ62-11H	O	4861~5843	87.21	3.19	0.75	0.21	0.36	1.66	3.88	2.75	-39.3	-30.5	-30.1	-30.0	-8.8
	TZ622	O	4913.52~4925	90.50	2.05	0.66	0.19	0.25	0.44	3.37	2.53	-38.2	-33.1	-31.4	-29.9	-7.6
	TZ4-18-7	C	3658.5~3666	74.34	4.84	2.60	0.75	1.26	1.08	0.51	14.62	-43.7	-39.9	-33.7	-30.9	-6.8
	TZ4-17-5	C	3644~3667	72.27	5.07	3.08	1.02	1.77	1.96	0.18	14.66	-43.1	-39.1	-33.4	-30.9	-6.7
	TZ4-17-6	C	3730~3744	72.16	4.94	2.96	1.01	1.92	1.79	0.49	14.72	-43.5	-39.9	-33.7	-30.6	-6.7
	TZ4C	C	3615~3627.5	74.50	5.05	2.80	0.81	1.36	1.00	0.65	13.83	-43.5	-39.8	-33.2	-30.4	-6.7
	TZ4-6-10	C	3524.5~3541	73.98	4.55	2.28	0.72	1.35	2.28	0	14.83	-42.5	-38.7	-32.5	-29.7	-6.5
	TZ4-7-4	C	3538~3554	74.49	5.27	3.29	1.03	1.73	1.27	0.47	12.45	-41.6	-39.7	-33.2	-30.0	-6.5
	TZ101	C	3726~3733	82.97	4.22	1.30	0.29	0.55	0.77	1.17	8.73	-42.8	-41.1	-35.0	-30.1	-6.4
	TZ4-37-H18	C	3489~3517.5	74.06	4.80	2.69	0.85	1.51	2.03	0.49	13.58	-42.6	-39.7	-33.2	-30.2	-6.2
	TZ103	C	3652~3756	84.37	3.14	1.08	0.29	0.47	0.73	1.00	8.92	-42.4	-41.0	-34.5	-29.9	-6.1
	TZ422	C	3604.5~3616.5	74.76	5.16	2.66	0.66	1.04	0.75	0.71	14.27	-43.2	-39.9	-33.3	-30.9	-6.1
	TZ12	O	4652.82~4800	86.47	5.37	3.32	0.71	1.75	1.74	0	4.13	-42.8	-40.0	-29.5	-31.5	-6.0
和田河气田	MA4-H1	C	1931.4~2433	82.79	2.53	1.07	0.28	0.44	0.69	0.37	11.83	-36.8	-34.1	-29.5	-28.7	-3.6
	MA5-1	O	2247~2272	81.92	1.78	0.63	0.16	0.25	0.31	5.91	9.05	-36.4	-38.0	-34.0	-30.2	-3.5
轮南油气田	LG13	O	5544~5626	96.08	1.02	0.23	0.05	0.08	0.08	1.42	1.05	-33.8	-33.2	-29.2		-2.1
	LN57	T	4338.5~4341.5	85.41	3.96	2.02	0.49	0.72	0.85	0.04	6.51	-36.1	-35.2	-32.6	-31.5	4.6
	LN58	T	4335.5~4339	85.70	3.96	1.90	0.44	0.61	0.62	0.21	6.57	-36.0	-31.2	-29.3	-30.6	4.4
	LN59	C	5368~5393	93.48	1.80	0.43	0.10	0.17	0.21	0.42	3.38	-33.6	-33.5	-30.5	-29.6	-2.2
	LN59-2	C	5391.5~5406.5	93.02	1.86	0.44	0.10	0.17	0.21	0.68	3.53	-33.7	-34.0	-30.8	-29.9	-1.5

续表

油气田	井号	层位	深度（m）	天然气组分体积分数（%）							天然气组分碳同位素 $\delta^{13}C$（‰，PDB）					氮同位素 $\delta^{15}N$（‰）
				C_1	C_2	C_3	$i-C_4$	$n-C_4$	C_{5+}	CO_2	N_2	C_1	C_2	C_3	$n-C_4$	
牙哈气田	YH1-6	E	5152~5172	84.38	7.12	2.72	0.56	0.59	0.62	0.16	3.85	-33.2	-23.2	-20.7	-21.4	19.3
	YH2	N	4953.5~4984	82.60	7.76	3.09	0.66	0.70	0.70	0.54	3.95	-32.2	-22.6	-19.7	-20.9	17.4
	YH23-1-13	N	4975.5~4985	81.65	8.04	3.47	0.81	0.89	1.22	0.31	3.62	-32.8	-23.9	-21.2	-21.3	16.3
	YH23-1-6	E	5152~5172	81.50	8.59	3.17	0.70	0.86	0.90	0.54	3.73	-32.6	-23.2	-20.8	-21.4	16.5
	YH23-1-H1	K	5262.7~5695.5	83.52	7.13	2.92	0.65	0.69	0.80	0.59	3.71	-32.1	-23.0	-20.3	-20.4	16.6
	YH23-2-14	E	5132~5157	83.09	7.66	3.03	0.64	0.67	0.63	0.54	3.74	-32.5	-23.1	-20.6	-20.6	16.5
阿克莫木气田	AK1	K	3233~3235	77.05	0.65	0.11	0.02	0.05	0.17	14.39	7.57	-24.9	-21.7			-3.0
	AK1-2	K	3249.5~3318	76.69	0.75	0.12	0.03	0.04	0.02	14.49	7.86	-24.7	-21.7	-20.2	-22.0	-2.9
柯克亚气田	K232	N	2983~3164.4	81.56	7.40	3.34	0.67	1.11	1.03	0	4.87	-34.4	-24.6	-23.9	-26.1	-0.7
	K342	N	3144.06~3249.02	84.16	6.76	2.95	0.61	1.05	1.15	0	3.31	-35.8	-25.4	-24.3	-25.6	-1.4
	K7014	N	3671.03~3717.03	86.27	6.10	2.52	0.54	0.94	1.12	0	2.52	-34.7	-24.6	-23.7	-25.2	-1.1
	K8002	N	3722.5~3789.5	84.03	6.26	3.02	0.72	1.30	1.97	0	2.72	-34.5	-25.9	-24.8	-25.8	-1.6
	K8003	N	3767.5~3836.5	86.92	5.84	2.37	0.49	0.84	1.05	0	2.49	-35.6	-25.8	-24.6	-26.4	-1.5
克拉2气田	克拉2-10	E		98.13	0.51	0.04	0.01	0.01	0	0.56	0.70	-28.0	-19.1	-20.2	-21.0	-1.0
	克拉2-4	E		98.09	0.51	0.04	0.01	0.01	0	0.61	0.69	-27.9	-18.8	-19.9	-21.3	-0.8
	克拉2-7	E		97.96	0.51	0.04	0.01	0.01	0	0.65	0.77	-27.9	-18.8	-20.0	-21.1	-0.6
大北气田	大北302	K_1bs	7209~7244	97.05	1.23	0.16	0.03	0.03	0.09	0.81	0.58	-29.4	-19.4	-20.0		0.4
迪那2气田	迪那2	E		88.55	7.31	1.51	0.29	0.30	0.61	0.33	1.11	-34.6	-22.4	-19.8	-19.9	11.6
	迪那2-24	E	4792~5105.5	88.55	7.39	1.54	0.30	0.31	0.68	0.23	0.99	-34.5	-21.3	-20.9	-20.3	11.9

注：K_1bs 为下白垩统巴什基奇克组。

迪那 2 气田、克拉 2 气田，气藏均产于中生界—新生界中，此类天然气中氮气含量普遍较低，除阿克莫木气田氮气体积分数约为 8%外，其他气田均低于 5%。

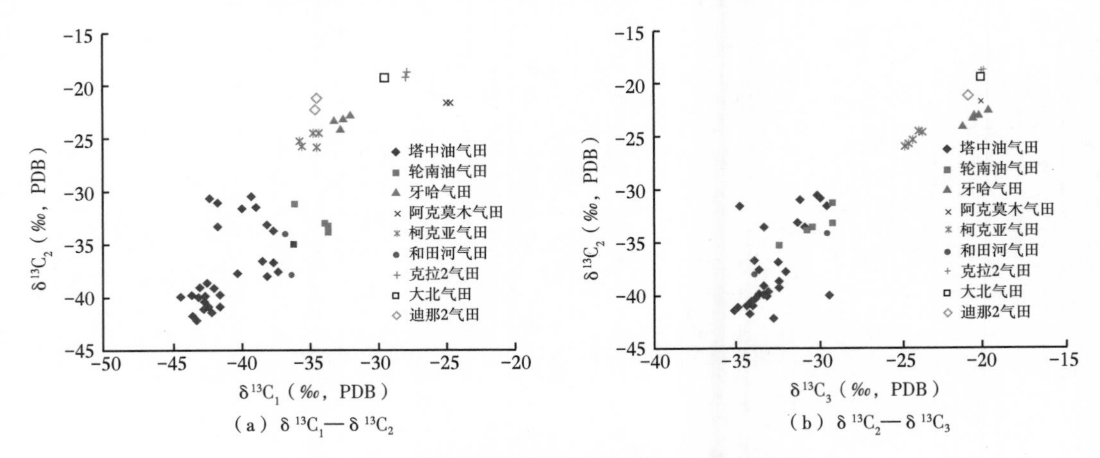

（a）$\delta^{13}C_1$—$\delta^{13}C_2$　　（b）$\delta^{13}C_2$—$\delta^{13}C_3$

图 2　塔里木盆地不同天然气组分碳同位素关系

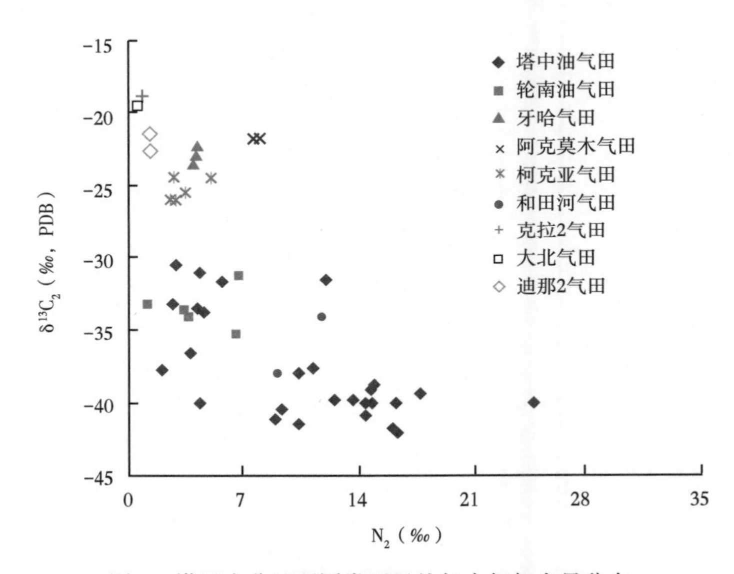

图 3　塔里木盆地不同类型天然气中氮气含量分布

塔里木盆地天然气中氮同位素值为-10.6‰~19.3‰，具有明显分区性。氮同位素值最重的天然气主要分布在塔北隆起牙哈气田新近系、古近系中，为 17.2‰~19.3‰；库车坳陷迪那 2 气田含氮天然气中氮同位素为 11.6‰~11.9‰；氮同位素值最轻的天然气则分布在塔中油气田的石炭系、奥陶系中，大多分布在-10.6‰~-6.0‰。从天然气中 $\delta^{13}C_2$—$\delta^{15}N_{N_2}$的关系分布可以看出，含轻氮同位素（-10.6‰~-6.0‰）的天然气集中在油型气藏中，该类天然气中（塔中油气田）氮气含量通常较高（图 3、图 4）；含重氮同位素（5‰~20‰）的天然气则分布于煤型气藏中，该类天然气氮气含量低，其体积分数小于 5%（牙哈气田）。这显示出氮气 $\delta^{15}N$ 值与天然气来源的关系密切。

塔里木盆地天然气中稀有气体同位素 $^3He/^4He$ 为（1.4~83）$\times10^{-8}$，$^{40}Ar/^{36}Ar$ 为 343~2334。由于轻稀有气体元素 He、Ne、Ar 同位素的组成在不同成因岩石中差异明显，因此

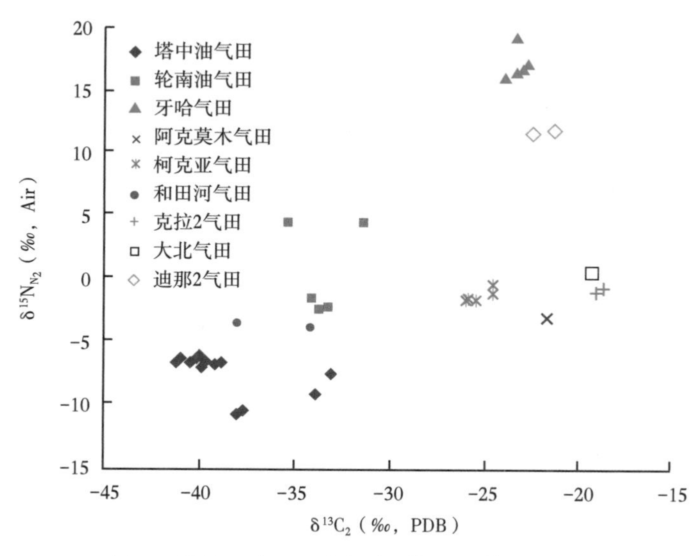

图 4　塔里木盆地天然气中 $\delta^{13}C_2$—$\delta^{15}N_{N_2}$ 关系

通常采用 $^3He/^4He$—$^{40}Ar/^{36}Ar$、$^{40}Ar/^{36}Ar$—$^{20}Ne/^{22}Ne$ 等相关图去判识天然气中稀有气体的来源，不少学者也提出了判识不同来源稀有气体的同位素比值指标范围[23-26]。在 $^3He/^4He$—$^{40}Ar/^{36}Ar$ 关系图上，以 $^3He/^4He$ 小于 8×10^{-8} 作为典型的壳源/沉积物来源划分标准，塔里木盆地绝大多数天然气中的稀有气体属于壳源成因（图 5）。然而，塔西南坳陷阿克莫木气田、柯克亚气田，中央隆起和田河气田及塔北隆起的轮南油气田部分井的天然气中存在幔源气体混入，特别是阿克莫木气田天然气中幔源气体混入明显。

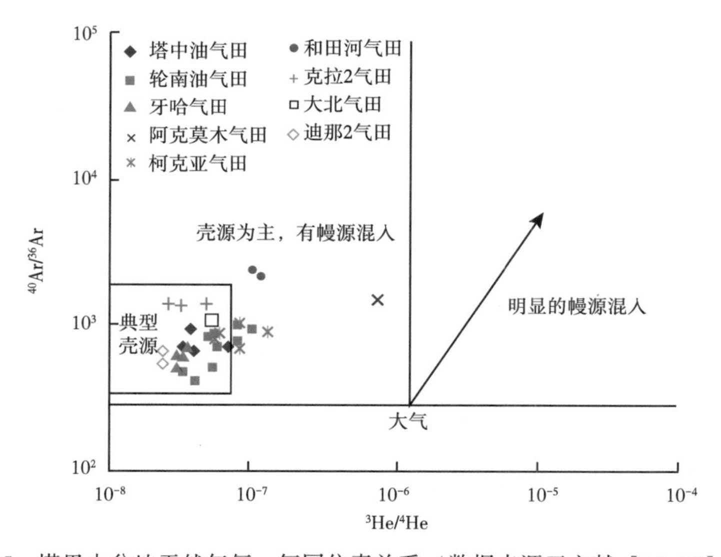

图 5　塔里木盆地天然气氦、氩同位素关系（数据来源于文献［16-22］）

有机质成烃过程中，生成甲烷的碳同位素值呈现出随成熟度增加而增大的趋势。利用天然气碳同位素值作为天然气成熟度指标，研究了天然气中氮气含量与成熟度的关系。在

图6中，除阿克莫木气田天然气中可能混有幔源 N_2，且 N_2 含量较高外，其他油气田天然气中 N_2 含量随甲烷碳同位素的变重逐渐降低。根据戴金星提出的天然气甲烷碳同位素与成熟度关系的线性回归方程[27]，可以计算出塔里木盆地天然气在成熟阶段（R_o 值为0.8%~1.3%）氮气的含量最高，随着热成熟度的增加（R_o 值为1.3%~1.6%），天然气中氮气的含量逐渐降低。

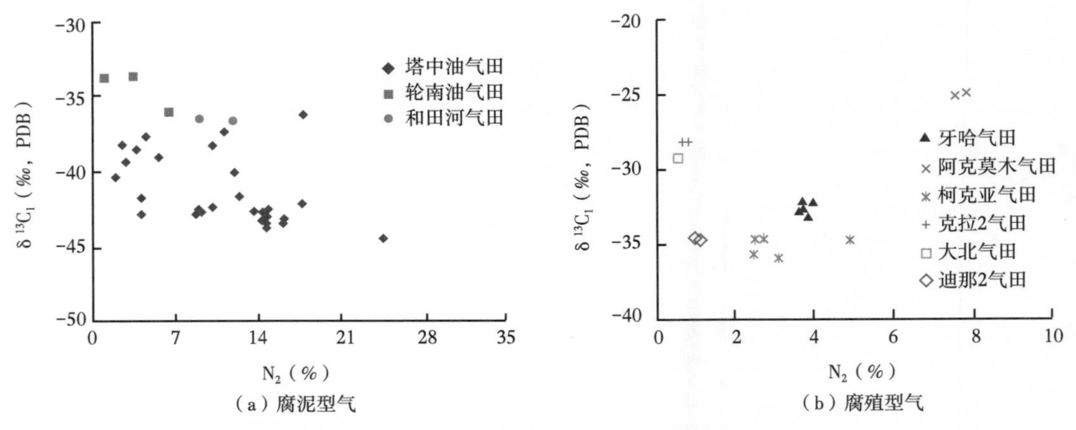

（a）腐泥型气　　（b）腐殖型气

图6　塔里木盆地天然气中氮气含量与甲烷碳同位素关系

3.2　天然气中氮气来源

3.2.1　天然气中氮气的来源及特点

天然气中氮气的来源非常复杂，主要有大气来源的氮气、有机质成岩过程产生的氮气、地壳含氮岩石高温变质作用产生的氮气、地幔物质脱气产生的氮气[27-29]。天然气中不同来源和成因的氮气具有不同的地球化学特征[10-11,23,30-34]。一般来讲，大气来源的 N_2 特点是 $N_2/Ar \leq 84$，$\delta^{15}N$ 值≈0。沉积有机质在成岩演化过程中，随演化程度不同，具有不同的地球化学特征。在未成熟阶段，沉积有机质通过微生物氨化作用形成 N_2，其 $\delta^{15}N$ 值小于-10‰，与 N_2 伴生的 CH_4 其 $\delta^{13}C$ 值<-55‰，$^{40}Ar/^{36}Ar$ 为295.3~300；在成熟、高成熟阶段（R_o 值约为0.6%~2.0%），沉积有机质经热氨化作用形成 N_2，其 $\delta^{15}N$ 值≈-10‰~-1‰，伴生 CH_4 的 $\delta^{13}C$ 值为-55‰~-30‰，$^{40}Ar/^{36}Ar>300$，$^3He/^4He<5\times10^{-7}$，$N_2/Ar>84$；过成熟阶段（R_o 值>2.0%），沉积有机质裂解产生 N_2，其 $\delta^{15}N$ 值大于4‰，主值为5‰~20‰，伴生 CH_4 的 $\delta^{13}C$ 值为-30‰~-20‰，$^{40}Ar/^{36}Ar>800$，$^3He/^4He<5\times10^{-7}$；地壳中含氮岩石包括变质岩、页岩或者千枚岩等，在高温变质作用下能够产生 N_2，$\delta^{15}N$ 值为-3.5‰~1‰，$^3He/^4He$ 为（1~10）$\times10^{-7}$，$^{40}Ar/^{36}Ar$ 为300~2000，N_2/Ar 值远远大于84；地幔来源 N_2 的 $\delta^{15}N$ 值主要集中在-2‰~1‰，伴生氩的 $^{40}Ar/^{36}Ar>2000$，$^3He/^4He>1\times10^{-6}$，且 N_2 和氦含量之间具有正相关性。

另外，影响氮同位素变化的因素有氮气的母源物质类型、氮气的生成机理、运移过程中氮气的渗流和扩散作用等[33]。鉴于天然气中氮气来源和成因的多样性，天然气中不同来源和成因的氮气具有不同的地球化学特征，利用这些信息可以用来鉴定氮气的成因[10-11,35-37]。

3.2.2 塔里木盆地天然气中氮气的来源

目前，中国已有多位学者对塔里木盆地含氮天然气进行过研究和探讨，取得了很多观点和认识[16,21,36-37]。笔者根据与氮气相伴生的烃类气体、非烃气体及稀有气体的组分及同位素特征，综合研究了塔里木盆地典型气田天然气中氮气的来源。

塔里木盆地中央隆起塔中地区油气资源非常丰富，目前发现的天然气主要集中在奥陶系、志留系、石炭系，天然气主要来自寒武系—奥陶系海相烃源岩[38-39]。天然气中烃类气体体积分数为68.04%~94.63%，干燥系数为0.83~0.94，为湿气，非烃气主要为氮气，体积分数为2%~25%；甲烷碳同位素值较轻，为-44.5‰~-37.7‰，表明天然气处于成熟阶段，乙烷碳同位素值小于-30‰，为典型的油型气；天然气稀有气体$^3He/^4He$分布在（3.06~7.79）$\times10^{-8}$，$^{40}Ar/^{36}Ar$分布在558~763[17,20]，具有典型的沉积物来源特征；氮气的氮同位素主要分布在-10.6‰~-4.4‰［图6（b）］，根据N_2成因判识依据，其属于沉积有机质在成熟、高成熟阶段经热氨化作用而产生的氮气，且与天然气对应的热演化程度一致。因此，可以认为塔中地区天然气中的氮气与天然气同源，来自寒武系—奥陶系海相烃源岩。

和田河气田位于中央隆起巴楚凸起南侧的玛扎塔格断裂构造带，是塔里木盆地探明的第一个整装碳酸盐岩大气田，在石炭系和奥陶系获高产气流，天然气来自寒武系海相高—过成熟烃源岩[40]。和田河气田天然气以烃类气体为主，烃类气体的体积分数一般为75%~90%，干燥系数（C_1/C_{1-5}）基本上大于0.95，为成熟度较高的干气；非烃气体体积分数一般为10%~25%，主要为N_2，其次为CO_2，N_2体积分数一般为10%~18%；甲烷碳同位素值为-36.8‰~-36.4‰，处于高成熟阶段，乙烷碳同位素值为-38.0‰~-34.1‰，属于典型的油型气；$^3He/^4He$为（1.1~1.2）$\times10^{-7}$，$^{40}Ar/^{36}Ar$为2094~2287[21-22]，稀有气体表现出以壳源为主，但存在幔源气体混入的特点；N_2的氮同位素分布在-3.6‰~-3.5‰，处于沉积有机质在高演化阶段产气（$\delta^{15}N_{N_2}$为-10‰~-1‰）与幔源N_2的氮同位素值分布范围内（$\delta^{15}N_{N_2}$为-2‰~1‰）。因此，可以认为和田河气田天然气中的N_2既有寒武系海相高—过成熟烃源岩热氨化作用形成的N_2，也有来自地壳超深部和上地幔来源的原生N_2的混入。

轮南油气田含气层位多，奥陶系、石炭系和三叠系中都有天然气分布，采集的天然气样品主要在石炭系和三叠系储层中。天然气以烃类为主，非烃体积分数为2%~20%；甲烷碳同位素为-36.1‰~-33.6‰，天然气处于过成熟阶段；乙烷碳同位素值为-36.2‰~-31.2‰，主要是来自高—过成熟的中寒武统—下寒武统烃源岩的原油裂解气[41]；天然气稀有气体$^3He/^4He$为（4.1~10.7）$\times10^{-8}$，$^{40}Ar/^{36}Ar$为343~959[19]，这说明绝大多数天然气中稀有气体为典型的壳源成因，幔源气体混入不明显，其从侧面可以反映出幔源N_2的混入作用对该区影响不大；N_2的氮同位素相对较重，分布在-2.2‰~9.3‰，按氮同位素判识标准，属于有机质在过成熟阶段裂解产生的N_2，这与该区高—过成熟的烃源岩和过成熟天然气的地质条件一致。综合来说，轮南油气田天然气中的氮气为中寒武统—下寒武统烃源岩在过成熟阶段产生的氮气，也有原油裂解产生的氮气。

阿克莫木气田位于塔里木盆地西南坳陷喀什凹陷北缘乌恰构造带，含气层系为下白垩统克孜勒苏群，天然气主要来自石炭系海相泥岩、泥灰岩和侏罗系煤系烃源岩[42]。天然气组分以烃类气体为主，体积分数为76%~81%，干燥系数高达99.7%，为干气；非烃气体主要为N_2和CO_2，其中N_2体积分数为8%~11.4%，CO_2体积分数为11.1%~11.4%；

甲烷碳同位素异常重，为-25.6‰~-23‰，乙烷碳同位素为-21.9‰~-20.2‰，处于高—过成熟阶段。阿克1井天然气稀有气体$^3He/^4He$为8.34×10^{-7}，$^{40}Ar/^{36}Ar$为1438[19]，而且喀什凹陷山前地带深大断裂较发育[42]，存在幔源气体混入的地质条件。N_2的氮同位素约为-2.9‰，主要为高—过成熟阶段烃源岩热氨化作用产生的氮气。同时，较高含量的N_2和CO_2表明其混有上地幔来源的N_2。

柯克亚气田位于塔西南坳陷叶城—和田凹陷内，是中国开发较早的一个油气田，由于受混源和其他因素的影响，对其气源的认识还存在争论。该区主要有3套烃源岩：石炭系—二叠系、侏罗系、上白垩统—古近系。天然气主要分布在3个层位，即新近系中新统西河甫组（N_1x）、古近系卡拉塔尔组（E_2k）、白垩系下统克孜勒苏群（K_1kz）。实验采集的天然气位于中新统西河甫组砂岩储层中，天然气中甲烷体积分数一般低于90%，干燥系数小于0.9，为湿气；天然气中氮气体积分数一般小于5%；甲烷$\delta^{13}C_1$值为-35.6‰~-34.4‰，处于成熟—高成熟阶段，$\delta^{13}C_2$值分布在-25.9‰~ -24.6‰，倾向于腐殖型气。侯读杰等[22]认为成熟度较高的天然气与石炭系—二叠系烃源岩关系密切，而成熟度较低的天然气则来源于侏罗系烃源岩。柯克亚天然气$^{40}Ar/^{36}Ar$为605~981，$^3He/^4He$为$(6.10\sim8.60)\times10^{-8}$[22]，这表明稀有气体为典型壳源，幔源气体混入的影响小。天然气中氮气的氮同位素分布范围窄，为-1.6‰~-0.7‰，考虑到本区地质条件复杂，天然气中的烃类存在混源的特点，综合认为该区天然气中的氮气为成熟的侏罗系烃源岩热氨化作用产生的氮气与成熟度较高的石炭系—二叠系烃源岩裂解产生的氮气混合。

克拉2气田位于塔里木盆地克拉苏构造带中部，天然气主要储集在白垩系巴什基奇克组砂岩中，其次为古近系库姆格列木群白云岩段和砂砾岩段及下白垩统巴西盖组砂岩[12]。克拉2气田天然气组成以烃类气体为主，非烃气含量很低。烃类气体中甲烷含量占绝对优势，干燥系数接近1。甲烷$\delta^{13}C_1$值异常重，为-28.0‰~-27.9‰，处于高成熟阶段，$\delta^{13}C_2$值分布在-19.1‰~-18.8‰，天然气主要来源于中下侏罗统煤系烃源岩和三叠系中上统湖相源岩[43-44]。天然气$^{40}Ar/^{36}Ar$为1369~1394，$^3He/^4He$为$(2.8\sim4.8)\times10^{-8}$，为典型壳源成因[18]。$N_2$的氮同位素为-1.0‰~-0.6‰，由于岩浆岩气以高含CO_2、H_2为特征，变质岩气则富含CO_2、N_2和H_2[45]。而本文中的两个气样均以烷烃气为主，CO_2、N_2含量甚微，不可能是岩浆岩气或变质岩气。因此，克拉2气田天然气中N_2为成熟—高成熟阶段烃源岩热氨化产气成因。

大北气田位于库车坳陷克拉苏构造带西端，天然气主要储集在白垩系巴什基奇克组（K_1bs）中，侏罗系和三叠系发育的煤系烃源岩、湖相烃源岩是大北气田主要的烃源岩[44]。天然气组分特点与克拉2气田相似，天然气以烃类气体为主，非烃含量很低，干燥系数接近1。甲烷$\delta^{13}C_1$值为-29.4‰，处于高成熟阶段，$\delta^{13}C_2$值为-19.4‰，是典型腐殖型气。大北2井天然气$^{40}Ar/^{36}Ar$为1065，$^3He/^4He$为5.32×10^{-8}[46]，为典型壳源成因。大北302井天然气中N_2的氮同位素为0.4‰，与克拉2气田情况相似，为成熟—高成熟阶段烃源岩热氨化作用产生的氮气。

迪那2气田位于库车坳陷秋里塔格构造带东部，含气层系主要为古近系砂岩，气源主要为侏罗系煤系地层[47]。天然气中C_{2+}以上的重烃含量高，体积分数为9.0%~10.0%，属于湿气。N_2和CO_2含量很低（体积分数分别为0.99%~1.11%、0.23%~0.33%）。甲烷$\delta^{13}C_1$值较轻，约为-34.5‰，处于成熟阶段，$\delta^{13}C_2$值为-22.4‰~-21.3‰，是典型腐殖型气。天然气$^{40}Ar/^{36}Ar$为1369～1394，$^{3}He/^{4}He$为（2.4～2.6）$\times10^{-8}$[17]，为典型壳源成因。N_2的氮同位素相对于同处在库车坳陷的克拉2气田和大北气田天然气重，约为12‰，按照氮同位素判识比值，氮气应来源于过成熟阶段有机质的裂解过程。然而，这与甲烷碳同位素所指示的天然气成熟阶段不一致。根据前面得到的认识，烃源岩在成熟—过成熟阶段往往会生成较多的N_2，而迪那2气田天然气中的N_2含量较低，判断属于后期新捕获的过成熟阶段烃源岩产生的N_2。前期气藏中与成熟甲烷伴生的N_2，由于N_2分子小，极易扩散而散失。马玉杰等[47]研究了迪那2气田的成藏特征，认为迪那2气田天然气来源于喜马拉雅中晚期三叠系—侏罗系烃源岩生成的凝析气，具有分段捕集的特点，这也印证了笔者的观点。

牙哈凝析气田处于塔北隆起轮台断隆中段牙哈断裂构造带上，整个气田由YH5、YH7和YH23三个相对独立的区块组成，主要储集层为新近系吉迪克组底砂岩（N_1j）、古近系苏维依组底砂岩（E_3s）及白垩系顶部砂岩（K）[48]。实验所采天然气基本上涵盖了上述储层，天然气干燥系数为0.85～0.88，氮气体积分数小于5%。甲烷$\delta^{13}C_1$值为-33.2‰～-32.1‰，对应R_o值为1.1%～1.2%，处于成熟阶段，$\delta^{13}C_2$值为-23.9‰～-22.6‰，为腐殖型气；天然气$^{40}Ar/^{36}Ar$为504～727，$^{3}He/^{4}He$为（3.2～3.8）$\times10^{-8}$[17]，为典型壳源成因，排除幔源气和变质岩来源气的混入；N_2的氮同位素为16.3‰～19.3‰，且比迪那2气田重。通常情况下，产生异常重氮同位素N_2的原因有：（1）过成熟阶段的烃源岩裂解产生的氮气，其$\delta^{15}N_{N_2}$值高达20‰；（2）运移过程会使天然气中氮气的氮同位素产生分馏。例如，德国二叠系气藏的气体在运移过程中，氮同位素值从6‰上升到14‰[49]；荷兰格罗宁根气藏中氮气的同位素值随着距气源距离的增加，从-4.9‰、1.1‰增加到7.7‰、18.0‰[50]。梁狄刚等[51]认为轮台断隆北侧的陆相凝析油气，产层是白垩系—第三系的巨厚红层，本身不具备生烃条件，油气来自北面库车坳陷的三叠系、侏罗系湖相泥岩和煤系烃源岩。牙哈凝析气田天然气中甲烷碳同位素值表明天然气处于成熟阶段，不具备烃源岩发生裂解产生重氮同位素的条件。因此，认为天然气中的N_2主要为库车坳陷东段成熟度稍低的三叠系、侏罗系湖相泥岩和煤系烃源岩在成熟阶段产生的N_2，异常重的氮同位素值则是由天然气的运移导致。

4 结论

（1）塔里木盆地天然气中氮气含量与天然气类型、天然气成熟度有关，油型气中氮气体积分数一般大于5%，煤型气中氮气体积分数一般小于5%。天然气中N_2含量在成熟阶段最高，随天然气成熟度增高，N_2含量逐渐降低。

（2）含氮天然气中氮同位素与天然气类型关系密切，轻氮同位素的天然气分布在油型气藏中，重氮同位素的天然气则分布在煤型气藏中。

（3）塔里木盆地内多数气田天然气中的N_2与相同储层中的烃类同源，为烃源岩在成熟、高成熟、过成熟阶段产生的N_2。阿克莫木气田天然气中N_2除了来自高—过成熟阶段烃源岩热氨化过程外，还存在较为明显的幔源N_2混入。

参 考 文 献

[1] Maksimov S N, Müller E, Botnera T A, et al. Origin of highnitrogen gas pools [J]. International Geology Review, 1976, 18 (5): 551-556.

[2] Jenden P D, Kaplan I R, Poreda R J, et al. Origin of nitrogenrich natural gases in the California Great Valley: evidence from helium, carbon and nitrogen isotope ratios [J]. Geochimica et Cosmochimica Acta, 1988, 52 (4): 851-861.

[3] Kent P E, Walmsley P J. North Sea progress [J]. AAPG Bulletin, 1970, 54 (1): 168-181.

[4] Kombrink H. The Carboniferous of the Netherlands and surrounding areas; a basin analysis [J]. Geologica Ultraiectina, 2008, 294: 184.

[5] Williams L B, Ferrell R E Jr, Hutcheon I, et al. Nitrogen isotope geochemistry of organic matter and minerals during diagenesis and hydrocarbon migration [J]. Geochimica et Cosmochimica Acta, 1995, 59 (4): 765-779.

[6] Boudou J P, Schimmelmann A, Ader M, et al. Organic nitrogen chemistry during lowgrade metamorphism [J]. Geochimica et Cosmochimica Acta, 2008, 72 (4): 1199-1221.

[7] Schimmelmann A, Lis G P. Nitrogen isotopic exchange during maturation of organic matter [J]. Organic Geochemistry, 2010, 41 (1): 63-70.

[8] Krooss B M, Leythaeuser D, Lillack H. Nitrogenrich natural gases: qualitative and quantitative aspects of natural gas accumulation in reservoirs [J]. Erdöl and Kohle, Erdgas, Petrochemie vereinigt mit Brennstoff Chemie, 1993, 46 (7/8): 271-276.

[9] Kroossa B M, Littkea R, Müllera B, et al. Generation of nitrogen and methane from sedimentary organic matter: implications on the dynamics of natural gas accumulations [J]. Chemical Geology, 1995, 126 (3/4): 291-318.

[10] Zhu Yuenian, Shi Buqing, Fang Chaobin. The isotopic compositions of molecular nitrogen: implications on their origins in natural gas accumulations [J]. Chemical Geology, 2000, 164 (3/4): 321-330.

[11] 史建南，曾治平，周陆扬，等．中国沉积盆地非烃气成因机制研究［J］．特种油气藏，2003，10（2）：6-9.

[12] 贾承造，魏国齐，姚慧君，等．盆地构造演化与区域构造地质：塔里木盆地油气勘探丛书［M］．北京：石油工业出版社，1995.

[13] 梁狄刚．塔里木盆地油气勘探若干地质问题［J］．新疆石油地质，1999，20（3）：184-188.

[14] 杜金虎，王招明，李启明，等．塔里木盆地寒武—奥陶系碳酸盐岩油气勘探［M］．北京：石油工业出版社，2010：1-174.

[15] 戴金星．各类烷烃气的鉴别［J］．中国科学B辑：化学，1992，22（2）：185-193.

[16] 陈践发，朱岳年．天然气中氮的来源及塔里木盆地东部天然气中氮地球化学特征［J］．天然气地球科学，2003，14（3）：172-176.

[17] 张殿伟，刘文汇，郑建京，等．塔中地区天然气氦、氩同位素地球化学特征［J］．石油勘探与开发，2005，32（6）：38-41.

[18] 郑建京，刘文汇，孙国强，等．稳定、次稳定构造盆地天然气氦同位素特征及其构造学内涵［J］．自然科学进展，2005，15（8）：951-957.

[19] 郑建京，胡慧芳，刘文汇，等．K-Ar关系在天然气气源对比研究中的应用［J］．天然气地球科学，2005，16（4）：499-502.

[20] 郑建京，孙国强，孙省利，等．塔里木盆地与我国东部盆地天然气的He同位素对比［J］．天然气工业，2004，24（9）：26-29.

[21] 赵孟军．塔里木盆地和田河气田天然气的特殊来源及非烃组分的成因［J］．地质论评，2002，48

(5): 480-486.
[22] 侯读杰，肖中尧，唐友军，等．柯克亚油气田混合来源天然气的地球化学特征 [J]. 天然气地球科学，2003，14 (6): 474-479.
[23] 徐永昌，沈平，陶明信，等．中国含油气盆地天然气中氦同位素分布 [J]. 科学通报，1994，39 (16): 1505-1508.
[24] Lupton J E. Terrestrial inert gases: isotope tracer studies and clues to primordial components in the mantle [J]. Annual Review of Earth and Planetary Sciences, 1983, 11 (1): 371-414.
[25] Mamyrin B A, Tolstikhin I N. Helium isotopes in nature [M]. Amsterdam: Elsevier, 1984: 273.
[26] 戴金星，宋岩，戴春森，等．中国东部无机成因气及其气藏形成条件 [M]. 北京：科学出版社，1995: 195-202.
[27] 戴金星，戚厚发．我国煤成烃气的 $\delta^{13}C$-R_o 关系 [J]. 科学通报，1989，34 (9): 690-692.
[28] 徐永昌，沈平，孙明良，等．我国东部天然气中非烃及稀有气体的地球化学 [J]. 中国科学 B 辑：化学，1990，20 (6): 645-651.
[29] Coveney R M Jr, Geobel E, Zeller E J, et al. Serpentinization and the origin of hydrogen gas in Kansas [J]. AAPG Bulletin, 1987, 71 (1): 39-48.
[30] Prasolov E M, Subbotin E S, Tikhmirow V V. Isotopic composition of molecular nitrogen in natural gases of USSR [J]. Geokhimiya, 1990, 7: 926-937.
[31] Sano Y, Pillinger C T. Nitrogen isotopes and N_2/Ar ratios in chests: an attempt to measure time evolution of atmosphericδ15 N value [J]. Geochemical Journal, 1990, 24 (5): 315-325.
[32] 杜建国．天然气中氮的研究现状 [J]. 天然气地球科学，1992，3 (2): 36-40.
[33] 朱岳年．天然气中非烃组分地球化学研究进展 [J]. 地球科学进展，1994，9 (4): 50-57.
[34] 朱岳年．天然气中 N_2 的成因与富集 [J]. 天然气工业，1999，19 (3): 23-27.
[35] 刘全有，刘文汇，Krooss B M，等．天然气中氮的地球化学研究进展 [J]. 天然气地球科学，2006，17 (1): 120-124.
[36] 刘朝露，夏斌．塔里木盆地天然气中氮气成因与油气勘探风险分析 [J]. 天然气地球科学，2005，16 (2): 225-228.
[37] 刘全有，戴金星，刘文汇，等．塔里木盆地天然气中氮地球化学特征与成因 [J]. 石油与天然气地质，2007，28 (1): 13-16.
[38] 黄第藩，刘宝泉，王庭栋，等．塔里木盆地东部天然气的成因类型及其成熟度判 识 [J]. 中国科学 D 辑：地球科学，1996，26 (4): 365-372.
[39] Liang Digang, Zhang Shuichang, Zhang Baomin, et al. Understanding on marine oil generation in China based on Tarim Basin [J]. Earth Science Frontiers, 2000, 7 (4): 534-547.
[40] 王招明，王清华，赵孟军，等．塔里木盆地和田河气田天然气地球化学特征及成藏过程 [J]. 中国科学 D 辑：地球科学，2007，37 (增刊2): 69-79.
[41] 王晓梅，张水昌．轮南地区天然气分布特征及成因 [J]. 石油与天然气地质，2008，29 (2): 204-209.
[42] 张秋茶，王福焕，肖中尧，等．阿克 1 井天然气气源探讨 [J]. 天然气地球科学，2003，14 (6): 484-487.
[43] 赵孟军，卢双舫，王庭栋，等．克拉 2 气田天然气地球化学特征与成藏过程 [J]. 科学通报，2002，47 (增刊): 109-115.
[44] 李剑，谢增业，李志生，等．塔里木盆地库车坳陷天然气气源对比 [J]. 石油勘探与开发，2001，28 (5): 29-32.
[45] 戴金星，裴锡古，戚厚发．中国天然气地质学：卷一 [M]. 北京：石油工业出版社，1992: 9-63.
[46] 赵靖舟．前陆盆地天然气成藏理论及应用 [M]. 北京：石油工业出版社，2003: 121-166.

[47] 马玉杰，谢会文，蔡振忠，等．库车坳陷迪那2气田地质特征［J］. 天然气地球科学，2003，14（5）：371-374.
[48] 郑广全，徐文圣，唐明龙，等．牙哈2-3凝析气田E-K油气藏类型新认识［J］. 天然气工业，2008，28（10）：15-17.
[49] Stahl W J，Boigk H，Wollanke G. Carbon and nitrogen isotope data of Upper Carboniferous and Rotliegend natural gases from north Germany and their relationship to the maturity of the organic source material [J]. Advances in Organic Geochemistry，1997，3：539-559.
[50] Stahl W J. Carbon and nitrogen isotopes in hydrocarbon research and exploration [J]. Chemical Geology，1977，20：121-149.
[51] 梁狄刚，顾乔元，皮学军．塔里木盆地塔北隆起凝析气藏的分布规律［J］. 天然气工业，1998，18（3）：5-9.

本文原刊于《石油学报》，2013年第34卷增刊1。

中国煤成大气田天然气汞的分布及成因

李 剑[1,2] 韩中喜[1,2] 严启团[1,2] 王淑英[1,2] 葛守国[1,2]

1. 中国石油勘探开发研究院，北京

2. 中国石油天然气集团有限公司天然气成藏与开发重点实验室，河北廊坊

摘要：对中国八大含气盆地中的500多口气井开展天然气汞含量检测，对产自不同地区的2个煤样开展煤生烃热释汞模拟实验，并对采自鄂尔多斯盆地的11块取心煤样进行汞含量检测。研究表明，中国煤型气中汞的分布具有煤型气汞含量总体远高于油型气、不同煤型气汞含量的分布很不均匀、煤型气汞含量总体随产层深度的增加而变大这3个特征。中国煤型气中的汞主要来自气源岩，其主要证据除了煤型气汞含量远高于油型气、高含二氧化碳气的汞含量随二氧化碳含量的增加而下降和煤系具备形成高含汞天然气的物质基础外，煤生烃热释汞模拟实验揭示出煤在热演化过程中可以形成较高的天然气汞含量，煤型气汞含量受气源岩温度和储集层硫化环境的控制。结合岩石圈物质循环过程和油气形成过程，中国煤型气中汞的形成可以划分为搬运和沉积、浅部埋藏、深部埋藏、保存和破坏等4个阶段。

关键词：中国；煤型气；汞；气源岩；分布特征；成因

1 研究背景

汞是天然气中一种常见的有害重金属元素，不仅具有毒性而且具有腐蚀性，它的存在给气田生产带来潜在的安全隐患[1-2]。在各种天然气成因类型中，煤型气往往具有较高的天然气汞含量，煤型气汞含量通常高出油型气汞含量一个数量级[3]，世界上著名的高含汞气田均为煤型气田[4-18]（表1），如：荷兰格罗宁根气田产层为二叠系赤底统砂岩，气源岩为上石炭统煤层，年产气$400\times10^8m^3$，天然气汞含量平均为$180\mu g/m^3$[3][4]，年回收液态汞6500kg[5]；印度尼西亚阿隆凝析气田产层为中新世早、中期的碳酸盐岩，天然气主要来自Baong页岩，有机质以易于生气的木本和草本干酪根为主[6]，天然气汞含量为180～$300\mu g/m^3$[3][7-8]；克罗地亚波德拉维纳地区天然气汞含量为200～$2500\mu g/m^3$，气源岩主要形成于两个时期，较老的形成于中新世早期，包含粉砂岩和泥岩，干酪根类型为Ⅲ型，较新的由形成于中新世中期的Badenian沉积物和形成于中新世晚期的Pannonian含化石的钙质泥灰岩组成，分析表明其显微组成主要为镜质组和木质碎屑[9-10]；泰国湾地区天然气汞含量为100～$400\mu g/m^3$[11-12]，地层岩性主要为砂岩和泥岩，煤层厚度为1.5～3.3m[13]；埃及卡斯尔凝析气田天然气汞含量为75～$175\mu g/m^3$[14]，产层为下侏罗统Ras Qattara地层和中侏罗统Khatatba地层，均为碎屑岩储集层，气源岩为侏罗系Ras Qattara和Khatatba层，主要由夹有煤线的页岩和砂岩组成，有机质类型为Ⅲ型和Ⅱ—Ⅲ型[15-16]。

表 1　世界著名高含汞气田天然气汞含量统计表

国家	气田/位置	天然气汞含量（$\mu g/m^3$）
德国	德国北部地区	1500～4350
荷兰	格罗宁根气田	180
印度尼西亚	阿隆凝析气田	180～300
克罗地亚	波德拉维纳地区	200～2500
泰国	泰国湾地区	100～400
埃及	卡斯尔凝析气田	75～175

近年来，随着中国天然气需求的不断增加，天然气勘探和开发取得了长足的发展。在各类天然气中，煤型气占据了绝对主导地位，汞的危害也日益显现。2006 年中国海南福山油田一家天然气液化厂因主冷箱至气液分离器的铝合金直管段漏气而不得不停产更换，在更换过程中发现有液态汞的存在[2]。中国石化雅克拉集气处理站主冷箱也先后于 2008 年 8 月和 2009 年 1 月发生数次刺漏，累计造成天然气处理装置停产 50d，西气东输压缩机停输 2 个月[19]。因此，认清中国煤成大气田中汞的分布规律及成因不仅具有重要的地球化学意义，在安全与环保要求日益严格的今天更具现实意义。

在天然气中汞的成因问题上，很多学者做过大量探索，但由于缺乏综合性研究，观点尚存在分歧。Bailey 等[20]认为美国加利福尼亚州 San Joaquin Valley 原油中的汞为热液成因，其根据是在 San Joaquin Valley 地区热液汞矿与含汞原油存在着某种亲密联系。涂修元[21]认为天然气中的汞含量与油气成熟度有密切关系。Zettlitzer 等[17]认为德国北部地区 Rotliegand 砂岩储集层中天然气中的汞来源于其下方的火山岩。Frankiewicz 等[22]认为泰国湾地区天然气中的汞与靠近产层的煤和碳质页岩有关。陈践发等[23]认为辽河坳陷天然气中的汞来自地球深部，与气源岩类型关系不大。戴金星等[24]对国内外 12 个盆地的煤型气和油型气的汞含量进行了统计，煤型气汞含量为 0.01～3000.00$\mu g/m^3$，算术平均值为 79.605$\mu g/m^3$；油型气汞含量为 0.004～142.000$\mu g/m^3$，算术平均值为 6.875$\mu g/m^3$，煤型气汞含量的算术平均值是油型气的 11.5 倍，因此天然气汞含量与天然气成因类型有关。垢艳侠等[25]认为天然气中的汞主要来自幔源岩浆的脱气作用。刘全有[26]对塔里木盆地各构造单元的汞含量进行了检测和分析，认为塔里木盆地天然气中汞含量主要与天然气成因类型、沉积环境、构造活动和火山活动有关。以上观点只是从某个方面推测天然气中汞的成因，天然气中汞的形成机制有待进一步研究。

2　中国煤型气田中汞的分布特征

为厘清中国煤型气田中汞的分布特征及成因，对中国陆上八大含气盆地 500 多口天然气井的汞含量进行测定，结果显示，汞含量最高值为 2240$\mu g/m^3$，最低小于 0.01$\mu g/m^3$，松辽盆地和塔里木盆地天然气汞含量相对较高，渤海湾盆地、鄂尔多斯盆地和准噶尔盆地次之，四川盆地、柴达木盆地和吐哈盆地则相对较低（表 2）。表明中国天然气中汞的分布很不均匀，不同盆地之间甚至同一盆地不同气田之间的天然气汞含量存在很大差异。

表 2　中国八大含气盆地天然气汞含量测定结果统计表

盆地	天然气汞含量（μg/m³）	
	最低值	最高值
松辽盆地	<0.01	2240.00
塔里木盆地	<0.01	1500.00
渤海湾盆地	0.20	230.00
鄂尔多斯盆地	0.05	210.00
准噶尔盆地	1.70	110.00
四川盆地	<0.01	42.00
柴达木盆地	<0.01	1.42
吐哈盆地	0.05	0.28

本文结合韩中喜等[27-28]关于天然气汞含量作为煤型气与油型气判识指标的探讨，根据天然气汞含量将气田划分为 H 型（天然气汞含量大于 30μg/m³）、M 型（天然气汞含量为 10~30μg/m³）和 L 型（天然气汞含量小于 10μg/m³）。中国八大含气盆地部分气田汞含量分类及相关参数统计显示（表 3），中国煤型气田汞的分布具有 3 个特征：（1）煤型气田汞含量总体远高于油型气田，所有 H 型气田均为煤型气田，如松辽盆地的徐深、长深和德惠等气田，塔里木盆地的克拉、迪那和牙哈等气田，渤海湾盆地的南堡、苏桥和板桥等气田，鄂尔多斯盆地的苏里格气田，准噶尔盆地的莫索湾气田，以及四川盆地的邛西气田；（2）不同煤型气田间汞含量的分布很不均匀，尽管煤型气田汞含量总体高于油型气田，但有相当部分煤型气田汞含量很低，属于 M 型或 L 型气田，如松辽盆地的双坨子气田为 M 型气田、小合隆气田为 L 型气田，塔里木盆地的柯克亚和英买气田为 M 型气田、阿克气田为 L 型气田，渤海湾盆地的王官屯和荣兴屯气田为 L 型气田，鄂尔多斯盆地的榆林气田为 M 型气田，神木、子洲、东胜和大牛地气田为 L 型气田，准噶尔盆地的呼图壁和玛河为气田 L 型，四川盆地的老关庙、柘坝场和八角场气田为 M 型气田，合川和龙岗气田为 L 型气田，吐哈盆地的温西、米登和红台气田为 L 型气田，柴达木盆地的马北和平台气田为 L 型气田；（3）总体上煤型气田汞含量随产层深度的增加而变大，所有 H 型气田的产层深度均大于 2316m，所有 M 型气田的产层深度均大于 1950m，值得注意的是个别储集层类型为碳酸盐岩的煤型气田尽管产层深度较大，但汞含量很低，如渤海湾盆地王官屯构造上的王古 1 井，尽管产层深度高达 4515~4580m，但天然气汞含量小于 0.01μg/m³。

表 3　中国八大含气盆地天然气汞含量类型及相关参数统计表

盆地	气田	产层深度（m）	层位	岩性	气田类型	$\delta^{13}C_2$（‰）	天然气类型
松辽盆地	徐深	3268~3705	K_1yc、K_1d	砂岩、火山岩	H	-34.0~-31.1	煤型气
	长深	3498~3809	K_1yc、K_1d	砂岩、火山岩	H	-28.8~-26.3	煤型气
	德惠	2316~2328	K_1sh	火山岩	H	-34.8~-26.3	煤型气
	双坨子	1950~2073	K_1q	砂岩	M	-29.1~-24.3	煤型气
	小合隆	613~1978	K_1q	砂岩	L	-28.9~-24.8	煤型气
	喇嘛甸	600~660	K_2n	砂岩	L	-39.8~-36.6	油型气
	红岗	540~1229	K_2n、K_2m	砂岩	L	-37.4~-33.3	低熟油型气
	万金塔	1815~1313	K_1q	砂岩	L		二氧化碳气

续表

盆地	气田	产层深度（m）	层位	岩性	气田类型	$\delta^{13}C_2$（‰）	天然气类型
塔里木盆地	克拉2	3499～4021	K、E	砂岩	H	-19.4～-17.8	煤型气
	迪那2	4597～5686	E	砂岩	H	-23.3～-20.9	煤型气
	牙哈	4947～5790	E	砂岩	H	-23.9～-22.6	煤型气
	柯克亚	2983～3949	E	砂岩	M	-26.6～-25.7	煤型气
	英买力	4452～5389	K、E	砂岩	M	-24.0～-20.7	煤型气
	阿克	3250～3345	K	砂岩	L	-21.9～-20.2	煤型气
	和田河	1931～2272	O、C	砂岩、碳酸盐岩	L	-34.6～-30.9	油型气
	塔中	3489～4973	O、C	砂岩、碳酸盐岩	L	-37.8～-35.1	油型气
	吉南4	4379～4773	T	砂岩	L	-34.2	油型气
渤海湾盆地	南堡	4673～4689	Es	玄武岩	H	-24.4	煤型气
	板桥	4917～4967	O_2f、O_2s	碳酸盐岩	H	-26.8～-26.6	煤型气
	苏桥	4468～4856	O_2f、O_2s	碳酸盐岩	H	-25.9	煤型气
	王官屯	4515～4580	O	碳酸盐岩	L	-25.4	煤型气
	顾辛庄	3167～3307	O_2sm	碳酸盐岩	L		过渡气
	柳泉	1500～1849	Es	砂岩	L	-36.4～-30.0	油型气
	欢喜岭	2351～3042	Es	砂岩	M	-28.1	过渡气
	荣兴屯	1715～1983	Es、Ed	砂岩	L	-27.7～-24.7	煤型气
	高升	1400～1497	Es	砂岩	L	-34.8～-32.3	油型气
鄂尔多斯盆地	苏里格	3288～3623	O_1m—P_2x	砂岩、碳酸盐岩	H	-24.4～-23.2	煤型气
	榆林	2677～3255	O_1m—P_2x	砂岩、碳酸盐岩	M	-26.3～-23.4	煤型气
	神木	2383～2845	P_1t—P_2x	砂岩	L	-27.2～-22.9	煤型气
	子洲	1926～2713	P_1s	砂岩、碳酸盐岩	L	-25.7～-22.7	煤型气
	东胜	2150～2520	P_2x	砂岩	L	-25.6～-24.5	煤型气
	大牛地	2350～2750	P_1s—P_2x	砂岩	L	-25.3～-23.8	煤型气
	靖边	3150～3765	O_1m	碳酸盐岩	L	-31.9～-29.3	油型气
准噶尔盆地	莫索湾	4146～4250	J_1s	砂岩	H	-28.0～-25.5	煤型气
	呼图壁	3536～3614	E_1z	砂岩	L	-23.0～-21.6	煤型气
	玛河	2410～2480	E_1z	砂岩	L	-25.0～-24.4	煤型气
四川盆地	邛西	3682～3708	T_3x	砂岩	H	-22.6	煤型气
	老关庙	3672～3738	T_3x	砂岩	M	-23.7～-22.8	煤型气
	柘坝场	3478～4050	J_1z、T_3x	砂岩	M	-23.1～-22.3	煤型气
	八角场	2544～3352	T_3x	砂岩	M	-27.8～-26.1	煤型气
	合川	2079～2191	T_3x	砂岩	L	-27.2～-26.2	煤型气
	龙岗	5955～6735	P_2ch、T_1f	碳酸盐岩	L	-27.0～-25.3	煤型气
	威远	1911～3000	€、Z	碳酸盐岩	L	-36.2～-35.7	油型气
	卧龙河	1288～4744	P_2ch—T_1j	碳酸盐岩	L	-35.7～-28.0	油型气
	五百梯	4232～5045	P_2ch、C_2hl	碳酸盐岩	L	-33.6～-31.0	油型气

续表

盆地	气田	产层深度（m）	层位	岩性	气田类型	$\delta^{13}C_2$（‰）	天然气类型
吐哈盆地	温西	2336~2358	J_2x、J_2q	砂岩	L	-26.3	煤型气
	米登	3062~3108	J_2x	砂岩	L	-26.9	煤型气
	红台	2013~2067	J_2q、J_2s	砂岩	L	-25.9	煤型气
柴达木盆地	马北	1342~1459	E_3l	砂岩	L	-26.4~-26.2	煤型气
	平台	1158~1161	E_{1+2}	砂岩	L	-25.1~-21.4	煤型气
	涩北	709~1372	Q	砂岩	L	-44.6~-31.5	生物气

3 中国煤型气田中汞的成因

3.1 煤型气田中汞的来源

笔者在2012年曾对天然气中汞的成因做过探讨，认为天然气中的汞主要来自气源岩，随着气源岩埋藏深度的不断增大地层温度不断升高，在热力的作用下，气源岩中的汞与烃类一起运移并成藏[29]。其主要证据有3点：（1）煤型气汞含量远高于油型气，统计结果显示，煤型气汞含量算术平均值约为30μg/m³，油型气汞含量算术平均值只有3μg/m³左右，煤型气汞含量高出油型气1个数量级，说明天然气汞含量与天然气类型有关；（2）松辽盆地高含二氧化碳天然气汞含量随二氧化碳含量的增加而下降，说明天然气中汞的形成与烃类气体的来源有关；（3）煤系具备形成高含汞天然气的物质基础，若以煤岩的产气率和汞含量来计算，可形成的天然气汞含量为6.55~14077.67μg/m³，世界上最高天然气汞含量也未超过这一范围。

为进一步验证煤在加热过程中可以生成含汞的天然气，本文开展了煤生烃热释汞模拟实验（图1），实验用煤样为产自山西临汾二叠系和云南昭通新近系的褐煤。实验时，首先向不锈钢生烃釜中加入一定量的褐煤，然后将生烃釜放入程序控温加热炉中加热，加热所释放的气体通过螺旋管冷却后收集在气体采样袋，加热温度从250℃开始，一直持续到900℃，期间升高50℃收集1次气体样品，每个温度点收集1h。模拟结果显示，云南昭通的褐煤所生成的天然气汞含量最高达118μg/m³，山西临汾的褐煤所生成的天然气汞含量最高达754μg/m³，表明不同地区的煤虽然生成的天然气汞含量不同，但煤在加热生烃过程中均可形成一定含汞量的天然气（表4）。

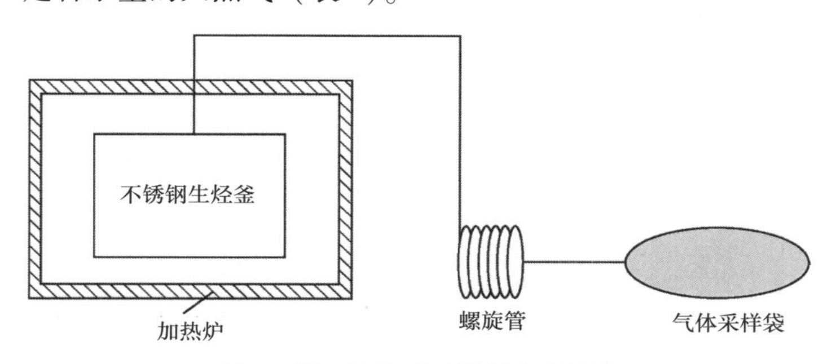

图1　煤生烃热释汞模拟实验装置

表 4　褐煤生烃热释汞模拟实验结果统计表

温度（℃）	天然气汞含量（μg/m³）	
	云南昭通	山西临汾
250	3. 050	7. 860
300	118. 000	754. 000
350	82. 700	546. 000
400	33. 300	238. 000
450	9. 670	10. 500
500	0. 761	4. 360
550	0. 031	1. 130
600	0. 025	0. 876
650	0. 022	0. 562
700	0. 018	0. 483
750	0. 016	0. 354
800	0. 008	0. 322
850	0. 006	0. 250
900	0. 005	0. 184

3. 2　煤型气汞含量的控制因素

3. 2. 1　气源岩温度

尽管煤型气总体汞含量较高，但不同煤型气田之间的汞含量差异还是很大。煤型气汞含量受产层深度的控制，当产层深度小于 1700m 时，煤型气汞含量一般小于 5μg/m³，随着产层深度的增加天然气汞含量呈幂函数关系变大（图 2）。

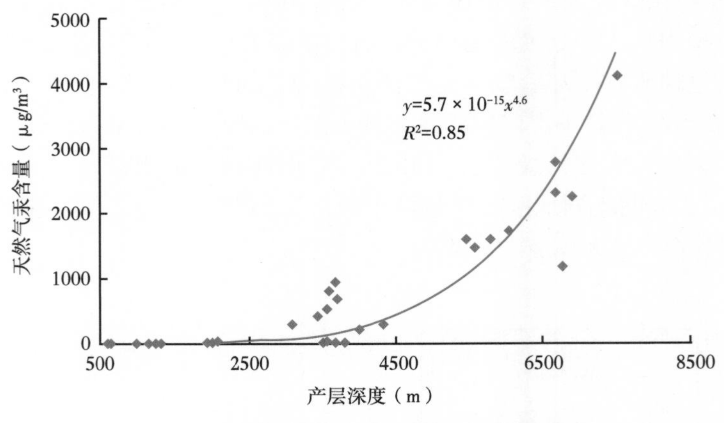

图 2　煤型气汞含量与产层深度关系图

笔者认为中国煤型气汞含量与产层深度所呈现的相关性本质上是与气源岩的热释汞过程有关，本文开展了煤在不同温度下的热释汞实验（图 3）。首先将煤粉碎，筛出孔径为 0. 88～1. 70mm（10～18 目）的颗粒，装入直径 6mm、长 18cm 的石英管中，两端用石英棉封堵，制得煤粉管。对煤粉管加热，每个温度点恒温 20min，煤粉所释放的汞蒸气在氮气吹扫下通过装有金丝的石英管。捕集汞的石英管会被加热到 800℃，汞蒸气从金丝表面解析下来并在清洁空气的吹扫下进入测汞仪测定。检测结果显示，煤粉在不同温度下均有汞析出，温度越高，汞的析出量越多，主要释汞阶段集中在 250~450℃（图 4）。

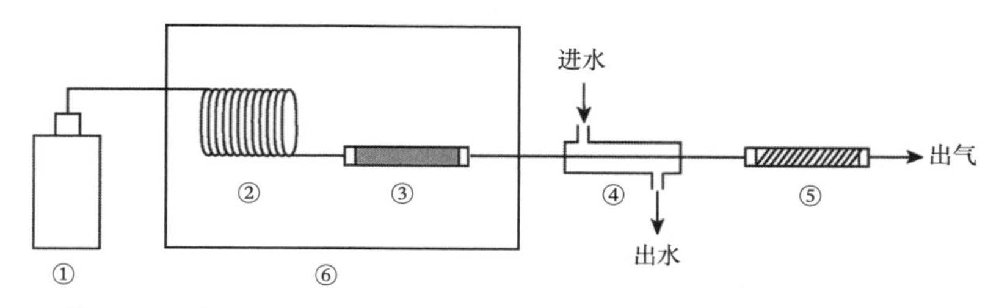

①氮气瓶；②加热螺旋管；③活性炭管；④水冷降温管；⑤金丝管；⑥加热釜

图 3　煤粉热释汞实验装置示意图

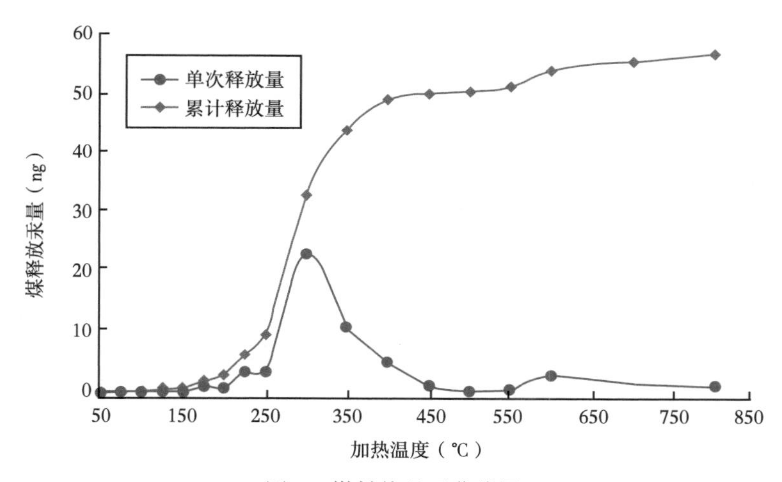

图 4　煤粉热释汞曲线图

3.2.2　储集层硫化环境

汞是亲硫元素，自然界中的朱砂矿就是汞与硫反应形成。在碳酸盐岩储集层中，石膏等硫酸盐矿物在还原菌和热化学还原作用（TSR）下，氧化性的硫变成还原性的硫，如硫化氢、单质硫及噻吩、硫醇、硫醚等含硫化合物。当气体中的汞遇到还原性的硫时很容易被捕获形成硫化汞，硫化环境越强天然气汞含量越低。四川盆地含硫化氢的天然气汞含量均未超过 $5\mu g/m^3$（图 5）。渤海湾盆地王官屯构造王古 1 井尽管产层深度高达 4515~4580m，但由于硫化氢含量高达 8.6%，因此天然气汞含量小于 $0.01\mu g/m^3$。

因此，煤型气汞含量的高低主要受气源岩所经历的地层温度和储集层硫化环境的控制。气源岩所经历的古地温越高，所释放的汞越多，所形成的天然气汞含量也就越高，反之越低。储集层硫化环境越弱，天然气中的汞越容易被保存下来，所形成的天然气汞含量也就越高，否则天然气中的汞就会与储集层中的硫化物形成硫化汞而损失掉，造成天然气低含汞或不含汞。

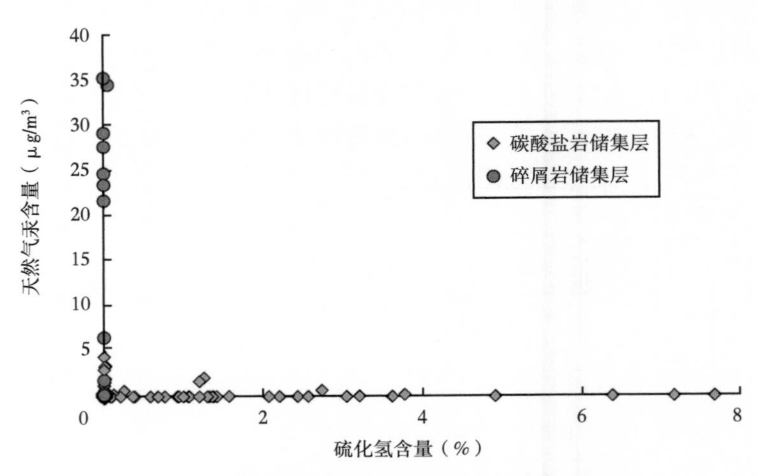

图 5　四川盆地天然气汞含量与硫化氢含量关系图

3.3　煤型气田中汞的形成阶段

结合岩石圈物质循环过程和油气形成过程，将天然气中汞的形成过程划分为搬运和沉积、浅部埋藏、深部埋藏、保存和破坏四个阶段。

3.3.1　搬运和沉积阶段

在岩石风化过程中或岩浆喷发过程中，单质汞或汞离子通过大气、河流和生物搬运至湖泊、海洋与沼泽，并与有机质一起沉积下来。

该阶段沉积有机质富集的汞量除了与岩石的类型、风化速度、构造活动强弱等因素有关，还与沉积物中有机质的数量和类型有关。在沉积有机质中，腐殖质对汞具有很强的吸聚能力，其结构中含有大量的羟基（-OH）、羧基（-COOH）、羰基（-CO）、氨基（$-NH_2$）和巯基（-SH）等活性基团，能与汞进行交换吸附和配位螯合[30]。此外，腐殖质一般呈球粒状，比表面积较大（337～340m^2/g），故其表面吸附力较强，因此，在土壤和沉积物中腐殖质含量的多少决定其含汞量的高低。腐殖质含量较多的森林土壤含汞量为100～290μg/kg，而一般土壤含汞量为10～15μg/kg[31]。在沉积物中，腐泥质对汞的富集能力则没有腐殖质强，煤的平均汞含量不低于1000μg/kg，是汞的克拉克值80μg/kg的12.5倍以上，而油型气的生气母质含汞量为150～400μg/kg，比煤低得多[32]。

3.3.2　浅部埋藏阶段

随着埋藏深度的增加，沉积有机质逐渐演化成具备生气能力的气源岩。有机质在埋藏初期由于埋藏深度较浅，地层温度较低，有机质依然对汞有较强的吸附能力。地壳深部上升的含汞气体和含汞热液成为气源岩中汞的进一步来源。这些深部上升的含汞气体和含汞热液一方面可以来自非气源岩在地层温度的作用下的受热分解，也可以来自侵入岩浆的脱气和脱液。涂修元[21]发现泌阳凹陷核三段生油岩汞含量/有机碳随深度增加而变大。

3.3.3　深部埋藏阶段

随着埋藏深度进一步增加，当地层温度达到一定程度后，气源岩中的汞就会随生成的烃类气体一起运移并成藏。韩中喜等[33]曾对煤粉热吸汞及释汞现象进行过实验分析，当温度低于100℃时煤粉具有吸汞能力，当温度高于120℃时煤粉不仅不能吸汞反而会释汞，煤粉吸汞和释汞的平衡点大体在110℃。为进一步验证这一现象，本文采集鄂尔多斯盆地单井取心煤样11块，采用热分解齐化原子吸收光谱测定固体及液体中的汞测试方法[34]对煤中的汞进行测定，测定结果见表5。由于鄂尔多斯盆地下白垩系存在一定程度的剥蚀，按照平均剥蚀厚度为500m，参照现今地温梯度来计算最大古地温，即 $T=0.0293h+10.8$[35]，结果显示在最大古地温小于106℃时，煤中汞含量随埋藏深度逐渐增加，当最大古地温达到106℃时，煤中汞含量出现下降的趋势。

表5　鄂尔多斯盆地11块煤样汞含量及最大古地温

井号	现今埋藏深度（m）	汞含量（ng/g）	最大埋藏深度（m）	最大古地温（℃）
双8井	2251	161	2751	91
神9井	2286	340	2786	92
榆6井	2367	363	2867	95
榆40井	2551	130	3051	100
榆40井	2570	118	3070	101
榆69井	2622	520	3122	102
神12井	2636	484	3136	103
榆82井	2736	517	3236	106
榆24井	2745	204	3245	106
陕245井	3177	134	3677	119
陕234井	3176	141	3676	119

3.3.4　保存和破坏阶段

当储集层温度较低时，储集层矿物和有机质就可能将天然气中的汞吸附下来，造成天然气汞含量下降，甚至不含汞。而当储集层中存在硫磺或硫化物时又会进一步加剧天然气中汞的损耗。当气藏抬升、泄漏或者地下深处的气源岩所释放的含汞烃类气体沿断层直接上升至浅部地层时，在低温硫化环境下就会形成汞矿床，世界上很多汞矿床的形成可能与此有关。

4　结论

中国煤型气中汞的分布具有3个特征，即煤型气汞含量总体要远高于油型气、不同煤型气汞含量差异很大、煤型气汞含量总体随产层深度的增加而变大。

中国煤型气中的汞主要来自气源岩，煤生烃热释汞模拟实验揭示出煤在热演化过程中可以形成较高的天然气汞含量。煤型气汞含量受气源岩温度和储集层硫化环境的控制。气源岩所经历的古地温越高，天然气汞含量也就越高；储集层硫化环境越弱，天然气汞含量越高。

结合岩石圈物质循环过程和油气形成过程，中国煤型气中汞的形成可以划分为搬运和沉积、浅部埋藏、深部埋藏、保存和破坏四个阶段。

参考文献

[1] Wilhelm S M, Bloom N. Mercury in petroleum [J]. Fuel Processing Technology, 2000, 63 (1): 1-27.

[2] 夏静森，王遇东，王立超．海南福山油田天然气脱汞技术 [J]. 天然气工业，2007，27 (7): 127-128.

[3] 戴金星．煤成气的成分及其成因 [J]. 天津地质学会志，1984，2 (1): 11-18.

[4] Bingham M K. Field detection and implications of mercury in natural gas [R]. SPE 19357, 1990.

[5] Balen R T. Modeling the hydrocarbon generation and migration in the west Netherlands Basin, the Netherlands [J]. Netherlands Journal of Geosciences, 2000, 79 (1): 32.

[6] Nelson H F, Abdullah M, Jordan C F, et al. Carbonate petrology of Arun limestone, Arun Field, Sumatra, Indonesia [J]. AAPG Bulletin, 1992, 76 (S1): 31-39.

[7] Muchlis M. Analytical methods for determining small quantities of mercury in natural gas [C]. Jakarta: 10th Annual Convention Proceedings, 1981.

[8] Situmorang M S, Muchlis M. Mercury problems in the Arun LNG Plant [C]. Los Angeles: 8th International Conference on LNG, 1986.

[9] Nicholas P. Applications of tectonic geomorphology for deciphering active deformation in the Pannonian Basin, Hungary [J]. Occasional Papers of the Geological Institute of Hungary, 2005, 204: 45-51.

[10] Bruno S, Josipa V, Sztano O, et al. Tertiary subsurface facies, source rocks and hydrocarbon reservoirs in the SW part of the Pannonian Basin (Northern Croatia and South-Western Hungary) [J]. Geologia Croatica, 2003, 56 (1): 101-122.

[11] Nutavoot P. Thailand's initiatives on mercury [R]. SPE 38087, 1997.

[12] Wilhelm S M, Alan M A. Removal and treatment of mercury contamination at gas processing facilities [R]. SPE 29721, 1995.

[13] 姜伟．美国 Unocal 公司在泰国湾的钻井技术 [J]. 石油钻采工艺，1995，17 (6): 43-49.

[14] Mahmoud A E. Egyptian gas plant employs absorbents for hg removal [J]. Oil & Gas Journal, 2006, 104 (50): 52-57.

[15] Mohamed R S, Mohammed H H, Wan H A. Geochemical characteristics and hydrocarbon generation modeling of the Jurassic source rocks in the Shoushan Basin, north Western Desert, Egypt [J]. Marine and Petroleum Geology, 2011, 28 (9): 1611-1624.

[16] Shalaby M R, Hakimi M H, Abdullah W H. Geochemical characterization of solid bitumen (migrabitumen) in the Jurassic sandstone reservoir of the Tut Field, Shushan Basin, northern Western Desert of Egypt [J]. International Journal of Coal Geology, 2012 (100): 26-39.

[17] Zettlitzer M, Scholer H F, Eiden R, et al. Determination of elemental, inorganic and organic mercury in north German gas condensates and formation brines [R]. SPE 37260, 1997.

[18] Zdravko S, Mashyanov N R. Mercury measurements in ambient air near natural gas processing facilities [J]. Fresenius Journal of Analytical Chemistry, 2000, 366 (5): 429-432.

[19] 李明，付秀勇，叶帆．雅克拉集气处理站脱汞工艺流程改造 [J]. 石油与天然气化工，2010，39 (2): 112-114.

[20] Bailey E H, Snavely P D, White D E. Chemical analysis of brines and crude oil, Cymric field, Kern County, California [C]. Virginia: United States Geological Survey, 1961: 306-309.

[21] 涂修元．天然气和表土中汞蒸气含量及分布特征 [J]. 地球化学，1992，9 (3): 294-351.

[22] Frankiewicz T C, Curiale J A, Tussaneyakul S. The geochemistry and environmental control of mercury and arsenic in gas, condensate, and water produced in the Gulf of Thailand [J]. AAPG Bulletin, 1998, 82 (2): 3.

[23] 陈践发，妥进才，李春园，等. 辽河坳陷天然气中汞的成因及地球化学意义 [J]. 石油勘探与开发，2000，27 (1)：23-24.
[24] 戴金星，戚厚发，王少昌，等. 我国煤系的油气地球化学特征、煤成气藏形成条件及资源评价 [M]. 北京：石油工业出版社，2001.
[25] 垢艳侠，侯栋才，王旭东. 天然气中汞的来源及富集条件 [J]. 新疆石油地质，2009，30 (5)：582-584.
[26] 刘全有. 塔里木盆地天然气中汞含量与分布特征 [J]. 中国科学：地球科学，2013，43 (5)：789-797.
[27] 韩中喜，李剑，严启团，等. 天然气汞含量作为煤型气和油型气判识指标的探讨 [J]. 天然气地球科学，2013，24 (1)：129-133.
[28] 李剑，李志生，王晓波，等. 多元天然气成因判识新指标及图版 [J]. 石油勘探与开发，2017，44 (4)：503-512.
[29] 李剑，韩中喜，严启团，等. 中国气田天然气中汞的成因模式 [J]. 天然气地球科学，2012，23 (3)：413-419.
[30] 彭国栋. 腐殖酸对土壤汞形态分配及生物有效性的调控作用及机理研究 [D]. 重庆：西南大学，2012.
[31] 杨育斌，涂修远. 汞蒸气直接找油应用前景的初步探讨 [C]//地质部石油普查勘探局. 石油地质文集：油气. 北京：地质出版社，1982：322-323.
[32] 戴金星，戚厚发，郝石生. 天然气地质学概论 [M]. 北京：石油工业出版社，1989：68-70.
[33] 韩中喜，严启团，王淑英，等. 辽河坳陷天然气汞含量特征简析 [J]. 矿物学报，2010，30 (4)：508-511.
[34] 美国国家环境保护局. 热分解齐化原子吸收光谱测定固体及液体中的汞：EPA 7473—2017 [S]. 华盛顿：美国国家环境保护局，2017.
[35] 任战利，张盛，高胜利，等. 鄂尔多斯盆地构造热演化史及其成藏成矿意义 [J]. 中国科学：地球科学，2007，37 (S1)：23-32.

本文原刊于《石油勘探与开发》，2019 年第 46 卷第 3 期。

中国气田天然气中汞的成因模式

李　剑　韩中喜　严启团　王淑英　葛守国　王春怡

中国石油勘探开发研究院廊坊分院，河北廊坊

摘要：汞是天然气中一种常见的有害元素，中国含气盆地构造背景复杂，天然气类型多样，不同气田汞含量差异很大。为搞清中国气田汞含量分布特征及天然气中汞的成因模式，对中国陆上八大含气盆地近500多口气井开展了汞含量检测和分析。研究表明天然气汞含量差异很大，不仅表现在不同含气盆地之间和同一含气盆地的不同构造部位之间，而且表现在不同产气层埋藏深度之间及不同天然气类型之间。中国高含汞天然气主要分布在构造活动相对较强的拉张断陷盆地及前陆盆地的深层。松辽盆地高含二氧化碳井汞含量数据表明天然气中的汞不可能为幔源成因。通过对煤的汞含量和产气率分析认为，作为生气母质的煤可以为高含汞天然气的形成提供充足的汞源。富含汞的气源岩、充足的热力和必要的保存温度是高含汞天然气形成的3个必要条件。结合汞的物理、化学特征和煤的沉积、埋藏和演化过程，可将天然气中汞的形成划分为5个演化阶段，即搬运、沉积、埋藏、释放和保存。

关键词：中国；气田；天然气；汞；分布特征；成因模式

汞在天然气中主要为0价的元素汞，以气态的形式分散于天然气当中[1]。在天然气低温处理过程中，液态汞很容易析出，给生产设备和作业人员带来很大安全隐患。汞可以对多种金属产生腐蚀，尤其是铝质设备。汞腐蚀会降低容器的承压能力，造成管线泄漏，容易引起各种事故，甚至是爆炸。1973年位于阿尔及利亚斯基克达（Skikda）地区的一家天然气液化厂因铝质换热设备发生汞腐蚀而爆炸，导致27人死亡72人受伤[2]。2004年一家位于澳大利亚的天然气处理厂因汞腐蚀导致气体泄漏并引起爆炸，酿成灾难性后果。荷兰格罗宁根（Groningen）气田因高含汞而闻名，1969年在对该气田天然气井口采气树检查时发现阀门发生严重的汞腐蚀，不得不停产更换阀门。2006年中国海南福山油田一家天然气液化厂因主冷箱至气液分离器的铝合金直管段漏气而不得不停产更换，在更换过程中发现有液态汞的存在[3]。

中国石化雅克拉集气处理站主冷箱也先后于2008年8月和2009年1月发生数次刺漏，累计造成天然气处理装置停产50天，西气东输压缩机停输2个月，汞腐蚀不仅直接造成很大的经济损失，还存在很大的安全隐患。汞蒸气由于具有高度的扩散性和很强的脂溶性，很容易通过呼吸道进入人体，并在脑组织和肾脏累积起来，破坏人的神经系统和泌尿系统。当空气中汞含量达到100000ng/m^{3}时就会引起慢性中毒，超过1200000ng/m^{3}时就会造成急性中毒[4]。在天然气处理厂，当检修人员对被汞污染的设备进行高温作业时，就会引起空气中汞含量的迅速升高，数分钟内就会致人昏厥，甚至是死亡。因此，搞清中国天然气汞含量特征及成因，不仅对于控制汞污染，消除汞的危害具有重要的现实意义，而且对于认识汞的地球化学特征也具有重要的学术价值。

1　中国天然气汞含量分布特征

中国天然气形成的地质背景复杂，不同地区构造活动往往差异很大，不仅产气层位多，而且天然气类型多样。中国东部的拉张断陷盆地和中部、西部叠合盆地的山前褶皱带及前陆区往往是构造活动较强的地区，而克拉通区则相对较弱。产气层位从震旦系—第四系都有分布，既有无机气也有有机气，既有生物气也有煤型气和油型气，既有热解气也有裂解气。为搞清中国天然气汞含量分布特征，笔者对中国陆上八大含气盆地近500多口气井开展了天然气汞含量检测和分析。

1.1　平面分布特征

中国天然气汞含量在平面上的分布是很不均匀的，不同含气盆地之间往往存在很大差异。根据目前检测的结果（表1），中国天然气汞含量最高为2240000ng/m^3，最低可达仪器检测不到的程度。松辽盆地和塔里木盆地是中国高含汞天然气的主要分布区，很多气井天然气汞含量超过了500000ng/m^3。渤海湾盆地、鄂尔多斯盆地和准噶尔盆地也具有较高的天然气汞含量，很多气井天然气汞含量超过了50000ng/m^3。四川盆地、吐哈盆地和柴达木盆地则相对较低，天然气汞含量在0~42000ng/m^3 之间。

表1　中国八大含气盆地天然气汞含量数据统计

盆地	天然气汞含量（ng/m^3）	
	最低值	最高值
松辽盆地	<10	2240000
塔里木盆地	<10	1500000
渤海湾盆地	200	230000
鄂尔多斯盆地	50	210000
准噶尔盆地	1700	110000
四川盆地	<10	42000
吐哈盆地	53	275
柴达木盆地	<10	39

中国天然气汞含量平面差异不仅体现在不同含气盆地之间，就是同一盆地不同构造部位也有很大不同，下面以四川盆地为例加以论述。按照断褶构造的发育程度，将四川盆地大致分为川东高陡断褶构造区、川南中—低缓断褶构造区和川西中—低缓断褶构造区[5]。106口气井的汞含量分析数据表明虽然四川盆地天然气汞含量整体不高，但不同地区的差异是非常明显的（图1）。川西中—低缓断褶构造区及川中平缓构造区构成了该盆地前陆区主体[6]，这一地区天然气汞含量远高于川南地区和川东地区，天然气汞含量介于5000~50000ng/m^3，川南地区和川东地区天然气汞含量一般不超过5000ng/m^3。

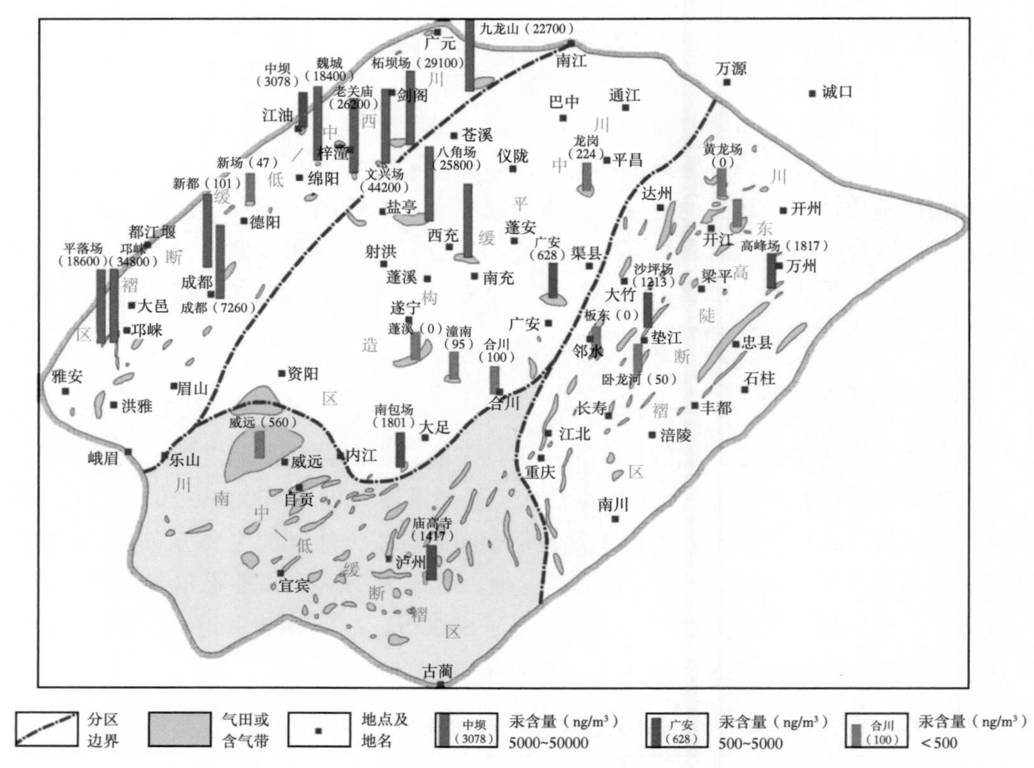

图 1　四川盆地天然气汞含量分布特征

1.2　垂向分布特征

中国天然气汞含量不仅平面分布差异大，在垂向上也有很大差异。吉拉克凝析气田位于新疆维吾尔自治区巴音郭楞蒙古自治州轮台县城以南 50km 处的塔里木河北岸。该气田发育了三叠系和石炭系上、下 2 套含油气层系，5 个凝析气藏，其中三叠系 4 个和石炭系 1 个[7]。三叠系 4 个凝析气藏分别位于 $TⅠ_1$、$TⅠ_2$、TⅡ、TⅢ等油层组，天然气类型为油型气[8]，本文研究对象是 TⅡ油层组，检测结果见表 2。

表 2　吉拉克凝析气田 TⅡ油层组天然气汞含量综合数据

井名	汞含量（ng/m^3）	产层深度（m）	产层深度中值（m）	层位
JLK106	547	4321.5～4327	4324.3	TⅡ
LN58	1579	4335.5～4339	4337.3	TⅡ
JLK102	1670	4336～4342	4339.0	TⅡ
LN57	1848	4338.5～4341.5	4340.0	TⅡ
JLK103	2208	4341.5～4345	4343.3	TⅡ

从表 2 可以看出，在检测的 5 口气井当中，天然气汞含量最高为 $2208ng/m^3$，最低只有 $547ng/m^3$。为了得到天然气汞含量与产层深度的关系，将产层深度中值定义为产层深度段中间位置的深度，并建立天然气汞含量与产层深度中值之间的关系。从图 2 可以看出，天然气汞含量与产层深度具有很好的正相关关系，随着产层深度的增加而逐渐增大，在线性拟合下，相关系数可达 0.9882，拟合效果良好。

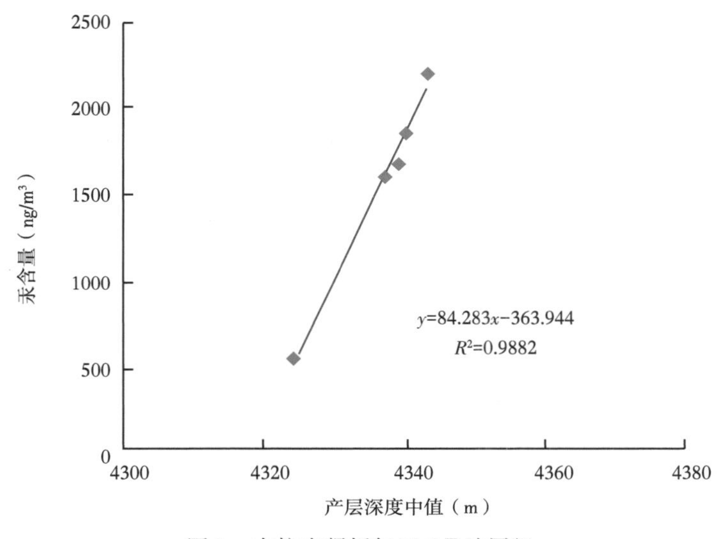

图 2　吉拉克凝析气田 TⅡ油层组

1.3　不同成因类型天然气汞含量特征

天然气按照成因类型可以分为两大类，即无机气和有机气，其中有机气按成熟度可分为生物气、热解气和裂解气，按生气母质类型又可分为油型气和煤型气[9]。本文中煤型气和油型气特指热解气和裂解气中的煤型气和油型气。无机气以松辽盆地南部万金塔气藏为例，生物气以柴达木盆地涩北气田为例，煤型气和油型气涵盖了中国陆上大部分含气盆地。由表 3 可以看出，无机成因的万金塔纯二氧化碳气藏[10]汞含量很低，被检测的多口气井汞含量均小于 10ng/m³。在有机气当中，生物气汞含量最低，天然气每立方米最低只有几纳克汞，最高也不超过 39ng/m³。在热演化程度较高的煤型气和油型气当中，煤型气汞含量总体要远高于油型气。煤型气汞含量较高与生气母质腐殖质对汞具有很强的吸聚能力有关。腐殖质胶体吸附量平均为 3~4g/kg，在相同的地质环境中比其他一切胶体的吸附量都高。在土壤和沉积物中腐殖质含量的多少决定着含汞量的富贫。例如，腐殖泥含汞量高达 1000μg/kg 以上，而一般淡水沉积物含汞量仅为 73μg/kg，腐殖泥较多的森林土壤含汞量为 100~290μg/kg，而一般土壤含汞量则为 10~50μg/kg，煤的含汞量平均不低于 1000μg/kg，而一般泥岩和页岩含汞量只有 150~400μg/kg，这些数据清楚地说明煤型气的母质腐殖质有机质含汞量比其他的高[11]。但这并不意味着所有的煤型气均具有较高的汞含量，煤型气拥有更高的汞含量分布范围，煤型气汞含量介于 18~2240000ng/m³，油型气汞含量介于 0~28000ng/m³，这说明天然气汞含量并不完全与气源岩类型相关。

表 3　不同成因类型天然气汞含量数据

天然气类型		汞含量（ng/m³）
无机气	纯二氧化碳	<10
有机气	生物气	<10~39
	煤型气	18~2240000
	油型气	0~28000

2　天然气中汞的成因

关于天然气中汞的成因很多学者都做过探讨。无外乎有 2 种观点，即“煤系成因说”和“岩浆成因说”[11-13]。煤系成因说认为天然气中的汞来自气源岩，汞是在气源岩热演化过程中随挥发份一起运移并聚集到气藏当中去的。岩浆成因说认为天然气中的汞来自深部岩浆的脱气作用，并通过深大断裂进入气藏当中去的。这 2 种观点均与现今发现的高含汞气田的分布是一致的，即高含汞气田其天然气类型均为煤型气，高含汞气田所处的地质背景均为构造活动相对较强的地区，并可能伴随有深部的脱气作用。

2.1　天然气中汞的来源

松辽盆地是中国东部发育的中生代—新生代大型裂谷盆地，盆地深层火山岩发育，天然气除含烷烃气外还含有较多的二氧化碳，部分气井二氧化碳含量甚至超过了 90%。很多学者[14-17]都对松辽盆地深层二氧化碳的成因进行过探讨，比较统一的认识是松辽盆地深层二氧化碳为幔源成因。根据这一认识，如果假设松辽盆地深层天然气中的汞为幔源成因，那么高含二氧化碳井的天然气汞含量应该随二氧化碳含量的增加而增加。为了求证这一问题，笔者选取松辽盆地深层 5 口高含二氧化碳井作为研究对象，在进行天然气汞含量检测的同时采集天然气样品进行组分分析，天然气汞含量的检测采用德国 Mercury Instrument 公司生产的 Mercury Tracker 3000 检测仪器，该仪器不仅量程大，而且检测精度高，最小分辨率为 100ng/m^3。天然气组分分析采用安捷伦 7890 色谱仪。但检测给出了相反的结论。从图 3 中可以看出，天然气汞含量不仅没有随二氧化碳含量的增加而增加，反而是随二氧化碳含量的增加而逐渐下降。这说明松辽盆地深层天然气中的汞不可能为幔源成因。

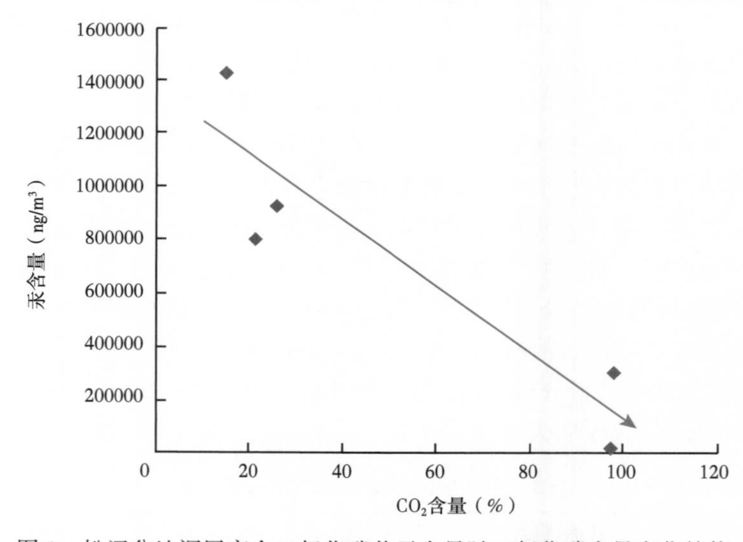

图 3　松辽盆地深层高含二氧化碳井汞含量随二氧化碳含量变化趋势

大量的数据表明，作为生气母质的煤具备形成高含汞气田的条件。煤在热演化过程中不仅会释放出大量的烃类气体，还会将气态汞释放出去。因此可以根据煤的产气率和含汞量大体计算其所形成的天然气汞含量。戚厚发等[18]对中国不同地区的煤岩进行了大量人工热模拟实验，得到了不同煤阶下煤的产气率（表4）。

表4　中国不同地区煤岩产气率数据表[18]

煤阶	镜质组反射率（%）	煤产气率（m^3/t）
褐煤	<0.50	38～68*
长烟煤	0.50～0.65	42～99
气煤	0.65～0.90	45～126
肥煤	0.90～1.20	64～179
焦煤	1.20～1.70	86～244
瘦煤	1.70～1.90	124～298
贫煤	1.90～2.50	152～389
无烟煤	>2.50	206～458

* 表示褐煤前产气率（38～68m^3/t），系借用国外文献数据。

从表4中可以发现，煤岩产气率随演化程度的不断增加而变大，到无烟煤阶段产气率可达206～458m^3/t。Kevin等[19]和王起超等[20]曾对美国和中国不同产煤区中的煤岩汞含量进行过统计（表5），这些地区煤岩汞含量均在0.003～2.9μg/g之间，如果按照这2组数据，不难看出，煤岩以其自身的汞含量就可以形成6550～14077670ng/m^3的天然气汞含量。而在中国及世界范围内均未发现超过此范围的天然气汞含量（世界见报道的最高天然气汞含量为位于德国北部的气田，在1700000～4350000ng/m^3之间[21]）。因此，煤系烃源岩具备形成高含汞气田的物质基础。

表5　美国与中国不同产煤区煤中汞含量[19-20]

美国地区	汞含量范围（μg/g）	平均值（μg/g）	中国地区	汞含量范围（μg/g）	平均值（μg/g）
Appalachian	0.003～2.9	0.20	黑龙江	0.02～0.63	0.12
Eastern Interior	0.007～0.4	0.10	吉林	0.08～1.59	0.33
Fort Union	0.007～1.2	0.13	辽宁	0.02～1.15	0.20
Green River	0.003～1.0	0.09	北京	0.06～1.07	0.28
Hams Fork	0.02～0.6	0.09	内蒙古	0.23～0.54	0.34
Gulf Coast	0.01-1.0	0.22	安徽	0.14～0.33	0.22
Pennsylvania Anthracite	0.003～1.3	0.18	江西	0.08～0.26	0.16
Powder River	0.003～1.4	0.10	河北	0.05～0.28	0.13
Raton Mesa	0.01～0.5	0.09	山西	0.02～1.59	0.22
San Juan River	0.003～0.9	0.08	陕西	0.02～0.61	0.16
South West Utah	0.01～0.5	0.10	山东	0.07～0.30	0.17
Uinta	0.003～0.6	0.08	河南	0.14～0.81	0.30
Western Interior	0.007～1.6	0.18	四川	0.07～0.35	0.18
Wind River	0.007～0.8	0.18	新疆	0.02～0.05	0.03

2.2 天然气中汞的成因模式

虽然煤系烃源岩或偏腐殖型气源岩具备形成高含汞天然气的物质基础，但并不是所有的煤型气均具有较高的天然气汞含量。这是因为汞在气源岩中以各种吸附态和化合态的形式存在，汞要想从气源岩中被释放出来，地层必须要达到一定的热力条件。韩中喜等[22]认为只有地层温度达到110℃后，气源岩中的汞才开始大量被释放出来，在地层温度较低时，气源岩不仅不能将汞释放出去，反而对汞有较强的吸附能力。这一点可以在笔者所研究的500多口气井的统计数据中得到验证，从图4中可以看出，天然气汞含量总体随产层深度的增加而增大。当产层深度低于1800m时，天然气汞含量很低，一般不超过2000ng/m^3。根据我国目前的地温场，地温梯度在1.9~3.5℃/100m之间[23]，在1800m埋藏深度下，地层温度在48~88℃之间。在这个温度下，天然气中的汞更倾向于吸附在地层中的有机物和黏土矿物之上，当汞在天然气和岩层之间的分配达到某一平衡状态时，残留在天然气中的汞就很少了。

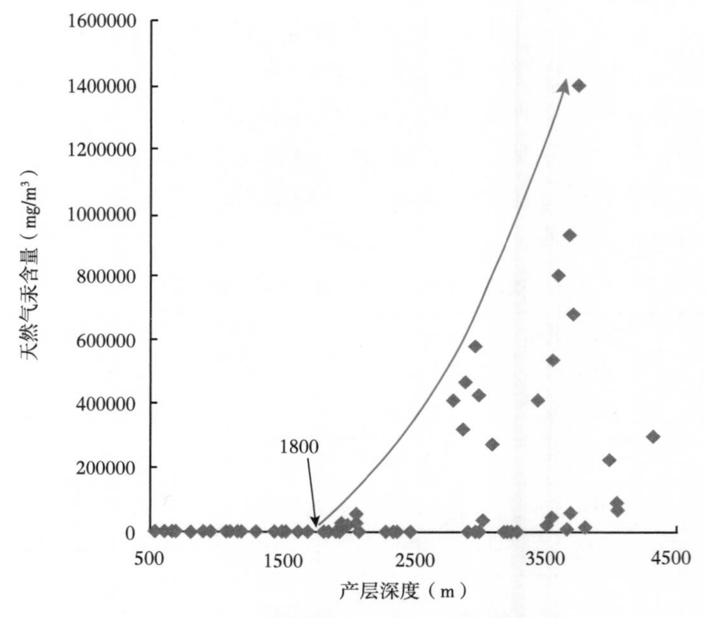

图4 天然气汞含量随产层深度变化特征

根据以上讨论可以发现，高含汞天然气的形成必须同时具备以下3个条件。

（1）富含汞的气源岩，气源岩含汞量越高，其所形成的天然气汞含量才可能会高，如煤或偏腐殖型气源岩。

（2）充足的热力，气源岩温度越高，汞的活动性越强，越容易从气源岩中被释放出来。

（3）必要的保存温度，汞进入气藏以后会与围岩（尤其是黏土矿物、各种有机物）存在汞的物质交换，直至达到某一平衡状态，温度越低围岩对汞的吸附越强烈，气藏中天然气汞含量越低，温度越高，围岩对汞的吸附量越弱，气藏中天然气汞含量也就会越高。

借鉴汞在自然界中的循环过程和煤的形成过程，可将天然气中汞的形成划分为5个演化阶段，即搬运、沉积、埋藏、释放和保存。火山喷发物及各种岩石风化的产物是自然界中汞的最原始来源（图 5），它们可以以气态、吸附态和各种化合态的形式在气流、水流等的搬运作用下进入湖泊或海洋之后沉积下来，在搬运和沉积过程中有机质胶体由于对汞具有较强的吸附能力，因此汞可以在有机物中富集并随同有机物一起被埋藏下来。随着埋藏深度的增加，地层温度也不断升高，汞便会在热力的作用下随生成的天然气一起从气源岩中释放并在合适的圈闭中聚集起来。

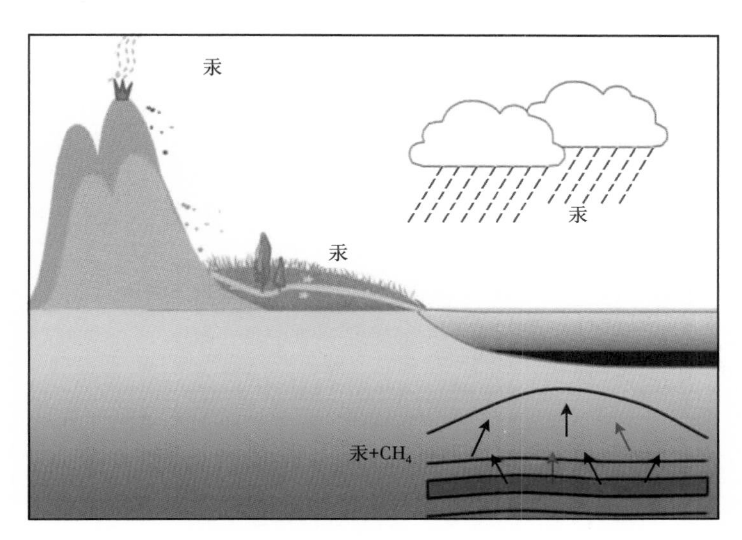

图 5　天然气中汞的形成模式

3　结论

汞是天然气中一种常见的有害元素，汞的存在给天然气处理带来了很大安全隐患。中国天然气地质条件复杂，不同气田的天然气汞含量差异很大，最低几乎达到仪器检测不到的程度，最高可达 2240000ng/m^3。松辽盆地和塔里木盆地是中国高含汞气田的主要分布区，吐哈盆地和柴达木盆地则相对不高。整体上，煤型气汞含量要远高于油型气汞含量，无机气和生物气汞含量很低。天然气汞含量整体随气层埋藏深度的增加而增加，中国高含汞天然气主要分布在构造活动相对较强的拉张断陷盆地及前陆盆地的深层。天然气中的汞主要为富含汞的气源岩在热演化过程中随生成的天然气一起被释放并进入气藏当中去的。高含汞天然气的形成必须同时具备 3 个条件：（1）富含汞的气源岩；（2）充足的热力；（3）必要的保存温度。天然气中汞的形成可以划分为 5 个演化阶段，即搬运、沉积、埋藏、释放和保存。

参考文献

[1] Wilhelm S M，Bloom N. Mercury in petroleum［J］. Fuel Processing Technology，2000，63：1-27.

[2] Leeper J E. Processing mercury corrosion in liquefied natural gas plants［J］. Energy Process，1981，73（3）：46-51.

[3] 夏静森，王遇东，王立超 . 海南福山油田天然气脱汞技术［J］. 天然气工业，2007，27（7）：127-128.

[4] 江苏氯碱．汞的安全标准［J］．江苏氯碱，2009，（6）：37.
[5] 徐国盛，何玉，袁海峰，等．四川盆地嘉陵江组天然气藏的形成与演化研究［J］．西南石油大学学报：自然科学版，2011，33（2）：171-178.
[6] 魏国齐，刘德来，张林，等．四川盆地天然气分布规律与有利勘探领域［J］．天然气地球科学，2005，16（4）：437-442.
[7] 伍轶鸣．吉拉克凝析气田自流注气提高采收率方案研究［J］．天然气工业，1999，19（2）：58-62.
[8] 胡守志，付晓文，王廷栋，等．吉拉克三叠系凝析气藏成藏地球化学研究［J］．西南石油学院学报，2005，27（3）：14-16.
[9] 戴金星，陪锡古，戚厚发．中国天然气地质学（卷一）［M］．北京：石油工业出版社，1992：10.
[10] 戴金星，胡国艺，倪云燕，等．中国东部天然气分布特征［J］．天然气地球科学，2009，20（4）：471-486.
[11] 戴金星．煤成气的成分及其成因［J］．天津地质学会志，1984，2（1）：11-18.
[12] 侯路，戴金星，胡军，等．天然气中汞含量的变化规律及应用［J］．天然气地球科学，2005，16（4）：514-520.
[13] 刘全有，李剑，侯路．油气中汞及其化合物样品采集与试验分析方法研究进展［J］．天然气地球科学，2006，17（4）：559-564.
[14] 霍秋立，杨步增，付丽．松辽盆地北部昌德东气藏天然气成因［J］．石油勘探与开发，1998，25（4）：17-19.
[15] 谈迎，刘德良，李振生．松辽盆地北部二氧化碳气藏成因地球化学研究［J］．石油实验地质，2006，28（5）：480-483.
[16] 张庆春，胡素云，王立武，等．松辽盆地含 CO_2 火山岩气藏的形成和分布［J］．岩石学报，2010，26（1）：109-119.
[17] 王立武，邵明礼．松辽盆地深层天然气富集条件的特殊性探讨［J］．中国石油勘探，2009，（4）：6-12.
[18] 戚厚发，戴金星，宋岩．东濮凹陷天然气富集因素及聚集模式［J］．石油勘探与开发，1986，13（4）：1-10.
[19] Kevin C，Galbreath，Christopher J，et al. Mercury transformation in coal combustion flue gas［J］. Fuel Processing Technology，2000，65（8）：289-310.
[20] 王起超，沈文国，麻壮伟．中国燃煤汞排放量估算［J］．中国环境科学，1999，（4）：318-321.
[21] Zettlitzer M. Determination of Elemental，Inorganic and Organic Mercury in North German Gas Condensates and Formation Brines［C］. SPE 37260，1997：509-513.
[22] 韩中喜，严启团，李剑，等．沁水盆地南部地区煤层气汞含量特征简析［J］．天然气地球科学，2010，21（6）：1054-1059.
[23] 姚足金．从地热水分布论中国地温场特征［C］．中国地球物理学会第六届学术年会论文集，1990.

本文原刊于《天然气地球科学》，2012 年第 23 卷第 3 期。

天然气汞含量作为煤型气与油型气判识指标的探讨

韩中喜　李　剑　严启团　王淑英　葛守国　王春怡

中国石油勘探开发研究院廊坊分院，河北廊坊

摘要： 虽然天然气汞含量作为判识煤型气和油型气的一项重要指标已经被很多学者所接受，但在勘探实践中应用的并不多，究其原因还是对该指标的认识不够深入。为探讨该指标的适用性，笔者对天然气中汞的成因机制进行探讨。首先通过煤中汞含量、煤的产气率及煤粉热释汞实验，分析认为天然气中的汞主要来自气源岩，尤其是煤，只有当地层温度达到一定数值以后，气源岩中的汞才会在热力的作用下大量被释放并随生成的天然气一起运移并聚集到气藏中，气源岩类型和地层温度共同决定了天然气汞含量的高低。其次，笔者对全国八大盆地500多口天然气井开展了天然气汞含量检测，并对其中部分气井进行了天然气烷烃碳同位素检测。统计分析表明，当天然气汞含量大于30μg/m³ 时，可基本判断该天然气类型为煤型气；当天然气汞含量介于10~30μg/m³ 时，其为煤型气的概率较大，在结合其他地质资料的情况下也可比较容易得出合理的结论；但当天然气汞含量介于5~10μg/m³，甚至更低时，天然气汞含量只能作为判识煤型气和油型气的辅助参数。

关键词： 天然气；煤型气；油型气；汞；判识；指标

判别煤型气和油型气的方法很多，最常见的有烷烃碳同位素法、轻烃法和生物标志化合物法，其他的方法还有气组分法和汞含量法[1]。虽然汞含量法作为鉴别煤型气和油型气的一种有效方法已经被很多学者所接受[2-4]，但在实际工作过程中采用该方法的并不多。究其原因主要有两个：一是天然气中汞的形成机制认识不清，尽管大多数学者认为天然气中的汞主要来自气源岩[5-7]，但仍然有部分学者认为天然气中的汞主要来自地壳深部[8-9]；二是天然气汞含量作为煤型气和油型气判识指标界限的认识还有待进一步深化。戴金星根据国内外12个盆地（四川、渤海湾、鄂尔多斯、江汉、南襄、苏北、琼东南、松辽和中欧、北高加索、卡拉库姆及德涅波—顿涅茨）的煤型气和油型气汞含量资料进行分析认为，煤型气汞含量为 $10 \sim 3\times10^6$ ng/m³，通常大于700ng/m³，油型气汞量在 $4 \sim 1.42\times10^6$ ng/m³，通常小于600ng/m³[10]。但这一指标在实际使用过程中还存在一些困难，因此有必要对该项指标作进一步探讨。

1　天然气中汞的形成机制

越来越多的证据表明天然气中的汞主要来自气源岩（尤其是煤），而非地壳深部。这是因为成煤的腐殖质对汞具有很强的吸聚能力，腐殖质胶体吸附量平均为3~4g/kg，在相同地质环境中比其他一切胶体的吸附量都高，如腐殖泥汞含量高达1000μg/kg以上，而一

般淡水沉积物只有 73μg/kg 左右[11]。Kevin 和王起超等学者曾对美国和中国不同产煤区煤中汞含量进行过统计[12-13]，这些地区煤中汞含量介于（0.003~2.9）$\times10^3$ng/g（表 1），中国不同地区煤中平均汞含量为 0.202$\times10^3$ng/g。戴金星曾对不同煤阶的煤产气率做过统计，煤的产气率一般为 206~458m^3/t[14]（表 2），按照最高产气率计算，假设煤中的汞全部释放，则由此形成的天然气汞含量可以达到 6550~6331877ng/m^3。目前世界上已知的最高天然气汞含量也未超过这一范围，德国武斯特罗夫气田天然气汞含量为 3$\times10^6$ng/m^3[11]。

表 1　美国与中国不同产煤区煤中汞含量[12-13]

美国地区	汞含量（μg/g）		中国地区	汞含量（μg/g）	
	范围	平均值		范围	平均值
Appalachian	0.003~2.9	0.20	黑龙江	0.02~0.63	0.12
Eastern Interior	0.007~0.4	0.10	吉林	0.08~1.59	0.33
Fort Union	0.007~1.2	0.13	辽宁	0.02~1.15	0.20
Green River	0.003~1.0	0.09	北京	0.06~1.07	0.28
Hams Fork	0.02~0.6	0.09	内蒙古	0.23~0.54	0.34
Gulf Coast	0.01~1.0	0.22	安徽	0.14~0.33	0.22
Pennsylvania	0.003~1.3	0.18	江西	0.08~0.26	0.16
Powder River	0.003~1.4	0.10	河北	0.05~0.28	0.13
Raton Mesa	0.01~0.5	0.09	山西	0.02~1.59	0.22
San Juan River	0.003~0.9	0.08	陕西	0.02~0.61	0.16
South West Utah	0.01~0.5	0.10	山东	0.07~0.30	0.17
Uinta	0.003~0.6	0.08	河南	0.14~0.81	0.30
Western Interior	0.007~1.6	0.18	四川	0.07~0.35	0.18
Wind River	0.007~0.8	0.18	新疆	0.02~0.05	0.03

表 2　不同煤阶煤产气率数据[14]

煤阶	镜质组反射率（%）	煤产气率（m^3/t）
煤	<0.50	38~68*
长烟煤	0.50~0.65	42~99
气煤	0.65~0.90	45~126
肥煤	0.90~1.20	64~179
焦煤	1.20~1.70	86~244
瘦煤	1.70~1.90	124~298
贫煤	1.90~2.50	152~389
无烟煤	>2.50	206~458

注：* 表示褐煤前产气率，系借用国外文献数据。

虽然煤系有机质具备形成高含汞天然气的物质基础，但并不是所有的煤型气均具有较高的天然气汞含量。笔者曾对沁水盆地南部煤层气勘探开发试验区樊庄区块的8口煤层气井进行了汞含量分析，检测结果表明这些井天然气汞含量很低，均小于10ng/m³[15]（表3）。这说明天然气汞含量高低不仅与天然气类型有关，也受其他因素的控制。

表3　沁水盆地南部地区煤层气汞含量数据[15]

采样井号	深度（m）	汞含量（ng/m³）
晋试5-7	889	<10
固6-10	616	<10
蒲1-5	512	<10
华溪4-10	715	<10
华溪7-14	724	<10
蒲南2-7	711	<10
华蒲7-14	702	<10
樊平1-1	515	<10

研究表明，一定温度下，煤吸汞和释汞是一个动态的过程，温度越低煤对汞的吸附量越大，温度越高吸附量越低。为了验证这一现象，笔者做了如下实验，实验装置如图1所示，为了达到较高的控温精度（±1℃），选取电热鼓干燥箱作为加热单元。首先将煤样粉碎成10~18目大小的颗粒，装入直径6mm、长18cm的玻璃管，两端用脱脂棉封堵，由此制得煤粉管，每支装入煤粉量为2g，煤粉汞含量为57ng/g。设定电热鼓干燥箱加热温度，待温度稳定后，启动气泵，用1mL注射器抽取饱和汞蒸气从注射口注入，在气流的带动下饱和汞蒸气依次通过煤粉管和水浴降温槽，最后被金阱吸附，吸附汞后的金阱可通过原子吸收光谱仪检测其吸附的汞量。所有连接部件均为硅胶和玻璃制品。在实验过程中，加热温度从60℃开始，每20℃一个间隔，一直加热到160℃，检测结果如图2所示。

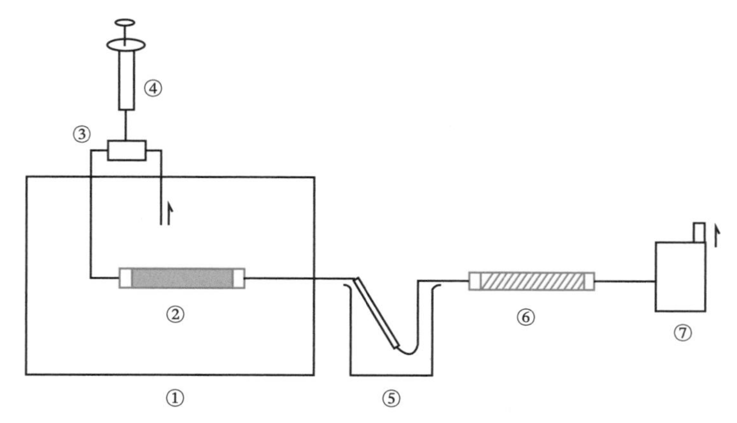

①电热鼓干燥箱；②煤粉管；③注射口；④注射器；⑤水浴降温槽；⑥金阱；⑦气泵

图1　煤粉加热吸汞、释汞实验装置示意图

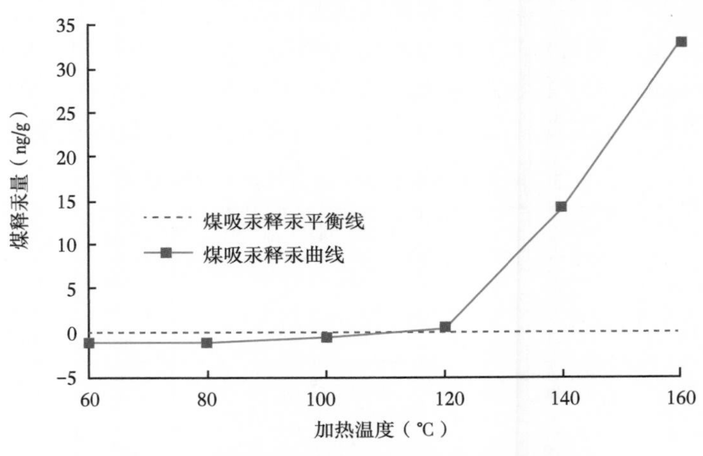

图 2　煤粉在不同温度下的吸汞和脱汞现象

可以看出，当加热温度低于 100℃时，金阱所吸附汞量小于注入的汞量；当加热温度高于 120℃时，金阱吸附汞量大于注入的汞量。因此可以判断，煤粉吸汞和释汞的平衡点位于 100~120℃，大体为 110℃。这表明作为生气母质的煤，虽然具备形成高含汞天然气的物质基础，但当气源岩地层温度过低时，煤中的汞很难被释放出来，甚至还会将环境中的汞吸聚起来，这样形成的天然气汞含量会很低。只有当气源岩达到一定温度后，煤中的汞才会在热力的作用下释放并进入气藏，因此气源岩类型和地层温度共同决定了天然气汞含量的高低。这里的地层温度既包括天然气生成时的气源岩层温度，又包括天然气现今所在储层的地层温度。这一结论与目前已知的全球高含汞气田的分布是一致的，这些高含汞气田所在地区岩浆活动比较活跃，地温梯度相对较高，产气层与气源岩层埋藏往往较深，地层温度通常超过 100℃。荷兰格罗宁根（Groningen）气田是世界上著名的高含汞气田，根据 Bingham 报道，该气田天然气汞含量大体为 180μg/m^3[16]，格罗宁根气田位于欧洲北海含油气区的西荷兰盆地，主要烃源岩层为上石炭统煤层，产层是埋藏深度为 2700m 的赤底砂岩，气层温度为 107℃[17]。泰国湾地区天然气也具有较高的天然气汞含量，根据 Wilhelm 的统计，泰国湾地区天然气汞含量在 100~400μg/m^3[18]。泰国湾地区的沉积盆地形成于第三纪，盆地形成初期花岗岩侵入活动发育，主要烃源岩层为沼泽相暗色泥岩和煤层，地温梯度在 5℃/hm 以上，气藏埋深 2000~2600m，气层温度在 120℃以上[19-20]。岩浆等地热活动为气源岩中汞的释放提供了丰富的热力，并确保了进入气层的汞不会因为温度过低而被围岩中的有机质和黏土矿物吸附。

2　天然气汞含量作为判识指标的适用性

为搞清天然气汞含量与天然气类型之间的关系，笔者对中国陆上的 8 大含气盆地（松辽、渤海湾、鄂尔多斯、四川、沁水、塔里木、准噶尔及吐哈）中的 500 多口气井开展了天然气汞含量检测，并对其中部分气井进行了天然气烷烃碳同位素分析（表 4）。在进行天然气汞含量检测时借鉴国际标准化组织 2003 年推荐标准 ISO 6978-2，但由于该标准采样方法只适用于天然气处理厂外输气，对于含油、含水较多的井口天然气则不适用。为消除油、水的干扰，笔者首先将天然气通入气体采样袋，然后静置片刻，待油、水从天然气中分离后，再将天然气通入测汞仪检测。大量实验分析表明该方法检测数据具有很好的重复性和再现性。另外，该方法同样适用于天然气处理厂外输气，并与 ISO 6978-2 标准方法具有很好的可比性。

表 4　中国部分盆地气井天然气汞含量与甲、乙烷碳同位素数据

盆地名称	气田名称	井号	汞含量（ng/m^3）	$\delta^{13}C_1$（‰）	$\delta^{13}C_2$（‰）
鄂尔多斯盆地	榆林	榆 32-15	1290	-33.0	-25.6
		榆 42-6	483	-31.3	-25.5
		陕 211	24900	-33.0	-25.2
		榆 29-10	29800	-33.4	-24.3
		榆 28-12	13600	-33.2	-26.3
		榆 28-2	1490	-33.6	-32.3
		陕 141	7890	-33.3	-25.8
		榆 26-12	9670	-32.5	-25.9
		榆 27-01	5230	-33.1	-30.8
		榆 50-5	630	-33.7	-29.3
	靖边	陕 193	291	-32.3	-30.7
		陕 45	469	-41.5	-35.0
		G6-11B	540	-32.3	-30.7
	苏里格	苏 14-9-34	118000	-32.6	-23.2
		苏 14-9-32	1960	-32.4	-22.7
		苏 36-2-4	45000	-33.8	-23.0
		苏 36-7-4	5500	-34.0	-23.0
		苏 10-39-55	1800	-32.3	-23.1
		苏 5-5-28	152000	-32.0	-23.1
		苏 5	122000	-32.5	-22.9
四川盆地	九龙山	龙 9	42000	-30.4	-27.9
		龙 8	36200	-30.8	-27.0
		龙 10	40500	-30.4	-27.7
	八角场	角 42	3300	-38.2	-27.8
		角 33	34200	-38.4	-26.3
		角 47	23800	-38.7	-26.1
		角 48	61400	-40.3	-26.5
		角 49	6190	-37.0	-27.3
	威远	威 5	<10	-32.0	-35.7
		威 93	<10	-32.3	-36.2

研究表明，当乙烷碳同位素低于-28‰时，天然气汞含量一般不超过 30μg/m^3；当乙烷碳同位素高于-28‰时，天然气汞含量总体随乙烷碳同位素值的增加而迅速变大(图 3)。煤型气汞含量算术平均值约 30μg/m^3，油型气汞含量算术平均值则只有 3μg/m^3，煤型气

汞含量总体要高出油型气一个数量级。除此以外，煤型气汞含量拥有比油型气更大的分布范围，油型气汞含量介于 0~30μg/m³，煤型气则介于 0~2240μg/m³。

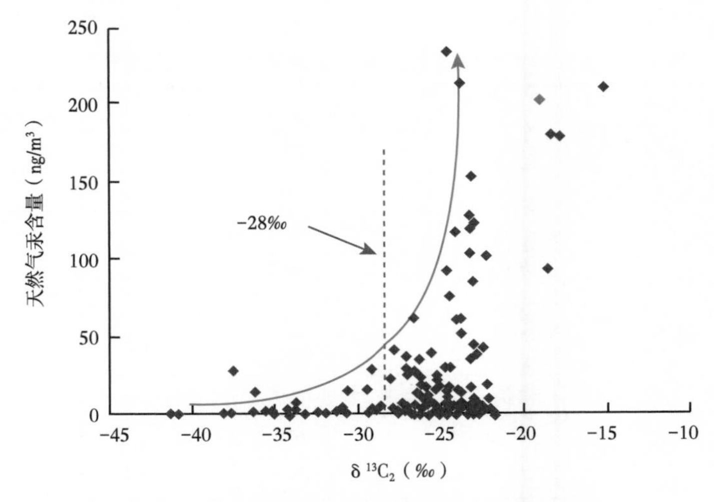

图 3　天然气汞含量与乙烷碳同位素组成关系

由于油型气汞含量一般不超过 30μg/m³，因此对于汞含量超过 30μg/m³ 的天然气来说可以基本判定为煤型气。而对于汞含量介于 10~30μg/m³ 的天然气来说，由于油型气汞含量只有 5%左右位于该区间，在结合其他地质资料的情况下也可比较容易得出合理的结论。但当天然气汞含量介于 5~10μg/m³，甚至更低时，天然气汞含量只能作为判识煤型气和油型气的辅助参数（表 5）。

表 5　煤型气和油型气天然气汞含量统计分布数据

汞含量（μg/m³）	≤5	5~10	10~30	>30
煤型气分布（%）	30	20	20	30
油型气分布（%）	85	10	5	0

3　结论

（1）气源岩类型和其所经历的最高地层温度及现今气层温度共同决定了天然气汞含量的高低。煤系有机质具备形成高含汞天然气的物质基础，但只有当气源岩层达到一定温度（110℃）后，气源岩中的汞才可能被大量释放并进入气层。气层只有保持一定的地层温度才能确保天然气中的汞不会因为温度过低而被围岩中的有机质和黏土矿物吸附。

（2）煤型气汞含量总体要远高于油型气一个数量级，煤型气汞含量算术平均值为 30μg/m³ 左右，而油型气汞含量算术平均值则只有 3μg/m³ 左右。煤型气汞含量拥有比油型气更大的分布范围，油型气汞含量介于 0~30μg/m³，煤型气则介于 0~2240μg/m³。

（3）当天然气汞含量大于 30μg/m³ 时，可基本判断该天然气类型为煤型气。当天然气汞含量在 10~30μg/m³ 时，其为煤型气的概率较大，在结合其他地质资料的情况下也可比较容易得出合理的结论。但当天然气汞含量介于 5~10μg/m³，甚至更低时，天然气汞含量只能作为判识煤型气和油型气的辅助参数。

参 考 文 献

[1] 戴金星，裴锡古，戚厚发．中国天然气地质学：卷一［M］．北京：石油工业出版社，1992：69-87.
[2] 党振荣，刘永斗，王秀，等．苏桥潜山油气藏烃源讨论［J］．石油学报，2001，22（6）：18-23.
[3] 张虎权，王廷栋，卫平生，等．煤层气成因研究［J］．石油学报，2007，28（2）：29-32.
[4] 石彦民，于俊利，廖前进，等．黄骅坳陷孔西地区油气的地球化学特征及油源初探［J］．石油学报，1998，19（2）：5-11.
[5] 李剑，严启团，汤达祯．天然气中汞的成因机制与分布规律预测［M］．北京：地质出版社，2011：153-155.
[6] 韩中喜，严启团，王淑英，等．辽河坳陷天然气汞含量特征简析［J］．矿物学报，2010，30（4）：508-511.
[7] 李剑，韩中喜，严启团，等．中国气田天然气中汞的成因模式［J］．天然气地球科学，2012，23（3）：413-418.
[8] 涂修元．天然气和表土中汞蒸气含量及分布特征［J］．地球化学，1992，9（3）：294-304.
[9] Zettlitzer M，Scholer H F，Eiden R，et al. Determination of elemental，inorganic and organic mercury in north German gas condensates and formation brines［R］. SPE 37260，1997.
[10] 戴金星，戚厚发，郝石生．天然气地质学概论［M］．北京：石油工业出版社，1989：68-70.
[11] 戴金星．煤成气的成分及成因［J］．天津地质学会志，1984，2（1）：16-18.
[12] Kevin C G，Christopher J Z. Mercury transformation in coal combustion flue gas［J］. Fuel Processing Technology，2000，65（1）：289-310.
[13] 王起超，沈文国，麻壮伟．中国燃煤汞排放量估算［J］．中国环境科学，1999，19（4）：318-321.
[14] 戴金星，戚厚发，王少昌，等．我国煤系的油气地球化学特征、煤成气藏形成条件及资源评价［M］．北京：石油工业出版社，2001：25.
[15] 韩中喜，严启团，李剑，等．沁水盆地南部地区煤层气汞含量特征简析［J］．天然气地球科学，2010，21（6）：1054-1059.
[16] Bingham M D. Field detection and implications of mercury in natural gas［R］. SPE 19357，1990.
[17] 李国玉，金之钧．世界含油气盆地图集［M］．北京：石油工业出版社，2005：451-453.
[18] Wilhelm S M，McArthur A. Removal and treatment of mercury contamination at gas processing facilities［R］. SPE 29721，1995.
[19] 藤原，昌史．使用三维地震反射资料综合解释泰国海上气田的含气砂岩层［J］．石油技术协会志，1986，51（1）：83-90.
[20] 姜伟．美国 Unocal 公司在泰国湾的钻井技术［J］．石油钻采工艺，1995，17（6）：43-48.

本文原刊于《石油学报》，2013 年第 34 卷第 2 期。

四川盆地川中古隆起震旦系—寒武系天然气特征及成因

魏国齐[1,2]　谢增业[1,2]　宋家荣[3]　杨　威[1,2]　王志宏[1,2]
李　剑[1,2]　王东良[1,2]　李志生[1,2]　谢武仁[1]

1. 中国石油勘探开发研究院廊坊分院
2. 中国石油天然气集团有限公司天然气成藏与开发重点实验室
3. 中国石油西南油气田公司

摘要：利用高石梯—磨溪地区大量新钻探井和野外露头资料，开展震旦系—寒武系天然气组分、同位素、轻烃组成、烃源岩干酪根碳同位素、储集层沥青生物标志物等地球化学特征研究。研究表明：（1）震旦系灯影组和寒武系龙王庙组天然气均为典型的干气，以烃类气体为主。但灯影组干燥系数大、烃类组分含量低、非烃组分含量高。非烃气体含量的差异主要表现在氮气、二氧化碳、硫化氢和氦气方面。烃源岩成熟度不同和含硫矿物与烃类反应生成 H_2S 是造成灯影组和龙王庙组天然气组成细微差别的原因。（2）灯影组和龙王庙组天然气 $\delta^{13}C_2$ 值差异明显，主要反映母质类型的差异。（3）灯影组和龙王庙组天然气甲烷 δ^2H 值差异大，主要反映母质沉积水介质盐度的差异。（4）下寒武统页岩、灯影组泥岩、陡山沱组泥岩和灯影组碳酸盐岩干酪根碳同位素平均值分别为-30.7%、-31.9‰、-30.7‰和-27.8‰。（5）灯影组储集层沥青4-甲基二苯并噻吩/1-甲基二苯并噻吩值介于筇竹寺组和灯影组烃源岩。研究认为高石梯—磨溪地区震旦系—寒武系天然气主要为原油裂解气，震旦系天然气来源于震旦系和寒武系烃源岩，寒武系天然气主要来源于寒武系烃源岩。

关键词：天然气特征；天然气成因；震旦系；寒武系；川中古隆起；四川盆地

四川盆地自1964年发现威远震旦系大气田以来，相继在龙女寺构造女基井、安平店构造安平1井、资阳古圈闭资1—资7井、高石梯构造高科1井等震旦系获工业气流或低产气流。主流观点认为震旦系天然气来源于下寒武统筇竹寺组页岩[1-2]，但也有一些不同认识，如震旦系天然气是自生自储气[3]、震旦系与寒武系的混源气[4]、水溶脱气[2-5]及深部无机成因气[6-7]等。2011年，高石梯构造高石1井在震旦系灯影组二段（以下简称灯二段）获得日产 $102\times10^4m^3$ 的高产工业气流，但天然气特征与之前发现的天然气有较大差别。随着高石梯—磨溪地区（简称高磨地区）勘探的不断深入，探明了迄今为止中国单个气藏规模最大的整装特大型碳酸盐岩气田，即安岳气田，探明天然气地质储量 $4404\times10^8m^3$，震旦系—寒武系三级储量规模超过万亿立方米[8]。大量新钻探井的天然气数据表明该区震旦系灯影组天然气与寒武系龙王庙组天然气，以及威远—资阳地区天然气存在一些差异[9]。本文根据高磨地区新钻井资料，从天然气组成、碳氢同位素组成、轻烃组成、烃源岩干酪根碳同位素组成、储集层沥青生物标志物等多种参数入手，全面、系统地研究高磨地区震旦系、寒武系天然气地球化学特征及其差异原因，并探讨天然气与其母岩关系，为四川盆地震旦系—寒武系天然气勘探提供地质依据。

1　天然气藏形成地质条件

高磨地区位于四川盆地中部（图1）继承性发育的川中古隆起核部。川中古隆起在上震旦统灯影组沉积期已具雏形，发育高石梯—磨溪、威远—资阳两个古地貌高地[8]。震旦纪时期，四川盆地及周缘发育碳酸盐镶边台地，寒武系龙王庙组沉积期发育碳酸盐缓坡型台地[10]，以高能环境藻丘和颗粒滩相沉积为特征，形成了震旦系灯影组（灯四段和灯二段）、寒武系龙王庙组等多套裂缝—孔隙（孔洞）型、孔隙型优质储集层，龙王庙组、灯四段、灯二段储集层平均孔隙度分别为4.28%、3.22%和3.35%，平均渗透率分别为0.966mD、0.593mD和1.160mD。两高地之间为台内裂陷，自灯影组沉积期至早寒武世筇竹寺组沉积期继承性发育，沉积了厚度较大的下寒武统麦地坪组和筇竹寺组。研究已发现台内裂陷为下寒武统优质烃源岩发育中心，裂陷内烃源岩生成的油气可侧向运移至裂陷两侧的有利储集空间中聚集成藏[8]。除台内裂陷外，四川盆地及周缘的广大区域也发育下寒武统筇竹寺组页岩、震旦系灯三段泥岩、震旦系陡山沱组泥岩及灯影组泥质碳酸盐岩等烃源岩。各层段烃源岩的地球化学特征见表1，总体上，震旦系—寒武系烃源岩有机质丰度高，有机质类型为腐泥型和腐殖—腐泥型，处于高—过成熟阶段。下寒武统筇竹寺组页岩是灯影组气藏的重要盖层，而寒武系龙王庙组气藏之上的寒武系高台组—洗象池组致密碳酸盐岩、二叠系—三叠系泥岩、砂岩、碳酸盐岩及膏盐层是高磨地区震旦系—寒武系气藏重要的区域性盖层，尤其是二叠系—中下三叠统的超压（压力系数大于1.60）地层对下伏龙王庙组超压气藏的保存起到非常重要的作用。

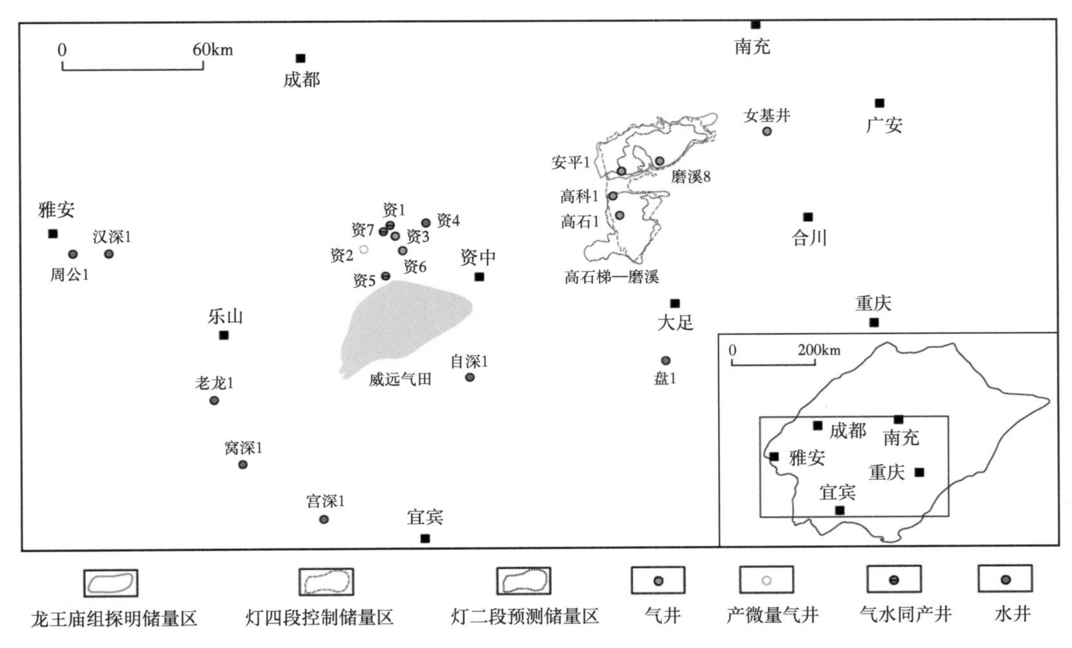

图1　四川盆地川中古隆起分布位置图

表1　四川盆地震旦系—寒武系烃源岩地球化学参数

系	组	岩性	厚度（m）	TOC（%）	$\delta^{13}C_k$（‰）	R_{oe}（%）
寒武系	筇竹寺组+麦地坪组	页岩	100~500	0.50~8.49，平均值1.95（405）	-36.4~-30.0，平均值-32.8（60）	1.84~2.42
震旦系	灯三段	泥岩	5~30	0.50~4.73，平均值1.19（62）	-34.5~-29.0，平均值-31.9（16）	3.16~3.21
	灯影组	碳酸盐岩	100~400	0.20~3.67，平均值0.61（415）	-33.7~-23.8，平均值-27.8（73）	1.97~3.46
	陡山沱组	泥岩	10~30	0.56~14.17，平均值2.91（95）	-32.8~-28.8，平均值-30.7（23）	2.08~3.82

注：括号内为样品数。

2　天然气地球化学特征及成因

2.1　天然气组成特征

四川盆地高磨地区震旦系灯影组、寒武系龙王庙组天然气组成总体上以烃类气体为主。CH_4 含量一般大于85%，C_2H_6 含量一般小于0.30%［图2（a）］，偶有痕量丙烷，天然气 C_1/C_{1-4}大于0.9960［图2（b）］，呈高演化的特征，是典型的干气。非烃类气体主要包括 N_2、CO_2、H_2S 及少量 He，其中以 N_2 和 CO_2 为主。其中 N_2 含量一般小于5.0%，CO_2 含量一般小于9.0%［图2（c）］，H_2S 含量一般小于35g/m^3，属于低—中含 H_2S 气藏[11]，He 含量一般小于0.10%［图2（d）］。

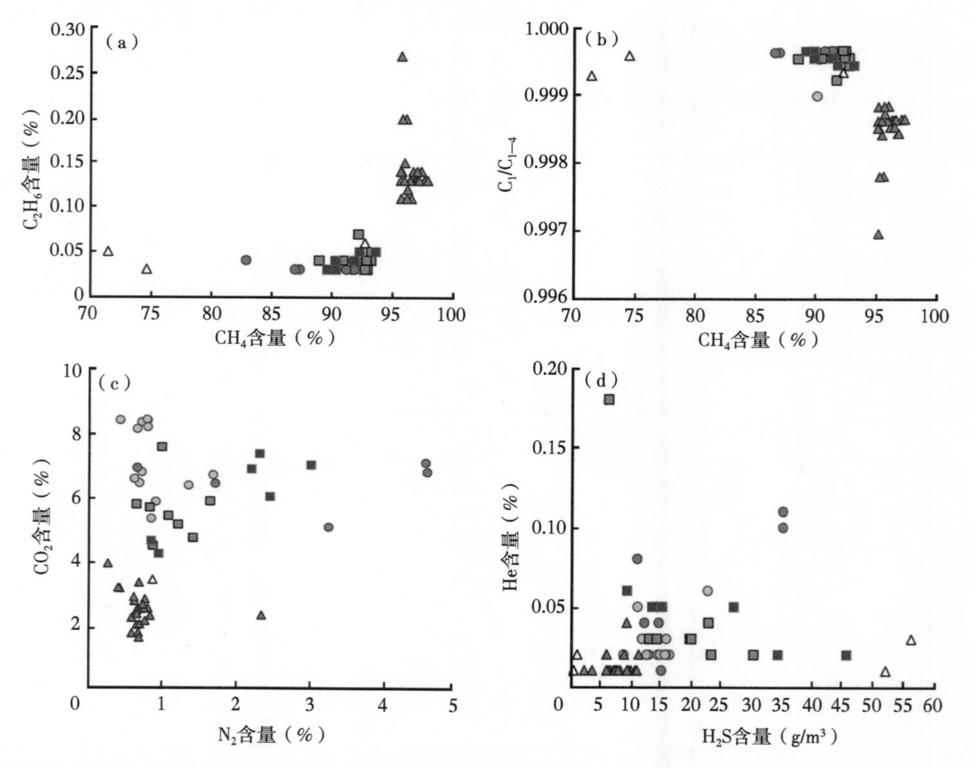

图2　四川盆地高磨地区震旦系、寒武系天然气组成特征

灯影组与龙王庙组天然气组成大体相似，但灯影组天然气相对龙王庙组具有“两低四高”特征。

（1）甲烷含量低。灯影组、龙王庙组天然气中 CH_4 含量主要为 86.62%～93.13% 和 95.15%～97.35%，主要原因在于灯影组天然气中 N_2、CO_2 及 H_2S 等非烃气体含量相对较高，因此 CH_4 含量相对较低。另外部分井龙王庙组 CH_4 含量较低，也与天然气中非烃气体含量相对较高有关，如高石 6 井龙王庙组天然气中 H_2S 含量为 61.11g/m^3，CH_4 含量为 92.25%；高石 23 井龙王庙组天然气中 CO_2 含量为 19.58%，H_2S 含量为 56.36g/m^3，CH_4 含量仅为 74.59%；磨溪 27 井龙王庙组天然气中 CO_2 含量为 21.65%，H_2S 含量为 52.15g/m^3，CH_4 含量仅为 71.46%。

（2）乙烷含量低。灯影组天然气中 C_2H_6 含量主要为 0.03%～0.07%，磨溪地区龙王庙组天然气中 C_2H_6 含量主要为 0.11%～0.27%，高石梯地区龙王庙组天然气中 C_2H_6 含量主要为 0.03%～0.06%。

（3）天然气干燥系数高。灯影组天然气干燥系数为 0.9990～0.9997，龙王庙组天然气干燥系数主要为 0.9970～0.9988。灯影组、龙王庙组天然气中 C_2H_6 含量和干燥系数的差异均与灯影组天然气成熟度略高于龙王庙组有关。

（4）N_2 含量高。灯影组天然气中 N_2 含量为 0.44%～4.56%，主要为 0.44%～3.25%，龙王庙组天然气中 N_2 含量主要为 0.28%～0.85%，个别达 2.35%，总体表现出随储集层时代变老，N_2 含量略有增高的趋势［图 2（c）］。一般认为，N_2 含量高与泥质烃源岩在高—过成熟阶段生成天然气有关[9]，因此不同层段 N_2 含量的微小差异可能与天然气成熟度有关。

尽管灯影组天然气中 CO_2 含量高于龙王庙组［图 2（c）］，但其不能作为成因判识的指标，因为 CO_2 含量与测试过程中的酸化作业有关，如高石 1 井灯影组 5130.0～5153.0m 和 5182.5～5196.0m 测试井段天然气分析结果中，随取样时间距离酸化作业时间延长，CO_2 含量有明显降低的趋势（表 2）。从表 2 可见，灯四段下段 CO_2 含量由第 1 个样品的 14.66%下降至第 4、第 5 个样品的 8.16% 和 8.36%。由此推测，高石 1 井灯影组二段 5300.0～5390.0m 天然气中 CO_2 含量分析结果（14.19%）也偏高。实际上，高石 1 井 5300.0～5390.0m 和 5130.0～5196.0m 天然气中 $\delta^{13}C_{CO_2}$ 值分别为 0.2‰和 −2.2‰～0.4‰，证实天然气中较高 CO_2 含量主要来源于酸化作业中的酸与储集层中碳酸盐岩的无机化学反应。

表 2　高石 1 井灯影组天然气中 CO_2 含量及碳同位素组成

地层	测试井段（m）	取样日期（时间）	CO_2 含量（%）	$\delta^{13}C_{CO_2}$(‰)
灯四段下段	5130.0～5153.0，5182.5～5196.0	2011-07-29（17:00:00）	14.66	0.4
		2011-07-30（11:15:00）	11.06	−0.1
		2011-07-30（15:50:00）	9.86	−0.2
		2011-08-01（10:00:00）	8.16	−1.9
		2011-08-01（13:30:00）	8.36	−2.2
灯二段	5300.0～5390.0	2011-07-12	14.19	0.2

（5）H_2S 含量高。灯影组天然气中 H_2S 含量主要为 8.83~35.13g/m^3，个别井（磨溪 9 井）H_2S 含量达到 45.7g/m^3；龙王庙组主要为 2.38~12.70g/m^3，但高石 6、高石 23 和磨溪 27 井 H_2S 含量分别为 61.11g/m^3、56.36g/m^3 和 52.15g/m^3。关于碳酸盐岩地层中 H_2S 成因存在不同的观点，有学者认为是地层中石膏与烃类反应的结果[12-14]。谢增业等通过多系列模拟实验[15-17]及大量镜下检测，认为地层中富集的黄铁矿等硫化物与烃类反应是高磨地区 H_2S 形成的主要原因。主要依据为：石膏与烃类可发生反应生成少量 H_2S，但反应发生较困难，而黄铁矿与烃类反应较容易，且 H_2S 生成量大；灯影组、龙王庙组储集层中黄铁矿含量普遍较高，一般为 0.2%~2.5%，H_2S 含量高值区黄铁矿含量相应也高，如磨溪 9 井灯二段 5423.0~5459.0m 层段天然气中 H_2S 含量为 45.7g/m^3，5449.1m 储集层中检测到黄铁矿［图 3（a）］，含量为 5.0%；H_2S 含量有随地层埋深增大而增高的趋势［图 3（b）］，可能与地层温度增高有利于黄铁矿等硫化物与烃类反应有关。

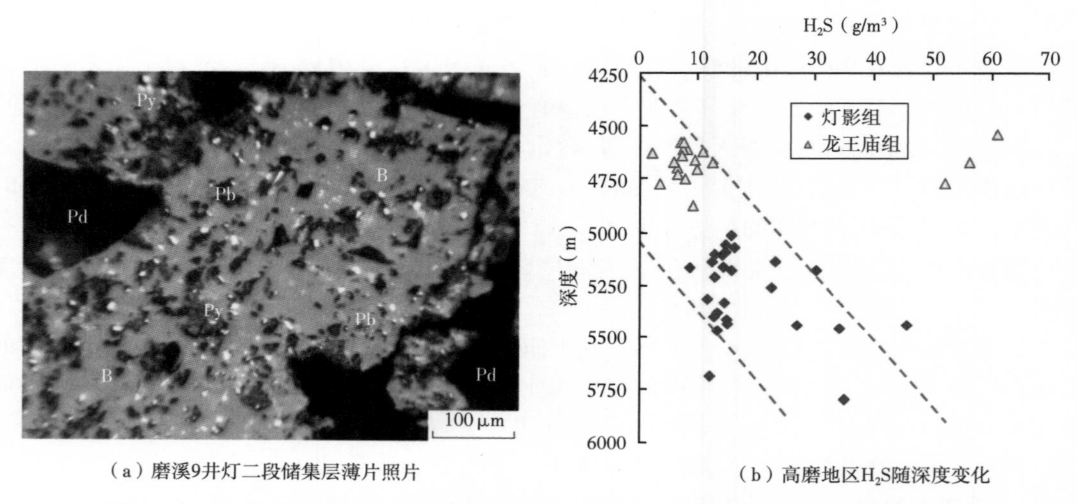

（a）磨溪9井灯二段储集层薄片照片　　（b）高磨地区H_2S随深度变化

图 3　磨溪 9 井储集层中黄铁矿富集状态及高磨地区天然气中 H_2S 含量随深度变化

B—沥青；Py—黄铁矿；Pd—白云岩中的溶蚀孔隙；Pb—沥青裂解成气后形成的孔隙

（6）He 含量高。灯影组天然气中 He 含量主要为 0.02%~0.11%，龙王庙组主要为 0.01%~0.02%。由震旦系灯二段、灯四段至寒武系龙王庙组 He 含量逐渐降低，$^3He/^4He$ 值总体为 10^{-8}量级，且 $0.01<R/R_a<0.10$，表明 He 为典型壳源成因，主要来自壳源放射元素 U、Th 衰变[18]，但随储集层时代由新变老，天然气 He 含量有增高趋势，原因有待进一步探索。

2.2　天然气碳、氢同位素组成特征

随着天然气碳、氢同位素检测技术的发展，碳、氢同位素组成已成为天然气成因类型判识和气源追踪对比一种不可或缺的手段，并得到广泛应用[19-25]。笔者在前期研究基础上[9]，补充了高磨地区大量新井分析资料。高磨地区典型井灯影组、龙王庙组天然气碳同位素、氢同位素分析结果见表 3。由表 3 可见，灯影组、龙王庙组天然气同位素组成的差异主要体现在 $\delta^{13}C_2$ 值、$\delta^2H_{CH_4}$ 值上，即灯影组天然气 $\delta^{13}C_2$ 值相对较重，$\delta^2H_{CH_4}$ 值相对较轻。

表 3　高磨地区典型井天然气组分、同位素等特征数据

井名	地层	主要组分						$\delta^{13}C$（‰）		$\delta^2H_{CH_4}$（‰）	资料来源
		CH_4（%）	C_2H_6（%）	N_2（%）	CO_2（%）	He（%）	H_2S（g/m^3）	$\delta^{13}C_1$	$\delta^{13}C_2$		
高石 1	灯四段上段	91. 22	0. 04	1. 36	6. 35	0. 03	15. 90	-32. 3	-28. 1	-137	文献[9]
	灯四段下段	90. 11	0. 04	0. 44	8. 36	0. 02	14. 53	-32. 7	-28. 4	-135	
	灯二段	82. 65	0. 04	2. 12	14. 19	0. 04	14. 70	-32. 3	-27. 8	-137	
高石 2	灯四段上段	92. 14	0. 04	0. 70	6. 42	0. 02	16. 43	-33. 1	-27. 6	-139	
高石 3	灯四段	90. 19	0. 04	0. 73	8. 30	0. 06	22. 73	-33. 1	-28. 1	-138	
	灯二段	86. 62	0. 03	4. 56	7. 05	0. 11	35. 13	-32. 6	-28. 0	-149	
高石 6	灯四段上段	90. 12	0. 04	0. 81	8. 36	0. 02	14. 91	-33. 0	-27. 8	-139	
	灯四段下段	90. 29	0. 04	0. 80	8. 38	0. 02	13. 07	-32. 9	-28. 6	-139	
	灯二段—灯四段	94. 61	0. 04	0. 93	4. 14	0. 02	13. 53	-32. 8	-29. 1	-140	
高石 8	灯四段上段	92. 49	0. 03	0. 92	5. 85	0. 02	8. 83	-32. 8	-27. 7	-144	本次研究
	灯四段下段	91. 49	0. 04	0. 73	6. 75	0. 02	12. 97	-33. 2	-28. 8	-136	
高石 9	灯四段上段	89. 63	0. 03	0. 67	8. 09	0. 02	12. 63	-33. 5	-28. 1	-142	
	灯四段下段	91. 71	0. 03	0. 63	6. 55	0. 03	11. 84	-33. 5	-27. 7	-136	
	灯二段	91. 21	0. 03	1. 72	6. 41	0. 04	12. 26	-33. 6	-27. 3	-146	
高石 10	灯四段	90. 04	0. 03	0. 81	8. 15	0. 02	15. 92	-33. 4	-28. 2	-144	
	灯二段	91. 37	0. 03	0. 67	6. 88	0. 01	15. 12	-33. 4	-27. 6	-142	
磨溪 8	龙王庙组上段	96. 80	0. 14	0. 60	2. 26	0. 01	9. 64	-32. 4	-32. 3	-133	文献[9]
	龙王庙组下段	96. 85	0. 14	0. 60	1. 78	0. 01	10. 03	-33. 1	-33. 6	-134	
	灯四段	91. 40	0. 04	1. 65	5. 87	0. 05	14. 93	-32. 8	-28. 3	-147	
	灯二段	91. 42	0. 04	2. 46	6. 01	0. 05	15. 25	-32. 3	-27. 5	-147	
磨溪 9	龙王庙组	95. 16	0. 13	2. 35	2. 35	0. 01	7. 22	-32. 8	-32. 8	-134	
	灯二段	91. 82	0. 05	0. 96	4. 24	0. 02	45. 70	-33. 5	-28. 8	-141	
磨溪 10	龙王庙组	97. 35	0. 13	0. 69	1. 80	0. 02	6. 05	-32. 1	-33. 6	-134	
	灯二段	93. 13	0. 05	0. 86	4. 64	0. 02	34. 30	-33. 9	-27. 8	-139	
磨溪 11	龙王庙组上段	97. 09	0. 13	0. 67	2. 04	0. 01	6. 64	-32. 5	-32. 4	-133	
	龙王庙组下段	97. 12	0. 13	0. 65	1. 69	0. 01	6. 70	-32. 6	-32. 5	-132	
	灯四段上段	92. 75	0. 05	0. 88	4. 49	0. 02	30. 30	-33. 9	-27. 6	-138	
	灯二段	89. 87	0. 03	2. 32	7. 32	0. 05	13. 53	-32. 0	-26. 8	-150	
磨溪 12	龙王庙组	95. 98	0. 13	0. 72	2. 53	0. 01	8. 33	-33. 4	-3. 4	-134	本次研究
	灯四段	92. 76	0. 04	0. 66	5. 77	0. 02	23. 34	-33. 1	-29. 3	-137	
磨溪 13	龙王庙组	95. 44	0. 13	0. 70	1. 65	0. 01	7. 61	-32. 7	-33. 0	-132	
	灯四段	90. 47	0. 04	1. 00	7. 52	0. 03	13. 07	-32. 9	-29. 5	-141	
磨溪 16	龙王庙组	96. 16	0. 14	0. 82	2. 55	0. 01	3. 68	-32. 5	-32. 7	-134	
磨溪 17	龙王庙组	95. 24	0. 14	0. 78	2. 16	0. 01	7. 44	-32. 7	-34. 1	-138	
	灯四段	92. 45	0. 03	1. 09	5. 42	0. 03	14. 37	-33. 5	-28. 9	-142	
	灯二段	89. 88	0. 04	2. 21	6. 85	0. 05	27. 02	-33. 3	-27. 5	-146	

续表

井名	地层	主要组分						$\delta^{13}C$（‰）		$\delta^2H_{CH_4}$（‰）	资料来源
		CH_4（%）	C_2H_6（%）	N_2（%）	CO_2（%）	He（%）	H_2S（g/m^3）	$\delta^{13}C_1$	$\delta^{13}C_2$		
磨溪 21	龙王庙组	95.21	0.27	0.28	3.93	0.01	2.38	-33.5	-34.9	-132	本次研究
磨溪 201	龙王庙组	95.91	0.13	0.78	2.83	0.01	7.72	-33.1	-33.0	-133	
磨溪 202	龙王庙组	95.48	0.15	0.63	2.89	0.01	12.70	-34.7	-35.3	-132	
磨溪 204	龙王庙组	96.63	0.13	0.71	2.06	0.02	6.06	-32.6	-32.4	-134	
磨溪 205	龙王庙组	95.30	0.20	0.42	3.18	0.01	11.04	-33.2	-34.8	-132	
磨溪 008-H1	龙王庙组	95.15	0.14	0.70	3.34	0.01	7.95	-32.2	-33.3	-136	
磨溪 009-X1	龙王庙组	96.50	0.14	0.67	2.37	0.04	9.35	-33.0	-33.3	-137	

天然气 $\delta^{13}C_2$ 值差异与母质类型有关。尽管高磨地区灯影组、龙王庙组天然气的 $\delta^{13}C_1$ 值非常接近，前者为-33.9‰～-32.0‰，均值-33.1‰，后者为-34.7‰～-32.1‰，均值-32.9‰，均与资阳地区震旦系天然气 $\delta^{13}C_1$ 值（-38.0‰～-35.5‰）有较大差异[9]；但灯影组、龙王庙组天然气的 $\delta^{13}C_{C_2H_6}$ 值明显不同，震旦系灯影组天然气 $\delta^{13}C_2$ 值较重，为-29.5‰～-26.8‰，均值-28.1‰，而龙王庙组天然气 $\delta^{13}C_2$ 值较轻，为-35.3‰～-32.3‰，均值-33.4‰（图 4）。高磨地区不同层系天然气 $\delta^{13}C_2$ 值主要反映了母质类型的差异。一般而言，天然气中 CH_4 及其同系物的碳同位素组成受原始母质类型和成熟度双重影响。由于 $^{12}C—^{12}C$ 键能比 $^{13}C—^{12}C$（或 $^{13}C—^{13}C$）键能低得多，因而在低成熟条件下形成的天然气富 ^{12}C，其碳同位素组成较轻，随着烃源岩成熟度的增高，形成的天然气越来越富集重同位素 ^{13}C。由于随成熟度增高产生的碳同位素动力学效应，不仅使 $^{12}C—^{12}C$ 键断裂，而且使 $^{13}C—^{12}C$、$^{13}C—^{13}C$ 键也相继发生断裂。此外，腐泥型烃源岩生成的天然气 CH_4 及其同系物碳同位素组成比腐殖型烃源岩生成的天然气偏轻，且 C_2H_6 等重烃气的碳同位素组成较 CH_4 碳同位素组成具有较强的稳定性和母质类型继承性。C_2H_6 等重烃气的碳同

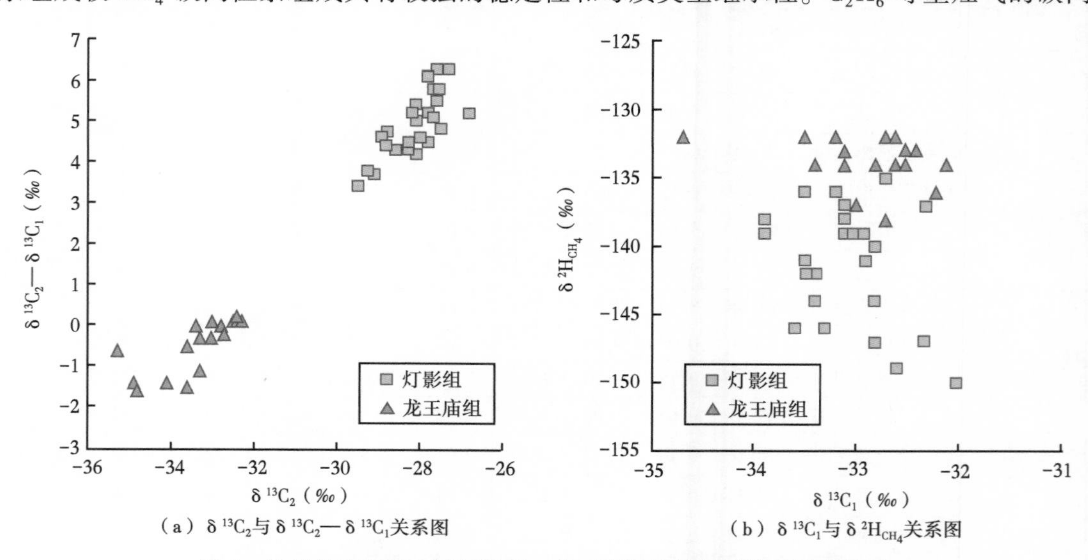

（a）$\delta^{13}C_2$与$\delta^{13}C_2—\delta^{13}C_1$关系图　　（b）$\delta^{13}C_1$与$\delta^2H_{CH_4}$关系图

图 4　四川盆地高磨地区灯影组、龙王庙组天然气同位素组成关系

位素组成虽也受热演化程度影响，但大量统计和模拟实验结果说明，它更主要反映成烃母质类型[26-28]，并且随着烷烃气碳数的增加，其碳同位素组成的稳定性和继承性愈强。灯影组和龙王庙组天然气 $\delta^{13}C_1$ 值相近，表明它们的成熟度基本相当，据此推测 $\delta^{13}C_2$ 值差异主要受母质类型控制。

天然气 $\delta^2H_{CH_4}$ 值差异与母质的沉积水介质盐度有关。高磨地区灯影组天然气 $\delta^2H_{CH_4}$ 值为-150‰～-135‰，均值-141‰，龙王庙组天然气 $\delta^2H_{CH_4}$ 值为-138‰～-132‰，均值-134‰［图4（b）］。反映高磨地区灯影组和龙王庙组天然气母质来源不完全一致。天然气氢同位素组成受烃源岩沉积环境的水介质盐度和成熟度等因素影响。烃源岩成熟度增大，天然气 δ^2H 值有变重的趋势。这主要因为有机母质上带有—CH_2D 官能团的 C—C 键的亲和力要比带有—CH_3 官能团的 C—C 键的强，所以只有在热力增强的条件下才可使 C—CH_2D 键断开。这使得甲烷在成熟度增加时，氘的浓度会相对富集（δ^2H 值变重）[29]。但是在天然气甲烷碳同位素组成基本相同（反映成熟度相似）的情况下，甲烷氢同位素值的不同主要反映其母质沉积水介质盐度的差异。

2.3　天然气中 C_{6+} 化合物组成特征

由于有机质二次裂解一般由大分子形成中等分子，再至小分子，直至形成甲烷。C_6—C_7 轻烃化合物及 C_{8+} 化合物是有机质裂解的中间产物。四川盆地震旦系—寒武系天然气 C_6—C_7 化合物以环烷烃为主，甲基环己烷与正庚烷比值、(2-甲基己烷+3-甲基己烷）与正己烷比值分别大于1.0和0.5，呈原油裂解气特征[9]。此外，在部分天然气样品中还检测到 C_8—C_{11}的化合物，为原油裂解成气过程中的中间产物，这是震旦系—寒武系天然气主要为原油裂解气的证据。

3　气源对比

气源对比实际上包括气与气对比，以及气与烃源岩对比。上述天然气组成、碳氢同位素组成特征等已揭示高磨地区灯影组和龙王庙组天然气的差别。针对干气所含信息少及高—过成熟烃源岩的很多参数已失去对比意义，笔者筛选了相对稳定、可靠的干酪根碳同位素组成、储集层沥青中二苯并噻吩（DBT）等指标进行气与烃源岩的对比研究。

3.1　碳同位素组成对比

按照干酪根成油成气理论，烃源岩干酪根及其衍生物的碳同位素组成满足 $\delta^{13}C_k>\delta^{13}C_o>\delta^{13}C_g$（或 $\delta^{13}C_1$）。Tissot 等[30]根据 Galimov 资料编制了沉积物连续生气各阶段干酪根与生成的 CH_4 的 $\delta^{13}C$ 值变化趋势，认为在石油和干酪根裂解带（深成热解作用），$\delta^{13}C_g$ 比 $\delta^{13}C_k$ 轻4‰左右，而在干酪根裂解带（后成作用），$\delta^{13}C_1$ 与 $\delta^{13}C_k$ 的差值进一步缩小。笔者通过对低成熟泥灰岩的模拟实验得到：在生油高峰和湿气阶段（R_o 为1.00%～1.65%），模拟产物的 $\delta^{13}C_1$ 值从-39.7‰变为-35.6‰；而在干气阶段（R_o 为2%～3%），模拟产物的 $\delta^{13}C_1$ 从-32.0‰变为-28.7‰。在过成熟干气阶段，与原始干酪根 $\delta^{13}C$（-27.5‰）相比，$\delta^{13}C_1$ 分馏度可达1.0‰～4.5‰。

笔者将震旦系—寒武系干酪根碳同位素组成与四川盆地不同构造的震旦系—寒武系天然气碳同位素组成进行对比（图5）。烃源岩干酪根碳同位素系列中，下寒武统（筇竹寺组+麦地坪组）页岩干酪根的 $\delta^{13}C$ 值相对较轻，60 个样品的 $\delta^{13}C$ 值为−36.4‰～−29.9‰，平均值为−32.8‰；16 个震旦系灯影组泥岩样品干酪根 $\delta^{13}C$ 值为−34.5‰～−29.0‰，平均值为−31.9‰；23 个震旦系陡山沱组泥岩样品干酪根 $\delta^{13}C$ 值为−32.8‰～−28.8‰，平均值为−30.7‰；73 个震旦系灯影组碳酸盐岩样品干酪根 $\delta^{13}C$ 值为−33.7‰～−23.8‰，平均值−27.8‰。威远寒武系筇竹寺组自生自储页岩气、威远寒武系—奥陶系天然气、威远灯影组天然气及高磨地区龙王庙组天然气乙烷碳同位素组成较轻，根据油气生成的碳同位素分馏规律，认为这些天然气主要来源于寒武系筇竹寺组烃源岩。然而高磨地区灯影组天然气乙烷碳同位素组成较重，应该有干酪根碳同位素组成比其重的烃源岩的贡献，但仍不能排除干酪根碳同位素组成相对较轻的烃源岩的贡献。因此，结合天然气成藏地质背景条件，认为高磨地区震旦系天然气来源于震旦系和寒武系烃源岩共同贡献，寒武系天然气主要来源于寒武系烃源岩。

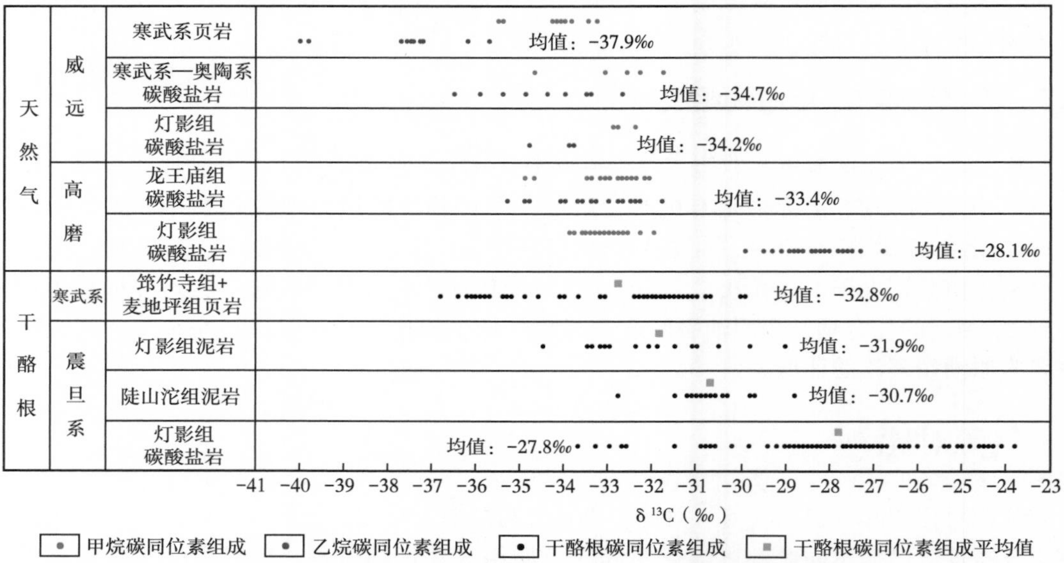

图 5　四川盆地震旦系—寒武系天然气与源岩干酪根碳同位素组成分布

3.2　烃源岩与储集层沥青芳烃参数对比

储集层沥青是原油裂解成气后的残渣，因此，可通过储集层沥青与烃源岩生物标志物的对比，分析古油藏烃源岩，从而间接进行气—源对比。近年来，对有机含硫芳香化合物结构、组成和成因等研究逐渐深入，尤其是对噻吩类、苯并噻吩（BT）类和 DBT 类化合物进行了广泛研究，发现它们的相对组成和分布与有机质和原油成熟度呈稳定的关系[31]，可作为有机质和原油热演化的成熟度参数。BT 和 DBT 在不同类型石油和烃源岩中普遍存在，并且对热力作用很敏感。在低熟油和烃源岩中，BT 丰度高于 DBT，由此两者的相对分布可作为成熟度参数。但是，该参数受烃源岩岩性、有机质类型和生物降解作用等影响较大，加之 BT 只存在于未熟—低熟油中，从而限制了其应用，因此，更偏重于 DBT 及其同系物研究。结果表明，烷基二苯并噻吩与 DBT 的相对分布和甲基、二甲基、三甲基取代物异构体的比值可作为有效的成熟度参数[32-35]。烷基二苯并噻吩的分布在热力作用下发生剧烈变化，稳定性较高与稳定性较差异构体的相对丰度比值，如 4-甲基二苯并噻吩/

1-甲基二苯并噻吩（4-MDBT/1-MDBT）值、4，6-二甲基二苯并噻吩/1，4-二甲基二苯并噻吩（4，6-DMDBT/1，4-DMDBT）值等，呈随热演化程度增加而增加的趋势。笔者对四川盆地烃源岩及储集层沥青进行了相关分析，结果表明：高磨地区震旦系灯四段和灯二段储集层沥青、寒武系筇竹寺组泥岩、灯影组泥岩等抽提物中均检测到丰富的烷基二苯并噻吩系列化合物（表4）。4-MDBT/1-MDBT 比4，6-DMDBT/1，4-DMDBT 更能反映烃源岩和储集层沥青的成熟度变化趋势。如磨溪9井寒武系筇竹寺组泥岩4-MDBT/1-MDBT值为3.87，比高石6、磨溪11井龙王庙组含沥青云岩的略高，比同地区震旦系灯影组含沥青云岩的相应比值略低。总体上灯影组储集层沥青4-MDBT/1-MDBT 值介于筇竹寺组和灯影组烃源岩。

表4　四川盆地烃源岩与储集层沥青的烷基二苯并噻吩比值

井号	层位	深度（m）	岩性	4-MDBT/1-MDBT	4,6-DMDBT/1,4-DMDBT
高石6	龙王庙组	4553.30	含沥青砂屑云岩	3.24	1.52
高石6	龙王庙组	4545.40	含沥青砂屑云岩	3.40	1.34
高石6	龙王庙组	4549.60	含砂屑云岩	3.23	1.41
磨溪11	龙王庙组	4885.40	含沥青云岩	2.94	1.19
磨溪11	龙王庙组	4889.30	含沥青砂屑云岩	2.87	1.56
磨溪11	龙王庙组	4877.00	含沥青角砾云岩	3.10	1.56
高石1	灯四段	4960.12	含沥青云岩	3.23	1.24
高石1	灯四段	4975.70	含沥青云岩	4.40	1.40
高石6	灯四段	5034.62	含沥青云岩	4.42	1.37
高科1	灯四段	5026.55	含沥青云岩	4.57	1.73
磨溪8	灯四段	5109.55	含沥青云岩	3.94	1.59
磨溪8	灯四段	5113.32	含沥青云岩	4.43	1.62
高石2	灯二段	5393.65	含沥青云岩	4.26	1.43
高石2	灯二段	5396.17	含沥青云岩	4.33	1.53
高石2	灯二段	5398.74	含沥青云岩	4.53	2.25
磨溪9	灯二段	5461.20	含沥青云岩	3.82	1.42
磨溪9	灯二段	5453.00	含沥青云岩	3.58	1.40
磨溪10	灯二段	5470.70	含沥青云岩	3.00	1.39
磨溪10	灯二段	5459.20	含沥青云岩	3.93	1.68
磨溪11	灯二段	5482.00	含沥青云岩	3.32	1.43
磨溪9	筇竹寺组	4965.60	黑色泥岩	3.87	1.39
威28	筇竹寺组	3014.80	黑色泥岩	3.87	1.82
资4	筇竹寺组	4229.40	黑色泥岩	3.57	1.12
高科1	灯三段	5343.00	黑色泥岩	3.73	1.38
高科1	灯三段	5352.50	黑色泥岩	5.65	1.43
汉深1	灯三段	5129.80	黑色泥岩	4.77	
盘1	灯三段	5545.80	黑色泥岩	4.66	1.47
大石墩	陡山沱组	露头	黑色泥岩	4.26	1.41

威远—资阳地区筇竹寺组 4-MDBT/1-MDBT 值为 3.57~3.87，高科 1、汉深 1、盘 1 井灯三段泥岩 4-MDBT/1-MDBT 比值为 3.73~5.65。这些特征表明储集层沥青的来源可能是成熟度相对较低的寒武系和成熟度相对较高的震旦系烃源岩的混合。由于研究区天然气主要为原油裂解气，因此，原油裂解成气后残留下来的储集层沥青与烃源岩对比的结果反映了天然气与母岩的关系。

4 结论

四川盆地川中古隆起高磨地区震旦系、寒武系天然气主要为原油裂解气，天然气干燥系数大于 0.9960，是以烃类气体为主的干气，低氮、低氦、低—中 H_2S 含量。

四川盆地川中古隆起高磨地区震旦系灯影组、寒武系龙王庙组天然气特征的差异主要体现在 $\delta^{13}C_2$ 值和 $\delta^2H_{CH_4}$ 值上，灯影组天然气 $\delta^{13}C_2$ 值重、$\delta^2H_{CH_4}$ 值轻，龙王庙组天然气则相反，这主要与不同类型母质的贡献有关。灯影组天然气组成与龙王庙组相比，具有“两低四高”特点，这主要与灯影组天然气成熟度及非烃气含量相对较高有关。气源综合对比认为高磨地区震旦系天然气来源于震旦系和寒武系烃源岩，寒武系天然气主要来源于寒武系烃源岩。

符号注释

$\delta^{13}C_k$——干酪根碳同位素组成，‰；R_{oe}——等效镜质组反射率，%；R——天然气样品 $^3He/^4He$ 值，无量纲；R_a——大气 $^3He/^4He$ 值，无量纲；$\delta^2H_{CH_4}$——CH_4 氢同位素组成，‰；$\delta^{13}C_o$——原油碳同位素组成，‰；$\delta^{13}C_g$——烷烃气碳同位素组成，‰。

参考文献

[1] 黄籍中，陈盛吉．四川盆地震旦系气藏形成的烃源地化条件分析：以威远气田为例［J］．天然气地球科学，1993，4（4）：16-20.

[2] 戴金星．威远气田成藏期及气源［J］．石油实验地质，2003，25（5）：473-479.

[3] 徐永昌，沈平，李玉成．中国最古老的气藏：四川威远震旦纪气藏［J］．沉积学报，1989，7（4）：3-13.

[4] 陈文正．再论四川盆地威远震旦系气藏的气源［J］．天然气工业，1992，12（6）：28-32.

[5] 王兰生，苟学敏，刘国瑜，等．四川盆地天然气的有机地球化学特征及其成因［J］．沉积学报，1997，15（2）：49-53.

[6] 王先彬．地球深部来源的天然气［J］．科学通报，1982，27（17）：1069-1071.

[7] 张子枢．四川盆地天然气中的氦［J］．天然气地球科学，1992，3（4）：1-8.

[8] 杜金虎，邹才能，徐春春，等．川中古隆起龙王庙组特大型气田战略发现与理论技术创新［J］．石油勘探与开发，2014，41（3）：268-277.

[9] 魏国齐，谢增业，白贵林，等．四川盆地震旦系—下古生界天然气地球化学特征及成因判识［J］．天然气工业，2014，34（3）：44-49.

[10] 邹才能，杜金虎，徐春春，等．四川盆地震旦系—寒武系特大型气田形成分布、资源潜力及勘探发现［J］．石油勘探与开发，2014，41（3）：278-293.

[11] 国家能源局．SY/T 6168-2009 气藏分类［S］．北京：石油工业出版社，2009.

[12] 王一刚，窦立荣，文应初，等．四川盆地东北部三叠系飞仙关组高含硫气藏 H_2S 成因研究 [J]. 地球化学，2002，31 (6)：517-524.
[13] 朱光有，张水昌，梁英波，等．川东北地区飞仙关组高含 H_2S 天然气 TSR 成因的同位素证据 [J]. 中国科学：地球科学，2005，35 (11)：1037-1046.
[14] Cai Chunfang，Xie Zengye，Worden R H，et al. Methane dominated thermochemical sulphate reduction in the Triassic Feixianguan Formation East Sichuan Basin，China：Towards prediction of fatal H_2S concentrations [J]. Marine and Petroleum Geology，2004，21 (10)：1265-1279.
[15] 谢增业，李志生，黄志兴，等．川东北不同含硫物质硫同位素组成及 H_2S 成因探讨 [J]. 地球化学，2008，37 (2)：187-194.
[16] 谢增业，李志生，王春怡，等．硫化氢生成模拟实验研究 [J]. 石油实验地质，2008，30 (2)：192-195.
[17] 谢增业，李剑，李志生，等．四川盆地飞仙关组气藏硫化氢成因及其依据 [J]. 沉积学报，2008，26 (2)：314-323.
[18] 魏国齐，王东良，王晓波，等．四川盆地高石梯—磨溪大气田稀有气体特征 [J]. 石油勘探与开发，2014，41 (5)：533-538.
[19] Stahl W J，Carey B D Jr. Source rock identification by isotope analyses of natural gases from fields in the Val Verde and Delaware basins，west Texas [J]. Chemical Geology，1975，16 (4)：257-267.
[20] Schoell M. The hydrogen and carbon isotopic composition of methane from natural gases of various origins [J]. Geochimica et Cosmochimica Acta，1980，44 (5)：649-661.
[21] Jenden P D，Newell K D，Kaplan I R，et al，Composition of stable isotope geochemistry of natural gases from Kansas，Midcontinent，U. S. A. [J]. Chemical Geology，1988，71 (1/2/3)：117-147.
[22] James A T. Correlation of reservoired gases using the carbon isotopic compositions of wet gas components [J]. AAPG Bulletin，1990，74 (9)：1441-1458.
[23] Dai Jinxing，Li Jian，Luo Xia，et al. Stable carbon isotope compositions and source rock geochemistry of the giant gas accumulations in the Ordos Basin，China [J]. Organic Geochemistry，2005，36 (12)：1617-1635.
[24] Li Jian，Xie Zengye，Dai Jinxing，et al. Geochemistry and origin of sour gas accumulations in the northeastern Sichuan Basin，SW China [J]. Organic Geochemistry，2005，36 (12)：1703-1716.
[25] Ni Yunyan，Dai Jinxing，Zhu Guangyou，et al. Stable hydrogen and carbon isotopic ratios of coal derived and oil derived gases：A case study in the Tarim basin，NW China [J]. International Journal of Coal Geology，2013，116/117：302-313.
[26] 张士亚，郜建军，蒋泰然．利用甲、乙烷碳同位素判别天然气类型的一种新方法 [C] //地质矿产部石油地质研究所．石油与天然气地质文集：第 1 集 中国煤成气研究．北京：地质出版社，1988.
[27] 刚文哲，高岗，郝石生，等．论乙烷碳同位素在天然气成因类型研究中的应用 [J]. 石油实验地质，1997，19 (2)：164-167.
[28] 谢增业，李剑，卢新卫．塔里木盆地海相天然气乙烷碳同位素分类与变化的成因探讨 [J]. 石油勘探与开发，1999，26 (6)：27-29.
[29] 戴金星．我国有机烷烃气的氢同位素的若干特征 [J]. 石油勘探与开发，1990，17 (5)：27-32.
[30] Tissot B P，Welte D H. Petroleum formation and occurrence [M]. New York：Springer Vevlag，1984.
[31] 张敏，张俊．塔里木盆地原油噻吩类化合物的组成特征及地球化学意义 [J]. 沉积学报，1999，17 (1)：121-126.
[32] Hughes W B. Use of thiophenic organosulfur compounds in characterizing crude oils derived from carbonate versus siliciclastic sources [M] //Palacas J G. Petroleum geochemistry and source rock potential of carbonate rocks. Tulsa：AAPG，1984：181-196.

[33] Chakhmakhchev A, Suzuki M, Takayama K. Distribution of alkylated dibenzothiophenes in petroleum as a tool for maturity assessments [J]. Organic Geochemistry, 1997, 26 (7): 483-490.
[34] 魏志彬，张大江，张传禄，等．甲基二苯并噻吩分布指数（MDBI）作为烃源岩成熟度标尺的探讨[J]．地球化学，2001，30（3）：242-247.
[35] 罗健，程克明，付立新，等．烷基二苯并噻吩：烃源岩热演化新指标[J]．石油学报，2001，22（3）：27-31.

本文原刊于《石油勘探与开发》，2015年第42卷第6期。

四川盆地页岩气地球化学特征及资源潜力

李　剑[1,2]　王晓波[1,2]　侯连华[1,2]　陈　昌[3]　国建英[1,2]　杨春龙[1,2]
王义凤[1,2]　李志生[1,2]　崔会英[1,2]　郝爱胜[1,2]　张　璐[1,2]

1. 中国石油天然气股份有限公司勘探开发研究院，北京
2. 中国石油天然气集团有限公司天然气成藏与开发重点实验室，河北廊坊
3. 中国石油西南油气田分公司蜀南气矿，四川泸州

摘要：页岩气是绿色低碳清洁的非常规天然气资源。我国页岩气资源丰富，加快页岩气勘探开发，对于改善中国能源结构、实现中国“2030年碳达峰、2060年碳中和”目标具有重要现实意义。四川盆地奥陶系五峰组—志留系龙马溪组是当前中国页岩气勘探开发的重点层系。通过对四川盆地威远、长宁、昭通、涪陵及威荣等地区五峰组—龙马溪组页岩气实验分析，系统分析了五峰组—龙马溪组页岩气地球化学特征，探讨了页岩气成因、碳氢同位素倒转原因及页岩气来源，展望了盆地页岩气资源勘探前景。结果表明：（1）五峰组—龙马溪组页岩气为典型干气，碳氢同位素均呈负序列分布，长宁、昭通与涪陵地区烷烃气碳同位素组成相对威远、威荣地区更重、具有更高热演化程度，稀有气体为典型壳源成因；（2）五峰组—龙马溪组页岩气为高—过成熟阶段热成因油型气，主要为原油裂解气和干酪根裂解气的混合气，烷烃气碳氢同位素倒转主要由高—过成熟阶段原油裂解气与干酪根裂解气的混合、高演化阶段地层水与甲烷交换作用等原因造成；（3）五峰组—龙马溪组页岩气的甲烷碳同位素值与下志留统龙马溪组泥岩干酪根碳同位素值较为匹配，符合碳同位素分馏规律 $\delta^{13}C_{干酪根}>\delta^{13}C_{油}>\delta^{13}C_{烷烃气}$；(4) 四川盆地海相、海陆过渡相和陆相页岩气资源总量约为41.5×10^{12}m^3，资源前景广阔。

关键词：四川盆地；页岩气；五峰组—龙马溪组；地球化学特征；成因与来源；海相、海陆过渡相、陆相；资源潜力

页岩气是蕴藏于富有机质的暗色泥页岩或高碳质页岩等页岩层系，以吸附和游离状态为主要存在方式的非常规天然气资源[1]。作为一种绿色低碳清洁的能源，全球页岩气资源丰富，我国页岩气资源也较为可观。根据EIA[2]报道，全世界的页岩气总地质资源量约为456×10^{12}m^3、技术可采资源量约为187×10^{12}m^3，其中我国的地质资源量约为144.5×10^{12}m^3、技术可采资源量约为36.1×10^{12}m^3，排名世界第一。2012年国土资源部评估中国的页岩气总地质资源量为134.42×10^{12}m^3、技术可采资源量约为25.08×10^{12}m^3[3]。中国石油勘探开发研究院2014年预测我国页岩气地质资源量约为80.45×10^{12}m^3、可采资源量约为12.85×10^{12}m^3[4]。根据第四次全国油气资源评价统计，我国的页岩气资源量约为80.2×10^{12}m^3、技术可采储量约为12.9×10^{12}m^3[5]。因此，加快我国页岩气勘探开发、大力发展页岩气产业，对于优化我国能源结构、保障国家能源安全、促进经济社会绿色低碳发展、实现我国“2030年碳达峰、2060年碳中和”目标都有十分重要的现实意义。

最早勘探开发页岩气的国家是美国，时间可以追溯到1821年。21世纪初，随着美国

水平井分段压裂技术的突破及推广应用，页岩气产量短时间取得快速发展，产量从 2005 年的 $204\times10^8m^3$ 增长到 2019 年的 $7236\times10^8m^3$，占美国全国天然气总产量的六成以上，有力支撑了美国页岩气革命和能源独立战略[6-13]。借鉴美国经验，中国 2005 年开始启动页岩气富集与资源调查评价研究[14-17]；2010 年川南威远地区第一口页岩气井——威 201 井在上奥陶统五峰组—下志留统龙马溪组首次获日产气（0.3~1.7）$\times10^4m^3$，2011 年长宁地区宁 201-H1 井在五峰组—龙马溪组获日产气 $15\times10^4m^3$，2012 年焦石坝地区焦页 1HF 井在五峰组—龙马溪组获日产气 $20.3\times10^4m^3$，掀起了中国页岩气大规模勘探开发序幕，发现了威远、长宁、涪陵、昭通、威荣等页岩气大气田，形成 3 个国家级页岩气商业化示范区，实现了四川盆地页岩气勘探开发重大突破[18-38]，使我国成为全球第三个步入页岩气商业开采的国家（图 1）。截至 2020 年底，我国页岩气探明地质储量超过 $1.9\times10^{12}m^3$，页岩气产量超过 $180\times10^8m^3$，在我国天然气储产量增长中发挥了重要作用。四川盆地是目前我国页岩气勘探开发的主力盆地，而五峰组—龙马溪组是当前四川盆地乃至我国页岩气勘探开发的重点层系，许多学者开展了大量的地质、地球化学、成藏、工程、开发等领域相关研究工作[12-39]，然而，尚缺乏对四川盆地已发现的五峰组—龙马溪组页岩气大气田天然气地球化学特征、页岩气成因、烷烃气碳氢同位素倒转原因、页岩气来源等方面系统性、整体性的分析探讨。此外，除目前勘探开发突破的浅层海相层系外，四川盆地深层海相、海陆过渡相及陆相层系页岩气资源也十分丰富，重点层系及盆地整体页岩气资源潜力仍有待深入开展评价工作。为此，笔者通过对四川盆地威远、长宁、昭通、涪陵及威荣等地区五峰组—龙马溪组页岩气大气田天然气组分、碳同位素、氢同位素、稀有气体同位素等实验分析，系统分析了五峰组—龙马溪组页岩气地球化学特征，探讨了页岩气成因、碳氢同位素倒转原因及页岩气来源，最后展望了四川盆地海相、海陆过渡相、陆相页岩气勘探前景，以期为页岩气勘探开发工作提供参考，推动四川盆地乃至中国页岩气更好、更快的发展。

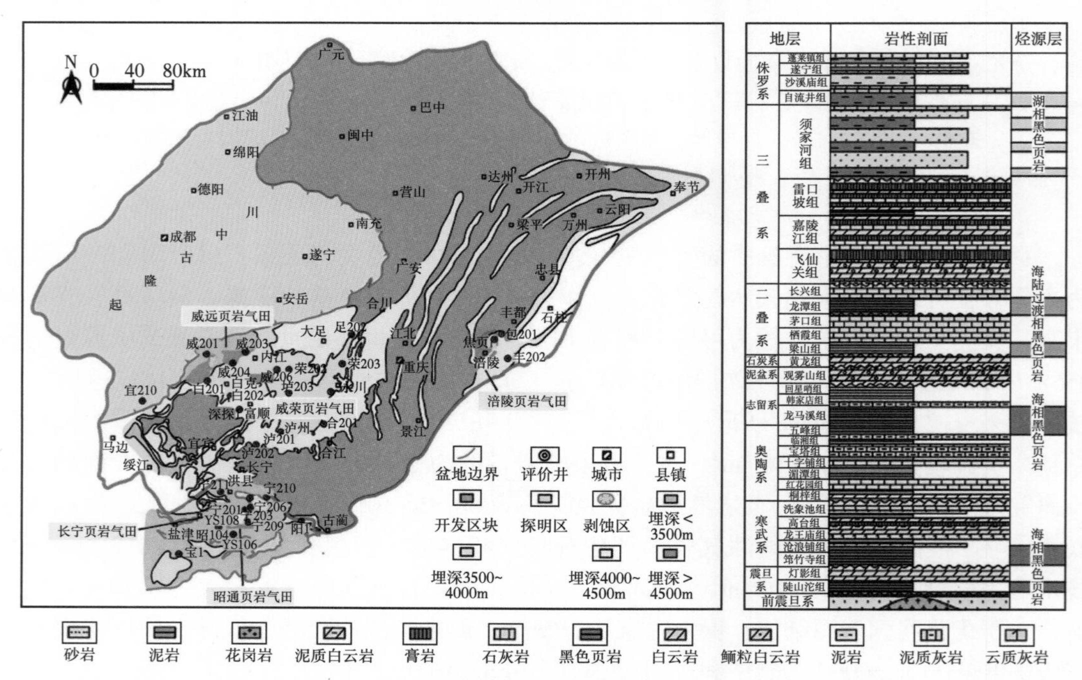

图 1　四川盆地及周缘五峰组—龙马溪组页岩气田分布及主要页岩综合柱状图（据文献［13，34］修改）

1 地质概况

四川盆地位于扬子地台西北缘，是一个在上扬子克拉通基础上发展起来的大型古老叠合沉积盆地，现今四周被龙门山、米仓山、大巴山等造山带所围绕，总面积约为 $18\times10^4km^2$。盆地构造演化经历中—晚元古代扬子地台基底形成、震旦纪—中三叠世被动大陆边缘、晚三叠世盆山转换与前陆盆地形成、侏罗纪—第四纪前陆盆地沉积演化，大体可分为震旦纪—中三叠世的克拉通和晚三叠世以来的前陆盆地两大演化阶段[21,34,39]。盆地在前震旦纪变质岩及岩浆岩基底之上，自下而上发育震旦系、寒武系、奥陶系、志留系、泥盆系、石炭系、二叠系、三叠系、侏罗系、白垩系、古近系、新近系—第四系（图 1），地层总厚度超过 12000m，其中震旦系—中三叠统主要为海相碳酸盐岩沉积，厚度为 4000～7000m，上三叠统—第四系主要为陆相碎屑岩沉积，厚度为 3500～6000m。四川盆地总体共发育了海相、海陆过渡相、陆相 3 种类型 6 套富有机质页岩层系，海相富有机质页岩层系主要分布于奥陶系五峰组—志留系龙马溪组、寒武系筇竹寺组、震旦系陡山沱组，海陆过渡相富有机质页岩层系主要分布于二叠系龙潭组与梁山组，陆相富有机质页岩层系主要分布于三叠系须家河组和侏罗系自流井组。其中五峰组—龙马溪组富有机质页岩层系是目前我国页岩气勘探开发的重点领域。

晚奥陶世—早志留世，四川盆地沉积环境由广海逐渐演变为局限海，深水—半深水区长期稳定的厌氧环境为有机质保存提供了良好条件，发育了分布广泛、厚度稳定的五峰组—龙马溪组富含有机质页岩，其中上奥陶统五峰组为深水陆棚相沉积，下志留统龙马溪组下部为深水陆棚相、上部为浅水陆棚相沉积，并最终形成了川南、鄂西—渝东、川东北 3 个沉积中心[1,4,17,22-23]。

2 样品采集及分析方法

本文研究系统采集了四川盆地包括中国石油、中国石化矿权范围内威远—长宁、涪陵、昭通等国家页岩气示范区五峰组—龙马溪组页岩气样品 66 个，其中，威远页岩气田 20 个、长宁页岩气田 14 个、涪陵页岩气田 10 个、昭通页岩气田 14 个、威荣页岩气田 8 个。页岩气样品主要取自页岩气田工业气井井口（压力过高井在井口分离器后取样），采用带双阀最大承压力 15MPa 的不锈钢高压钢瓶采集研究区天然气样品。采样过程中，利用页岩气循环冲洗采样钢瓶，最后采集中段气流，气体压力为 3～6MPa。样品测试分析均在中国石油天然气集团有限公司天然气成藏与开发重点实验室进行。

页岩气组分分析采用 Agilent HP 6890 型气相色谱仪。碳同位素分析采用 Thermo Delta V GC/C/IRMS 同位素质谱仪。稳定碳同位素值采用 VP-DB 标准，分析精度为±0. 5‰。氢同位素测试采用 Finnigan MAT 253 同位素质谱仪测定，采用 GC/TC/IRMS 法。氢同位素测试采用 VSMOW 标准，分析精度为±3‰。碳氢同位素测试标样为中国石油勘探开发研究院研制的煤成气、油型气碳氢同位素国家一级标准物质，且与国外多家著名实验室进行过分析比对和校正[40]。稀有气体同位素分析采用稀有气体制样系统和 Noblesse 型同位素质谱仪，以空气作为样品分析标准，$^{3}He/^{4}He$、$^{40}Ar/^{36}Ar$ 同位素分析精度分别为±2%、±1. 5%。

3 四川盆地五峰组—龙马溪组页岩气地球化学特征

3.1 组分特征

四川盆地威远、长宁、昭通、涪陵及威荣等地区五峰组—龙马溪组页岩气组分以甲烷为主，甲烷含量介于94.44%~99.16%，平均为97.78%；乙烷等重烃含量低，且具有随碳原子数增大含量减少的趋势，其中乙烷含量占0.17%~0.70%，平均为0.51%；丙烷含量占0~0.03%，平均为0.012%；丁烷及以上重烃基本不含（表1）。天然气中的非烃气体主要为N_2、CO_2、H_2S、He。其中，N_2含量占0.29%~4.52%，平均为0.68%；CO_2含量占到0~1.66%，平均为0.67%；H_2S含量占到0~1.12%，平均为0.28%；H_2含量占到0~1.58%，平均为0.0343%；He含量占到0.019%~0.047%，平均为0.0278%。湿度系数（C_{2-5}/C_{1-5}）很低，分布在0.18%~0.74%之间，平均值为0.53%；干燥系数（C_1/C_{1-5}）很高，均大于99%，介于99.26%~99.82%，为干气。比较而言，四川盆地五峰组—龙马溪组页岩气，长宁地区烷烃气含量最高，昭通、涪陵地区其次，相对均高于威远和威荣地区。从四川盆地五峰组—龙马溪组页岩气湿度系数与$\delta^{13}C_2$关系可以发现，四川盆地威远、长宁、昭通、涪陵和威荣地区页岩气都位于干气区（图2），总体与北美Barnett页岩气的组分特征存在较大差异，而与北美Fayetteville页岩气组分特征相似[41-42]。

表1 四川盆地五峰组—龙马溪组页岩气大气田部分页岩气样品组分及同位素数据

气田	井号	组分含量（%）								湿度系数（C_{2-5}/C_{1-5}）（%）	碳同位素值 $\delta^{13}C$（‰）(VPDB)			氢同位素值 δD（‰）(VSMOW)	
		C_1	C_2	C_3	He	H_2	N_2	CO_2	H_2S		甲烷	乙烷	丙烷	甲烷	乙烷
威远页岩气田	威204-H38	97.33	0.70	0.03	0.0250	0	0.44	1.12	0.35	0.74	-36.0	-40.6	-41.5	-145	-155
	威204H35-8	97.37	0.69	0.03	0.0241	0.03	0.54	0.80	0.53	0.73	-36.2	-41.4	-41.5	-146	-156
	威204H51	97.84	0.66	0.03	0.0246	0	0.49	0.96	0	0.70	-36.7	-41.1	-41.2	-147	-155
	威204H42	97.82	0.61	0.02	0.0247	0	0.59	0.93	0	0.64	-36.9	-41.2	-40.5	-147	-155
	威204H40	97.76	0.54	0.02	0.0239	0.01	0.49	1.16	0	0.57	-36.8	-40.7	-41.6	-148	-149
长宁页岩气田	宁209-H16-3	98.31	0.45	0.01	0.0200	0	0.29	0.22	0.69	0.47	-27.7	-33.0	-35.4	-148	-154
	宁209-H29	97.69	0.32	0	0.0221	0	0.45	0.52	1.00	0.33	-27.4	-32.4	-34.1	-149	-153
	宁209-H13	97.73	0.37	0	0.0199	0.01	0.51	0.49	0.88	0.38	-27.7	-32.9	-35.0	-147	-156
	宁209-H6	97.87	0.35	0	0.0205	0.01	0.33	0.65	0.77	0.36	-27.2	-33.1	-34.6	-148	-149
	宁209-H11	98.27	0.40	0.01	0.0214	0	0.33	0.51	0.45	0.42	-27.3	-32.6	-34.8	-148	-152
昭通页岩气田	YS118H3	98.26	0.55	0.01	0.0414	0	0.63	0.24	0.26	0.57	-26.3	-32.2	-32.7	-149	-170
	YS118H4	98.59	0.55	0	0.0362	0	0.63	0.19	0	0.56	-27.3	-32.3	-32.8	-149	-169
	阳108H1	98.45	0.50	0	0.0378	0	0.55	0	0.46	0.51	-27.7	-32.6	-33.0	-148	-167
	阳105H1	98.47	0.57	0	0.0306	0.02	0.50	0	0.41	0.57	-29.6	-34.1	-34.4	-148	-168
	YS136H1-1	98.21	0.62	0.01	0.0260	0	0.38	0.19	0.57	0.64	-28.4	-33.9	-34.8	-148	-170

续表

气田	井号	组分含量（%）								湿度系数（C_{2-5}/C_{1-5}）（%）	碳同位素值 $\delta^{13}C$（‰）（VPDB）			氢同位素值 δD（‰）（VSMOW）	
		C_1	C_2	C_3	He	H_2	N_2	CO_2	H_2S		甲烷	乙烷	丙烷	甲烷	乙烷
涪陵页岩气田	焦页 61-2HF	97.54	0.43	0	0.0445	0.01	0.87	0.54	0.56	0.44	-31.2	-35.9	-37.7	-151	-161
	焦页 56-2HF	98.03	0.50	0	0.0364	0.01	0.88	0.54	0	0.51	-31.2	-36.2	-38.1	-152	-169
	焦页 37-6HF	97.96	0.46	0.01	0.0396	0	0.96	0.57	0	0.47	-31.5	-36.1	-38.3	-150	-160
	焦页 4-2HF	98.09	0.54	0.01	0.0357	0	0.91	0.42	0	0.56	-30.8	-35.9	-37.8	-149	-172
	焦页 39-7HF	98.21	0.59	0.02	0.0385	0	0.80	0.35	0	0.61	-31.3	-36.2	-39.0	-150	-167
威荣页岩气田	威页 23-4HF	96.73	0.42	0.01	0.0211	0.01	0.60	1.59	0.62	0.45	-36.5	-38.0	-40.7	-149	-133
	威页 23-2HF	96.45	0.40	0.01	0.0201	0	0.72	1.66	0.73	0.43	-36.4	-38.1	-41.2	-148	-133
	威页 23-6HF	96.40	0.41	0.01	0.0205	0	0.67	1.68	0.80	0.44	-36.6	-38.1	-41.4	-147	-138
	威页 43-2HF	96.81	0.46	0.02	0.0211	0	0.44	1.49	0.74	0.50	-36.3	-38.4	-39.6	-147	-136
	威页 43-3HF	96.64	0.46	0.03	0.0214	0.05	0.55	1.48	0.78	0.51	-36.5	-37.7	-38.1	-148	-132

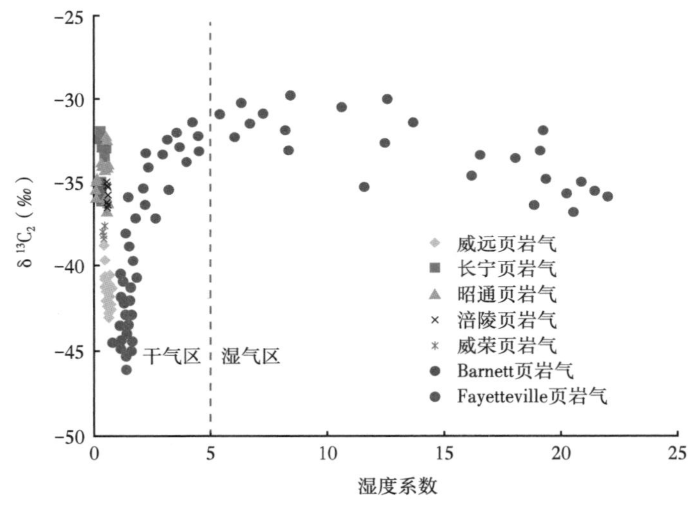

图 2　四川盆地五峰组—龙马溪组页岩气湿度系数（C_{2-5}/C_{1-5}）与 $\delta^{13}C_2$ 关系

注：Barnett、Fayetteville 页岩气数据据文献［41-42］

3.2　碳同位素特征

碳同位素是反映天然气地球化学特征、成因与来源的非常重要的参数，通常甲烷碳同位素受生烃母质类型和热演化程度双重控制，乙烷碳同位素则主要反映生烃母质的碳同位素继承效应[43]，明确页岩气碳同位素地球化学特征，对于后续开展页岩气成因判识和来源研究有重要意义。四川盆地威远、长宁、昭通、涪陵及威荣等地区五峰组—龙马溪组页岩气甲烷的碳同位素值分布在-37.5‰~-26.3‰之间，平均值为-32.3‰；乙烷碳同位素值分布在-43‰~-31.9‰之间，平均值为-37.0‰；丙烷碳同位素值分布在-43‰~-32.7‰之间，平均值为-38.0‰。

四川盆地威远、长宁、昭通、涪陵、威荣等地区五峰组—龙马溪组页岩气甲烷、乙烷、丙烷碳同位素值分布具有明显倒转特征，总体呈负碳序列分布，即 $\delta^{13}C_1>\delta^{13}C_2>\delta^{13}C_3$（图 3），其中，长宁、昭通、涪陵地区五峰组—龙马溪组页岩气 $\delta^{13}C_1$、$\delta^{13}C_2$、$\delta^{13}C_3$ 值相对较高，而威远和威荣地区页岩气 $\delta^{13}C_1$、$\delta^{13}C_2$、$\delta^{13}C_3$ 值相对较低，长宁、昭通地区页岩气 $\delta^{13}C_1$、$\delta^{13}C_2$、$\delta^{13}C_3$ 值整体相对高于涪陵、威远和威荣地区。

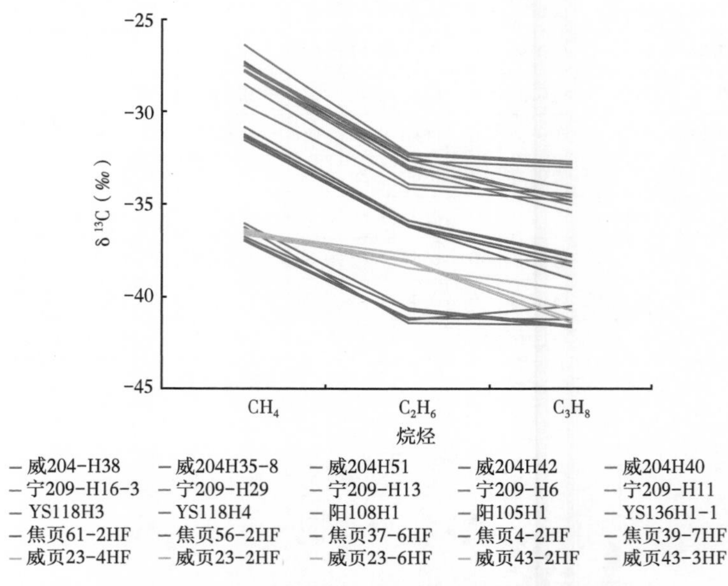

图 3　四川盆地五峰组—龙马溪组页岩气碳同位素组成序列

鄂尔多斯盆地延长组陆相页岩气为低成熟的陆相页岩气[44]，烷烃碳同位素系列分布呈正碳同位素序列，即 $\delta^{13}C_1<\delta^{13}C_2<\delta^{13}C_3<\delta^{13}C_4$。北美地区 Barnett 页岩气烷烃气碳同位素分布大多为正碳序列，少部分出现碳同位素倒转现象；北美地区高成熟的 Fayetteville 页岩气普遍存在倒转[41-42]。四川盆地五峰组—龙马溪组页岩气为海相高演化天然气，甲烷、乙烷、丙烷碳同位素呈现负碳序列的分布特征，即 $\delta^{13}C_1>\delta^{13}C_2>\delta^{13}C_3$，与鄂尔多斯盆地低成熟的延长组页岩气及北美地区成熟的 Barnett 页岩气存在明显差异，而与北美地区高成熟的 Fayetteville 页岩气具有类似特征。此外，威远、威荣地区五峰组—龙马溪组页岩气 $\delta^{13}C_1$、$\delta^{13}C_2$ 值与北美地区高成熟的 Fayetteville 页岩气较为接近，因而具有相似的成熟度；而长宁、昭通与涪陵地区五峰组—龙马溪组页岩气 $\delta^{13}C_1$、$\delta^{13}C_2$ 值相对更高，反映具有更高的成熟度（图 4）。

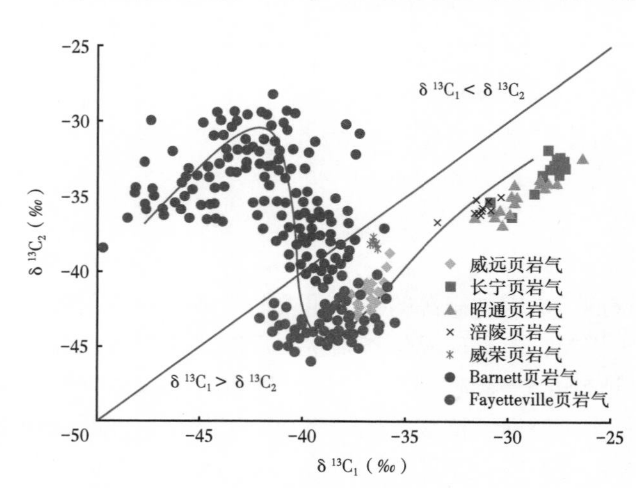

图 4　四川盆地五峰组—龙马溪组页岩气 $\delta^{13}C_1$ 与 $\delta^{13}C_2$ 关系

注：Barnett、Fayetteville 页岩气数据据文献［41-42］

3.3 氢同位素特征

甲烷氢同位素组成主要受控于烃源岩母质形成环境和热演化成熟度[45-50]，淡水环境相对富集轻氢同位素，盐水环境则相对富集重氢同位素。通常将 δD_1 = -190‰作为划分海相和陆相环境形成的甲烷的界限，当 δD_1 值小于-190‰，天然气来源的烃源岩母质沉积环境为陆相；当 δD_1 值大于-190‰，天然气来源的烃源岩母质沉积环境为海相[48-49]。四川盆地威远、长宁、昭通、涪陵及威荣等地区五峰组—龙马溪组页岩气甲烷氢同位素值介于-157‰~-143‰，平均值为-148‰；乙烷氢同位素值介于-175‰~-132‰，平均值为-156‰。四川盆地五峰组—龙马溪组页岩气 δD_1 值总体大于-160‰（图 5），表明页岩形成的烃源岩母质沉积环境为海相环境，这与五峰组—龙马溪组海相沉积环境背景相一致。北美地区 Fayetteville 页岩气 δD_1 值较为集中一致[41-42]，总体大于-160‰，表现出海相烃源岩来源特征；北美地区 Barnett 页岩气 δD_1 值分布相对较为分散[41-42]，但总体大于-190‰，仍表现出海相烃源岩来源的特征；而鄂尔多斯盆地延长组页岩气 δD_1 值普遍小于-190‰[44]，表现出陆相淡水环境的沉积特征，总体均小于四川盆地五峰组—龙马溪组海相页岩气，以及北美地区 Barnett 和 Fayetteville 页岩气（图 5）。从 SCHOELL[48] 的 $\delta^{13}C_1$ 和 δD_1 关系图上可以发现，鄂尔多斯盆地延长组页岩气成熟度相对较低，北美地区 Barnett 页岩气总体处于成熟阶段，北美地区 Fayetteville 页岩气总体处于高成熟阶段，四川盆地威远、威荣地区页岩气与 Fayetteville 页岩气大体一致，而长宁、昭通及涪陵地区页岩气成熟度最高，处于高—过成熟阶段（图 5）。鄂尔多斯盆地延长组、北美地区 Barnett 页岩气甲烷碳氢同位素组成具有随着成熟度增加而变重的正相关趋势，而四川盆地五峰组—龙马溪组页岩气 $\delta^{13}C_1$ 值与 δD_1 值没有明显的正相关关系，并且烷烃气碳、氢同位素均发生完全倒转，可能与其高的热演化成熟度及高演化条件下地层水与甲烷之间同位素交换密切相关[51-52]。

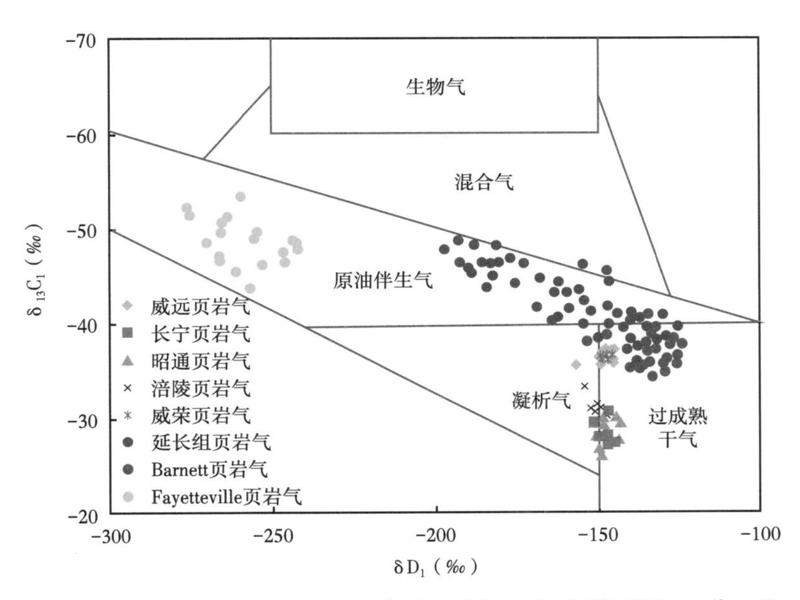

图 5　鄂尔多斯盆地延长探区延长组和四川盆地五峰组—龙马溪组页岩气 $\delta^{13}C_1$ 和 δD_1 关系

注：Barnett、Fayetteville 页岩气数据据文献［41-42］；延长组页岩气数据据文献［44］；底图据文献［48］

3.4 稀有气体同位素特征

稀有气体是研究地质历程的重要示踪指示剂，天然气中稀有气体蕴含丰富的油气地质信息，对于开展天然气成因及来源研究具有重要指示作用[53-60]。四川盆地威远、长宁、涪陵及威荣等地区五峰组—龙马溪组页岩气中 He 的$^{3}He/^{4}He$值（R）主要分布在（0.8~6.6）$\times10^{-8}$之间，平均约为 3.3×10^{-8}（$0.024R_a$），$^{40}Ar/^{36}Ar$ 值主要分布在 548~2940 之间，平均约为 1023。相对而言，长宁地区页岩气$^{40}Ar/^{36}Ar$ 值、$^{3}He/^{4}He$ 值分布范围均相对较宽；威远地区页岩气$^{40}Ar/^{36}Ar$ 值分布范围相对较大、$^{3}He/^{4}He$ 值分布相对集中；涪陵地区页岩气$^{40}Ar/^{36}Ar$ 值分布相对集中、$^{3}He/^{4}He$ 值分布范围相对较大；威荣页岩气$^{40}Ar/^{36}Ar$ 值、$^{3}He/^{4}He$ 值分布范围均相对集中。从$^{3}He/^{4}He$—$^{40}Ar/^{36}Ar$ 关系图可以发现，四川盆地五峰组—龙马溪组页岩气中稀有气体$^{3}He/^{4}He$ 平均值约为 3.3×10^{-8}，总体上为 10^{-8} 量级（$0.01<R/R_a<0.10$），并且$^{40}Ar/^{36}Ar$ 值与$^{3}He/^{4}He$ 值存在负相关关系，样品点均落在典型壳源成因区，因此五峰组—龙马溪组页岩气中稀有气体主要为典型壳源成因（图 6）。氦主要来自五峰组—龙马溪组富有机质页岩所含放射元素 U、Th 的放射性衰变，与放射性元素含量大小及分布等密切相关；氩主要来源于五峰组—龙马溪组富有机质页岩中 K 的放射性衰变，受烃源岩时代、K 含量及分布等控制。

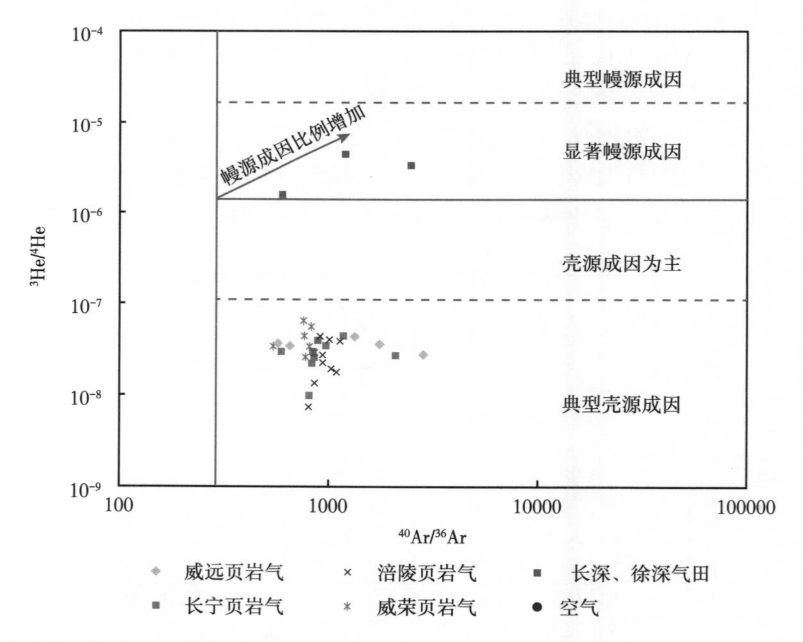

图 6 四川盆地五峰组—龙马溪组页岩气中稀有气体$^{3}He/^{4}He$—$^{40}Ar/^{36}Ar$ 关系

3.5 四川盆地五峰组—龙马溪组页岩气成因鉴别

虽然四川盆地威远、长宁、昭通、涪陵及威荣等地区五峰组—龙马溪组页岩气中的烷烃气具有 $\delta^{13}C_1>\delta^{13}C_2>\delta^{13}C_3$ 完全倒转的特征，但考虑到无机烷烃气通常除了具有正碳同位素序列以外[45]，R/R_a 值一般大于 0.5，甲烷碳同位素值一般大于−30‰，而四川盆地五峰组—龙马溪组页岩气$^{3}He/^{4}He$ 值分布在（0.8~6.6）$\times10^{-8}$之间，平均值约为 3.3×10^{-8}，

R/R_a<0.1，为典型壳源成因气，几乎没有幔源成因气。因此，四川盆地五峰组—龙马溪组页岩气中没有无机成因的烷烃气。

稳定碳同位素组成是天然气成因判识的重要指标[43,45-46,48-49,61]，油型气甲烷碳同位素值一般介于-55‰~-35‰，煤成气甲烷碳同位素值则介于-35‰~-22‰[43]。由于乙烷同位素具有良好的母质继承效应，一般以乙烷碳同位素值 $\delta^{13}C_2$=-28.5‰作为判定油型气和煤成气的界限[43,45]。四川盆地威远、长宁、昭通、涪陵及威荣等地区五峰组—龙马溪组页岩气乙烷碳同位素值分布在-43‰~-31.9‰之间，平均值为-37.0‰，根据乙烷碳同位素可以判识为油型气。根据戴金星[43]提出的甲烷和乙烷、丙烷碳同位素判识油型气和煤成气天然气成因类型图版，四川盆地威远、长宁、昭通、涪陵及威荣等地区五峰组—龙马溪组海相页岩气总体位于碳同位素倒转系列混合区或附近（图7），为碳同位素倒转系列混合气。

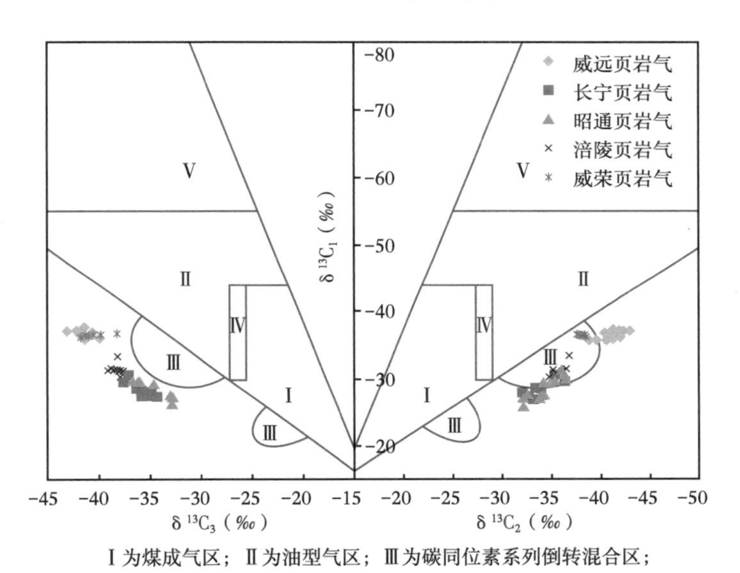

Ⅰ为煤成气区；Ⅱ为油型气区；Ⅲ为碳同位素系列倒转混合区；

Ⅳ为煤成气和（或）油型气区；Ⅴ为生物气和亚生物气区

图7　四川盆地五峰组—龙马溪组页岩气甲、乙、丙烷碳同位素成因判识图（底图据文献［43］）

烷烃气的甲、乙烷含量比值和乙、丙烷含量比值在干酪根降解和烃类裂解过程中有着不同变化趋势，可对天然气特别是油型气进行干酪根降解气和原油裂解气判识[62-64]。从不同演化阶段干酪根与原油裂解气 ln（C_1/C_2）和 ln（C_2/C_3）成因判识图可以发现，原油裂解气与干酪根裂解气的演化特征具有明显差异，原油裂解气的 ln（C_2/C_3）值早期快速增大、晚期基本稳定，而干酪根裂解气的 ln（C_2/C_3）值总体呈现出近水平—快速增大—再次近于水平—再次增大的特征[64]，而四川盆地五峰组—龙马溪组海相页岩气的 ln（C_1/C_2）值为4.94~7.24、ln（C_2/C_3）值为2.76~4.01，样品点总体落入图版中原油裂解气与干酪根裂解气混合区域范围，表明五峰组—龙马溪组海相页岩气为原油裂解气和干酪根裂解气的混合气（图8）。

前人认为可以导致发生碳同位素倒转的原因，包括有机成因气与无机成因气的混合，不同热演化阶段天然气的混合，不同母质类型天然气的混合，干酪根晚期热裂解气与原油二次裂解气的混合，气体氧化—还原反应中的瑞利分馏，页岩气吸附/解吸和扩散过程中引起的同位素分馏作用，有机质化合物与水的相互作用等[51-52,65-67]。本文在前人研究基础

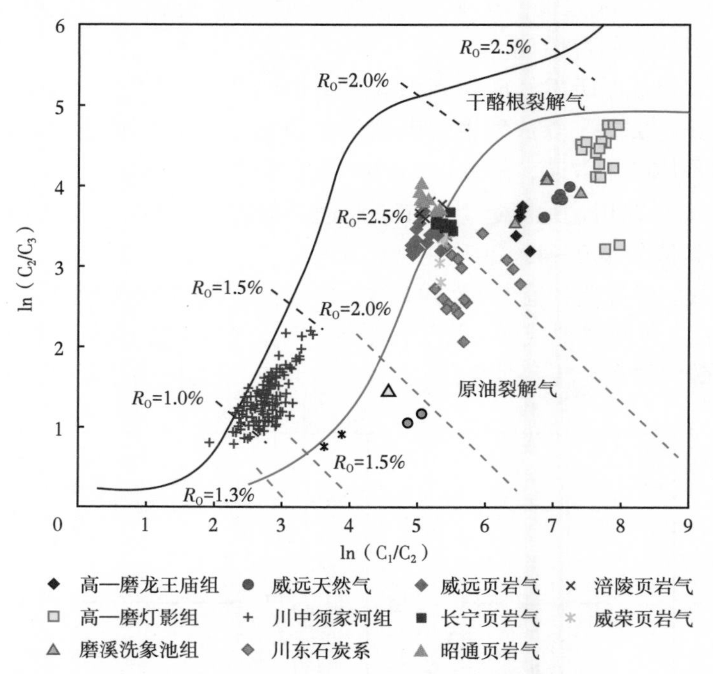

图 8　四川盆地五峰组—龙马溪组页岩气的干酪根与原油裂解气 ln（C_1/C_2）和 ln（C_2/C_3）成因判识（底图据文献［64］）

上综合分析认为：高—过成熟阶段液态烃在高温作用下大量二次裂解生成大量原油裂解气与干酪根在高温作用下晚期热裂解形成的大量干酪根裂解气的混合可能是造成五峰组—龙马溪组高演化的海相页岩气碳、氢同位素倒转的最主要原因；由于五峰组—龙马溪组页岩演化历史较长、经历不同热演化阶段，同源不同期次天然气的混合也是造成同位素倒转不可忽视的重要影响因素；由于页岩自身特性，页岩气吸附/解吸和扩散过程中引起的同位素分馏作用也是极为重要的影响因素；此外高演化条件下地层水与甲烷之间同位素交换可能也是重要的影响因素。

3.6　四川盆地五峰组—龙马溪组页岩气气源对比

四川盆地五峰组—龙马溪组页岩中天然气资源十分丰富，通过开展气源对比，明确四川盆地威远、长宁、昭通、涪陵及威荣等地区五峰组—龙马溪组页岩中天然气来源，对于指导盆地五峰组—龙马溪组页岩气下步勘探及开发部署具有重要意义。四川盆地自下而上发育 Z、$Є_1$、S_1、P_1、P_2、T_3 和 J_1 等多套烃源岩[1,3-4,17,20,22-23]。震旦系烃源岩包括灯影组、陡山沱组烃源岩，以泥岩为主，过成熟，为气源岩；下寒武统烃源岩以泥质岩为主，过成熟，为气源岩；下志留统黑色页岩和深灰色泥岩烃源岩有机碳含量中到高，高—过成熟，以生成油型裂解气为主；下二叠统碳酸盐岩烃源岩主要生成油型气；上二叠统泥质岩、碳酸盐岩和煤岩烃源岩为主力烃源岩，分布广泛，有机质含量总体很高，成熟—高成熟，主要产气；上三叠统陆相煤系地层中暗色泥质岩和所夹煤层是主要烃源岩，西厚东薄，成熟—高成熟，以生成煤成气为主；下侏罗统深灰色—黑色湖相泥质岩正处于成熟阶段，以生成原油及伴生气为主。

四川盆地五峰组—龙马溪组页岩气甲烷的碳同位素值分布在-37.5‰~-26.3‰之间，平均值为-32.3‰，乙烷碳同位素值分布在-43‰~-31.9‰之间，平均值为-37.0‰。按照烃源岩油气生成过程中碳同位素分馏规律：$\delta^{13}C_{干酪根}>\delta^{13}C_{油}>\delta^{13}C_{烷烃气}$，即烃源岩干酪根碳同位素顺序依次重于其生成的原油碳同位素及天然气碳同位素，因此高—过成熟天然气应来自干酪根碳同位素值更高一些的烃源岩。下志留统龙马溪组泥岩干酪根 $\delta^{13}C_{值}$ 一般介于-31.5‰~-28‰，平均值约为-29.8‰，高于五峰组—龙马溪组页岩气甲烷的碳同位素值分布区间值为-37.5‰~-26.3‰，平均值为-32.3‰，与烃源岩生烃过程中的碳同位素分馏规律 $\delta^{13}C_{干酪根}>\delta^{13}C_{油}>\delta^{13}C_{烷烃气}$相对较为吻合，烃源岩干酪根碳同位素值顺序依次高于其生成的原油碳同位素值及天然气碳同位素值。因此，四川盆地五峰组—龙马溪组页岩气主要来源于下志留统龙马溪组富有机质页岩。

4 四川盆地页岩气资源潜力分析

四川盆地经历了海相、陆相两大沉积演化阶段，主要发育海相、海陆过渡相、陆相 3 种类型 6 套富有机质页岩层系。海相层系主要发育奥陶系五峰组—志留系龙马溪组、寒武系筇竹寺组、震旦系陡山沱组 3 套富有机质页岩；海陆过渡相主要发育二叠系龙潭组和梁山组富有机质页岩；陆相层系主要发育三叠系须家河组和侏罗系自流井组富有机质页岩。

4.1 海相层系页岩气资源潜力

五峰组—龙马溪组是当前我国页岩气勘探开发的热点层系。四川盆地五峰组—龙马溪组富有机质页岩受岩相古地理和沉积环境控制，主要分布在川南、川东北和川东地区，厚度总体分布在 20~300m 之间；有机质类型以腐泥型为主；页岩有机碳含量分布在 0.4%~9.6%之间，底部有机碳含量普遍大于 2%；页岩成熟度分布在 2.3%~3.8%之间，平均值约为 2.8%，处于过成熟阶段的页岩气含量为 1.28~6.47m^3/t，平均值为 3.27m^3/t[17,20,34]。据 2012 年国土资源部全国页岩气资源评价结果，四川盆地五峰组—龙马溪组页岩气资源量为 $9.9\times10^{12}m^3$[20,68]。根据马新华等[25]2018 年的评价结果，四川盆地川南地区五峰组—龙马溪组构造整体稳定，保存条件好，资源落实程度高，优质页岩大面积连续稳定分布，储集层品质好，压力系数高，资源潜力大，埋深小于 4500m 的五峰组—龙马溪组页岩气资源量超过 $10\times10^{12}m^3$。四川盆地五峰组—龙马溪组是我国页岩气资源最丰富的领域，也是目前开发最现实的区块，目前川南地区已经探明页岩气储量超过万亿立方米，年产量超过 $100\times10^8m^3$，已经成为我国最大的页岩气生产基地。

寒武系筇竹寺组也是盆地未来一套重要页岩气勘探开发潜在层系。早寒武世早期，盆地构造沉积演化过程中受区域构造拉张与海侵影响，深水陆棚相页岩大面积发育，总体分布面积约为 $15\times10^4km^2$，主要分布在德阳—安岳裂陷槽、蜀南及川北地区，裂陷内暗色泥质岩厚度在 210~350m 之间，其他地区厚度约为 120m，富有机质黑色页岩一般发育在筇竹寺组底部，厚度为 40~80m；TOC 值分布在 0.6%~12.9%之间，平均含量>2%；有机质类型为腐泥型；成熟度为 2.2%~5.0%，平均为 3.5%，处于过成熟干气阶段；页岩含气量总体分布在 0.3~6.0m^3/t 之间，平均约为 1.9m^3/t[17,34]。四川盆地筇竹寺组富有机质页岩厚度大、热演化程度高，分布面积广泛、页岩气储存潜力巨大，估算四川盆地筇竹寺组

页岩气资源量约为 $10.2\times10^{12}m^3$，与黄金亮等[69]2012 年估算的资源量（6.105～13.124）$\times10^{12}m^3$、董大忠等[20]2014 年估算的资源量 $10.83\times10^{12}m^3$ 较为接近，具有良好的勘探开发前景，是四川盆地及其周缘志留系页岩气勘探开发的重要接替层系之一，也是中国乃至全球开展古老层系海相页岩气勘探研究的重要领域之一。

震旦系陡山沱组是中国乃至世界上发现的最古老页岩气层，也是四川盆地一套重要的潜在页岩含气层系。陡山沱组沉积期，盆地发育浅海—潟湖相沉积，总体分布在川中、川南及盆地边缘川西北、川东北等地，分布面积约为 $10\times10^4km^2$，厚度为 10～30m；TOC 值分布在 0.50%～14.17%之间，平均约为 2.91%；有机质类型以腐泥组为主；有机质成熟度分布范围为 2.1%～5.7%，平均为 3.5%，属于过成熟干气阶段[34]。近期中国地质调查局在四川盆地周缘中扬子地区的湖北宜昌鄂阳页 1 井陡山沱组通过直井压裂获 $5460m^3/d$ 页岩气流，岩心现场解析气量 1.18～$4.82m^3/t$；此后在鄂阳页 2HF 井震旦系陡山沱组获得日产 $5.5\times10^4m^3$ 页岩气重大突破[70-72]，在四川盆地周缘中扬子地区获得目前全球最古老页岩气藏，拓展了页岩气勘探开发领域。若震旦系陡山沱组页岩气含量按平均值 $3m^3/t$ 计算，估算四川盆地震旦系陡山沱组页岩气资源量约为 $3.6\times10^{12}m^3$。

4.2 海陆过渡相层系页岩气资源潜力

二叠系龙潭组发育一套区域性海陆过渡相页岩地层。晚二叠世，受东吴运动影响，盆地呈现西南高、东北低格局，海水向东北方向退却，川中—川东南地区为龙潭组海陆过渡相含煤碎屑岩沉积区，滨岸—沼泽相、潮坪相和斜坡—陆棚相有利于发育富有机质页岩[73]，川北厚度为 20～40m，川中—川南厚度为 20～80m。二叠系梁山组暗色泥岩主要分布于底部，厚度为 2～10m，仅达川—南充、泸州—自贡一带及盆地东南缘厚度大于 10m，有机碳含量分布在 0.5%～7.1%之间，平均约为 2.9%[34]，有机质类型为腐泥—腐殖型及腐殖型，页岩成熟度分布在 1.7%～3.2%之间，平均值约为 2.3%，处于高—过成熟阶段；页岩高含气量为 2.5～$3.8m^3/t$。2020 年中国石化在四川盆地威远构造带南斜坡实施的靖和 1 井，在二叠系梁山组获得了 $12019m^3/d$ 的页岩气勘探新发现，展现了二叠系梁山组页岩气的勘探潜力[73-74]。根据国土资源部 2016 年评估，四川盆地及其周缘二叠系龙潭组等海陆过渡相页岩气地质资源量达 $8.7\times10^{12}m^3$，具有较大的资源潜力，也是五峰组—龙马溪组页岩气的重要接替领域。

4.3 陆相层系页岩气资源潜力

四川盆地须家河组是我国陆相页岩气勘探开发重要的潜力层系之一。三叠系须家河组是一套大型坳陷敞流湖盆沉积，泥页岩主要分布在须一、须三、须五 3 个亚段，盆地范围内呈现西厚、东薄的分布特征，西部厚达 300m 以上，西南、中北部厚为 100～200m，东部厚小于 100m；有机碳含量为 0.5%～9.9%，平均值约为 1.8%；母质类型以腐殖型为主；页岩成熟度为 1.0%～2.5%，平均约为 1.4%，属于成熟—高成熟阶段[34,75-77]。前人针对不同地区须家河组页岩进行了含气量的测定，川西地区总含气量丰度平均为 $1.37m^3/t$，川东北—川中一带总含气量丰度平均为 $1.28m^3/t$[76]。本文对四川盆地须家河组须一段、须三段及须五段页岩气地质资源量进行评估，得到盆地须家河组总资源量约为 $5.6\times10^{12}m^3$，与前人对四川盆地三叠系须家河组页岩气地质资源量约为 $6\times10^{12}m^3$[34] 的结果基本吻合。

四川盆地侏罗系为浅湖—半深水湖相沉积，发育多套富有机质黑色页岩，包括自流井组大安寨段、东岳庙段和凉高山组，以自流井组大安寨段页岩为主。早—中侏罗世自流井组页岩发育，广泛分布于川中、川北和川东地区。大安寨段沉积期，湖盆进入大规模湖泛，黑色页岩广泛发育，大安寨段二亚段浅湖—半深湖黑色页岩集中发育，单层厚度大、分布稳定，厚度分布在 5~60m 之间，厚度大于 30m 多分布于川中和川东地区[34,78-79]。大安寨段黑色页岩有机碳含量总体分布在 0.1%~5%之间，平均约为 0.9%，母质类型主要为腐殖—腐泥型，有机质成熟度分布范围为 0.7%~1.6%，处于成熟—高成熟阶段。四川盆地侏罗系自流井组页岩分布面积约为 $9\times10^4km^2$，厚度为 40~180m，页岩含气量为 1.35~1.66m^3/t，估算盆地侏罗系自流井组页岩气资源量约为 $3.4\times10^{12}m^3$，展现了盆地侏罗系陆相页岩气勘探开发的良好前景。

四川盆地海相层系奥陶系五峰组—志留系龙马溪组、寒武系筇竹寺组、震旦系陡山沱组 3 套富有机质页岩的页岩气资源量约为 $23.8\times10^{12}m^3$，海陆过渡相层系二叠系富有机质页岩的页岩气资源量约为 $8.7\times10^{12}m^3$，陆相层系三叠系须家河组湖泊—沼泽相和侏罗系自流井组湖相富有机质页岩的页岩气为 $9\times10^{12}m^3$，页岩气资源总量约为 $41.5\times10^{12}m^3$（表 2），资源丰富，资源潜力巨大、勘探前景广阔。

表 2　四川盆地海相、海陆过渡相、陆相页岩气资源潜力数据
（部分基础数据据文献［20，25，34，69-79］）

<table>
<tr><th>类型</th><th>层位</th><th>岩性</th><th>分布面积（10^4km^2）</th><th>页岩厚度（m）</th><th>有机碳含量（%）</th><th>有机质类型</th><th>R_o（%）</th><th>含气量（m^3/t）</th><th colspan="3">资源量（$10^{12}m^3$）</th></tr>
<tr><td rowspan="3">海相</td><td>奥陶系五峰组—志留系龙马溪组</td><td>黑色页岩</td><td>18</td><td>20~300</td><td>0.4~9.6</td><td>腐泥型</td><td>(2.3~3.8)/2.8</td><td>(1.28~6.47)/3.27</td><td>10</td><td rowspan="3">23.8</td><td rowspan="6">41.5</td></tr>
<tr><td>寒武系筇竹寺组</td><td>黑色页岩</td><td>15</td><td>40~350</td><td>0.6~12.9</td><td>腐泥型</td><td>(2.2~5.0)/3.5</td><td>(0.3~6.0)/1.9</td><td>10.2</td></tr>
<tr><td>震旦系灯影组</td><td>黑色页岩</td><td>10</td><td>10~30</td><td>(0.50~14.17)/2.91</td><td>腐泥型</td><td>(2.1~5.7)/3.5</td><td>1.18~4.82</td><td>3.6</td></tr>
<tr><td>海陆过渡相</td><td>二叠系龙潭组</td><td>煤系泥岩</td><td>18</td><td>20~170</td><td>(0.5~7.1)/2.9</td><td>腐泥—腐殖型及腐殖型</td><td>(1.7~3.2)/2.3</td><td>2.5~3.8</td><td colspan="2">8.7</td></tr>
<tr><td rowspan="2">陆相</td><td>三叠系须家河组</td><td>黑色泥岩</td><td>须五段 4
须三段 4.5
须一段 6.4</td><td>须五段
50~300
须三段
20~100
须一段
10~200</td><td>(0.5~9.9)/1.8</td><td>腐殖型</td><td>(1.0~2.5)/1.4</td><td>1.37（川西）
1.28（川东北—川中）</td><td>5.6</td><td rowspan="2">9</td></tr>
<tr><td>侏罗系自流井组</td><td>暗色泥页岩</td><td>9</td><td>40~180</td><td>(0.1~5)/0.9</td><td>腐泥型、腐殖—腐泥型</td><td>0.7~1.6</td><td>1.35~1.66</td><td>3.4</td></tr>
</table>

注：(2.3~3.8)/2.8=（最小值-最大值）/平均值。

5 结论

（1）四川盆地威远、长宁、昭通、涪陵、威荣等地区五峰组—龙马溪组页岩气为典型干气，碳氢同位素呈负序列分布，长宁、昭通与涪陵地区碳同位素相对威远、威荣地区更重，具有更高热演化程度，稀有气体为典型壳源成因。

（2）五峰组—龙马溪组页岩气为高—过成熟阶段热成因油型气，主要为原油裂解气和干酪根裂解气的混合气，烷烃气碳氢同位素倒转主要由于高—过成熟阶段原油裂解气与干酪根裂解气的混合造成，高演化阶段水与有机质交换作用等也是重要影响因素。

（3）五峰组—龙马溪组页岩气的甲烷碳同位素值与下志留统龙马溪组泥岩干酪根碳同位素值较为匹配，符合烃源岩生烃过程中碳同位素分馏规律 $\delta^{13}C_{干酪根}>\delta^{13}C_{油}>\delta^{13}C_{烷烃气}$，主要来源于下志留统龙马溪组富有机质页岩。

（4）四川盆地海相、海陆过渡相、陆相页岩气资源总量约为 $41.5\times10^{12}m^3$，资源丰富、潜力巨大、勘探前景广阔。

致谢：本次研究得到了戴金星院士的关心、指导和帮助，并且对论文的撰写、修改完善提出了诸多建设性意见，在此表示衷心感谢！

参考文献

[1] 邹才能，陶士振，侯连华．非常规油气地质［M］．第二版．北京：地质出版社，2013.

[2] EIA. Technically Recoverable Shale Oil and Shale Gas Resources：An Assessment of 137 Shale Formations in 41 Countries Outside the United States［R］. Washington D C：U. S. Energy Information Administration，2013.

[3] 国土资源部油气资源战略研究中心．全国页岩气资源潜力调查评价及有利区优选［M］．北京：科学出版社，2016.

[4] 董大忠，王玉满，李新景，等．中国页岩气勘探开发新突破及发展前景思考［J］．天然气工业，2016，36（1）：19-32.

[5] 郑民，李建忠，吴晓智，等．我国常规与非常规天然气资源潜力、重点领域与勘探方向［J］．天然气地球科学，2018，29（10）：1383-1397.

[6] Daniel M J，Ronald J H，Tim E R，et al. Unconventional shale gas systems：The Mississippian Barnett shale of north central Texas as one model for thermogenic shale-gas assessment［J］. AAPG Bulletin，2007，91（4）：475-499.

[7] Scott L M，Daniel M J，Kent A B，et al. Mississippian Barnett shale，Fort Worth Basin，north central Texas：Gasshale play with multitrillion cubic foot potential［J］. AAPG Bulletin，2005，89（2）：155-175.

[8] Daniel M J，Ronald J H，Tim E R，et al. Unconventional shale gas systems：The Mississippian Barnett shale of north central Texas as one model for thermogenic shale-gas assessment［J］. AAPG Bulletin，2007，91（4）：475-499.

[9] Gault B，Stotts G. Improve shale gas production forecasts［J］. E & P，2007，80（3）：85-87.

[10] Martineau D F. History of the Newark East Field and the Barnett shale as a gas reservoir［J］. AAPG Bulletin，2007，91（4）：399-403.

[11] U. S. Energy Information Administration. Natural gas：Data：shale gas Production［EB/OL］.［2021-7-11］. http：//www. eia. gov/dnav/ng/ng_ prod_ shalegas_ s1_ a. htm.

[12] 孙赞东，贾承造，李相方，等．非常规油气勘探与开发（上、下册）［M］．北京：石油工业出版社，2011.
[13] 戴金星，董大忠，倪云燕，等．中国页岩气地质和地球化学研究的若干问题［J］．天然气地球科学，2020，31（6）：745-760.
[14] 李新景，胡素云，程克明．北美裂缝性页岩气勘探开发的启示［J］．石油勘探与开发，2007，34（4）：392-400.
[15] 张金川，徐波，聂海宽，等．中国页岩气资源勘探潜力［J］．天然气工业，2008，28（6）：136-140.
[16] 董大忠，程克明，王世谦，等．页岩气资源评价方法及其在四川盆地的应用［J］．天然气工业，2009，29（5）：33-39.
[17] 邹才能，董大忠，王社教，等．中国页岩气形成机理、地质特征及资源潜力［J］．石油勘探与开发，2010，37（6）：641-653.
[18] 贾承造，郑民，张永峰．中国非常规油气资源与勘探开发前景［J］．石油勘探与开发，2012，39（2）：129-136.
[19] 高波．四川盆地龙马溪组页岩气地球化学特征及其地质意义［J］．天然气地球科学，2015，26（6）：1173-1182.
[20] 董大忠，高世葵，黄金亮，等．论四川盆地页岩气资源勘探开发前景［J］．天然气工业，2014，34（12）：1-15.
[21] 曹春辉，张铭杰，汤庆艳，等．四川盆地志留系龙马溪组页岩气气体地球化学特征及意义［J］．天然气地球科学，2015，26（8）：1604-1612.
[22] 邹才能，董大忠，王玉满，等．中国页岩气特征、挑战及前景（一）［J］．石油勘探与开发，2015，42（6）：689-701.
[23] 邹才能，董大忠，王玉满，等．中国页岩气特征、挑战及前景（二）［J］．石油勘探与开发，2016，43（2）：166-178.
[24] 董大忠，邹才能，戴金星，等．中国页岩气发展战略对策建议［J］．天然气地球科学，2016，27（3）：397-406.
[25] 马新华，谢军．川南地区页岩气勘探开发进展及发展前景［J］．石油勘探与开发，2018，45（1）：161-169.
[26] 谢军．长宁—威远国家级页岩气示范区建设实践与成效［J］．天然气工业，2018，38（2）：1-7.
[27] 王志刚．涪陵页岩气勘探开发重大突破与启示［J］．石油与天然气地质，2015，36（1）：1-6.
[28] 郭彤楼，张汉荣．四川盆地焦石坝页岩气田形成与富集高产模式［J］．石油勘探与开发，2014，41（1）：28-36.
[29] 郭旭升．南方海相页岩气“二元富集”规律：四川盆地及周缘龙马溪组页岩气勘探实践认识［J］．地质学报，2014，88（7）：1209-1218.
[30] 王哲，李贤庆，张吉振，等．四川盆地不同区块龙马溪组页岩气地球化学特征对比［J］．中国煤炭地质，2016，28（2）：22-27.
[31] 魏祥峰，郭彤楼，刘若冰．涪陵页岩气田焦石坝地区页岩气地球化学特征及成因［J］．天然气地球科学，2016，27（3）：539-548.
[32] 金之钧，胡宗全，高波，等．川东南地区五峰组—龙马溪组页岩气富集与高产控制因素［J］．地学前缘，2016，23（1）：1-10.
[33] 邹才能，赵群，董大忠，等．页岩气基本特征、主要挑战与未来前景［J］．天然气地球科学，2017，28（12）：1781-1796.
[34] 邹才能，杨智，孙莎莎，等．“进源找油”：论四川盆地页岩油气［J］．中国科学：地球科学，2020，50（7）：903-920.
[35] 谢军，张浩淼，佘朝毅，等．地质工程一体化在长宁国家级页岩气示范区中的实践［J］．中国石油

勘探，2017，22（1）：21-28.
[36] 赵文智，贾爱林，位云生，等．中国页岩气勘探开发进展及发展展望［J］. 中国石油勘探，2020，25（1）：31-44.
[37] 金之钧，白振瑞，高波，等．中国迎来页岩油气革命了吗？［J］. 石油与天然气地质，2019，40（3）：451-458.
[38] 邱振，邹才能，王红岩，等．中国南方五峰组—龙马溪组页岩气差异富集特征与控制因素［J］. 天然气地球科学，2020，31（2）：163-175.
[39] 马永生．四川盆地普光超大型气田的形成机制［J］. 石油学报，2007，28（2）：9-14，21.
[40] Dai J X，Xia X Y，Li Z S，et al. Inter-laboratory calibration of natural gas round robins for δ^2H and $\delta^{13}C$ using off-line and on-line techniques [J]. Chemical Geology，2012，310-311：49-55.
[41] Zumberge J E，Ferworn K A，Brown S. Isotopic reversal（"rollover"）in shale gases produced from the Mississippian Barnett and Fayetteville formations [J]. Marine and Petroleum Geology，2012，31（1）：43-52.
[42] Zumberge J E，Ferworn K A，Curtis J B. Gas character anomalies found in highly productive shale gas wells [J]. Geochimica et Cosmochimica Acta，2009，73（13）：A1539.
[43] 戴金星．天然气碳氢同位素特征和各类天然气鉴别［J］. 天然气地球科学，1993，4（2-3）：1-40.
[44] 徐红卫，李贤庆，周宝刚，等．延长探区延长组陆相页岩气地球化学特征和成因［J］. 矿业科学学报，2017，2（2）：99-108.
[45] 戴金星，邹才能，张水昌，等．无机成因和有机成因烷烃气的鉴别［J］. 中国科学：D辑，2008，38（11）：1329-1341.
[46] 沈平，申歧祥，王先彬，等．气态烃同位素组成特征及煤型气判识［J］. 中国科学：B辑，1987，17（6）：647-656.
[47] 刘全有，戴金星，李剑，等．塔里木盆地天然气氢同位素地球化学与对热成熟度和沉积环境的指示意义［J］．中国科学：D辑，2007，37（12）：1599-1608.
[48] Schoell M. The hydrogen and carbon isotopic composition of methane from natural gases of various origins [J]. Geochimica et Cosmochimica Acta，1980，44（5）：649-661.
[49] Schoell M. Genetic characterization of natural gases [J]. AAPG Bulletin，1983，67（12）：2225-2238.
[50] 王晓锋，刘文汇，徐永昌，等．不同成因天然气的氢同位素组成特征研究进展［J］. 天然气地球科学，2006，17（2）：163-169.
[51] Burruss R C，Laughrey C D. Carbon and hydrogen isotopic reversals in deep basin gas：Evidence for limits to the stability of hydrocarbons [J]. Organic Geochemistry，2010，41（12）：1285-1296.
[52] Tilley B，Mclellan S，Hiebert S，et al. Gas isotopic reversals in fractured gas reservoirs of the western Canadian Foothills：Mature shale gases in disguise [J]. AAPG Bulletin，2011，95（8）：1399-1422.
[53] Mamyrin B A，Anufrriev G S，Kamenskii I L，et al. Determination of the isotopic composition of atmospheric helium [J]. Geochemistry International，1970，7（4）：465-473.
[54] Clarke W B，Jenkins W J，Top Z. Determination of tritium by mass spectrometric measurement of ^3He [J]. The International Journal of Applied Radiation and Isotopes，1976，27（9）：515-522.
[55] 徐永昌，王先彬，吴仁铭，等．天然气中稀有气体同位素［J］. 地球化学，1979，8（4）：271-282.
[56] Ozima M，Podesek F A. Noble Gas Geochemistry [M]. Cambridge：Cambridge University Press，1983.
[57] 王晓波，李志生，李剑，等．稀有气体全组分含量及同位素分析技术［J］. 石油学报，2013，34（S1）：70-77.
[58] 魏国齐，王东良，王晓波，等．四川盆地高石梯—磨溪大气田稀有气体特征［J］. 石油勘探与开发，2014，41（5）：533-538.

[59] Wang X B, Chen J F, Li Z S, et al. Rare gases geochemical characteristics and gas source correlation for Dabei Gas Field in Kuche Depression, Tarim Basin [J]. Energy Exploration & Exploitation, 2016, 34 (1): 113-128.

[60] Wang X B, Wei G Q, Li J, et al. Geochemical characteristics and origins of noble gases of the Kela 2 Gas Field in the Tarim Basin, China [J]. Marine and Petroleum Geology, 2018, 89: 155-163.

[61] Whiticar M J. Carbon and hydrogen isotope systematic of bacterial formation and oxidation of methane [J]. Chemical Geology, 1999, 161 (1): 291- 314.

[62] Behar F, Kressmann S, Rudkiewicz J L, et al. Experimental simulation in a confined system and kinetic modelling of kerogen and oil cracking [J]. Organic Geochemistry, 1992, 19 (1/3): 173-189.

[63] Pinzhofer A, Hue A Y. Genetic and post genetic molecular and isotopic fractionations in natural gases [J]. Chemical Geology, 1995, 126 (3/4): 281-290.

[64] 李剑，李志生，王晓波，等．多元天然气成因判识新指标及图版 [J]．石油勘探与开发，2017，44 (4)：503-512.

[65] Dai J X, Zou C N, Liao S M, et al. Geochemistry of the extremely high thermal maturity Longmaxi shale gas, southern Sichuan Basin [J]. Organic Geochemistry, 2014, 74: 3-12.

[66] 吴伟，房忱琛，董大忠，等．页岩气地球化学异常与气源识别 [J]．石油学报，2015，36 (11)：1332-1340.

[67] 冯子齐，刘丹，黄士鹏，等．四川盆地长宁地区志留系页岩气碳同位素组成 [J]．石油勘探与开发，2016，43 (5)：705-713.

[68] 张大伟，李玉喜，张金川，等．全国页岩气资源潜力调查评价 [M]．北京：地质出版社，2012.

[69] 黄金亮，邹才能，李建忠，等．川南下寒武统筇竹寺组页岩气形成条件及资源潜力 [J]．石油勘探与开发，2012，39 (1)：69-75.

[70] 中华人民共和国自然资源部．中国矿产资源报告 [R]．北京：地质工业出版社，2019.

[71] 翟刚毅，包书景，王玉芳，等．古隆起边缘成藏模式与湖北宜昌页岩气重大发现 [J]．地球学报，2017，38 (4)：441-447.

[72] 杨玉茹，孟凡洋，白名岗，等．世界最古老页岩气层储层特征与勘探前景分析 [J]．中国地质，2020，47 (1)：14-28.

[73] 郭旭升，胡东风，刘若冰，等．四川盆地二叠系海陆过渡相页岩气地质条件及勘探潜力 [J]．天然气工业，2018，38 (10)：11-18.

[74] 段文燊，王同，张南希．四川盆地二叠系梁山组页岩气勘探新发现 [J/OL]．中国地质：1-2 [2021-07-29].

[75] 戴金星，倪云燕，邹才能，等．四川盆地须家河组煤系烷烃气碳同位素特征及气源对比意义 [J]．石油与天然气地质，2009，30 (5)：519-529.

[76] 郑定业，庞雄奇，张可，等．四川盆地上三叠系须家河组油气资源评价 [J]．特种油气藏，2017，24 (4)：67-72.

[77] 陈果，刘智行，李洪玺，等．四川盆地上三叠统须家河组陆相页岩气资源潜力分析 [J]．天然气技术与经济，2019，13 (5)：20-28.

[78] 邹才能，杨智，王红岩，等．“进源找油”：论四川盆地非常规陆相大型页岩油气田 [J]．地质学报，2019，93 (7)：1551-1562.

[79] 杨跃明，黄东．四川盆地侏罗系湖相页岩油气地质特征及勘探开发新认识 [J]．天然气工业，2019，39 (6)：22-33.

原文刊于《天然气地球科学》，2021 年第 32 卷第 8 期。

Characteristics and genetic types of the lower paleozoic natural gas, Ordos Basin

Li Jian[1,2] Li Jin[1,2,3,4] Li Zhisheng[1,2]
Zhang Chunlin[1,2] Cui Huiying[1,2] Zhu Zhili[3,4]

1. Department of Natural Gas Geology, Research Institute of Petroleum Exploration and Development, PetroChina, Langfang Hebei, China
2. The Key Laboratory of Gas Formation and Development, PetroChina, Langfang Hebei, China
3. Key Laboratory of Exploration Technology for Oil and Gas Research, Yangtze University, Ministry of Education, Wuhan Hebei, China
4. School of Earth Environment and Water Resources, Yangtze University, Wuhan, Hubei, China

Abstract: The source of the Lower Paleozoic natural gas in the Ordos Basin has been a highly controversial issue. Using data obtained from newly drilled wells, we present the geochemical characteristics of Lower Paleozoic natural gas in various regions of the Ordos Basin. The Lower Paleozoic natural gas is dominated by hydrocarbons, of which methane accounts for 40.17%~97.24%, and the heavier gaseous hydrocarbon (C_{2+}) ranges from 0.01% to 9.72%. Non-hydrocarbon gases in the Lower Paleozoic gas reservoir are mainly CO_2 and N_2, 2%~10% for CO_2 and 0.04%~48.56% for N_2, higher than those in the Upper Paleozoic gas reservoir. This observation showed that the high CO_2 and N_2 content was related to the Ordovician marine carbonate rock deposits. The carbon and hydrogen isotopes of the methane, ethane, and propane in the Lower Paleozoic natural gas of the Ordos Basin showed various degrees of reversal, indicating the mixing origin of natural gas. In the central-eastern Ordos Basin, coal-derived gas from the Carboniferous-Permian (C-P) coal measure and oil-associated from the Lower Ordovician Majiagou Formation marine source rocks gas coexist, as well as mixtures of these two gases. For the Lower Paleozoic natural gas from the western margin of the basin, coal-derived gas coexist with oil-associated gas, but no mixing gas, in which coal-derived gas originated mainly from the C-P source rocks and oil-associated gas from the Lower Ordovician Kelimoli Formation and Middle Ordovician Wulalike Formation source rocks in the western margin of the basin. The Lower Paleozoic natural gas in the southern part of the Ordos Basin was mixing gas, and the oil-associated gas is the dominant one. The natural gas was originated from the Lower Ordovician Majiagou Formation source rocks in the central-eastern Ordos Basin and the Pingliang Formation mudstone and argillaceous limestone at the southern margin of the basin.

Keywords: Lower Paleozoic; Ordos Basin; Coal-derived gas; Oil-associated gas; Source rock

1 Introduction

The exploration of natural gas in the Ordos Basin started in the 1960s. At present, seven large gas fields have been discovered, with proved reserves of hundred billion cubic meters individually, including Sulige, Yulin, Wushenqi, Daniudi, Zizhou and Shenmu from the Upper Paleozoic clastic reservoirs and Jingbian from the Lower Paleozoic Ordovician carbonate reservoirs. The Lower Paleozoic Ordovician is proved to be an important target for gas exploration.

Since the discovery of Jingbian gas field, many Chinese scholars have studied the genesis of gas in the Lower Paleozoic Ordovician reservoirs. There are three viewpoints about the source of natural gas in the Jingbian gas field. The first viewpoint considered that gas in the Ordovician weathered crust reservoirs was mainly derived from the Upper Paleozoic Carboniferous-Permian (C-P) coal measure source rocks (Xia et al., 1999; Xia, 2000, 2002; Yang et al., 2009; Mi et al., 2012). The second considered that the Lower Paleozoic gas was mainly coal-derived gas originated from the Upper Paleozoic C-P coal measure, mixed with some oil associated gas from the Upper Paleozoic Carboniferous limestone (Dai et al., 2005, 2014; Hu et al., 2010). The third proposed that the Lower Paleozoic gas in the Jingbian gas field was dominated by oilassociated gas from the Ordovician marine carbonate rocks, mixed with coal-derived gas from the C-P coal measures (Huang et al., 1996; Chen, 2002; Li et al., 2002; Liu et al., 2009, 2012; Jin et al., 2013).

Recently, many reserves of the Lower Paleozoic gas have been discovered in the Jingbian gas field extending from south to north and west, making the Ordos Basin a potential super large gas province (Yang et al., 2014). It shows a big hydrocarbon generation potential in the Ordovician carbonate rocks in the basin (Chen et al., 2014; Wu et al., 2015; Wang et al., 2015). Therefore, the genetic type of the Lower Paleozoic gas in the marine strata of Ordos basin reappears as a major concern. In this paper, we investigated the geochemical features of 69 gas samples obtained from the Lower Paleozoic reservoirs in the Ordos Basin to elucidate the genetic type for the future exploration.

2 Geological background

The Ordos Basin in central China covers an area of $37 \times 10^4 km^2$, with $25 \times 10^4 km^2$ of Paleozoic sedimentary rocks (Yang, 1991). It is a polycyclic cratonic basin characterized by stable subsidence, migrated depression, and obvious twisting. Based on the tectonic development history of the basins, sedimentation and the superface structural of Ordovician strata, the Paleozoic structure in the Ordos Basin can be classified into six tectonic units, i. e., Western margin overthrust belt, Tianhuan depression, Yishan slope, Jinxi fault-fold belt, Weibei uplift, and Yimeng uplift (Fig. 1).

There are two sets of Paleozoic source rocks in the Ordos Basin, i. e., the Upper Paleozoic transitional coal measures and the Lower Paleozoic marine carbonate rocks. The Upper Paleozoic C-P source rocks are composed of coal measures, dark mudstone, and argillaceous biogenic limestone. They are mainly distributed in the Shanxi Formation, the Taiyuan Formation and the Benxi Formation, with a total coal bed thickness of 5 ~ 15 m, up to 30 m locally, and a total dark mudstone thickness of 50 ~ 300m, with limestone thickness of 22 ~ 30m. These source rocks are

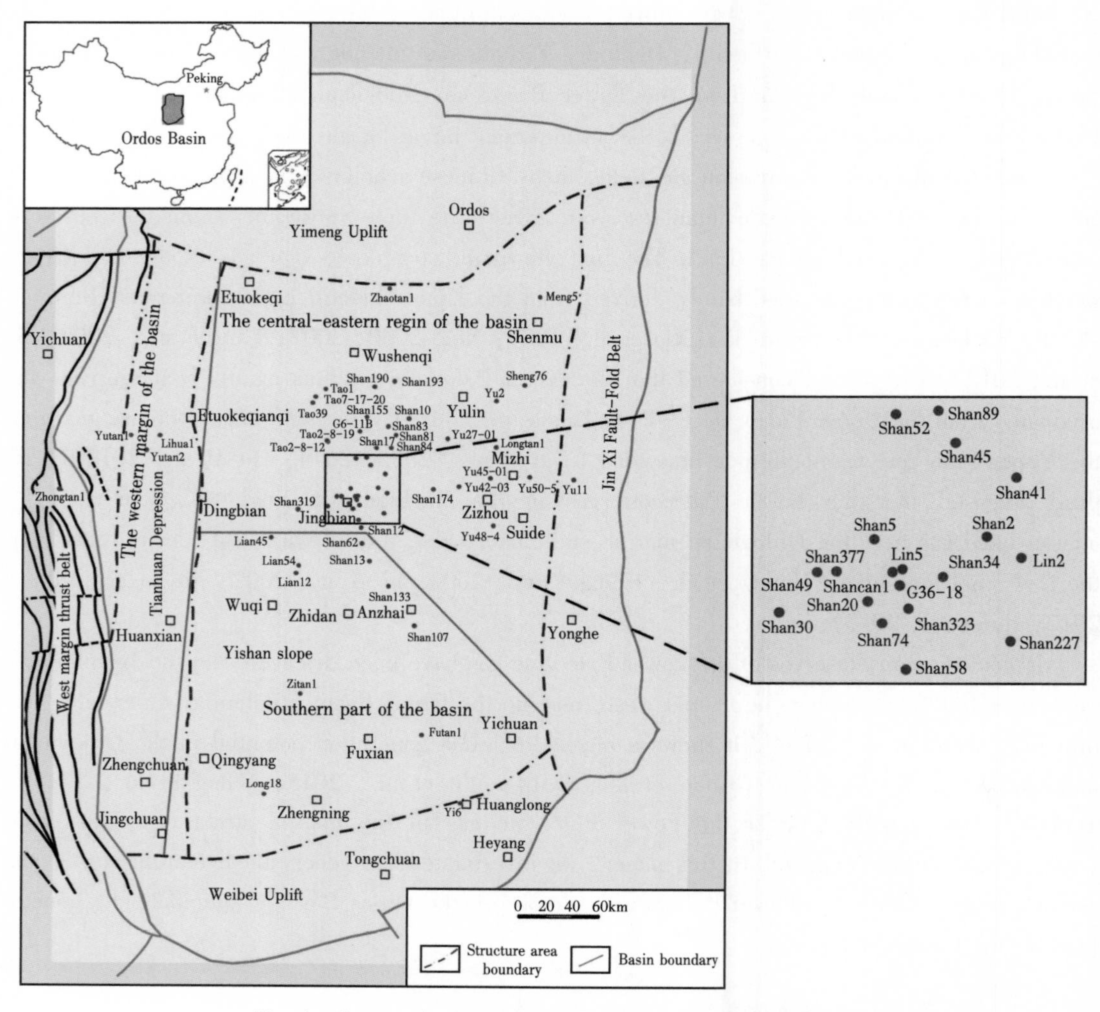

Fig. 1 Structural units and sampling sites of the Ordos Basin

characterized by high abundance of organic matter with mainly Type Ⅲ kerogen and with total organic carbon (TOC) of 70.8%~83.2%, 2.0%~3.0%, and 0.3%~1.5% for coal bed, dark mudstone, and limestone, respectively. The maturity (R_o) of the C-P source rocks is over 1.5%, considered as the primary gas source in the Ordos Basin (He et al., 2003; Dai et al., 2005; Zhao et al., 2013).

The Lower Paleozoic source rocks are mainly distributed in the Lower Ordovician Majiagou Formation in the central-eastern and southern parts, the Lower Ordovician Kelimoli Formation, Middle Ordovician Wulalike Formation at the western margins of the basin, and the Middle Ordovician Pingliang Formation at southern margins of the basin. The Ordovician strata in the western margin of the Ordos Basin are preserved relatively complete, but the stratigraphic division of the Ordovician is carried out in a small range, leading to inconsistency in stratigraphic division and naming criteria. The Middle Ordovician Wulalike Formation in the western margin of the basin is equivalent to the Middle Ordovician Pingliang Formation in the southern part of the basin, and the Lower Ordovician Kelimoli Formation in the western margin is equivalent to the Ma6 section of the Majiagou Formation in the basin.

The organic matter abundance of the Ordovician Majiagou Formation carbonate rocks is low, TOC ranging from 0.04% to 1.81%, so some scholars proposed that the Ordovician Majiagou Formation could not serve as industrial gas source rocks (Zhang, 1994; Xia et al., 1998). However, Tu et al. (2016) systematically investigated the development and distribution of the Lower Paleozoic source rocks in the central-eastern and southern parts of Ordos Basin, and concluded that effective source rocks existed in the Lower Ordovician Majiagou Formation, mainly distributed in Ma5, Ma3, and Ma1 sections. The upper Ma5 source rocks are 10~40m thick, and are widely distributed in the Sulige-Shenmu-Yulin-Mizhi-Yan'an-Wuqi-Jingbian belt. The lower Ma5 source rocks, 10~70m thick, appear in long strips along the Shenmu-Sulige-Jingbian-Wuqi-Yan'an belt, presenting a "girdle" distribution (Fig. 2). The Lower Ordovician Majiagou Formation effective source rocks are dominated by dark dolomitic mudstone, argillaceous dolomite, and dark carbonate rocks, with TOC contents ranging from 0.3% to 5.14% and kerogen types II_1 and I. The Ordovician effective source rocks in the Ordos Basin are generally at an over-mature stage and they contribute greatly to the natural gas in the Majiagou Formation.

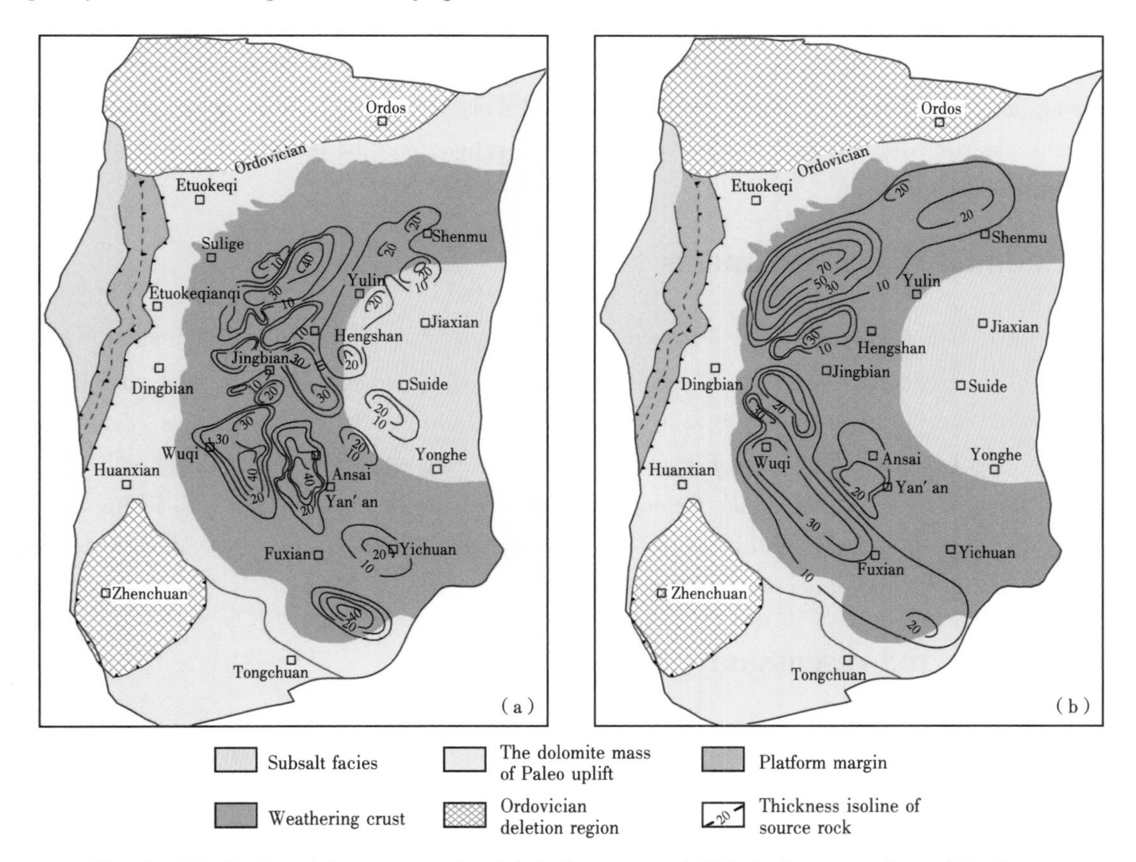

Fig. 2 Distribution of the source rocks of (a) the upper and (b) the lower members of the Lower Ordovician Majiagou Formation in the Ordos Basin

The Lower Ordovician Kelimoli Formation and Middle Ordovician Wulalike Formation source rocks mainly develop at the western margins of the basin. The source rocks are composed of broad and thick deep marine shales and argillaceous carbonate rocks. They have high organic matter abundance, with average TOC contents of 0.50% and 0.58% in the Kelimoli Formation and the Wulalike Formation, respectively. Their organic matters are primarily Type Ⅰ, as well as Type $Ⅱ_1$, in the mature-overmature stage, suggesting good hydrocarbon generation potential (Zhang et al., 2013; Chen et al., 2014; Wu et al., 2015).

The Middle Ordovician Pingliang Formation develops at the southern margin of the basin, and the effective source rocks include 80~200m shale and marlstone, with the TOC of 0.12%~4.59% and 0.08%~0.42%, respectively. The organic matters are Type Ⅰ and Type Ⅱ, at the mature-overmature stage, with R_o value between 1.60% and 2.60% (Zuo and Li, 2008; Sun et al., 2008).

The Lower Paleozoic Ordovician sediments of the Ordos Basin was formed in multiple stages of sea level eustacy. It was followed by dolomitization, dissolution, uplifting, weathering, and denudation and formed different high-quality reservoirs (e.g., dolomite, karst-fracture-cavity, and weathering crust) in the Lower Paleozoic, which created a good reservoir-source assemblage with the combination of the C-P and Ordovician source rocks. Based on the reservoir development and hydrocarbon accumulation, the Ordovician Majiagou Formation is divided into three gas-bearing units, i.e., the weathering crust gas reservoirs of $Ma5_1$ to $Ma5_4$ in the upper section, the dolomite gas reservoirs of $Ma5_5$ to $M5_{10}$ in the middle section, and the dolomite lithological trap of Ma4 in the lower section.

3 Samples and experiments

A total of 75 gas samples were obtained from the Lower Ordovician Kelimoli Formation (O_1k) and Middle Ordovician Wulalike Formation (O_2w) in the western margin and the Lower Ordovician Majiagou Formation (O_1m) in the Ordos Basin, and 17 gas samples' data were obtained from Li et al. (2008) and Feng et al. (2016). A high-pressure steel cylinder with valves on both ends was used for sampling. Before sampling, the cylinder was flushed with highpressure wellhead gas for 10~15min. Within 15 days after sampling, gas composition and carbon/hydrogen isotopes were measured under the conditions provided by Li et al. (2014).

4 Results and discussion

4.1 The geochemical characteristics of Lower Paleozoic natural gas

The CH_4 content of Lower Paleozoic gas in the Ordos Basin is 40.17%~97.24% and C_{2+} content is 0.01%~9.72% (mainly between 0.10% and 1.5%), with the dry coefficient (C_1/C_{1-5}) usually higher than 0.96 (Table 1, Fig. 3a). While the C_{2+} content of the Upper Paleozoic natural gas is 3%~10%, with the dry coefficient of 0.92~0.97 (Li et al., 2014).

Table 1 Geochemical data of the Lower Paleozoic natural gas in Ordos Basin

Area	Well	Depth (m)	Formation	Gas component (%)						Carbon isotope ratios (‰, VPDB)					Hydrogen isotope ratios (‰, VSMOW)			Reference
				N_2	CO_2	CH_4	C_2H_6	C_3H_8	$n-C_4H_{10}$	CO_2	CH_4	C_2H_6	C_3H_8	$n-C_4H_{10}$	CH_4	C_2H_6	C_3H_8	
Western margin of the basin	Yutan1	—	O_1k	0.43	1.23	94.77	2.89	0.39	0.13	-1.1	-38.2	-28.3	-24.7		-185	-141	-119	This paper
	Zhong4	—	O_2w								-37.3	-33.3						
	Zhongtan1	4265~4268	O_1k	7.76	20.11	71.26	0.36	0.02	0	-0.5	-38.0	-34.0	-30.6		-171			
	Yutan2	—	O_1k	5.43	10.74	80.76	1.16	0.11	0.06	-2.9	-35.4	-25.8	-21.9		-186	-146	-140	
Central-eastern region of the basin	Qitan1	3438~3440.5	$O_1m_5^{1-3}$	47.48	0	51.32	0.42	0.10	0.01	-1.6	-33.9	-32.2	-28.8		-174	-206	-215	
	Wu12-8	3330	$O_1m_5^4$	0.24	4.12	94.12	1.17	0.18	0.07	-2.7	-33.9	-24.7	-24.7	-21.0	-183	-171	-179	
	Jingping05-8	—	$O_1m_5^1$	0.43	6.68	91.87	0.62	0.07	0.02	-0.8	-32.3	-31.2	-28.7	-23.5	-170	-171	-170	
	Shan155	3330	$O_1m_5^1$	0.22	5.95	92.88	0.69	0.09	0.02	-2.1	-32.7	-30.2	-27.8		-170	-170		
	Shan174	3490	$O_1m_5^4$	0.24	4.59	94.28	0.51	0.04	0.01		-34.4	-28.0	-27.8		-183	-174	-164	
	Shan190	3265	$O_1m_5^1$	0.20	5.40	92.90	0.64	0.07	0.02	-1.3	-33.0	-29.6	-27.1	-23.3	-172	-168	-164	
	Shan193	3250	$O_1m_5^{1-2}$	0.21	4.76	94.15	0.71	0.10	0.02	-2.1	-32.8	-31.9	-29.3	-24.4	-171	-177	-188	
	Yu11	2375~2377	P_1s			89.12	7.001	1.388	0.231		-37.18	-25.91	-24.3	-23.72				Li et al. (2008)
	Yu11	2601.5~2667.5	O_1m_5								-40.55	-28.9						This paper
	Lihua1	4055~4058	O_1m_5	4.06	1.76	92.03	1.55	0.27	0.09		-32.8	-25.4	-23.8	-21.9	-179			
	Meng5	—	O_1m_5	0.14	15.81	67.71	9.72	4.25	1.83		-36.2	-28.1	-24.8	-24.2	-214	-158	-158	
	Tao1	3400.22~3510	O_1m_5	1.71	1.58	95.77	0.66	0.19	0.02		-33.5	-22.6	-25.8	-22.7	-177			
	Zhaotan1	3190~3223	$O_1m_5^6$—O_1m_4	10.77	0.06	82.16	0.70	0.01	0.04		-37.5	-27.8	-24.3	-20.3	-179			
	G36-18	3617	$O_1m_5^1$	0.10	4.71	94.16	0.87	0.10	0.02	-2.6	-33.3	-30.5	-28.6	-23.8	-171	-169	-193	
	G49-13	3624	$O_1m_5^1$	0.31	5.55	93.31	0.70	0.07	0.01	-0.5	-27.0	-32.7	-30.1	-27.7	-167	-184	-189	
	G49-15	3587	$O_1m_5^1$	0.31	5.80	93.18	0.60	0.06	0.01	-0.4	-29.1	-33.8	-30.6		-169	-184	-186	
	G6-11B	—	$O_1m_5^1$	0.09	5.64	93.29	0.79	0.12	0.03	-1.9	-32.3	-30.7	-27.7	-23.3	-168	-164	-183	
	Shan227	3530	$O_1m_5^{1-2}$	0.13	4.70	93.58	1.27	0.14	0.04	-2.3	-33.8	-26.5	-26.5	-22.7	-173	-152		
	Shan319	3732~3735	$O_1m_5^4$	27.84	3.35	68.65	0.12	0	0		-33.2				-161			
	Shan52	3450	$O_1m_5^1$	0.12	6.18	93.08	0.50	0.07	0.01		-32.9	-33.8	-28.9	-23.9	-168	-181	-190	
	Shan58	3805	$O_1m_5^1$	0.12	4.43	94.13	1.09	0.13	0.03	-2.8	-33.9	-26.9	-27.3	-23.0	-175	-153	-176	

Continuation Table

Area	Well	Depth (m)	Formation	Gas component (%)						Carbon isotope ratios (‰, VPDB)					Hydrogen isotope ratios (‰, VSMOW)			Reference
				N_2	CO_2	CH_4	C_2H_6	C_3H_8	n-C_4H_{10}	CO_2	CH_4	C_2H_6	C_3H_8	n-C_4H_{10}	CH_4	C_2H_6	C_3H_8	
Central-eastern region of the basin	Shan74	3724	$O_1m_5^{1-2}$	0.10	4.43	94.27	0.99	0.13	0.03	-2.4	-33.4	-27.4	-25.9	-22.1	-171	-155	-170	This paper
	Shan89	—	$O_1m_5^{1-2}$	0.13	5.64	93.35	0.74	0.09	0.02	-2.2	-32.5	-32.8	-28.8	-24.6	-169	-173	-175	
	Shan95	3455	$O_1m_{1-2}^{5}$	0.52	3.00	95.25	1.02	0.11	0.02	-2.8	-27.4	-28.1	-27.1	-27.6	-168	-176	-187	
	Lin2	3190~3195	$O_1m_5^{3}$	0.39	2.62	95.34	1.40	0.18	0.05		-35.2	-25.9	-25.4	-23.8	-176			Li et al. (2008)
	Shan10	2868.4~2889.5	P_1x			85.26	2.83	0.27	0.04		-31.02	-26.73	-28.62	-27.45				This paper
	Shan10	3098~3116.6	$O_1m_5^{1-2}$	0.61	0.75	97.41	0.31	0.06			-30.62	-31.33						
	Shan10	3147~3150.6	$O_1m_5^{4}$	1.96	1.95	94.161	0.717	0.091	0.009		-32.63	-33.49	-27.59					
	Tong51	3318.5~3321.5	O_1m_4	22.49	3.92	70.45	1.86	0.47	0.32		-41.0	-26.6	-24.0	-22.7	-158	-112	-102	
	Lin5	3455~3458	$O_1m_5^{4}$	2.54	0.10	94.46	0.37	0.03	0.01	-4.0	-33.0	-27.3	-26.0	-21.8	-208			
	Shan12	3638~3700	$O_1m_5^{1-4}$	0.63	1.65	96.79	0.78	0.10	0.02		-34.2	-25.5	-26.4	-20.7	-170			
	Shan17	—	$O_1m_5^{1-3}$	0.62	4.55	93.87	0.72	0.08	0.02		-33.2	-30.7	-26.9	-22.2	-169			
	Shan20	3522~3524	$O_1m_5^{1-3}$	1.02	0.55	93.10	0.30	0.16	0.03		-34.6	-31.0	-27.5	-22.1	-169			
	Shan30	3594~3636	$O_1m_5^{1-4}$	1.44	2.81	95.23	0.43	0.05	0		-32.8	-33.0	-25.0		-169			
	Shan34	3410~3413	$O_1m_5^{1-2}$	4.11	0.36	94.02	1.28	0.15	0.06		-35.3	-25.5	-24.4	-21.9	-177			
	Shan41	3100~3104	P_1s	0.60	0.45	95.015	3.061	0.451	0.046		-33.42	-24.56	-24.97	-22.08				Li et al. (2008)
	Shan41	3283.6~3305.5	$O_1m_5^{1-2}$	0.64	5.03	91.51	0.66	0.15	0.03		-33.4	-24.6	-25.0	-22.1	-177			This paper
	Shan41	3390~3530	$O_1m_5^{6,7}$			98.139	1.514	0.201	0.036		-38.87	-28.67	-22.62	-20.4				Li et al. (2008)
	Shan45	3245~3298	$O_1m_5^{1-4}$	0.25	4.44	94.92	0.16	0.04	0		-33.5	-30.6	-22.9	-22.5	-168			This paper
	Shan49	3521~3582	$O_1m_5^{1-4}$	0.47	4.52	94.64	0.31	0.03	0		-33.4	-31.8			-166			
	Shan5	3457~3484	$O_1m_5^{1-3}$	1.60	3.81	93.96	0.53	0.07	0.02		-32.2	-31.2	-25.7		-172			
	Shan81	—	O_1m	3.19	2.57	93.24	0.81	0.13	0.04		-30.9	-28.7	-25.1		-160			
	Shan83	2939~2945	P_1s			93.319	3.392	0.453	0.071		-32.62	-20.75	-19.58	-16.08				Li et al. (2008)
	Shan83	3594.3~3633	$O_1m_5^{2-4}$			96.244	0.545	0.043	0.003		-32.32	-29.24	-26.28	-25.26				This paper
	Shan84	3123~3143.8	O_1m_5	0.99	5.09	92.40	0.81	0.12	0.03		-31.8	-28.5	-24.2	-20.9	-168			
	Shancan1	3443~3472	$O_1m_5^{1-3}$	3.19	2.71	93.33	0.67	0.08	0.02		-33.9	-27.6	-26.0	-22.9	-169			

Continuation Table

Area	Well	Depth (m)	Formation	Gas component (%)						Carbon isotope ratios (‰, VPDB)					Hydrogen isotope ratios (‰, VSMOW)			Reference
				N_2	CO_2	CH_4	C_2H_6	C_3H_8	n-C_4H_{10}	CO_2	CH_4	C_2H_6	C_3H_8	n-C_4H_{10}	CH_4	C_2H_6	C_3H_8	
Central-eastern region of the basin	Tao2-8-12	—	$O_1m_5^{1-2}$	2.73	0.51	93.49	2.15	0.40	0.12		-33.3	-24.4	-24.7	-23.4	-181	-164	-170	This paper
	Tao2-8-19	—	$O_1m_5^{1-3}$	0.70	0.90	93.48	3.76	0.63	0.23		-33.6	-23.5	-24.2	-22.4	-190	-162	-167	
	Tao2-9-24	3358.60	$O_1m_5^{1}$	0.29	5.01	94.16	0.43	0.05	0.01	-2.3	-33.3	-28.9	-26.6	-22.7	-173			
	Tao39	3687~3689	$O_1m_5^{8}$	48.56	10.09	40.17	0.01	0	0		-35.7				-146			
	Tao50	3360~3384	$O_1m_5^{1-2}$	13.64	3.12	82.65	0.46	0.06	0.02		-34.3	-31.4	-29.9		-177			
	Tao7-17-20	—	O_1m_5	4.85	0.30	94.00	0.62	0.13	0.02		-35.3	-28.6	-29.2		-174			
	Yu2	2064~2069	P_1x			88.881	5.812	0.778	0.134		-35.03	-23.88	-21.51	-21.17				Li et al. (2008)
	Yu2	2587~2597	O_1m_5	1.71	0.52	97.076	0.637	0.393	0.013		-31.33	-26.74	-24.74	-20.21				This paper
	Shan107	2865.6~2867.4	$O_1m_5^{5}$	0.67	0.94	94.88	1.94	0.53	0.48	-2.7	-42.0	-26.5	-23.9	-22.3	-184	-141	-131	
	Longtan1	2832~2837	$O_1m_5^{7}$		4.77	92.81	1.78	0.28	0.20		-39.3	-23.4	-19.7		-153	-120	-101	
	Shan118	2564.5~2565.5	$O_1m_5^{1-2}$	0.33	2.74	94.99	1.56	0.18	0.06	-2.5	-35.5	-32.4	-30.0	-25.3	-175	-167	-160	
	Yu27-01	3198.00	$O_1m_5^{1}$	0.18	3.78	95.33	0.58	0.08	0.02	-3.0	-33.0	-31.3	-28.8	-24.6	-170			
	Yu42-03	3165.00	$O_1m_5^{1}$	0.10	5.21	93.83	0.69	0.10	0.03		-31.5	-26.9	-27.5	-24.2	-172			
	Yu45-01	3056.00	$O_1m_5^{1}$	0.08	6.54	92.49	0.70	0.11	0.02		-30.6	-33.2	-27.9	-23.8	-170			
	Yu48-4	3060.00	$O_1m_5^{1}$	0.04	4.28	94.02	1.23	0.22	0.07	-3.8	-33.5	-31.5	-28.3	-24.3	-175	-169	-187	
	Yu50-5	3142.00	$O_1m_5^{1}$	0.08	3.94	94.20	1.30	0.25	0.09		-33.7	-29.3	-25.7	-22.9	-172	-165	-175	
	Shan2	2794.5~2898	O_1m	3.31	0.31	92.11	3.45	0.42	0.28		-41.4	-30.1	-25.6	-23.5	-184			
	Sheng76	3669.3~3703	$O_1m_5^{1-2}$	1.85	0.07	97.24	0.42	0.06	0.01		-32.3	-32.9	-28.3	-25.8	-170			
	Sheng79	3677.8~3681	$O_1m_5^{5}$	2.79	0.45	96.55	0.08	0	0		-37.3	-31.8			-166			
	Sheng81	2996~3025	$O_1m_5^{1-2}$	3.19	2.57	93.24	0.81	0.14	0.04		-30.9	-28.7	-25.1	-21.7	-160			
Southern part of the basin	Futan1	2847~2871.4	$O_1m_5^{7}$	2.05	6.37	89.95	1.03	0.26	0.01		-33.9	-36.1	-25.9		-168			
	Lian45	4113~4115	$O_1m_5^{5}$	5.70	4.77	88.62	0.05	0	0		-36.8				-158			
	Lian12	4175~4178	$O_1m_5^{7}$	5.91	2.37	90.79	0.07	0.01	0.01		-35.0				-162			
	Lian45	4085~4089	$O_1m_5^{5}$	4.04	4.48	90.91	0.08	0.01	0		-35.0				-160			
	Lian54	4138~4141	$O_1m_5^{7}$	22.11	2.06	75.61	0.14	0.01	0		-33.4	-36.8			-156			

Continuation Table

Area	Well	Depth (m)	Formation	Gas component (%)						Carbon isotope ratios (‰, VPDB)					Hydrogen isotope ratios (‰, VSMOW)			Reference
				N_2	CO_2	CH_4	C_2H_6	C_3H_8	$n-C_4H_{10}$	CO_2	CH_4	C_2H_6	C_3H_8	$n-C_4H_{10}$	CH_4	C_2H_6	C_3H_8	
Southern part of the basin	Zitan1	—	O_1m_5	1.49	7.54	90.34	0.34	0.05	0	-1.1	-33.2	-33.9	-30.4		-164			This paper
	Lian45	4029.5~4046	$O_1m_5^4$	2.78	4.93	91.85	0.36	0.03	0		-31.9	-36.8			-164			
	Yi6	—	$O_1m_5^{1-2}$	0.72	1.13	86.06	8.36	2.17	0.81	-2.9	-32.6	-36.4	-32.7	-28.4	-163	-212	-169	
	Shan13	3540	$O_1m_5^{1-2,4}$	0.27	4.82	94.20	0.56	0.07	0.01		-31.0	-32.5	-29.4		-167	-178	-181	
	Shan133	3370	$O_1m_5^{1,4}$	0.30	5.88	93.22	0.49	0.05	0		-29.6	-35.0	-29.7		-168	-190	-183	
	Su292	4201~4208	$O_1m_5^5$	7.34	9.89	82.41	0.29	0.03	0		-33.0	-32.6			-171			Feng et al. (2016)
	Long18	—	O_1m_2								-32.3	-37.5	-37.3					
	Shan62	—	O_1m_5			96.55	0.55	0.07	0.01		-32.7	-33.1	-30.0					
	Shan377	—	O_1m_5	1.05	2.80	95.58	0.27	0.03	0		-32.9	-36.5	-29.6					
	Shan323	—	O_1m_5	2.43	5.93	91.14	0.40	0.06	0.01		-33.4	-35.9	30.1					

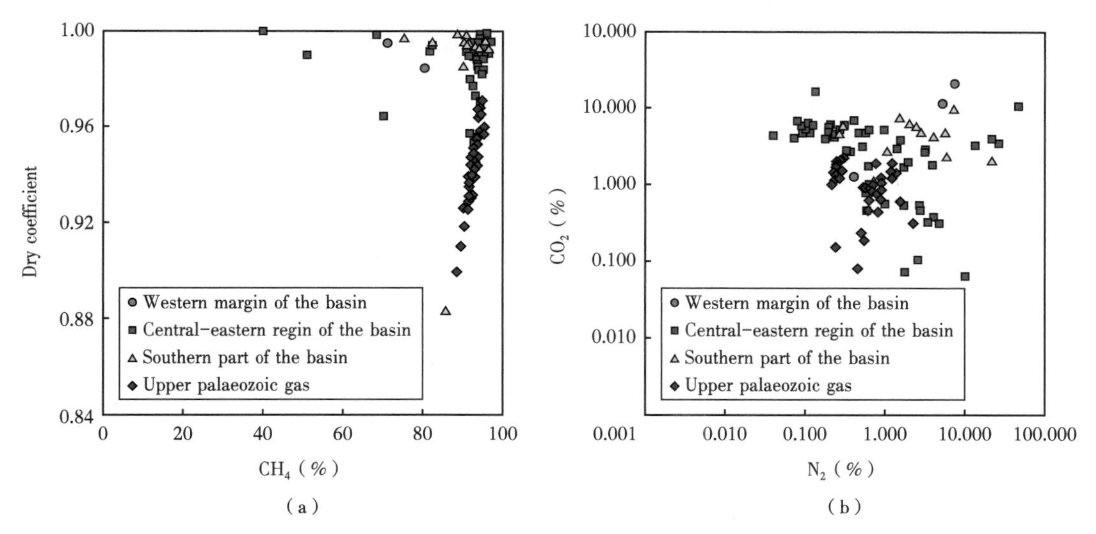

Fig. 3 Cross-plots of (a) CH_4 content vs dry coefficient (C_1/C_{1-5}) and (b) CO_2 content vs N_2 content of the Lower Paleozoic and Upper Paleozoic natural gas components, Ordos Basin part of the data for Lower Paleozoic natural gas are from Li et al. (2008) and Feng et al. (2016); Data for Upper Paleozoic natural gas are from Li et al. (2014)

The Lower Paleozoic gas contains a high content of nonhydrocarbons. As shown in Table 1, the CO_2 content is 2% ~ 10% or even 20% in Well Zhongtan1, and the N_2 content is 0.04% ~ 48.56%. In contrast, the Upper Paleozoic gas contains less nonhydrocarbons, with CO_2 content of 0.8% ~ 2.2% and N_2 content of 0.25% ~ 1.5% (Table 1, Fig. 3b) (Li et al., 2014).

As shown in Fig. 4, the $\delta^{13}C_{CH_4}$ values of the Lower Paleozoic gas ranges from −42.0‰ to −27.0‰ (mainly between −34.0‰ and −32.0‰), similar to that of the Upper Paleozoic gas; the $\delta^{13}C_{C_2H_6}$ values range from −36.8‰ to −22.6‰ (mainly between −34‰ and −30‰), lighter than −28‰ (Dai, 1993; Gang et al., 1997; Song and Xu, 2005), suggesting the characteristics of oil-associated origin. This is significantly different from the $\delta^{13}C_{C_2H_6}$ values of the Upper Paleozoic gas (between −26‰ and −24‰); the $\delta^{13}C_{C_3H_8}$ values range from −30.6‰ to −19.7‰ (mainly between −28‰ and −26‰), lighter than that of the Upper Paleozoic gas (mainly between −26‰ and −22‰). Moreover, there are 26 samples (more than 1/3 of the gas samples) show partial carbon isotopic reversal (e.g., $\delta^{13}C_{CH_4}>\delta^{13}C_{C_2H_6}<\delta^{13}C_{C_3H_8}$ or $\delta^{13}C_{CH_4}<\delta^{13}C_{C_2H_6}>\delta^{13}C_{C_3H_8}$) (Fig. 5). The natural gas with carbon isotope reversals mainly distributed in the central-eastern and southern parts of Ordos Basin.

As shown in Fig. 6, the Lower Paleozoic gas reveals a wide range of hydrogen isotopes, with $\delta^2H_{CH_4}$ values ranging from −214‰ to −146‰, $\delta^2H_{C_2H_6}$ values ranging from −212‰ to −112‰, and $\delta^2H_{C_3H_8}$ values ranging from −215‰ to −101‰. Moreover, partial or even full hydrogen isotopic reversal takes place in the Ordovician alkane gas (Fig. 7), and about 2/3 of the gas samples show partially reversed sequence of hydrogen isotopes (e.g., $\delta^2H_{CH_4}<\delta^2H_{C_2H_6}>\delta^2H_{C_3H_8}$), and 1/3 of the samples are fully reversed (i.e., $\delta^2H_{CH_4}>\delta^2H_{C_2H_6}>\delta^2H_{C_3H_8}$). These natural gas

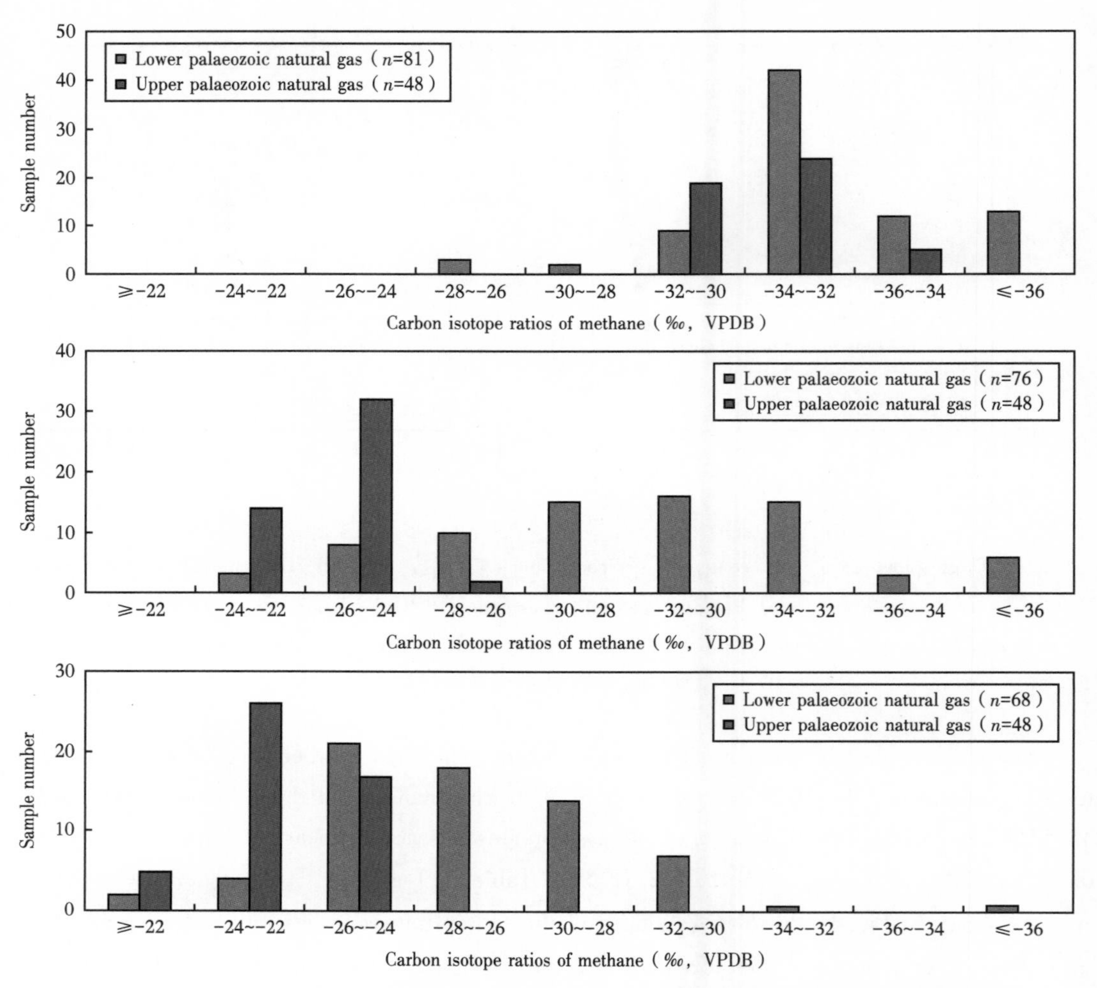

Fig. 4 Histogram of carbon isotopes ratios of methane, ethane, propane in natural gas from the Lower Paleozoic strata of the Ordos Basin

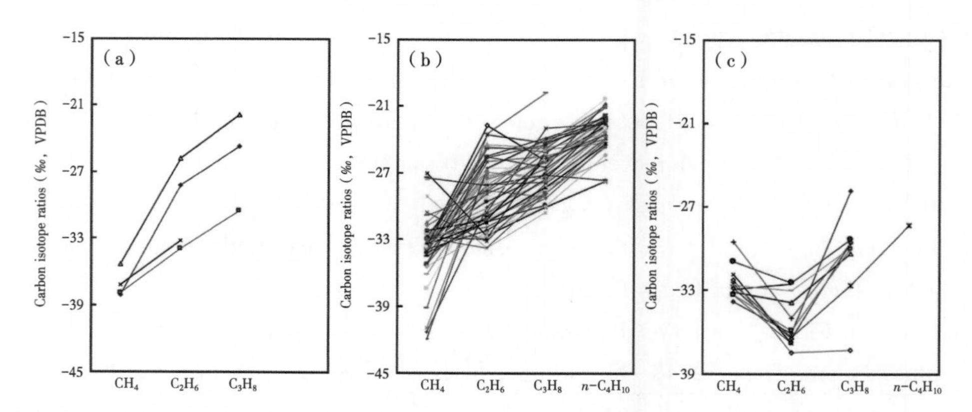

(a) Western margin of the basin, (b) Central-eastern region of the basin, and (c) Southern part of the basin. Part of the data for Lower Paleozoic natural gas are from Li et al. (2008) and Feng et al. (2016)

Fig. 5 Carbon isotope series of alkane gases in the Lower Paleozoic natural gas from the Ordos Basin, samples with hydrogen isotope reversals were also distributed in the central-eastern and southern parts of the Ordos Basin, and the natural gas in the western margin without hydrogen isotope reversals. The patterns of carbon and hydrogen isotopes of the Lower Paleozoic gas indicate that the hydrogen isotope series are more prone to reverse than the carbon isotope series. If the carbon isotopes have partial reversal, the hydrogen isotopes usually reversed completely. These features suggest that the Lower Paleozoic gas is a mixture of gases originated from different sources (Dai, 1990; Dai et al., 2003).

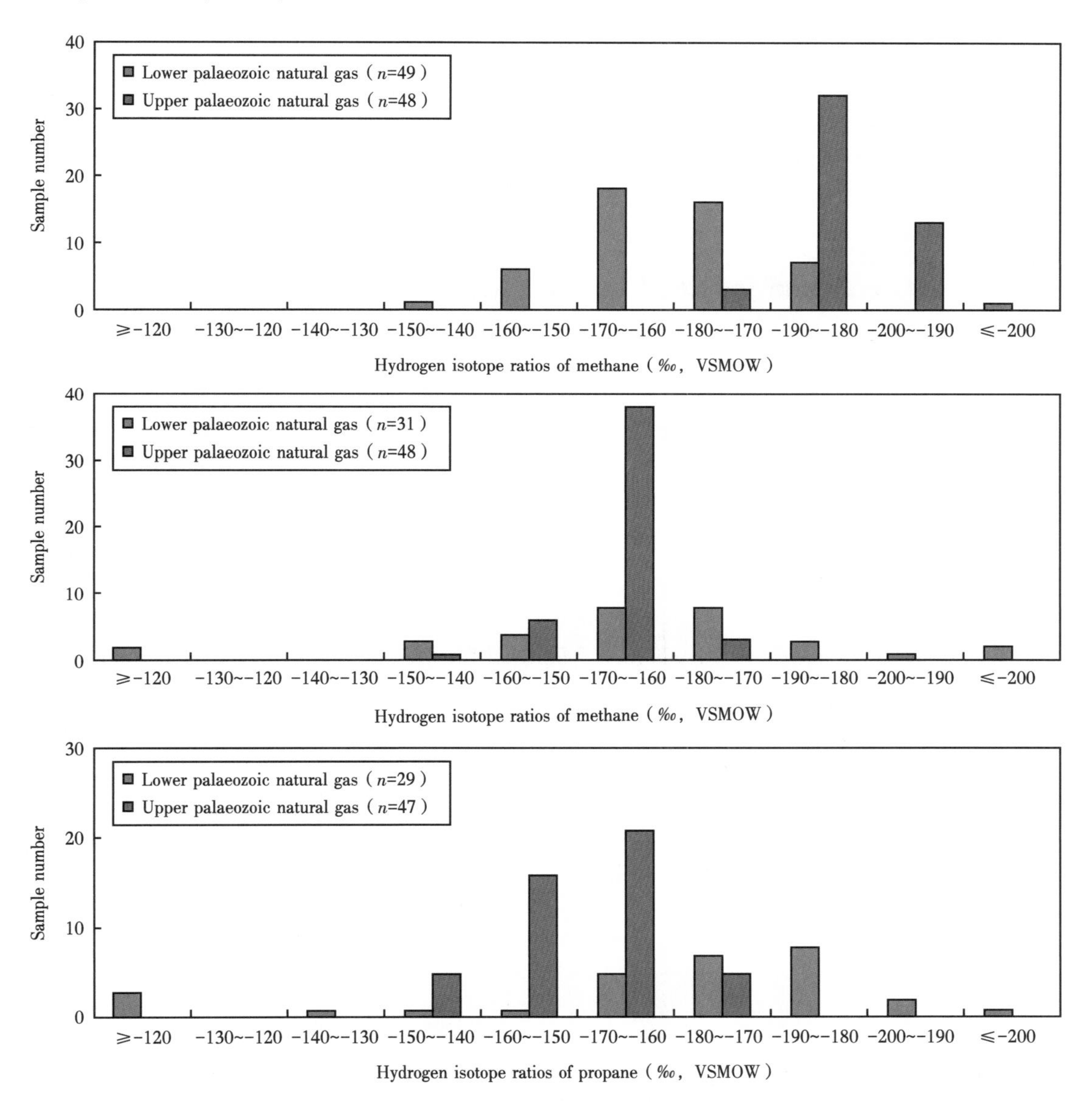

Fig. 6 Histogram of hydrogen isotopic compositions of methane, ethane, propane in natural gas from the Lower Paleozoic of the Ordos Basin

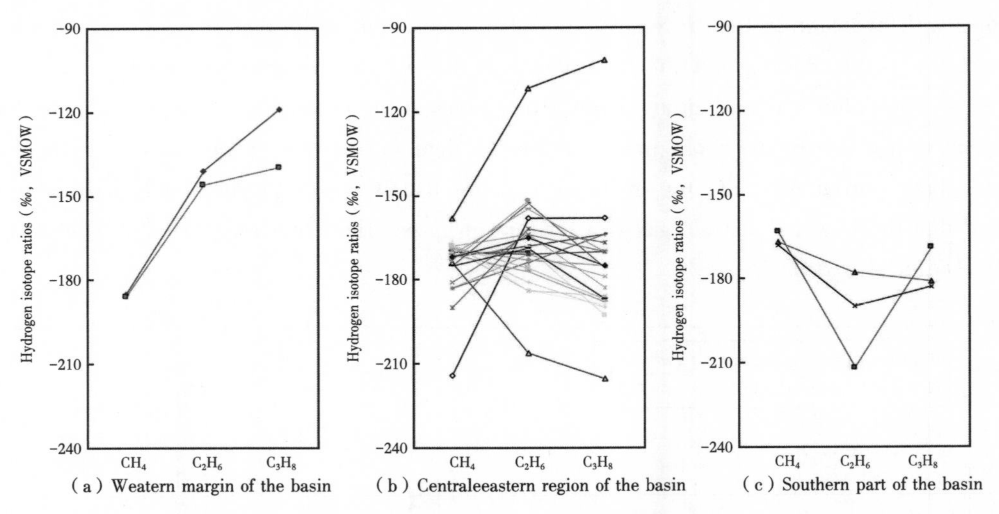

(a) Weatern margin of the basin (b) Centraleeastern region of the basin (c) Southern part of the basin

Fig. 7 Hydrogen isotope series of alkane gases in the Lower Paleozoic natural gas from the Ordos Basin

4.2 Genetic type and source of Lower Paleozoic natural gas

4.2.1 Genetic type

Through the relationship between the $\delta^{13}C_{CH_4}$, $\delta^{13}C_{C_2H_6}$ and dry coefficient, we can deduce the Lower Paleozoic natural is a mixture of coal-derived gas and oil-associated gas.

The carbon isotopes of methane are influenced by depositional environment, type of organic matter and thermal maturity of source rocks. The $\delta^{13}C_{CH_4}$ value of the Lower Paleozoic natural gas increases with dry coefficient, representing two different evolutionary trends [Fig. 8 (a)]. The first trend is that $\delta^{13}C_{CH_4}$ value increases with the dry coefficient. The increase of both dry coefficient and $\delta^{13}C_{CH_4}$ reflects the increase of the thermal maturity of natural gas, indicating this part of natural gas is influenced by thermal maturity. The $\delta^{13}C_{C_2H_6}$ of this type of natural gas is mostly higher than −28‰ [Fig. 8 (b)], indicating humic sources. The second trend is that $\delta^{13}C_{CH_4}$ value decreases with the increase of dry coefficient [Fig. 8 (a)]. The $\delta^{13}C_{C_2H_6}$ of the

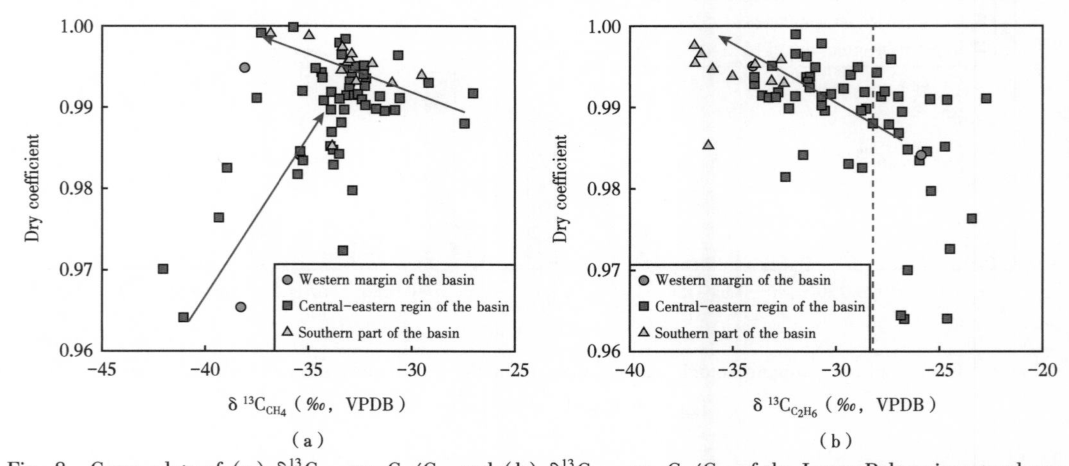

(a) (b)

Fig. 8 Cross-plots of (a) $\delta^{13}C_{CH_4}$ vs. C_1/C_{1+} and (b) $\delta^{13}C_{C_2H_6}$ vs. C_1/C_{1+} of the Lower Paleozoic natural gas, Ordos Basin. Part of the data for Lower Paleozoic natural gas are from Li et al. (2008) and Feng et al. (2016)

natural gas is mostly less than −28‰ [Fig. 8 (b)], indicating sapropelic sources. The natural gas mainly distributed in the central-eastern and southern parts of the Ordos Basin.

The origin and parent material sedimentary environment of natural gas can be effectively identified using the natural gas component and the carbon and hydrogen isotope compositions (Stahl and Carey, 1975; Schoell, 1980; Shen and Xu, 1987; Galimov, 1988; Dai, 1993; Dai et al., 2005; Liu et al., 2008). The $\delta^{13}C_{C_2H_6}$ and $\delta^{13}C_{C_3H_8}$ mainly reflect the inheritance of parent material, whereas $\delta^2H_{CH_4}$ is affected by the sedimentary environment and maturity of source rocks. In the case of the same maturity, the $\delta^2H_{CH_4}$ values of the natural gas generated from the marine and lacustrine brackish environment are generally higher than −190‰, and the $\delta^2H_{CH_4}$ values of the natural gas generated from terrigenous fresh water environment are lower, generally less than −170‰ (Liu et al., 2008; Li et al., 2014).

The $\delta^2H_{CH_4}$ value is usually used as an index to indicate sedimentary environment, whereas $\delta^{13}C_{C_2H_6}$ is usually used as an index to indicate the parent material types (Dai, 1993; Gang et al., 1997; Song and Xu, 2005); the cross-plot of $\delta^2H_{CH_4}$ and $\delta^{13}C_{C_2H_6}$ can be used to indicate the organic types and sedimentary facies as A, B and C groups. Natural gas in Group A are typical coal-associated gas with $\delta^{13}C_{C_2H_6}>-28‰$, derived from terrigenous source rocks with type Ⅲ kerogen. The generated CH_4 from those sources has $\delta^2H_{CH_4}$ values ranging from −190‰ to −160‰; Natural gas in Group B are typical oil-associated gas with $\delta^{13}C_{C_2H_6}<-30‰$ and mainly derived from marine carbonate rocks and marlites with type Ⅰ and type Ⅱ kerogen. The $\delta^2H_{CH_4}$ values of natural gas in Group B range from −170‰ to −140‰; Natural gases in Group C are the mixtures of these two types of gas.

Place the Lower Paleozoic natural gas samples on the chart (Fig. 9), it can be seen that the natural gas from the southern part of basin falls in the B group, belonging to marine oil-associated

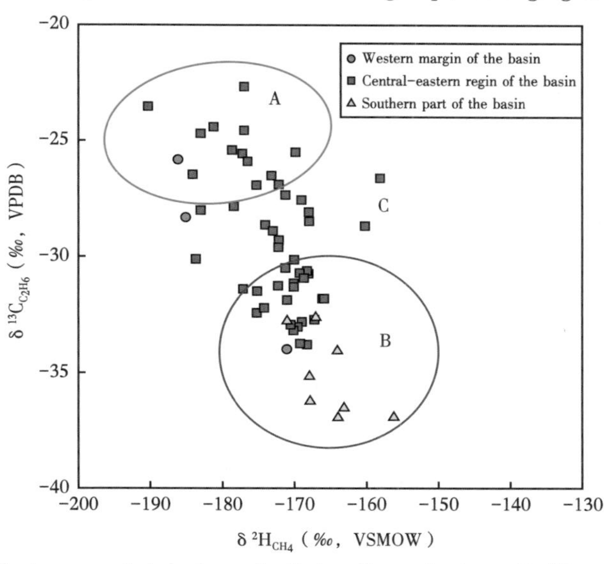

A: Terrigenous coal-derived gas; B: Marine oil-associated gas; C: Mixture gas

Fig. 9 Cross-plot of $\delta^2H_{CH_4}$ versus $\delta^{13}C_{C_2H_6}$ of Lower Paleozoic natural gas, Ordos Basin gas, while natural gas from the central - eastern and the western margin of basin includes terrigenous coal-derived gas and marine oilassociated gas.

Fig. 10 presents the reversal of the hydrogen isotope series and carbon isotope series. The Fig. 10 (a) and Fig. 10 (b) show that the natural gas with $\delta^{13}C_{C_2H_6} < \delta^{13}C_{CH_4}$ have the characteristics of the $\delta^{13}C_{C_2H_6} < -30‰$, and $\delta^2H_{CH_4}$ values between $-170‰$ and $-150‰$, indicating the marine oil-associated origin; whereas, in the Fig. 10 (c) and Fig. 10 (d), it can be found that natural gases with $\delta^2H_{C_2H_6} < \delta^2H_{CH_4}$ also have the characteristics of $\delta^{13}C_{C_2H_6} < -30‰$, and $\delta_2H_{CH_4}$ values between $-170‰$ and $-160‰$, showing the characteristics of marine oil-associated origin. It can be argued that the reason for the carbon and hydrogen isotope series reversal in the Lower Paleozoic gas reservoir is caused by the charging of marine oil-associated gas.

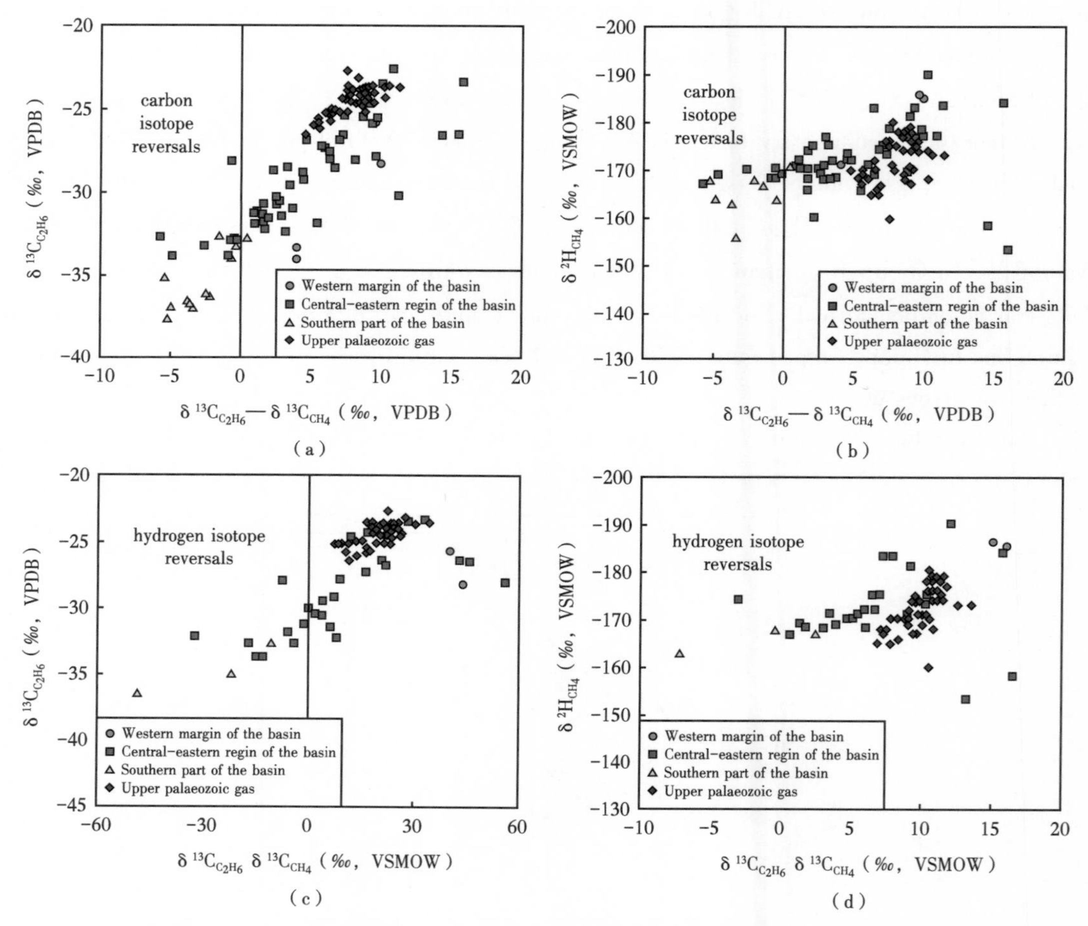

Fig. 10 Cross-plots of: (a) $\delta^{13}C_{C_2H_6}$ vs $\delta^{13}C_{C_2H_6}$—$\delta^{13}C_{CH_4}$, (b) $\delta^2H_{CH_4}$ vs $\delta^{13}C_{C_2H_6}$—$\delta^{13}C_{CH_4}$, (c) $\delta^{13}C_{C_2H_6}$ vs $\delta^2H_{C_2H_6}$—$\delta^2H_{CH_4}$, and (d) $\delta^2H_{CH_4}$ vs $\delta^2H_{C_2H_6}$—$\delta^2H_{CH_4}$ of the Lower Paleozoic and Upper Paleozoic natural gas, Ordos Basin. Part of the data for Lower Paleozoic natural gas are from Li et al. (2008) and Feng et al. (2016). Data for Upper Paleozoic natural gas are from Li et al. (2014)

Fig. 10 has shown the reversal of carbon or hydrogen isotope is a typical characteristic of mixed gas, using the $\delta^{13}C_{C_2H_6}$ value and carbon and hydrogen isotopic reversals to divided the Lower Paleozoic gas into typical coal-derived gas, typical oil-associated gas and mixed gas to observe their horizontal distributions in the Ordos Basin. Among them, the typical coal-derived gas has $\delta^{13}C_{C_2H_6}$>-28‰ and positive carbon isotope series; the typical oil-associated gas has $\delta^{13}C_{C_2H_6}$<-28‰ and positive carbon isotope series; the mixed gas has carbon or hydrogen isotopic reversals. In Fig. 11, we can found that the mixed gas is widely distributed in the weathering crust reservoir in the central and southern part of the basin, and the subsalt reservoir in the eastern part of the basin. Meanwhile, the mixed gas is dominated in number; there are 30 samples in 69 statistical samples displayed as the characteristics of carbon and hydrogen isotopic reversals, of which 25 samples have $\delta^{13}C_{C_2H_6}$<-28‰, indicated the oil-associated gas as the main source, the remaining 5 samples has $\delta^{13}C_{C_2H_6}$>-28‰, indicated the coal-derived gas as the main source; secondly, the number of typical oil-associated gas is 22, mainly distributed in the weathering crust reservoir in the central-eastern part of the basin, and the western margin of platform margin; thirdly, the number of typical coal-derived gas is 17, the samples were distributed in all regions of the basin, among which the most concentrated distribution was in the Jingbian area.

4.2.2 Potential sources of the Lower Paleozoic natural gas

4.2.2.1 The source of the Lower Paleozoic natural gas in the central-eastern Ordos Basin

There have been disputes about the type and source of natural gas in the Ordovician paleoweathered crust reservoirs of the central and eastern parts of Ordos Basin for a long time. At present, the relatively consistent viewpoints are that the natural gas in the central-eastern Ordos Basin is a mixture of coalderived gas and oil-associated gas (Guan et al., 1993; Li et al., 2003; Cheng et al., 2007). However, there are different viewpoints on the source of the oil-associated gas, focusing on whether it is mainly sourced from the Carboniferous marine source rock or the Lower Ordovician carbonate rock. The viewpoints supporting the oilassociated gas in the Ordovician reservoirs in the central-eastern Ordos Basin mainly from the Carboniferous marine source rock are as follows: The organic abundance of the Lower Paleozoic carbonate rock in the central-eastern Ordos Basin is low, and can not generate enough hydrocarbon gas to form larger-scale natural gas reservoirs (Xia et al., 1999; Xia, 2000, 2002; Dai et al., 2005; Hu et al., 2007). The Carboniferous marine source rock has good sedimentary environments, large sedimentary thickness, high organic content, and high maturity, and high hydrocarbon generation capacity. Therefore, the oil-associated gas in the central-eastern Ordos Basin Ordovician reservoirs are mainly from the Carboniferous marine source rock, and the Ordovician carbonate rock is ruled out as the main source of Lower Paleozoic oilassociated gas. However, the viewpoints supporting the oil-associated gas in the central-eastern Ordos Basin Ordovician reservoirs mainly from the Lower Paleozoic marine source rock are as follows: The serial of geochemical parameters, i.e., biomarkers of fluid inclusions, carbon and hydrogen isotopes, and light hydrocarbons, indicated that the gas source would be the Ordovician natural gas in the central-eastern Ordos Basin, and considered that natural gas mainly originated from the Lower Ordovician carbonate rocks (Xu et al., 1996; Chen, 2002). The systematic investigation of the Ordovician source rocks in the central-eastern and the southwestern margin of the basin, and the high-quality marine source rocks exist in the Lower Paleozoic Ordovician (Li et al., 2002; Wang et al., 2009; Jin et al., 2013; Tu et al., 2016).

Based on the source rocks and gas geochemistry, natural gas in the central - eastern Ordovician reservoirs has coal-derived gas, oilassociated gas and mixed gas of these two origins. Among them, the coal-derived gas has derived from C-P coal measures and oil associated gas mainly derived from Ordovician limestone. The evidences are discussed as follows.

(1) The C-P source rock can provide sufficient coal-derived gas for the Lower Paleozoic gas reservoirs in the central-eastern Ordos Basin.

The Lower Paleozoic coal-derived gas is concentrated in the central-eastern Ordos Basin (Fig. 10), which may be related to the specific geological conditions.

①The C - P source rock has higher hydrocarbon generation potential and can provide sufficient gas for the Lower Paleozoic gas reservoirs. The C-P source rocks are composed of coal, dark mudstone, and limestone of the Taiyuan Formation and Shanxi Formation. These source rocks are characterized by high organic matter abundance with mainly Type Ⅲ kerogen, and the maturity (R_o) of the C-P source rocks is over 1.5% with the gas generation intensity up to $(18 \sim 30) \times 10^8 m^3/km^2$ (Zhao et al., 2013).

②The coal-derived gas generated from the C-P source rock has the geological conditions of migrating downward to the Ordovician reservoirs. A weathering crust dissolved pore reservoir developed in the Ordovician Upper Majiagou Formation in the middle and east of the basin, whereas the C - P coal measures with high gas generation intensity contact directly with the Ordovician reservoirs, forming "hydrocarbon-supply windows" (Yang et al., 2014; Dai et al., 2014).

(2) The Lower Paleozoic oil-associated gas of the central-eastern Ordos Basin is mainly derived from Ordovician source rocks.

① Effective source rocks are developed in the Lower Paleozoic Ordovician and distribute consistently with the Lower Paleozoic oil-associated gas.

The organic matter abundance of Ordovician Majiagou Formation carbonate rocks is low, and some scholars proposed that the Ordovician Majiagou Formation could not serve as industrial gas source rocks (Zhang, 1994; Xia et al., 1998). However, Tu et al. (2016) has systematically investigated the development and distribution of the Lower Paleozoic source rocks in the central-eastern and southern of Ordos Basin, and concluded that effective source rocks existed in the Ordovician, which present a "girdle" distribution (Fig. 2). Jin et al. (2013) conducted thermal simulation experiment on the Ordovician source rocks in the central-eastern and the northwest margin of basin. The results show that the gas yields of Ordovician hydrocarbon source rock can be up to 290 ~ 325mL/g (TOC), with good hydrocarbon generation capacity. Combined with the plane distribution of natural gas types (Fig. 11), it is found that the Lower Paleozoic oil-associated gas distributes consistently with the Ordovician Majiagou Formation effective source rocks. This indicates that the Lower Paleozoic oil - associated gas is closely related to the Ordovician source rocks.

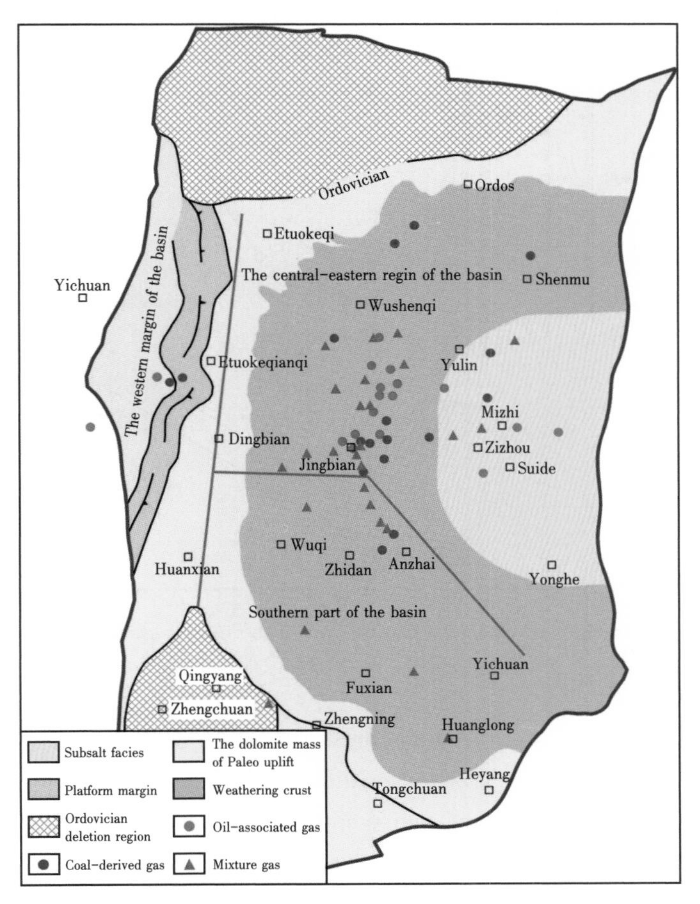

Fig. 11 Distribution of natural gas types in the Lower Paleozoic Ordovician reservoirs, Ordos Basin

② The $\delta^{13}C_{C_2H_6}$ characteristics of the Upper and Lower Paleozoic gases in exploration wells in the central-eastern Ordos Basin prove the origin of the oil-associated gas from the Lower Paleozoic source rocks.

The study on the Upper and Lower Paleozoic gases in the same exploration well indicates that the $\delta^{13}C_{C_2H_6}$ gradually becomes lower with the increase of burial depth, in other words, the coal-derived gas turns into oil-associated gas with the gas reservoir from the Permian to Ordovician (Fig. 12, Table 1). The Upper Paleozoic gas has $\delta^{13}C_{C_2H_6}$ value higher than $-28‰$, being coalderived gas, whereas the Lower Paleozoic gas has $\delta^{13}C_{C_2H_6}<-28‰$, being oil-associated gas. Clearly, the gases from different reservoirs in the same well are different in geochemistry, suggesting that it is not a common case that the gas generated from the C-P source rocks would charge downward the Lower Paleozoic reservoirs. There is another source, i. e., the Ordovician source rocks. Again, it is confirmed that the Lower Paleozoic oil-associated gas originated from the Ordovician carbonate rocks rather than the Carboniferous limestone.

③ Geochemical characteristics of non-hydrocarbon gas in the Lower Paleozoic natural gas of Ordos Basin indicated a close relationship between oil-associated gas and Ordovician limestone.

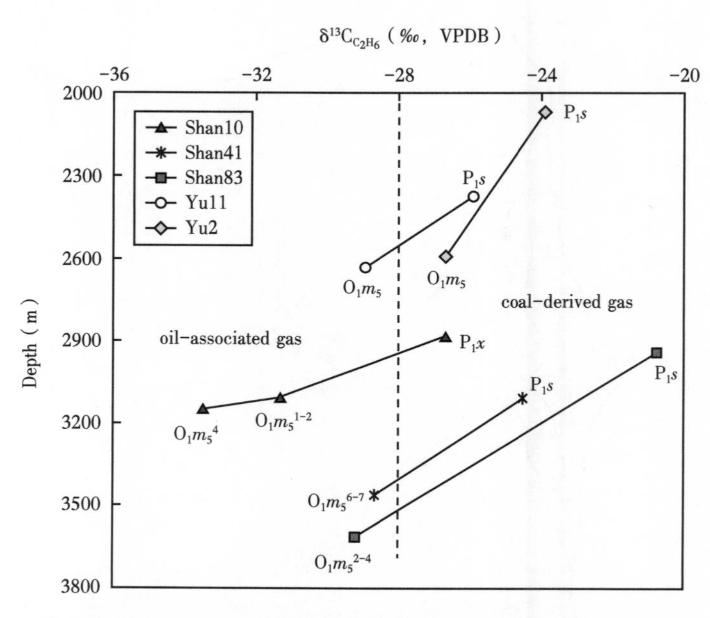

Fig. 12 Distribution of ethane carbon isotopes of the natural gas in same exploration wells in the central-eastern Ordos Basin

Lower Paleozoic natural gas of the Ordos Basin has a high content of non-hydrocarbon gases, mainly CO_2 and N_2. The geochemical characteristics of the non-hydrocarbon gases may also serve as auxiliary indicators for identifying the source and origin of the natural gas. The Lower Paleozoic natural gas of the Ordos Basin is distributed in the Ordovician carbonate reservoir; its CO_2 content is high in the range of 2%~20%, and the carbon isotopic value of CO_2 is in the range of -4.0‰~-0.4‰. CO_2 content and carbon isotope were used in the identification of the origin (Dai et al., 1995) and it was believed to be inorganic CO_2 originated from the thermal decomposition of Lower Paleozoic carbonate. In the presence of water, carbonate rocks can be decomposed into CO_2 at relatively low temperatures (Gao et al., 1995). The carbonate in the Lower Paleozoic is generally at over-mature stage, and the geological temperature of the marine strata is high. In terms of water participation, the carbonate has the geological conditions of thermal decomposition to produce CO_2. Therefore, it is considered that the high content of CO_2 in natural gas is derived from the pyrolysis of marine carbonates.

In addition, the Lower Paleozoic natural gas of the Ordos Basin also contains nitrogen-rich natural gases. For example, the natural gas from Lian 54, Yutan 1, Tong 51, Tao 39, and Shan 319 wells all contained more than 20% nitrogen, with the gas from Tao 39 containing as much as 48.56% nitrogen. The research of Li et al. (2013) showed that the nitrogen content depended on the type of natural gas. The nitrogen content in oil-associated gas is generally higher than 5%, whereas that of nitrogen content in coal-derived gas is generally less than 5%. The nitrogen content of Lower Paleozoic natural gas in the Ordos Basin is generally higher than 5% and resides in oil-associated gas (Table 1). This indicated that the nitrogen-rich natural gas of the Lower Paleozoic reservoir was related to the type of organic material in the Ordovician marinephase carbonate rocks. Sapropelic organic matter tended to produce a high concentration of N_2. On the whole, the contents of CO_2 and N_2 in Lower Paleozoic natural gas of the Ordos Basin are high and closely related to the Ordovician marine carbonate rocks.

In summary, the Lower Paleozoic coal-derived gas in the central-eastern Ordos Basin was mainly originated from the C-P coal measure source rocks, whereas the Lower Paleozoic oil-associated gas is closely related to the Lower Ordovician Majiagou Formation source rocks.

4.2.2.2 The source of the Lower Paleozoic natural gas in the western margin of the basin

The Lower Paleozoic natural gas in the western margin of the basin has coal-derived gas and oil-associated gas (Fig. 9 and Fig. 11). Since the Lower Paleozoic natural gas in this region don't show any isotopic reversals, and little drilling, it may indicates that there is no mixture of coal-derived gas and oil-associated gas. The investigation showed that the coal-derived gas mainly originated from the Upper Paleozoic coal measure hydrocarbon source rocks in the region, whereas the oil-associated gas originated from the Lower Ordovician Kelimoli Formation and Middle Ordovician Wulalike Formation at source rocks in the western margin of the basin.

The Lower Paleozoic gas reservoirs in the western margin of the basin are buried in the Lower Ordovician Kelimoli Formation and distribute to the west of the central paleo-uplift on the plane, adjacent to the Ordovician source rocks at the western margin of the basin. The Ordovician source rocks, dominant in the Kelimoli Formation and the Wulalike Formation, have the characteristics of high organic matter abundance, good organic matter type, and are at mature-overmature stage, suggesting good hydrocarbon generation potential (Zhang et al., 2013; Chen et al., 2014; Wu et al., 2015). Moreover, the Tianhuan depression is adjacent to the central paleo-uplift (Fig. 2), thereby residing in the "hydrocarbon supply window" when the Upper Paleozoic coal-derived gas charged downward the Lower Paleozoic gypsum-salt reservoirs (Yang et al., 2014). The hydrocarbon generation intensity of the Upper Paleozoic source rocks is $(15\sim25)\times10^8 m^3/km^2$ (Zhao et al., 2013), indicating that the coal-derived gas generated from the Upper Paleozoic strata could intensively charge the Lower Paleozoic reservoirs.

4.2.2.3 The source of the Lower Paleozoic natural gas in the southern part of the basin

The natural gas from $Ma5_5$ and $Ma5_7$ in the southern part of the basin has the characteristics of carbon and hydrogen isotopic reversals (Fig. 5 and Fig. 7) and $\delta^{13}C_{C_2H_6}<-28‰$, indicating the natural gas in the southern part of the basin is mixed gas (Fig. 11), and the oil-associated gas is the main source. This area is near effective source rocks of the Ordovician Majiagou Formation, which can provide the source of oil-associated gas (Fig. 2). Moreover, there is carbonate, shale, and argillaceous carbonate rocks in the Middle Ordovician Pingliang Formation at the southern margin of the basin. The source rocks have high organic matter abundance (TOC average 1.47%), good organic matter type (Type Ⅰ and Type Ⅱ), and are at mature-overmature stage. Therefore, it was considered as good source rocks (Zuo and Li, 2008; Sun et al., 2008) to provide oil-associated gas to the southern part of the basin.

5 Conclusions

(1) The natural gas in the Lower Paleozoic gas reservoir of the Ordos Basin consists mainly of dry gas with a higher content of non-hydrocarbon gas (mainly CO_2 and N_2) than that of the Upper Paleozoic gas reservoir. The high content of nonhydrocarbon gas is closely related to Lower Paleozoic marine carbonate rocks. The carbon and hydrogen isotope series of the Lower Paleozoic natural gas showed various degrees of reversal. Researchers believed that it was the result of mixing terrigenous coal-derived gas with marine oil-associated gas.

(2) In the central-eastern Ordos Basin, the natural gas in the Lower Paleozoic reservoirs has coal-derived gas and oilassociated gas and mixed gas of these two origins. The coal-derived gas is derived from the C-P coal measures, and the oil-associated gas is derived from marine source rocks in the Lower Ordovician Majiagou Formation.

(3) In the western margin of the basin, the Lower Paleozoic gas has coal-derived gas and oil-associated gas, without mixture. The coal-derived gas is from the Upper Paleozoic and the oilassociated gas is from the Lower Ordovician Kelimoli Formation and Middle Ordovician Wulalike Formation source rocks in the western margin of the basin.

(4) The natural gas in the southern part of the basin was mixed gas, and the oil-associated gas is the main source. The natural gas was originated from the Lower Ordovician Majiagou Formation source rocks in the central - eastern region of basin and the Pingliang Formation mudstone and argillaceous limestone at the southern margin of the basin.

Acknowledgement

We benefited greatly from the Academician Jinxing Dai from RIPED, Petro China, for enthusiastic guidance that significantly improved the manuscript. We are also grateful to the constructive comments of this manuscript by Quanyou Liu of RIPED, Sinopec and Yunpeng Wang of IGGCAS. This work were financially supported by the National Science and Technology Major Project-The formation condition, enrichment regularity and target evolution of large gas field (Grant No. 2011ZX05007), and the Strategic Priority Research Program of the Chinese Academy of Sciences (Grant No. XDA14010403).

References

[1] Chen A D, 2002. Feature of mixed gas in central gas field of the Ordos basin. Pet. Explor. Dev. 29, 33-38 (in Chinese with English abstract).

[2] Chen B, Guo M, Huang Z, 2014. Characteristics of the Ordovician source rocks in the northwestern margin of Ordos Basin. J. Chongqing Univ. Sci. Technol. Nat. Sci. Ed. 16, 21-24 (in Chinese with English abstract).

[3] Cheng F Q, Jin Q, Liu W H, et al. 2007. Formation of source mixed gas reservoir in Ordovician weathering crust in the central gas field of Ordos Basin. Acta Pet. Sin. 28, 38-42 (in Chinese with English abstract).

[4] Dai J X, 1990. A brief discussion on the problem of the geneses of the carbon isotopic series reversal in organogenic alkane gases. Nat. Gas. Ind. 10, 15-20 (in Chinese with English abstract).

[5] Dai J X, Song Y, Dai C S, 1995. Forming conditions of inorganic natural gas in east china. Science Press, Beijing, pp. 195-202 (in Chinese).

[6] Dai J X, 1993. Carbon and hydrogen isotopic compositions and origin identification of different types natural gas. Nat. Gas. Geosci. 4, 1-40 (in Chinese with English abstract).

[7] Dai J X, Xia X Y, Qin S F, et al. 2003. Causation of partly reversed orders of $\delta^{13}C$ in biogenic alkane gas in China. Oil Gas. Geol. 24, 3-6 (in Chinese with English abstract).

[8] Dai J X, Li J, Luo X, 2005. Stable carbon isotope compositions and source rock geochemistry of the giant gas accumulations in the Ordos Basin. China. Org. Geochem. 36, 1617-1635.

[9] Dai J X, Ni Y Y, Hu G Y, et al. 2014. Stable carbon and hydrogen isotopes of gases from the large tight gas fields in China. Sci. China Ser. D 57, 88-103 (in Chinese with English abstract).

[10] Feng Z Q, Liu D, Huang S P, et al. 2016. Geochemical characteristics and genesis of natural gas in the Yan'an gas field, Ordos Basin. China. Org. Geochem. 102, 67-76.

[11] Galimov E M, 1988. Sources and mechanisms of formation of gaseous hydrocarbons in sedimentary rocks. Chem. Geol. 71, 77-95.

[12] Gao G, Gang W Z, Hao S S, 1995. An approach to the genesis of carbon dioxide from the thermal hydrolysis modelling experiment of carbonate source rocks. Exp. Pet. Geol. 17, 210-214 (in Chinese with English abstract).

[13] Gang W Z, Gao G, Hao S S, et al. 1997. Carbon isotope of ethane applied in the analysis of genetic types of natural gas. Pet. Geol. Exp. 19, 164-167 (in Chinese with English abstract).

[14] Guan D S, Zhang W Z, Pei G, 1993. Oil and gas source of Ordovician reservoir of middle gas field in the Ordos Basin. Oil Gas. Geol. 14, 191-199 (in Chinese with English abstract).

[15] He Z X, Fu J H, Xi S L, et al. 2003. Geological features of reservoir formation of Sulige gas field. Acta Pet. Sin. 24, 6-12 (in Chinese with English abstract).

[16] Hu A P, Li J, Zhang W Z, et al. 2007. Geochemical characteristics and genetic type of natural gas comparison in Lower Paleozoic and Mesozoic in Ordos basin. Sci. China Ser. D 37, 157-166 (in Chinese with English abstract).

[17] Hu G Y, Li J, Li J, et al. 2010. The origin of natural gas and the hydrocarbon charging history of the Yulin gas field in the Ordos Basin. China. Int. J. Coal Geol. 81, 381-391.

[18] Huang D F, Xiong C W, Yang J J, et al. 1996. Gas source discrimination and natural gas genetic types of central gas field in Ordos Basin. Nat. Gas. Ind. 16, 1-5 (in Chinese with English abstract).

[19] Jin Q Huang, Z, Li W Z, et al. 2013. Sedimentary models of Ordovician source rocks in Ordos Basin and their hydrocarbon generation potential. Acta Geol. Sin. 87, 384-392 (in Chinese with English abstract).

[20] Li X Q, Hou D J, Hu G Y, et al. 2002. The discussion on hydrocarbon-generated of lower Paleozoic carbonates in the central part of Ordos Basin. Bull. Min. Pet. Geochem. 21, 152-157 (in Chinese with English abstract).

[21] Li X Q, Hu G Y, Li J, 2003. Geochemical characteristics and evaluation of the mixed source natural gas in central gas field of Ordos Basin. Geochimica 32, 282-290 (in Chinese with English abstract).

[22] Li X Q, Hu G Y, Li J, et al. 2008. The geochemical characteristics of Upper Paleozoic natural gases in the Central and Eastern parts of the Ordos Basin. J. Oil Gas Technol. 30 (4), 1-4 (in Chinese with English abstract).

[23] Li J, Li Z S, Wang D L, et al. 2013. Geochemical characteristics and N_2 source of nitrogen riched natural gas in Tarim Basin. Acta Pet. Sin. 34, 1-10 (in Chinese with English abstract).

[24] Li J, Li J, Li, Z S, et al. 2014. The hydrogen isotopic characteristics of the Upper Paleozoic gas in Ordos Basin. Org. Geochem. 74, 66-75.

[25] Liu Q , Dai J, Li J, et al. 2008. Hydrogen isotope composition of natural gases from the Tarim Basin and its indication of depositional environments of the source rocks. Sci. China Ser. D 51, 300-311.

[26] Liu Q, Chen M, Liu W, et al. 2009. Origin of natural gas from the Ordovician paleo-weathering crust and gas-filling model in Jingbian gas field, Ordos basin, China. J. Asian Earth. Sci. 35, 74-88.

[27] Liu Q, Jin Z, Wang Y, et al. 2012. Gas filling pattern in Paleozoic marine carbonate reservoir of Ordos Basin. Acta Pet. Sin. 28, 847-858.

[28] Mi J K, Wang X M, Zhu G Y, et al. 2012. Origin determination of gas from Jingbian gas field in Ordos basin collective through the geochemistry of gas from inclusions and source rock pyrolysis. Acta Pet. Sin. 28, 859-869 (in Chinese with English abstract).

[29] Schoell M, 1980. The hydrogen and carbon isotopic composition of methane from natural gases of various origins. Geochim. Cosmochim. Acta 44, 649-661.

[30] Shen P, Xu Y C, 1987. Isotope composition of gas hydrocarbon characteristics and identification of coal-associated gas. Sci. China Ser. D 17, 647-656 (in Chinese).

[31] Song Y, Xu Y C, 2005. Origin and identification of natural gases. Pet. Explor. Dev. 32, 24-29 (in Chinese with English abstract).

[32] Stahl W J, Carey J B, 1975. Source rock identification by isotope analysis of natural gases from fields in the Val Verde and Delawsare Basins, West Texas. Chem. Geol. 16, 257-267.

[33] Sun Y P, Wang C G, Wang Y, et al. 2008. Geochemical characteristics and exploration potential of middle Ordovician Pingliang fomation in the Ordos Basin. Pet. Geol. Exp. 30, 162-168 (in Chinese with English abstract).

[34] Tu J Q, Dong Y G, Zhang B, et al. 2016. Discovery of effective scale source rocks of the Ordovician Majiagou Fm in the Ordos Basin and its geological significance. Nat. Gas. Ind. 36, 15-24 (in Chinese with English abstract).

[35] Wang W C, Zheng J J, Wang X F, et al. 2015. Comparisons of geochemical characteristics of Ordovician Majiagou carbonate rocks between west and south and central and east regions of Ordos Basin. Nat. Gas. Geosci. 26, 513-522 (in Chinese with English abstract).

[36] Wang C G, Xu H Z, Wu T H, et al. 2009. Environment and lithological characters of marine source rocks formation (Ordos Basin). Acta Pet. Sin. 30, 168-175 (in Chinese with English abstract).

[37] Wu C Y, Jia Y N, Han H P, et al. 2015. Evaluation of Ordovician source rocks in western margin of Ordos Basin. Xinjiang Pet. Geol. 36, 180-185 (in Chinese with English abstract).

[38] Xia X Y, Hong F, Zhao L, 1998. Restoration on generating-hydrocarbon potentiality of source rocks: a case of lower Ordovician carbonates in Ordos Basin. Oil Gas. Geol. 19, 307-312 (in Chinese with English abstract).

[39] Xia X Y, Zhao L, Li J F, et al. 1999. The geochemical characteristics of natural gas and genesis of Ordovician gas reservoir in Changqing gas fields. Chin. Sci. Bull. 44, 1116-1119 (in Chinese with English abstract).

[40] Xia X Y, 2000. Research on Hydrocarbon Generation of Carbonatite and Genesis of Changqing Gas Fields. Petroleum Industry Press, Beijing, pp. 28-122 (in Chinese).

[41] Xia X Y, 2002. Rules of petroleum source correlation and their application in the Changqing gas field -a reply to "Feature of mixed gas in central gas field of Ordos basin". Pet. Explor. Dev. 29, 101-105 (in Chinese with English abstract).

[42] Xu Y Q, Xu Z Q, Wang S F, 1996. Biomarker characteristics and natural gas sources Ordovician in central gas field of Ordos Basin. Nat. Gas. Geosci. 7, 7-14 (in Chinese with English abstract).

[43] Yang H, Bao H P, Ma Z R, 2014. Reservoir forming by lateral supply of hydrocarbon: a new understanding

of the formation of Ordovician gas reservoirs under gypsolyte in the Ordos Basin. Nat. Gas. Ind. 34, 19-26 (in Chinese with English abstract).

[44] Yang H, Zhang W Z, Zan C L, et al. 2009. Geochemical characteristics of Ordovician subsalt gas reservoir and their significance for reunderstanding the gas source of Jingbian Gasfield, East Ordos Basin. Nat. Gas. Geosci. 20, 8-14 (in Chinese with English abstract).

[45] Yang J J, 1991. Discovery of the natural gas in Lower Palacozoic in Shangganning Basin. Nat. Gas. Ind. 11, 1-6 (in Chinese with English abstract).

[46] Zhang S Y, 1994. Natural gas source and explorative direction in Ordos Basin. Nat. Gas. Ind. 14, 1-4 (in Chinese with English abstract).

[47] Zhang Y Q, Guo Y R, Hou W, 2013. Geochemical characteristics and exploration potential of the Middle-Upper Ordovician source rocks on the western and southern margin of Ordos Basin. Nat. Gas. Geosci. 24, 894-904 (in Chinese with English abstract).

[48] Zhao W Z, Bian C S, Xu Z H, 2013. Similarities and differences between natural gas accumulations in Sulige gas field in Ordos Basin and Xujiahe gas field in central Sichuan Basin. Pet. Explor. Dev. 40, 400-408 (in Chinese with English abstract).

[49] Zuo Z F, Li R X, 2008. Ordovician source rocks and natural gas potential in the southern Ordos Basin marginal paleo-depression. Geol. Chin. 35, 279-285 (in Chinese with English abstract).

The original in《Marine and Petroleum Geology》, 89 (2018).

中国西北地区侏罗系煤成气地球化学特征与勘探潜力

李　剑[1,2]　郝爱胜[1,2]　齐雪宁[1,2]　陈　旋[3]
国建英[1,2]　冉启贵[1,2]　李志生[1,2]　谢增业[1,2]
曾　旭[1,2]　李　谨[1,2]　王　瑀[1,2,4]　刘如红[1,2,4]

1. 中国石油勘探开发研究院天然气地质所，河北廊坊
2. 中国石油天然气集团有限公司天然气成藏与开发重点实验室，河北廊坊
3. 中国石油吐哈油田分公司勘探开发研究院，新疆哈密
4. 中国科学院大学，北京

摘要：中国西北地区侏罗系煤系地层广泛发育，主要分布于塔里木、准噶尔、柴达木和吐哈等盆地，煤成气资源非常丰富。中国西北地区侏罗系虽然具有相似的构造及沉积背景，但其形成的煤成气地球化学特征既有相似性，又有差别，因此，分析总结不同盆地侏罗系含油气系统的煤成气地球化学特征和勘探潜力，对寻找不同类型的煤成气藏具有重要的借鉴意义。通过综合对比分析认为中国西北地区侏罗系煤成气的干燥系数呈现“湿气单峰型”“湿气—干气双峰型”和“干气单峰型”3种类型；$\delta^{13}C_1$ 值分布范围大，对应烃源岩从低熟到过成熟完整的序列；出现的部分 C_2 和 C_3 的同位素倒转主要是混源作用和生物作用造成的；烃源岩成熟度是造成不同地区天然气地球化学差异的主要原因。西北地区侏罗系煤成气勘探潜力大，构造气藏的勘探程度相对较高，构造—岩性、岩性气藏是西北地区侏罗系煤成气未来的主要勘探类型；塔里木盆地库车坳陷的侏罗系、准噶尔盆地南缘的白垩系—侏罗系、吐哈盆地侏罗系高成熟煤成气和柴达木盆地侏罗系高—过成熟煤成气勘探潜力大，是未来西北侏罗系煤成气勘探的重要领域。

关键词：中国西北地区；侏罗系煤成气；地球化学特征；勘探潜力

中国西北地区泛指位于狼山—贺兰山—六盘山以西、昆仑山—秦岭以北，西、北端延至国境线，面积达 $270\times10^4km^2$，发育塔里木、准噶尔、吐哈、柴达木等盆地（图1）。侏罗纪时中国西北地区具有相近的沉积背景，这个时期西北地区主要盆地发育湖泊—沼泽相沉积，形成了一套煤系地层。但是，后期由于青藏高原的隆升，不同地区受到的影响不尽相同，造成不同地区侏罗系烃源岩的演化程度不同，天然气的成藏和分布特征不同，使得天然气的地球化学特征既有相似性又有差异性。前人[1-15]对中国西北地区侏罗系煤成气地球化学特征做了大量研究工作，极大地推动了我国西北地区煤成气的勘探，认为塔里木盆地库车坳陷的天然气来源于侏罗系—三叠系烃源岩，主要为侏罗系煤系烃源岩在高演化阶段形成的天然气在超晚期聚集（2~5Ma）[8-12]；准噶尔盆地煤成气既包括石炭系形成的煤成气（主要分布于石炭系火山岩中），也包括侏罗系形成的煤成气，后者主要分布在南缘和陆梁隆起，主要来自侏罗系煤系烃源岩，晚期成藏；吐哈盆地煤成气主要来自侏罗系水

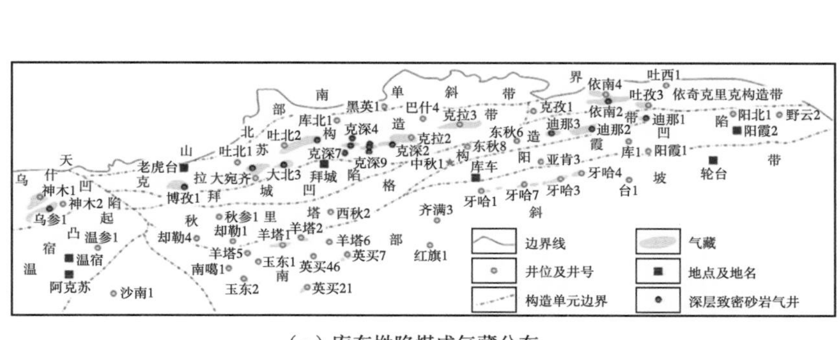

（a）库车坳陷煤成气藏分布

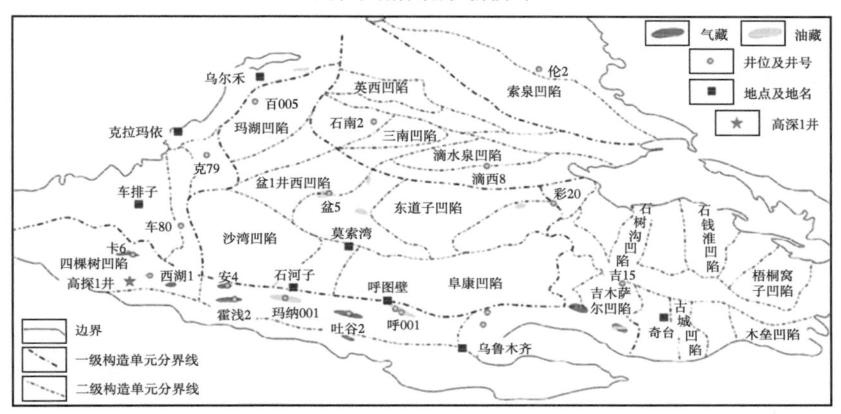

（b）准噶尔盆地侏罗系煤成气藏分布

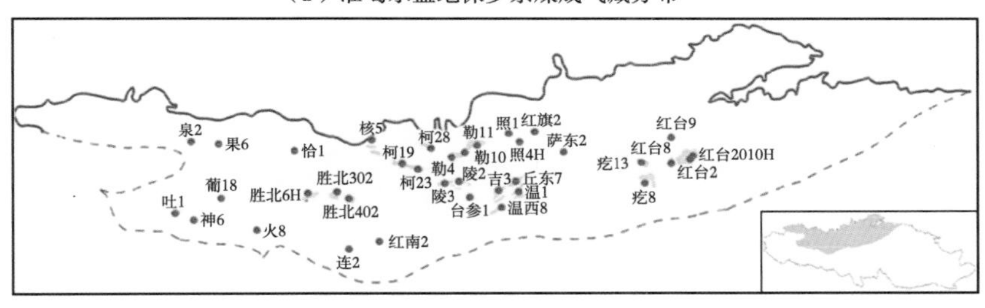

（c）吐哈盆地台北凹陷侏罗系煤成气藏分布

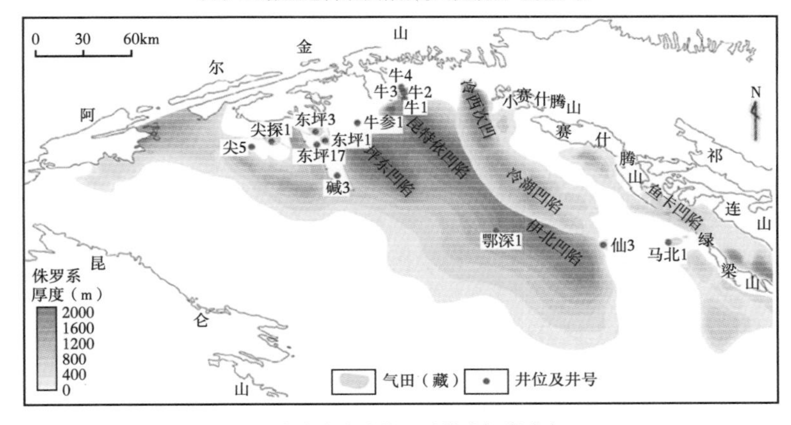

（d）柴达木盆地侏罗系煤成气藏分布

图 1　中国西北地区侏罗系含煤盆地分布示意

溪沟群的煤系烃源岩[14-16]；柴达木盆地煤成气主要分布于柴北缘东坪、冷湖、马北等地区，主要来自侏罗系煤系烃源岩[17]。戴金星等[18]认为中亚煤成气聚集域东部煤成气具有在气组分上是贫二氧化碳的湿气等特征。随着西北地区侏罗系煤成气勘探的深入，煤成气呈现出更加多样和复杂的特征，需要重新梳理和总结。前人[10-11,15-16,19-26]的研究大都集中于对单个盆地或区带的天然气地球化学特征及成因分析，差异性对比研究少，造成差异性的原因分析得少；并且近些年又有一些新的侏罗系煤成气的发现，也需要进行对比分析。本文在综合分析前人研究成果的基础上，结合新气田（藏）的成果，从侏罗系烃源岩生烃特征、天然气组分和碳同位素数据等方面综合对比分析了中国西北地区侏罗系煤成气的地球化学特征，并分析不同类型煤成气的勘探潜力，对寻找不同类型的煤成气藏具有重要的借鉴意义。

1　地质概况

中国西北地区主要是由塔里木块体、哈萨克斯坦—伊犁—准噶尔—吐哈块体、阿拉善块体（华北板块的西部）、柴达木块体（包括中南祁连地体）与西伯利亚板块和甜水海—昆仑地体在不同地质历史时期拼合在一起，经历了复杂的板内变形过程而形成的复杂大陆地质单元[1-3]。西北地区自侏罗纪进入板内变形阶段，呈现出“弱伸展、强聚敛”特征，早—中侏罗世在西北地区形成了一系列浅湖或断陷盆地，晚侏罗世局部出现挤压反转[3]，侏罗系沉积时气候温暖潮湿，植物繁茂，湖泊沼泽广泛发育，是地质历史上最主要的聚煤期[4-6]。

侏罗纪—古近纪，西北地区处于造山挤压后的应力松弛背景，在这种背景下形成了数量众多、散布范围广的浅湖盆地[7]。喜马拉雅运动时期青藏高原隆升造成挤压作用，这个时期西北地区各盆地随着山脉的急剧隆升快速沉降，沉积了巨厚的陆相碎屑岩，如库车坳陷侏罗系最大埋深12000m[8]，使得侏罗系烃源岩晚期快速熟化。

中国西北地区侏罗系形成的煤成气资源潜力大：发现了塔里木盆地库车坳陷的克拉2、克深、大北、迪那、迪北、牙哈、羊塔克及英买力等气田，其中，克拉2、克深、大北和迪那为千亿立方米大气田。近年在秋里塔格构造带的中秋段发现中秋1、在吐格尔明构造带发现吐东2高产井；准噶尔盆地准南的呼图壁、北部的陆梁等气田，近期在准南发现高探1高产井；吐哈盆地的丘陵、红台、胜北、疙瘩台和巴喀气田等；柴达木盆地的东坪、牛东、马海等气田，以及近年在尖顶山地区发现的尖北气田。分布层系多：塔里木盆地库车坳陷、准噶尔盆地主要分布于侏罗系、白垩系、古近系及新近系，吐哈盆地主要分布于侏罗系，柴达木盆地主要分布于基岩、侏罗系、古近系及新近系。气藏类型多：库车坳陷克拉苏构造带为气层气藏（干气气藏），秋里塔格构造带、迪北、吐格尔明、牙哈主要为凝析气藏；准噶尔盆地主要为凝析气藏；吐哈盆地既有凝析气藏又有气层气藏（主要为湿气气藏）和溶解气藏；柴达木盆地主要为凝析气藏和气层气藏。

2　中国西北地区侏罗系煤成气地球化学特征

2.1　天然气组分特征

中国西北地区侏罗系煤成气组分中以烃类气体为主，烃类气体含量大于92%的占75%以上。库车坳陷、吐哈盆地的烷烃气的峰值区间为98%~99.1%，准噶尔盆地、吐哈盆地的烷烃气的峰值区间大于94%~96%（图2）。甲烷是烷烃气的主要组分，不同盆地的甲烷含量差异大（图2）。整体上，干燥系数受烃源岩成熟度的控制（图4），库车坳陷、准噶尔盆地、柴达木盆地的侏罗系煤系烃源岩普遍处于成熟—过成熟阶段，干气比例较大。库车坳陷和准噶尔盆地的干气分别占比33.3%、39.4%，干燥系数分布图呈“湿气—干气双峰型”［图3（a），图3（b）］；柴达木盆地的干气占比可达50%，天然气干燥系数分布图呈“干气单峰型”［图3（d）］；比较而言，吐哈盆地侏罗系烃源岩成熟度相对较低，处于低成熟—成熟阶段，天然气明显以湿气为主，少量为干气，天然气干燥系数分布图呈“湿气单峰型”［图3（c）］。

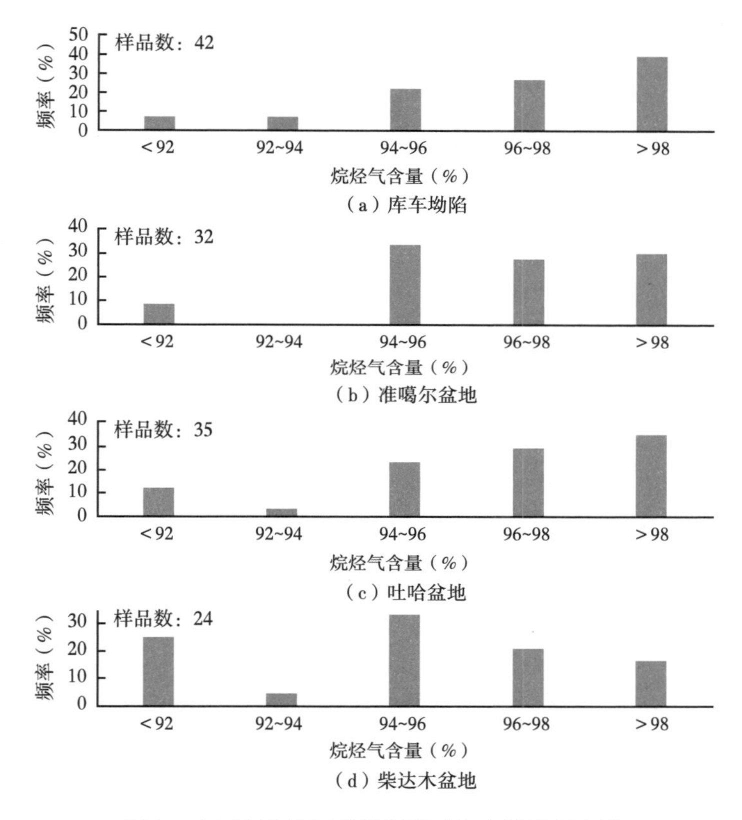

图2　中国西北地区侏罗系煤成气中烷烃气含量

在同一盆地或坳陷中，天然气的干燥系数与烃源岩成熟度有较好的对应关系。库车坳陷北部的克拉苏地区侏罗系烃源岩普遍处于高—过成熟阶段，天然气干燥系数普遍大于0.95，主要为干气藏，其他地区干燥系数普遍小于0.95，主要表现为湿气气藏。中秋1井天然气中烷烃气含量为98.2%，天然气干燥系数为0.94，吐东2井、中秋1井天然气中烷烃气含量为99.3%，天然气干燥系数为0.89，都为湿气藏。克拉2井、中秋1井、迪那2井、吐东2井烃源岩成熟度逐渐降低[9-12]，干燥系数也同样逐渐变小，由干气变为湿气。准噶尔盆地南缘的高探1井天然气中烷烃气含量为98.0%，天然气干燥系数为0.77，也为湿气藏。高探1井天然气的干燥系数明显低于霍尔果斯气田和呼图壁气田，与安集海、独山子、卡因迪克地区的天然气特征相近[14-16]。柴达木盆地的干气分布于冷湖凹陷、伊北凹陷、昆特依凹陷和坪东凹陷高—过成熟煤系烃源岩周围[17,19]，马北、马海地区的湿气主要见于鱼卡—赛什腾凹陷的成熟阶段煤系烃源岩的附近（表1）。

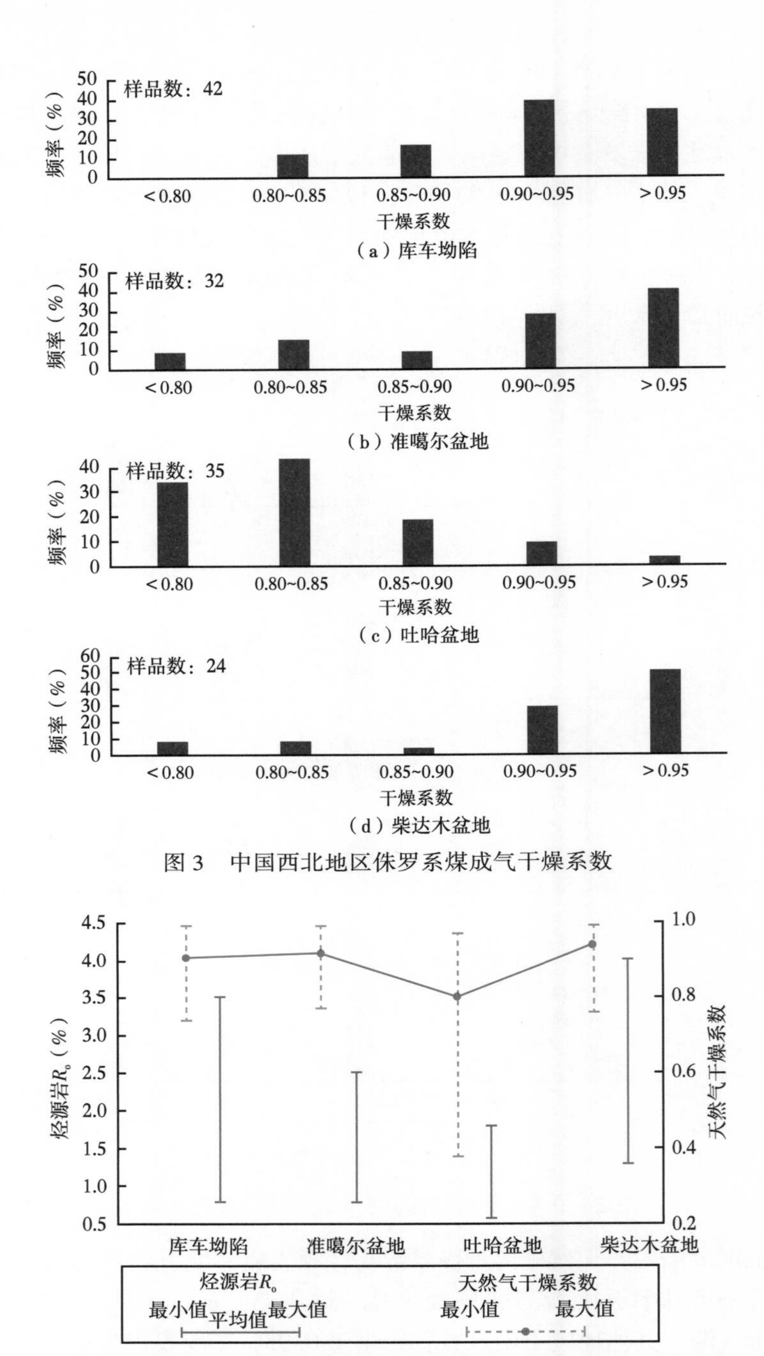

图 3　中国西北地区侏罗系煤成气干燥系数

图 4　中国西北地区侏罗系煤成气干燥系数与烃源岩 R_o 分布范围

天然气中非烃含量为 2.9%~48.9%，以 N_2 为主，其次为 CO_2（表 1）。西北地区侏罗系天然气的 CO_2 含量普遍低于 5%，少见高含 CO_2 天然气，仅在吐哈盆地北部山前带的核 5 井发现有高含 CO_2 天然气（表 1），天然气的 $\delta^{13}C_{CO_2}$ 值均小于−10‰。按照戴金星等[18]对于 CO_2 成因判识的标准，CO_2 均为有机成因。天然气中 N_2 含量主要小于 5%，占比 76.9%；N_2 含量超过 10%的天然气在各盆地均有分布，库车坳陷东秋 1 井、东秋 5 井天然气的 N_2 含量分别为 23.5%、13.9%，准噶尔盆地霍 001 井、霍浅 2 井、西湖 1 井天然气的

表 1　中国西北地区侏罗系煤成气天然气组成与碳同位素

盆地/坳陷	井号	层位	深度(m)	天然气组分(%)							干燥系数	天然气碳同位素(‰)					数据来源
				C_1	C_2	C_3	C_4	C_5	CO_2	N_2	$C_1/C_1—C_5$	$\delta^{13}C_1$	$\delta^{13}C_2$	$\delta^{13}C_3$	$\delta^{13}C_{C_4}$	$\delta^{13}C_{CO_2}$	
库车坳陷	大北 1	E	5568~5620	91.4	4.4				1.1	3.1	0.95	-29.3	-21.4			-18	[10]
	大北 2	K	5658~5669									-30.8	-21.5				[12]
	克深 102			79.2	7.8	4.6			1.7	0	0.86	-29.3	-25.8				[11]
	大宛齐 1	N	1121.5~1214	88.3	3	4.1	3.5		0	7.5	0.89	-33.3	-21.6	-23.7			[10]
	大宛齐 1	N	472~475	97.0	1.8	0.6	0.3		0	0.3	0.97	-30.9	-20.5				[10]
	大宛齐 1	N	2140~2145	94.8	2.7	1.2	0.4		0.2	0.8	0.96	-33.4	-22.9				[10]
	大宛齐 1	N	2391~2394	72.62	5.56	1.17	0.57		0.07	20	0.8	-17.9	-21.4	-26.2			[10]
	克参 1	K	5116~5122	96.2	1.9	0.8			0.6	0.5	0.97	-17.3	-23.8				[10]
	迪那 2	N_1j	4597~4874	88.7	7.2	1.4	0.5		0.4	1.6	0.91	-36.9	-21.3			-15.3	[10]
	迪那 22	E	4748~4774	87.7	7.3	1.4	0.7		1	1.7	0.9	-35.1	-22.5			-14.4	[10]
	迪那 202	E	5192~5280									-34.4	-22.6	-20.6		-12.1	[9]
	迪那 204	$E_{2-3}s$	5199~5219									-34.1	-23.2	-19.7		-13.3	[9]
	迪北 102	K_1bs	5451	95.3	2.22	0.28	0.25		0.71	1.29	0.97	-30.7	-22.3	-21.50	-25.8	-3.6	本文
	迪北 103	K_1bs	5677	95.7	2.21	0.43	0.21		0.53	0.95	0.97	-30.2	-22.3	-31.10	-22.5	-18.1	本文
	迪北 3	$E_{1-2}km$	6950	97.2	1.23	0.09	0.03				0.99	-29.6	-21.4	-19.20	-20.1	-14.5	本文
	东秋 1		1380.37	65.1	4.9	2.2			0.6	23.5	0.9						本文
	东秋 1		1270~1292	78.8	4.7	0.6	0		0.4	13.5	0.94						本文
	东秋 3		1206~1216	90.2	6	1.1	0.2	0.2	0.1	1.8	0.92						本文
	东秋 5	N_1j	1505~1513	79.9	4.6	0.9	0	0.1	1.7	12.9	0.93						本文
	东秋 5	E	4289~4304	95.9	1.4	0	0.1		1.7	1	0.99	-41.55	-24.89				本文
	东秋 5	E	4317~4334	91.4	3.8	0.8	0.1	0.1	0.3	3.6	0.95	-38.8	-21.3	-25.1			本文
	红旗 2	E		83.1	9.7	2.1			0.2	4.4	0.88	-27.9	-25				[10]

续表

盆地/坳陷	井号	层位	深度(m)	天然气组分(%)							干燥系数	天然气碳同位素(‰)					数据来源
				C_1	C_2	C_3	C_4	C_5	CO_2	N_2	$C_1/C_1—C_5$	$\delta^{13}C_1$	$\delta^{13}C_2$	$\delta^{13}C_3$	$\delta^{13}C_{C_4}$	$\delta^{13}C_{CO_2}$	
库车坳陷	克拉 2	K_2b	3888~3895	98.2	0.5	0	0		0.6	0.6	0.99	-27.8	-19				[13]
	克拉 201	K_2b	4016~4021	96.9	0.9	1	0		0	1.2	0.98	-27.3	-19				[13]
	克拉 201	K_2b	3630~3640									-27.07	-18.48	-19.88			[13]
	克拉 202	K_1b	1472~1481									-28.24	-18.86	-19.73			[13]
	克拉 3	E	3544~3550	94.4	0.7				3.3	1.6	0.99	-30.8	-17.7				[13]
	克孜 1	J_2k	2955~2970									-37	-24.3				[10]
	却勒 1		5930	84.4	6.8	3.2	2.9		0.2	2.5	0.87	-31.2	-23.9				本文
	台 2	Nj		84.8	6.8	1.5			1	4.9	0.91	-29.2	-21.4				[10]
	提尔根 2	N		80.5	12.4	3.4			0.1	2.3	0.84	-27.2	-24.2				[10]
	吐北 2	K	5917.52	82.3			7					-37.4	-23.3				[10]
	吐东 2	J_1y	—	86.9	7.6	1.8	0.5	0.5	2.3	0	0.89	-35	-25.3	-21			本文
	吐东 201	J_2kz	3475~3486	80.0	12.1	4.5	1	0.8	1.2	0	0.81	-35.1	-25.8	-23.5			本文
	吐孜 1	N_1j	1680.7~1884	90.4	5.1	0.5	0.2		0.3	3.6	0.94	-29.4	-18.6				[13]
	吐孜 2	N_1j	1804~1813									-31.2	-19.8				[13]
	吐孜 2	E	2177~2180									-33	-18.8				[13]
	吐孜 2	K	2637~2730									-30.7	-17.8				[13]
	吐孜 2	J_2kz	3506~3622									-35.7	-25.7				[13]
	吐孜 3	N_1j	1839~1842									-31.9	-20.9				[13]
	吐孜 3	E	2085~2093									-32.6	-19.1				[11]
	乌参 1	K	6009.93	82.1	11.8	2.5	1.5		0.6	2.2	0.84	-36	-26.2				[10]
	牙哈 1	K	5600	77.7	7.9	2.9	2.6		1.6	3.2	0.85	-30.9	-21.8				[10]
	牙哈 3	N_1j	4980~4983	88.2	3	1.7	1.3		0.8	5.1	0.94	-38.7	-24.7				[10]

续表

盆地/坳陷	井号	层位	深度(m)	天然气组分(%)							干燥系数	天然气碳同位素(‰)					数据来源
				C_1	C_2	C_3	C_4	C_5	CO_2	N_2	$C_1/C_1—C_5$	$\delta^{13}C_1$	$\delta^{13}C_2$	$\delta^{13}C_3$	$\delta^{13}C_{C_4}$	$\delta^{13}C_{CO_2}$	
库车坳陷	牙哈 5	N_1j	5031~5103	84.4	7	2	0.1		1.2	0.3	0.9	-37.5	-23.7				[10]
	牙哈 6	E	5160~5163	83.8	7.1	2.6	1.4		0.2	4.9	0.88	-36.8	-23.9				[10]
	牙哈 701	E	5203~5206	72.4	13.3	4.2			0.8	5.2	0.81	-35.1	-22.1				[10]
	羊塔克 1	E+K	5234~5332	91.2	5.3	1.1	0.6		0.1	1.8	0.93	-38.9	-22.9				[10]
	羊塔克 101	E	5329~5333	89.2	7	1.5	0.5		0.1	1.7	0.91	-36.2	-23.2				[10]
	羊塔克 5	E	5310~5315	90.6	1.7	0.6	0.4		0.9	4.9	0.97	-34.1	-26.7				[10]
	依南 2	J_1a	4776~4785	89.6	5.5	1.3	0.5		2.5	0.6	0.93	-32.2	-24.6				[13]
	依南 2C	J_1a	4606-4620									-35.99	-27.56	-24.73			[13]
	依西 1	J_2k	2340~2367	89.0	4.2	0.2			1.2	5.4	0.95	-38.4	-24.2				[10]
	英买 211	E	4480~4481	89.8	5.2	1.1	0.7		0.1	3.2	0.93	-36.8	-21.3				[10]
	英买 7	E	4707~4712	86.6	8	1.4	0.6		0.3	3	0.9	-33.5	-22.1				[10]
	玉东 2	E—K	4728~4744	82.3	7.7	2.1	1.8		1	5.1	0.88	-37.5	-21.5				[10]
	中秋 1	K_1bs	6072~6286	92.3	4.6	0.9	0.2	0.2	0.9	0.9	0.77	-32.6	-22.5	-20.6			本文
准噶尔盆地	安 4	N_1s	2080	80.0	11.1	3.2	1.4	0.4	0	3.9	0.83	-43.2	-25.8	-23.6			[16]
	彩 003	J_2x	2312	94.5	1.6	0.5	0.3	0.1			0.97	-30.7	-26.1				[15]
	彩 16	J_1s	2654									-30.1	-27.1				[15]
	彩 31	J_1b	2910									-38	-27.9				[15]
	彩 43	J_1s_2	2717									-30.2	-25.8				[15]
	彩 45	J_2x	2442	94.5	1.6	0.5	0.3	0.1			0.97	-30	-26.1				[15]
	车 82	J_1b_2	2328									-44.1	-26.6				[15]
	滴西 8	J_1s	2253	87.3	4.6	1.9	1.1	0.4			0.92	-39	-27.7				[15]
	独 1	N_1t	857~868	79.7	9.3	3.4	1.6	0.5	0.1	5.3	0.84	-37.5	-27.1	-24.4			[15]

续表

盆地/坳陷	井号	层位	深度(m)	天然气组分(%)							干燥系数	天然气碳同位素(‰)					数据来源
				C_1	C_2	C_3	C_4	C_5	CO_2	N_2	$C_1/C_1—C_5$	$\delta^{13}C_1$	$\delta^{13}C_2$	$\delta^{13}C_3$	$\delta^{13}C_{C_4}$	$\delta^{13}C_{CO_2}$	
准噶尔盆地	独 201	N_1	1109~1547									-38.07	-26.36				[15]
	独 53	N_1	673~709									-40.85	-26.21				[15]
	独 87	N_1	553~1148	77.1	12.9	6	2.7					-25.59	-25.84	-24.07			[15]
	拐 20	J_1s_2	3020	77.8	7.4	4.9	4.3	1.6			0.81	-37.8	-26.6				[15]
	呼 001	$E_{1-2}z$	3584~3590	91.9	4.1	0.7	0.5	0	0.3	2.6	0.95	-32.1	-22.3	-22.7			[16]
	气呼 2	$E_{1-2}z$	3594~3614	90.8	5.4	0.7	0.3	0.1	0.3	5.2	0.93	-32.8	-22.2	-23			[16]
	霍 001	$E_{1-2}z$	2936~2940	66.5	4.3	0.7	0.1	0	0	28.2	0.93	-33.5	-23				[15]
	霍 001	K_2d	4023~4048	86.2	6.6	1.5	0.4	0.1	1.4	3.8	0.91	-34.6	-23.7	-22.9			[15]
	霍 002	$E_{1-2}z$	3106.7	90.1	4.2	1.4	0.8	0.2	0.8	2.4	0.93	-34.4	-23.9				[15]
	霍 10	$E_{1-2}z$	3159~3170	83.9	9.9	3.1	1.5	0.5	0.1	0.6	0.85	-34.4	-24.1	-23.9			[15]
	霍浅 2	N_1s	782.2	70.9	8.7	2.7	1.2	0.4	0.1	12.7	0.85	-35.8	-23	-22			[15]
	卡 001	$E_{1-2}z$	3440~3448	70.2	14.8	7.4	2.4	0.4	0	4.7	0.74	-35	-26.5	-25.8			[15]
	卡 002	J_3q	3991~3998	75.8	10	5.6	2.7	0.9	0.7	3.8	0.8	-35.9	-26.6	-24.9			[15]
	卡 6	J_3q	3956~3980	81.3	8	3.8	1.1	0.3	0.5	4.8	0.86	-42.1	-29.7	-26.2			[15]
	陆 16	J_2x	2042									-43.2	-26.3				[15]
	莫 003	J_1s	3975	89.5	3.7	1.3	0	0			0.95	-35.3	-27.5				[15]
	莫 11	J_1s_2	4172	91.8	3.9	1.3	0.8	0.2			0.94	-34.8	-27.1				[15]
	莫 3	J_1s_3	4421	91.9	2.7	1	0.7	0.3			0.95	-33.3	-27.2				[15]
	莫 7	J_1s	4230	89.3	3.3	1	0.7	0.3			0.95	-37.1	-25.5				[15]
	莫 8	J_2s	4230	92.6	3.5	1.1	0.7	0.3			0.94	-35.8	-25.4				[15]
	莫北 2	J_1s	3874	91.6	3.4	1.1	0	0			0.95	-35.7	-26.8				[15]
	莫北 5	J_1s	3726	88.2	5.2	1.7	0	0			0.93	-34.8	-26.9				[15]

续表

盆地/坳陷	井号	层位	深度(m)	天然气组分(%)							干燥系数	天然气碳同位素(‰)					数据来源
				C_1	C_2	C_3	C_4	C_5	CO_2	N_2	$C_1/C_1—C_5$	$\delta^{13}C_1$	$\delta^{13}C_2$	$\delta^{13}C_3$	$\delta^{13}C_{C_4}$	$\delta^{13}C_{CO_2}$	
准噶尔盆地	莫北 9	J_1s_2	3767									-42.9	-27.1				[15]
	南安 1	J_1b	509~534	98.1	0.2	0	0	0	0.1	1.6	1	-36.4	-21.7				[15]
	盆 5	J_1s										-41.4	-28				[15]
	盆参 2	J_1b	5122									-39.6	-28.3				[15]
	齐 34	J_{1-2}	880~920	97.4	0.9	0.1	0					-41.1	-23.04	-25.84			[15]
	齐 8	J_1b	1662~1713	95.8	2.3	0.5	0.3	0.1	0	1	0.97	-35.2	-24.7	-28.3			[15]
	齐 8	$T_{2+3}xq$	2737	94.8	2.6	0.5	0.2	0.1	0	1.7	0.96	-31.6	-23	-25.4			[15]
	气呼 2	Ez	3594~3597									-37.84	-22.96	-21.17			[15]
	泉 1	J_1b	1593									-48.4	-24.5				[15]
	石 107	J_2t	2511									-36.6	-26.7				[15]
	石 121	J_2t	2528									-35.9	-27.3				[15]
	石 122	J_2t	2446									-35.6	-26.7				[15]
	石东 2	J_2t	2679									-35.7	-26.5				[15]
	吐 002	$E_{1-2}z$	1530~1586	92.3	3.4	0.8	0.3	0.1	1.2	1.9	0.95	-31.4	-23.2	-21			[15]
	吐谷 1	$E_{1-2}a$										-32.29	-22.16	-23.33			[16]
	吐谷 1	E_2d										-31.19	-22.08	-22.87			[16]
	吐谷 2	E_{2-3}	1559~1570									-38.16	-22.58	-22.52			[16]
	西 5	$E_{1-2}z$	4605~4609	88.0	7.3	2.1	0.5	0.1	0.1	1.7	0.9	-35.7	-24.1	-24.1			[15]
	西湖 1	J_3q	5992	31.6	3.4	1.2	0.4	0	0	48.9	0.86	-34.4	-24.7	-23.7			[14]
	西湖 1	J_3q	6139~6160	90.5	4	0.1	0	0	0.1	5.3	0.96	-39.7	-26.8				[14]
	高探 1	K_1q	5768~5775	90.5	4.41	0.92	0.54	0.32	0	2.74	0.94	-40.1	-27.9	-25.8			本文

续表

盆地/坳陷	井号	层位	深度(m)	天然气组分(%)							干燥系数	天然气碳同位素(‰)					数据来源
				C_1	C_2	C_3	C_4	C_5	CO_2	N_2	C_1/C_1—C_5	$\delta^{13}C_1$	$\delta^{13}C_2$	$\delta^{13}C_3$	$\delta^{13}C_{C_4}$	$\delta^{13}C_{CO_2}$	
吐哈盆地	巴 18	J_2x	1706~1930	86.6	9.3	0.9	0.8	0.2	1.6	0	0.89	-40.8	-24.2	-13.9	-19.7		*
	果 1	J_2s	3576~3589	78.9	9.9	4.5	1.7	0.3	0.2	4.4	0.83	-40	-26.6	-25.2	-25.3		*
	核 5	J_2x	1812~1822	82.5	3	0.7	0.3	0.1	9.9	3.5	0.95	-42.5	-26.8	-24.8		-14.3	*
	红南 901	J_3k	1908~1928	64.1	16	8.9	4.2	1.6	0.2	2.7	0.68	-42	-27.9	-25.8	-26.2		*
	红旗 2	J_2x	3328.5~3291	83.8	5.5	2	1.1	0	0.5	7	0.91	-38.8	-27.2	-26.1	-26.1	-15.9	*
	红台 2010H	J_2x	2839~3600	82.8	6.4	3.3	1.8	0.3	0.1	5.2	0.88	-42.1	-28	-26.6	-27		*
	红台 202	J_3q	1687~1700	80.3	7.4	4	2.3	0.7	0.6	4.2	0.85	-37.2	-25.9	-24.8	-24.7		*
	红台 204	J_2s	2306~2322	83.0	7.9	3.7	1.9	0.6	0.1	2.4	0.85	-36.9	-25.7	-24.4	-24		*
	红台 2302H	J_2x	2961~3578	81.1	3.8	2.7	2.2	0.8	0.4	8.1	0.89	-48.4	-30.5	-28.3		-15.8	*
	红台 2	J_2x	2526~2586	75.4	8	5.7	3.7	1.1	1.1	3.9	0.8	-39.8	-26.3	-25.3			*
	柯 191	J_1b	3615~3670	74.9	7.4	6.3	5.3	3	0.5	1.2	0.77	-38.2	-25.8	-24.4		-11	*
	柯 19	J_1s	3393.8~3410	79.0	9.9	4.6	2.9	1.3	0	0.4	0.81	-38.3	-26.1	-24.7	-25.7	-5.3	*
	柯 21	J_2x	3602~3619	84.0	7.7	2.8	1.5	0.7	0.7	1.5	0.87	-37.1	-26.5	-26.7	-25	-20.8	*
	柯 25 井	J_1s	2942~2950	68.7	5.1	2	0.9	0.3	6	16.7	0.89	-39.4	-26.1	-25.4	-25.2	-21.7	*
	柯 26 井	J_2x	2599~2604	36.4	2.1	0.9	0.5	0.2	17	38.3	0.91	-41.3	-28.6	-25.2		-15	*
	柯 7	J_2x	1041~1848	97.3	2.8	0					0.97	-41.7	-20.1	-21.3			*
	勒 101	J_2x	2782~2808	77.7	10.9	4.8	2	0.5	2	1.5	0.81	-41.6	-29.8	-27.5	-27.1		*
	勒 4	J_2x	1462~2737	82.0	7.6	4.4	2.3	0.5	0.5	2.6	0.85	-45.5	-30.8	-28.6			*
	连 401	J_3k	1827~1901	59.7	18.9	11.7	4.4	0.7	0.9	3.3	0.63	-42.5	-26.7	-25.5			*
	连北 4	J_3k	1860~1920	70.7	14.4	7.4	3	0.6	0.9	2.5	0.74	-42.3	-26.8	-25.6			*
	连南 1	J_3k	2009~2017	76.8	9.1	7.1	3.1	0.5	0	3.1	0.8	-41.7	-26.7	-25.1	-25.2		*
	陵 3	J_2s	2405~2420									-41.5	-26.2	-23			*

续表

盆地/坳陷	井号	层位	深度(m)	天然气组分(%)							干燥系数	天然气碳同位素(‰)					数据来源
				C_1	C_2	C_3	C_4	C_5	CO_2	N_2	$C_1/C_1—C_5$	$\delta^{13}C_1$	$\delta^{13}C_2$	$\delta^{13}C_3$	$\delta^{13}C_{C_4}$	$\delta^{13}C_{CO_2}$	
吐哈盆地	陵 615	J_2x	3030~3145	37.4	16.6	22.1	16.5	4.6	0.4	0.7	0.38	-44	-28.2	-26.4	-26.1		*
	米 2	J_2x	3100~3105	81.0	8.7	4.6	2.6	0.9	0.1	1.5	0.83	-40.4	-26.7	-26	-25.3		*
	米 603	J_2x	3143~3149	78.2	9.8	4.8	2.5	0.6	1	2.8	0.81	-40.9	-27.4	-26.1			*
	葡 701	J_2q	2256~2260	66.3	14.9	8.2	3.8	1	0.1	5.1	0.7	-41.4	-28.6	-26.2	-26.6		*
	葡北 103	J_2s	3484~3520	51.6	14.4	15.4	11.1	3.9	0.3	1.3	0.54	-40.2	-26.9	-25.3	-25.7		*
	丘东 26	J_2x	3403~3450	44.2	14.4	16.1	14.2	6.5	0.1	0.1	0.46	-41.8	-27.1	-26.4	-25.9		*
	丘东 7	J_2x	3107~3198	82.8	8.6	3.8	2.1	0.7	0.1	1.3	0.84	-39.4	-28.5	-26.9	-27		*
	神 233	J_2s	2434~2629									-38.7	-26.4	-24.9	-24.8		*
	胜北 3-410	J_3k	2949~2990	80.9	9	3.7	1.6	0.4	1	2.8	0.85	-38.5	-25.3	-24.1			*
	胜北 3-8	J_3k	2875~2996	79.6	10	3.7	1.4	0.3	1	3.8	0.84	-38.5	-25.9	-24.4			*
	胜南 8	J_2q	2624~2634									-39.6	-26.9	-25.2	-25.2		*
	苏砂 2	J_2s	3783~3809									-41.7	-28.3	-26.4		-16.4	*
	台参 1	J_2s	2808~3247									-44.8	-29.07	-22.14			*
	温 1304	J_2x	3344~3378	83.0	9.3	3.8	1.7	0.4	0.5	1.1	0.84	-41.8	-27.6	-26.5		-15.3	*
	温 1	J_2s	2341~2362									-39.9	-26.6	-25.4			*
	温气 8	J_2q	2817~2830	77.6	11.2	5.5	3.2	1.1	0.1	0.6	0.79	-39.3	-26.7	-25.6	-25.1		*
	温砂 311	J_2s	2626~2714									-42.4	-29.2	-26.4	-27.4		*
	温西 1	J_2s	2619~2627	80.4	8.6	4.2	2.1	0.5	0.1	3.7	0.84	-43	-28.7	-24.7			*
	温西 1	J_2q	2398~2407	77.4	8.8	4.9	2.7	0.7	0.1	4.6	0.82	-41.7	-26.5	-25			*
	照 4	J_1s	4017~4446	84.1	9.2	3.5	1.1	0.2	1	0.7	0.86	-40.7	-29.3	-26.8		-12.3	*

续表

盆地/坳陷	井号	层位	深度(m)	天然气组分(%)							干燥系数	天然气碳同位素(‰)					数据来源
				C_1	C_2	C_3	C_4	C_5	CO_2	N_2	$C_1/C_1—C_5$	$\delta^{13}C_1$	$\delta^{13}C_2$	$\delta^{13}C_3$	$\delta^{13}C_{C_4}$	$\delta^{13}C_{CO_2}$	
柴达木盆地	东坪 1	基岩	3164~3182	91.79	1.93	0.33	0.2		0.01	5.28	0.97	-25	-27.4	-23.6			[19]
	东坪 1	基岩	3159~3182	92.9	1.9	0.4					0.98	-25.4	-22.7				本文
	东坪 103	基岩	3198~3202	93.2	2	0.3					0.98	-25.1	-20.54				本文
	东坪 H101	基岩	3208~3213	94.5	1.9	0.3					0.98	-25.3	-22.41				本文
	东坪 3	基岩	1803~1830	61.75	1.74	0.52	0.43		2.02	30.49	0.96	-17.59	-22.4	-23.4			[19]
	东坪 303	基岩	1870~1890	94	1.9	0.3					0.98	-20.28	-23.68				本文
	东坪 306	基岩	1904~1924	83.8	1	0.2					0.99	-20.8	-22.66				本文
	东坪 3H-6-2	基岩	1985~2090	90.5	1.3	0.2					0.98	-19.9	-23.3				[17]
	牛 101	$E_3^{\ 2}$	1288~1292	95.3	2.8	0.7					0.96	-32.8	-24.9				本文
	牛 9	$E_3^{\ 1}$	2657~2698	89.7	4.9	1.5					0.93	-34.6	-27.2				本文
	牛 1	$E_3^{\ 1}$	1506~1516	86.2	6	1.9					0.92	-35.3	-24.1	-22.3			[19]
	牛 1-2-12	J	2064.8~2137	88.5	6.9	2.3					0.91	-35.8	-25.6				本文
	牛 1-2-5	J	2095~2127	85.2	7.8	2.8					0.89	-36.6	-25.5				本文
	尖探 1	基岩	4637~4647	83.7	2.4	0.2					0.97	-25.3	-20.5				本文
	尖探 2	基岩	4598~4608	83.2	2.3	0.2					0.97	-26.3	-20.7				本文
	仙 3	N		89.8						4.36	0.95	-29.4	-22.8	-22			[17]
	仙 8	N_1		90.4						5.34	0.95	-28.92	-24.16	-22.86			[17]
	仙 9	$N_2^{\ 1}$		89.3						5.39	0.95	-27.86	-22.68	-21.17			[17]
	仙 11	E		88.1						9.92	0.96	-27.77	-21.97	-20.82			[17]
	仙试 6	N		89.6						5.29	0.95	-28.22	-22.79	-21.29			[17]
	马中 1	E		78.3						17.02	0.98	-30.6	-24.6	-22.9			[17]
	马中 3	E		81						12	0.98	-29.31	-23.42	-22.2			[17]
	马北 1	$E_3^{\ 2}$		79.9						2.8	0.84	-36.01	-24.83	-20.06			[17]
	马北 103	$E_3^{\ 2}$		78.3						2	0.83	-32.89	-25.16	-22.54			[17]
	马北 3	基岩		73.9						1.43	0.76	-35.3	-25.42	-25.57			[17]
	马北 4	$E_3^{\ 2}$		90.3					0.42	0.92	0.77	-28.4	-23.18	-20.9			[17]

注：* 数据来源于中国石油吐哈油田勘探开发研究院。

N_2含量分别为28.2%、12.7%、48.9%[15]，柴达木盆地马中1井、马中3井天然气的N_2含量分别为17.0%、12.0%[17]，吐哈盆地柯25井、柯26井天然气的N_2含量分别为16.7%、38.3%（表1）。氮气成因可分为无机成因和有机成因两大类，具体可分为大气来源、岩浆—火山活动来源、沉积过程中部分矿物来源、岩石的变质来源、核变来源、生物作用和有机质热演化作用等[27]。前人[23-26]基于N_2含量、同位素与天然气组分、碳同位素，研究认为库车坳陷、准噶尔盆地煤成气中的N_2属于有机质热演化作用生成，来源于侏罗系煤系源岩。由图5可以看出，N_2含量与干燥系数有一定的相关性，说明随着成熟度增大，N_2含量有升高的趋势，这也说明西北地区侏罗系煤成气天然气中高含量的N_2与有机质热演化作用有关。

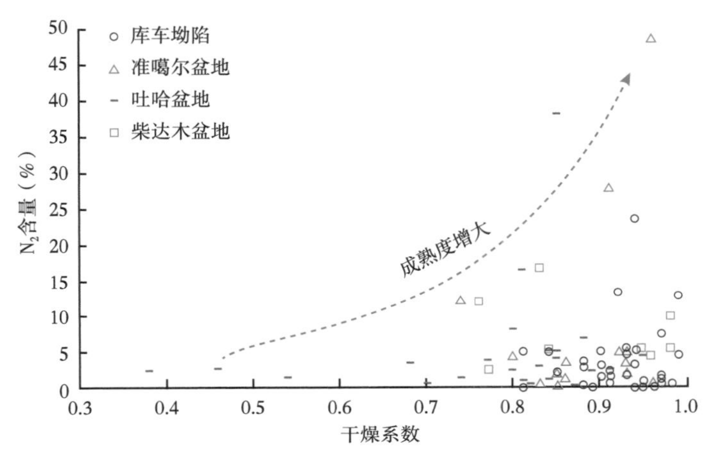

图5　中国西北地区侏罗系煤成气干燥系数与N_2含量交会

2.2　天然气碳同位素特征

2.2.1　天然气甲烷碳同位素特征

西北地区侏罗系煤成气$\delta^{13}C_1$值分布范围大，在-48.4‰~-17.3‰之间，其中$\delta^{13}C_1$值最高的分布在库车坳陷的大宛齐气田（2391~2394m，N）为-17.9‰[10]，此外克参1井的$\delta^{13}C_1$值也较高为-17.3‰；其次是柴达木盆地的东坪、尖北气田，为-26‰~-20‰；库车坳陷克拉2气田的$\delta^{13}C_1$值也比较高，为-28‰~-26‰；$\delta^{13}C_1$值最低的分布在吐哈盆地，为-48.4‰~-36.4‰（表1、图6）。相比较而言，塔里木盆地库车坳陷和柴达木盆地煤成气$\delta^{13}C_1$值较高，主要分布于-40.0‰~-24.0‰之间，呈现双峰特征；准噶尔盆地煤成气$\delta^{13}C_1$值分布范围大，呈单峰型，在-48.4‰~-25.9‰之间；吐哈盆地$\delta^{13}C_1$值明显比其他盆地低，呈单峰型，峰值区间为-44.0‰~-38.0‰。$\delta^{13}C_1$值反映天然气的成熟度，与侏罗系煤系源岩成熟度有很好的相关性。为了有效对比分析中国西北不同盆地侏罗系煤成气的成熟度和同位素关系，根据吐哈盆地丘东凹陷烃源岩成熟度最大约为1.0%，该区天然气的$\delta^{13}C_1$值最大为-39.0‰，因此，以$\delta^{13}C_1$=-39.0‰作为R_o=1.0%的界限值；库车坳陷克拉苏构造带主要捕获了来自拜城凹陷高—过成熟阶段（R_o值在1.8%左右）的天然气[28]，对应天然气$\delta^{13}C_1$值普遍大于-30.5‰，因此，以$\delta^{13}C_1$=-30.5‰作为R_o=1.8%的界限值，在此基础上，建立了中国西北地区侏罗系煤成气成熟度—成因综合判识图版

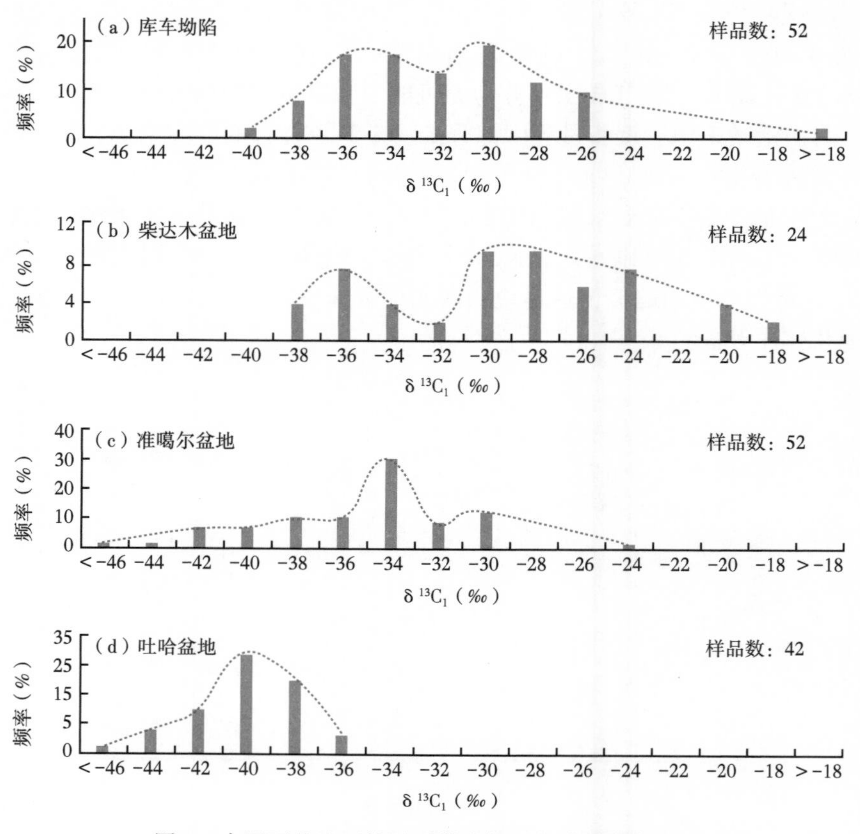

图 6　中国西北地区侏罗系煤成气甲烷碳同位素分布

（图 7）。由图 7 可以看出，西北侏罗系天然气呈现出从低成熟—过成熟的完整成熟度序列，与西北侏罗系煤系源岩成熟度相对应。库车坳陷拜城凹陷北部的克拉苏地区侏罗系烃源岩处于高—过成熟阶段、拜城凹陷的东西两端及南部多处于成熟—高成熟阶段，分别对应 $\delta^{13}C_1$ 值的−32.0‰~−26.0‰、−38.0‰~−34.0‰两个峰值区间，进一步表明 $\delta^{13}C_1$ 值与烃源岩成熟度有很好的对应关系。中秋 1 井 $\delta^{13}C_1$ 值为−32.6‰，吐东 2 井 $\delta^{13}C_1$ 值为−35.0‰，天然气成熟度 R_o 均为 1.0%~1.8%，中秋 1 井天然气成熟度比吐东 2 井天然气成熟度高。中秋 1 井天然气成熟度比牙哈、迪那地区天然气成熟度高，可能聚集了晚期高成熟阶段天然气。需要注意的是，成藏过程的差异、生物改造作用、溶解作用、运移散失等作用也可对 $\delta^{13}C_1$ 值产生很大影响[29-30]。如大宛齐 1 井和克参 1 井除受拜城凹陷成熟度高影响外，还受扩散作用影响[10]。柴达木盆地煤成气成熟度分布于 R_o=1.0%~1.8%、R_o>1.8%两个区间，为成熟—过成熟天然气，R_o=1.0%~1.8%的天然气主要分布于马北、牛东地区，R_o>1.8%的天然气分布于东坪、尖顶山和南八仙地区。东坪地区和南八仙地区主要聚集了来自坪东凹陷、伊北凹陷的过成熟阶段的天然气，牛东地区、马北地区主要聚集了来自昆特依凹陷、鱼卡—赛什腾凹陷成熟—高成熟阶段的天然气，导致柴达木盆地煤成气 $\delta^{13}C_1$ 值呈现出分布范围大的双峰型特征。准噶尔盆地天然气 $\delta^{13}C_1$ 值分布散，低熟—高成熟均有分布。R_o<1.0%的煤成气主要分布于盆地中部的莫索湾及周缘和南缘西部的齐古、西湖、卡因迪克、独山子地区和高探 1 井区，仅彩 502 井和独 87 井见 R_o>1.8%

的煤成气。从图 7 可以看出，吐哈盆地天然气主要分布于 R_o<1.0%范围内，为低熟—成熟天然气，部分天然气在 R_o 为 1.0%~1.8%，这些天然气主要分布于北部山前带的柯柯亚、红旗坎、胜北洼漕和红台地区。吐哈盆地各地区烃源岩成熟度低且变化范围小，导致吐哈盆地天然气呈现出分布范围窄、单峰型特征。

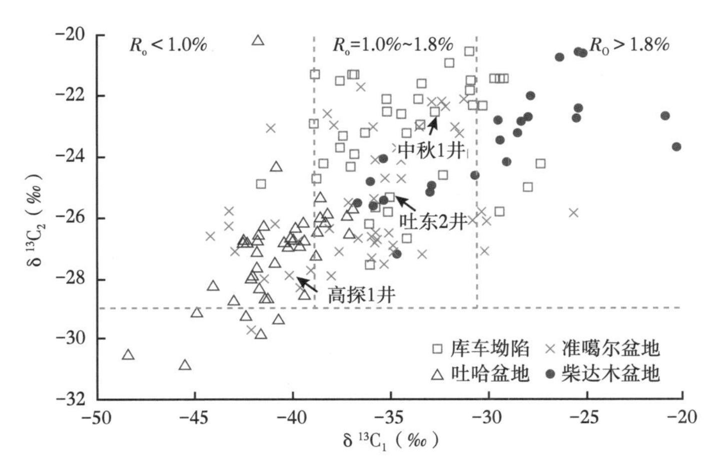

图 7　中国西北地区侏罗系煤成气成熟度—成因综合判别图

2.2.2　天然气乙烷碳同位素特征

西北地区侏罗系煤成气的 $\delta^{13}C_2$ 值分布在-30.8‰~-17.7‰之间，$\delta^{13}C_2$ 最高值分布于库车坳陷，如克拉 2 井 $\delta^{13}C_2$ 值高达-17.7%，吐孜 2 井区 $\delta^{13}C_2$ 值为-20%（表 1、图 7）。$\delta^{13}C_2$ 值主要反映了气源岩母质类型，是划分油型气和煤成气的有效指标。戴金星[29]研究认为，典型煤成气的 $\delta^{13}C_2$>-28‰，典型油型气的 $\delta^{13}C_2$<-29‰。一般用 $\delta^{13}C_2$=-28‰或-29‰作为划分油型气和煤成气的界限值。考虑到西北地区侏罗系煤系烃源岩有机质生油组分偏高，本次选用 $\delta^{13}C_2$=-29‰作为油型气和煤成气的界限值。按照该界限值判断，西北地区源自侏罗系的天然气，除吐哈盆地部分为油型气外，均为煤成气（图 7）。准噶尔盆地存在油型气混入的井是卡 6 井，$\delta^{13}C_2$ 值为-29.7‰。高探 1 井的 $\delta^{13}C_2$ 值为-27.9‰，为典型的煤成气。高探 1 井的 $\delta^{13}C_1$ 值为-40.1‰，显然比邻近的卡 6 井的 $\delta^{13}C_1$ 值高，且高探 1 井 $\delta^{13}C_1$、$\delta^{13}C_2$ 值与吐哈盆地 R_o<1.0%的煤成气特征一致，分析认为高探 1 井为侏罗系煤系烃源岩在 R_o<1.0%阶段生成的天然气。高探 1 井日产油 1213m^3、日产气 32.17×10^4m^3[31]，气/油比较低，仅为 265.2，气/油比特征支持上述结论。吐哈盆地存在油型气混入的井主要是红台地区的红台 2302H 井、北部山前带的勒 4 井和鄯善弧形带的台参 1 井和温砂 311 井，这些井均沿着东西向逆冲断裂或南北向走滑断裂分布，断裂沟通了前侏罗系气源，导致前侏罗系油型气混入。

2.2.3　天然气碳同位素序列特征

西北地区侏罗系天然气碳同位素整体上以正碳同位素系列为主，同位素局部倒转或完全倒转均有发现（图 8 至图 10）。西北侏罗系煤成气碳同位素倒转可分为 3 种：$\delta^{13}C_1$>$\delta^{13}C_2$>$\delta^{13}C_3$、$\delta^{13}C_1$>$\delta^{13}C_2$<$\delta^{13}C_3$ 和 $\delta^{13}C_1$<$\delta^{13}C_2$>$\delta^{13}C_3$。同位素倒转的原因主要有 4 类：（1）混源作用，包括有机烷烃气和无机烷烃气的相混合、煤成气和油型气的混合、同型不同源气或同源不同期气的混合；（2）烷烃气中某一或某些组分被细菌氧化[32]；（3）有机质热演化作用，随着有机质热演化程度增高，发生局部或完全倒转[32]；（4）无机成因，表现为碳同位素完全倒转。

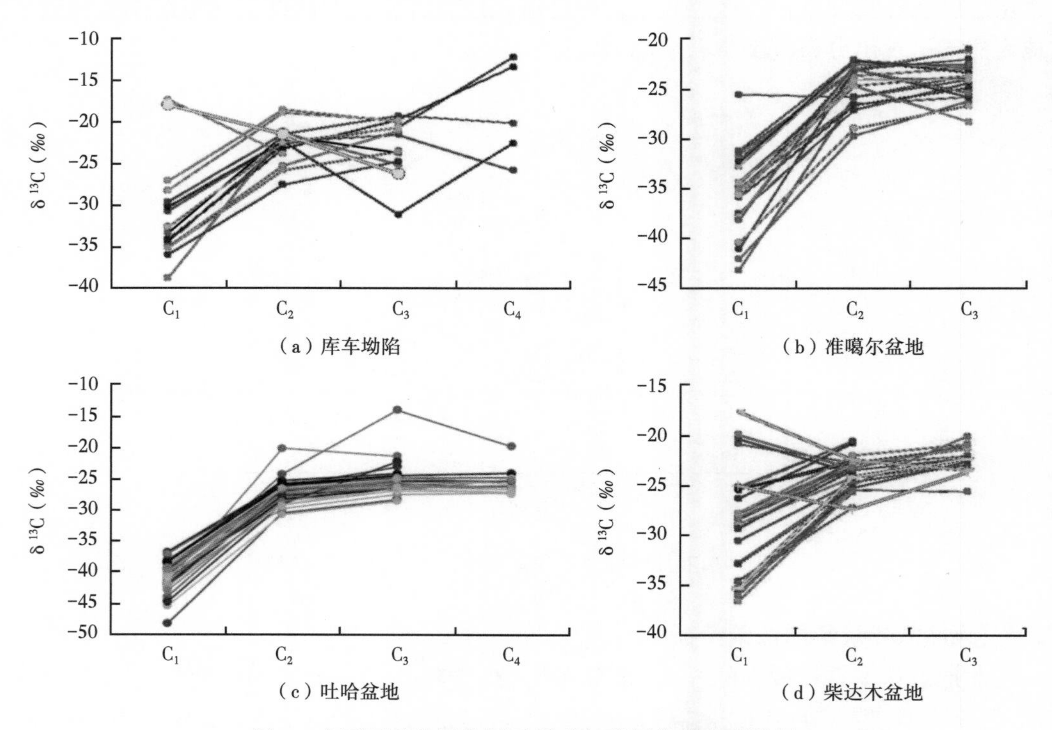

图 8　中国西北地区侏罗系煤成气碳同位素序列特征

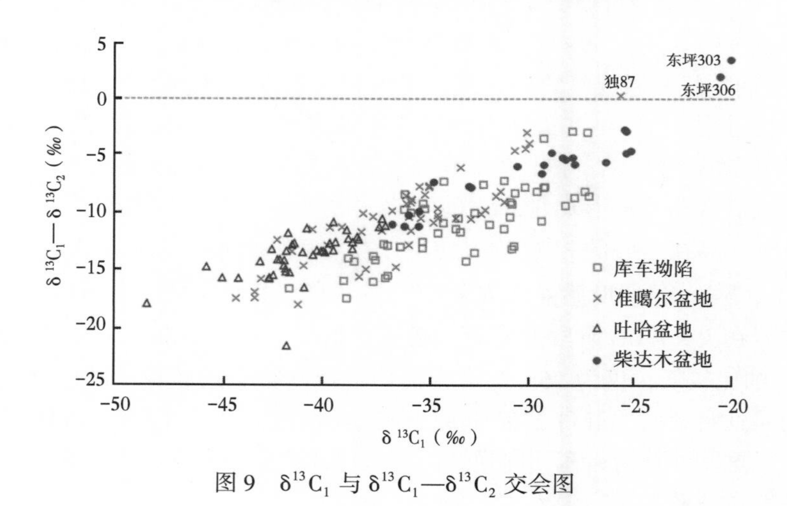

图 9　$\delta^{13}C_1$ 与 $\delta^{13}C_1$—$\delta^{13}C_2$ 交会图

$\delta^{13}C_1>\delta^{13}C_2>\delta^{13}C_3$ 天然气分布于库车坳陷的克参 1 井（5116～5122m）、大宛齐 1 井（2391～2394m）和柴达木盆地的东坪 3 井（1803～1830m）（表 1）。大宛齐 1 井（2391～2394m）碳同位素完全倒转的天然气有以下特征：（1）同位素完全倒转层段的 $\delta^{13}C_1$ 值为 −17.9‰，浅部层段的 $\delta^{13}C_1$ 值变低，为 −33.4‰～−30.9‰；（2）同位素完全倒转层段的 $\delta^{13}C_2$ 值为 −21.4‰，浅部层段的 $\delta^{13}C_2$ 值低且变化小，为 −22.9‰～−20.5‰；（3）同位素

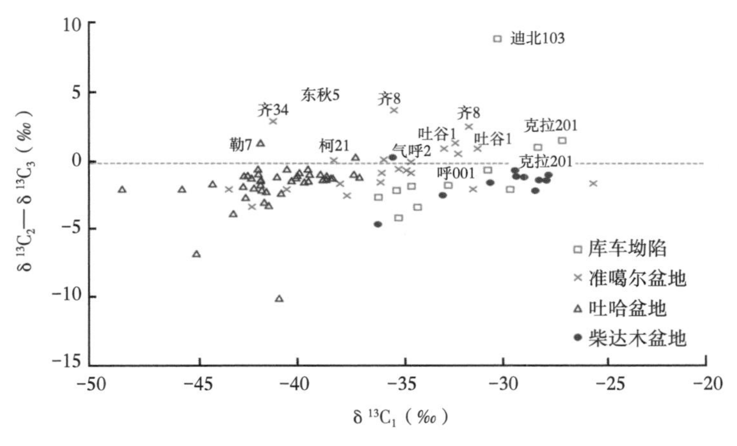

图 10　$\delta^{13}C_1$ 与 $\delta^{13}C_2$—$\delta^{13}C_3$ 交会图

完全倒转层段的 N_2 含量高（20%），浅部层段的 N_2 含量低（0.8%~7.5%）；（4）同位素完全倒转层段的干燥系数为0.8，浅部层段的干燥系数为0.89~0.96。大宛齐1井、克参1井地区的侏罗系煤系烃源岩成熟度处于过成熟阶段，过成熟阶段天然气的混入是呈现出 $\delta^{13}C_1>\delta^{13}C_2>\delta^{13}C_3$ 的主要原因，运移扩散作用可能是重要的影响因素。柴达木盆地的东坪3井（1803~1830m）的天然气特征与大宛齐1井（2391~2394m）相似，来自坪东凹陷的过成熟天然气的混入是东坪3井（1803~1830m）天然气呈现出 $\delta^{13}C_1>\delta^{13}C_2>\delta^{13}C_3$ 特征的主要原因。

$\delta^{13}C_1>\delta^{13}C_2<\delta^{13}C_3$ 的天然气分布于准噶尔盆地的独87井、柴达木盆地的东坪303井、东坪306井和东坪3H-6-2井，独87井天然气为 $\delta^{13}C_1>\delta^{13}C_2<\delta^{13}C_3$ 的局部倒转，$\delta^{13}C_1$、$\delta^{13}C_2$、$\delta^{13}C_3$ 值分别为-25.59‰、-25.84‰、-24.07‰。$\delta^{13}C_2$ 值显示天然气为典型煤成气，若混入油型气，$\delta^{13}C_1$ 值偏低，故此，排除油型气及油型气的混入；独87井位于准噶尔盆地南缘西部，侏罗系烃源岩处于成熟阶段，不能生成碳同位素组成如此重的甲烷，排除不同演化阶段煤成气的混入；独87井天然气产层埋深浅，仅为553~1148m，细菌活动活跃，特别是在甲烷菌作用下，$\delta^{13}C_1$ 值会变得异常高，另外，甲烷菌消耗甲烷，致使天然气中甲烷相对含量降低，乙烷相对含量升高。综上所述，准噶尔盆地南缘独87井的 $\delta^{13}C_1>\delta^{13}C_2$ 值倒转是生物作用导致。柴达木盆地的东坪303井、东坪306井和东坪3H-6-2井甲烷相对含量高，为典型的干气，排除甲烷菌作用。$\delta^{13}C_2$ 值为-22.28‰~-19.9‰，为典型的煤成气。戴金星研究认为[35]，次生型负碳同位素系列既可形成于过成熟阶段的腐泥型页岩气中，也可形成于腐殖型烃源岩的过熟阶段的煤成气中。考虑到柴达木盆地北缘侏罗系煤系烃源岩成熟度 R_o 值可达4.0%，认为东坪地区 $\delta^{13}C_1>\delta^{13}C_2<\delta^{13}C_3$ 的天然气成因应该与东坪3井的 $\delta^{13}C_1>\delta^{13}C_2>\delta^{13}C_3$ 一样，主要是过成熟阶段的煤成气。

典型的 $\delta^{13}C_1<\delta^{13}C_2>\delta^{13}C_3$ 见于库车坳陷和准噶尔盆地（图8、图10）。库车坳陷 $\delta^{13}C_1<\delta^{13}C_2>\delta^{13}C_3$ 的煤成气主要分布于克拉201井、东秋5井和迪北103井。克拉201井主要是来源于侏罗系和三叠系天然气的混合作用导致。东秋5井和迪北103井的天然气局部倒转，主要由源自侏罗系烃源岩不同热演化阶段煤成气的混合导致。准噶尔盆地 $\delta^{13}C_1<\delta^{13}C_2>\delta^{13}C_3$ 的煤成气主要分布于南缘的呼图壁、齐古和吐谷地区，主要为齐古地区齐34井、齐 8 井，吐古 1 井、呼 001 井和气呼 2 井。油气源对比研究认为，准噶尔南缘天然气主要来自侏罗系烃源岩，齐古地区有二叠系、三叠系油型气的混入[15-17,19]。

3 中国西北地区侏罗系煤成气勘探潜力

西北地区侏罗系烃源岩分布面积广，厚度大，成熟度高，且晚期、超晚期聚集成藏，估算资源量约为 $7\times10^{12}m^3$，煤成气资源潜力大。同时，目前发现的气田主要为构造气藏，如库车坳陷的克拉 2、克深、大北、迪那、牙哈、英买力等气田、准噶尔盆地的呼图壁气田、吐哈盆地的丘陵、柯克亚、红台等气田均为典型的构造气藏，构造—岩性、岩性气藏近些年也陆续发现，是今后重要的勘探领域。

3.1 库车坳陷

库车坳陷侏罗系煤系烃源岩面积约为 $20000km^2$，厚度为 202~712m，侏罗系烃源岩热演化存在 2 个高值区，分别在克深地区以南的拜城凹陷及东秋 5—康村 2 以南的阳霞坳陷，成熟度 R_o 值多大于 2%[12]，对应 2 个侏罗系生烃中心，生烃强度大于 $200\times10^8km^2$，资源潜力大。根据中国石油四次资源评价，侏罗系煤成气资源量约为 $2.5\times10^{12}m^3$，通过对库车侏罗系烃源岩分布范围进行重新刻画，库车坳陷东部烃源岩面积有所扩大（图 11），新增侏罗系天然气资源量为 $5000\times10^8m^3$[33]。库车坳陷中部克拉 2、克深、大北地区在白垩系发现高—过成熟侏罗系来源的煤成气，已形成万亿立方米大气区。2018 年 12 月，在秋里塔格构造带中秋段部署中秋 1 井，在白垩系获得工业油气流，日产天然气为 $33\times10^4m^3$、凝析油为 $21.4m^3$，气油比为 15420。秋里塔格构造带共发育圈闭显示 27 个，天然气总资源量为 $8250\times10^8m^3$，天然气勘探前景广阔；2017 年，在库车坳陷东部吐格尔明构造带部署吐东 2 井，在侏罗系阳霞组钻遇工业油气流，折日产天然气为 $6.9\times10^4m^3$，折日产凝析油为 $18.9m^3$，显示在埋深相对较浅的北部构造带，侏罗系源内的岩性气藏已成为现实的规模增储上产领域。库车坳陷南部发现了羊塔克、英买力、牙哈、提尔根等气田，气/油比较低，一般小于 $2000m^3/m^3$[12]，南斜坡为烃源岩区至前缘隆起区的运移通道，斜坡上的构造—岩性、岩性气藏是捕集晚期高—过成熟天然气的重要场所，有望成为侏罗系煤成气勘探新的接替领域。

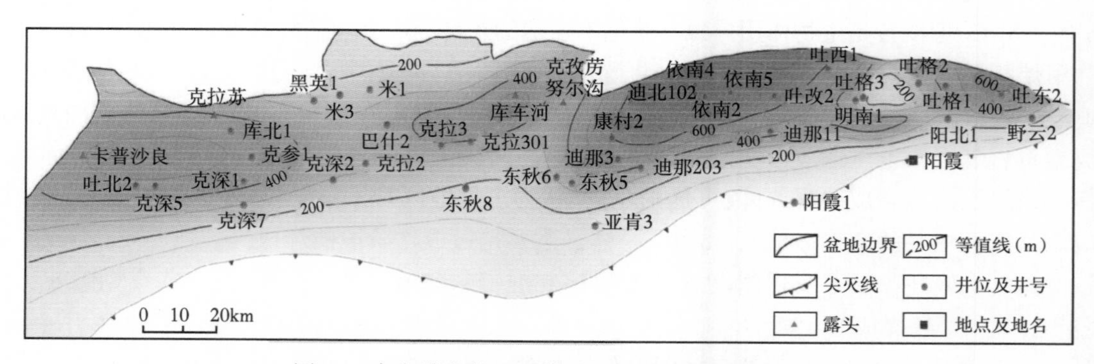

图 11　库车坳陷侏罗系煤系烃源岩平面分布特征

3.2 准噶尔盆地

准噶尔盆地南缘发育成熟—高成熟侏罗系煤系烃源岩，八道湾组暗色泥岩成熟度大于1.3%的分布面积约为$1.4\times10^4km^2$，南缘侏罗系烃源岩总排气量达$127\times10^{12}m^3$[31]。目前，准噶尔盆地南缘除呼图壁气田外，主要是一些小型油气田（藏），天然气探明储量仅为$329.6\times10^8m^3$，2019年高探1井获得千吨级日产油气流，其中日产天然气$32.14\times10^4m^3$，充分展示了准噶尔南缘天然气勘探潜力大。前文分析认为，高探1井的天然气主要为侏罗系煤系烃源岩在R_o<1.0%阶段生成的煤成气。然而，高探1井位于八道湾组暗色泥岩热成熟度大于1.3%的范围内[15]。这意味着，高探1井可能并未钻获R_o>1.0%的煤成气。根据西北地区侏罗系烃源岩生烃特征[28]，R_o>1.0%煤成气开始大量快速生成。据此分析，准噶尔盆地南缘白垩系之下的侏罗系头屯河组和喀拉扎组也是煤成气有利勘探目的层，本区继承性的构造圈闭是现实的勘探目标，岩性圈闭是潜在的勘探目标。准噶尔盆地南缘中部侏罗系烃源岩成熟度普遍高于1.3%，R_o>2.0%的面积约为$5500km^2$，是准噶尔盆地侏罗系煤成气的重要勘探目标区。

3.3 吐哈盆地

估算吐哈盆地侏罗系煤成气资源量约为$7600\times10^8m^3$，探明储量约为$1000\times10^8m^3$，探明率仅为13.2%，勘探潜力大。吐哈盆地目前发现的天然气主要为侏罗系煤系烃源岩在R_o<1.0%的天然气，根据西北地区煤系生烃特征，在R_o=1.0%~1.3%阶段生成的天然气量约为R_o<1.0%阶段累计生气量的2~4倍[13,28]，因此，R_o>1.0%的天然气为吐哈盆地的勘探方向。胜北凹陷是吐哈盆地演化程度最高的侏罗系烃源岩分布区，下侏罗统八道湾组的成熟度普遍为1.0%~1.3%。其他地区的侏罗系烃源岩成熟度普遍低于1.0%。因此，胜北凹陷是吐哈盆地侏罗系煤成气的最有利的资源潜力区。胜北凹陷的胜北低幅度构造已发现油气藏，展示出良好的勘探前景。胜北凹陷断裂不发育，构造活动相对较弱，构造圈闭不发育，发育有三工河组顶部区域性泥岩盖层，岩性油气藏是有利的勘探领域。此外，虽然煤岩在R_o<1.0%对天然气的贡献不大，但此阶段煤岩也生成了可观的天然气，此阶段排烃效率低，这些天然气可能大量吸附于煤岩或赋存于煤岩夹层的薄砂岩层中，这部分天然气也是吐哈盆地重要的潜在领域。

3.4 柴达木盆地

柴达木北缘侏罗系烃源岩上部沉积了巨厚地层［图1（e）］，埋深部分可达10000m，生烃凹陷烃源岩成熟度R_o值普遍大于1.3%，成熟度R_o值可达4.0%以上[17-18,34]。侏罗系烃源岩生气强度大，超过$20\times10^8m^3/km^2$的面积为$12000km^2$，中国石油四次资源评价认为，柴达木盆地煤成气资源量为$1.3\times10^{12}m^3$，资源基础雄厚，但柴达木盆地侏罗系煤成气探明率仅为5%，勘探潜力大。受多期构造运动的影响，柴达木盆地深大断裂发育，可沟通深部侏罗系煤系烃源岩。与断裂匹配好、保存条件好的圈闭是有利的勘探目标，目前已在侏罗系生烃凹陷周边的东坪、牛东、南八仙等地区取得突破。环侏罗系凹陷的盆缘区具备良好的成藏构造背景、有利的储集条件、沟通油气源的断裂，也是勘探的现实领域。柴达木盆地的基岩风化壳在盆缘及盆缘低断阶广泛分布，是柴达木盆地现实的勘探领域。此外，侏罗系生烃凹陷斜坡区靠近源岩，是潜在的远景勘探领域。

4 结论

（1）西北地区侏罗系煤成气地球化学特征既有相似性又有差异性。相似性主要体现在：①天然气组分主要以烷烃气为主，非烃气以 N_2、CO_2 为主；②除吐哈盆地少数油型气外，都是煤成气（$\delta^{13}C_2$>-29‰）；③多数天然气表现出正碳同位素序列。差异性主要体现在：①不同盆地干燥系数不同；②甲烷碳同位素的分布差异大，造成这些差异的原因主要是烃源岩成熟度。

（2）西北地区侏罗系煤成气碳同位素整体上以正碳同位素系列为主，同位素局部倒转或完全倒转均有发现，可分为 3 种：$\delta^{13}C_1>\delta^{13}C_2>\delta^{13}C_3$、$\delta^{13}C_1>\delta^{13}C_2<\delta^{13}C_3$ 和 $\delta^{13}C_1<\delta^{13}C_2>\delta^{13}C_3$。该区侏罗系煤成气碳同位素倒转的主要原因是高演化阶段天然气的混入，运移扩散作用可能也是重要的影响因素。

（3）西北地区侏罗系煤成气勘探潜力大，构造气藏的勘探程度相对较高，构造—岩性气藏、岩性气藏是西北地区侏罗系煤成气未来的主要勘探类型；塔里木盆地库车坳陷的秋里塔格构造带及侏罗系—三叠系、准噶尔盆地南缘的白垩系—侏罗系、吐哈盆地侏罗系高成熟煤成气和柴达木盆地侏罗系高—过成熟煤成气勘探潜力大，是未来西北地区侏罗系煤成气勘探的重要领域。

参 考 文 献

[1] 刘训，游国庆．中国的板块构造区划［J］．中国地质，2015，42（1）：1-17.

[2] 李锦轶，何国琦，徐新，等．新疆北部及邻区地壳构造格架及其形成过程的初步探讨［J］．地质学报，2006，80（1）：148-168.

[3] 吴朝东，全书进，郭召杰，等．新疆侏罗纪原型盆地类型［J］．新疆地质，2004，22（1）：56-63.

[4] 钱大都，魏斌贤，李钰，等．中国煤炭资源总论：中国煤炭资源丛书之一［M］．北京：地质出版社，1996：11-97.

[5] 张韬，张天鹏，任玉林，等．中国主要聚煤期沉降环境与聚煤规律．中国煤炭资源丛书之四［M］．北京：地质出版社，1995：1-273.

[6] 王佟．中国西北赋煤区构造发育规律及构造控煤研究［D］．北京：中国矿业大学，2012.

[7] 郑孟林，邱小芝，何文军，等．西北地区含油气盆地动力学演化［J］．地球科学与环境学报，2015，37（5）：1-16.

[8] 邹华耀，王红军，郝芳，等．库车坳陷克拉苏逆冲带晚期快速成藏机理［J］．中国科学：D 辑，2007，37（8）：1032-1040.

[9] 朱光有，杨海军，张斌，等．塔里木盆地迪那 2 大型凝析气田的地质特征及其成藏机制［J］．岩石学报，2012，28（8）：2479-2492.

[10] 刘全有，秦胜飞，李剑，等．库车坳陷天然气地球化学以及成因类型剖析［J］．中国科学：D 辑，2007，37（增刊 2）：149-156.

[11] 刘全有，戴金星，金之钧，等．塔里木盆地前陆区和台盆区天然气的地球化学特征及成因［J］．地质学报，2009，83（1）：107-114.

[12] 王招明．塔里木盆地库车坳陷克拉苏盐下深层大气田形成机制与富集规律［J］．天然气地球科学，2014，25（2）：153-166.

[13] 李贤庆，肖贤明，田辉，等．碳同位素动力学模拟及其在天然气评价中的应用［J］．地学前缘，2005，12（4）：543-550.

[14] 邵雨．准噶尔盆地南缘深层下组合侏罗系油气成藏研究［J］．高校地质学报，2013，19（1）：86-94.

[15] 李剑，姜正龙，罗霞，等．准噶尔盆地煤系烃源岩及煤成气地球化学特征［J］．石油勘探与开发，2009，36（3）：365-374.

[16] 李延钧，王廷栋，张艳云，等．准噶尔盆地南缘天然气成因与成藏解剖［J］．沉积学报，2004，22（3）：529-534.

[17] 田光荣，阎存凤，妥进才，等．柴达木盆地柴北缘煤成气晚期成藏特征［J］．天然气地球科学，2011，22（6）：1028-1032.

[18] 戴金星，李先奇，宋岩，等．中亚煤成气聚集域东部煤成气的地球化学特征——中亚煤成气聚集域研究之二［J］．石油勘探与开发，1995，22（4）：1-5.

[19] 周飞，张永庶，王彩霞，等．柴达木盆地东坪—牛东地区天然气地球化学特征及来源探讨［J］．天然气地球科学，2016，27（7）：1312-1323.

[20] 魏强，李贤庆，梁万乐，等．库车坳陷大北—克深地区深层致密砂岩气地球化学特征及成因［J］．矿物岩石地球化学通报，2019，38（2）：418-427.

[21] 陈建平，王绪龙，倪云燕，等．准噶尔盆地南缘天然气成因类型与气源［J］．石油勘探与开发，2019，46（3）：461-473.

[22] 田继先，李剑，曾旭，等．柴达木盆地北缘天然气地球化学特征及其石油地质意义［J］．石油与天然气地质，2017，38（2）：355-362.

[23] 郑建京，吉利明，孟仟祥．准噶尔盆地天然气地球化学特征及聚气条件的讨论［J］．天然气地球科学，2000，11（4/5）：17-21.

[24] 李剑，谢增业，李志生，等．塔里木盆地库车坳陷天然气气源对比［J］．石油勘探与开发，2001，28（5）：29-33.

[25] 王瑀，李剑，国建英，等．吐哈盆地台北凹陷煤成气判识及气源分析［J］．煤炭科技，2018，37（10）：148-150.

[26] 刘如红，李剑，肖中尧，等．塔里木盆地库车坳陷吐格尔明地区油气地球化学特征及烃源探讨［J］．天然气地球科学，2019，30（4）：574-580.

[27] 朱岳年．天然气中分子氮成因及判识［J］．石油大学学报：自然科学版，1999，23（2）：35-39.

[28] 李贤庆，肖贤明，Tang Y，等．库车坳陷侏罗系煤系源岩的生烃动力学研究［J］．新疆石油地质，2003，24（6）：487-489.

[29] 戴金星．天然气碳氢同位素特征和各类天然气鉴别［J］．天然气地球科学，1993，4（2/3）：1-40.

[30] Dai Jinxing，Ni Yunyan，Hu Guoyi，et al. Stable carbon and hydrogen isotopes of gases from the large tight gas fields in China［J］. Science China：Earth Sciences，2014，57（1）：88-103.

[31] 杜金虎，支东明，李建忠，等．准噶尔盆地南缘高探 1 井重大发现及下组合勘探前景展望［J］．石油勘探与开发，2019，46（2）：205-215.

[32] 戴金星，夏新宇，秦胜飞，等．中国有机烷烃气碳同位素系列倒转的成因［J］．石油与天然气地质，2003，24（1）：1-6.

[33] 杜金虎，田军，李国欣，等．库车坳陷秋里塔格构造带的战略突破与前景展望［J］．中国石油勘探，2019，24（1）：16-23.

[34] 曾旭，田继先，杨桂茹，等．柴北缘侏罗纪凹陷结构特征及石油地质意义［J］．中国石油勘探，2017，22（5）：54-63.

[35] 戴金星，倪云燕，黄士鹏，等．次生型负碳同位素系列成因［J］．天然气地球科学，2016，27（1）：1-7.

本文原刊于《天然气地球科学》，2019 年第 30 卷第 6 期。

塔里木盆地秋里塔格构造带中秋1圈闭油气来源与成藏

李 剑[1,2] 李 谨[1,2] 谢增业[1,2] 王 超[3] 张海祖[4]
刘满仓[1,2] 李德江[1,2] 马 卫[1,2] 毛丹凤[1,2] 曾 旭[1,2]

1. 中国石油勘探开发研究院，北京
2. 中国石油天然气集团有限公司天然气成藏与开发重点实验室，河北廊坊
3. 广东石油化工学院，广东茂名
4. 中国石油塔里木油田公司，新疆库尔勒

摘要：塔里木盆地秋里塔格构造带勘探程度低，近年来在中秋构造下盘部署的中秋1井获高产油气流，实现了秋里塔格构造带的战略突破。然而，中秋构造带油气来源和油气成藏尚不明确，开展中秋1井油气来源和中秋1圈闭成藏研究有望为秋里塔格构造带下步油气勘探部署提供重要依据。针对中秋1井开展了系统的油气源对比研究，认为中秋1井原油主要来源于三叠系湖相泥岩，天然气为煤型气，主要来源于侏罗系煤系。油气成藏研究显示，中秋1井原油充注主要发生在新近纪吉迪克组—康村组沉积时期，以三叠系生烃贡献为主；天然气大规模充注发生在新近纪库车组沉积时期，晚期侏罗系生成的煤型气对早期形成的三叠系原油构成大规模气侵；中秋1圈闭形成时期早于或等于三叠系—侏罗系烃源岩生排烃期，活动断裂为油气运移提供输导条件，烃源岩—断裂—圈闭时空有效匹配，中秋构造断层下盘一系列圈闭与中秋1圈闭成藏条件相似，有望成为下步有利勘探方向。

关键词：塔里木盆地；库车前陆冲断带；秋里塔格构造带；油气来源；油气成藏；中秋1

秋里塔格构造带位于塔里木盆地库车前陆盆地冲断带前锋并与前缘隆起带交接的部位，东西长300km，南北宽25km，勘探面积5200km^2，构造带中西段勘探程度低，是库车地区油气勘探重要的接替领域。秋里塔格构造带地表和地下地质构造复杂，地震资料品质差，圈闭落实困难，构造带的中西段天然气勘探长期未取得突破。通过持续攻关认为，中秋—东秋段与克拉苏构造带的盐下冲断构造同属于一个构造带，在断层的下盘（中秋段）发育一个类似克深构造带的逆冲叠瓦构造，油气成藏条件好，在此基础上部署了中秋1风险井，在白垩系巴什基奇克组获高产工业油气流，使秋里塔格构造带由战略接替领域转变为现实的规模增储上产领域[1]。前人对于秋里塔格构造带油气成藏研究主要集中在秋里塔格构造带东段和西段（简称为东秋段和西秋段）[2-4]，对秋里塔格构造带中段（简称中秋段）几乎没有涉及。本文在对秋里塔格构造带与邻近地区天然气地球化学特征对比基础上，针对中秋段中秋1井开展系统的油气源对比，明确中秋1构造油气来源，分析中秋1圈闭油气成藏过程，对秋里塔格构造带下一步的油气勘探与开发提供理论依据。

1 地质概况

秋里塔格构造带处于塔里木盆地库车前陆冲断带前锋，处于与前缘隆起带交接部位，

根据构造变形特征自东向西划分为东秋、中秋、西秋、佳木4段［图1（a）］。秋里塔格构造带东西不同段构造特征明显不同，中秋—东秋段构造样式与克拉苏构造带相似，发育逆冲叠瓦构造，西秋—佳木段为低幅度雁行式断裂构造［图1（b）］[1]。中秋1井处于中秋段，2018年该井在白垩系巴什基奇克组（K_1bs）砂岩获工业油气流，5mm油嘴测试日产天然气为$33.4\times10^4m^3$，原油为$21.4m^3$。气藏地层压力为120.72MPa，压力系数为2.0，地层温度为146.35℃，属于底水块状、高温、超高压背斜型凝析气藏。

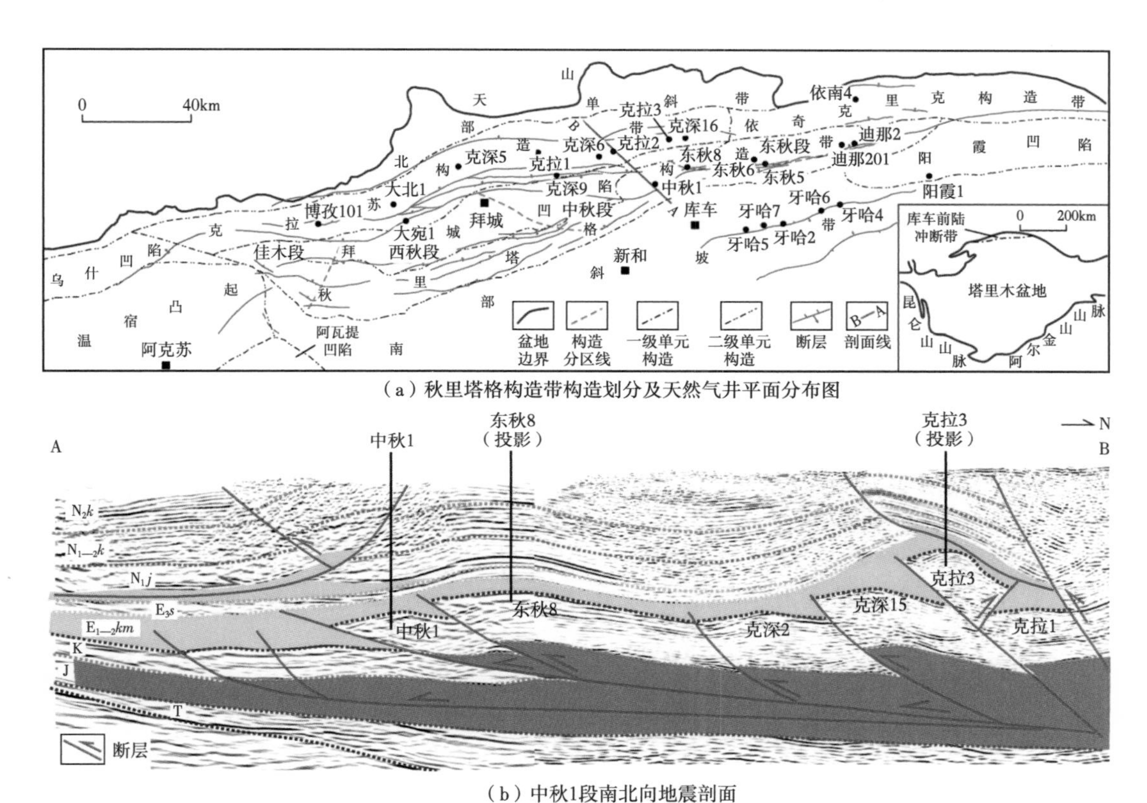

（a）秋里塔格构造带构造划分及天然气井平面分布图

（b）中秋1段南北向地震剖面

N_2k—上新统库车组；$N_{1-2}k$—中—上新统康村组；N_1j—中新统吉迪克组；E_3s—渐新统苏维依组；$E_{1-2}km$—古—始新统库姆格列木组；K—白垩系；J—侏罗系

图1 中秋1井位置及地震地质解释剖面图

库车坳陷侏罗系主要发育沼泽相含煤系沉积，三叠系以湖湘泥岩沉积为主，侏罗系—三叠系烃源岩有机质丰度高、成熟度高、厚度大、连续性好，为秋里塔格构造提供了良好的烃源岩条件[5-6]；秋里塔格构造主要储集层是白垩系巴什基奇克组，为辫状河三角洲沉积，其中佳木段—西秋段为中孔中渗储集层，中秋段为低孔中渗储集层，东秋段为特低孔低渗储集层；秋里塔格构造带盖层十分发育，古近系和新近系膏泥岩盖层是主要盖层，古近系膏盐岩厚度中心处于西秋段秋探1井附近，最大厚度可达4000m，向西至中秋段逐渐减薄，于西秋2井附近尖灭；新近系吉迪克膏盐岩厚度中心位于东秋5井附近，最大厚度可达3000m，向东至中秋段逐渐减薄，在东秋8井附近尖灭。中秋段处于两套膏盐岩叠覆区域，膏岩总厚度为60~200m。

2 中秋1井天然气地球化学特征

秋里塔格构造带中秋段勘探程度低，目前仅钻探中秋1井。笔者采集了中秋1井天然气和原油样品，系统开展了地球化学分析。同时，对库车坳陷东部侏罗系、三叠系烃源岩中正构烷烃碳同位素组成进行了分析，收集并整理了邻区油气田（迪那、迪北、大北、克拉2、克深、牙哈、博孜）天然气相关数据。

2.1 天然气组分特点

秋里塔格构造带发现的天然气主要分布在白垩系及古近系，天然气以甲烷为主，含量为81.6%~92.3%，乙烷含量为3.8%~10.6%，干燥系数（C_1/C_{1-6}）为0.83~0.95，均为湿气。天然气中非烃气体含量较低，主要为N_2，含有少量CO_2，N_2和CO_2总含量一般低于5%。中秋1井天然气甲烷含量为92.3%，乙烷含量为4.58%，与东秋段相近，较西秋段高；中秋1井天然气中干燥系数为0.94，与迪北气田相当，低于克拉、克深、大北气田，明显高于牙哈、博孜、迪那气田（表1）。库车坳陷天然气干燥系数分布的差异与天然气热演化程度、烃源岩母质类型、油气藏改造等因素有关[7-8]。

2.2 天然气碳同位素组成特征

中秋1井甲烷碳同位素组成（$\delta^{13}C_1$）为-32.6‰，乙烷碳同位素组成（$\delta^{13}C_2$）较重，达-22.5‰，丙烷碳同位素组成（$\delta^{13}C_3$）为-20.7‰，丁烷碳同位素组成（$\delta^{13}C_4$）为-20.6‰，碳同位素组成系列呈正序分布（$\delta^{13}C_1<\delta^{13}C_2<\delta^{13}C_3<\delta^{13}C_4$）（表1）。根据戴金星等、宋岩等提出的天然气成因类型鉴别标准[9-10]，中秋1井天然气与邻近气田天然气样品均为腐殖型气煤型气（图2）。

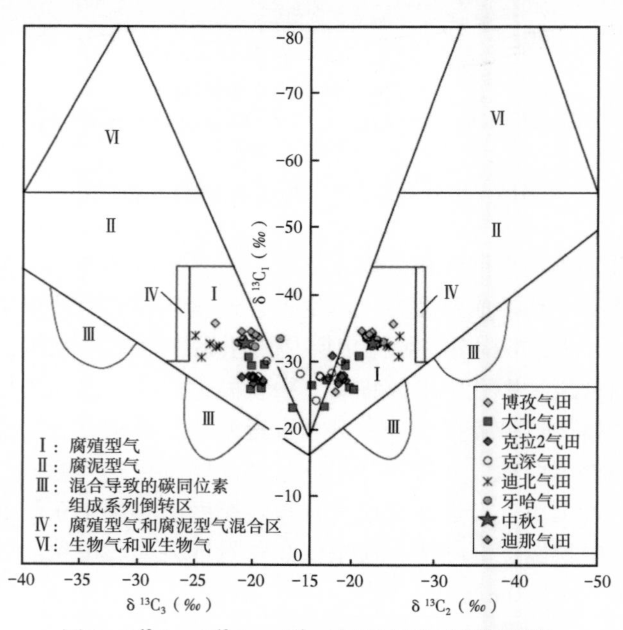

图2 $\delta^{13}C_1$—$\delta^{13}C_2$—$\delta^{13}C_3$烷烃气类型鉴别图版

表 1　秋里塔格构造带及邻近地区气田天然气地球化学信息表

气田/区带	井号	井深(m)	层位	天然气各组分百分含量(%)										干燥系数	$\delta^{13}C$(‰)				估算 R_o(%)	参考文献
				N_2	CO_2	CH_4	C_2H_6	C_3H_8	i-C_4H_{10}	n-C_4H_{10}	i-C_5	n-C_5	C_{6+}		CH_4	C_2H_6	C_3H_8	n-C_4H_{10}		
东秋段西	东秋 5	4317.00~4334.00	E	3.61	0.29	91.41	3.76	0.78	0.06	0.06	0.02	0.02	0	0.95						
	东秋 3	1206.00~1216.00	N_1j	1.82	0.12	90.20	5.98	1.07	0.21	0.19	0.10	0.07	0	0.92						
中秋段	中秋 1	6072.00~6286.00	K_1bs	0.85	0.86	92.30	4.58	0.93	0.18	0.19	0.06	0.05	0	0.94	-32.6	-22.5	-20.7	-20.6	1.3	
西秋段	却勒 1	5759.10~5769.89	E	2.17	0.13	81.55	10.60	3.56	0.64	0.80	0.21	0.15	0.21	0.83						
迪那气田	迪那 1-2	5486.00~5653.50		0.70	0.41	89.51	7.24	1.40	0.26	0.25	0.09	0.06	0.08	0.91	-34.0	-22.6	-19.9		1.1	
	迪那 2	4597.44~4875.59	N_1j	1.73	0.33	88.68	7.19	1.28	0.24	0.25	0.09	0.06	0.15	0.91	-33.7	-21.8	-19.4	-18.8	1.1	
	迪那 202	5192.43~5280.00	E+K	2.56	0.10	89.32	6.69	1.01	0.15	0.11	0.02	0.01	0.03	0.92	-34.4	-22.6	-20.1		1.0	[13]
	迪那 204		E	0.62	0.36	88.73	6.76	2.13	0.46	0.44	0.15	0.12	0.24	0.90	-34.0	-22.1	-19.7	-19.5	1.1	[12]
	迪那 2-24	4792.00~5105.50	E	0.99	0.23	88.55	7.39	1.54	0.30	0.31	0.12	0.09	0.47	0.90	-34.5	-21.3	-20.9	-20.3	1.0	
迪北气田	迪北 102		J_1a	3.35	1.06	84.68	6.20	2.15	0.50	0.57	0.26	0.25	0.93	0.89	-33.8	-25.8	-24.9	-23.0	1.1	
	迪北 104		J_1a	0.31	3.03	90.30	4.46	0.98	0.21	0.19	0.07	0.05	0.39	0.93	-32.4	-24.3	-22.8	-21.8	1.4	
	迪西 1	4898.00~4975.00	J_1a	0.60	1.99	90.60	4.61	1.18	0.26	0.27	0.12	0.08	0.29	0.93	-32.7	-23.9	-23.6		1.3	
	依南 2	4776.00~4785.00	J_1a	2.70	2.60	88.16	4.91	1.16	0.24	0.23	0	0	0	0.93	-32.2	-24.6	-23.1	-22.8	1.4	
牙哈气田	牙哈 1	5451.00~5466.00	E	3.75	0.12	84.53	7.58	0.89	0.36	0.51	0.18	0.26	0.60	0.89	-33.4	-21.9	-17.5	-23.2	1.2	
	牙哈 1-6	5152.00~5172.00	E	3.85	0.16	84.38	7.12	2.72	0.56	0.59	0.62	0	0	0.88	-33.2	-23.2	-20.7	-21.4	1.2	
	牙哈 2	4953.50~4984.00	N	3.95	0.54	82.60	7.76	3.09	0.66	0.70	0.70	0	0	0.86	-32.2	-22.6	-19.7	-20.9	1.4	
	牙哈 23-1-13	4975.50~4985.00	N	3.62	0.31	81.65	8.04	3.47	0.81	0.89	1.22	0	0	0.85	-32.8	-23.9	-21.2	-21.3	1.3	
	牙哈 23-1-6	5152.00~5172.00	E	3.73	0.54	81.50	8.59	3.17	0.70	0.86	0.90	0	0	0.85	-32.6	-23.2	-20.8	-21.4	1.3	
	牙哈 23-2-14	5132.00~5157.00	E	3.74	0.54	83.09	7.66	3.03	0.64	0.67	0.63	0	0	0.87	-32.5	-23.1	-20.6	-20.6	1.4	
克拉 2 气田	克拉 2	3499.87~3534.66	E	0.50	0.70	98.20	0.52	0.04	0.01	0.01	0	0.01	0.03	0.99	-27.3	-19.4			3.2	[13]
	克拉 201	4016.00~4021.00	K_1bs	1.21	1.00	96.88	0.91	0	0	0	0	0	0	0.99	-27.3	-19.0	-19.5	-20.9	3.2	[13]
	克拉 201	3630.00~3640.00	E	1.74	0.47	97.40	0.39	0	0	0	0	0	0	1.00	-27.1	-18.5	-19.1	-20.3	3.3	[13]
	克拉 203		E	0.58	0.66	97.86	0.82	0.05	0.01	0.01	0.01	0	0	0.99	-27.3	-18.5	-19.0	-20.8	3.2	[12]

续表

气田/区带	井号	井深(m)	层位	天然气各组分百分含量(%)										干燥系数	$\delta^{13}C$(‰)				估算 R_o(%)	参考文献
				N_2	CO_2	CH_4	C_2H_6	C_3H_8	i-C_4H_{10}	n-C_4H_{10}	i-C_5	n-C_5	C_{6+}		CH_4	C_2H_6	C_3H_8	n-C_4H_{10}		
克拉2气田	克拉2-10		E	0.70	0.56	98.13	0.51	0.04	0.01	0.01	0	0	0	0.99	-28.0	-19.1	-20.2	-21.0	2.8	[12]
	克拉2-14		E	0.75	0.65	98.03	0.49	0.04	0.01	0.01	0	0	0	0.99	-28.0	-18.7	-19.9	-21.2	2.8	[12]
	克拉2-4		E	0.69	0.61	98.09	0.51	0.04	0.01	0.01	0	0	0	0.99	-26.8	-18.4	-19.9	-21.2	3.4	[12]
	克拉2-7		E	0.77	0.65	97.96	0.51	0.04	0.01	0.01	0	0	0	0.99	-27.9	-18.8	-20.0	-21.1	2.9	[12]
	克拉2-H1	3801.50~3858.00	K	0.71	0.10	98.57	0.51	0.04	0.01	0.01	0	0	0.03	0.99	-27.8	-18.8	-20.9		2.9	
	克拉3	3544.00~3550.00	E	1.62	3.30	94.36	0.73	0	0	0	0	0	0	0.99	-30.8	-17.7	-17.1		1.8	
克深气田	克深105	7342.00~7377.00	K_1bs	1.14	2.36	95.94	0.47	0.03	0	0.01	0	0	0.01	0.99	-25.7	-13.8			4.1	
	克深132-2	7428.50~7622.00	K_1bs	2.60	1.48	93.70	1.86	0.23	0.05	0.05	0.02	0.01	0	0.98	-30.0	-18.8	-18.7		2.0	
	克深2	6573.00~6631.00	K_1bs	1.21	0.81	97.40	0.54	0.04	0.01	0.01	0	0	0	0.99	-28.3	-17.7	-15.7		2.7	
	克深201	6505.00~6700.00	K_1bs	0.70	0.78	97.84	0.54	0.04	0.01	0.01	0	0	0.06	0.99	-27.6	-17.3	-19.8		3.0	
	克深203	6600.00~6685.00	K_1bs	0.72	0.30	98.31	0.55	0.04	0.01	0.01	0	0	0.04	0.99	-27.7	-16.3	-19.9		3.0	
	克深206	6525.00~6800.00	K_1bs	0.86	0.61	97.89	0.54	0.04	0	0.01	0	0	0.03	0.99	-27.8	-16.1	-19.4		2.9	
	克深504	6453.00~6621.00	K_1bs	0.11	0.58	99.02	0.27	0.01	0	0	0	0	0.01	1.00	-24.2	-15.8			5.3	
大北气田	大北10	5228.00~5320.00	K_1bs	0.32	0.23	96.33	2.57	0.37	0.07	0.07	0.02	0.02	0.00	0.97	-30.7	-21.0	-20.2	-21.7	1.8	
	大北101-2		K_1bs	1.27	0.50	95.29	2.22	0.40	0.09	0.10	0.04	0.03	0.05	0.97	-23.3	-16.8	-16.4		6.1	[12]
	大北201-1	5876.00~5976.00	K_1bs	0.41	0.53	96.72	1.78	0.30	0.07	0.07	0.03	0.02	0.06	0.98	-26.1	-19.9	-19.1		3.9	[12]
	大北209	5776.00~5878.00	K_1bs	0.50	0.53	96.76	1.72	0.28	0.06	0.06	0.02	0.01	0.04	0.98	-25.9	-20.4	-20.1		4.0	
	大北301	6930.00~7012.00	K_1bs	0.44	0.73	96.94	1.58	0.20	0.04	0.04	0.02	0.01	0.00	0.98	-29.6	-19.4	-18.9	-19.9	2.2	[12]
	大北302	7209.00~7244.00	K_1bs	0.58	0.81	97.05	1.23	0.16	0.03	0.03	0.01	0.01	0.06	0.98	-29.4	-19.4	-20.0		2.3	
	大北304	6873.00~6991.00	K_1bs	0.44	0.83	97.38	1.12	0.12	0.03	0.02	0.01	0.01	0.03	0.99	-27.2	-17.0			3.2	
	大北306		K_1bs	2.12	0.57	95.92	1.15	0.12	0.03	0.02	0.01	0.00	0.03	0.99	-26.5	-15.3			3.6	
博孜气田	博孜1	7014.00~7084.00	K_1bs	0.42	0.21	90.68	6.64	1.34	0.28	0.24	0.09	0.04	0.06	0.91						
	博孜101	6921.00~7091.00	K_1bs	0.85	0.23	89.16	7.03	1.65	0.33	0.36	0.12	0.08	0.17	0.90						
	博孜3		K_1bs	1.74	0.48	87.70	7.41	1.78	0.29	0.33	0.09	0.06	0.12	0.90	-35.6	-25.1	-23.2	-24.6	0.8	

天然气碳同位素组成系列呈正序分布的有中秋 1 井、迪那、迪北、博孜等气田，牙哈气田天然气出现 $\delta^{13}C_3>\delta^{13}C_4$ 局部倒转现象，大北、克拉 2、克深等气田天然气碳同位素组成系列倒转程度大，出现 $\delta^{13}C_2>\delta^{13}C_3>\delta^{13}C_4$ 局部倒转（表 1）。一般情况下，导致天然气组分碳同位素组成系列发生倒转的因素有热演化程度、母质来源、混合作用等[11]。相对母质来源、天然气混合等因素而言，热演化程度是库车坳陷天然气碳同位素组成系列发生倒转的关键因素。根据戴金星等提出的通过甲烷碳同位素组成计算天然气成熟度的经验公式[12]，计算博孜、迪那、中秋 1 井、迪北、牙哈、大北、克拉 2、克深等气田天然气成熟度分别在 0.8%，1.0%～1.1%，1.3%，1.1%～1.4%，1.2%～1.4%，1.8%～6.1%，2.8%～3.4%，2.7%～5.3%，对比发现碳同位素组成系列在 R_o 值大于 1.4%后，$\delta^{13}C_3$、$\delta^{13}C_4$ 开始出现轻微的局部倒转，在 R_o 值大于 2.0%后，倒转程度增大，普遍出现 $\delta^{13}C_2>\delta^{13}C_3>\delta^{13}C_4$ 倒转现象。中秋 1 井天然气成熟度在 1.3%左右，碳同位素组成系列呈正序分布，表明其热演化程度适中，尚未达到倒转的程度。

2.3 天然气轻烃特征

中秋 1 井与迪那、牙哈、克深、克拉 2 等气田天然气中的轻烃均含有较多的芳香烃、环烷烃［图 3（a）、图 4］，显示出腐殖型母质来源特征[13-15]。中秋 1 井天然气轻烃中芳

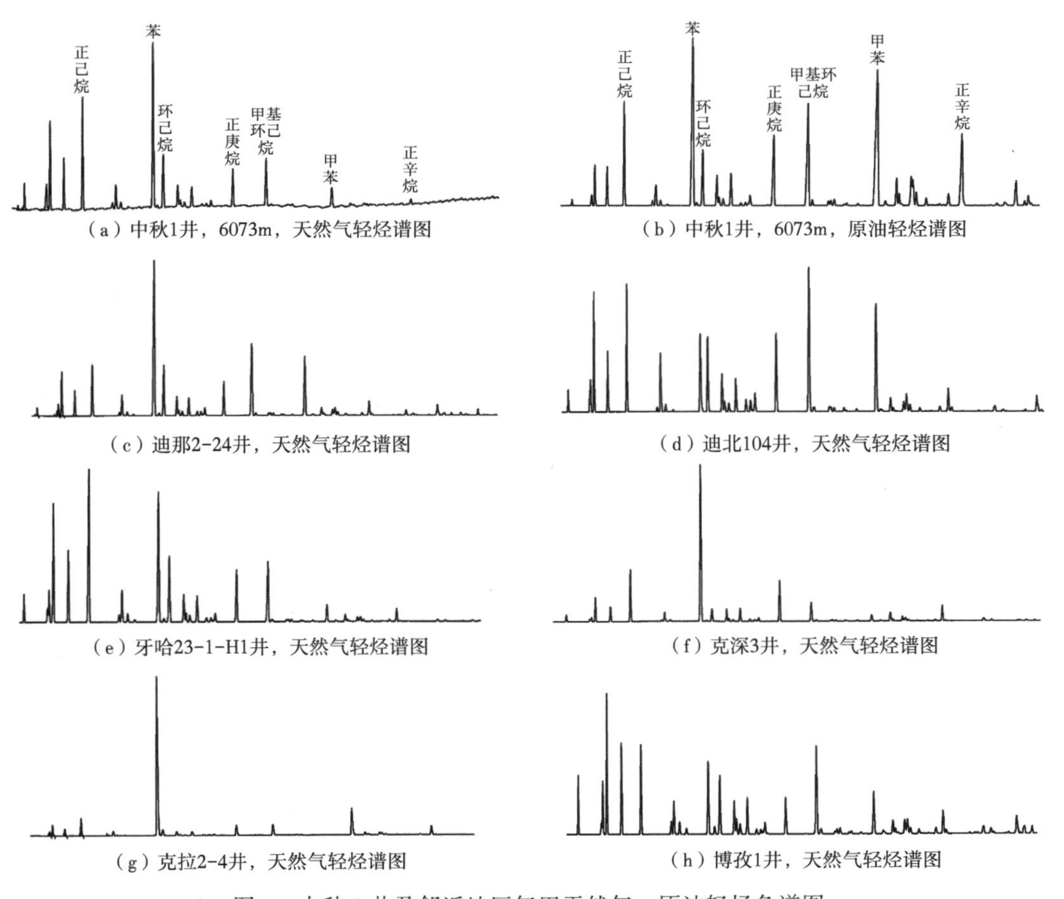

图 3　中秋 1 井及邻近地区气田天然气、原油轻烃色谱图

香烃相对含量明显低于迪那、大北、克拉2、克深等气田，与牙哈气田相当，但高于博孜气田（图4），总体表现出随天然气成熟度增高，轻烃中芳香烃含量逐渐增大的趋势。迪北气田阿合组气藏中 C_{6-7} 轻烃中含有较高的正构烷烃，苯和甲苯含量相对较低，显示出腐泥型母质来源特征［图3（d）］，这与其主要来源于三叠系湖相泥岩有关[16]。

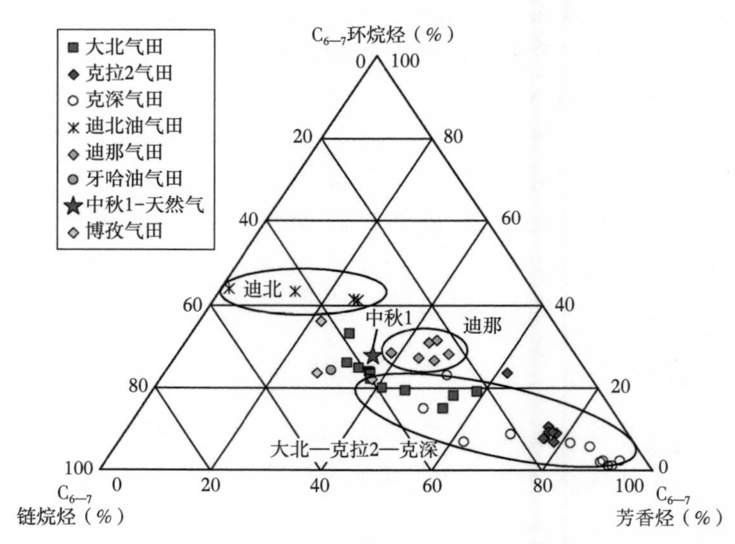

图4　中秋1井及邻近地区天然气中 C_{6-7} 轻烃三角图组成

3　中秋1井原油地球化学特征

3.1　原油物理化学性质

中秋1井原油密度为0.8067g/cm³（20℃条件下），含蜡量为6%，运动黏度（50℃条件下）为1.128mm²/s。原油中饱和烃含量为73.83%，芳香烃含量为17.87%，饱和烃/芳香烃值为4.13，沥青质和非烃含量较低，分别为1.49%和0.11%，属于轻质油。

3.2　原油轻烃特征

中秋1井原油中 C_{6-7} 轻烃谱图如图3（b）所示，轻烃组成中以苯含量最高，其次为甲苯，甲基环己烷、正己烷、正庚烷、环己烷含量依次降低。值得注意的是，中秋1井原油中甲苯、正辛烷等化合物丰度远高于中秋1井天然气［图3（a）］，显示高碳数的轻烃组分更易赋存于原油中。总体而言，中秋1井原油与天然气轻烃分布特征相似，均含有较多的芳香烃，显示两者的轻烃具有腐殖型母质来源特征。

3.3　原油生物标志物特征

中秋1井原油饱和烃气相色谱中正构烷烃分布以 C_{18} 为主峰，CPI（碳优势指数）和OEP（有机质的奇偶碳比值）分别为1.09、1.03，轻重比（n-C_{21}—n-C_{22+}）值为3.72，低碳数正构烷烃占优势，指示水生生物来源。Pr/Ph值为1.1，Pr/n-C_{17} 值为0.15、Ph/n-C_{18}

值为 0.13，指示有机质类型属于Ⅱ型，处于偏还原环境中；中秋 1 井原油三环萜烷系列化合物含量较高，五环萜烷的含量明显偏低，推测与原油较高的热演化程度有关。中秋 1 井原油中三环萜烷以 C_{23} 为主峰，大体呈正态分布特征，C_{27}、C_{28} 和 C_{29} 规则甾烷呈“V”形分布，C_{27} 甾烷与 C_{29} 甾烷比值为 1.01，两者含量相近（图 5），伽马蜡烷与 C_{30} 藿烷比值为 0.18，总体表现出微咸水湖相水生生物输入的特点。

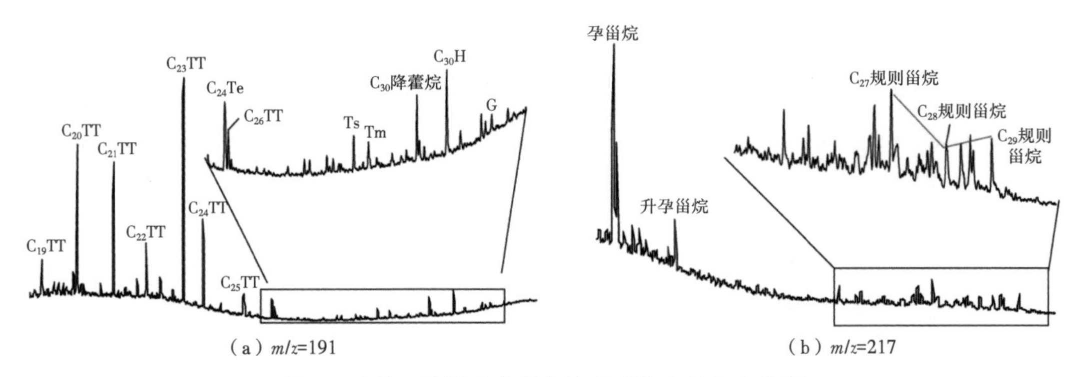

图 5　中秋 1 井原油中甾萜烷系列化合物分布特征

C_{19}TT—C_{19} 三环萜烷；C_{20}TT—C_{20} 三环萜烷；C_{21}TT—C_{21} 三环萜烷；C_{22}TT—C_{22} 三环萜烷；C_{23}TT—C_{23} 三环萜烷；C_{24}TT—C_{24} 三环萜烷；C_{25}TT—C_{25} 三环萜烷；C_{26}TT—C_{26} 三环萜烷；C_{24}Te—C_{24} 四环萜烷；C_{30}H—C_{30} 藿烷；G—伽马蜡烷

中秋 1 井原油中菲含量远远大于甲基菲含量（图 6），菲/甲基菲值达 2.24，推测中秋 1 井中过高的菲含量与高演化阶段有关。在高演化阶段由于热力作用增强，甲基菲脱甲基作用明显，会导致菲的相对丰度急剧增大。根据 Radke 等提出的甲基菲指数（MPI_1）公式[17]及 MPI_1 与镜质组反射率之间的两段式经验估算公式[18]，估算中秋 1 井原油成熟度（R_o）：当 R_o 值为 0.65%~1.35%时，计算中秋 1 井 R_o 值为 0.49%，处于未熟阶段；当 R_o 值为 1.35%~2.00%时，中秋 1 井 R_o 值为 2.22%，处于过熟阶段。两种计算结果差异巨大，说明采用甲基菲指数难以准确判断中秋 1 井原油成熟度。

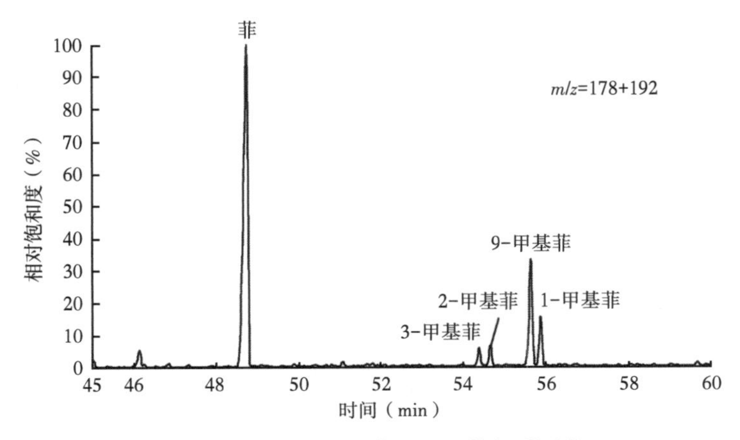

图 6　中秋 1 井原油菲、甲基菲色质图谱

观察中秋 1 井原油芳香烃组成中 4 个甲基菲化合物的分布特点，发现 9-甲基菲、1-甲基菲的相对含量较 3-甲基菲、2-甲基菲高，且 9-甲基菲含量异常高（图 6）。不同沉积

环境和生源烃源岩中的甲基菲分布特征对比显示，淡水湖沼相原油要比半咸水—咸水湖相、海相原油富集2-甲基菲、3-甲基菲[19-21]。由此认为，中秋1井原油芳香烃中9-甲基菲含量异常高与沉积环境和母质来源有关，指示母质来源于微咸水—咸水沉积环境下水生生物，与饱和烃生物标志物所指示的生源特点一致（图5）。

金刚烷类化合物的形成一般不受有机质输入和烃源岩沉积环境的影响，化合物性质稳定，不易受热力、生物降解、运移过程中的色层作用影响，可作为判别高成熟原油裂解产物的有效指标[22-25]。中秋1井原油中检测到丰富的单金刚烷、双金刚烷系列化合物，其单金刚烷成熟度（MAI）为62.6%，双金刚烷成熟度（MDI）为40.6%，根据金刚烷指标与成熟度之间的关系，得出中秋1井原油成熟度约为1.3%（图7），与天然气成熟度相近，均处于高成熟阶段。

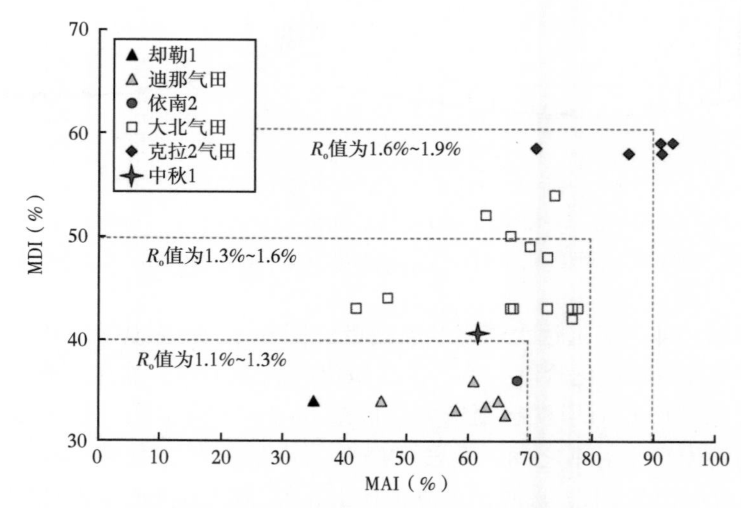

图7　秋里塔格构造带及邻近地区不同油气田中原油成熟度[5,24-25]

MAI为1-甲基单金刚烷/(1-甲基单金刚烷+2-甲基单金刚烷)；MDI为4-甲基双金刚烷/(1-甲基双金刚烷+3-甲基双金刚烷+4-甲基双金刚烷)；邻近地区原油中金刚烷数据引自文献［5，24-25］，判识界限值据文献［25］

4　中秋1井油气来源

4.1　原油的来源分析

4.1.1　生物标志物判识原油来源

库车坳陷侏罗系以发育沼泽相含煤沉积为主，生物标志物中三环萜烷以C_{19}为主峰，C_{20}、C_{21}、C_{23}三环萜烷呈现逐渐递减、C_{27}甾烷、C_{28}甾烷、C_{29}甾烷倒“L”形分布。Pr/Ph值为1.48~4.83，处于氧化环境。伽马蜡烷/C_{30}藿烷值为0.08~0.09，属于淡水沉积环境［图8（a）］。三叠系以湖相泥岩沉积为主，生物标志物中三环萜烷呈正态分布、C_{27}甾烷、C_{28}甾烷、C_{29}甾烷呈“V”形分布，显示存在较多的水生生物输入，贫重排甾烷、相对富含伽马蜡烷，伽马蜡烷/C_{30}藿烷值为0.16~0.24，显示水体为微咸水环境［图8（b）］[16]，Pr/Ph值为0.86~2.01，处于偏还原环境。

前已述及，中秋1井原油中三环萜烷以C_{23}为主峰，大体呈正态分布特征，C_{27}、C_{28}和C_{29}规则甾烷呈“V”形分布（图5），伽马蜡烷/C_{30}藿烷值为0.18，Pr/Ph值为1.10，与三叠系湖相泥岩生物标志物特征一致；中秋 1 井原油芳烃中 9-甲基菲、1-甲基菲含量高，同样指示来源于微咸水—咸水湖相水生生物。

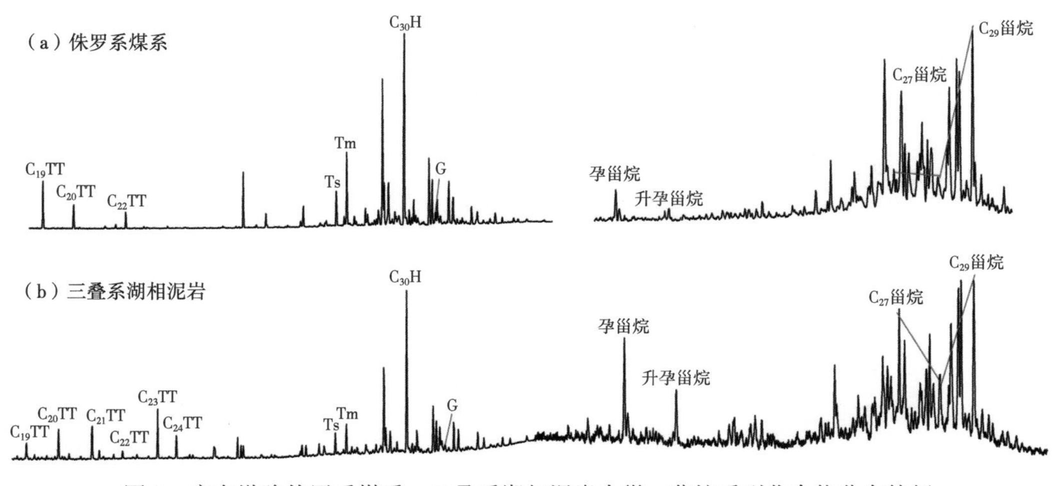

图 8　库车坳陷侏罗系煤系、三叠系湖相泥岩中甾—萜烷系列化合物分布特征

4.1.2　正构烷烃碳同位素组成判识原油来源

通过中秋 1 井原油正构烷烃碳同位素组成与库车坳陷侏罗系—三叠系烃源岩正构烷烃碳同位素组成对比，可判识中秋 1 井原油来源。由图 9 可以看出，库车坳陷侏罗系烃源岩正构烷烃碳同位素组成分布为-27.2‰～-23.5‰，三叠系烃源岩正构烷烃碳同位素组成明显较轻，分布为-31.6‰～-28.2‰，中秋 1 井原油正构烷烃碳同位素组成为-31.6‰～-29.8‰，与三叠系烃源岩分布特征相近，指示中秋 1 井原油主要来源于三叠系湖相泥岩。

综上所述，中秋 1 井原油生物标志物特征、稳定碳同位素组成特征均与库车坳陷三叠系湖相泥岩匹配。值得注意的是，中秋 1 井原油 C_{6-7}轻烃中芳香烃含量高，指示存在煤系贡献，由此推测中秋 1 井原油主要来源于三叠系湖相泥岩，混有侏罗系煤系所产轻烃的贡献。

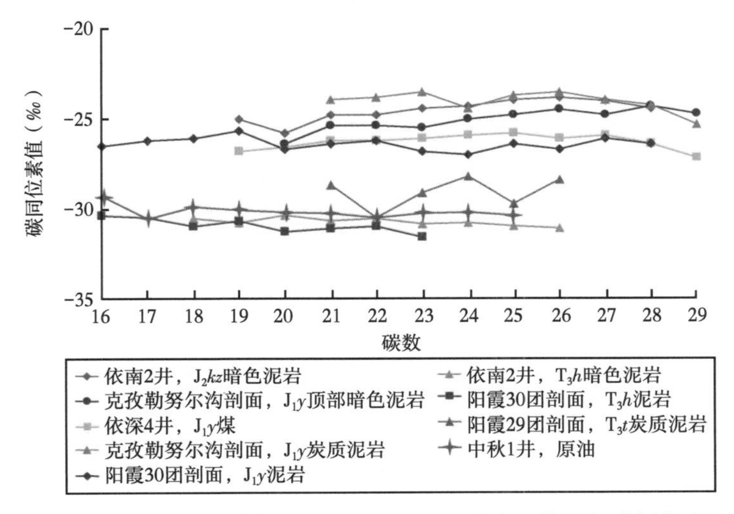

图 9　中秋 1 井原油及库车坳陷侏罗系—三叠系烃源岩中正构烷烃碳同位素组成对比图

4.2 天然气来源分析

通过对比岩石热解轻烃与天然气轻烃特征，可判识中秋 1 井天然气来源[14,16]。库车坳陷侏罗系主要发育煤系，三叠系烃源岩以湖相泥岩为主，其烃源岩热解产物中轻烃分布差异明显（图 10），侏罗系泥岩和煤在 300℃和 500℃时，岩石热解轻烃均表现为 C_{6-7}芳香烃含量高（>30%），C_{6-7}支链烷烃含量低的特点（<10%）；三叠系泥岩在 300℃和 500℃时，岩石热解轻烃则表现为 C_{6-7}芳香烃含量相对低（<50%），C_{6-7}支链烷烃含量相对高的特点（>15%）[16]，由此，可用来进行气源对比研究。

本文选用轻烃中 C_{6-7}芳香烃、C_{6-7}支链烷烃占 C_{6-7}轻烃的相对比例来判识天然气来源，将 C_{6-7}芳香烃含量大于 30%、C_{6-7}支链烷烃含量小于 10%视为侏罗系煤系来源；C_{6-7}芳香烃含量小于 50%、C_{6-7}支链烷烃含量大于 15%视为三叠系湖相泥岩来源。中秋 1 井天然气 C_{6-7}芳香烃含量为 36.1%，C_{6-7}支链烷烃含量大于 11.9%，处于侏罗系煤系和三叠系湖相泥岩生烃贡献的过渡区（图 10），据此认为中秋 1 井天然气同时有侏罗系和三叠系的贡献。

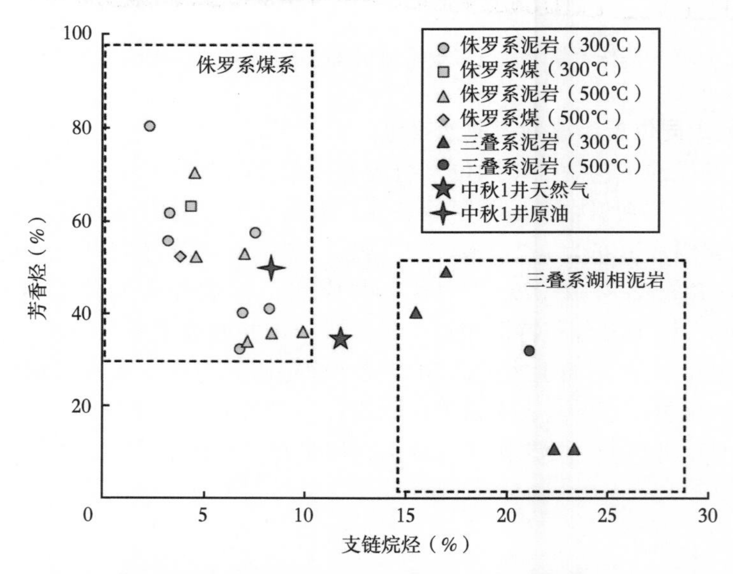

图 10 库车烃源岩热模拟轻烃与中秋 1 井天然气轻烃组成对比图

将中秋 1 井原油轻烃投在图 10 上可以发现，中秋 1 井原油中 C_{6-7}芳香烃含量明显高于中秋 1 井天然气，处于侏罗系煤系生烃贡献区。前文油源对比指出中秋 1 井原油主要来源于三叠系湖相泥岩，然而其原油轻烃中含有较高的 C_{6-7}芳香烃，高含量的 C_{6-7}芳香烃通常来源于煤系，显然不是来源于三叠系湖相泥岩。

中秋 1 井原油中高含量的 C_{6-7}芳香烃应主要来源于侏罗系煤系。首先，库车坳陷侏罗系煤系沉积规模大，厚度为 400~700m；其次，从天然气成熟度与烃源岩成熟度的匹配关系上看，中秋 1 井天然气处于高成熟阶段，新近纪库车组沉积期以来，三叠系烃源岩热演化程度基本大于 2.0%，处于过成熟阶段，侏罗系烃源岩热演化程度基本大于 1.3%，处于高—过成熟阶段[2,5-6]。现今气藏中的天然气成熟度值在 1.3%左右，与侏罗系烃源岩匹配。新近纪康村组沉积期以来，侏罗系煤系大量生成高含芳香烃的凝析气、干气，向三叠系烃源岩生排烃形成的油藏中大规模充注，侏罗系天然气中芳香烃大量溶解在三叠系生成的原油中，导致现今原油中 C_{6-7}芳香烃含量较高。同时，也间接指示了中秋 1 井圈闭中天然气大部分来源于侏罗系煤系。

5　中秋 1 圈闭油气成藏特征

中秋 1 井天然气主要来源于库车坳陷侏罗系煤系，原油主要来源于三叠系湖相泥岩，储集层为白垩系巴什基奇克组砂岩，直接盖层为古近系库姆格列木群的泥岩和膏泥岩，具有“早油晚气”的成藏特点。

5.1　烃源岩特征

秋里塔格构造带西接拜城凹陷南缘，东邻阳霞凹陷，中秋 1 井所处中秋段恰好位于拜城凹陷和阳霞凹陷之间，两个凹陷广泛发育侏罗系、三叠系烃源岩。根据库车坳陷井—震资料，中秋段侏罗系烃源岩厚度可达 200m，三叠系烃源岩厚度可达 100m，烃源岩厚度大，分布稳定。三叠系—侏罗系烃源岩有机质丰度高，有机质类型以Ⅲ型为主，存在部分Ⅱ型处于成熟—高成熟阶段[2,5-6]，总生气强度为（50~100）$\times10^8 m^3/km^2$，烃源岩条件优越。

5.2　储集层特征

中秋 1 圈闭纵向上主要发育 2 套储集层：古近系吉迪克组底部砂岩和白垩系巴什基奇克组砂岩（图 11）。吉迪克组底部储集层沉积相类型主要为滨浅湖相，储集层厚度为

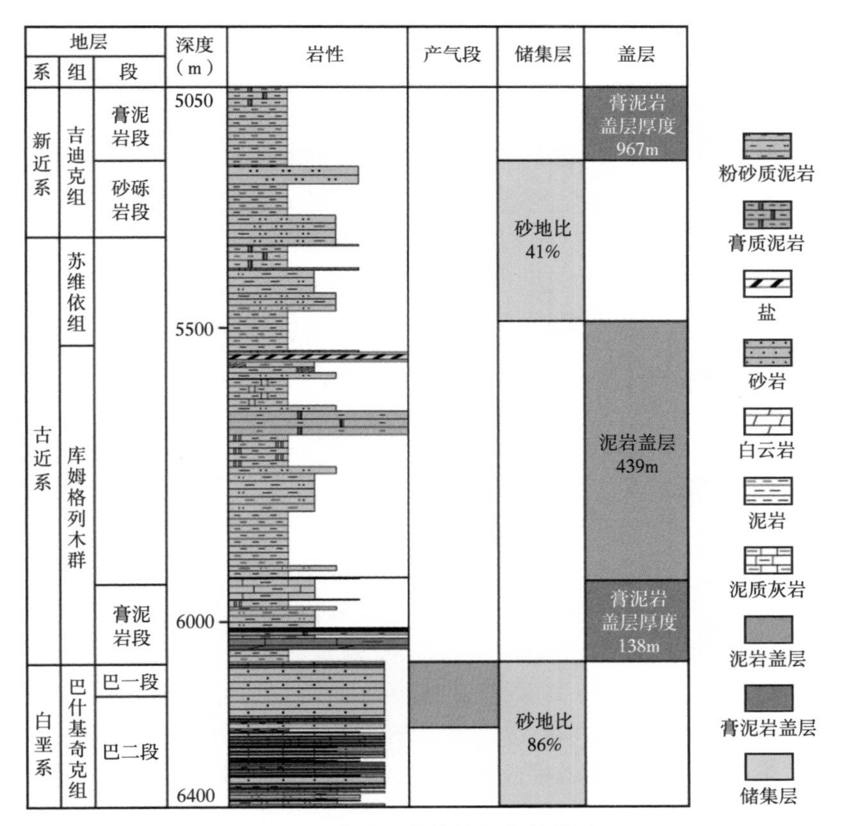

图 11　中秋 1 井储盖组合柱状图

273m，砂岩与膏岩、泥岩互层明显，单层砂岩厚度为1~2m，砂岩累计厚度113m，砂地比约为41%；巴什基奇克组沉积相类型主要是辫状河三角洲沉积前缘亚相，岩性以砂岩为主，储集层厚度为248m，砂地比可达86%，横向分布稳定，纵向砂体叠置连片。储集层岩性以长石岩屑砂岩、岩屑砂岩为主，孔隙主要为粒间溶孔，其次为粒间孔，少量微孔隙及粒内溶孔，孔隙度主要为8%~18%，平均孔隙度为12.8%，渗透率主要为（1.4~3.8）mD，平均渗透率为2.06mD，属于低孔中渗储集层[1]。对比两套储集层的砂岩厚度和孔渗条件，确定白垩系巴什基奇克组砂岩是主要储集层。

5.3 盖层特征

中秋1圈闭发育2套区域盖层：新近系吉迪克组膏泥岩盖层、古近系泥岩和膏泥岩盖层，古近系膏泥岩盖层既是区域盖层，同时也为直接盖层。由测井、地震等资料分析，新近系吉迪克组中上部膏泥岩由中秋至西秋段有逐渐减薄的趋势，在中秋1井处厚度为967m，古近系膏泥岩盖层则是由西秋段向中秋段逐渐减薄，在中秋1井该套盖层厚度为138m（图11）。鉴于中秋1井未钻取岩心，新近系吉迪克组中上部膏泥岩物性特征参考临近区东秋5井数据，东秋5井新近系吉迪克组膏泥岩平均孔隙度为3.1%，平均渗透率为0.07mD，盖层品质良好；而古近系膏泥岩盖层位于新近系吉迪克组膏泥岩之下，且压实作用更强，因此古近系膏泥岩是主要盖层，封闭油气能力更强。

5.4 储盖组合

根据中秋1井储、盖发育特征分析，该区域存在两套储盖组合，分别是新近系吉迪克组膏泥岩与吉迪克组底部砂砾岩段—苏维依组盐内砂岩储集层、古近系库姆格列木组膏泥岩与白垩系巴什基奇克组储集层。由于吉迪克组—苏维依组储集层砂地比相对较低、物性条件较差，且油气难以沿活动断裂穿盖层运移到该套储集层内，不是有利储盖组合；古近系库姆格列木组膏泥岩与白垩系巴什基奇克组储集层形成优质的储盖组合，由于活动断裂难以将塑性膏泥岩错断，能够有效地抑制巴什基奇克组内油气垂向散失。此外，古近系膏盐层可起到滑脱作用，吸收盐下构造应力，补偿部分构造变形的影响，使白垩系巴什基奇克组内叠瓦状断背斜型圈闭保存良好，为油气聚集提供良好的圈闭条件。

5.5 油气成藏过程分析

基于中秋1构造演化史研究，结合中秋1圈闭油气来源和烃源岩生烃演化特征[2,5-6]，分析中秋1圈闭油气成藏过程：（1）吉迪克组沉积早期，三叠系与侏罗系烃源岩R_o值分别小于0.7%和0.5%，处于未成熟—低成熟阶段，可生成少量低熟轻质油，但此时中秋段白垩系圈闭尚未形成；吉迪克组沉积中期至晚期，伴随地层持续沉积和构造运动的影响，侏罗系烃源岩仍处于低成熟阶段，生成少量轻质油，而三叠系烃源岩R_o值为0.7%~1.3%，开始大量生成轻质油和凝析油[26]，沿活动断裂运移至同期形成的白垩系圈闭中成藏；（2）康村组沉积期，三叠系烃源岩R_o值为1.3%~2.0%，开始生成凝析气和干气，侏罗系烃源岩R_o值为0.7%~1.3%，大量生成轻质油和凝析油，与此同时白垩系圈闭在构造挤压作用下，幅度增大，烃源岩生成的油气沿活动断裂运移至白垩系中秋1圈闭、秋里塔格构造带断层下盘圈闭及克拉—圈克深地区白垩系圈闭中；（3）库车组沉积期，在强构造挤压运动作用下，白垩系圈闭幅度增大，且接近定型，与此同时三叠系和侏罗系烃源岩

R_o 值均大于 1.3%，进入大量生成凝析气和干气的阶段，生成的天然气沿活动断裂在中秋 1 圈闭、断层下盘圈闭白垩系内，以及克拉—克深地区白垩系圈闭中充注成藏，并伴有对早期聚集油藏的大规模气侵作用。上述分析表明，中秋 1 圈闭形成时期早于或等于烃源岩大量生排烃时期，且活动断裂沟通烃源岩和圈闭，为油气运移提供了输导通道。

中秋 1 圈闭油气成藏具有“早油晚气”的特点，在早期大量生油阶段（吉迪克沉积中期—晚期、康村组沉积期）和晚期大量生天然气阶段（库车组沉积期），烃源岩生成的油气沿活动断裂运移至膏岩盐盖层之下断背斜圈闭中聚集成藏，构成“源—断—圈—盖”四元耦合控藏模式，有利于中秋 1 圈闭油气运聚成藏。中秋构造带白垩系断层下盘存在一系列构造圈闭，其成藏要素与中秋 1 圈闭具有相似性，是中秋构造带下一步有利勘探目标（图 12）。

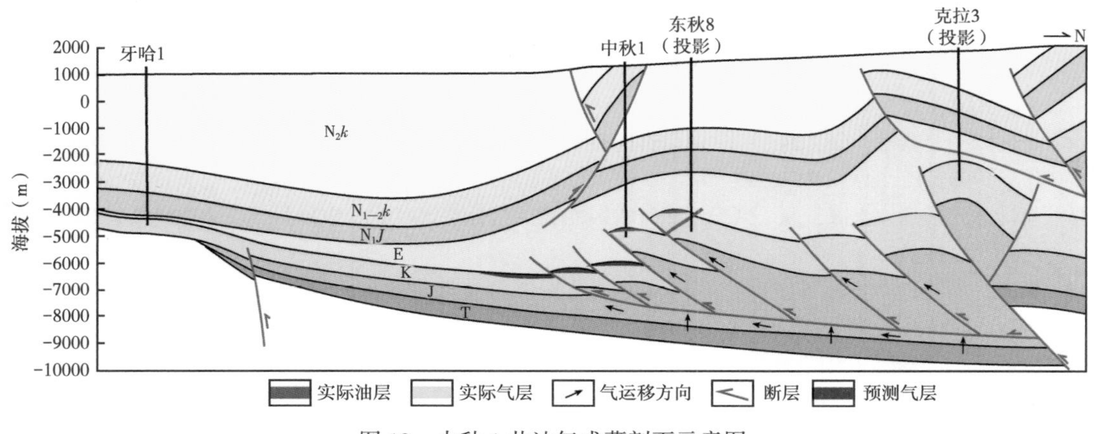

图 12　中秋 1 井油气成藏剖面示意图

6　结论

中秋 1 井天然气和原油均处于高成熟阶段，天然气为煤型气，主要来源于侏罗系煤系，原油主要来源于三叠系湖相泥岩。中秋 1 油气藏具有“早油晚气”的成藏特征，原油主要充注时期为吉迪克沉积期至康村组沉积期，以三叠系湖相泥岩生烃贡献为主；天然气充注主要发生在库车组沉积期，以侏罗系煤系生烃贡献为主，晚期侏罗系生成的煤型气对早期形成的油藏构成大规模气侵。中秋 1 圈闭形成时期早于或等于三叠系—侏罗系烃源岩生排烃期，活动断裂沟通烃源岩和圈闭，为油气运移提供输导条件，“源—断—圈—盖”时空有效匹配，中秋构造断层下盘圈闭与中秋 1 圈闭成藏条件相似，有望成为下步勘探方向。

参 考 文 献

[1] 杜金虎，田军，李国欣，等. 库车坳陷秋里塔格构造带的战略突破与前景展望 [J]. 中国石油勘探，2019，24（1）：16-23.

[2] 金文正，汤良杰，万桂梅，等. 库车东秋里塔格构造变形期与生烃期匹配关系 [J]. 西南石油大学学报（自然科学版），2009，30（1）：19-22.

[3] 李德江，易士威，冉启贵，等. 塔里木盆地库车坳陷东秋里塔格构造样式及勘探前景 [J]. 天然气地球科学，2016，27（4）：584-590.

[4] 杨敏，赵一民，闫磊，等. 塔里木盆地东秋里塔格构造带构造特征及其油气地质意义 [J]. 天然气地球科学，2018，29（8）：826-833.

[5] 张斌．塔里木盆地库车坳陷典型油气藏成因机制与分布规律［D］．北京：中国地质大学，2012：96-102.
[6] 张君峰，高永进，杨有星，等．塔里木盆地温宿凸起油气勘探突破及启示［J］．石油勘探与开发，2019，46（1）：14-24.
[7] 张水昌，张斌，杨海军，等．塔里木盆地喜马拉雅晚期油气藏调整与改造［J］．石油勘探与开发，2012，39（6）：668-680.
[8] 秦胜飞，潘文庆，韩剑发，等．库车坳陷油气相态分布的不均一性及其控制因素［J］．石油勘探与开发，2005，32（2）：19-22.
[9] 戴金星．各类烷烃气的鉴别［J］．中国科学：化学，1992，22（2）：185-193.
[10] 宋岩，徐永昌．天然气成因类型及其鉴别［J］．石油勘探与开发，2005，32（4）：24-29.
[11] 戴金星，倪云燕，黄士鹏，等．次生型负碳同位素系列成因［J］．天然气地球科学，2016，27（1）：1-7.
[12] 戴金星，戚厚发．我国煤型气的 $\delta^{13}C_1$-R_o（%）的关系［J］．科学通报，1989，34（9）：690-692.
[13] 秦胜飞，李先奇，肖中尧，等．塔里木盆地天然气地球化学及成因与分布特征［J］．石油勘探与开发，2005，32（4）：70-78.
[14] 胡惕麟，戈葆雄，张义纲，等．源岩吸附烃和天然气轻烃指纹参数的开发应用［J］．石油实验地质，1990，12（4）：375-379.
[15] 胡国艺，李剑，李谨，等．判识天然气成因的轻烃指标探讨［J］．中国科学：地球科学，2007，37（S2）：111-117.
[16] 李谨，王超，李剑，等．库车坳陷北部迪北段致密油气来源与勘探方向［J］．中国石油勘探，2019，24（4）：485-497.
[17] Radke M，Welte D H. The methylphenanthrene index（MPI）：A maturity parameter based on aromatic hydrocarbons［C］//Bjor Y M. Advances in organic geochemistry 1981. Chichester：John Wiley and Sons Incorporation，1983：504-512.
[18] Radke M. Application of aromatic compounds as maturity indicators in source rocks and crude oils［J］. Marine and Petroleum Geology，1988，5（3）：224-236.
[19] Budzinski H，Garrigues P，Connanj. Alkylated phenanthrene distributions as maturity and origin indicators in crude oils and rock extracts［J］. Geochimica et Cosmochimica Acta，1995，59（10）：2043-2056.
[20] 陈琰，包建平，刘昭茜，等．甲基菲指数及甲基菲比值与有机质热演化关系：以柴达木盆地北缘地区为例［J］．石油勘探与开发，2010，37（4）：508-512.
[21] 宋长玉，金洪蕊，刘璇，等．烃源岩中甲基菲的分布及对成熟度参数的影响［J］．石油实验地质，2007，29（2）：183-187.
[22] Chen Junhong，Fu Jiamo，Sheng Guoying，et al. Diamondoid hydrocarbon ratios：Novel maturity indices for highly mature crude oils［J］. Organic Geochemistry，1996，25（3）：179-190.
[23] Wei Zhibin，Mankiewicz P，Walters C，et al. Natural occurrence of higher thiadiamondoids and diamondoidthiols in a deep petroleum reservoir in the Mobile Bay gas field［J］. Organic Geochemistry，2012，42（2）：121-133.
[24] 朱光有，池林贤，张志遥，等．塔里木盆地大北气田凝析油中分子化合物组成与成因［J］．石油勘探与开发，2019，46（3）：1-12.
[25] 马安来．金刚烷类化合物在有机地球化学中的研究进展［J］．天然气地球科学，2016，27（5）：851-860.
[26] 肖贤明，刘德汉，傅家谟．我国聚煤盆地煤系烃源岩生烃评价与成烃模式［J］．沉积学报，1996，14（S1）：10-17.

本文原刊于《石油勘探与开发》，2020 年第 47 卷第 3 期。

塔里木盆地库车坳陷吐格尔明地区油气地球化学特征及烃源探讨

刘如红[1,2,3]　李　剑[1,2,3]　肖中尧[4]　李　谨[3]　张海祖[4]
卢玉红[4]　张宝收[4]　马　卫[3]　李德江[3]　刘满仓[3]

1. 中国科学院大学，北京
2. 中国科学院大学渗流流体力学研究所，河北廊坊；
3. 中国石油勘探开发研究院天然气地质研究所，河北廊坊；
4. 中国石油天然气股份有限公司塔里木油田分公司，新疆库尔勒

摘要：吐格尔明地区位于库车坳陷东部，近年来部署的吐东2井在侏罗系阳霞组获得工业油气流，指示该区油气勘探的前景广阔。吐格尔明地区油—气—源的对比研究结果显示：吐格尔明侏罗系阳霞组原油的生物标志化合物特征显示其母质为典型的淡水陆源高等植物来源，阳霞组天然气为煤型凝析油伴生气，成熟度与原油相同，两者来源于相同烃源岩。采用生物标志化合物对比技术、正构烷烃碳同位素对比技术系统对比了吐格尔明地区侏罗系阳霞组原油与该区侏罗系、三叠系烃源岩之间的差异，结果显示阳霞组原油与侏罗系阳霞组、克孜勒努尔组烃源岩之间存在母源关系，为该区油气资源评价提供重要参考。

关键词：吐格尔明地区；侏罗系；三叠系；正构烷烃碳同位素；油源对比

库车坳陷是塔里木盆地油气勘探历史最长、发现最早的一级构造单元，是我国最重要的天然气生产基地之一，也是目前我国西气东输工程主要的气源地之一，蕴藏着丰富的天然气和凝析油资源[1-3]。库车坳陷吐格尔明背斜位于库车坳陷东部[4-5]，有良好的油气显示，但一直未形成工业油气流。近年来，吐东2井在侏罗系阳霞组获得高产油气流，指示该区油气勘探的前景广阔。然而，该区勘探程度低，油气来源尚不明确，严重制约油气勘探部署。本文系统研究了库车坳陷吐格尔明地区侏罗系原油、天然气地球化学特征，结合三叠系、侏罗系的烃源岩研究，落实吐格尔明地区侏罗系油气来源，为该区油气勘探提供参考依据。

1　样品与实验

本文开展吐格尔明地区油—气—源的对比研究，所选取的样品来自库车坳陷依奇克里克冲断带东部吐格尔明29团、吐格尔明30团及吐东2井（图1）：天然气样品1个：吐东2井侏罗系阳霞组的天然气；原油样品2个：吐东2井侏罗系阳霞组3983m原油及吐格尔明29团侏罗系阳霞组的油苗；烃源岩样品8个：吐东2井侏罗系克孜勒努尔组顶部和中下部暗色泥岩、侏罗系阳霞组的煤、吐格尔明29团侏罗系阳霞组顶部油页岩、三叠系塔里奇克组碳质泥岩、吐格尔明30团侏罗系阳霞组的暗色泥岩、三叠系塔里奇克组灰色粉

砂质泥岩及三叠系黄山街组暗色泥岩。

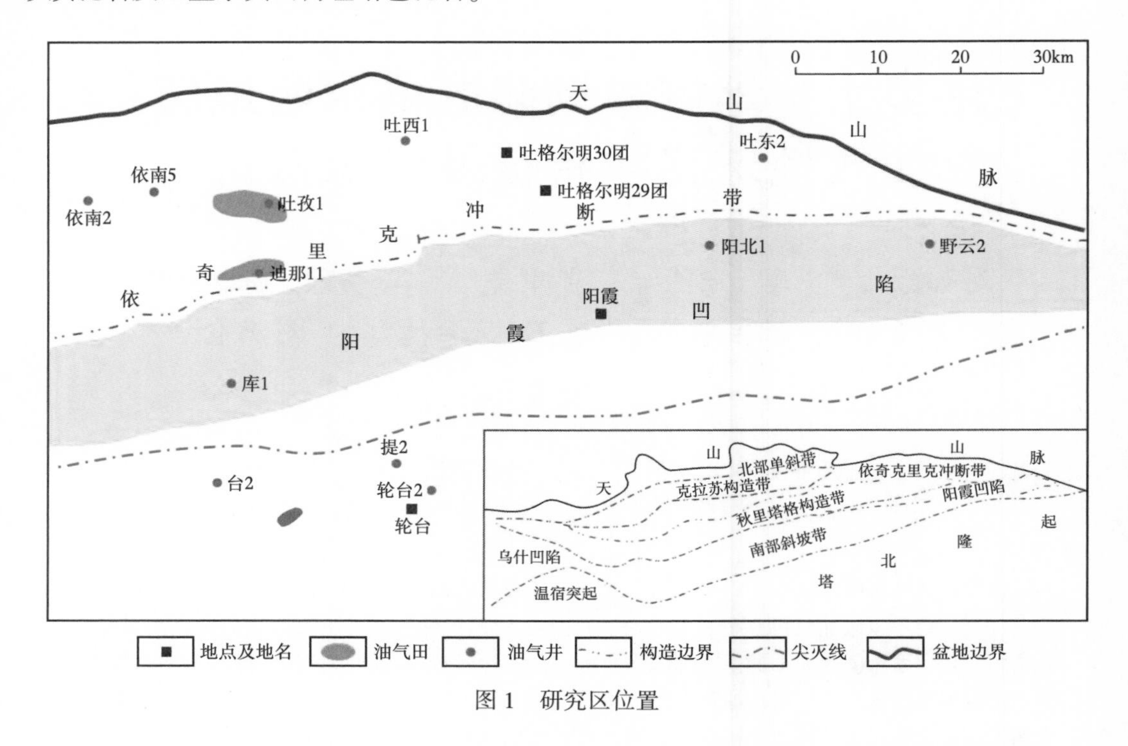

图1　研究区位置

原油样品进行族组分分离，对分离出来的饱和烃组分进行色谱—质谱分析，所得饱和烃经络合、萃取等前处理，进行正构烷烃碳同位素分析；烃源岩经表面去污处理干燥以后，进行索氏抽提、族组分分离，对分离出来的饱和烃组分进行色谱—质谱分析，对于剩余饱和烃经样品前处理后，进行正构烷烃碳同位素分析。本文研究对原油和烃源岩的饱和烃组分采用 HP GC6890/5973MSD 气相色谱—质谱联用仪，在长江大学测定。单体烃同位素采用 Thermo Trace GC Ultra 色谱与 DeltaPlus XP 质谱仪进行测试，相对 PDB 的值，其标准偏差为±0.1‰，在中国石油勘探开发研究院天然气地质研究所测定；天然气组分在 Agilent GC 7890N 气相色谱仪上以 He 作为载气，用双 TCD 检测器进行测试，分析结果为体积分数，在中国石油勘探开发研究院天然气地质研究所测定。天然气的碳同位素在 Delta-Plus XP 色谱—同位素质谱仪上进行测试，相对 PDB 的值，其标准偏差为±0.5‰，在中国石油勘探开发研究院天然气地质研究所测定。

2　结果与讨论

2.1　侏罗系原油中生物标志化合物特点

吐东 2 井侏罗系阳霞组 3983m 原油及吐格尔明 29 团侏罗系阳霞组的油苗 CPI 值在 1.00~1.02 之间，OEP 值在 1.00~1.02 之间，均趋近于 1，其正构烷烃分布不具奇偶优势（图 2），表明其处于成熟阶段[6]。原油样品中甾烷 $C_{29}20S/(20S+20R)$ 值大于 0.4、$C_{29}\beta\beta/(\beta\beta+\alpha\alpha)$ 值大于 0.42，甲基菲（2，3-MP/1，9-MP）值为 1.6，根据包建平[7]建立的库车坳陷井下烃源岩中生物标志化合物值与镜质组反射率间的关系图，其成熟度（R_o）约在 1.05%。

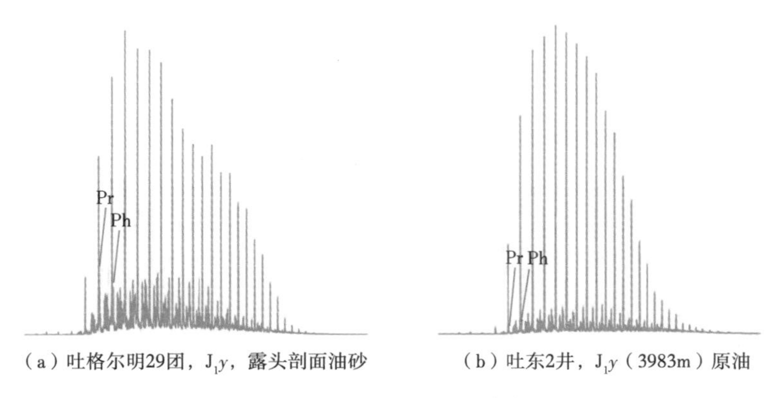

（a）吐格尔明29团，J_1y，露头剖面油砂　（b）吐东2井，J_1y（3983m）原油

图 2　吐格尔明侏罗系原油饱和烃分布（m/z=85）

姥植比（Pr/Ph）是反映成烃古环境氧化还原程度的重要参数，而且可以间接地反映成烃古环境水体的深浅，其值越低表明还原性越强，反之亦然。研究表明，在缺氧的条件下 Pr/Ph<1，在富氧条件下 Pr/Ph>1[8-11]。吐格尔明侏罗系原油 Pr/Ph 值在 1.42~1.59 之间，显示其母质处于偏氧化环境中。

藿烷系列可以有效地指示烃源岩的沉积环境[8,12]，伽马蜡烷来源于原生动物，也是指示水体古盐度的有效指标[6,13]，淡水沉积环境下伽马蜡烷丰度较低，而咸水沉积环境下伽马蜡烷丰度较高。吐格尔明地区的 2 个原油样品中伽马蜡烷丰度较低，伽马蜡烷/C_{30}藿烷值在 0.06~0.09 之间，显示为典型的淡水沉积环境。

吐格尔明侏罗系原油样品中三环萜烷系列以 C_{19}为主峰，C_{20}三环萜烷、C_{21}三环萜烷、C_{23}三环萜烷呈现逐渐递减；吐格尔明地区 2 个原油样品中具有丰度较高的 C_{24}四环萜烷（图 3），较高的 C_{24}四环萜烷是目前判识煤成油与湖相成因原油的一个主要依据[14]，侏罗系原油样品中 C_{24}Te/C_{26}T T 值在 3.53~4.75 之间；此外，（C_{19}+C_{20}）三环萜烷/（C_{23}+C_{24}）三环萜烷值也是指示陆源输入，沉积环境的有效指标，侏罗系原油样品中该值在 3.81~4.89 之间，表现为典型的陆源高等植物来源特点。

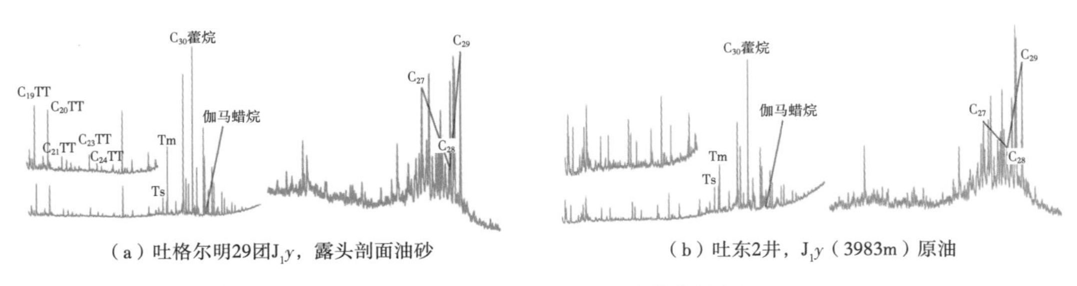

（a）吐格尔明29团J_1y，露头剖面油砂　（b）吐东2井，J_1y（3983m）原油

图 3　吐东 2 井原油及吐格尔明 29 团油苗萜烷、甾烷分布特征（m/z=191、m/z=217）

甾烷作为重要的生物标志化合物参数，能够反映有机质的输入情况和有机质的热演化程度。通常认为，C_{29}甾烷含量较高存在高等植物输入，C_{27}甾烷含量较高，存在低等水生生物输入。陆相沉积有机质中 C_{27}—C_{29}甾烷呈反“L”形分布，而海相沉积有机质中 C_{27}—

C_{29}甾烷呈“V”形分布[8,9]。吐格尔明地区 2 个原油样品 C_{27}—C_{29}甾烷呈反“L”形，即 $C_{29}>C_{27}>C_{28}$（图 3），表明吐格尔明地区的 2 个原油样品中陆源高等植物的输入较高。

综上所述，吐格尔明地区侏罗系原油处于成熟阶段，生烃母质为淡水陆源高等植物。

2.2 吐格尔明地区侏罗系天然气地球化学特点及成因

吐东 2 天然气中甲烷含量为 88%，乙烷含量高达 7.68%，非烃的含量为 3%，主要为 CO_2、N_2，干燥系数为 0.88～0.89，为凝析气。天然气甲烷碳同位素值为−35‰，根据戴金星[15]提出的甲烷碳同位素与天然气成熟度（R_o）之间的拟合关系，估算天然气成熟度（R_o）值为 1.0%，处于成熟阶段，与原油成熟度相同；乙烷碳同位素值为−25.3‰，依据戴金星等[16]提出的依据乙烷碳同位素值判别天然气成因标准，乙烷碳位素值大于−28‰，属于煤成气；丙烷碳同位素值为−25.3‰，其甲烷碳同位素系列呈正序分布特点。

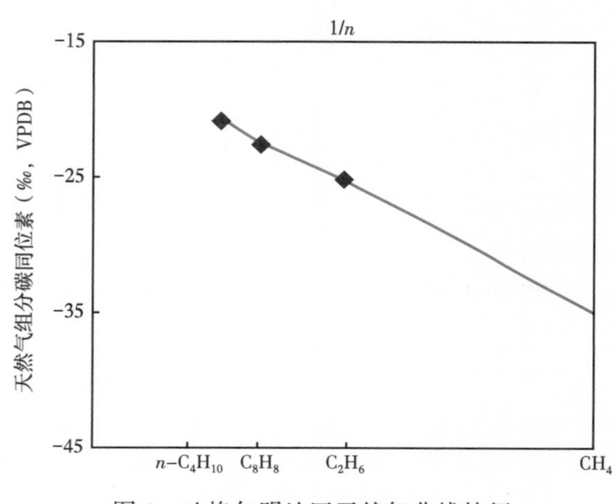

图 4　吐格尔明地区天然气曲线特征

Chung 等[17]根据同位素动力学分馏效应，推导出天然气中气态烃的同位素值与其碳数的一个理想关系方程，并将 $\delta^{13}C_n$—$1/n$ 关系图称为“天然气曲线”，可用于判断天然气是否是混合成因或者遭受过生物降解。通过吐东 2 井侏罗系天然气曲线（图 4），可以发现天然气碳同位素值与碳数的倒数呈很好的线性关系，表明该气藏天然气没有遭受次生作用或混源的影响，该天然气来源单一。

通过天然气干燥系数［$C_1/(C_2+C_3)$］与甲烷碳同位素可以用来鉴别天然气成因类型[18]，在该图版上，吐东 2 井天然气处于煤型凝析油伴生气区（图 5）。

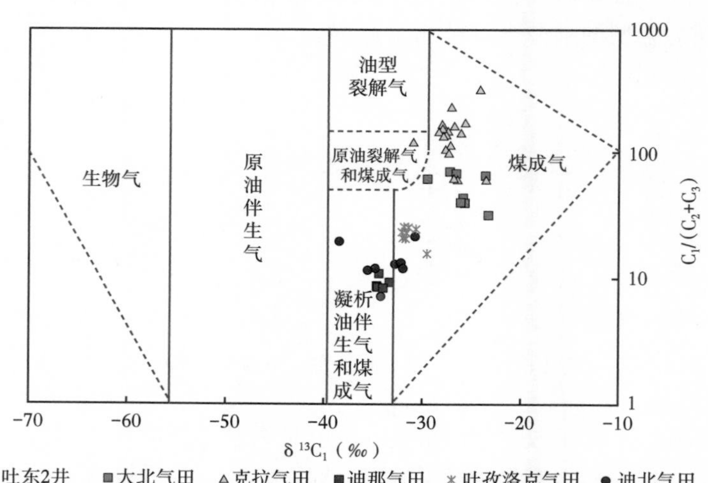

图 5　天然气成因判识图版

综上所述，吐格尔明侏罗系天然气处于成熟阶段，成熟度与原油相似，天然气为煤型凝析油伴生气。

2.3 烃源岩生物标志化合物特征

前人对库车坳陷侏罗系、三叠系烃源岩的分布、厚度、有机质丰度、类型、成熟度及生烃潜力等进行了多次研究[3,19-27]。库车坳陷吐格尔明地区主要发育侏罗系烃源岩，岩性为煤、碳质泥岩和暗色泥岩，有机质高丰度区集中在 J_2kz_3—J_1y_2+J_1y_4，是该区主力烃源岩；而三叠系烃源岩厚度在库车坳陷吐格尔明地区明显减薄，且以暗色泥岩为主，煤和碳质泥岩明显偏少。本文系统采集了吐东 2 井、29 团、30 团侏罗系、三叠系的烃源岩样品，开展生物标志化合物分析，为该区油气源探讨提供判识依据。

该区侏罗系克孜勒努尔组（J_2kz）烃源岩主要为黑色泥岩和碳质泥岩，黑色泥岩 TOC 值介于 0.35%~5.00%，碳质泥岩 TOC 值介于 6.12%~7.28%。生物标志化合物分析结果显示该地层顶部水生生物输入明显［图 6（a）］，三环萜烷呈正态分布特点，C_{27}甾烷、C_{28}甾烷、C_{29}甾烷呈“V”形分布；伽马蜡烷含量相对高，伽马蜡烷/C_{30}H 值在 0.21~0.23 之间。$C_{29}20S/(20S+20R)$ 甾烷值为 0.45、$C_{29}\beta\beta/(\beta\beta+\alpha\alpha)$ 甾烷值为 0.44，根据包建平[7]

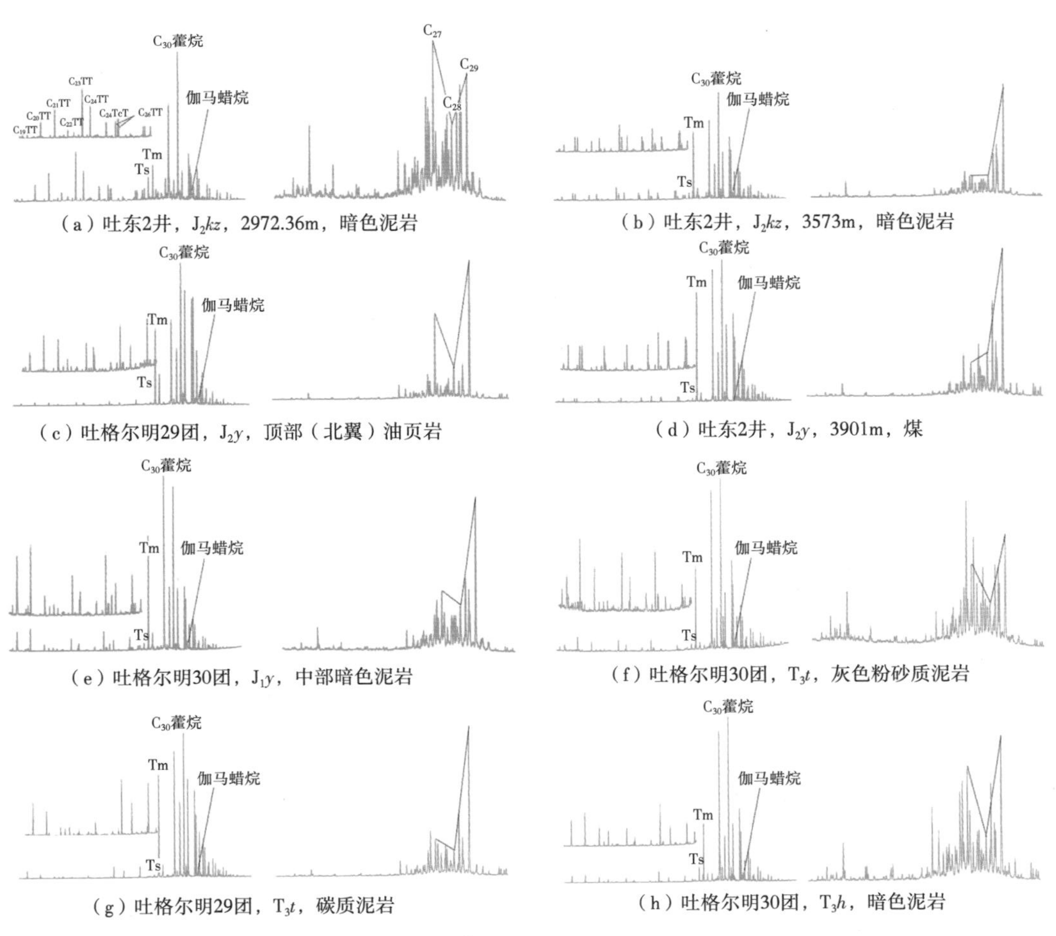

图 6 吐格尔明地区烃源岩饱和烃甾烷、萜烷质量色谱图（m/z=191、m/z=217）

建立的库车坳陷井下烃源岩中生物标志化合物值与镜质组反射率间的关系图，其成熟度（R_o）值约在 1. 10%；中、下段总体表现为生源母质为陆源高等植物的特点［图 6（b）］，三环萜烷均以 C_{19} 为主峰，C_{20} 三环萜烷、C_{21} 三环萜烷、C_{23} 三环萜烷呈现逐渐递减，C_{27} 甾烷、C_{28} 甾烷、C_{29} 甾烷呈倒“L”形分布。伽马蜡烷/C_{30}H 值在 0. 04～0. 13 之间，处于淡水沉积环境。$C_{29}20S/(20S+20R)$ 甾烷值为 0. 34、$C_{29}\beta\beta/(\beta\beta+\alpha\alpha)$ 甾烷值为 0. 36，对应成熟度（R_o）值约为 0. 63%。

侏罗系阳霞组（J_1y）烃源岩厚度大、分布广，是该区主力烃源岩。在库车坳陷东部地区侏罗系阳霞组顶部分布一套区域性的标准层（油页岩）。该标志层三环萜烷以 C_{20} 为主峰，三环萜烷呈正态分布，C_{27} 甾烷、C_{28} 甾烷、C_{29} 甾烷呈“V”形分布，水生生物输入明显。伽马蜡烷含量相对煤系烃源岩高，伽马蜡烷/C_{30}H 值在 0. 18～0. 23 之间［图 6（c）］。29 团露头上，该套烃源岩中 $C_{29}20S/(20S+20R)$ 甾烷值为 0. 13、$C_{29}\beta\beta/(\beta\beta+\alpha\alpha)$ 甾烷值为 0. 23，处于未熟阶段。

吐格尔明地区侏罗系阳霞组（J_1y）其他层段岩性主要为暗色泥岩、碳质泥岩、煤，暗色泥岩 TOC 值介于 0. 73%～5. 42%，碳质泥岩 TOC 值介于 9. 15%～22. 28%，煤 TOC 值介于 41. 73%～55. 98%。从生物标志化合物分布特点来看，侏罗系阳霞组（J_1y）中下部呈现典型的陆源高等植物来源特点：三环萜烷均以 C_{19} 为主峰，C_{20} 三环萜烷、C_{21} 三环萜烷、C_{23} 三环萜烷呈现逐渐递减，C_{27} 甾烷、C_{28} 甾烷、C_{29} 甾烷呈倒“L”形分布［图 6（d），图 6（e）］。伽马蜡烷/C_{30}H 值在 0. 03～0. 16 之间，处于淡水沉积环境。30 团露头上该套烃源岩中 $C_{29}20S/(20S+20R)$ 甾烷值为 0. 35～0. 38、$C_{29}\beta\beta/(\beta\beta+\alpha\alpha)$ 甾烷值为 0. 28～0. 32，对应成熟度（R_o）值约在 0. 82%。

三叠系烃源岩在吐格尔明地区分布较薄，在塔里奇克组（T_3t）岩性主要为暗色泥岩、碳质泥岩等，暗色泥岩 TOC 值介于 1. 24%～5. 72%，碳质泥岩 TOC 值介于 12. 91%～21. 68%，煤 TOC 值介于 48. 91%～62. 93%。从生物标志化合物分布特点来看，除 30 团塔里奇克组灰色粉砂质泥岩显示生源母质为水生生物的特点外，该组其他烃源岩仍显示生源母质为陆源高等植物为主的特点：三环萜烷均以 C_{19} 为主峰，C_{20} 三环萜烷、C_{21} 三环萜烷、C_{23} 三环萜烷呈现逐渐递减，C_{27} 甾烷、C_{28} 甾烷、C_{29} 甾烷呈倒“L”形分布［图 6（f），图 6（g）］。伽马蜡烷/C_{30}H 值在 0. 01～0. 09 之间，处于淡水沉积环境。29 团露头上该套烃源岩中 $C_{29}20S/(20S+20R)$ 甾烷值为 0. 31、$C_{29}\beta\beta/(\beta\beta+\alpha\alpha)$ 甾烷值为 0. 21，处于未熟阶段。

三叠系黄山街组（T_3h）岩性以暗色泥岩为主，暗色泥岩 TOC 值为 0. 44%～5. 02%，碳质泥岩 TOC 值为 6. 32%～10. 1%。烃源岩生物标志化合物特点与侏罗系阳霞组和三叠系塔里奇克组不同，显示生源母质为水生生物的特点［图 6（h）］：三环萜烷以 C_{20} 为主峰，三环萜烷呈正态分布，C_{27} 甾烷、C_{28} 甾烷、C_{29} 甾烷呈“V”形分布。伽马蜡烷含量不高，伽马蜡烷/C_{30}H 值在 0. 04～0. 07 之间，处于淡水沉积环境。30 团露头上该套烃源岩中 $C_{29}20S/(20S+20R)$ 甾烷值为 0. 40、$C_{29}\beta\beta/(\beta\beta+\alpha\alpha)$ 甾烷值为 0. 26，对应其成熟度（R_o）值约在 0. 91%。

2. 4 油源对比研究

前已述及，吐格尔明地区侏罗系阳霞组（J_1y）原油处于成熟阶段（R_o＝1. 0%），属于生源母质为陆源高等植物的特点。主要表现在：三环萜烷均以 C_{19} 为主峰，C_{20} 三环萜烷、C_{21}三环萜烷、C_{23}三环萜烷呈现逐渐递减，C_{27}甾烷、C_{28}甾烷、C_{29}甾烷呈倒“L”形分布（图3）。伽马蜡烷/C_{30}H值在0.01~0.09之间，处于淡水沉积环境。天然气为典型的煤型凝析油伴生气，成熟度（$R_o=1.0\%$）与原油成熟度相同，表明两者属于同一套烃源岩。

对比吐格尔明地区各层烃源岩、原油的生物标志化合物分布特征（图3、图6），侏罗系克孜勒努尔组（J_2kz）中下段、阳霞组（J_1y）（顶部泥页岩除外）烃源岩生物标志化合物中与母质类型、沉积环境相关参数的特点均与侏罗系原油相似，表明存在母源关系。其次，吐格尔明地区烃源岩有机质高丰度区集中在J_2kz_{3-4}—J_1y_{1-2}+J_1y_4，厚度大，是该区主力烃源岩，三叠系烃源岩厚度在库车坳陷东部地区明显减薄，且以暗色泥岩为主，煤和碳质泥岩明显偏少。据此，认为侏罗系烃源岩为原油的主要来源。

此外，碳同位素值也可作为油源对比的重要参数，当热演化条件相似时，油与烃源岩之间的碳同位素组成是可比的[28]。在大多数情况下，存在母源继承关系的原油的碳同位素组成与烃源岩抽提物相比，两者$\delta^{13}C$值分布大致相似。

本文通过正构烷烃碳同位素分析，对比了不同层系源岩与侏罗系原油之间的关系（图7）。侏罗系克孜勒努尔组（J_2kz）上段烃源岩n-C_{17}—n-C_{30}正构烷烃$\delta^{13}C$值为-28.0‰~28.9‰，中下段烃源岩n-C_{17}—n-C_{30}正构烷烃$\delta^{13}C$值为-27.0‰~27.5‰；阳霞组（J_1y）顶部泥页岩n-C_{17}—n-C_{30}正构烷烃$\delta^{13}C$值为-28.9‰~29.7‰，侏罗系阳霞组（J_1y）中部烃源岩n-C_{17}—n-C_{30}正构烷烃$\delta^{13}C$值为-27.5‰~29.3‰；三叠系塔里奇克组（T_3t）烃源岩n-C_{17}—n-C_{30}正构烷烃$\delta^{13}C$值为-28.5‰~30.8‰，三叠系黄山街组（T_3h）烃源岩n-C_{17}—n-C_{30}正构烷烃$\delta^{13}C$值为-30.6‰~31.8‰（图7）。吐东2井侏罗系阳霞组（J_1y）原油n-C_{17}—n-C_{30}正构烷烃$\delta^{13}C$值为-24.5‰~26.4‰（图7），与侏罗系克孜勒努尔组（J_2kz）中下段、阳霞组（J_1y）（顶部泥页岩除外）源岩的正构烷烃$\delta^{13}C$分布范围相似，显示具有亲缘关系；而三叠系烃源岩氯仿沥青“A”中正构烷烃$\delta^{13}C$则明显偏轻。

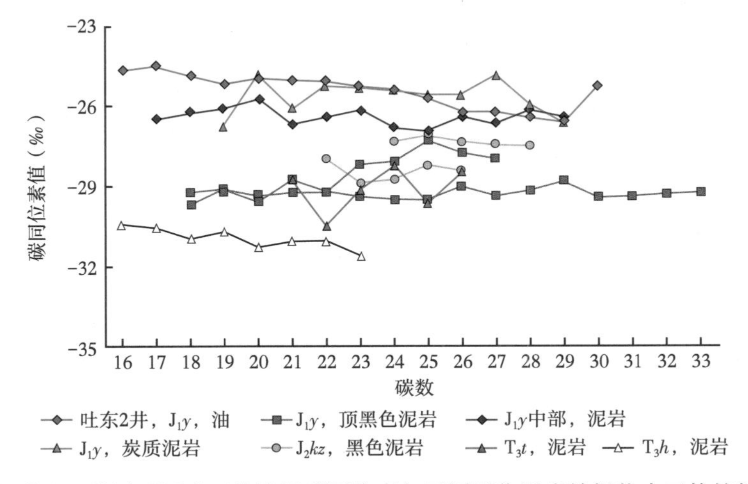

图7 吐格尔明地区侏罗系原油正构烷烃碳同位素与不同层位源岩抽提物中正构烷烃同位素分布

综上所述，2种手段进行油源对比结果，吐格尔明地区侏罗系阳霞组原油主要来源于侏罗系克孜勒努尔组、阳霞组烃源岩。

3 结论

（1）吐格尔明地区侏罗系阳霞组原油处于成熟阶段，生物标志化合物显示生源母质为淡水陆源高等植物的特点。

（2）吐格尔明地区侏罗系阳霞组天然气具有典型的煤型凝析油伴生气，天然气成熟度与原油成熟度相同，天然气与原油同源。

（3）油源对比结果显示吐格尔明地区侏罗系阳霞组原油主要来源于侏罗系克孜勒努尔组、阳霞组烃源岩。

参考文献

[1] 贾承造，顾家裕，张光亚．库车坳陷大中型气田形成的地质条件［J］．科学通报，2002，47（增刊）：49-55.

[2] Liang Digan，Zhang Shuichang，Chen Jianping. Organic geochemistry of oil and gas in the Kuqa Depression of Tarim Basin，NW China［J］. Organic Geochemistry，2003，34（7）：873-888.

[3] 包建平，朱翠山，张秋茶．库车坳陷前缘隆起带上原油地球化学特征［J］．石油天然气学报，2007，29（4）：40-44.

[4] 滕学清，李勇，杨沛，等．库车坳陷东段差异构造变形特征及控制因素［J］．油气地质与采收率，2017，24（2）：15-20.

[5] 卢斌，李剑，冉启贵，等．塔里木盆地库车坳陷东部天然气地球化学特征及成因类型［J］．科学技术与工程，2015，15（6）：52-58.

[6] Peters K E，Walters C C，Moldowan J M. Biomarkers and Isotopes in Petroleum Systems and Earth History，Volume 2 of The Biomarker Guide［M］. Cambridge：Cambridge University Press，2005.

[7] 包建平．库车坳陷生油潜力评价与勘探方向预测［R］．武汉：长江大学地球化学研究中心有机地球化学重点实验室，2004.

[8] Peters K E，Moldowan J M. The Biomarker Guide：Interpreting Molecular Fossils in Petroleum and Ancient Sediments［M］. United States：Prentice Hall，1993.

[9] Philp R P. Fossil Fuel Biomarkers：Applications and Spectra（Methods in Geochemistry and Geophysics）［M］. New York：Elsevier Science Ltd.，1985.

[10] 范善发，姜善春，徐芬芳．原油中类异戊二烯烷烃的分布和演化［J］．石油学报，1981，2（4）：36-43.

[11] DamstéJ S S，Kenig F，Koopmans M P，et al. Evidence for Camma cerane as an indicator of water column stratification［J］. Geochimica et Cosmochimimica Acta，1995，59（9）：1895-1900.

[12] 傅加谟，盛国英，许家友，等．应用生物标志化合物参数判识古沉积环境［J］．地球化学，1991，3（1）：1-12.

[13] Moldowan J M，Seifert W K，Gallegos E J. Relationship between petroleum composition and depositional environment of petroleum source rocks［J］. AAPG Bulletin，1985，69（8）：1255-1268.

[14] 包建平，刘玉瑞，朱翠山，等．北部湾盆地迈陈凹陷徐闻 X1 井油气地球化 学 特 征［J］．天 然 气 地 球 科 学，2006，17（3）：300-304.

[15] 戴金星．天然气碳氢同位素特征和各类天然气鉴别［J］．天然气地球科学，1993，4（2）：1-40.

[16] 戴金星，秦胜飞，陶士振，等．中国天然气工业发展趋势和天然气地学理论重要进展［J］．天然气地球科学，2005，16（2）：127-142.

[17] Chung H M，Gormly J R，Squires R M. Origin of gaseous hydrocarbons in subsurface environments：

Theoretical considerations of carbon isotope distribution [J]. Chemical Geology, 1988, 71 (1-3): 97-104.
[18] 戴金星. 天然气地质和地球化学论文集 [M]. 北京：石油工业出版社, 2014.
[19] 孙金山, 刘国宏, 孙明安, 等. 库车坳陷侏罗系煤系烃源岩评价 [J]. 西南石油学院学报, 2003, 25 (6): 1-4.
[20] 李梅, 包建平, 汪海, 等. 库车前陆盆地烃源岩和烃类成熟度及其地质意义 [J]. 天然气地球科学, 2004, 15 (4): 367-378.
[21] 李贤庆, 肖贤明, 米敬奎, 等. 塔里木盆地库车坳陷中生界烃源岩生烃动力学参数研究 [J]. 煤田地质与勘探, 2005, 33 (4): 35-39.
[22] 卢斌, 冉启贵, 叶信林, 等. 库车坳陷迪北地区烃源岩生物标志化合物特征及其意义 [J]. 科学技术与工程, 2016, 16 (13): 29-34.
[23] 杜治利, 王飞宇, 张水昌, 等. 库车坳陷中生界气源灶生气强度演化特征 [J]. Geochimica, 2006, 35 (4): 419-431.
[24] 王飞宇, 张水昌. 塔里木盆地库车坳陷中生界烃源岩有机质成熟度 [J]. 新疆石油地质, 1999, 20 (3): 221-224.
[25] 王飞宇, 杜治利, 李谦, 等. 塔里木盆地库车坳陷中生界油源岩有机成熟度和生烃历史 [J]. 地球化学, 2005, 34 (2): 136-146.
[26] 王飞宇, 杜治利, 张水昌, 等. 塔里木盆地库车坳陷烃源灶特征和天然气成藏过程 [J]. 新疆石油地质, 2009, 30 (4): 431-439.
[27] 卢斌, 李剑, 冉启贵, 等. 塔里木盆地库车坳陷东部烃源岩热模拟轻烃特征及成因判识 [J]. 天然气地球科学, 2015, 26 (6): 1129-1136.
[28] 赵鹏, 陈世加, 李丽萍, 等. 酒东盆地营尔凹陷下白垩统油源对比 [J]. 天然气地球科学, 2006, 17 (2): 192-195.

本文原刊于《天然气地球科学》, 2019年第30卷第4期。

准噶尔盆地煤系烃源岩及煤成气地球化学特征

李　剑[1]　姜正龙[2]　罗　霞[1]　王东良[1]　韩中喜[1]

1. 中国石油勘探开发研究院廊坊分院

2. 中国地质大学（北京）

摘要：准噶尔盆地主要发育石炭系和侏罗系两套煤系烃源岩，形成与之相关的两类煤成气。石炭系煤系烃源岩有机质丰度高，有机质类型主要为Ⅲ型，成熟度高。侏罗系烃源岩分布广，厚度大，成熟度变化大，中侏罗统—下侏罗统是主力气源岩，资源潜力大。石炭系煤成气属干气，碳同位素较重，甲烷碳同位素组成在-30‰左右，乙烷碳同位素组成大于-28‰，为正碳同位素系列，形成自生自储气藏。源自侏罗系煤系烃源岩的天然气分布广，组分相对较湿，甲烷碳同位素组成变化较大，丁烷和丙烷发生倒转的现象较为普遍，反映出天然气的成熟度变化较大，同源不同阶的天然气混合造成重烃碳同位素偏轻。石炭系煤系天然气资源潜力大，是准噶尔盆地今后最主要的天然气勘探领域。源自侏罗系煤系的天然气分布范围广，南缘是今后侏罗系煤系天然气勘探的有利地区。

关键词：准噶尔盆地；天然气；煤成气；煤系烃源岩；地球化学特征

1　研究区概况

准噶尔盆地是中国陆上八大含油气盆地之一（图1），面积约13.5×10⁴km²，天然气资源丰富，据全国新一轮油气资源评价，其天然气资源量达1.18×10¹²m³。经过50余年的勘探，发现了呼图壁、陆梁、玛河等气田和众多出气点，截至2007年底，准噶尔盆地探明

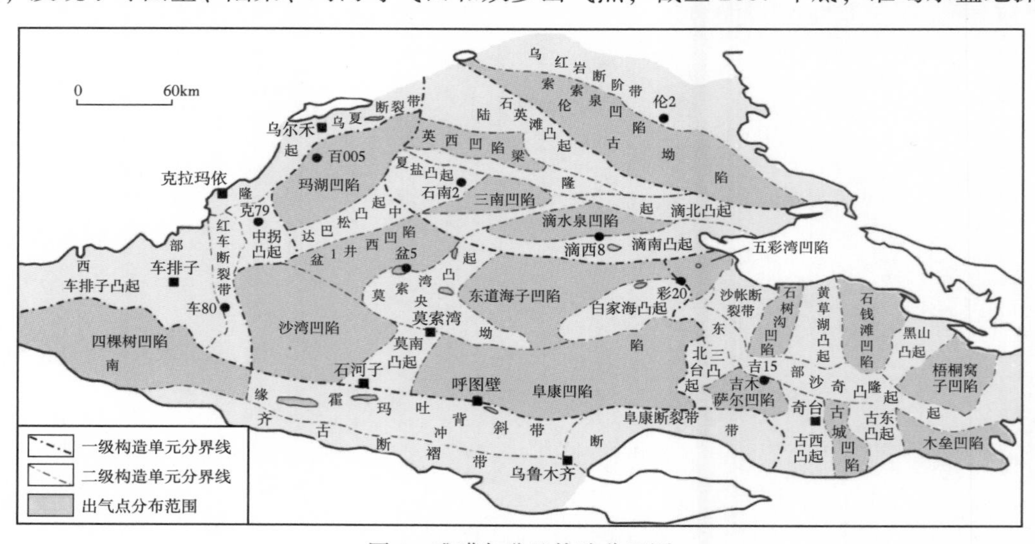

图1　准噶尔盆地构造分区图

天然气地质储量达 $1091\times10^8m^3$。近年来，又相继在盆地腹部陆东—五彩湾和准东地区发现了石炭系油气藏和含油气构造，多口井获得高产工业气流，预计可探明天然气储量 2000 $\times10^8m^3$。准噶尔盆地的天然气主要来源于石炭系、侏罗系及二叠系[1-17]，其中侏罗系和石炭系为主要的煤系烃源岩发育层系，其地球化学特征及勘探潜力值得关注。

2 侏罗系、石炭系煤系烃源岩分布和地球化学特征

准噶尔盆地位于哈萨克斯坦板块、西伯利亚板块与塔里木板块的交汇部位，是哈萨克斯坦板块的东延部分。早古生代后期，古亚洲洋发生了大规模的汇聚运动，哈萨克斯坦联合板块形成，准噶尔成为其一部分；早石炭世开始形成准噶尔独立盆地雏形，晚石炭世进入原型盆地生长发育新时期。总的来说，准噶尔盆地石炭系主要为海陆交互相沉积，下石炭统以海相、海陆过渡相碎屑岩为主，发育煤系烃源岩；上石炭统发育火山岩相、海陆过渡相及陆相碎屑岩组合。自晚古生代—第四纪，准噶尔盆地经历了海西、印支、燕山、喜马拉雅等构造运动，其中二叠纪的前陆发展阶段是盆地烃源岩发育的极盛期。早、中侏罗世，盆地南低北高的局面由于中央坳陷的形成而改变。在温暖潮湿的气候下河流从盆地四周流向腹部，从而形成了一套砂、泥岩、煤系和亚含煤系的互层沉积。晚侏罗世的燕山运动使盆地抬升，占盆地三分之二的西北部地区剧烈上升，腹部的中侏罗统头屯河组中上部及其以上地层遭到强烈剥蚀。地层保存较为完好的区域只有南缘一带和乌伦古北部地区[18]。

2.1 石炭系煤系烃源岩分布及其地球化学特征

准噶尔盆地已有 50 多口井钻揭石炭系，揭示暗色泥岩 0~354m，平均厚度为 46.2m，占地层平均厚度的 13.74%。盆地石炭系多处发育煤层，陆梁隆起到五彩湾凹陷均有分布，其中彩 2 井的煤层厚度达 26m，英西 1 井煤层厚度达 23m，两口井的碳质泥岩厚度也分别达到了 30m 和 50m。大井、五彩湾、滴水泉地区烃源岩平均厚度为 142.10~249.24m，石西地区平均厚度为 87.5m，夏盐、帐北地区平均厚度为 61.9~63.3m，推测在盆地腹部还应该有烃源岩广泛分布，主力烃源岩为下石炭统滴水泉组，其露头显示主要为厚层暗色泥岩夹凝灰岩薄层，总厚度为 800m，可见烃源岩很发育（图 2）。

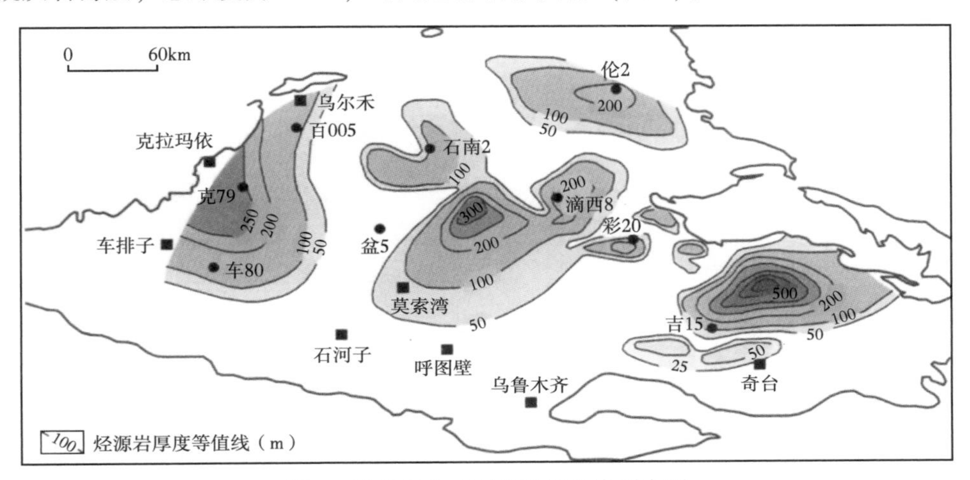

图 2 准噶尔盆地石炭系烃源岩厚度图

石炭系烃源岩主要包括黑色、灰黑色、深灰色、灰色泥岩、碳质泥岩、煤及沉凝灰岩（表1）。钻井揭示泥岩有机碳含量为0.27%~3.71%，平均1.45%；碳质泥岩有机碳含量为10.70%~21.80%，平均15.53%；煤有机碳含量为26.76%~83.09%，平均43.78%；沉凝灰岩有机碳含量为0.23%~4.04%，平均1.56%（表1）。下石炭统滴水泉剖面有机碳含量一般都大于1%，生烃潜量为0.41~7.18mg/g（表2）。由此可见，石炭系烃源岩有机质丰度普遍较高，生烃潜量较大，是较好—好的气源岩。

表1　陆东—五彩湾地区石炭系烃源岩有机地球化学指标

井号	岩性	TOC (%)	平均TOC (%)	HI (mg/g)	R_o (%)	有机质类型
彩28	沉凝灰岩	1.52	1.56		1.30	Ⅲ
滴西3		0.46			1.46	Ⅲ
滴西3		0.23			1.75	Ⅲ
滴西8		4.04			0.80	Ⅲ
彩2	泥岩	2.40	1.45		1.66	Ⅲ
彩26		1.27			1.44	$Ⅱ_2$
彩28		1.61		104	0.83	Ⅲ
彩参1		0.69			1.30	$Ⅱ_1$
彩参2		0.79			0.96	$Ⅱ_2$
滴西3		0.27			1.46	Ⅲ
陆南1		1.03			0.80	$Ⅱ_2$
泉1		3.71		159	0.51	$Ⅱ_2$
泉2		1.33		54		Ⅲ
泉3		1.38			0.78	$Ⅱ_1$
滴12	碳质泥岩	10.70	15.53		1.67	Ⅲ
滴12		21.80		83		Ⅲ
彩28		19.21		143	0.72	Ⅲ
彩28		15.95		173	0.72	$Ⅱ_2$
彩26		15.60		248	1.44	$Ⅱ_2$
彩26		11.51		246	1.44	$Ⅱ_2$
彩35		13.96		128		Ⅲ
彩28	煤	37.59	43.78		0.52	Ⅲ
彩28		27.69		163		Ⅲ
彩26		26.76		189	1.51	Ⅲ
彩35		83.09		53		Ⅲ

石炭系烃源岩主要发育于海陆交互相沉积环境中，有机质类型主要为$Ⅱ_2$—Ⅲ型（图3、表1），尤以Ⅲ型居多，为偏腐殖—腐殖型烃源岩。干酪根元素组成的范氏图中[5]，H、C原子比普遍比较低，落在了腐殖型范围内，上、下石炭统有机质非均质性均较强，且都以Ⅲ型为主，总体上C_1d有机质类型好于C_2b。

表 2　准噶尔盆地滴水泉露头剖面石炭系烃源岩有机地球化学指标

采样位置	岩性	层位	腐泥无定形含量（%）	镜质组含量（%）	惰质组含量（%）	腐泥组颜色	类型指数	有机质类型	R_o（%）	TOC（%）	S_1（mg/g）	S_2（mg/g）	HI（mg/g）
距顶15m	深灰色泥岩	C_1d	62	33	5	黄色	32.25	Ⅱ$_2$	1.58	1.13	0.11	0.39	34
距顶40m	炭质泥岩	C_1d	45	52	3	黄色	3.00	Ⅱ$_2$	1.53	9.71	0.57	6.61	68
距顶60m	深灰色泥岩	C_1d	55	35	10	棕黄	18.75	Ⅱ$_2$	1.50	0.97	0.11	0.37	38
距顶100m	深灰色泥岩	C_1d	65	30	5	黄色	37.50	Ⅱ$_2$	1.58	1.62	0.24	0.85	53
距顶150m	深灰色泥岩	C_1d	60	32	8	棕黄	28.00	Ⅱ$_2$	1.50	1.04	0.10	0.31	30
距顶250m	深灰色泥岩	C_1d	66	22	12	棕黄	37.50	Ⅱ$_2$	1.42	1.32	0.08	0.45	34
距顶350m	深灰色泥岩	C_1d	62	28	10	棕黄	31.00	Ⅱ$_2$	1.34	1.38	0.11	0.58	42

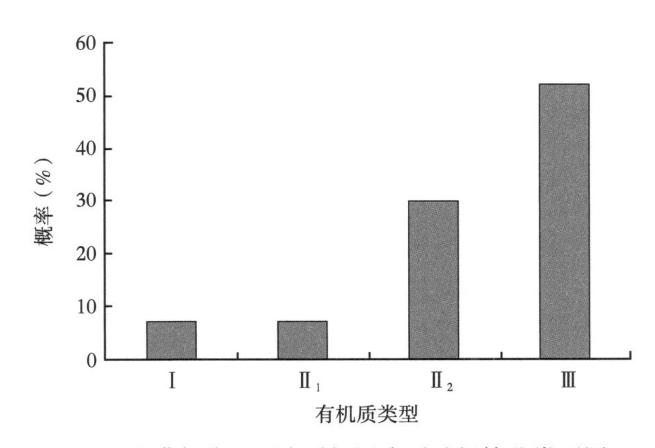

图 3　准噶尔盆地石炭系烃源岩干酪根镜鉴类型图

石炭系烃源岩成熟度普遍较高，R_o 值在 0.51%～1.75%，平均为 1.15%，主要处于成熟—高成熟阶段（表 1）；滴水泉剖面烃源岩 R_o 值在 1.34%～1.58%（表 2），达到了高成熟阶段。在陆东—五彩湾和准东等地区，由于燕山运动，地层抬升剥蚀，现在测得的 R_o 值不是目前埋深所能达到的，其经历的最大埋深应该是在白垩纪末期，因此主要生排烃时期在侏罗纪晚期—白垩纪（图 4）。在盆地腹部的中南部地区，由于喜马拉雅期巨厚的第三系—第四系沉积，存在二次生烃（图 5），东道海子凹陷石炭系烃源岩在白垩纪之前为主要生排烃阶段，燕山运动后地层抬升，生烃停滞，喜马拉雅运动后进一步深埋，超过原成熟度后会继续生烃。因此，准噶尔盆地石炭系主要有两次生排烃过程，二次生烃主要发生在盆地腹部的中南部。

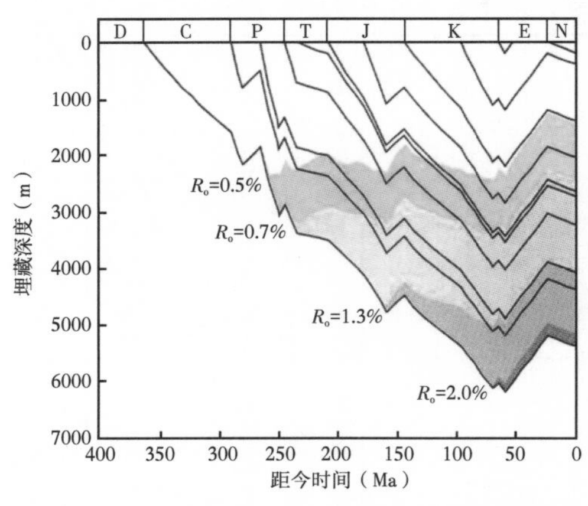

图4 陆东—五彩湾地区石炭系烃源岩生烃演化史图

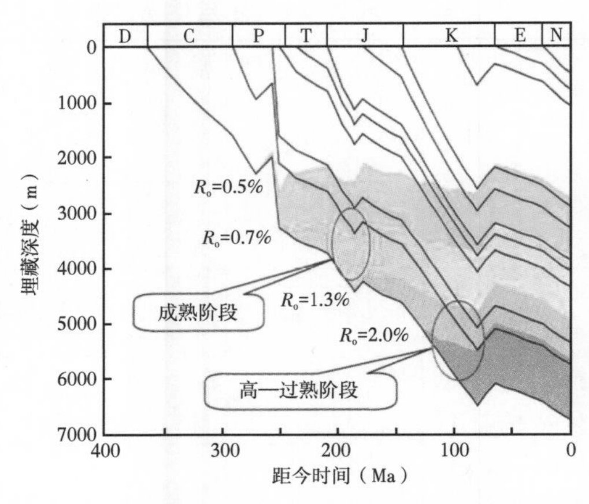

图5 东道海子凹陷石炭系烃源岩生烃演化史图

2.2 侏罗系煤系烃源岩分布及其地球化学特征

侏罗系是一套湖沼相的含煤沉积建造，在准噶尔盆地分布广，厚度大。侏罗纪盆地周边河流—沼泽相及洪积相发育，富含煤层及碳质泥岩，煤层累计厚度在东部沙丘河地区最厚，达35m，盆地中心主要为浅湖相沉积，暗色泥岩发育，累计厚度达600~700m。烃源岩主要发育于中侏罗统—下侏罗统八道湾组、三工河组和西山窑组（图6）。八道湾组和三工河组沉积面积达$11×10^4km^2$，八道湾组沉积中心位于阜康凹陷、石钱滩凹陷、石树沟凹陷及乌鲁木齐以西地区，八道湾组累计生气面积接近$8×10^4km^2$，为准噶尔盆地煤成气的主要气源岩。三工河组主要为浅湖相沉积，沉积中心位于阜康凹陷和盆1井地区，暗色泥岩厚300~400m，有效生气面积小，仅为$2×10^4km^2$。西山窑组主要为沼泽相及滨河沼泽相沉积，最大厚度达1000m，煤层主要分布于盆地南部，最厚达50m，暗色泥岩厚度为350~400m，有效生气面积近$10×10^4km^2$，是准噶尔盆地煤成气的又一套气源岩。

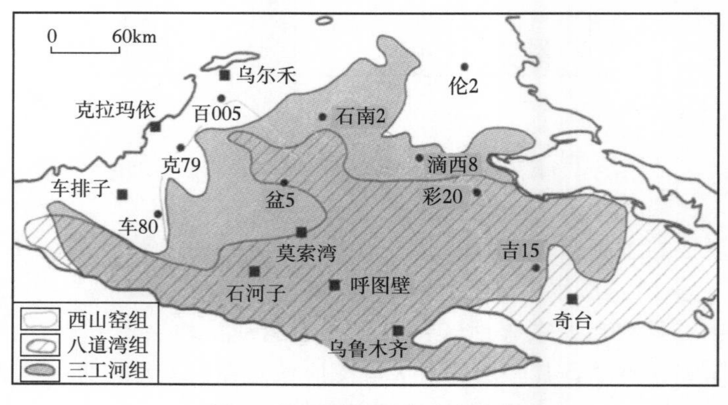

图6 侏罗系烃源岩分布范围

中侏罗统—下侏罗统八道湾组、三工河组和西山窑组泥质烃源岩的地球化学参数见表3，就平均值而言，有机质丰度诸项指标均达到了烃源岩的标准，生烃潜量相对较低，暗色泥岩烃源岩有机质丰度变化较大，相对而言，以三工河组暗色泥岩最佳。暗色泥岩烃源岩有机质类型以$Ⅱ_1$—$Ⅱ_2$型为主[19]。

表 3　准噶尔盆地侏罗系泥质烃源岩有机地球化学参数统计表(括号内数值为样品数)

层位	地区	有机碳含量(%)		氯仿沥青“A”(10^{-6})		总烃(10^{-6})		(S_1+S_2)(mg/g)		HI(mg/g)		H、C 原子比		S_2/S_3	
		范围	均值	范围	均值	范围	均值	范围	均值	范围	均值	范围	均值	范围	均值
八道湾组	西北缘		0.22(1)	5532~6755	6144(2)	1430~2267	1849(2)								
	南缘	0.19~4.47	1.20(28)	37~6020	1204(7)	11~676	189(5)	0.03~1.05	0.38(20)	2~74	30(21)	0.53~1.79	0.74(9)	0.05~2.63	0.50(21)
	东部	0.12~4.70	1.13(31)	25~577	214(15)	29~336	124(9)	0.16~2.43	0.88(16)	19~125	30(20)	0.65~0.94	0.82(8)	0.24~4.42	1.65(18)
三工河组	西北缘	0.56~5.04	1.90(15)	47~1350	523(9)	199~630	303(7)	0.03~20.22	3.61(13)	2~397	135(14)	0.62~1.02	0.87(5)	0.13~36.38	5.98(14)
	南缘	0.24~4.11	1.19(26)	83~1320	335(15)	24~437	141(9)	0.04~6.22	0.89(23)	3~147	45(23)	0.55~0.94	0.81(9)	0.05~3.85	0.88(23)
	东部	0.35~2.93	1.17(7)	52~915	401(3)		134(1)	0.20~0.65	0.41(4)	11~42	31(4)		0.59(1)	0.10~0.44	0.32(3)
西山窑组	南缘	0.16~6.38	1.94(20)	16~918	363(7)	2~233	106(8)	0.04~10.85	2.77(15)	9~208	76(14)	0.46~0.80	0.71(10)	0.16~27.97	6.30(14)
	东部	0.31~1.78	0.82(11)	53~547	243(3)		7(1)	0.12~2.36	0.79(7)	12~77	36(6)	0.53~0.57	0.54(3)	0.09~3.00	0.72(7)

八道湾组和西山窑组的煤岩平均有机碳含量在60%以上，平均氯仿沥青“A”含量在5000×10^{-6}以上，有机质类型以$Ⅱ_2$—Ⅲ型为主，碳质泥岩的有机质丰度也较高，它们是主力气源岩[20]。

有机质演化程度随侏罗系埋深加大而加大，并由盆地北部向南缘逐渐增加。有机质普遍成熟，R_o值大于0.5%，北部多为低成熟（R_o值为0.58%~0.73%），盆地腹部—南缘达到了成熟—高成熟阶段（R_o值为0.83%~2.5%）[21]。

侏罗系生气中心位于南缘冲断带和阜康凹陷，中侏罗统—下侏罗统泥质岩最大生气强度为$50\times10^8m^3/km^2$，八道湾组煤岩最大生气强度为$25\times10^8m^3/km^2$，西山窑组煤岩最大生气强度为$130\times10^8m^3/km^2$，在陆梁隆起带及其以北地区，中—下侏罗统泥质岩和煤岩的生气强度皆小于$5\times10^8m^3/km^2$[18]。

3 石炭系、侏罗系天然气地球化学特征

3.1 石炭系天然气地球化学特征

准噶尔盆地石炭系天然气的分布范围相对局限，目前发现的天然气主要分布在陆东—五彩湾一带，最新钻探盆地腹部中部也有好的天然气显示。石炭系天然气以烃类气体为主，甲烷含量为90.97%~94.37%，干燥系数（C_1/C_{1-5}）在0.95以上，属干气（表4）。许多学者指出，乙烷碳同位素组成是鉴别油型气和煤成气的一个重要指标，戴金星[22-23]先后指出乙烷碳同位素组成大于-27.5‰为煤成气，王世谦[24]认为乙烷碳同位素组成大于-29‰为煤成气，本文取-28‰作为煤成气和油型气的分界线。从表4、图7、图8可以看出，准噶尔盆地石炭系天然气碳同位素组成表现出两种不同的特征：一种是典型的煤成气特征，如彩南和滴西地区的天然气，甲烷碳同位素组成为-30‰左右，乙烷碳同位素组成大于-28‰，在甲烷、乙烷碳同位素组成相关图（图7、图8）中位于最右侧，明显有别于盆地其他地区天然气，主要来源于石炭系$Ⅱ_2$—Ⅲ型气源岩；第二种则表现出典型的油型气特征，甲烷碳同位素组成基本小于-40‰，乙烷碳同位素组成小于-28‰，在甲烷、乙烷碳同位素组成相关图（图7、图8）中位于左侧，主要来源于二叠系。最新钻探的腹部

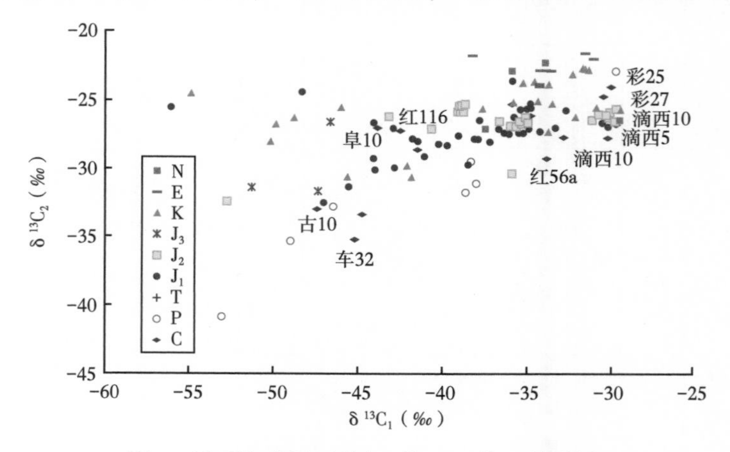

图7 准噶尔盆地天然气$\delta^{13}C_1$—$\delta^{13}C_2$关系图

中部莫深1井天然气也具有典型煤成气特征（表4），应主要为石炭系烃源岩所生，腹部广大地区石炭系因此成为有效的生烃区域，这一地区石炭系火山岩发育，保存条件好，是盆地天然气勘探的重要领域。

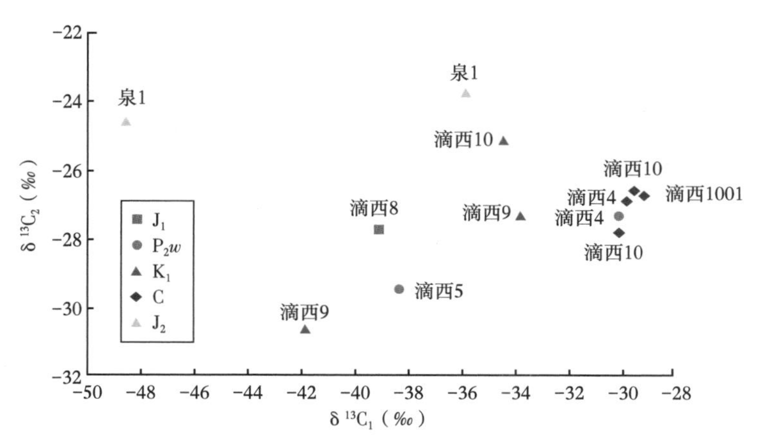

图8　准噶尔盆地滴西地区天然气 $\delta^{13}C_1$—$\delta^{13}C_2$ 关系图

表4　准噶尔盆地石炭系天然气组成与碳同位素组成

地区	井号	井深(m)	组分（%）					$\delta^{13}C$（‰）				参考文献
			CH_4	C_2H_6	C_3H_8	C_4H_{10}	C_5H_{12}	CH_4	C_2H_6	C_3H_8	C_4H_{10}	
彩南	彩31	3260	92.45	1.95	0.42			-29.5	-26.7	-25.6	-24.4	文献［2］
	彩25	3028	94.37	2.13	0.46			-30.0	-24.2	-22.6	-22.3	
	彩27	2784						-30.3	-25.0	-23.0	-22.6	
滴西	滴西10	3024	90.97	2.48	0.73	0.41	0.14	-29.5	-26.6	-24.6	-24.5	
	滴西10	3070	91.67	2.54	0.76	0.44	0.14	-30.1	-27.7	-24.5		
	滴西5	3650						-29.7	-26.8	-25.3	-25.2	
石西	石西1	4431						-33.5	-27.7	-26.5	-26.4	
莫索湾	莫深1	7209						-32.4	-24.2			本文
阜康	阜10	4428						-43.9	-27.0	-26.8	-25.1	文献［2］
红山嘴	红116	1236						-42.6	-27.9	-26.5	-23.0	
	红60	2425						-32.2	-29.0	-28.9	-28.8	本文
	红56a							-33.7	-29.3	-28.6	-29.2	
五区	573	1750						-32.8	-27.8	-26.9	-27.9	
陆梁	石006	4382						-41.6	-28.7	-25.9	-25.4	
车排子	车30	2369						-34.8	-26.3	-17.3	-25.4	
	车32	3349						-45.2	-35.2	-27.6	-27.0	文献［2］
二区	7518	1748						-45.1	-39.2	-31.6	-30.8	
九区	古10	961						-47.4	-32.9	-31.3	-29.5	
七区	7518	1759						-44.7	-33.4	-31.8	-30.4	本文

3.2 侏罗系天然气地球化学特征

来源于侏罗系煤系烃源岩的天然气分布比较广，在全盆地均有分布，天然气产层有侏罗系、白垩系、古近系—新近系，前人研究证实这些产层的天然气主要来自侏罗系煤系烃源岩[8-16]。从表5可以看出，源自侏罗系煤系烃源岩的天然气组分较湿，甲烷含量为60%~97%，干燥系数（C_1/C_{1-5}）为0.63~0.95，五彩湾和准东的天然气相对较干，属干气，南缘除呼图壁气田天然气相对较干外，其他地区相对较湿。天然气组分不同，说明为侏罗系烃源岩在不同演化阶段的产物。

表5 准噶尔盆地侏罗系、白垩系、古近系—新近系天然气组成与碳同位素组成

地区	井号	井深(m)	层位	组分（%）					$\delta^{13}C$（‰）			
				CH_4	C_2H_6	C_3H_8	C_4H_{10}	C_5H_{12}	CH_4	C_2H_6	C_3H_8	C_4H_{10}
五彩湾	彩003	2312	J_2x	94.51	1.63	0.47	0.28	0.14	−30.7	−26.1	−26.9	−25.8
	彩016	2484	J_2x						−36.9	−27.4	−26.3	−25.3
	彩16	2654	J_1s						−30.1	−27.1	−26.7	−26.9
	彩17	2494	J_2x						−30.2	−26.3	−26.5	−26.4
	彩31	2910	J_1b						−38.0	−27.9	−24.8	−23.0
	彩34	2417	J_2x						−38.7	−25.4	−25.4	
	彩43	1735	K_1						−30.2	−25.8	−25.3	−25.7
		2717	J_1s_2						−32.5	−25.9	−24.5	
	彩44	2816	J_2x						−29.5	−26.8	−25.7	−26.1
	彩45	2442	J_2x	94.52	1.63	0.49	0.29	0.13	−30.0	−26.1	−25.5	−25.1
	彩47	3160	J_2x						−31.1	−26.6	−26.2	−27.1
	彩501	1898	K_1q						−29.5	−25.8	−24.9	−25.7
	彩502	2451	J_2x						−29.6	−25.7	−24.9	−25.0
		2631	J_1s						−30.5	−26.8	−24.6	
	彩504	2605	J_2x						−30.3	−26.7	−26.8	−26.9
准东	台10	1904	J_3q	96.52	1.24				−46.6	−26.7		
	台13	2602	J_1b						−47.0	−32.5	−30.7	−30.6
	台16	2136	J_3q						−51.4	−31.4	−23.6	
	台19	1724	J_3q	95.89	1.45				−47.3	−31.7	−29.6	
	北91	1024	K_1tg						−45.6	−30.6		
滴北	泉1	1593	J_1b						−48.4	−24.5	−21.2	−21.3
车拐	车2033		K_1tg						−32.3	−23.2	−19.9	−22.5
	车80		K_1q						−33.6	−23.8	−23.4	−22.5
	车82	2328	J_1b_2						−44.1	−26.6	−20.5	
	车83	2788	K_1tg	86.79	2.82	1.16	0.65	0.27	−31.6	−22.8	−22.1	−22.8
	拐20	3020	$J_1s_2^1$	77.81	7.40	4.89	4.33	1.60	−37.8	−26.6	−25.8	−26.3

续表

地区	井号	井深(m)	层位	组分(%)					δ13C(‰)			
				CH_4	C_2H_6	C_3H_8	C_4H_{10}	C_5H_{12}	CH_4	C_2H_6	C_3H_8	C_4H_{10}
莫索湾—莫北	盆5		J_1s	87.49	4.49	1.86	1.20	0.45	-41.4	-28.0	-27.0	-27.4
	盆参2	5122	J_1b						-39.6	-28.3	-26.3	-25.8
	莫10	4564	$J_1s_3{}^1$						-35.3	-26.3	-25.9	-26.7
	莫101	4204	$J_1s_2{}^2$						-36.8	-27.3	-26.3	-26.8
	莫102	4248	$J_1s_2{}^2$						-36.1	-27.5	-26.4	-26.5
	莫103	4249	$J_1s_2{}^2$						-35.4	-27.2	-26.9	-26.8
	莫108	4176	$J_1s_2{}^1$						-35.3	-25.7	-25.3	-25.8
	莫11	4136	$J_1s_2{}^1$	88.58	3.30	1.01	0.68	0.32	-35.2	-25.7	-25.1	-25.6
		4172	$J_1s_2{}^2$	91.82	3.86	1.33	0.77	0.22	-34.8	-27.1	-26.4	-26.6
	莫12	4232	$J_1s_2{}^2$						-34.1	-27.3	-26.3	-26.6
	莫3	4421	$J_1s_3{}^1$	91.91	2.71	0.99	0.68	0.32	-33.3	-27.2	-26.1	-26.1
	莫7	4223	$J_1s_2{}^1$						-35.7	-26.4	-25.9	-26.4
		4230	J_1s	89.31	3.30	0.97	0.65	0.25	-37.1	-25.5	-24.9	-25.6
	莫8	4230	J_1s	92.64	3.50	1.05	0.69	0.33	-35.8	-25.4	-25.5	-26.2
		4263	$J_1s_2{}^2$						-34.7	-25.3	-25.7	-25.9
	莫北10	3669	J_1s_2						-41.7	-27.9	-26.6	-26.6
	莫北11	3708	J_1s_2						-37.1	-28.2	-26.8	-26.7
	莫北2	3874	J_1s	91.56	3.40	1.13	0	0	-35.7	-26.8	-26.2	-26.4
	莫北5	3726	J_1s	88.16	5.19	1.73	0	0	-34.8	-26.9	-26.1	-26.3
	莫北9	3767	J_1s_2						-42.9	-27.1	-25.7	-26.0
		3782	J_1s_2						-45.6	-31.4	-28.7	-27.5
	莫003	3910	J_1s						-41.1	-29.3	-27.8	-27.0
		3975	J_1s	89.46	3.74	1.31	0	0	-35.3	-27.5	-25.9	-25.9
	莫005	3829	J_1s						-40.2	-28.3	-26.8	-26.8
		3894	J_1s						-44.1	-30.2	-27.7	-27.4
	莫006	3760	J_1s_2						-39.5	-28.2	-28.0	-27.3
石西	石106	2521	J_2t_2						-35.9	-30.5	-25.5	-26.2
	石107	2511	J_2t_2						-36.6	-26.7	-25.4	-25.3
	石109	2536	J_2t_2						-35.3	-26.8	-25.6	-26.4
	石116	2476	J_2t_2						-35.3	-26.5	-25.7	-26.2
	石117	2461	J_2t_2						-35.4	-27.1	-25.8	-26.3
	石121	2528	J_2t_2						-35.7	-27.0	-26.1	-26.6
		2528	J_2t_2						-35.9	-27.3	-26.2	-26.7
	石122	2446	J_2t_2						-35.6	-26.7	-25.6	-26.4
	石123	2421	J_2t_2						-35.0	-26.7	-25.6	-26.4
	石301	2607	K_1q						-35.0	-26.3	-24.9	-23.2
	石303	2645	K_1q						-35.3	-26.2	-25.7	-26.2
	石308	2709	K_1q						-33.5	-25.2	-24.3	-25.0

续表

地区	井号	井深(m)	层位	组分(%)					$\delta^{13}C$(‰)			
				CH_4	C_2H_6	C_3H_8	C_4H_{10}	C_5H_{12}	CH_4	C_2H_6	C_3H_8	C_4H_{10}
滴南	滴西10	1397	K_1h	84.04	3.38	0.19	0.17	0.03	-34.4	-25.1		
	滴西8	2253	J_1s	87.27	4.58	1.85	1.09	0.35	-39.0	-27.7	-25.3	-26.3
	滴西9	2110	K_1	89.85	3.27	1.31	1.00	0.36	-33.7	-27.2	-24.6	-26.3
		2242	K_1tg	89.84	2.89	1.35	0.95	0.34	-41.8	-30.7	-26.4	-26.8
陆东	陆102	1014	K_1tg	95.89	0.09	0.04	0	0	-49.0	-26.3	-28.3	
	陆113	1832	K_1q						-46.0	-25.5		
	陆16	2042	J_2x						-43.2	-26.3	-25.1	-26.1
	陆9	960	K_1tg	94.34	0.1	0.02	0	0	-49.9	-26.7		
石东	石东2	2679	J_2t						-35.7	-26.5	-24.5	-24.9
石南	石南30	1875	K_1h_1						-37.6	-25.5		
	石南31	2606	K_1q	85.24	6.46	3.10	2.24	0.73	-34.8	-26.6	-25.6	-26.4
	石南34	2137	K_1q	72.50	1.52	1.32	1.16	0.37	-35.2	-23.8	-24.5	
南缘	安5	2704	$E_{2-3}a$	60.73	18.87	10.22	5.63	1.55	-35.9	-25.6	-22.9	-24.1
	独1	868	N_2t	82.53	8.86	3.27	0	0	-37.5	-27.1	-24.4	-24.4
	呼001	3564	E_1z	94.37	3.17	0.57	0	0	-31.0	-22.1	-21.0	-22.2
	呼2006		$E_{1-2}z$						-31.4	-21.7	-21.2	
	霍001	4023	K_2d	89.77	6.25	1.26	0.50	0.15	-34.6	-23.7	-22.6	-22.9
	霍002	3107	$E_{1-2}z$						-34.4	-23.9	-22.1	
	霍10	2981	$E_{1-2}z$	93.30	3.99	0.72	0.34	0.18	-34.2	-23.0	-22.1	-22.5
		3064	$E_{1-2}z$	90.13	6.39	1.41	0.70	0.31	-33.6	-23.0	-22.1	-22.0
		3159	$E_{1-2}z$	83.85	9.91	3.14	1.47	0.53	-34.4	-24.1	-24.0	-23.9
	霍浅2	782	N_1s	70.91	8.66	2.72	1.23	0.35	-35.8	-23.0	-21.9	-22.0
		861	N_1s						-33.9	-22.4	-21.5	
	卡001	3440	$E_{1-2}z$	70.21	14.75	7.41	2.44	0.39	-35.0	-26.5	-24.0	-25.8
	卡002	3991	J_3q						-35.9	-26.6	-24.5	-24.9
	卡003	3450	E_1z—K_2z						-34.5	-26.2	-23.6	-24.0
	卡6	3980	K_1tg	78.61	9.95	4.15	1.38	0.22	-42.1	-29.7	-26.4	-26.2
	西5	4605	$E_{1-2}z$						-35.7	-27.1	-24.3	-24.1
	吐002	1530	$E_{1-2}z$						-31.4	-23.2	-21.8	-21.0

源自侏罗系煤系烃源岩的天然气碳同位素组成反映了煤成气特征（表5、图9），甲烷碳同位素组成分布范围大，为-51.4‰~-29.5‰，主要分布在-40‰~-29‰，乙烷碳同位素组成除少数井（层段）在-32‰~-28‰，绝大多数样品大于-28‰，属于煤成气，个别井（层段）可能有油型气的混入使乙烷碳同位素组成偏轻。南缘、五彩湾、滴南、滴北、石西、石南、石东、车拐的天然气为典型的煤成气，陆东地区天然气甲烷碳同位素组成相对偏轻，为煤系低成熟阶段产物，盆地腹部的莫索湾—莫北地区多数样品乙烷碳同位素组成大于-28‰，或处于-28‰附近，表现出煤系烃源岩和腐泥型烃源岩共同贡献的结果，

准东地区的天然气样品点处于图 9 的左下方，为低成熟的油型气。

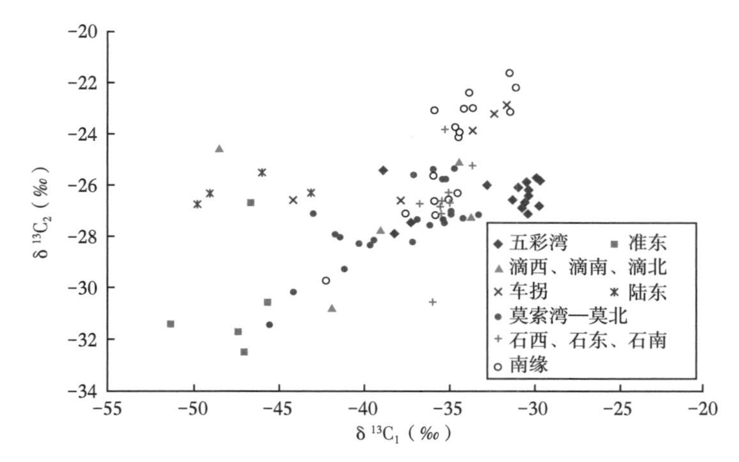

图 9 准噶尔盆地侏罗系、白垩系、古近系—新近系天然气 $\delta^{13}C_1$—$\delta^{13}C_2$ 关系图

从石炭系天然气碳同位素组成来看（图 10），$\delta^{13}C_2$ 值均大于 $\delta^{13}C_1$ 值，即甲烷和乙烷同位素未发生倒转，除五彩湾和莫索湾的部分样品丙烷和乙烷碳同位素组成发生倒转外其他样品均未发生倒转，但是多数样品的丁烷和丙烷碳同位素之间发生了不同程度的倒转，反映出同源不同阶的天然气混合造成重烃碳同位素组成偏轻，并有一定量的油型气混合，这也与部分样品甲烷碳同位素组成相对较轻、乙烷碳同位素组成处于-28‰左右相一致。

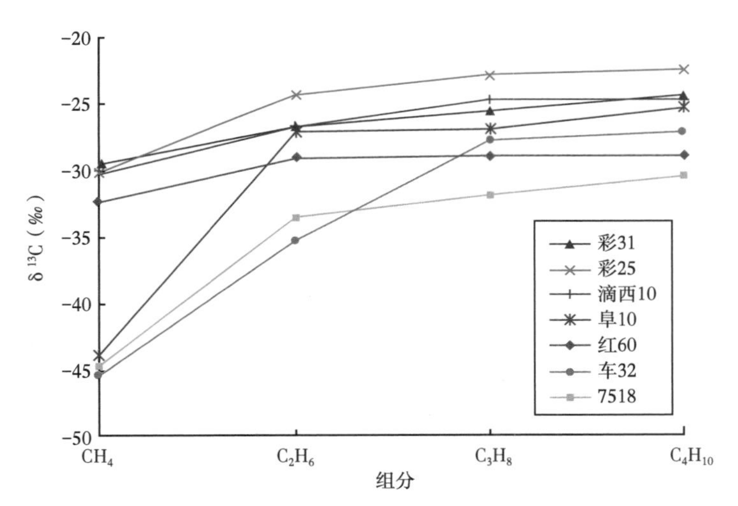

图 10 准噶尔盆地石炭系天然气 $\delta^{13}C_1$—$\delta^{13}C_2$—$\delta^{13}C_3$—$\delta^{13}C_4$ 系列图

相对石炭系产层的天然气来说，源自侏罗系煤系烃源岩的天然气（$\delta^{13}C_2$—$\delta^{13}C_1$）值相对较大（图 11），丙烷和乙烷碳同位素组成、丁烷和丙烷碳同位素组成之间发生倒转的概率相对较高，说明石炭系产层的天然气主要为石炭系自生自储的煤成气，而侏罗系产层的天然气主要为侏罗系煤系烃源岩在不同阶段生成的煤成气，并且混入了来自二叠系、三叠系、侏罗系的油型气。

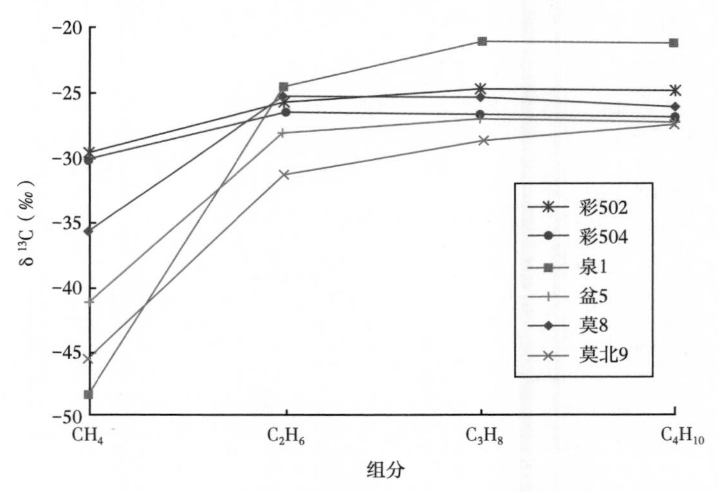

图 11　准噶尔盆地侏罗系天然气 $\delta^{13}C_1$—$\delta^{13}C_2$—$\delta^{13}C_3$—$\delta^{13}C_4$ 系列图

4　两套煤系天然气的勘探潜力

根据国家新一轮油气资源评价结果，准噶尔盆地天然气资源量为 $1.18\times10^{12}m^3$。石炭系主要以火山岩气藏为主，目前石炭系火山岩的勘探面积近 $15000km^2$，近期中国石油新疆油田公司研究认为陆东—五彩湾地区石炭系天然气资源量可达 $6000\times10^8m^3$ 以上，全盆地石炭系天然气资源量约 $1\times10^{12}m^3$，展现了准噶尔盆地石炭系煤成气广阔的勘探潜力，三南凹陷—克拉美丽山前、北三台凸起、红车断裂带和乌伦古地区是石炭系火山岩气藏有利的勘探领域[25,26]。

侏罗系天然气资源量占全盆地天然气资源量的 37%，加上白垩系和古近系—新近系的资源量，可达 $5000\times10^8m^3$ 以上。源自侏罗系的天然气在全盆地均有分布，目前发现了呼图壁、莫索湾、玛河等大中型气田，展示了侏罗系煤成气的广阔勘探前景。

5　结论

准噶尔盆地发育两套主要的煤系烃源岩：石炭系和侏罗系，其资源潜力丰富。石炭系煤系烃源岩有机质丰度高，有机质类型主要为Ⅲ型，成熟度高。侏罗系烃源岩分布广，厚度大，成熟度变化大，中侏罗统—下侏罗统是主力气源岩，资源潜力大。

准噶尔盆地两套煤系生成的天然气都表现出煤成气的特征，石炭系煤系天然气成熟度高，为石炭系自生自储的火山岩气藏，资源潜力大，是准噶尔盆地今后最主要的天然气勘探领域。源自侏罗系煤系的天然气分布范围广，成熟度变化范围也大，同源不同阶的混合较为普遍，盆地南缘是侏罗系煤系天然气今后勘探的有利地区。

参 考 文 献

[1] 蔚远江，张义杰，董大忠，等．准噶尔盆地天然气勘探现状及勘探对策［J］．石油勘探与开发，2006，33（3）：267-273.

[2] 张义杰，刘广弟．准噶尔盆地复合油气系统特征、演化与油气勘探方向［J］．石油勘探与开发，

2002，29（1）：36-38.
[3] 匡立春，薛新克，邹才能，等．火山岩岩性地层油藏成藏条件与富集规律——以准噶尔盆地克—百断裂带上盘石炭系为例［J］. 石油勘探与开发，2007，34（3）：285-290.
[4] 杨斌，李建新．准噶尔盆地东部油区石炭系原油探讨［J］. 新疆石油地质，1992，13（2）：171-178.
[5] 石昕，王绪龙，张霞，等．准噶尔盆地石炭系烃源岩分布及地球化学特征［J］. 中国石油勘探，2005，10（1）：34-39.
[6] 孟繁有，帕尔哈提．准噶尔盆地石炭系成气潜力评价［J］. 新疆石油学院学报，1999，11（2）：1-6.
[7] 王屿涛，蒋少斌，刘树辉．石西油田烃类聚集及成藏史探讨［J］. 石油勘探与开发，1995，22（2）：13-16.
[8] 王东良，林潼，杨海波，等．准噶尔盆地滴南凸起石炭系气藏地质特征与控制因素分析［J］. 石油实验地质，2008，30（3）：242-247.
[9] 王屿涛．准噶尔盆地西北缘天然气成因类型及分布规律［J］. 石油与天然气地质，1994，15（2）：133-140.
[10] 胡平，石新璞，徐怀保，等．白家海—五彩湾地区天然气气藏特征［J］. 新疆石油地质，2004，25（1）：29-32.
[11] 李廷钧，王庭栋，张艳云，等．准噶尔盆地南缘天然气成因及成藏解剖［J］. 沉积学报，2004，22（3）：529-534.
[12] 李连民，陈世佳，王绪龙，等．准噶尔盆地陆梁油气田白垩系天然气的成因及其地质意义［J］. 天然气地球科学，2004，15（1）：75-78.
[13] 蔚远江，汪永华，杨起，等．准噶尔盆地低煤阶煤储集层吸附特征及煤层气开发潜力［J］. 石油勘探与开发，2008，35（4）：410-416.
[14] 杨海风，韦恒叶，姜向强，等．准噶尔盆地西北缘五—八区二叠系天然气类型判别及分布规律研究［J］. 大庆石油地质与开发，2008，27（1）：46-50.
[15] 戴金星，倪云燕，李剑，等．塔里木盆地和准噶尔盆地烷烃气碳同位素类型及其意义［J］. 新疆石油地质，2008，29（4）：403-410.
[16] 王绪龙．准噶尔盆地石炭系的生油问题［J］. 新疆石油地质，1996，17（3）：230-236.
[17] 张明洁，杨品．准噶尔盆地石炭系（油）气藏特征及成藏条件分析［J］. 新疆石油学院学报，2000，12（2）：8-13.
[18] 宋岩．准噶尔盆地天然气聚集区带地质特征［M］. 北京：石油工业出版社，1995.
[19] 李剑．中国重点含气盆地气源特征与资源丰度［M］. 北京：中国矿业大学出版社，2000.
[20] 吴孔友，查明，王绪龙，等．准噶尔盆地成藏动力学系统划分［J］. 地质论评，2007，53（1）：75-81.
[21] 祝彦贺，王英民，袁书坤，等．准噶尔盆地西北缘沉积特征及油气成藏规律：以五、八区佳木河组为例［J］. 石油勘探与开发，2008，35（5）：576-580.
[22] 戴金星．中国煤成气研究二十年的重大进展［J］. 石油勘探与开发，1999，26（3）：1-10.
[23] 戴金星，夏新宇，洪峰，等．天然气地学研究促进了中国天然气储量的大幅增长［J］. 新疆石油地质，2002，23（5）：357-386.
[24] 王世谦．四川盆地侏罗系—震旦系天然气的地球化学特征［J］. 天然气工业，1994，14（16）：1-5.
[25] 吴晓智，刘得光，阿不力米提，等．准噶尔盆地天然气勘探潜力与勘探领域［J］. 中国石油勘探，2007，12（2）：1-6.
[26] 董大忠，蔚远江，张义杰，等．准噶尔盆地加快天然气勘探有利条件及预探领域分析［J］. 中国石油勘探，2006，11（3）：6-11.

本文原刊于《石油勘探与开发》，2009 年第 36 卷第 3 期。

吐哈盆地台北凹陷煤成气判识及气源分析

王　瑀[1,2]　李　剑[2,3]　国建英[3]　郝爱胜[3]

1. 中国科学院大学，北京

2. 渗流流体力学研究所，河北廊坊

3. 中国石油勘探开发研究院，河北廊坊

摘要：运用有机地球化学方法，测试吐哈盆地台北凹陷天然气组分及碳、氢同位素，判识其成因及气源关系；分析烃类气体所占百分比及天然气干燥系数，判断天然气为湿气；根据对烃类气体中甲烷碳同位素、甲烷氢同位素和乙烷碳同位素的分布规律，判断为煤成气。选择合适的煤成气回归方程推算煤成气处于低熟阶段，结合侏罗系西山窑组和八道湾组烃源岩演化程度，气源分析可知该地区煤成气主要来源于西山窑组。

关键词：煤成气；吐哈盆地；台北凹陷；气源对比

吐哈盆地是我国“西气东输”的重要气源地之一。但是，对于该地区台北凹陷的天然气成因鉴别及来源分析认识仍存在一些问题。柳波等运用伴生原油的物理性质和生物标志物特征，推测该地区天然气来源于下侏罗统八道湾组；而郭小波等认为该地区天然气来源于中侏罗统西山窑组。究竟台北凹陷天然气是煤型气、油型气或是混合气，来源于中侏罗统西山窑组，还是下侏罗统八道湾组，一直争议不断。因此，本文对台北凹陷天然气样品进行规律采集，并测试分析天然气组分及碳、氢同位素，推算其演化程度，明确了该区天然气成因及来源，旨在为该区油气的进一步勘探提供理论指导，同时为同类天然气田的判识提供理论参考。

1　地质背景

吐哈盆地系吐鲁番—哈密盆地之简称，位于我国新疆维吾尔自治区的东疆内。台北凹陷位于吐哈盆地的中北部，面积 9600km^2，目前发现 19 个油气田和含油气构造，如图 1 所示。

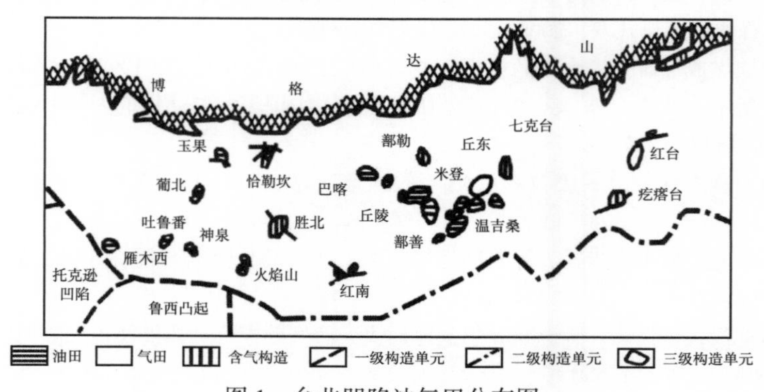

图 1　台北凹陷油气田分布图

台北凹陷自上而下发育七克台组、西山窑组、八道湾组、前侏罗系等多套烃源岩，煤系和湖相泥岩等多种类型烃源岩。

2 样品采集与分析

采集样品时进气口密闭，外界污染小，深度分布于1611～3484m。后在中国石油勘探开发研究院天然气地质所进行样品测定。气体组分使用AGILENTTECHNOLIES 7890A仪器进行测定；碳同位素和氢同位素使用DELTA PLUS XL仪器进行测定，分析误差介于±0.5‰。

3 天然气地球化学特征

3.1 天然气组分特征

天然气组分包含烃类组分和非烃类组分，烃类组分由碳氢化合物组成，非烃类组分包含二氧化碳、氮气、氢气、二氧化硫和稀有气体。结合前人百余个样品分析数据，发现台北凹陷天然气以烃类气体为主，含量变化较大，如图2所示。烃类气体主要以甲烷为主，含量分布于37.38%～86.36%，主频率68.68%～86.36%。重烃气含量大于5%，主峰平均值为30.1%。吐哈盆地台北凹陷天然气组分见表1。大部分天然气样品的C_2/C_3值分布在0.9～3.0，与煤成热解气与原油伴生气天然气组分特征相类似。天然气干燥系数（C_1/C_{1-5}）分布于5%～95%，主频率60%～90%，属湿气。

表1 吐哈盆地台北凹陷天然气组分

井号	层位	深度(m)	组分(%)		C_1/C_{1-5}	i-C_4/n-C_4	i-C_5/n-C_5
			C_1	C_{2-5}			
葡15-X井	J_2q	2432.4	71.81	19.82	0.78	1.24	0.52
胜南2-1井	J_2s	2284.0	56.23	38.97	0.59	1.02	2.68
葡北103井	J_2s	3484.5	51.61	44.70	0.53	0.97	1.43
红旗2井	J_2x	328.5	83.84	8.61	0.91	—	—
柯20井	J_2x	3563	81.42	15.18	0.84	1.12	1.38
柯21井	J_2x	3602	84.03	12.65	0.87	0.83	0.81
柯24井	J_2x	3113	93.19	7.02	0.92	—	—
勒101井	J_2x	2782	77.73	18.30	0.81	1.11	1.00
米2井	J_2x	3100	80.97	16.80	0.83	1.31	1.03
陵615井	J_2x	3030.4	37.38	59.80	0.38	1.30	1.54
红台2010H井	J_2x	2854	86.36	7.61	0.92	1.06	1.50
柯21-2井	J_2x	2287	72.91	3.46	0.95	1.33	0.50
丘东22井	J_2x	3332	82.94	15.43	0.84	1.45	1.14
丘东26井	J_2x	3403	44.16	51.12	0.45	1.17	0.98
柯25井	J_1s	2942	68.68	8.33	0.89	1.34	1.01
柯191井	J_1b	3615	74.87	21.98	0.64	1.07	5.46
雁6-17井	Esh	1611.6	1.22	23.46	0.05	5.94	0.40

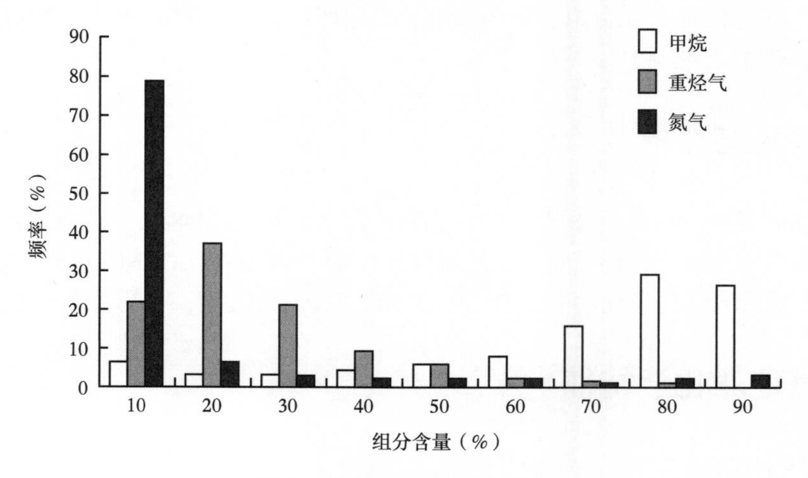

图 2　台北凹陷天然气组分图

3.2　天然气碳、氢同位素组成特征

碳同位素对分辨天然气类型、成因、成熟度起到重要作用。甲烷碳同位素随热成熟度增加而变重，受干酪根类型影响较小；乙烷碳同位素用于辨别烃源岩母质类型，具有很好的母质继承性，受成熟度影响较小。通常以-28‰为界，乙烷碳同位素较轻为油型气，反之为煤型气。台北凹陷天然气碳、氢同位素组成见表 2。台北凹陷天然气 $\delta^{13}C_1$ 介于-44.0‰~-33.5‰,平均为-40‰；$\delta^{13}C_2$ 介于-29.8‰~-10.6‰，平均为-27‰；$\delta^{13}C_3$ 介于-27.5‰~-14.8‰；$\delta^{13}C_4$ 介于-27.6‰~-16.3‰。除了雁木西地区，其他地区不同断块与不同层位之间碳同位素无明显差异。台北凹陷天然气 $\delta^{13}C_2$ 以大于-28‰为主，为典型煤成气。

表 2　台北凹陷天然气碳、氢同位素组成

井号	层位	深度（m）	$\delta^{13}C$（‰）					δD（‰）		
			C_1	C_2	C_3	i-C_4	n-C_4	D_1	D_2	D_3
柯 25 井	J_1s	2942	-39.4	-26.1	-25.4	-25.2	-25.2	-249	-212	184
葡 15-X 井	J_2q	2432.4	-39.6	-28.8	-26.2	-26.6	-26	-235.5	-194.4	-197.5
胜南 2-1 井	J_2s	2284	-39.1	-26.3	-24.9	-25.2	-24.2	-232	-200.2	-186.3
红旗 2 井	J_2x	3328.5	-38.8	-27.2	-26.1	-26.1	-26.9	-258	-227	-215
柯 20 井	J_2x	3563	-40.4	-27.1	-24.4	-23.3	—	245	-201	-189
柯 21 井	J_2x	3602	-37.1	-26.5	-26.7	-25	-26.1	-237	-205	-195
柯 24 井	J_2x	3113	-36.6	-25.7	-25.3	-24.3	-25.2	-241	-206	-197
勒 101 井	J_2x	2782	-41.6	-29.8	-27.5	-27.1	-27.6	-258	—	—
米 2 井	J_2x	3100	-40.4	-26.7	-26	-25.3	-25.5	-252.2	-222.7	-207.4
陵 615 井	J_2x	3030.4	-44	-28.2	-26.4	-26.1	-26	-255.8	-228.8	—
柯 191 井	J_2b	3615	-38.2	-25.8	-24.4	—	-25.9	-246	-203	-196
葡北 103 井	J_2s	3484.5	-40.2	-26.9	-25.3	-25.7	-24.6	-239.3	-1995	-174.8
红台 2010H 井	J_2x	2854	-42.8	-27.6	-25.6	-25.9	—	-272.2	-201.2	—
柯 21-2 井	J_2x	2287	-37.8	-26.5	-25.8	-24.5	-26.9	-240	-207	-198

续表

井号	层位	深度（m）	δ13C（‰）					δD（‰）		
			C_1	C_2	C_3	i-C_4	n-C_4	D_1	D_2	D_3
丘东 22 井	J_2x	3332	-41.3	-27	-26.2	-25.5	-25.8	-253.4	-225.3	-211.5
丘东 26 井	J_2x	3403	-41.8	-27.1	-26.4	-25.9	-26.2	-260.3	-222.5	-188.1
雁 609 井	K	1812.5	-35.4	-10.6	-14.8	-23.7	-16.3	-160.1	-133.4	-124.4
雁 17 井	K	1783.5	-39.6	-27.1	-25.4	-26.3	-25.4	-228.8	-188.5	-195.2
雁 6-17 井	Esh	1611.6	-33.5	-10.9	-17	-23.7	-18.2	-111.8	-130.4	-150.6

氢同位素与碳同位素联合应用时，可以在成熟度、成因和沉积环境方面发挥作用。台北凹陷天然气 δD_1 介于-272.2‰～-111.8‰，δD_2 介于-228.8‰～-130.4‰，δD_3 介于-215‰～-124.4‰。通常认为烷烃气的氢同位素组成首先受制于沉积环境，即随着沉积时水介质的盐度增大，烷烃气的氢同位素组成变重；其次才是成熟度的影响，即随着有机质热演化程度的增高，烷烃气有富集重氢同位素的趋势，而干酪根的母质类型对烷烃气氢同位素影响不大。台北凹陷天然气样品中氢同位素呈 $\delta D_1<\delta D_2<\delta D_3$ 趋势，δD_1 值集中分布于-250‰～-230‰，可知气源岩形成于陆相淡水环境，且烷烃气演化程度偏低。

有机成因气碳同位素呈 $\delta^{13}C_1<\delta^{13}C_2<\delta^{13}C_3<\delta^{13}C_4$ 现象，当碳同位素序列不规则时，为碳同位素倒转。天然气碳同位素倒转的原因：（1）有机成因气和无机成因气的混合；（2）油型气和煤型气的混合；（3）同源不同期和同型不同源气的混合；（4）天然气的某一组分被微生物降解；（5）硫酸盐热还原反应。台北凹陷天然气碳同位素总体表现为正碳同位素序列，表明其有机成因的特征；天然气系列碳同位素折线图如图 3 所示。而雁木西地区碳同位序列呈 $\delta^{13}C_1<\delta^{13}C_2>\delta^{13}C_3>\delta^{13}C_4$ 现象，发生了倒转，可能由于该地区天然气发生生物作用。

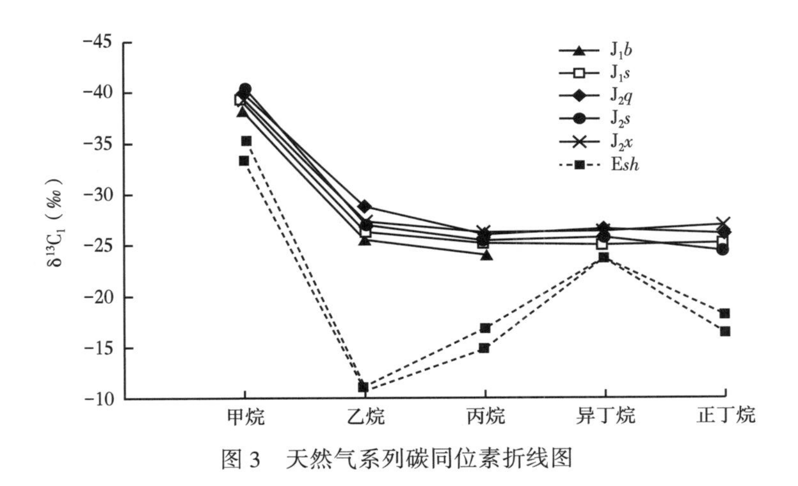

图 3　天然气系列碳同位素折线图

3.3　天然气成熟度

天然气成熟度是指天然气的母质成熟度，一般通过 $\delta^{13}C$ 与源岩 R_o 的对比回归方程进行计算。许多学者经过研究推算出不同的常数参数（表 3）。戴金星等根据腐殖型天然气特点，回归出甲烷、乙烷、丙烷碳同位素天然气成熟度公式：

$$\delta^{13}C_1 \approx 14.12\lg R_{o1} - 34.39 \tag{1}$$

$$\delta^{13}C_2 \approx 8.16\lg R_{o2} - 25.71 \tag{2}$$

$$\delta^{13}C_3 \approx 7.12\lg R_{o3} - 24.03 \tag{3}$$

R_{o1}、R_{o2}、R_{o3}分别通过式（1）、式（2）、式（3）得到。R_{o1}介于 0.21%～1.16%，主频率为 0.35%～0.50%。表明烃源岩处于低成熟阶段，以生成生物气为主，甲烷碳同位素不会高于-55‰，这与实际甲烷碳同位数据偏差较大，且 R_{o2}与 R_{o3}出现异常数值，算法不适用。由于天然气碳同位素特征表现为偏腐泥型的腐殖型天然气，按照沈平对腐殖型天然气关系式：

$$\delta^{13}C_1 \approx 40.49\lg R_{o4} - 34 \tag{4}$$

通过式（4）计算出来的成熟度 R_{o4}值介于 0.57%～1.03%，主频率为 0.70%～0.80%。按照刘文汇等提出的煤成气回归方程：

$$\delta^{13}C_1 \approx 48.77\lg R_{o5} - 34.1 \quad R_{o5} \leqslant 0.9\% \tag{5}$$

$$\delta^{13}C_1 \approx 22.42\lg R_{o6} - 34.8 \quad R_{o6} > 0.9\% \tag{6}$$

通过式（5）、式（6）计算得到的 R_{o5}、R_{o6}值分虽值介于 0.63%～1.03%和 0.39%～1.14%，主频率分别为 0.70%～0.80%和 0.55%～0.70%。与沈平等提出的关系式吻合，说明天然气主要处于低熟—成熟阶段。表 3 为台北凹陷天然气成熟度。

表 3　台北凹陷天然气成熟度

井号	R_o（%）					
	R_{o1}	R_{o2}	R_{o3}	R_{o4}	R_{o5}	R_{o6}
柯 25 井	0.44	0.90	0.64	0.74	0.78	0.62
葡 15-X 井	0.43	0.42	0.50	0.73	0.77	0.61
胜南 2-1 井	0.46	0.85	0.75	0.75	0.79	0.64
红旗 2 井	0.49	0.66	0.51	0.76	0.80	0.66
柯 20 井	0.38	0.68	0.89	0.69	0.74	0.56
柯 21 井	0.64	0.80	0.42	0.84	0.87	0.79
柯 24 井	0.70	1.00	0.66	0.86	0.89	0.83
勒 101 井	0.31	0.32	0.33	0.65	0.70	0.50
米 2 井	0.38	0.76	0.53	0.69	0.74	0.56
陵 615 井	0.21	0.50	0.46	0.57	0.63	0.39
柯 191 井	0.54	0.97	0.89	0.79	0.82	0.71
葡北 103 井	0.39	0.71	0.66	0.70	0.75	0.57
红台 2010H 井	0.25	0.59	0.60	0.61	0.66	0.44
柯 21-2 井	0.57	0.80	0.56	0.81	0.84	0.73
丘东 22 井	0.32	0.69	0.50	0.66	0.71	0.51
丘东 26 井	0.30	0.68	0.46	0.64	0.70	0.49
雁 609 井	0.85	71.07	19.79	0.92	0.94	0.94
雁 17 井	0.43	0.68	0.64	0.73	0.77	0.61
雁 6-17 井	1.16	65.31	9.71	1.03	1.03	1.14

4 天然气来源

台北凹陷侏罗系八道湾组煤岩达到成熟—高成熟阶段（R_o 平均值 1.04%），西山窑组煤仍处于未熟—低熟阶段（R_o 平均值 0.72%）。根据对台北凹陷天然气组分和碳同位素特征的分析，认为天然气为典型煤成气；通过成熟度的分析，天然气处于低成熟—成熟阶段（R_o<0.8%），这与西山窑组煤岩成熟度相近。由此可见，结合区域地质背景判断台北凹陷天然气主要来自侏罗系西山窑组煤系地层。

5 结语

（1）吐哈盆地台北凹陷天然气干燥系数分布于 5%～95%，重烃气含量较高且烃类气体占天然气比重较大，可知天然气为湿气；天然气 $\delta^{13}C_1$ 介于−44.0‰～−33.5‰，平均为−40‰，δD_1 介于−272.2‰～−111.8‰，$\delta^{13}C_2$ 集中分布于−29.8‰～−10.6‰，$\delta^{13}C_3$、$\delta^{13}C_4$ 集中分布于−26‰～−24‰，判断为典型煤成气。

（2）运用煤成气回归方程得到镜质组反射率普遍低于 0.8%，推算煤成气处于低熟阶段，与西山窑组烃源岩演化程度相近，气源分析知该地区煤成气主要来源于西山窑组。

参 考 文 献

[1] 柳波，黄志龙，罗权生，等．吐哈盆地北部山前带下侏罗统天然气气源与成藏模式［J］．中南大学学报：自然科学版，2012，43（1）：258−264.

[2] 郭小波，王海富，黄志龙，等．吐哈盆地丘东洼陷致密砂岩气地球化学特征［J］．特种油气藏，2016，23（4）：33−36+89+152.

[3] 戴金星．天然气中烷烃气碳同位素研究的意义［J］．天然气工业，2011，31（12）：1−6+123.

[4] 沈平，徐永昌，王先彬，等．气源岩和天然气地球化学特征及成气机理研究［M］．兰州：甘肃科学技术出版社，1991.

[5] 刘文汇，徐永昌．煤型气碳同位素演化二阶段分馏模式及机理［J］．地球化学，1999（4）：359−366.

[6] 史江龙，李剑，李志生，等．塔里木盆地塔中隆起天然气地球化学特征及成因类型［J］．东北石油大学学报，2016，40（4）：5+19−25.

[7] 王晓锋，刘文汇，徐永昌，等．不同成因天然气的氢同位素组成特征研究进展［J］．天然气地球科学，2006（2）：163−169.

本文原刊于《煤炭技术》，2018 年第 37 卷第 10 期。

柴达木盆地北缘天然气地球化学特征及其石油地质意义

田继先[1]　李　剑[1]　曾　旭[1]　郭泽清[1]
周　飞[2]　王　波[2]　王　科[2]

1. 中国石油勘探开发研究院廊坊分院，河北廊坊
2. 中国石油青海油田公司勘探开发研究院，甘肃敦煌

摘要：为了明确柴达木盆地北缘地区天然气的成因和天然气分布规律，综合利用天然气组分及碳同位素等手段对天然气地球化学特征进行了分析。研究表明，柴北缘天然气以甲烷为主，重烃含量相对较高，不同构造带天然气组分具有明显的差异性。碳同位素分析表明，$\delta^{13}C_1$ 和 $\delta^{13}C_2$ 值分别介于-36.4‰~19.3‰和-27.4‰~-19.82‰。天然气成因鉴别表明，该区天然气主体为煤型气，来自侏罗系烃源岩。柴北缘碳同位素分布主体为正序列特征，受不同成熟度、不同类型烃源岩混合及过成熟阶段烃源岩等因素影响，部分地区存在天然气碳同位素倒转现象。柴北缘天然气平面分布具有分带性，烃源岩成熟度控制了油气分布，天然气位于成熟—高成熟区及附近。冷湖六号—冷湖七号、鄂博梁—葫芦山构造带及阿尔金山前是下一步天然气勘探的重点领域。

关键词：天然气成因；碳同位素；烃源岩；油气分布；柴达木盆地

柴达木盆地北缘断块带（柴北缘）油气勘探始于 1954 年，经过 50 多年的油气勘探，柴北缘已经发现东坪、牛东、平台、冷湖五号、马海、马西和南八仙等多个天然气藏或油藏[1-2]。其中近年来发现的阿尔金山前带东坪—牛东规模气区，进一步揭示柴北缘天然气勘探具有广阔前景[2]。开展天然气地球化学特征研究对于沉积盆地油气勘探具有重要意义[3]。四川盆地、塔里木盆地及鄂尔多斯盆地等大型含油气盆地在天然气地球化学特征及成因方面已有较为深入的研究[4-6]，对油气勘探起到了重要的指导作用。前人对柴北缘天然气有机地球化学特征和成因类型已有不同程度的探讨[7-9]，但主要集中在冷湖—马仙构造带，随着柴北缘天然气勘探取得重大突破，特别是近期在阿尔金山前发现了东坪—牛东油气田，证实了柴北缘油气分布广泛。前人对于马仙地区天然气研究较多，而对于近年来新发现的平台、冷湖五号及东坪—牛东气田等地区天然气地球化学特征研究较少，亟需开展系统的天然气地球化学特征研究。为了深化柴北缘天然气地球化学特征及天然气成因研究，在采集的新样品和前人分析化验成果基础上，通过大量组分和同位素数据，综合判别天然气成因，分析了油气平面分布规律及控制因素，指出了有利勘探领域，对于进一步深化柴北缘成藏规律研究及天然气勘探具有重要指导意义。

1　地质背景

柴达木盆地是在前侏罗纪柴达木地块上发育起来的一个典型的中—新生代内陆湖相沉

积盆地[1]，四周为三大山脉所夹持，南界为昆仑山，北界为祁连山，西界为阿尔金山。柴北缘位于南祁连山前，是盆地北部的一级构造单元，受多期构造运动影响，发育赛什腾—祁连山前、冷湖—马海、鄂博梁—鸭湖及阿尔金山前等多个构造带（图1）。从老到新，该区揭露的地层单元依次发育了侏罗系、古近系路乐河组、下干柴沟组下段和下干柴沟组上段和新近系上干柴沟组、下油砂山组、上油砂山组、狮子沟组及第四系七个泉组。该区油气目的层较多，包括新近系、古近系、侏罗系及基岩等。

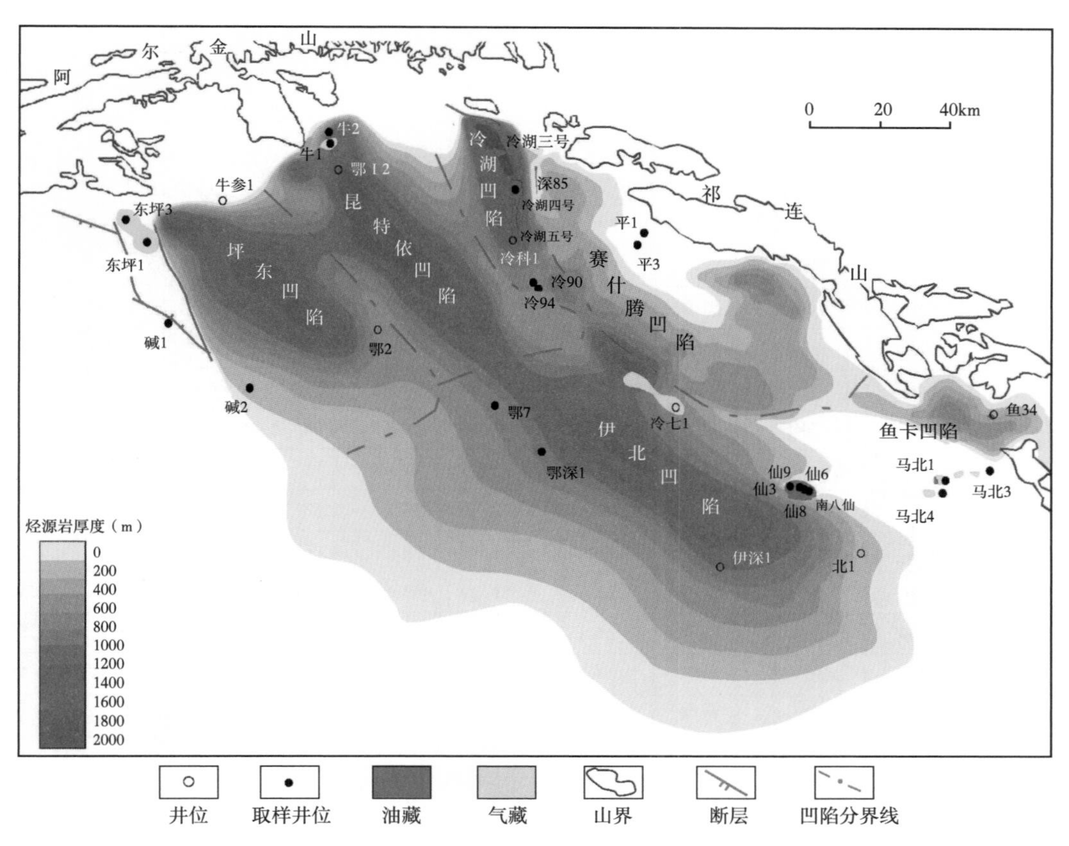

图1 柴达木盆地柴北缘侏罗系烃源岩厚度分布

柴北缘的油气主要来源中—下侏罗统[10-11]。柴北缘发育多个侏罗系主力生烃凹陷（图1），包括赛什腾—鱼卡中侏罗统主力生烃凹陷、冷湖下侏罗统生烃凹陷、伊北下侏罗统主力生烃凹陷、昆特依下侏罗统主力生烃凹陷和坪东下侏罗统主力生烃凹陷等，这几个凹陷的侏罗系厚度达100~2000m，埋深大，分布面积广。下侏罗统烃源岩以深灰色和灰黑色泥岩为主，有机质类型以Ⅱ—$Ⅱ_2$为主，有机碳含量平均为1.97%~2.70%，中等以上烃源岩占80%以上，有机质成熟度从低熟—成熟—高熟阶段都有分布。中侏罗统以灰黑色泥岩及少量的碳质泥岩为主，有机碳平均为0.58%~2.15%，其中优质生油岩占61.27%，有机质类型以Ⅱ—$Ⅲ_2$型为主，成熟度相对较低。整个柴北缘生气强度大于$20×10^8m^3/km^2$的面积为$12000km^2$，资源量接近$4903.4×10^8m^3$，资源潜力巨大。

2 天然气地球化学特征

通过对天然气样品的分析测试，结合前人研究成果，综合分析了柴北缘天然气地球化学特征。本次收集了多个柴北缘已发现气藏和油气显示井的天然气样品。天然气组分在 Agilent 6890N 气相色谱仪上完成，分析结果为体积分数。碳同位素分析在 HP 6890A-DeltaPlus XP 色谱—同位素质谱仪上完成，碳同位素对应于 Pee Dee Belemnite（PDB）的千分比，分析精度分析精度为±0.5‰，测试结果见表 1。

表 1 柴北缘天然气组分与碳同位素特征[9]

构造带	井号	层位	同位素组成（‰）			组分组成（%）			N_2（%）	C_1/C_{1-5}	R_o
			$\delta^{13}C_1$	$\delta^{13}C_2$	$\delta^{13}C_3$	甲烷	乙烷	丙烷			
冷湖四号	深 85	上干柴沟组	-32.30	-23.36	—	78.66	8.24	—	3.17	0.84	1.10
冷湖五号	冷 94	上干柴沟组	-28.90	-22.80	—	92.40	1.38	0.13	5.81	0.97	1.80
	冷 90	上干柴沟组	-26.00	-23.75	—	93.51	1.20	—	5.27	0.99	2.43
平台	平 3	路乐河组	-30.80	-21.40	-20.90	85.08	6.51	2.16	4.89	0.90	1.50
	平 1	路乐河组	-30.00	-25.10	-23.40	89.38	2.38	—	7.017	0.965	1.62
	平 3	路乐河组	-32.30	-23.40	-23.70	75.35	6.04	2.19	15.30	0.89	1.28
南八仙	仙 3	下油砂山组	-29.40	-22.80	-22.00	89.78	4.58	—	4.36	0.95	1.72
	仙 8	上干柴沟组	-28.92	-24.16	-22.86	90.40	4.53	—	5.34	0.95	1.81
	仙 9	下油砂山组	-27.86	-22.68	-21.17	89.27	4.96	—	5.39	0.95	2.01
	仙试 6	下油砂山组	-28.22	-22.79	-21.29	89.58	4.83	—	5.29	0.95	1.94
马北	马北 4	下干柴沟组	-28.40	-23.18	-20.90	90.25	1.70	—	6.62	0.98	1.90
	马北 1	下干柴沟组	-36.01	-24.83	-20.06	79.91	14.98	—	2.80	0.84	0.89
	马北 3	基岩	-35.30	-25.42	-25.57	73.88	23.42	—	1.43	0.76	0.95
鄂博梁	鄂 7	下油砂山组	-23.80	—	—	96.38	0.13	0.01	3.062	0.998	3.03
	鄂深 1	下油砂山组	-21.20	-22.00	—	91.78	0.207	—	7.382	0.998	3.93
	鄂深 1	下油砂山组	-19.30	-20.70	—	—	—	—	—	—	4.76
东坪	东坪 1	基岩	-25.00	-27.40	-23.60	91.79	2.55	—	5.28	0.97	2.68
	东坪 3	路乐河组	-20.95	-24.20	—	74.66	1.03	0.19	20.87	0.98	4.03
	东坪 3	下干柴沟组	-28.52	-19.82	—	94.27	0.625	0.08	4.62	0.99	1.88
牛东	牛 1	侏罗系	-36.40	-24.47	-23.18	88.83	6.28	1.77	3.99	0.90	0.85
	牛 1	路乐河组	-35.30	-24.10	-22.30	86.18	6.02	1.91	5.24	0.90	0.95
	牛 2	下干柴沟组	-31.60	-22.20	—	90.85	1.18	0.27	3.15	0.97	1.38
碱山	碱 1	下干柴沟组	-23.50	-22.50	-22.20	—	—	—	—	—	3.10
	碱 2	上干柴沟组	-25.00	-20.80	-23.40	—	—	—	—	—	2.68

2.1 天然气组分特征及其分布

天然气组分分为烃类与非烃类，不同气体组分在天然气中所占的比例不尽相同，天然气的组分特征对判识天然气成因及成藏过程具有重要的理论和实际意义。柴北缘天然气均以甲烷气体为主（表1），重烃含量相对较高，不同构造带天然气组分具有明显的差异。冷湖四号、平台及马北地区的部分天然气样品甲烷含量相对较低，重烃含量相对较高，乙烷和丙烷含量（C_{2+}）在8.24%~23.42%，干燥系数低，C_1/C_{1-5}在0.76~0.89，氮气含量普遍大于3%，表现为湿气特征。冷湖五号、鄂博梁、南八仙及东坪构造天然气的甲烷含量相对较高（一般高于80%），重烃含量相对较低，C_{2+}在0.13%~7.67%，干燥系数高，C_1/C_{1-5}值绝大多数大于0.95，氮气含量较高，表现为干气特征。

总体上，盆地中心主要以干气为主，比如东坪、鄂博梁、南八仙及冷湖五号等地区，甲烷含量高，反映其烃源岩成熟度高。平台、冷湖四号及马北等山前带甲烷含量较低，重烃含量高，反映天然气来自较低成熟度的烃源岩。

2.2 碳同位素特征及其分布

天然气中烃类气体的碳同位素组成是划分天然气成因类型及确定烃源岩成熟度的有效指标。柴北缘天然气碳同位素普遍偏重（表1），绝大部分甲烷碳同位素大于-38‰，乙烷碳同位素大于-27.5‰。不同构造带天然气碳同位素又有一定差异。其中冷湖四号、马北构造和牛1井下侏罗统天然气碳同位素较轻，$\delta^{13}C_1$在-36.01‰~-28.4‰，$\delta^{13}C_2$在-25.42‰~-23.18‰，反映了天然气成熟度较低；冷湖五号、平台、南八仙等构造和东坪3井下干柴沟组上段的天然气碳同位素较重，$\delta^{13}C_1$在-32.3‰~-26‰，$\delta^{13}C_2$在-25.1‰~-19.82‰；而鄂博梁、碱山构造和东坪1井基岩中的天然气碳同位素最重，$\delta^{13}C_1$在-25‰~-19.3‰，$\delta^{13}C_2$在-27.4‰~-20.7‰，反映天然气来自过成熟烃源岩。平面上，盆地中心天然气碳同位素明显高于盆缘地区，鄂博梁、碱山、冷湖五号及南八仙地区$\delta^{13}C_1$小于-30‰，明显比山前带平台等地区重，反映其烃源岩成熟度更高。

柴北缘大部分天然气都具有烷烃碳同位素正序分布的特点，即$\delta^{13}C_1<\delta^{13}C_2<\delta^{13}C_3$，部分地区出现同位素“倒转”现象，如鄂博梁和东坪地区（表1），这也表明这些天然气不是原生的，可能经历了散失或混合等作用的改造。戴金星认为天然气烷烃碳同位素值的“倒转”原因有5类[12]，分别是有机与无机烷烃混合、油型气与煤型气混合、同型不同源或同源不同期烷烃混合、生物降解作用及地温变化等。近年来，戴金星通过对页岩气的研究提出，高温环境下可使得碳同位素出现负分布，过成熟阶段的腐泥型页岩气和腐殖型烃源岩过成熟度阶段的煤成气中同样存在同位素倒转现象[13]，是油气演化进入过成熟阶段的标志。柴北缘天然气碳同位素主体不具备完全反序列特征，且该地区也未发现典型的无机成因烷烃气，因此可以排除有机成因和无机成因烷烃气混合可能。柴北缘侏罗系烃源岩埋深超过3000m，不具备细菌活动条件，此外细菌氧化会导致丙烷优先被消耗，使得丙烷碳同位素升高，但柴北缘丙烷碳同位素未出现明显偏高，因此碳同位素部分倒转不是细菌氧化所致。柴北缘主体为煤型气，来自深层侏罗系烃源岩，但在靠近一里坪凹陷的碱山构造带，存在新近系烃源岩裂解气[7]，两种不同母质类型的烃源岩混合，导致该区碳同位素出现倒转现象。马北地区主要是侏罗系烃源岩，但该地区既有来自南部伊北凹陷的侏罗系烃源岩，又有北部赛什腾凹陷的侏罗系烃源岩。伊北凹陷侏罗系埋深超过5000m，成熟度高，而北部赛什腾凹陷侏罗系埋深较浅，成熟度相对较低，两个凹陷烃源岩成熟度差别较大，因此不同成熟度烃源岩混合造成了同位素倒转。东坪气田附近的坪东凹陷侏罗系埋深超过6000m，而鄂博梁地区深层侏罗系埋深超过8000m，烃源岩成熟度普遍大于2，处于

过成熟阶段，因此烃源岩高温环境可能造成了该地区同位素的倒转，也表明该地区侏罗系烃源岩处于过成熟阶段。

3 讨论与分析

3.1 天然气成因

烷烃气根据其原始物质来源可分为有机成因和无机成因两大类，其中无机成因气一般具有负碳同位素系列（$\delta^{13}C_1>\delta^{13}C_2>\delta^{13}C_3>\delta^{13}C_4$），且常伴有较高的氦同位素组成，而有机成因烷烃气则与之相反。尽管柴北缘一些气样发生了烷烃碳同位素倒转，但整体上仍表现出正序特点，表现出有机成因烷烃气特征，为有机成因气。

应用X型鉴别图识别生物气、热成气、深层混合气或二次生成气、浅层混合气或瓦斯气，它是利用$\delta^{13}C_1$与$\delta^{13}C_2—\delta^{13}C_1$组合关系编制的图版，本图版特点对浅层和深层混合气的甲烷和乙烷鉴别优于其他图版[14]。柴北缘天然气具有较重的甲烷同位素，柴北缘属于典型的热成因气，与生物气有明显区别（图2）。按照天然气同位素分馏特征，气藏中甲烷碳同位素容易分馏，而乙烷同位素几乎不发生分馏，乙烷等重烃气碳同位素有较强的原始母质继承性，是鉴别煤型气和油型气的有效指标，一般认为乙烷同位素大于-27.5‰为煤型气。从柴北缘乙烷同位素值可以看出，该地区主要表现出煤型气特点。

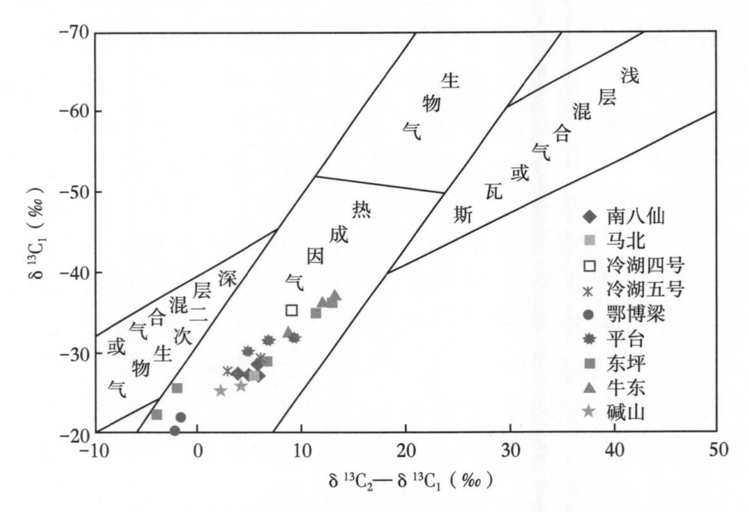

图2 柴达木盆地柴北缘天然气成因类型X型鉴别图

在鉴别天然气中某组分成因从属时，用多项指标综合判断比单一指标来鉴别更可靠，如果把用指标识别气的成因类型与具体地质条件结合起来更好[15]。根据戴金星的天然气成因类型综合识别图版，利用甲烷、乙烷和丙烷同位素特征可进一步判断其天然气成因类型。南八仙、马海、冷湖五号、鄂博梁和东坪等地区天然气碳同位素偏重，反映天然气来源于母质类型偏腐殖型的烃源岩，而冷湖四号构造、马北、平台及牛东地区天然气的碳同位素相对偏轻，反映其来源于母质类型偏腐泥型的烃源岩，但总体上属于煤型气，气源来自侏罗系烃源岩（图3）。

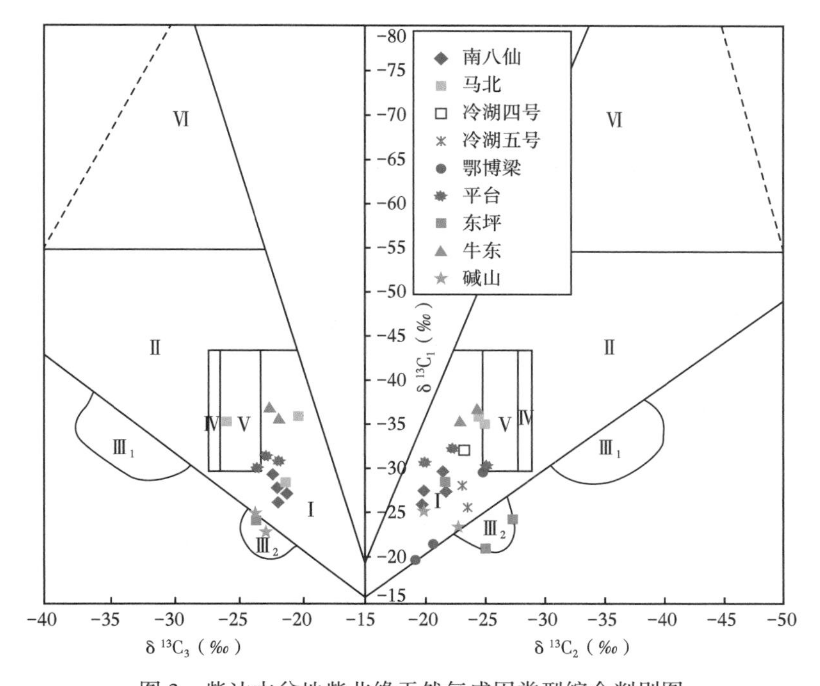

图 3 柴达木盆地柴北缘天然气成因类型综合判别图

Ⅰ. 煤成气区；Ⅱ. 油型气区；Ⅲ. 碳同位素系列倒转混合气区；Ⅳ. 煤成气和油型气区；
Ⅴ. 煤成气、油型气和混合气区；Ⅵ. 生物气区和亚生物气区

3.2 成熟度及分布特征

天然气成熟度研究对气来源判断具有重要作用。研究认为，天然气碳同位素轻重与其生成时烃源岩演化程度密切相关，两者存在对数关系。煤型气一般采用甲烷碳同位素即 $\delta^{13}C_1$（‰）来反算天然气形成时烃源岩的成熟度 R_o。前人提出过多种计算方法[16-17]，笔者结合该研究区实际情况，认为刘文汇提出的天然气成熟度回归方程较为适合柴北缘成熟度计算，其公式为：

$$\delta^{13}C_1 = 48.77\lg R_o - 34.1 \quad (R_o \leqslant 0.8\%) \tag{1}$$

$$\delta^{13}C_1 = 22.32\lg R_o - 34.8 \quad (R_o > 0.8\%) \tag{2}$$

根据 $\delta^{13}C_1$ 计算得到了柴北缘各主要天然气藏形成时的烃源岩成熟度。计算表明，天然气的成熟度分布于 0.85%~4.76%，变化范围较大。牛 1 井侏罗系天然气成熟度低，R_o 值为 0.85%，鄂博梁构造天然气成熟度最高，R_o 值最高可达 4.76%。从山前带到盆地内部，天然气成熟度呈逐渐增大的趋势（图 4），东坪和马北等地区存在多种成熟度的天然气，表明天然气来源多样。

柴北缘地区天然气与石油都有分布，油气相态与成熟度有较大关系。柴北缘烃源岩主要是中—下侏罗统煤系烃源岩，埋深变化较大，低成熟—成熟—高成熟阶段都有分布，R_o 分布于 0.5%~4.7%。根据镜质组反射率，传统石油地质学理论将烃源岩的演化阶段分为：未成熟阶段，$R_o \leqslant 0.5\%$；低成熟阶段，$0.5\% < R_o < 0.8\%$；成熟阶段，$0.8\% < R_o \leqslant 1.3\%$；高成熟阶段，$1.3\% < R_o \leqslant 2\%$；过成熟阶段，$R_o > 2\%$。根据侏罗系烃源岩底界现今 R_o 分布

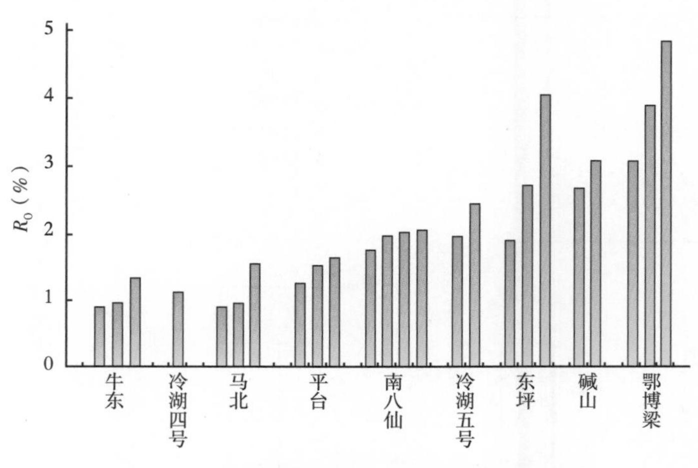

图 4　柴北缘天然气计算成熟度分布

（图 5）可以看出，（1）鱼卡地区侏罗系底界 R_o 值小于 0.8%，处于低成熟阶段，因此鱼卡地区以石油为主。（2）冷湖三号至五号，成熟度依次增大，且大部分地区侏罗系底界 R_o 值大于 0.8%小于 1.0%，处于成熟阶段。从碳同位素数据来看，从冷湖三号至南八仙，天然气 $\delta^{13}C_1$ 依次增大，表明天然气烃源岩的成熟度依次增大。因此冷湖三号主要以石油

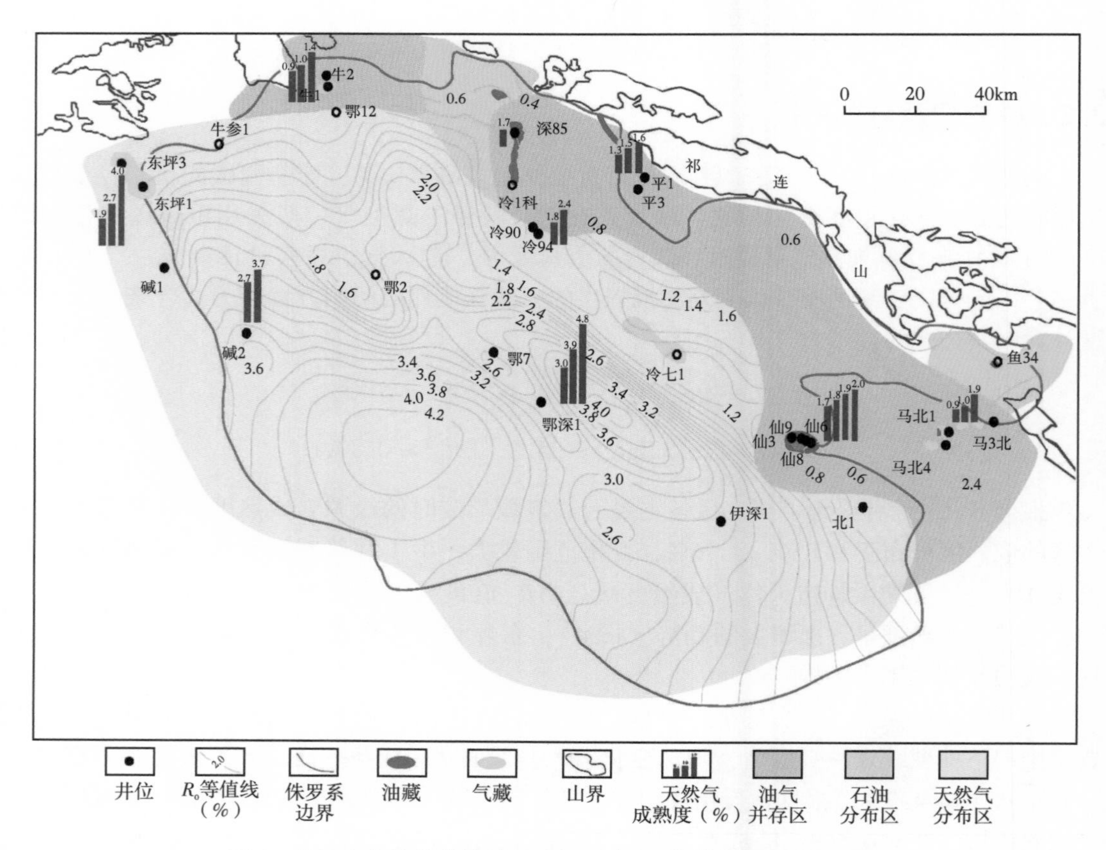

图 5　柴达木盆地柴北缘侏罗系烃源岩 R_o 等值线与油气分布图

为主，而到冷湖五号，烃源岩成熟度变高，以湿气为主，气源都来自深层冷湖凹陷侏罗系烃源岩（图1）。(3) 牛东、冷东、平台、南八仙、马海地区侏罗系底界 $0.6\%<R_o<1.3\%$，处于主要生油时期的“生油窗”阶段，有机质能够大量转化为石油和湿气，因此油气共生。以上地区既有油藏，也有气藏或者存在石油伴生气，已经证实了这一点。平台和冷东地区侏罗系本身缺失，气源为南部赛什腾凹陷侏罗系，高、低成熟度烃源岩都有分布，油气都有分布；马海和南八仙地区既有来自南部伊北凹陷的侏罗系烃源岩，又有北部赛什腾凹陷的侏罗系烃源岩，两个凹陷烃源岩成熟度变化较大，油气都有分布；牛东地区同样有来自深层昆特依凹陷不同成熟度的气源，油气都有分布。

相对于盆缘带，盆内晚期构造带上的冷湖五号四高点—冷湖六号—七号、鄂博梁—葫芦山—鸭湖构造带、东坪、碱山和红三旱地区中—下侏罗统底界 R_o 值大于1.3%，最高超过4.0%，处于高—过成熟阶段，干酪根和已形成的石油将发生热裂解，主要是甲烷及其气态同系物，因此该区带主要以纯气藏为主，该区带内的东坪和冷湖五号四高点证实为是纯气藏，其他地区见到气显示或者低产气流。东坪地区气源主要来自深层坪东凹陷[18-19]，侏罗系埋深大，成熟度高；伊北凹陷侏罗系埋深7000m以上，演化程度高，以生气为主，因此该地区以纯气藏为主，这点也从天然气成熟度上反映出来，计算天然气成熟度非常高，以干气为主。以上所述充分证明了烃源岩的成熟度控制油气的分布，即石油分布在低熟—成熟烃源岩区及附近，而天然气分布在成熟—高成熟乃至过成熟的烃源岩区，油气共存区位于成熟烃源岩区及附近。

受烃源岩成熟度控制，柴北缘油气分布在平面上具有分带性（图5）。从盆地边缘到盆地中心，油气分布具有两个不同的区带。外区带为油气混合区，分布在阿尔金山前和祁连山前，包括牛东、冷湖三号—五号、冷东、平台、南八仙、马海和鱼卡等油气田。外带油气成熟度相对较低，R_o 主要分布在0.5%~2.0%，因此油气都有分布。内区带为天然气分布区，包括冷湖六号—七号、鄂博梁—葫芦山—鸭湖构造带、东坪、碱山和红三旱地区。该地区烃源岩成熟度高，以高成熟—过成熟为主，处于生气阶段，因此该区带以纯气藏为主。在垂向上，柴北缘侏罗系烃源岩直接覆盖于基岩之上，古近系—新近系与侏罗系或基岩呈不整合接触（图6），油气分布同样与侏罗系烃源岩成熟度密切相关。冷湖六号、冷湖七号及鄂博梁等晚期构造带上，侏罗系烃源岩埋深较大，成熟度非常高，处于生气阶段，其浅层勘探目的层以天然气藏为主，天然气组分也表现为干气特征。阿尔金山前带及祁连山前带油气主要分布在古近系及基岩中[11]，其油气分布同样与附近凹陷侏罗系烃源岩成熟度有关。冷湖三号侏罗系埋深浅，成熟度低，以石油为主。马海—南八仙地区有来自南北两个不同凹陷的烃源岩，高、低成熟度烃源岩共存，油气都有分布（图6）。因此，烃源岩成熟度控制了油气分布。

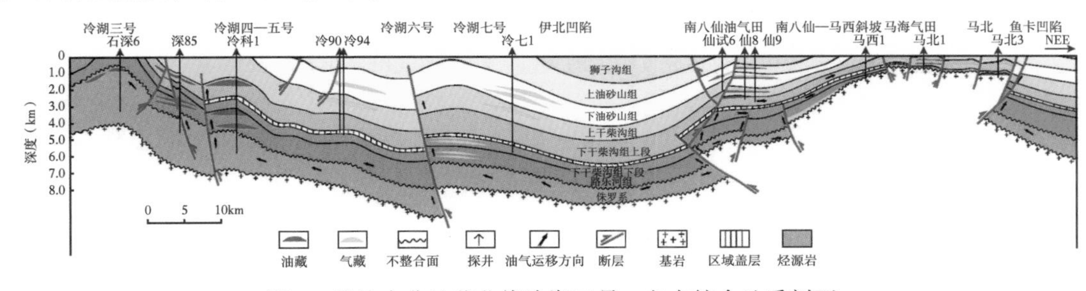

图6　柴达木盆地柴北缘冷湖三号—鱼卡综合地质剖面

4 石油地质意义

天然气地球化学特征研究有助于明确天然气成因特征，进而追踪其烃源岩有机质类型和成熟度等信息，阐明油气分布规律，与油气成藏关系密切，可进一步探讨勘探方向，具有重要的地质意义。

综上所述，从烃源岩成熟度与油气田分布关系密切，烃源岩的成熟度控制了天然气平面分布，天然气主要分布在成熟—高成熟烃源岩区，因此天然气有利区带位于主力烃源岩 R_o 值大于 0.8%的构造带上，侏罗系烃源岩 R_o 值大于 0.8%的面积近 20000km^2（图 5），资源潜力巨大。柴北缘伊北凹陷侏罗系埋深大，烃源岩成熟度达到 2%以上，其上部冷湖六号—冷湖七号及鄂博梁—葫芦山构造带发育大型构造圈闭（单个构造面积超过 160km^2），有深大断裂沟通气源，是有利天然气勘探领域。另外，阿尔金山前带紧邻昆特依凹陷和坪东凹陷，这两个凹陷烃源岩成熟度同样较高，烃源岩可通过深大断裂沟通运移至山前聚集成藏[20]，是下一步天然气勘探有利地区，近年来在东坪—牛东地区天然气勘探已经获得突破，证实该构造带是柴北缘天然气勘探最现实领域。

5 结论

（1）柴北缘天然气以甲烷为主，重烃含量较高，不同构造带天然气组分具明显差异。冷湖四号和马北构造带天然气以湿气为主，而东坪和牛东等构造带天然气干燥系数高大于 0.95，具有明显干气特征。从山前带到盆地内部，天然气成熟度呈逐渐增大的趋势。

（2）柴北缘天然气普遍具有碳同位素偏重的特点，成因分析表明为典型的煤型气。大部分地区天然气烷烃碳同位素正序分布，部分地区碳同位素出现倒转，主要是受不同成熟度、不同类型源岩混合及过成熟阶段源岩等因影响。

（3）侏罗系烃源岩的成熟度控制油气在平面上的分布，即石油分布在低熟—成熟烃源岩区及附近，而天然气分布在成熟—高成熟乃至过成熟烃源岩区。

（4）根据天然气平面分布控制因素，指出冷湖六号—冷湖七号、鄂博梁—葫芦山构造带及阿尔金山前是下一步天然气勘探的重点领域，其中阿尔金山前构造带是最现实领域。

参 考 文 献

[1] 付锁堂．柴达木盆地天然气勘探领域［J］．中国石油勘探，2014，19（4）：1-10.

[2] 付锁堂，汪立群，徐子远，等．柴北缘深层气藏形成的地质条件及有利勘探区带［J］．天然气地球科学，2009，20（6）：841-846.

[3] 王庭斌，董立，张亚雄．中国与煤成气相关的大型、特大型气田分布特征及启示［J］．石油与天然气地质，2014，35（2）：167-182.

[4] 吴小奇，刘光祥，刘全有，等．四川盆地元坝—通南巴地区须家河组天然气地球化学特征和成因［J］．石油与天然气地质，2015，35（6）：955-962+974.

[5] 李吉君，曹群，卢双舫，等．四川盆地乐山—龙女寺古隆起震旦系天然气成藏史［J］．石油与天然气地质，2016，37（1）：30-36.

[6] 顾忆，黄继文．塔河油田天然气特征对比与成因分析［J］．石油与天然气地质，2014，35（6）：820-826.

[7] 赵东升，李文厚，吴清雅，等．柴达木盆地天然气的碳同位素地球化学特征及成因分析［J］．沉积学报，2006，24（1）：135-140.
[8] 宋成鹏，张晓宝，汪立群，等．柴达木盆地北缘天然气成因类型及气源判识［J］．石油与天然气地质，2009，30（1）：90-96.
[9] 田光荣，阎存凤，妥进才，等．柴达木盆地柴北缘煤成气晚期成藏特征［J］．天然气地球科学，2011，22（6）：1028-1032.
[10] 翟志伟，张永庶，杨红梅，等．柴达木盆地北缘侏罗系有效烃源岩特征及油气聚集规律［J］．天然气工业，2013，33（9）：36-42.
[11] 田继先，孙平，张林，等．柴达木盆地北缘山前带平台地区天然气成藏条件及勘探方向［J］．天然气地球科学，2014，25（4）：526-531.
[12] 戴金星．概论有机烷烃气碳同位素系列倒转的成因问题［J］．天然气工业，1990，10（6）：15-20.
[13] 戴金星，倪云燕，黄士鹏，等．次生型负碳同位素系列成因［J］．天然气地球科学，2016，27（1）：1-7.
[14] 黄汝昌，李景明．中国凝析气藏的形成与分布［J］．石油与天然气地质，1996，17（3）：237-242.
[15] 戴金星，于聪，黄士鹏，等．中国大气田的地质和地球化学若干特征［J］．石油勘探与开发，2014，41（1）：1-13.
[16] 刘文汇，徐永昌．煤型气碳同位素演化二阶段分馏模式及机理［J］．地球化学，1999，28（4）：359-366.
[17] 戴金星．天然气碳氢同位素特征和各类天然气鉴别［J］．天然气地球科学，1993，14（2/3）：1-40.
[18] 曹正林，魏志福，张小军，等．柴达木盆地东坪地区油气源对比分析［J］．岩性油气藏，2013，25（3）：17-20.
[19] 曹正林，孙秀建，汪立群，等．柴达木盆地阿尔金山前东坪—牛东斜坡带天然气成藏条件［J］．天然气地球科学，2013，24（6）：105-1131.
[20] 张正刚，袁剑英，陈启林．柴北缘地区油气成藏模式与成藏规律［J］．天然气地球科学，2006，17（5）：649-652.

本文原刊于《石油与天然气地质》，2017 年第 38 卷第 2 期。

黄骅坳陷大港探区深层天然气成因类型与分布规律

国建英[1]　李　剑[1]　于学敏[2]　王东良[1]
付立新[2]　郝爱胜[1]　崔会英[1]

1. 中国石油勘探开发研究院廊坊分院，中国石油天然气集团公司
天然气成藏与开发重点实验室，河北廊坊
2. 中国石油大港油田公司勘探开发研究院，天津大港

摘要：通过综合应用天然气组分、碳同位素、氢同位素、轻烃及岩石热解碳同位素等地球化学参数，结合地质背景分析，对大港探区深层天然气的成因类型、来源及分布规律进行了研究。结果表明，大港探区深层天然气以热成因气为主，主要处于成熟—高成熟阶段；按母质类型及来源可进一步划分为煤成气、非煤成煤型气和油型气。深层天然气的分布严格受烃源岩的控制，煤成气分布于探区中南部的埕北地区、孔店地区及孔南地区；非煤成煤型气主要分布在中北部地区，包括板桥次凹、歧口主凹中北部及夹于这 2 个凹陷间的北大港潜山构造带；油型气主要分布在歧口主凹的南部、歧北次凹和歧南次凹及其周缘。煤成气主要来自石炭系—二叠系煤系烃源岩，非煤成煤型气和油型气主要来自古近系沙河街组二、三段烃源岩。大港探区深层天然气勘探前景广阔。

关键词：深层天然气；地球化学；成因类型；分布规律；大港探区；黄骅坳陷

大港探区涵盖黄骅坳陷的歧口凹陷和孔南地区。歧口凹陷位于黄骅坳陷中北部，北至汉沽断层，南到孔店凸起，西至沧东断层，东到矿区边界，面积 5280km^2，自北而南包括北塘次凹、板桥次凹、歧口主凹、歧北次凹和歧南次凹 5 个负向构造单元。孔南地区是指孔店凸起以南地区，夹持于沧东、埕宁两大断裂之间，为一大型复式地堑构造，面积约 4700km^2，包括沧东、南皮、盐山、吴桥 4 个凹陷。大港探区多凹多隆、强分割的构造格局决定了其油气分布的复杂性。

渤海湾盆地深层一般是指埋深 3500~4500m 的地层，埋深 4500m 为超深层[1-3]。按照该划分深度，歧口凹陷的沙河街组二段、三段为深层—超深层；沙河街组一段只有在凹陷的沉积中心区为深层。近几年，大港油田相继在滨海和埕海地区深层钻探了一批高产油气井，如 BSH22、BSH3×1、HG1 等井[4-6]。孔南地区古近系埋深相对较浅，潜山是深层天然气的主要勘探目标，王官屯的 WG1 井在奥陶系和二叠系均取得了很好的试油效果，展示了大港探区良好的深层天然气勘探前景。

针对大港探区天然气地球化学的研究，已经开展了大量工作。2008 年之前，研究主要集中在千米桥潜山气藏[4-7]、乌马营潜山气藏[8]及二氧化碳成因[9-13]等方面。之后，国建英等对歧深 1 井高成熟天然气的成因和来源进行了分析[14]，王振升等通过天然气组分、

碳同位素和轻烃数据对歧口凹陷的天然气成因类型开展了较为系统的研究[15]，国建英等通过天然气氢同位素、碳同位素和组分等地球化学参数对烷烃气的成因类型开展了相关研究[16]。总体上看，大港探区天然气的研究虽然开展了一些工作，但主要为局部地区的研究，并没有从整个大港探区的角度开展工作，针对深层天然气的研究也不够。为此，本文旨在通过对大港探区深层天然气开展全面、系统的成因类型及分布规律研究，以期为该地区天然气的勘探提供借鉴。

1　分布特征

截至2010年底，大港探区天然气探明储量 $751\times10^8m^3$，其中深层天然气 $382.84\times10^8m^3$，占总探明储量的50.98%。平面上，天然气主要分布在大港探区中北区的千米桥、滨海和板桥油气田（图1、图2）。纵向上，主要分布在古近系沙河街组一段、二段、三段和中生界及古生界奥陶系，其中，千米桥奥陶系天然气探明储量最多，可达 $259.9\times10^8m^3$，占深层天然气储量的67.89%，沙河街组二段天然气储量 $66.6\times10^8m^3$，占17.40%，沙河街组三段储量较少，仅有 $30.7\times10^8m^3$（图3）。另外，深层天然气控制储量 $437\times10^8m^3$，主要分布于滨海斜坡北段的沙河街组一段、埕海奥陶系潜山和孔南地区乌马营潜山。

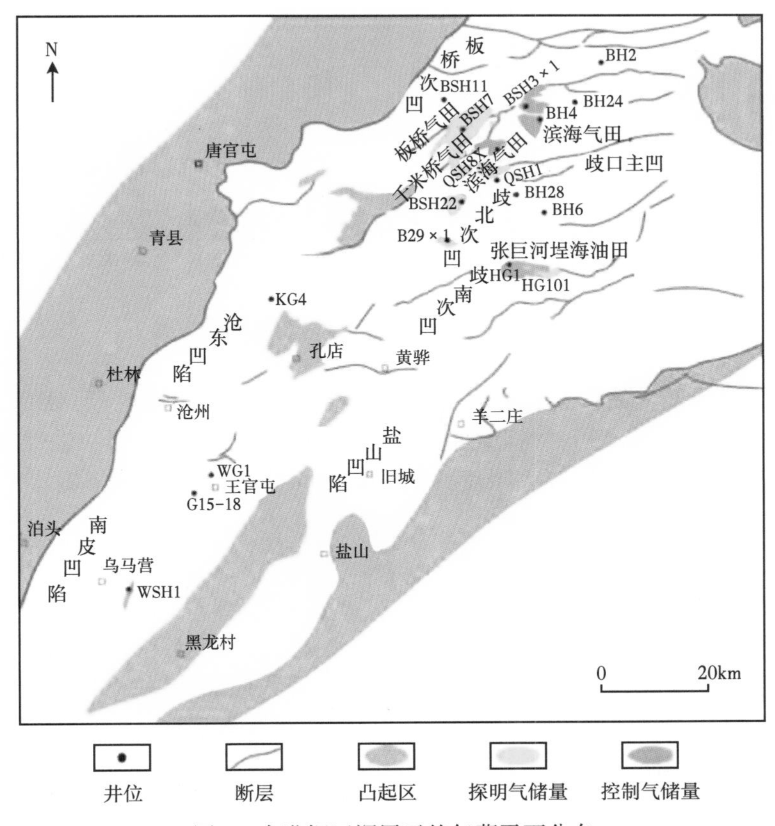

图1　大港探区深层天然气藏平面分布

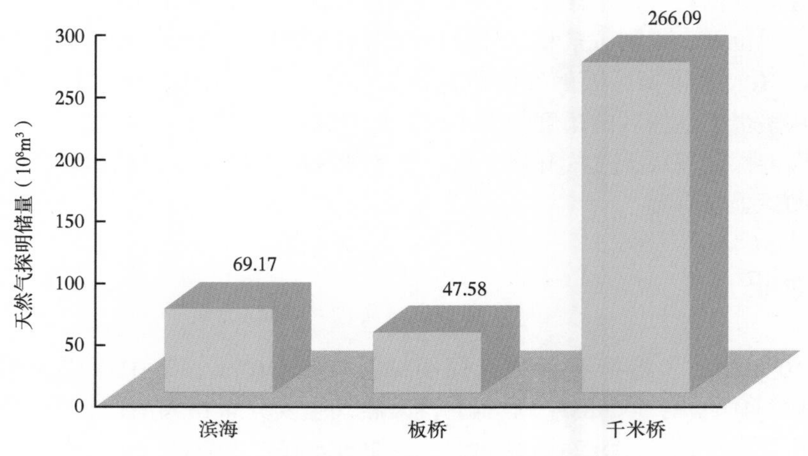

图 2　大港探区深层天然气探明储量分区分布

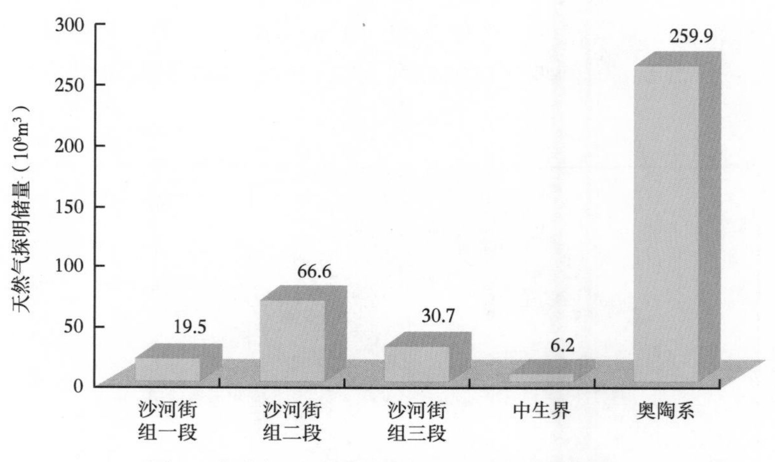

图 3　大港探区不同层位深层天然气探明储量

大港探区深层天然气储集岩包括潜山碳酸盐岩（如千米桥潜山、埕海潜山）和深层碎屑岩（如滨海气田、板桥凝析油气田）两种类型，圈闭类型以地层—岩性和岩性圈闭为主。大港探区深层天然气虽经较大限度开发，但剩余资源量仍然很丰富[17-18]，尤其是沙河街组三段，应值得重视。

2　地球化学特征

本次研究共采集深层天然气样品 39 个、岩石热解气样品 10 块。样品的分析测试工作均在中国石油天然气集团公司天然气成藏与开发重点实验室完成。分析仪器包括 HP6890N 色谱仪、HP6890A 气相色谱仪、Finnigan Mat Delta Plus GC/C/IRMS 系统等。分析项目主要包括天然气组分、碳同位素、氢同位素、轻烃和岩石热解碳同位素等。所有测试工作均按照行业标准执行。

2.1 组分

深层天然气 CH_4 含量为 50%~96%，集中分布于 70%~95% [图 4（a）]；重烃气含量（C_{2+}）为 0~22.35%，集中分布于 5%~15% [图 4（b）]；干燥系数介于 0.68~1.0，集中分布于 0.80~0.95 [图 4（c）]，以湿气为主。非烃气主要包括 CO_2、N_2 和 H_2S；N_2 含量为 0~4.17%；CO_2 含量为 0~41.1%，大多小于 2.5% [图 4（d）]。高含 CO_2 天然气主要分布在埕海、千米桥、乌马营和王官屯等潜山气藏；高含 H_2S 天然气主要分布在埕海潜山及孔南王官屯潜山的奥陶系储层中。

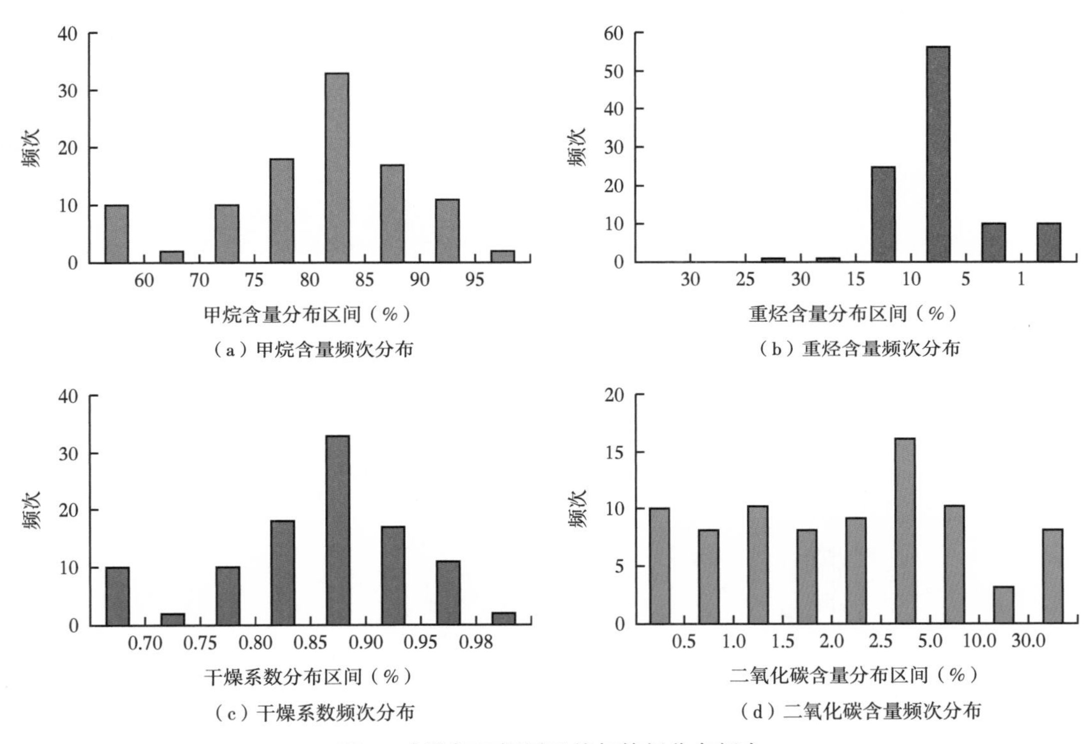

（a）甲烷含量频次分布

（b）重烃含量频次分布

（c）干燥系数频次分布

（d）二氧化碳含量频次分布

图 4　大港探区深层天然气特征分布频次

2.2 碳同位素

碳同位素是研究天然气的重要参数，甲烷碳同位素主要评价天然气成熟度，乙烷碳同位素主要用来鉴别天然气的母质类型。

2.2.1 成熟度

大港探区深层天然气碳同位素值分布范围较大，说明其来源具有多源或多阶特征。$\delta^{13}C_1$ 介于 −54.0‰~−26.8‰，集中分布于 −45.0‰~−35.0‰，占总样品数的 70%（图 5）。大港探区深层天然气如果按煤型气（泛指 $Ⅱ_2$ 型烃源岩生成的气）推测 R_o 为 0.87%~1.61%；按煤成气推测 R_o 介于 0.62%~1.20%；按油型气（泛指 $Ⅱ_1$ 型烃源岩生成的气）推测 R_o 为 1.34%~1.98%（图 6）。因此，大港深层天然气不管是何种成因，其热演化程度主要为成熟—高熟。

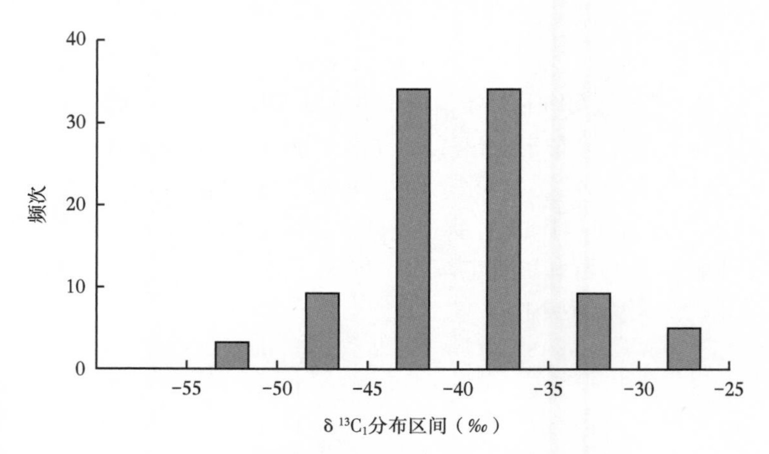

图 5　大港探区天然气中 $\delta^{13}C_1$ 频次分布

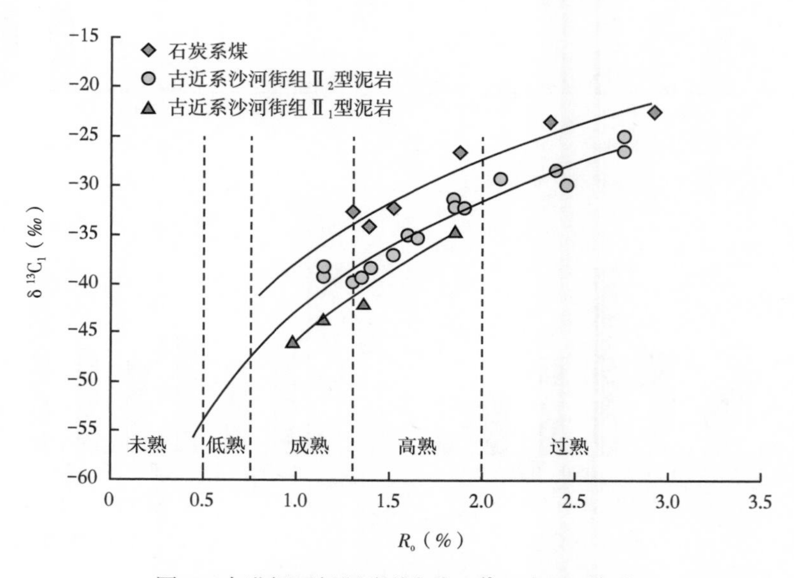

图 6　大港探区烃源岩热解气 $\delta^{13}C_1$ 与 R_o 关系

2.2.2　母质类型

戴金星等以 $\delta^{13}C_2$ 作为划分油型气和煤型气指标[19]，煤层和分散的Ⅱ$_2$ 和Ⅲ型有机质生成的天然气，其 $\delta^{13}C_2$ 大于-28.8‰，为煤型气；由腐泥型母质（Ⅰ型）和腐殖—腐泥型母质（Ⅱ$_1$ 型）形成的天然气，其 $\delta^{13}C_2$ 小于-28.8‰，为油型气（也称腐泥型天然气）。大港探区深层气的 $\delta^{13}C_2$ 介于-41.3‰～-13.7‰，主体大于-28‰，占样品总数的63%，说明天然气以煤型气为主，主要分布在板桥气田、千米桥气田、滨海气田北部、埕海潜山及孔南地区的 WSH1 井和 WG1 井。油型气主要分布在滨海气田南部和张巨河地区（古近系），但在这些地区也发现一定量的煤型气，如 BSH22 井 4456.3～4543.0m 层段天然气的 $\delta^{13}C_2$ 分布在-26.9‰～-25.2‰；QT1 井 4927.8～5.84m 层段天然气的 $\delta^{13}C_2$ 介于-23.3‰～-20.9‰；乙烷碳同位素偏重，这一方面与热演化程较高有关，另一方面也说明其母质类型较差（图 7、图 8）。

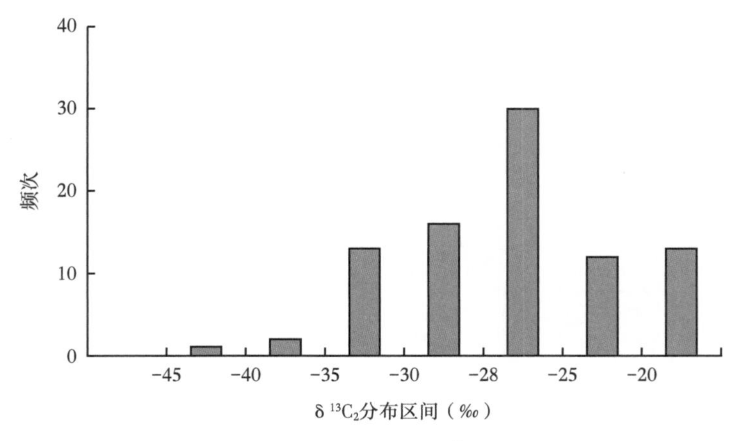

图 7　大港探区深层天然气 $\delta^{13}C_2$ 频次分布

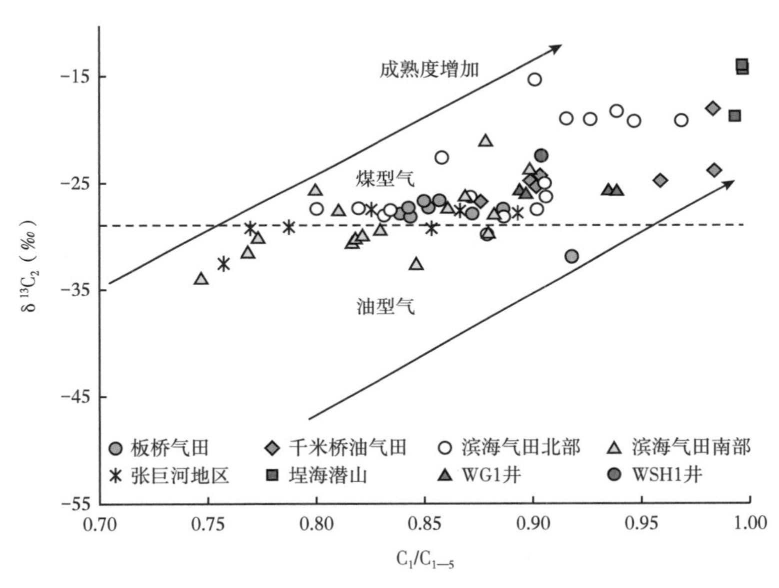

图 8　大港探区深层天然气 $\delta^{13}C_2$ 与 C_1/C_{1-5} 关系

2.3　轻烃

轻烃指纹技术已经在油气勘探开发中得到了广泛应用，利用各种轻烃参数可进行烃源岩类型、热演化程度和油气源对比等[19-22]。由于研究区部分样品的热演化程度较高，部分常用轻烃图版已不适用，因此本文主要通过庚烷值和异庚烷值特征来进行探讨。庚烷值和异庚烷值是 Thompson 基于原油随着成熟度增高、烷基化程度也增高而提出的[19]，但不同母质对原油的庚烷值和异庚烷值也有控制作用，为此，Thompson 给出了 2 条线，一条是脂肪族线，代表的是腐泥型母质，另一条是芳香族线，代表的是腐殖型母质（图 9）。大港探区深层天然气异庚烷值主要介于 1.2~8.0，属于成熟—高成熟气，但高成熟气所占比例较大，这与甲烷碳同位素指示以成熟气为主的观点似乎存在矛盾。其原因可能主要与两组数据不匹配有关，碳同位素在各个时期均进行了分析，覆盖面较广，而轻烃主要来源于埋深大于 4500m 的新钻井样品。从母质类型来看，大部分数据落在芳香族曲线附近，指示天然气以偏腐殖型—腐殖型气（煤型气）为主，只有滨海气田南部及张巨河地区的部分天然气母质类型相对较好，为腐泥型。

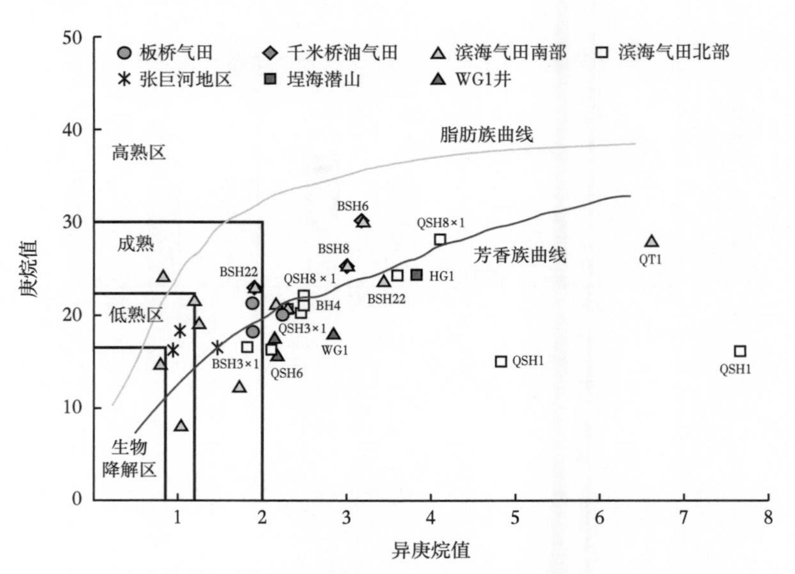

图 9　大港探区深层天然气轻烃庚烷值与异庚烷值关系

3　成因类型及烃源岩

3.1　成因类型

3.1.1　按外生营力划分

根据天然气 $\delta^{13}C_1$ 与干燥系数的关系，国建英等按外生营力将天然气划分为 3 大类[6]，即生物气、生物—热成因混合气和热成因气（图 10）。热成因气根据成熟度的高低进一步

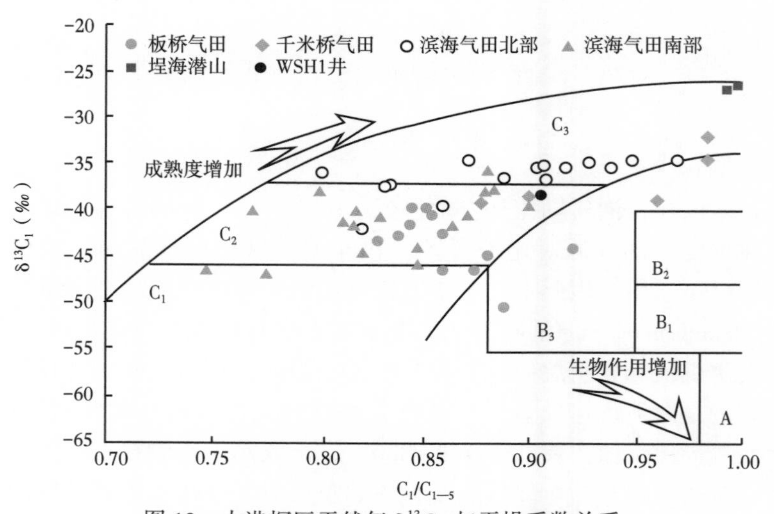

图 10　大港探区天然气 $\delta^{13}C_1$ 与干燥系数关系

注：A 为生物气，B_1、B_2、B_3 为混合气，C_1、C_2、C_3 为热成因气

划分为低熟气（C_1）、成熟气（C_2）、高熟气（C_3）3 个小类。生物—热成因混合气按不同类型天然气混入比例，可进一步划分为以低熟气经生物改造形成的混合气（B_1）、以原油菌解气为主的混合气（B_2）和以热成因气为主的混合气（B_3）。大港探区深层天然气落在 C_2 和 C_3 区，属于热成因气，成熟度主体为成熟—高成熟，部分样品落在低熟气和混合气区间（图 10）。

3.1.2 按母质类型划分

综上所述，研究区天然气以煤型气为主，存在部分油型气。但煤型气的母质类型是湖相腐泥—腐殖型（$Ⅱ_2$—Ⅲ型）还是煤系腐殖型（Ⅲ型）还没有明确定论。研究认为，大港探区的煤型气既有来自石炭系—二叠系生成的煤成气，又有来自古近系偏腐殖型—腐殖型湖相泥岩生成的煤型气。

国建英等在统计国内大型气田天然气数据的基础上，建立了基于碳、氢同位素的成因类型划分图版[16]（图 11）。该图版划分出 5 个区，包括碳、氢同位素都最轻的生物气区（A），氢同位素轻、碳同位素中等的生物—热成因混合气与低熟气区（B），氢同位素很重、碳同位素较重的海相油型气区（E），碳同位素最重、氢同位素较重的煤成气区（D），碳同位素和氢同位素均中等的湖相烃源岩生成的天然气区（C），这一区域既有腐泥—腐殖型母质（$Ⅱ_2$ 型）和腐殖型母质（Ⅲ型）有机质生成的煤型气，也有腐泥型母质（Ⅰ型）和腐殖—腐泥型母质（$Ⅱ_1$ 型）生成的油型气，但不论哪种类型都属于成熟—高成熟阶段形成的天然气。大港探区埕海潜山及王官屯潜山 WG1 井天然气落在煤成气区间，其他天然气落在湖相成熟—高成熟气区间，其中滨海气田北部天然气成熟度最高，与煤成气也最接近，预示其母质类型较差，应以腐殖型为主。

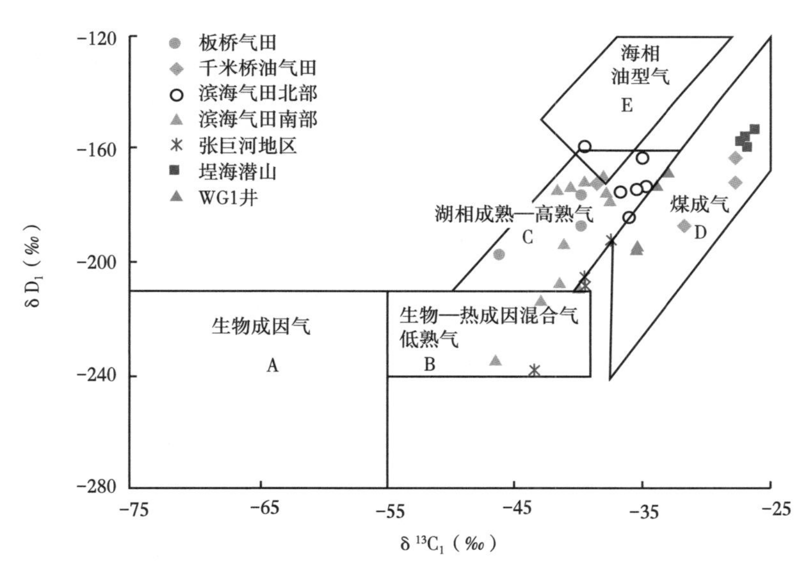

图 11　大港探区深层天然气 $\delta^{13}C_1$ 与 δD_1 关系[16]

轻烃数据亦显示研究区存在煤成气和湖相烃源岩生成的油型气和煤型气。一般情况下，煤成气芳香烃含量高，支链烷烃含量低；而湖相烃源岩生成的天然气芳香烃含量低，支链烷烃含量高。由图 12 可见，埕海潜山的 HG1 井、HG101 井和王官屯的 WG1 井、G15-18 井及乌马营 W31-22 井天然气支链烷烃含量低（小于 37%），芳香烃含量高（最高含量可超过 80%)，为煤成气；其他井天然气的支链烷烃含量较高（一般大于 37%)，芳香烃含量相对较低（一般小于 20%)，属于非煤成气。

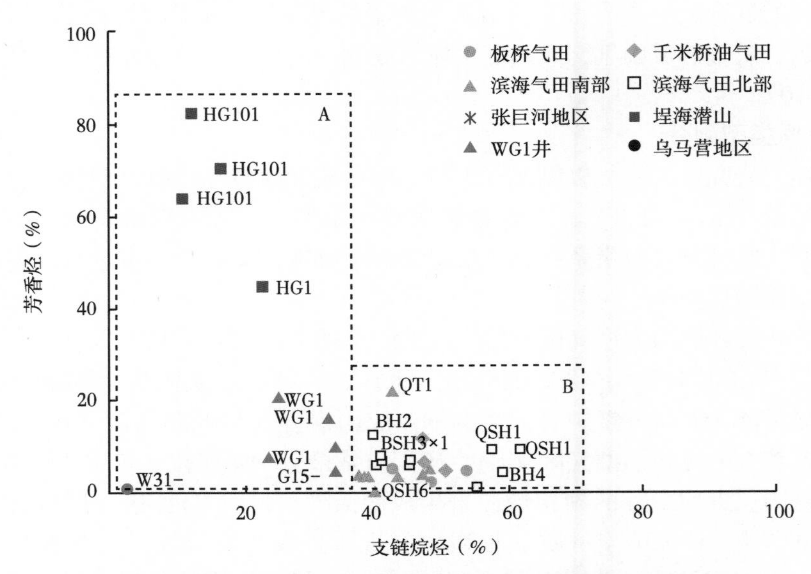

图 12　大港探区天然气轻烃中支链烷烃含量与芳香烃含量关系

3.1.3　天然气成因类型

大港探区存在煤成气、非煤成煤型气和油型气 3 种类型，不同气田深层天然气的成因类型不尽相同。

板桥地区深层天然气 $\delta^{13}C_2$ 分布于-32.0‰~-24.9‰，多数大于-28.8‰（图 8)；δD_1 介于-198‰~-176‰（图 11)；轻烃中支链烷烃含量较高，芳香烃含量较低（图 12)；综合分析认为该区以煤型气为主。$\delta^{13}C_1$ 分布在-46.0‰~-39.0‰，干燥系数为 0.82~0.92（图 10)，按Ⅱ$_2$ 型泥岩推算其 R_o 为 0.82%~1.26%（图 6)；轻烃异庚烷值为 1.8~2.3，3 个样品中 2 个落在成熟区，1 个落在高成熟区（图 9)；总体显示以成熟气为主。

滨海气田北部（北大港断裂带东翼，歧深断鼻及其以北的白水头和唐家河地区）深层天然气 $\delta^{13}C_2$ 为-28.2‰~-15.2‰，全部大于-28.8‰（图 8)；δD_1 分布在-184‰~-159‰（图 11)；轻烃中支链烷烃含量最高，芳香烃含量较低（图 12)；综合分析认为该区以煤型气为主。$\delta^{13}C_1$ 为-39.6‰~-34.6‰，干燥系数分布在 0.80~0.97（图 10)，按Ⅱ$_2$ 型泥岩推算其 R_o 为 1.21%~1.65%（图 6)；轻烃异庚烷值较高，绝大部分大于 2.0，表现出高热演化程度（图 9)；总体上以成熟—高成熟气为主。

滨海气田南部（包括歧深断鼻以南和歧北斜坡）天然气 $\delta^{13}C_2$ 为-39.9‰~-23.0‰（图 8)；δD_1 分布在-234‰~-168‰（图 11)；轻烃中支链烷烃含量较高，芳香烃含量较低（图 12)；综合分析认为该区以油型气为主，部分为煤型气。$\delta^{13}C_1$ 为-46.5‰~-37.6‰，干燥系数为 0.75~0.90（图 10)，油型气的 R_o 为 0.96%~1.39%，煤型气的 R_o 为 1.07%~1.27%（图 6)；轻烃异庚烷值显示从低熟到高熟都有，落在成熟气区间的数据点相对较少（图 9)，这主要与轻烃送检样品有关；总体上看，该区天然气以成熟气为主。

张巨河地区天然气 $\delta^{13}C_2$ 为-32.9‰~-27.4‰（图 8)；δD_1 为-238‰~-178‰（图 11)；轻烃中支链烷烃含量较高，芳香烃含量极低（图 12)；综合分析认为该区以油型气为主。$\delta^{13}C_1$ 为-43.8‰~-38.7‰，干燥系数为0.77~0.89（图10），R_o 为1.12%~1.49%（图6）；轻烃庚烷值主要落在成熟气区间，部分落在低熟气区间（图9）；总体上看，该区天然气以成熟气为主。

千米桥碳酸盐岩潜山天然气 $\delta^{13}C_2$ 为-26.8‰~-21.1‰（图8）；δD_1 为-172‰（图11）；轻烃中支链烷烃含量较高，芳香烃含量较低（图12）；综合分析认为该区以煤型气为主。$\delta^{13}C_1$ 为-39.0‰~-35.0‰，干燥系数0.87~0.98（图10），R_o 为1.25%~1.60%（图6）；轻烃庚烷值主要落在成熟—高成熟气区间；总体显示为成熟—高成熟气（图9）。

埕海潜山天然气 $\delta^{13}C_2$ 为-18.7‰~-13.7‰（图8）；δD_1 为-160‰~-153‰（图11）；轻烃中支链烷烃含量较低，芳香烃含量很高（图12）；综合分析认为该区以煤成气为主。$\delta^{13}C_1$ 为-27.2‰~-26.2‰，干燥系数接近1，R_o 为2.0%~2.14%（图6）。该地区天然气明显具有“既重又干”的特点，造成这一现象除了与成熟度高有关外，热化学硫酸盐还原作用（TSR）也是重要原因。天然气中的非烃含量很高，其中，硫化氢含量可达11.75%~14.64%，二氧化碳含量为28.85%~33.86%，如此高的硫化氢含量与四川盆地川东北三叠系飞仙关组所产的天然气不相上下，不可能是生物成因或热成因，只能来源于TSR[23-28]。TSR是天然气碳同位素变重的一个因素，但影响幅度尚不确定。由于天然气成熟度高且又经历TSR过程，轻烃中链烷烃含量低，以芳香烃苯和甲苯为主，只有1个样品检测出异庚烷值（约3.8），显示出高成熟—过成熟天然气特征（图9）。

孔南地区王官屯潜山的WG1井在2个层位均有天然气产出，但天然气的地球化学特征存在一定差异。奥陶系碳酸盐岩潜山天然气 $\delta^{13}C_2$ 为-25.37‰（图8）；δD_1 为-168‰（图11）；轻烃的支链烷烃含量较低，芳香烃含量较高，但低于埕海潜山天然气（图12）。$\delta^{13}C_1$ 为-33.03‰~-33.01‰，干燥系数为0.90，R_o 约1.36%。二叠系碎屑岩储层中的天然气 $\delta^{13}C_2$ 为-25.7‰~-25.4‰（图8）；δD_1 介于-195‰~-194‰（图11）；轻烃的支链烷烃含量较低，芳香烃含量较高，但低于埕海潜山天然气（图12）；$\delta^{13}C_1$ 为-35.5‰~-35.3‰，干燥系数为0.94，R_o 为1.15%~1.17%（图6）。轻烃异庚烷值介于2.2~2.9，轻烃庚烷值落在高成熟气区间（图10）。WG1井两套储层的天然气均属于煤成气，但奥陶系天然气属于高熟气，二叠系天然气为成熟气。两者非烃含量差别大，奥陶系碳酸盐岩储层天然气的硫化氢含量和二氧化碳含量均较高，硫化氢含量为8.66%~8.70%，这反映TSR参与了天然气的形成；而二叠系碎屑岩储层天然气硫化氢含量和二氧化碳含量均较低。

乌马营地区的WSH1井天然气 $\delta^{13}C_2$ 为-23.0‰~-22.4‰，$\delta^{13}C_1$ 介于-38.5‰~-36.8‰，干燥系数为0.90，R_o 为0.94%~1.06%，属于成熟煤成气（图10）。

总体看来，不同气田天然气的母质类型和成熟度存在一定差异，这说明其烃源岩不尽相同。

3.2 烃源岩

大港探区发育了东营组、沙河街组一段、沙河街组二段、三段和孔店组及石炭系—二叠系5套烃源岩。其中，东营组和沙河街组二段、三段属于湖相沉积，孔店组和沙河街组一段（尤其是在中南部地区）属于半咸化湖相沉积，石炭系—二叠系属于海湾潟湖泥炭沼泽相沉积。孔南地区沙河街组和孔店组烃源岩热演化程度较低，以生油为主；石炭系—二叠系可达到成熟—高成熟阶段，具备生气能力。歧口凹陷的东营组烃源岩热演化程度较低，以生油为主；沙河街组一段在沉积中心区，埋藏深度大，成熟度高，具备生气条件；沙河街组二段、三段烃源岩达到成熟—高成熟阶段，具备大量生气条件；石炭系—二叠系烃源岩主要分布在孔店凸起和埕北断坡，具备成气条件。

大港探区存在煤成气、非煤成煤型气和油型气，该区只有石炭系—二叠系发育煤系烃源岩，所以其为煤成气源岩。通过岩石热解轻烃与天然气轻烃对比分析[15]，非煤成气主要来自沙河街组二段、三段烃源岩，部分来自沙河街组一段烃源岩。

4 有利分布区域

大港探区深层天然气按外生营力划分属于热成因气，按母质类型又可分为煤成气、非煤成煤型气和油型气。煤成气主要分布在大港探区的中南部，包括埕北地区、王官屯—乌马营潜山带及孔店凸起，已发现埕海潜山、王官屯潜山、乌马营潜山等气藏。非煤成煤型气主要分布在中部地区，包括板桥次凹、歧口主凹中北部和夹于这 2 个凹陷间的北大港潜山构造带，目前主要发现板桥气田、千米桥凝析油气田和滨海气田（北部）。油型气规模不大，主要分布在歧口主凹南部、歧北次凹和歧南次凹周缘，已发现滨海气田（南部）和埕海油田（图 1）。

大港探区深层天然气的分布严格受烃源岩的控制。大港探区石炭系—二叠系煤系烃源岩主要分布于凹陷的中南部地区，即埕北地区、歧南次凹、孔南地区和沧县隆起，因此，上述地区主要发育煤成气藏。古近系湖相烃源岩在全区均有分布，但北部的北塘次凹、南部的孔南地区烃源岩有机质热演化程度都较低，不足以大量成气，只有歧口凹陷具备大量成气条件，但在平面上，歧口凹陷具有机质类型“南好北差”、热演化程度“南低北高”的特征[29]，因此，凹陷中北部的板桥次凹、北大港潜山构造带和滨海斜坡北段是煤型气（偏腐殖—腐殖型）的有利分布区，滨海断鼻以南、歧北斜坡和歧南次凹深层是油型气（偏腐泥型）的有利分布区。

截至 2010 年底，大港探区天然气探明储量 $751\times10^8m^3$，其中，深层天然气探明储量 $382.84\times10^8m^3$，这些天然气全部来自非煤成天然气。根据最新资源评价结果，古近系天然气资源量 $4158\times10^8m^3$，石炭系—二叠系天然气资源量近 $2000\times10^8m^3$，天然气总探明率仅为 12%，剩余资源量丰富。从目前的勘探现状来看，中浅层勘探程度已经很高，再有大的发现不太现实，天然气剩余资源量主要分布在深层，且近年的天然气勘探也表明，深层确实存在高成熟甚至过成熟天然气，如滨海气田的北部，这说明大港探区深层天然气具有很好的勘探前景。

5 结论

（1）平面上，大港探区已发现的深层天然气主要分布于中北区的千米桥潜山、滨海气田、板桥油气田；纵向上，所发现的深层天然气主要在中深层，深层—超深层天然气相对发现较少，天然气分布存在很大非均衡性。

（2）大港探区深层天然气按外生营力划分属于热成因气，以成熟—高成熟气为主；按母质类型可划分为煤成气、非煤成煤型气和油型气，以煤型气为主。

（3）煤成气主要来自石炭系—二叠系煤系烃源岩，非煤成煤型气和油型气主要来自古近系沙河街组二段、三段烃源岩。

（4）大港探区深层天然气的分布严格受烃源岩分布的控制，煤成气主要分布于探区中南部的埕北地区、孔店凸起及孔南地区；非煤成煤型气主要分布在中北部地区，包括板桥次凹、歧口主凹中北部和夹于这2个凹陷间的北大港潜山构造带；油型气主要分布在歧口主凹南部、歧北次凹和歧南次凹周缘。

参考文献

[1] 何海清，王兆云，韩品龙．渤海湾盆地深层油气藏类型及油气分布规律［J］．石油勘探与开发，1998，25（3）：6-9.

[2] 康竹林．渤海湾盆地深层油气勘探前景［J］．石油勘探与开发，1996，23（6）：20-22.

[3] 胡海燕．深部油气成藏机理概论［J］．大庆石油地质与开发，2006，25（6）：24-26.

[4] 杨池银．千米桥潜山凝析气藏天然气成因分析［J］．江汉石油学院学报，2004，26（1）：35-36.

[5] 李剑，胡国艺，谢增业，等．中国大中型气田天然气成藏物理化学模拟研究［M］．北京：石油工业出版社，2001：96-100.

[6] 杨池银．板桥凹陷深层天然气气源对比与成因分析［J］．天然气地球科学，2003，14（1）：83-88.

[7] 姜平．千米桥潜山构造凝析油气藏成因［J］．天然气工业，2001，21（4）：39-43.

[8] 张亚光，杨子玉，肖枚，等．乌马营潜山天然气藏地质地球化学特征和成藏过程［J］．天然气地球科学，2003，14（4）：283-286.

[9] 杨池银．黄骅坳陷二氧化碳成因研究［J］．天然气地球科学，2004，15（1）：7-11.

[10] 金振奎，白武厚，张响响．黄骅坳陷二氧化碳气成因类型及分布规律［J］．地质科学，2003，38（3）：350-360.

[11] 武战国，于志海．黄骅坳陷二氧化碳气成因类型及富集规律［J］．中国石油勘探，2007，12（1）：43-48.

[12] 戴春森，宋岩，杨池银．黄骅坳陷天然气中多成因二氧化碳的判识及其混合模型［J］．石油勘探与开发，1994，21（4）：23-29.

[13] 丁巍伟，戴金星，陈汉林，等．黄骅坳陷新生代构造活动对无机成因 CO_2 气藏控制作用的研究［J］．高校地质学报，2004，10（4）：616-623.

[14] 国建英，于学敏，李剑，等．歧口凹陷歧深1井气源综合对比［J］．天然气地球科学，2009，20（3）：392-399.

[15] 王振升，于学敏，国建英，等．歧口凹陷天然气地球化学特征及成因分析［J］．天然气地球科学，2010，21（4）：683-691.

[16] 国建英，钟宁宁，于学敏，等．歧口凹陷烷烃气碳、氢同位素特征及成因类型［J］．天然气地球科学，2011，22（6）：1054-1063.

[17] 吴永平，于学敏．黄骅坳陷天然气资源潜力与勘探开发对策［J］．天然气地球科学，2003，14（4）：235-239.

[18] 宋岩．中国天然气资源分布特征与勘探方向［J］．天然气工业，2003，3（1）：1-4.

[19] 戴金星．各类烷烃气的鉴别［J］．中国科学B辑：化学，1992，22（2）：185-193.

[20] Thompson K F M. Light hydrocarbons in subsurface sediments［J］. Geochimica et Cosmochimica Acta，1979，43（5）：657-672.

[21] 蒋助生，胡国艺，李志生，等．鄂尔多斯盆地古生界气源对比新探索［J］．沉积学报，1999，17（增刊）：820-824.

[22] 胡国艺，李剑，李谨，等．判识天然气成因的轻烃指标探讨［J］．中国科学D辑：地球科学，2007，37（增刊）：111-117.

[23] 王一刚，窦立荣，应初，等．四川盆地东北部三叠系飞仙关组高含硫气藏 H_2S 成因研究［J］．地球化学，2002，31（6）：517-524.
[24] 杨家静，王一刚，王兰生，等．四川盆地东部长兴组—飞仙关组气藏地球化学特征及气源探讨［J］．沉积学报，2002，20（2）：349-352.
[25] 戴金星．中国含硫化氢的天然气分布特征、分类及其成因探讨［J］．沉积学报，1985，3（4）：109-120.
[26] 朱光有，张水昌，梁英波，等．川东北地区飞仙关组高含 H_2S 天然气 TSR 成因的同位素证据［J］．中国科学 D 辑：地球科学，2005，35（11）：1037-1046.
[27] 朱光有，张水昌，李剑，等．中国高含硫化氢天然气的形成及其分布［J］．石油勘探与开发，2004，31（4）：18-21.
[28] 朱光有，戴金星，张水昌，等．含硫化氢天然气的形成机制及分布规律研究［J］．天然气地球科学，2004，15（2）：166-170.
[29] 于超，苏俊青，钱茂路，等．滨海断鼻古近系油气藏分布特征与控制因素浅析［J］．天然气地球科学，2010，21（4）：547-553.

本文原刊于《石油学报》，2013 年第 34 卷增刊 1。

二、生排烃机理

腐泥型烃源岩生排烃模拟实验与全过程生烃演化模式

李　剑[1,2]　马　卫[1,2]　王义凤[1,2]　王东良[1,2]
谢增业[1,2]　李志生[1,2]　马成华[1,2]

1. 中国石油勘探开发研究院，河北廊坊
2. 中国石油天然气集团有限公司天然气成藏与开发重点实验室，河北廊坊

摘要：利用半开放体系生排烃模拟实验、封闭体系的黄金管生烃动力学模拟实验与开放体系的高温热解色谱质谱实验数据与实测数据，在经典生烃模式基础上，对烃源岩全过程生烃演化特征、排烃效率与滞留烃量、高过成熟阶段天然气来源及甲烷同系物裂解温度等问题开展了深入探讨。研究认为，腐泥型烃源岩在主生油阶段（R_o值为 0.8%～1.3%）的排烃效率为 30%～60%，高成熟阶段（R_o 值为 1.3%～2.0%）的排烃效率在 60%～80%；高成熟阶段干酪根降解气与原油裂解气对总生气量的贡献比大致为 1:4，干酪根降解气量占 20%，滞留液态烃裂解气量占 13.5%，源外原油裂解气（包含聚集型与分散性原油裂解气）量占 66.5%。初步确定了天然气的裂解下限，建立了烃源岩全过程生烃演化模式。

关键词：腐泥型烃源岩；生烃演化模式；排烃效率；生排烃模拟实验；干酪根；降解气；裂解气

1　问题提出

现代油气生成理论认为，保存在沉积物中的有机质，在不断深埋过程中，在细菌、温度等因素的作用下，经历未成熟、成熟和过成熟等阶段，陆续转化为石油和天然气[1]。油气生成理论对现代石油工业的发展作用显著，20 世纪 70 年代，蒂索等在油气生成理论的基础上建立了干酪根热降解生烃演化模式[2]，有效指导了油气勘探和地质研究。然而随着中国油气勘探不断向深层与非常规领域发展，凸显出来的许多现象和问题引发了业内对蒂索模式有待完善的讨论[3-6]。笔者认为蒂索模式对烃源岩高—过成熟阶段生烃的阐述有偏于笼统，仅是指出高—过成熟阶段天然气来源于干酪根降解气与原油裂解气，但没有再对原油裂解气进一步细分。事实上原油裂解气还可以细分为聚集在古油藏中的液态烃晚期裂解生成的天然气（聚集型液态烃裂解气）与分散于烃源岩内或源外运移通道中的液态烃晚期裂解生成的天然气（分散型液态烃裂解气），近年来分散液态烃的生气潜力引起了广泛关注[7-9]。而且前人研究指出不同来源（干酪根、原油、分散液态烃）的天然气产率和地球化学特征具有明显区别[9-11]，这种简单的二分法已无法满足海相多元生烃研究的需要，会对深层天然气来源的判识造成误差。因此，明确两者的成藏差异性对指导不同成因类型天然气勘探选区具有实际意义。其次，蒂索模式也没有明确生烃下限，没有阐述不同演化阶段排出烃量与滞留于烃源岩中的滞留烃量，然而对滞留烃含量的评价直接影响着页岩油

气的勘探。此外，天然气裂解的影响因素、天然气保存的深度下限，这些决定天然气远景勘探方向与下限的问题同样值得研究与探索。

2005年，赵文智等根据气源岩在不同阶段的生气动力学、生气组分及生成的不同成因天然气，建立了沉积有机质的接力成气模式。指出沉积有机质接力生气的过程包括生物气、未成熟过渡带气、干酪根降解气及液态烃裂解气，并揭示了分散液态烃的成藏地位[6,12]。

为进一步完善有机质生烃理论，笔者在蒂索生烃模式和赵文智等有机质接力生气模式的基础上，利用半开放体系的生排烃模拟实验、封闭体系的黄金管生烃模拟实验与开放体系的高温热解色谱质谱实验，同时结合地质认识，针对有机质成熟—高成熟—过成熟阶段的热解生烃过程进行了详细研究，基于有机质接力生气模式中的未熟阶段生气模式，建立了新的烃源岩全过程生烃演化模式，实验研究思路如图1所示。

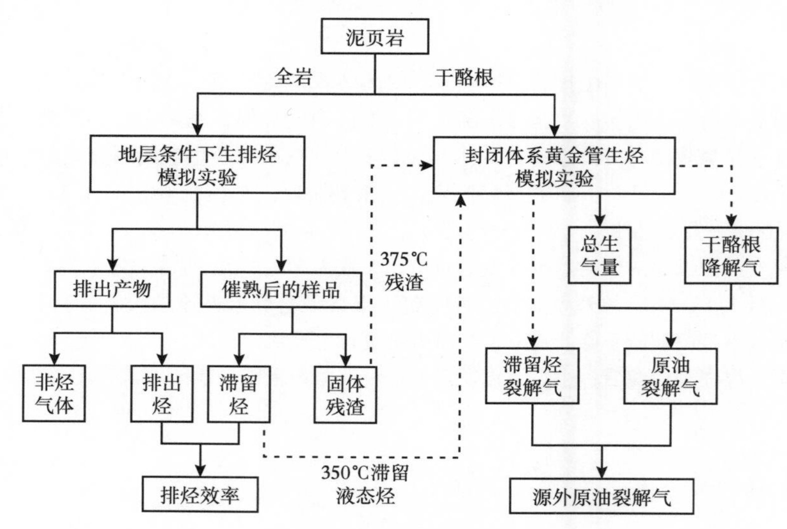

图1　实验研究流程

2　生排烃模拟实验方法与样品

为了建立全过程生烃模式，笔者采用了3种实验体系，第1种是地层条件下半开放体系的生排烃模拟实验[7]，主要进行生排烃效率及滞留烃量研究[13]；第2种是封闭体系的黄金管生烃模拟实验，主要进行干酪根初次降解气、原油裂解气定量及天然气裂解时机研究；第3种是开放体系的高温热解炉结合色谱与质谱检测的方法，用于研究甲烷裂解温度。

2.1　地层条件下半开放体系的实验方法

地层条件下半开放体系的生排烃模拟实验，与传统生烃模拟实验相比主要区别有4个方面：（1）增加了可调控的静岩压力和地层压力；（2）采用柱状样品进行模拟实验，保持了样品的原始结构；（3）在样品压制过程中同时加水，水附存于样品孔隙中；（4）“热生冷排”，使排烃温度与地层深度所对应的地层温度一致。

实验流程：系统抽真空之后，将样品升温至所设温度点，恒温24h后，通过气液分离器分别收集模拟实验排出的油、气。滞留于烃源岩中的油由氯仿沥青“A”和经过校正的散失轻烃组成。

笔者选取的样品均为未进入热解生烃阶段的未熟—低熟烃源岩，从而可以通过模拟实验反映生烃的全过程。样品信息见表1。

表1　实验样品基础地球化学数据

井号	深度（m）	地区	地层	岩性	TOC（%）	S_0（mg/g）	S_1（mg/g）	S_2（mg/g）	（S_1+S_2）（mg/g）	T_{max}（℃）	HI（mg/g）	R_o（%）	有机质类型
鱼24	1587.00	大庆	K_2q	深灰色泥岩	1.40	0.01	0.15	8.82	8.97	443	629.66	0.45	Ⅰ
金88	1976.99	大庆	K_2q	深灰色泥岩	3.68	0.02	0.57	29.28	29.85	452	796.00	0.60	Ⅰ
兴2	760.00	大庆	K_2q	深灰色泥岩	5.87	0.02	0.54	47.08	47.62	434	802.10	0.50	Ⅰ
凤29-19	2450.10	大港	E_2s	灰黑色泥页岩	7.71	0.24	0.95	52.01	52.96	438	674.58	0.47	$Ⅱ_1$
盐14	1937.78	大港	E_2s	深灰色泥岩	4.72	0.12	0.96	31.58	32.54	424	669.16	0.45	$Ⅱ_1$
沈6	1963.00	大港	E_2s	浅灰色泥岩	2.27	0.03	0.57	14.14	14.71	423	622.95	0.52	$Ⅱ_1$

注：TOC—总有机碳含量；S_0—气态烃含量；S_1—游离烃含量；S_2—热解烃含量；T_{max}—最大热解温度；HI—氢指数；R_o—有机质热成熟度；K_2q—上白垩统青山口组；E_2s—古近系沙河街组。

2.2　温压共控的黄金管封闭体系的实验方法

鉴于温压共控的黄金管封闭体系生烃模拟实验方法良好的封闭能力与耐高温能力，本文利用其作为定量评价各种来源天然气最大生成潜力的方法，这也是目前最有效的方法之一。具体实验流程为：按照实验需求把一定质量的样品在氩气保护下装入黄金管（40mm×5mm，壁厚为0.25mm），然后置黄金管于高压釜内。把高压釜放置在同一个炉腔内，并通过外界流体增压装置向高压釜施加压力，压力保持在30MPa。之后先将样品以50℃/h的速率快速升温至200℃，然后按照实验需求以2℃/h的升温速率进行升温。每隔24℃设置一个温度点，在设置温度点取出高压釜，关闭控制该高压釜的压力开关并用冷水降温，直至达到常温为止，取出黄金管。用真空取样装置测量黄金管内的气体体积并收集气体，将取出的气体进行组分分析，计算生烃参数。所有黄金管生烃模拟实验样品均为同一块张家口下花园中元古界青白口系下马岭组低成熟腐泥型烃源岩，样品TOC值为5.6%，R_o值为0.5%，T_{max}值为425℃，（S_1+S_2）值为31.037mg/g，产油气潜量为21.4587mg/g，气产率指数为0.0006，油产率指数为0.0191。

将下马岭组烃源岩样品分成3块平行样，一块直接制备成干酪根进行黄金管封闭体系的全过程生气热模拟实验，旨在得出腐泥型烃源岩热成因气总的演化趋势及总量，这其中既包括干酪根降解气又包括原油裂解气。同时观察烷烃气的演化特征，检测天然气裂解时机。另一块通过375℃恒温8h生烃实验后，提取出其生成的原油，之后将实验固体残渣经氯仿沥青“A”抽提后制备成干酪根，然后用这部分干酪根进行黄金管封闭体系的生气热模拟实验，实验将得出干酪根降解气的演化趋势及生气量。第3块样品按照前文所述地质条件下生排烃模拟实验方法进行生排烃模拟实验，实验后提取滞留液态烃进行氯仿沥青“A”定量。然后利用黄金管模拟装置，将生油窗阶段的滞留液态烃（即350℃模拟实验生成的氯仿沥青“A”，R_o 值约为 1.0%）进行黄金管封闭体系生气热模拟实验，实验生成的烃类气体即为滞留液态烃的裂解气。

2.3 甲烷气的裂解温度检测方法

理论上，依据烃类生成自由能变化与温度函数关系（化学反应动力学）可知，甲烷裂解过程可以简化为一个化学反应方程式：$CH_4 = C + 2H_2$，可以看出，甲烷裂解的气体产物为氢气。在没有其他氢源的情况下，氢气的生成趋势可以反映出甲烷的裂解趋势。本文利用高温热解炉结合气相色谱—质谱联用检测的方法在线标定了升温过程中甲烷与氢气含量的变化趋势。具体实验方法是，将甲烷气体注入高温裂解炉进行常压条件下恒温裂解实验，裂解产物用质谱在线检测氢气及甲烷含量。

2.4 等效 R_o 值的确定

本文所有黄金管热模拟实验均采用同一块低成熟的煤样，按照相同实验条件进行热模拟后剩余残样的实测 R_o 值，其与热模拟温度的对应关系如图 2 所示。

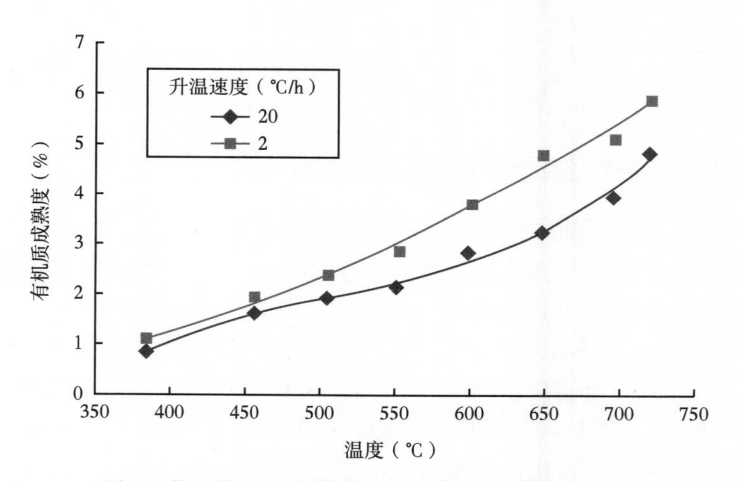

图 2　黄金管生烃热模拟温度与等效 R_o 值拟合关系

3 实验结果与讨论

3.1 生油窗的生烃潜力

笔者利用上文所述的地层条件下生排烃模拟方法对本次研究的对象——下马岭组泥页岩进行了生排烃模拟实验，得到了滞留烃、原油及总烃的演化曲线（图 3）。由图 3 可见下马岭组页岩在生油高峰时 R_o 值为 1.0%左右，产烃率高峰值为 321mg/g，占此时生烃量的 89.2%；此时滞留烃产量也达到峰值，为 212.9mg/g，然而本阶段累计生气量只有 39mg/g，仅占生烃量的 10.8%。直到高成熟阶段原油开始大量裂解，才使得天然气的含量大幅增加。

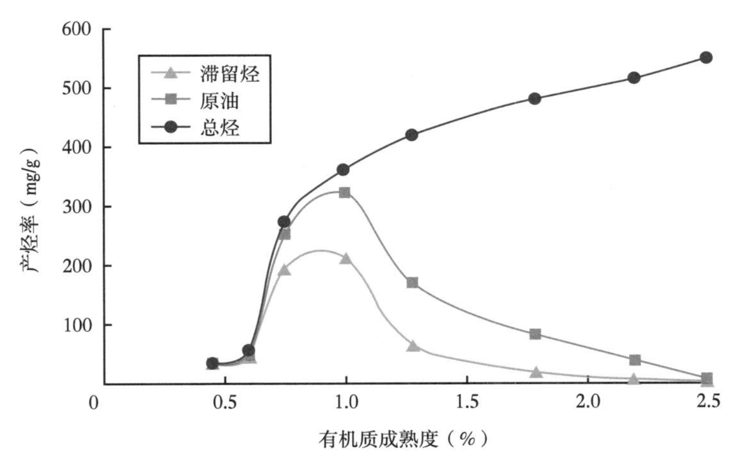

图 3　地层条件下下马岭组泥页岩生排烃实验生烃曲线

3.2　烃源岩的排烃效率与滞留烃量

对于常规油气资源而言，油气只有排出烃源岩才对资源产生贡献[14]；而对于页岩油气而言，油气在烃源岩中滞留的多少决定了页岩勘探价值的大小。因此，排烃效率与滞留烃量是一个需要深入探讨的问题。有机质类型、丰度决定了烃源岩的生烃潜力，而有机质的成熟度反映了有机质的演化程度，因此有机质类型、丰度及其成熟度反映了生烃母质的特征，是烃源岩能否排烃的内因，对排烃起决定作用。相同埋深条件下，有机质类型越好，烃源岩单位有机碳排烃量越大，达到排烃高峰期越早，排烃效率也越高[15]。

前期研究中，作者总结了前人对排烃效率研究的经验，建立了一套地质条件下的排烃效率模拟方法（正演），并优选了具有普遍应用基础的地质剖面法（反演），正演与反演相结合，得出了烃源岩不同热演化阶段的排烃效率。在前期的研究中，选取松辽和渤海湾盆地优质腐泥型烃源岩进行了半封闭体系模拟实验，求取排烃效率和滞留烃量的数据。运用地质剖面解剖的方法重点研究了生油高峰阶段和高成熟阶段的排烃效率和滞留烃含量，选择渤海湾盆地歧口凹陷滨深22井、港深78井、港深48井3口单井腐泥型烃源岩进行地质参数解析，计算了排烃效率（表2）。

表 2　歧口凹陷地质剖面解剖法计算的排烃效率

井号	深度（m）	地层	岩性	TOC（%）	R_o（%）	排烃效率（%）
滨深 22	3925	E_2s	深灰色泥岩	2.81	0.84	31
滨深 22	4205	E_2s	深灰色泥岩	2.20	0.96	45
港深 78	3634	E_2s	深灰色泥岩	1.51	0.74	45
港深 78	3740	E_2s	深灰色泥岩	2.18	0.78	40
港深 48	3703	E_2s	深灰色泥岩	2.00	0.72	48
港深 48	3615	E_2s	深灰色泥岩	1.91	0.71	36

地层条件下半开放体系实验模拟结果表明，低熟（R_o 值小于 0.8%）阶段排烃效率低于 20%；生油窗（R_o 值为 0.8%～1.3%）阶段排烃效率为 20%～50%；高成熟（R_o 值为 1.3%～2.0%）阶段排烃效率达到 50%～80%。

地质剖面解剖结果表明，在生油高峰阶段，渤海湾盆地腐泥型烃源岩的排烃效率主要为 30%～60%。

对两类方法的结果进行综合评价后认为：Ⅰ、$Ⅱ_1$ 型烃源岩在低成熟阶段的排烃效率低于 30%；在主生油阶段（R_o 值为 0.8%～1.3%）的排烃效率为 30%～60%；R_o 值为 1.3%～2.0%时，排烃效率在 60%～80%。相同阶段 $Ⅱ_2$ 和Ⅲ型烃源岩排烃效率要低10%～20%。在以上数据基础上，建立了腐泥型烃源岩的滞留烃定量演化模型（图 4），该模型中滞留烃包含了气态烃和液态烃。如模型中所示，腐泥型有机质滞留烃峰值可达到 200～275mg/g，有机质类型、有机质丰度不同，取值存在一定差异，有机质类型越好、丰度越高，滞留烃取值也越大。详细的研究方法与研究结果作者已另文刊出[13,16]，这里不再赘述，仅将研究结论应用于本文所要建立的烃源岩全过程生烃演化模式中。需要特别指出的是，在高成熟阶段末期（R_o 值为 2.0%），仍有相当一部分气态烃滞留于烃源岩中，成了页岩气资源，需要进一步定量评价滞留烃裂解气的含量，从而为页岩气资源勘探潜力评价提供参考依据。

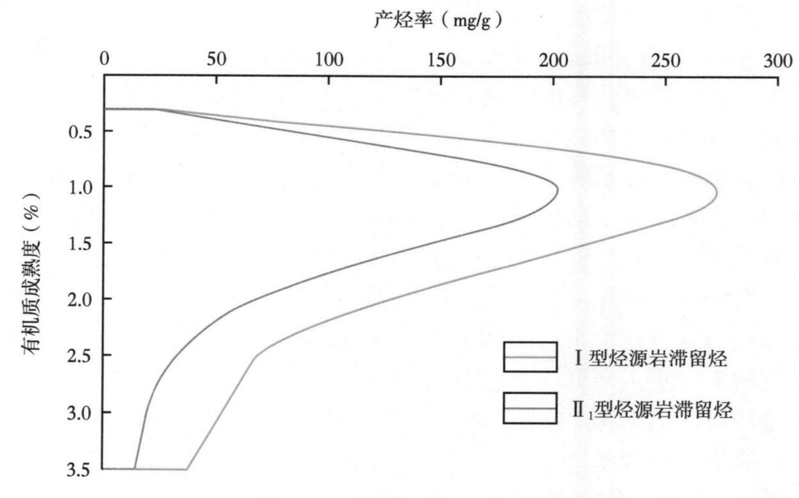

图 4　Ⅰ—$Ⅱ_1$ 型烃源岩全演化阶段滞留烃定量评价模型（据文献［16］修改）

3.3　高—过成熟阶段天然气生成特征

随着生成的石油排出烃源岩并向储集层运移成藏，原油按照赋存位置及赋存形态的不同，可以分为源内滞留液态烃、源外分散液态烃及聚集成藏的聚集型液态烃（图 5）。烃源岩中残余的干酪根及液态烃经漫长地质时期的高温（地温大于 150℃）作用，均可裂解生成天然气。因此，理论上高—过成熟阶段的天然气可以分为干酪根降解气、源内滞留液态烃裂解气、源外分散液态烃裂解气及聚集型原油（古油藏）裂解气 4 部分。不同来源的天然气其主生气期与生成量也存在一定差异。理清其中的差异，有助于为不同类型天然气的成藏贡献研究奠定理论基础。

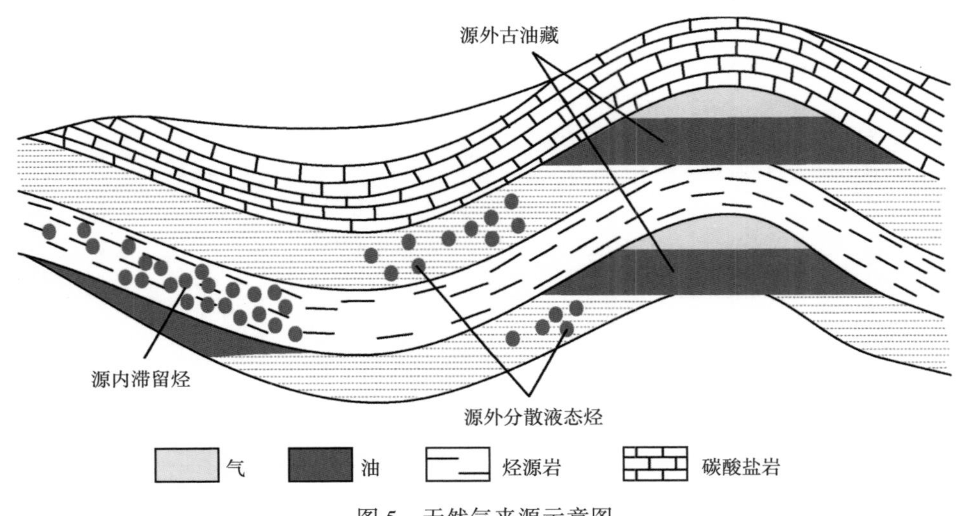

图 5　天然气来源示意图

通过以上封闭体系黄金管生烃模拟实验，笔者直接得出了下马岭组泥页岩的总生气量，以及提取出原油的残余干酪根生成的干酪根裂解气量，某一演化阶段总生气量减去该阶段的干酪根裂解气量，即可得到该阶段的原油裂解气量。利用黄金管模拟装置，将生排烃模拟实验［350℃、恒温 24h（R_o 约 1.0%）］生成的滞留液态烃进行了黄金管封闭体系生气热模拟实验，得出了单位滞留液态烃二次裂解生气的模拟结果。单位滞留烃裂解气量乘以下马岭组页岩 R_o 值为 1.0%时生成的滞留液态烃量即可得到下马岭组页岩滞留液态烃裂解气量。某一演化阶段的原油裂解气量减去该阶段的滞留烃裂解气量，即为该演化阶段的源外液态烃裂解气量。

本文对上述 350~650℃ 黄金管模拟实验（即 R_o 为 0.89%~4.59%）得到的生气量进行了整合计算，得到了干酪根降解气、原油裂解气、滞留烃裂解气及源外原油裂解气的结果如图 6 所示及见表 3。

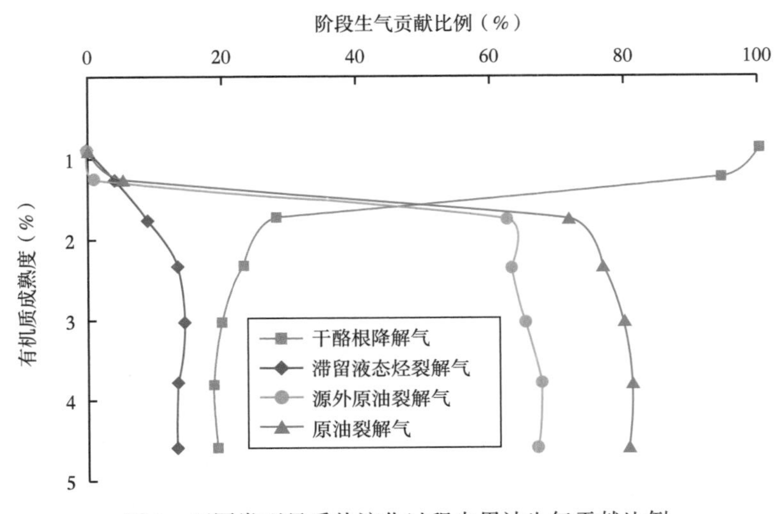

图 6　不同类型母质热演化过程中累计生气贡献比例

表 3　下马岭组泥页岩不同类型天然气所占比例统计表

热模拟温度（℃）	拟合 R_o 值（%）	总生气量（mg/g）	干酪根降解气（mg/g）	原油裂解气（mg/g）	排出液态烃裂解气（mg/g）	单位滞留液态烃裂解气量（mg/g）
350	0.89	14.0	14.0	0	0	0
400	1.27	65.1	61.6	3.5	0.8	12.5
450	1.76	315.0	89.2	225.8	197.2	134.3
500	2.35	434.9	100.8	334.1	274.7	278.8
550	3.03	552.7	111.3	441.4	361.1	377.0
600	3.78	604.2	114.0	490.2	408.2	385.0
650	4.59	608.2	118.0	490.2	408.3	385.0

热模拟温度（℃）	滞留液态烃峰值（mg/g）	滞留烃裂解气（mg/g）	原油裂解气比例（%）	阶段生气贡献（%）		
				干酪根	源外原油	滞留液态烃
350	212.9	0	0	100.0	0	0
400	212.9	2.7	5.4	94.6	1.3	4.1
450	212.9	28.6	71.7	28.3	62.6	9.1
500	212.9	59.3	76.8	23.2	63.2	13.6
550	212.9	80.3	79.9	20.1	65.3	14.5
600	212.9	82.0	81.1	18.9	67.6	13.6
650	212.9	82.0	80.6	19.4	67.1	13.5

注：1. 拟合 R_o 值由图 2 黄金管生烃热模拟温度与等效 R_o 值的拟合关系曲线得出；2. 排出液态烃裂解气量为原油裂解气量与滞留烃裂解气量之差；3. 某阶段生气母质（干酪根、排出的原油、滞留液态烃）的阶段生气贡献为该母质自开始热解生气至该演化阶段的累计生气量与该演化阶段烃源岩累计生气量的比值。

3.3.1　干酪根降解气、原油裂解气的量与生气时机

Burnham 等基于生烃动力学，认为海相Ⅰ—Ⅱ型烃源岩仅有 20%～30% 的天然气直接来自干酪根降解[17]。陈建平等认为海相烃源岩干酪根生成天然气的成熟度下限（或生气死亡线）应该为 R_o 值为 3.0%[18]。赵文智等基于模拟实验，认为原油裂解气量是干酪根降解气的 3～4 倍，干酪根主生气期 R_o 值为 1.1%～1.8%[6]。由此可见前人通过相关研究，均在一定程度上表明了热演化晚期干酪根降解生气潜力的枯竭与原油裂解气对天然气成藏的主要贡献。然而由于前人在研究干酪根降解气与原油裂解气过程中所用样品并非同一块样品，因此结论还缺乏说服力。为了进一步完善两种类型气体的贡献比例，笔者选择了同一块烃源岩样品的干酪根和其生成的油来做黄金管模拟实验，这样避免了前人研究过程中由于样品的不同导致的误差，使结果更准确。

实验结果表明，腐泥型烃源岩生气量经折算后为 335m^3/t，干酪根的有机碳含量为 55.08%，因此该腐泥型烃源岩生气量折算成单位有机碳后约为 608.2m^3/t。而提取出原油的剩余干酪根最终的降解气量为 65m^3/t，即有机碳降解气量为 118m^3/t。由此可见，干酪根最终的降解气量与原油最终裂解气量的比例约为 1:4，各阶段的成气演化趋势如图 7 所示。

实验结果明确了腐泥型干酪根直接生气潜力及主成气期，如图 7 所示，进入生油窗后，腐泥型干酪根以生油为主，同时生成少量的伴生气，这一阶段累计伴生气量占干酪根

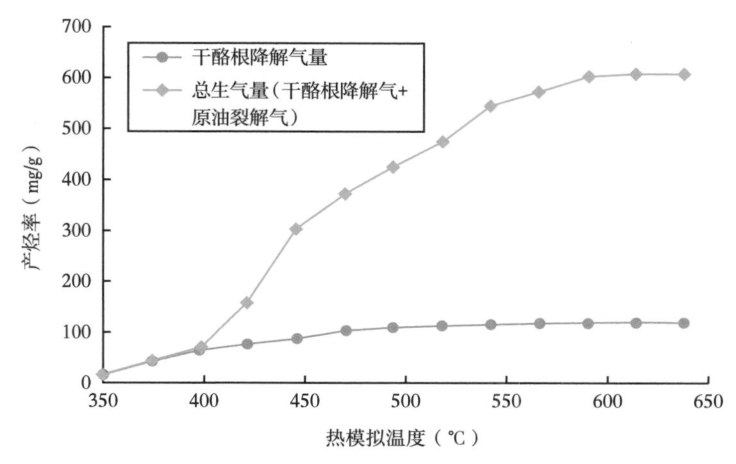

图 7　腐泥型烃源岩干酪根与原油裂解生气模式图

降解气总量的 10%。干酪根大量降解生气发生在 R_o 值为 1.3%~2.5%阶段，这一阶段产气量达到干酪根降解气总量的 85%以上[19]，R_o 值大于 2.5%以后生气量只占降解气总量的 5%。干酪根最终累计降解气量占烃源岩总生气量的 20%。在干酪根整个降解生气过程中，降解气对相应阶段烃源岩总生气量的贡献比例呈现出随演化程度增加而递减的趋势；进入高成熟阶段，随着原油开始大量裂解，干酪根降解气对天然气的累计贡献率逐渐降低。而原油裂解气的量进入高—过成熟阶段后逐渐递增，对天然气的累计贡献率由 R_o 值为 1.3%时的 71%逐渐增加到 80%，即原油最终累计生气量占烃源岩总生气量的 80%。在不受矿物、水等催化作用的影响下，原油裂解的主生气期 R_o 值为 1.6%~3.0%，上限为 3.5%。这一认识进一步证实了干酪根的直接降解生气能力与原油二次裂解生气能力相差悬殊。

3.3.2　滞留液态烃裂解气

前人研究表明，大量的烃类在生油高峰期由于多种原因不能及时排出烃源岩而在烃源岩中滞留[20-21]。由滞留烃定量演化模型（图 4）可以看出，在液态窗阶段，高达 40%~60%的液态烃滞留于烃源岩中，这部分烃类在高—过成熟阶段裂解生气，所提供的天然气资源潜力不容忽视。由本文提到的滞留烃定量模型可知，在生油窗内（350~400℃），滞留液态烃总量也达到峰值（200~275mg/g）（图 4）。因此，此阶段的滞留液态烃生气量代表了滞留液态烃的最大生气潜力。

利用黄金管模拟装置，将生排烃模拟实验［350℃、恒温 24h（R_o 值约为 1.0%）］生成的氯仿沥青“A”作为生油窗阶段的滞留液态烃进行了升温速率 2℃/h 的黄金管封闭体系生气热模拟实验，并计算滞留液态烃的生气能力。滞留液态烃二次裂解生气的模拟结果如图 8 所示。由此可知，滞留烃的生气较晚，400~550℃（即 R_o 值为 1.3%~3.0%）阶段为生气高峰期，对烃源岩的生气贡献随演化程度的增加而增加，R_o 值为 3.0%时生气贡献比例达到极值，为 14.5%。1g 滞留液态烃最终产气为 385mg，而下马岭组泥页岩总的生气量为 608.2mg/g；R_o 值为 1.0%时下马岭组页岩滞留液态烃产率为 212.9mg/g，乘以滞留液态烃产气率 38.5%便得到滞留烃裂解气累计产气率为 82.0mg/g，因此下马岭组泥页岩滞留液态烃的最终累计裂解气量占总生气量的 13.5%（图 3）。可见滞留烃裂解气勘探价值不容忽视，尤其对页岩气具有较大价值。

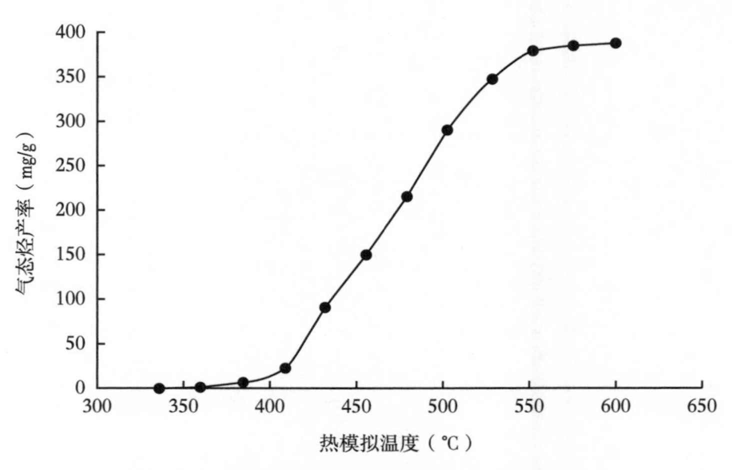

图 8　滞留液态烃热模拟生气产率曲线

3.3.3　源外聚集型与分散型液态烃裂解气

按照前文所述，在烃源岩生烃潜力全部释放后，干酪根降解气、源内滞留液态烃累计裂解气分别占了总生气量的 20%、13.5%，那么可以推断，高—过成熟阶段的天然气主要来源于源外分散液态烃裂解气及聚集型原油（古油藏）裂解气，占了总生气量的 66.5%。

由于所处温度压力环境、周围介质等不同，有机质、无机质的相互作用导致分散型与聚集型原油发生裂解的条件有差异。前人研究表明，碳酸盐岩、泥岩和砂岩等对原油裂解生气有催化作用[22-26]。此外，压力、水等对原油裂解作用也具有较为复杂的影响，而且不同演化阶段作用效果也不同[23-28]。

由于不同地区的地质条件、沉积环境不同，本文并不能把所有影响原油裂解的因素同时考虑到所建模式之中。因此，本文所建模式不对各类存在地区差异的影响因素作进一步的探讨，统一将滞留液态烃裂解、分散型原油与聚集型原油裂解的 R_o 值上限定为 3.5%。至于分散型与聚集型原油裂解气的比例，由于不同地区成藏条件不一，因此无法得出一致的比例分配结果，在模式中仅以虚线将两者区分开，以此表明高成熟阶段源外原油裂解气有分散型与聚集型两种赋存状态。但在同一地区，分散型与聚集型原油裂解气的成因决定了两者往往形成于不同的构造部位，因此两者区分的意义在于揭示原油裂解气的亚成因类型，从而指导不同成因类型天然气勘探选区。实际应用中，还需要根据气体轻烃等指标来鉴别天然气是分散型还是聚集型成因，应用生烃动力学等方法可以求取两者的量。

3.4　天然气裂解时机

在漫长地质时期高温环境下，原油会裂解生成重烃气体含量较高的湿气，湿气又会进一步裂解形成分子结构更加稳定的中间产物，如氢气、烯烃[29-30]，最后全部转化为氢气和碳。关于烷烃 C—H 键断裂形成烯烃的反应活化能，前人通过简化计算得出丁烷裂解需要的活化能为 418~430kJ/mol，丙烷为 416~425kJ/mol，乙烷为 423kJ/mol，甲烷为 441kJ/mol[31-33]。由此可知，C—H 键断裂由易到难依次为正丁烷、正丙烷、异丁烷、异丙烷、乙烷、甲烷。前人研究亦表明烃类 C—C 键断裂所需的活化能较 C—H 键低约 70kJ/mol[32]。

关于重烃气体何时开始裂解、重烃气体何时完全裂解成甲烷及甲烷初始裂解的成熟度下限等问题，国内外至今未有明确定论，而明确天然气初始裂解温度及裂解时机，对于业内界定天然气勘探下限具有现实意义。

3.4.1 重烃气体（C_2H_6、C_3H_8、C_4H_{10}）的裂解时机

重烃气体的裂解实验结果如图9所示。由图中曲线可以看出，丁烷最先开始裂解，开始裂解对应的 R_o 为1.8%，裂解结束时 R_o 为2.3%；其次是丙烷，开始裂解对应的 R_o 为2.0%，裂解结束时 R_o 为2.5%；乙烷由于具有更高的分子稳定性，晚于丁烷与丙烷发生裂解，开始裂解对应的 R_o 为2.5%，裂解结束时 R_o 为3.5%。

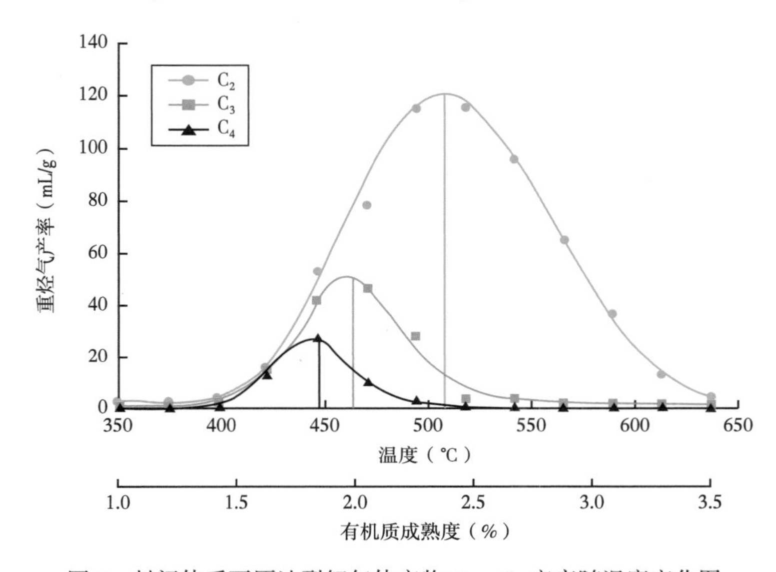

图9 封闭体系下原油裂解气体产物 C_2—C_4 产率随温度变化图

3.4.2 甲烷的裂解时机

通过实验，确定了常压下甲烷大量裂解的初始温度为1100℃，而裂解的上限温度为1450~1480℃（图10）。根据多次相同实验条件的实验样品残样 R_o 实测值拟合曲线（图11），推测1100℃转换成等效 R_o 约为5.0%。

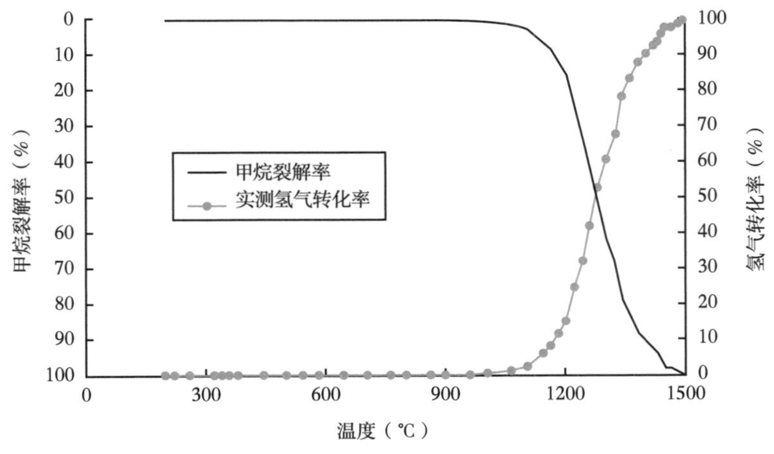

图10 实验过程中甲烷裂解与氢气生成趋势

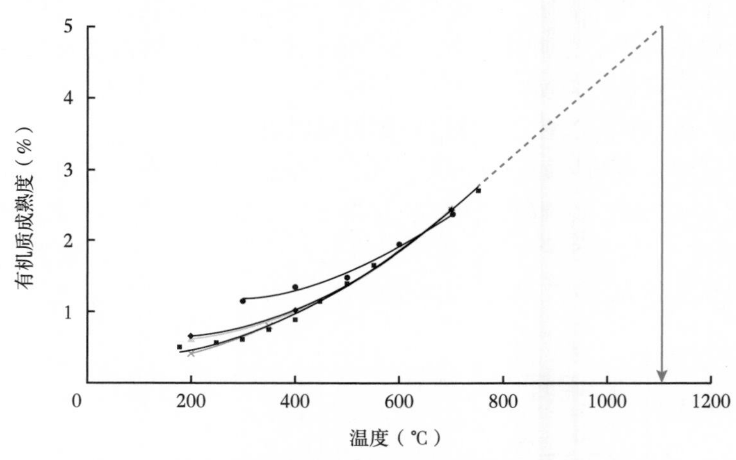

图 11　不同样品开放体系温度与 R_o 的对应关系图

（不同符号代表不同样品）

这一结论表明，天然气在 R_o 值小于 5%的特高演化阶段仍然具有勘探前景。但是，由于受实验条件限制，笔者对甲烷裂解的研究结果只是在考虑温度这一单一影响因素下得出，并未考虑地层压力及黏土矿物、水等地层催化剂对甲烷裂解的影响，因此这一认识并不成熟，仍需开展后续研究来进一步验证这一认识。之所以提出甲烷裂解上限的观点，一方面可以为油气勘探的下限提供参考依据，另一方面是为引起广大地质工作者对勘探下限的关注。

4　腐泥型烃源岩全过程生烃演化模式及地质意义

烃源岩生烃的全过程先后经历了生物化学生气→未熟—低熟→成熟→高成熟→过成熟共 5 个演化阶段，烃源岩产物先后经历了生物气→未熟油及过渡带气→原油及其伴生气→干酪根降解气→原油裂解气→丁烷裂解→丙烷裂解→乙烷裂解→甲烷裂解 9 个亚段。笔者将全演化阶段不同赋存形式的油气直观地呈现在同一张图中，并对不同类型油气在演化过程中的含量进行了阐述，即形成了烃源岩全过程生烃演化模式（图 12）。本次建立的模式是在蒂索生烃演化模式及有机质接力生气模式的基础上进行的完善和精细化，模式中所示的实线代表笔者通过实测数据标定的油气演化趋势线，并且可以作为对应油气定量的依据。而模型中的虚线只反映对应油气的演化趋势，不能作为对应油气定量的依据。

全过程生烃模式的意义主要体现在以下方面：（1）将生烃演化上限上延至 R_o 等于 5.0%。（2）将演化阶段划分进一步精细化：5 主段（生物化学生气、未熟—低熟、成熟、高成熟、过成熟阶段）、9 亚段（生物气生成期、未熟油及过渡带气生成期、原油及其伴生气主生成期、干酪根降解气主生成期、原油裂解气主生成期、丁烷主裂解期、丙烷主裂解期、乙烷主裂解期、甲烷主裂解期）。其中生物化学生气阶段为生物气的主生成期；未熟—低熟阶段，天然气类型先后经历了生物气到低熟气过渡类型，成熟阶段为原油及其伴生气的主生成期；高成熟—过成熟阶段为原油热裂解气主生成期；而 R_o 值大于 5.0%后进入甲烷裂解阶段。（3）明确了不同演化阶段烃源岩的滞留烃量，结合总生烃量即可计算出

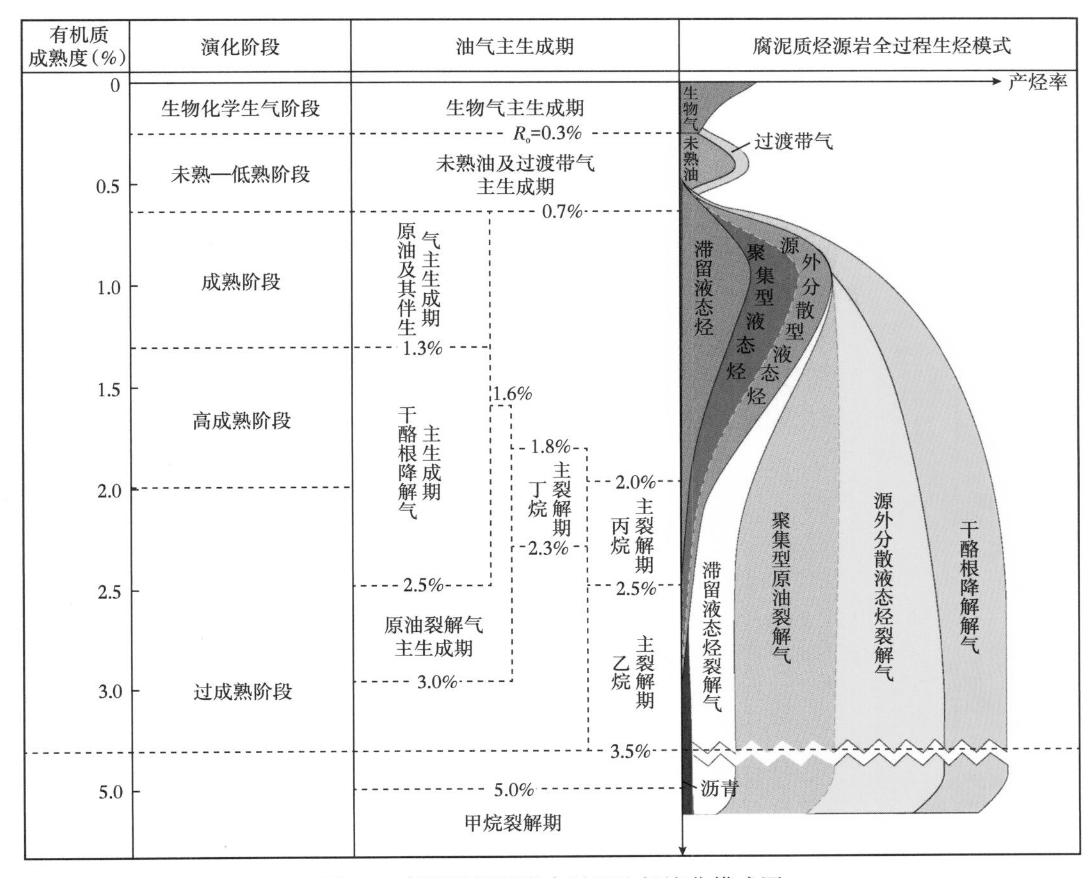

图 12　腐泥型烃源岩全过程生烃演化模式图

不同演化阶段的排烃效率。(4) 确定了干酪根初次降解气、原油裂解气的主生成期。(5) 明确了不同演化阶段滞留液态烃裂解气、干酪根降解气和源外原油裂解气的相对比例。(6) 对高—过成熟阶段烃源岩的生烃演化规律进行了补充完善，确定了原油裂解的起始和终止温度。(7) 确定了天然气重烃的裂解时机，初步探讨了常压条件下甲烷的起始裂解温度与裂解时机。

腐泥型烃源岩全过程生烃演化模式的提出，主要是为了解决深部海相地层及非常规油气勘探所遇到的关键问题，其地质意义主要体现在 4 个方面。

(1) 模式不仅量化了烃源岩演化过程中油气的生成量，而且明确了不同演化阶段油气的排出量与滞留量。排出油气的定量研究为常规资源量计算提供了参数依据，滞留烃量的确定为页岩油气资源评价提供了参数取值的量版。

(2) 模式明确了高演化阶段不同类型天然气的量及其相应比例，为不同类型天然气的成藏贡献研究奠定了理论基础。

(3) 模式以实验研究为手段，确定了天然气的裂解时机，指出 R_o 值小于 5.0%的深层仍有勘探潜力，并引起人们对勘探下限的关注。

(4) 新建的模式发展完善了经典的油气生成模式，能够为深部海相地层及非常规油气勘探提供有效的理论和技术支持。

5 结论

利用多种方法综合确定烃源岩在生油高峰期的排烃效率为30%~60%，明确了液态烃中滞留烃、聚集型液态烃和源外分散型液态烃的相对比例；明确了高成熟阶段天然气的物质来源及相对贡献，其中，干酪根降解气量占20%，滞留液态烃裂解气量占13.5%，源外原油裂解气（包含聚集型与分散性原油裂解气）量占66.5%；基于实验手段研究了甲烷及其同系物裂解的起始温度与死亡线，认为重烃气体（C_2H_6、C_3H_8、C_4H_{10}）开始裂解对应的R_o值为1.8%，裂解结束时R_o值为3.5%，甲烷初始裂解的R_o值为5%，在深层R_o值小于5%的特高演化阶段仍然具有勘探前景。综合以上研究及前人的认识，建立了腐泥型烃源岩全过程生烃演化模式，丰富了前人生烃模式的内涵，对深层及非常规天然气勘探具有指导意义。

参考文献

[1] 蒋有录．石油天然气地质与勘探［M］．北京：石油工业出版社，2006.

[2] Tissot B P, Welte D H. Petroleum formation and occurrence［M］. New York：Springer Verlag，1984.

[3] 窦立荣．蒂索的生烃模式在深层遇到挑战（Ⅰ）［J］．石油勘探与开发，2000，27（2）：44.

[4] 赵文智，胡素云，刘伟，等．论叠合含油气盆地多勘探“黄金带”及其意义［J］．石油勘探与开发，2015，42（1）：1-12.

[5] 杜小弟，兰恩济．蒂索烃源岩演化理论需要深化［J］．大庆石油地质与开发，2001，20（6）：8-10.

[6] 赵文智，王兆云，张水昌，等．有机质“接力成气”模式的提出及其在勘探中的意义［J］．石油勘探与开发，2005，32（2）：1-7.

[7] 王铜山，耿安松，李霞，等．海相原油沥青质作为特殊气源的生气特征及其地质应用［J］．沉积学报，2010，28（4）：808-813.

[8] 赵文智，王兆云，王东良，等．分散液态烃的成藏地位与意义［J］．石油勘探与开发，2015，42（4）：401-411.

[9] 郑伦举，秦建中，张渠，等．中国海相不同类型原油与沥青生气潜力研究［J］．地质学报，2008，82（3）：360-365.

[10] 刘文汇，王杰，腾格尔，等．南方海相不同类型烃源生烃模拟气态烃碳同位素变化规律及成因判识指标［J］．中国科学：地球科学，2012，42（7）：973-982.

[11] 王云鹏，赵长毅，王兆云，等．海相不同母质来源天然气的鉴别［J］．中国科学：地球科学，2007，37（增刊Ⅱ）：125-140.

[12] 赵文智，王兆云，王红军，等．再论有机质“接力成气”的内涵与意义［J］．石油勘探与开发，2011，38（2）：129-134.

[13] 马卫，李剑，王东良，等．烃源岩排烃效率及其影响因素［J］．天然气地球科学，2016，27（9）：1742-1749.

[14] 田善思．排烃效率研究方法及松辽盆地烃源岩排烃效率［D］．大庆：东北石油大学，2013.

[15] 陈中红，刘伟．控制东营凹陷烃源岩排烃的几个关键因素［J］．西安石油大学学报（自然科学版），2007，22（6）：40-49.

[16] 李剑，王义凤，马卫，等．深层—超深层古老烃源岩滞留烃及其裂解气资源评价［J］．天然气工业，2015，35（11）：9-15.

[17] Burnham A K, Schmidt B J, Braun R L. A test of the parallel reaction model using kinetic measurements on

hydrous pyrolysis residues [J]. Organic Geochemistry, 1995, 23 (10): 931-939.
[18] 陈建平，赵文智，王招明，等．海相干酪根天然气生成成熟度上限与生气潜力极限探讨：以塔里木盆地研究为例 [J]. 科学通报，2007，52 (S1)：95-99.
[19] 谢增业，李志生，魏国齐，等．腐泥型干酪根热降解成气潜力及裂解气判识的实验研究 [J]. 天然气地球科学，2016，27 (6)：1057-1064.
[20] Jarvie D M. Unconventional shale gas systems: The Mississippian Barnett shale of north central Texas as one model for thermogenic shale gas assessment [J]. AAPG Bulletin, 2007, 91 (4): 475-499.
[21] 李永新，王红军，王兆云．影响烃源岩中分散液态烃滞留数量因素研究 [J]. 石油实验地质，2010，32 (6)：588-591.
[22] 姜兰兰，潘长春，刘金钟．矿物对原油裂解影响的实验研究 [J]. 地球化学，2009，38 (2)：165-173.
[23] 何坤，张水昌，米敬奎．原油裂解的动力学及控制因素研究 [J]. 天然气地球科学，2011，22 (2)：211-218.
[24] 赵文智，王兆云，张水昌．不同地质环境下原油裂解生气条件 [J]. 中国科学：地球科学，2007，37 (增刊Ⅱ)：63-68.
[25] 张水昌，胡国艺，米敬奎，等．三种成因天然气生成时限与生成量及其对深部油气资源预测的影响 [J]. 石油学报，2013，34 (S1)：41-50.
[26] 赵文智，王兆云，王红军，等．不同赋存状态油裂解条件及油裂解型气源灶的正演和反演研究 [J]. 中国地质，2006，33 (5)：59-61.
[27] 陈中红，张守春，查明．压力对原油裂解成气影响的对比模拟实验 [J]. 中国石油大学学报（自然科学版），2012，36 (6)：19-25.
[28] 帅燕华，张水昌，罗攀．地层水促进原油裂解成气的模拟实验证据 [J]. 科学通报，2012，57 (30)：2857-2863.
[29] 张元，吴晋沪，张东柯．乙烷在煤焦及石英砂床层上的裂解实验 [J]. 石油化工，2008，37 (8)：770-775.
[30] 李华，张兆斌．热裂解链引发—终止反应的计算：C—H 键的断裂—形成 [J]. 石油化工，2006，35 (7)：643-648.
[31] 张红梅，张晗伟，顾萍萍，等．丙烷热裂解反应机理的分子模拟 [J]. 石油学报（石油加工），2012，28 (6)：146-150.
[32] 倪力军，张立国，倪进方，等．链烷烃热裂解过程结构动力学模型与模拟 [J]. 化工学报，1995，46 (5)：562-570.
[33] 郝玉兰，张红梅，张晗伟，等．丁烷热裂解反应机理的分子模拟 [J]. 石油学报（石油化工），2008，37 (8)：770-775.

本文原刊于《石油勘探与开发》，2018 年第 45 卷第 3 期。

深层—超深层古老烃源岩滞留烃及其裂解气资源评价

李　剑[1,2]　王义凤[1,2]　马　卫[1,2]　王东良[1,2]　马成华[1,2]　李志生[1,2]

1. 中国石油勘探开发研究院廊坊分院

2. 中国石油天然气集团公司天然气成藏与开发重点实验室

摘要：我国高—过成熟海相天然气主要成因类型为原油裂解气，滞留烃是原油裂解气的重要来源，对其进行定量研究意义重大。为此，结合正演（实验模拟）和反演（地质剖面解剖）两种方法，求取了我国重点盆地不同类型、不同丰度、不同演化阶段的滞留烃量，建立了5种类型烃源岩（腐泥型、偏腐泥混合型、偏腐殖混合型、腐殖型、煤型）的滞留烃演化模型。结果表明：腐泥型、偏腐泥混合型优质烃源岩在低成熟阶段的排烃效率低于20%，在主生油阶段的排烃效率介于20%~50%，在高成熟阶段的排烃效率介于50%~80%，而相应阶段偏腐殖混合型和腐殖型烃源岩的排烃效率则要低约10%。基于该演化模型，初步计算了四川盆地海相烃源岩中高成熟阶段—现今滞留烃资源分布和裂解排气量：该盆地下寒武统筇竹寺组滞留烃在高演化阶段裂解排出的气态烃总量达230.4×10^{12} m^3，震旦系陡山沱组烃源岩滞留烃裂解气的排出量为12.3×10^{12} m^3，均显示出很好的天然气成藏潜力；进而指出，四川盆地筇竹寺组烃源岩滞留烃裂解气的有利区主要包括高石梯—磨溪、资阳、威远地区，有利分布面积达4.3×10^4 km^2。

关键词：四川盆地；烃源岩；高—过成熟；滞留烃；裂解气；定量评价；正演法；反演法；勘探区

对于我国高—过成熟海相天然气藏，其天然气资源主要为原油裂解气，滞留烃是原油裂解气的重要来源[1-5]。前期研究结果表明，烃源岩的滞留烃量在大量生油气阶段有40%~60%的残余，最高达70%。也就是说滞留在烃源岩里的烃量超过了生烃量的1/2，且随着热演化的进行，多数要裂解生成天然气，这部分滞留烃裂解气的量要比早期排出的天然气成藏的量要大得多。对海相地层而言，世界上的天然气资源，有很大一部分是由滞留烃二次裂解成气形成的，滞留烃的定量研究意义重大，可以对滞留烃资源及其裂解气成藏贡献潜力进行预测。

1　研究方法

本次滞留烃的定量研究主要采用了两种方法，一种是实验模拟法（正演），可直接定量滞留烃；另一种是地质剖面解剖方法（反演），即通过排烃效率的求取获得滞留烃量。

1.1　实验模拟方法——正演

实验模拟法是揭示生排烃过程及其机理最直接、有效的方法，国内外许多学者都开展过这方面的研究[6-13]。生排烃模拟实验可以直接测出滞留烃与排出烃的组分及数量，而且还可以揭示生排烃过程中各种组分的排出规律及其之间的相互关系。前人开展了许多排烃模拟实验、建立了很多生排烃量计算模型，都力求在尽可能接近实际地质条件的情况下去计算排烃效率。然而由于地质条件极其复杂，这些复杂因素决定了要完全把各种地质条件都考虑到油气生排烃的热压模拟实验与模型中去是不可能的。但是模拟实验结果与地质剖面有一定的对应关系，在研究排烃效率方面仍然不失为一种可操作的方法。为了使实验模拟条件更加接近实际烃源岩生排烃情况，本次实验过程进行了改进，主要涉及以下参数：温度、时间、加水量、孔隙流体压力、生烃空间、高温高压液态水及近临界状态的地层水。

实验采用的仪器为中国石油勘探开发研究院廊坊分院天然气成藏与开发重点实验室自主研发的一台新型设备：地层条件下生排烃模拟装置。该仪器主要由高温高压反应釜、高温电热炉、模拟静岩压力的轴向液压系统、模拟地层流体压力的自动控制液体高压泵系统和产物自动分离及收集定量 5 部分组成（图 1 ）。

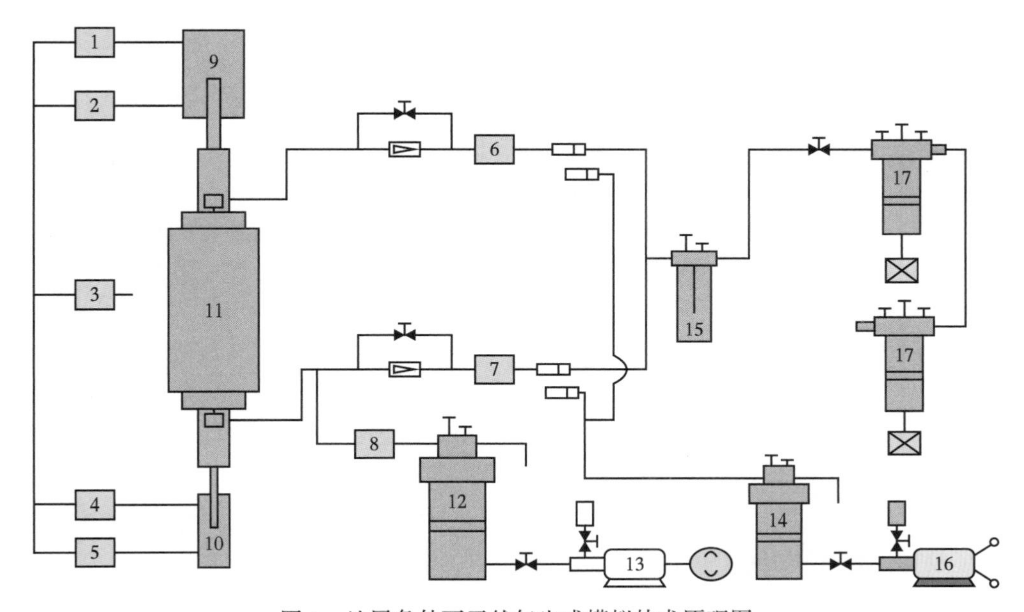

图 1　地层条件下天然气生成模拟技术原理图

1—地层油缸进阀；2—地层油缸退阀；3—油泵；4—主油缸退阀；5—主油缸进阀；6—上排烃阀；7—下排烃阀；8—补压阀；9—地层油缸（B）；10—主油缸（A）；11—釜体；12—补压容器；13—高压补压泵；14—溶剂器；15—气液分离器；16—气体收集器；17—清洗泵

其工作原理是：通过液压支柱给模拟岩心加压，来模拟烃源岩上覆岩石压力；通过高压泵向反应釜腔体注水，来模拟烃源岩在地质条件下受到的静水压力；体系开放度通过一个电磁阀进行自动控制，实验开始前对体系设置一个压力极限值（一般为烃源岩的驱排压力），整个实验体系处于封闭状态，随着模拟温度的升高，烃源岩生烃量增加，体系内压力不断增加，当压力达到设置体系极限压力时，电磁阀自动打开，烃源岩排烃使得体系内的压力降低，电磁阀又自动关闭。如此循环，整个体系始终处于封闭、开放的动态变化过程，更接近地质条件下烃源岩边生边排的过程。技术的核心是通过对高压釜完全封闭体系设计的改进，增加模拟地层静岩压力和地层流体压力的模块，在对烃源岩样品施加静岩压力的同时，也可以控制调节反应体系内部的流体压力，使得油气产物是在限制条件下排出反应体系，避免了产物过度地进行二次反应。

利用该仪器进行烃源岩的生烃增压模拟实验具有以下特点：（1）模拟温度可以达到700℃，温控精度误差小于2℃；（2）可对高压釜体施加高达120MPa的静岩压力；（3）高压釜体可以承受高达100MPa的围压；（4）根据地质条件不同，可以实现全封闭高压模拟、半封闭连续流模拟（一定压力差下的边生边排/间歇性排出）或者全开放模拟（连续流排出产物）；（5）计算机自动控制模拟过程，显示并记录系统时间、温度、压力和产物产量等，实现了模拟过程的自动控制。

1.2 地质剖面解剖方法——反演

石油的生成量与温度（埋深）呈指数关系（据阿伦尼乌斯化学动力学定律及Connan，1974）。因此，烃类正常演化速率随埋深增加而增加，在半对数坐标上生烃量与深度成近似直线，只有当进入大量生气时才发生弯曲，这就是烃类正常演化趋势线 。

这种方法计算排烃效率的具体方法如下[14]：首先选择典型井剖面，测定烃源岩的有机地球化学参数总烃/TOC（mg/g）、氯仿沥青“A”含量/TOC及S_1（热解色谱中束缚烃）/TOC，根据以上参数得到烃类正常演化曲线。然后确定排烃段。排烃的发生使得地球化学指标、地下流体压力等在一定深度段上出现产烃率减小的逆转段，所以要排除与有机质丰度、干酪根类型、地温条件等非排烃因素造成的逆转，才能确定排烃段。根据实测数据得到残余烃随深度变化的曲线，正常演化趋势线与残余烃曲线围成的面积即代表排烃量，正常演化趋势线与纵坐标围成的面积代表生烃量，就可计算出排烃效率，根据排烃效率，就可得到滞留烃量。以此来验证实验模拟方法是否准确可靠。

但是这种方法在应用过程中存在如下几个问题：氯仿沥青“A”研磨中的轻烃散失、S_1研磨中的轻烃散失、氯仿沥青“A”和S_1部分的重烃损失、S_2过高地评价了干酪根的残余生烃潜力。所以需要对这些参数进行校正。校正重烃的方法：原始样品进行热解分析（S_1、S_2、T_{max}），先进行两种抽提，再做热解实验（S'_2），S_1中损失的重烃量为ΔS_2，$\Delta S_2=S_2-S_2'$。轻烃校正：用生烃动力学方法恢复轻烃损失率，图2就是生烃动力学研究结果，轻烃校正系数K与成熟度（R_o）关系图版[15]。实际S_1=实测S_1×恢复系数（图版）+实测S_1+实测$S_1\times\Delta S_2$；实际氯仿沥青“A”的含量=实测S_1×恢复系数（图版）+氯仿沥青“A”含量+三元抽提胶质沥青含量。

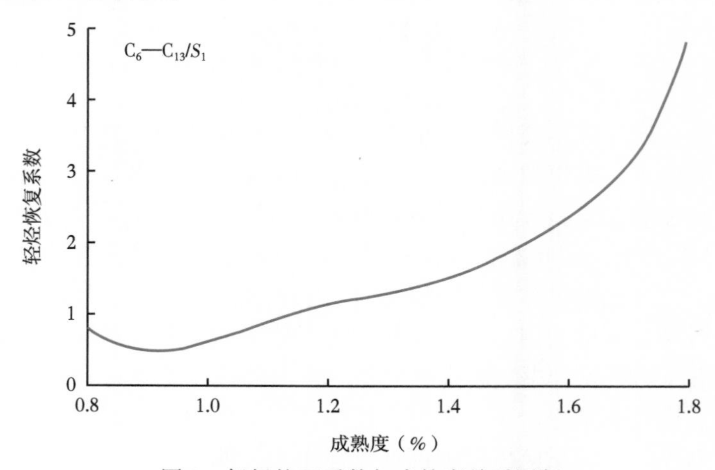

图2　轻烃校正系数与成熟度关系图版

2 实验样品选择

样品的选取很重要，既要考虑代表性，也要考虑样品热演化程度和有机质丰度等因素，最好是钻取井下岩心样品，排除或者减少风化等因素的影响。如果没有岩心样品，也可以用露头样品代替，但要找风化面以下的新鲜样品。选取的样品一定是未成熟或者低成熟，否则不能反映生烃演化的全过程。如果不是采用成熟度低的样品，一定要恢复产烃率。有机质丰度尽量高一些，可以减小人为误差。另外，考虑到泥岩也是煤系地层的主要气源岩，但与煤的性质相差悬殊，因此，在选取煤的同时配套选取了泥岩，进行对比研究。经过大量初选分析，从 120 多个样品中筛选出 12 个适合模拟的实验样品，包括了不同有机质类型、不同有机质丰度（表 1），为实验研究奠定了基础。

表 1　实验样品基础地球化学数据表

井号	深度（m）	地区	样品描述	TOC（%）	S_0（mg/g）	S_1（mg/g）	S_2（mg/g）	S_1+S_2（mg/g）	T_{max}（℃）	HI（mg/g）	R_o（%）	有机质类型
鱼 24	1587	大庆	深灰色泥岩	1. 40	0. 01	0. 15	8. 82	8. 96	443	629. 66	0. 45	Ⅰ
金 88	1977	大庆	深灰色泥岩	3. 68	0. 02	0. 57	29. 28	29. 85	452	796. 00	0. 60	Ⅰ
兴 2	760	大庆	深灰色泥岩	5. 87	0. 02	0. 54	47. 08	47. 62	434	802. 10	0. 50	Ⅰ
凤 29-19	2450	大港	灰黑色泥页岩	7. 71	0. 24	0. 95	52. 01	52. 96	438	674. 58	0. 47	$Ⅱ_1$
盐 14	4. 72	大港	深灰色泥岩	4. 72	0. 12	0. 96	31. 58	32. 54	424	669. 16	0. 45	$Ⅱ_1$
沈 6	1963	大港	浅灰色泥岩	2. 27	0. 03	0. 57	14. 14	14. 71	423	622. 95	0. 52	$Ⅱ_1$
港深 50	3396	大港	深灰色泥页岩	4. 50	0. 06	0. 72	17. 84	18. 56	435	396. 55	0. 55	$Ⅱ_2$
歧 86	2889	大港	灰色泥岩	2. 26	0. 03	0. 17	4. 51	4. 68	441	199. 67	0. 53	$Ⅱ_2$
板 59	3037	大港	灰色泥岩	1. 05	0. 03	0. 11	2. 32	2. 44	441	221. 19	0. 51	$Ⅱ_2$
鱼 19	1240	大庆	灰色泥岩	1. 09	0. 01	0. 18	0. 96	1. 13	439	88	0. 54	Ⅲ
哈尔乌素煤矿	露头	鄂尔多斯盆地	煤	56. 1	0. 01	126. 00	20. 59	146. 59	415	256	0. 46	Ⅲ
哈尔乌素煤矿	露头	鄂尔多斯盆地	煤	71. 4	0. 01	188. 10	16. 48	204. 58	415	280	0. 55	Ⅲ

注：HI 的单位为 mg/g 有机碳；Ⅰ代表腐泥型，$Ⅱ_1$ 代表偏腐泥混合型，$Ⅱ_2$ 代表偏腐殖混合型，Ⅲ代表腐殖型。

3 实验结果讨论

3.1 实验模拟结果——正演

按照实验设计开始进行样品的生排烃模拟实验。每个样品开展 300℃、350℃、400℃、450℃、500℃共 5 个温度点开放体系和封闭体系模拟，模拟烃源岩从低—高—过成熟的热演化阶段。对应的地层压力分别为40MPa、45MPa、50MPa、55MPa、60MPa。每个温度点恒温24h。模拟实验后，排出烃用气液分离器分离出气态烃和液态烃，并分别进行定量。滞留液态烃由氯仿沥青“A”抽提得到的抽提物和经过校正的散失轻烃组成，轻烃校正的方法是差值法，即刚取出的岩心与抽提后岩心+抽提物的差值，滞留气态烃由密闭条件下冷冻萃取定量。其中滞留烃属于直接定量结果。也可求出排烃效率，排烃效率为排出烃与总烃的比值，即：

排烃效率=（排出气态烃+排出液态烃）/（排出烃+滞留烃）×100%

综合每块烃源岩模拟实验结果，将不同类型烃源岩的排烃效率随热演化程度的变化趋势绘制成图（图3）。

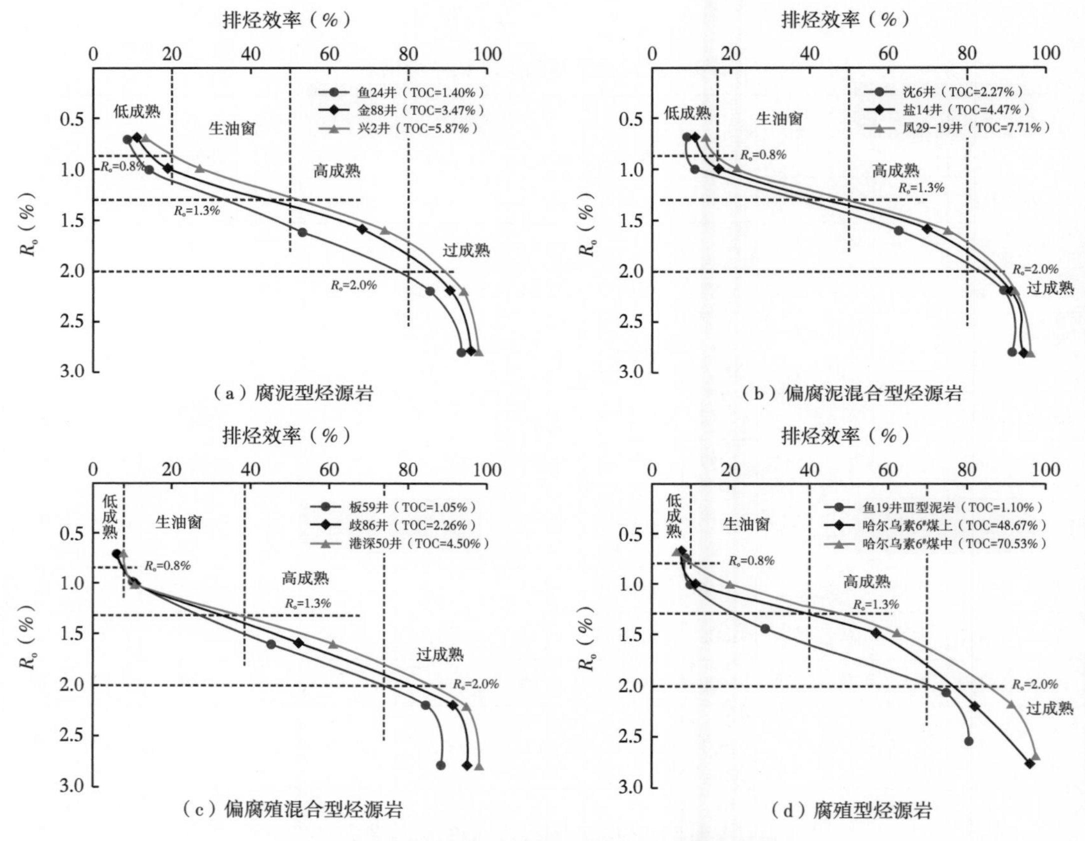

图3 烃源岩排烃效率随热演化程度的变化趋势图

3.2 地质剖面解剖结果——反演

地质剖面解剖求取排烃效率的方法上面已经说明，此处不再赘述。运用地质剖面法研究了渤海湾盆地歧口凹陷、冀中坳陷，鄂尔多斯盆地，松辽盆地，塔里木盆地等重点盆地的排烃效率。对典型单井进行了分析，根据氢指数和热解参数 T_{max} 和成熟度分析等，划分不同的类型，进行了排烃效率的计算。

结果表明，歧口凹陷烃源岩的排烃效率主要在20%~45%，平均为22%，最大在70%

左右。冀中坳陷古近系 Es_1、Es_3、Es_4—E*k* 是主要烃源层，成熟门限约为3000m。冀中坳陷古近系烃源岩排烃效率主要在10%~30%，平均值为17%。鄂尔多斯盆地中生界侏罗系—三叠系是主要生油层，上古生界石炭系—二叠系是主要生气层，现今成熟门限约为1200m。鄂尔多斯盆地上古生界煤系烃源岩排经效率最大接近70%，平均排烃效率为45%。松辽盆地白垩系是主要烃源层，中浅层为湖相沉积，发育好的生油岩，深层发育煤系地层，以上油下气为特点，成熟门限约为1200m，松辽盆地浅层齐家—古龙凹陷青山口组烃源岩排烃效率主要在10%~40%，平均为16%。松辽盆地深层的排烃效率主要在50%~81%，因为主要以产气为主，排烃效率较高。通过以上研究认为，地质剖面的结果和实验结果基本吻合，实验数据准确可靠。

3.3 滞留烃定量及应用

正演和反演两种方法研究结果相结合，首先得出排烃效率结果。腐泥型、偏腐泥混合型优质烃源岩在低成熟阶段的排烃效率低于20%；在主生油阶段（R_o 为0.8%~1.3%）的排烃效率范围为20%~50%；R_o 为1.3%~2.0%，排烃效率在50%~80%。烃源岩在高—过演化阶段，滞留烃裂解程度高，轻质烃类的大量形成提高了流体的流动性，所以排烃效率也增加[16-17]。相应阶段偏腐殖混合型和腐殖型有机质排烃效率要低约10%。有机质丰度越高，排烃效率越高；有机质类型越好，排烃效率越高；有机质成熟度越高，排烃效率越高。收集实验中滞留于烃源岩中的烃类进行定量，形成滞留烃定量评价模型（图4）。

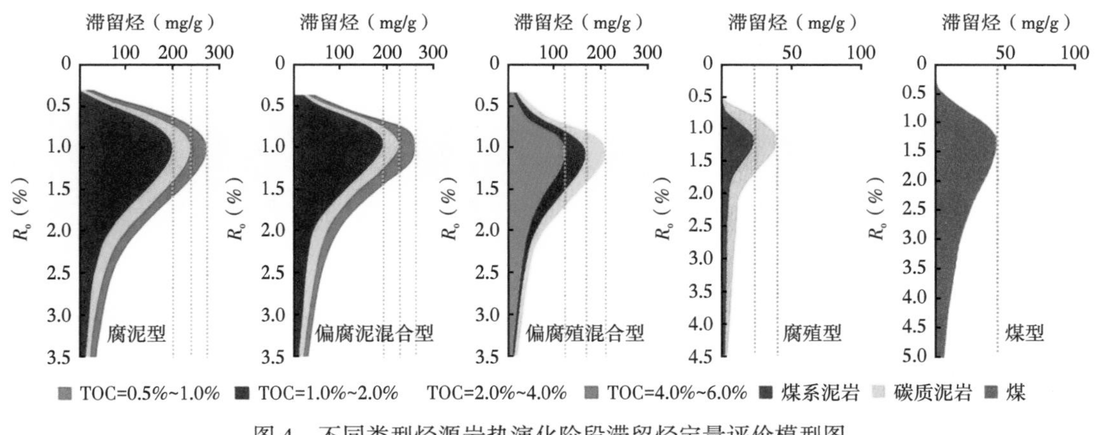

图4 不同类型烃源岩热演化阶段滞留烃定量评价模型图

以滞留烃定量评价模型为依据，计算了四川盆地和塔里木盆地海相烃源岩中高成熟阶段—现今滞留烃资源分布和裂解排气量。四川盆地下寒武统筇竹寺组烃源岩滞留烃高演化阶段（R_o=1.3%）时的滞留烃资源量为4639×10^8t，现今的滞留烃资源量为71.1×$10^{12}m^3$，并由此得出滞留烃裂解排出的气态烃总量为230.4×$10^{12}m^3$（图5），滞留烃裂解气显示出很好的成藏潜力。四川盆地震旦系陡山沱组烃源岩高演化阶段（R_o=1.3%）时的滞留烃资源量为233×10^8t，现今滞留烃资源量是2.8×$10^{12}m^3$，裂解气排出量为12.3×$10^{12}m^3$（图6）。

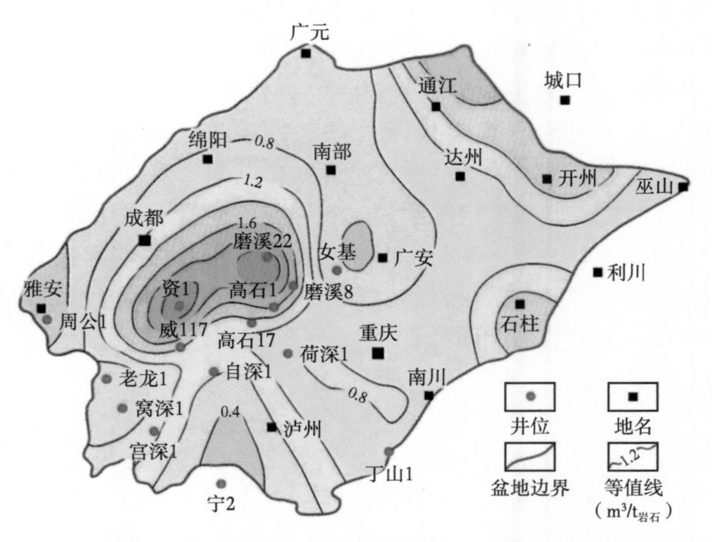

图 5　四川盆地筇竹寺组高演化滞留烃裂解气累计排出量分布图

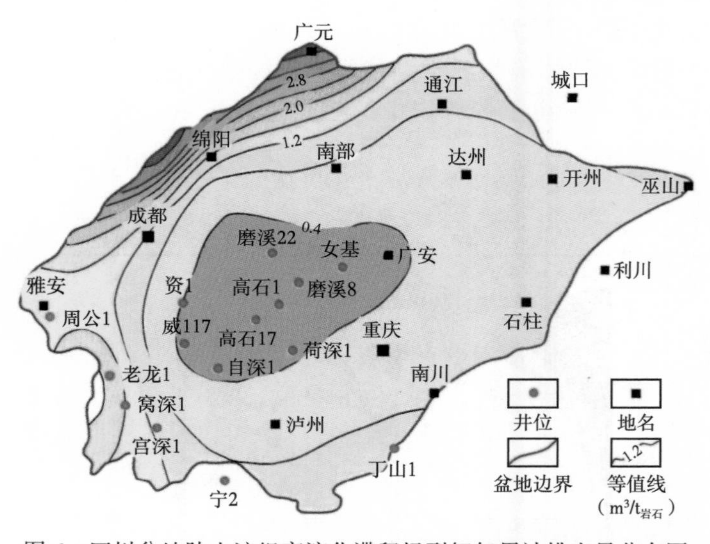

图 6　四川盆地陡山沱组高演化滞留烃裂解气累计排出量分布图

4　结论

（1）腐泥型、偏腐泥混合型优质烃源岩在低成熟阶段的排烃效率低于 20%；在主生油阶段（R_o=0. 8%～1. 3%）的排烃效率范围为 20%～50%；R_o=1. 3%～2. 0%，排烃效率在 50%～80%。相应阶段偏腐殖混合型和腐殖型有机质的排烃效率要低约 10%。

（2）建立了 5 种类型烃源岩（腐泥型、偏腐泥混合型、偏腐殖混合型、腐殖型、煤型）的滞留烃定量评价模型，为源内滞留烃及其裂解气资源潜力预测提供了技术支持。

（3）以滞留烃定量评价模型为依据，四川盆地筇竹寺组滞留烃裂解排出的气态烃总量为 230. 4×10^{12}m^3；陡山沱组烃源岩滞留烃裂解气排出量为 12. 3×10^{12}m^3，滞留烃裂解气排出量显示出磨溪、资阳、威远地区具有很好的天然气成藏潜力。

参考文献

[1] Prinzhofer A A, Hue A Y. Genetic and postgenetic molecular and isotopic fractionations in natural gases [J]. Chemical Geology, 1995, 126 (3/4), 281- 290.

[2] Schenk H J, R DI Primio, Horsfield B. The conversion of oil into gas in petroleum reservoirs. Part 1: Comparative , kinetic investigation of gas generation fram crude oils of lacustrine, marine and fluviodeltaic origin by programmed-temperature closed system pyrolysis [J]. Organic Geochem istry, 1997, 26 (7/8), 467-481.

[3] Waples D W. The kinetics of in reservoir oil destruction and gas formation, Constraints from experimental and empirical data, and from thermodynamics [J]. Organic Geochemistry, 2000, 31 (6): 553-575.

[4] 赵文智，王兆云，张水昌，等．有机质“接力成气”模式的提出及其在勘探中的意义 [J]. 石油勘探与开发，2005，32 (2)：1-7.

[5] 赵文智，王兆云，张水昌，等．油裂解生气是海相气源灶高效成气的重要途径 [J]. 科学通报，2006, 51 (5)：589-595 .

[6] Leythaeuser D, Schaefer R G, Radke M. SP_2 on the primary migration of petroleum [C] //12th World Petroleum Congress, 26 April -1 May 1987, Houston , Texas, USA.

[7] 王振平，赵锡嘏，付晓泰，等．塔里木盆地源岩排烃模拟实验及视排油效率 [J]. 石油实验地质，1995，17 (4)：372-376.

[8] 王兆云，程克明，张柏生，等．泥灰岩的生、排烃模拟实验研究 [J]. 沉积学报，1996，14 (1)：127-134.

[9] 柳广弟，黄志龙，郝石生．烃源岩生排烃组分法模型研究与应用 [J]. 沉积学报，1997，15 (2)：130-133.

[10] 王东良，刘宝泉，国建英，等．塔里木盆地煤系烃源岩生排烃模拟实验 [J]. 石油与天然气地质，2001，22 (1)：38-41.

[11] 廖玉宏．陆相烃源岩的生排烃机理研究 [D]. 广州：中国科学院研究生院（广州地球化学研究所），2006.

[12] 陈安定．排烃机理及厚度探讨 [J]. 复杂油气藏，2010，3 (3)：1-5.

[13] 刘晓艳，党长涛，伍如意．生油岩演化实验模拟条件探讨 [J]. 大庆石油地质与开发，1994 ，13 (4)：13-15.

[14] 陶一川，范土芝．排烃效率研究的一种新方法及应用实例 [J]. 地球科学，1989，14 (3) ，259-269.

[15] 卢双舫．有机质成烃动力学理论及其应用 [M]. 北京：石油工业出版社，1996.

[16] Bowker K A. Recent development of the Barnett Shale play. Fort Worth Basin [J]. West Texas Geological Society Bulletin, 2003, 42 (6): 4-11.

[17] Montgomery S L, Jarvie D M, Bowker K A, et al. Mississippian Barnett Shale. Fort Worth Basin, North Central Texas: Gas shale play with multi trillion cubic foot potential [J]. AAPG Bulletin, 2005, 89 (2): 155-175.

本文原刊于《地质勘探》，2015 年第 35 卷第 11 期。

烃源岩排烃效率及其影响因素

马　卫[1,2]　李　剑[1,2]　王东良[1,2]　王义凤[1,2]
马成华[1,2]　王志宏[1,2]　杜天威[1,2]

1. 中国石油勘探开发研究院廊坊分院，河北廊坊
2. 中国石油天然气集团公司天然气成藏与开发重点实验室，河北廊坊

摘要：烃源岩的排烃效率是油气资源评价中不可缺少的参数，排烃效率研究既可以指导资源评价，又可以作为验证资源评价结果可靠性的重要科学手段。通过新建的地层条件下排烃效率模拟实验新方法（正演）结合地质剖面法（反演），求取了不同有机质类型烃源岩的排烃效率，并分析了热演化程度、有机质类型、有机质丰度、源储配置关系、烃源岩厚度及沉积超压对烃源岩排烃效率的影响。认为腐泥型有机质在成熟阶段的排烃效率为30%~60%，高成熟阶段的排烃效率为60%~80%，过成熟阶段的排烃效率达到80%以上。相同演化阶段，腐殖型有机质排烃效率低为10%~20%。排烃效率受多种因素的控制，预测排烃效率和滞留烃量时，不同地区应根据地质条件不同区别对待，充分考虑到各种因素的影响。

关键词：排烃效率；有机质类型；有机质丰度；源储配置关系；烃源岩厚度；沉积超压

烃源岩的排烃效率是油气资源评价中不可缺少的参数，排烃效率研究既可以指导资源评价，又可以作为验证资源评价结果可靠性的重要科学手段。排烃效率即为油气初次运移的效率，其影响因素错综复杂。内因包含烃源岩的有机质丰度、有机质类型、热演化程度等，外因包含烃源岩与运载层孔隙度及孔隙结构、绝对渗透率、相对渗透率、排替压力及扩散作用、地层温压状态、地应力、流体势、压实与欠压实等因素，无论内因与外因都对排烃效率有着较大的影响[1-28]。以上影响因素较杂，本次研究在计算排烃效率的基础上，将排烃效率的影响因素分为有机质成熟度、有机质类型、有机质丰度、源储配置关系、厚度及超压6个方面进行了详细的分析。

1　研究方法

本次排烃效率的定量研究主要采用了两种方法：一种是实验模拟法（正演），直接用排烃量与生烃量的比值计算排烃效率；另一种是地质剖面解剖方法（反演），通过关键地质参数求取排烃效率。

1.1　实验模拟方法——正演

应用实验方法进行生排烃过程及机理研究具有直接、有效的特点，国内外许多学者都开展过这方面的研究[29-33]。生排烃模拟实验研究排烃效率是一种直观且经济有效的手段。前人开展了许多排烃模拟实验证实了实验手段研究排烃效率的可操作性。然而应用常规的

模拟实验手段求取的排烃效率结果与实际地质条件不符甚至相悖，应用效果差强人意。比如，业内普遍认可的规律是有机质类型越好，烃源岩排烃效率越高，滞留烃率越小，但采用常规模拟实验法求取的排烃效率结果却相反；R_o≥1.5%时，3种类型烃源岩滞留烃含量普遍很低，几乎接近0值（图1）。

分析造成这种现象的原因，大概有两个方面：其一，常规生烃模拟实验采用的样品为颗粒或粉末，其结构与实际岩心差别很大；其二，常规生烃模拟实验装置所能提供的条件与地质条件相差悬殊。

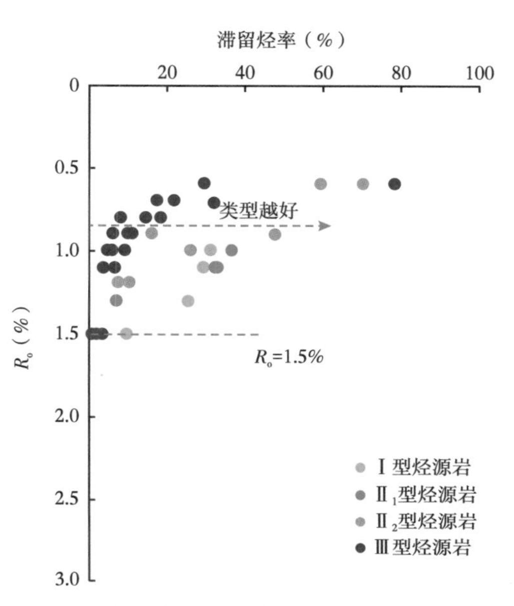

图1　常规模拟实验滞留烃产率测定结果

针对过去实验方法存在的问题，开展了大量的条件实验，建立了适合地质条件的排烃效率实验模拟新方法，主要创新有5个方面：（1）常规的生烃模拟实验中，并未给样品施加静岩压力和地层压力，从而使生成的烃类在无外部阻力的情况下任意排出，导致结果偏大，针对这一缺陷，新方法采用机械施压的手段，结合地质情况，随样品成熟度的增加施加相应的地层压力；（2）以往实验中采用的样品为颗粒或粉末状，破坏了样品的原始结构，从而导致烃源岩对烃类的吸附能力降低，从而导致排烃量过大，针对这一问题，本次研究采用45~60mm的柱状样品，很大程度上保持了样品的原始结构；（3）以往实验加水量为样品体积的20%，加水量过大，导致受热产生巨大的流体压力，促使烃类过早过多的排出，本文研究为避免这一情况，在样品压制过程中同时加水，待样品饱和，多余的水分就会被挤出而不会有多余的水分保存在样品或者样品釜体中；（4）本文研究考虑到了地层压力及静岩压力对生排烃的影响，创新性地对样品及釜体施加可人工调节的静岩压力与地层压力，从而逼近了实际地质条件；（5）过高的排放温度也会促使大量轻烃变成气态烃排出，从而导致排烃量过高，本文研究中，按照地层深度所对应的地层温度来对应实验的排烃温度，从而在排烃温度上也逼近了实际地质条件。

实验采用的仪器为中国石油勘探开发研究院廊坊分院天然气成藏与开发重点实验室自主研发的新型设备：地层条件下生排烃模拟装置。该仪器的主要组成与工作原理已另文刊出[34]。

1.2　地质剖面解剖方法——反演

本文采用的地质剖面解剖法为陶一川等[35]提出的面积法，该方法可以反映出实际地层中受多种因素综合影响的排烃效果。

这种方法计算排烃效率的原理是，未发生排烃的封闭体系中烃类的累计产率会随着埋深的增加而增加，在半对数坐标上累计生烃量与深度成近似直线，这就是烃类的正常演化曲线。而在发生过排烃的地层中，实测的产烃率并不沿着正常演化曲线分布，而是在发生过排烃的深度段上出现产烃率增率减小的逆转段，形成实测的产烃率演化曲线。两条演化曲线之间的面积即代表了烃源岩演化过程中烃类的排出量。某深度段烃源岩排烃效率即为本段烃类排出量与累计生成量的比值。

2　实验样品选择

本文为反映生烃演化的全过程，选取的样品均为未熟—低熟烃源岩。为尽量减少地质因素（沉积环境、构造背景等）对排烃效率结果的影响和误导，相同有机质类型的样品均选自同一地区。另外，考虑到Ⅲ型泥岩也是煤系地层的主要气源岩，但与煤的性质相差悬殊，因此，在选取煤的同时配套选取了Ⅲ型泥岩，进行对比研究。经过大量初选分析，筛选出了12个适合模拟的实验样品，包括了Ⅰ型、Ⅱ型、Ⅲ型有机质类型，高、中、低型有机质丰度（表1），为实验研究各种烃源岩的排烃效率奠定了基础。

表1　实验样品基础地球化学数据

井号	深度（m）	地区	样品描述	TOC（%）	S_0（mg/g）	S_1（mg/g）	S_2（mg/g）	S_1+S_2（mg/g）	T_{max}（℃）	HI（mg/g_C）	R_o（%）	类型
鱼24	1587	大庆	深灰色泥岩	1.40	0.01	0.15	8.82	8.96	443	629.66	0.45	Ⅰ
金88	1976.99	大庆	深灰色泥岩	3.68	0.02	0.57	29.28	29.85	452	796	0.60	Ⅰ
兴2	760	大庆	深灰色泥岩	5.87	0.02	0.54	47.08	47.62	434	802.10	0.50	Ⅰ
凤29-19	2450.1	大港	灰黑色泥页岩	7.71	0.24	0.95	52.01	52.96	438	674.58	0.47	$Ⅱ_1$
盐14	1937.78	大港	深灰色泥岩	4.72	0.12	0.96	31.58	32.54	424	669.16	0.45	$Ⅱ_1$
沈6	1963	大港	浅灰色泥岩	2.27	0.03	0.57	14.14	14.71	423	622.95	0.52	$Ⅱ_1$
港深50	3396.36	大港	深灰色泥页岩	4.50	0.06	0.72	17.84	18.56	435	396.55	0.55	$Ⅱ_2$
歧86	2889	大港	灰色泥岩	2.26	0.03	0.17	4.51	4.68	441	199.67	0.53	$Ⅱ_2$
板59	3037	大港	灰色泥岩	1.05	0.03	0.11	2.32	2.44	441	221.19	0.51	$Ⅱ_2$
鱼19	1239.52	大庆	灰色泥岩	1.09	0.01	0.18	0.96	1.13	439	88	0.54	Ⅲ
哈尔乌素煤矿	露头	鄂尔多斯盆地	煤	56.1	0.01	126.00	20.59	146.59	415	256	0.46	Ⅲ
哈尔乌素煤矿	露头	鄂尔多斯盆地	煤	71.4	0.01	188.10	16.48	204.58	415	280	0.55	Ⅲ

3　结果与讨论

3.1　实验模拟结果——正演

按照实验设计开始进行样品的生排烃模拟实验。每个样品开展300℃、350℃、400℃、450℃及500℃共5个温度点密闭体系模拟，模拟烃源岩从低—高—过成熟的演化阶段。对应的地层压力分别为40MPa、45MPa、50MPa、55MPa及60MPa。每个温度点恒温24h。恒温结束后，待温度降至该演化阶段对应的地质温度时进行排烃操作，排出的产物用冷凝罐进行气、液分离，分离后的气态、液态产物分别进行族组分分离定量。将残样进行氯仿沥青“A”抽提，抽提物经族组分分离定量出来的饱和烃和芳香烃及经过校正的散失轻烃的加和即为滞留液态烃。滞留气态烃由密闭条件下冷冻萃取定量。

排烃效率为排出烃与总烃的比值，即：

$$排烃效率=（排出气态烃+排出液态烃）/（排出烃+滞留烃）\times 100\%$$

综合每块烃源岩模拟实验结果，将不同类型烃源岩排烃效率随演化程度的变化趋势绘制成图，如图2所示。

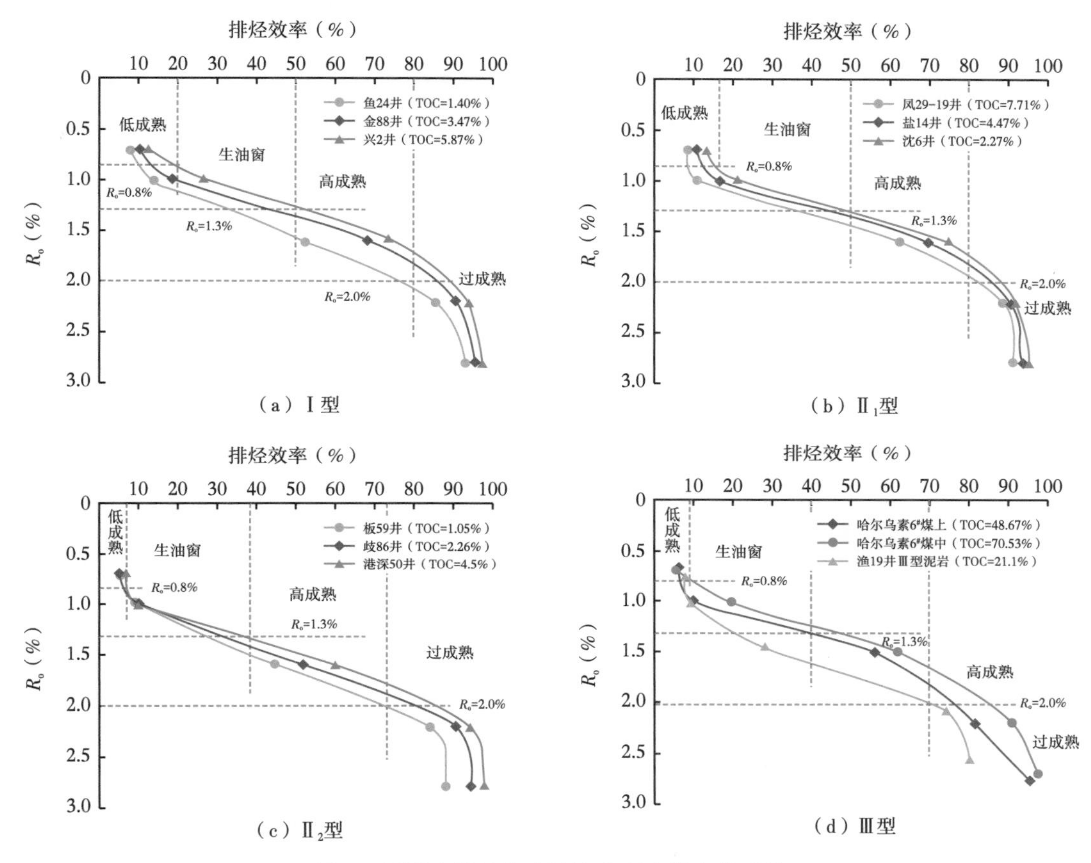

图2 烃源岩排烃效率随演化程度的变化趋势

3.2 地质剖面解剖结果——反演

地质剖面解剖求取排烃效率的方法前人已经刊出，此处不再赘述。运用地质剖面法研究了渤海湾盆地歧口凹陷、冀中坳陷，鄂尔多斯盆地上古生界，松辽盆地，塔里木盆地等重点盆地的排烃效率。对典型单井进行了分析，建立了排烃效率综合柱状剖面图。根据实测烃源岩样品的干酪根镜检结果、氢指数和热解参数 T_{max} 结果，标定了各盆地研究深度段烃源岩的有机质类型，计算了排烃效率。

结果表明，歧口凹陷与冀中坳陷古近系处于生油窗，烃源岩的排烃效率主要在20%~45%之间。鄂尔多斯盆地上古生界煤系烃源岩处于高成熟阶段，排烃效率为45%~75%。松辽盆地青山口组湖相烃源岩排烃效率主要在20%~40%之间。松辽盆地深层煤系烃源岩的排烃效率区间为50%~80%。

3.3 排烃效率综合评价结果

以上研究认为，地质数据评价的结果和实验数据结果具有较高的吻合度。综合2类评价方法的结果，总结出不同类型烃源岩不同演化阶段的排烃效率（表2）。由结果可以看出：腐泥质烃源岩在未成熟—低成熟阶段的排烃效率低于30%；生油窗阶段（R_o=0.8%~1.3%）的排烃效率主要分布在30%~60%之间；高成熟阶段R_o=1.3%~2.0%，排烃效率在60%~80%之间。烃源岩在高过演化阶段，滞留烃裂解程度高，轻质烃类的大量形成提高了流体的流动性，所以排烃效率也增加[36-37]。过成熟阶段的排烃效率达到80%以上。相同演化阶段，腐殖型有机质排烃效率低为10%~20%。

表2 排烃效率综合评价结果

演化阶段	排烃效率（%）	
	Ⅰ型、$Ⅱ_1$型	$Ⅱ_2$型、Ⅲ型
0.5%<R_o<0.8%	<30%	<20%
0.8%<R_o<1.3%	30%~60%	20%~40%
1.3%<R_o<2.0%	60%~80%	40%~70%
R_o>2.0%	>80%	>70%

4 排烃效率影响因素分析

4.1 烃源岩热演化程度

为了研究热演化程度对排烃效率的影响，将同一块烃源岩样品分成均匀的3份，在施加相同地层压力（70MPa）条件下，分别进行300℃、350℃、400℃生排烃热模拟实验，热模拟时间相同，随着热演化程度的增加，相同热模拟时间产生的排烃效率越高（图3）。这是由于烃源岩热演化程度越高，生烃量越大，随着烃源岩中滞留烃量达到动态平衡，越来越多的烃类会排出烃源岩，导致烃源岩的排油效率与排烃效率均越来越高。

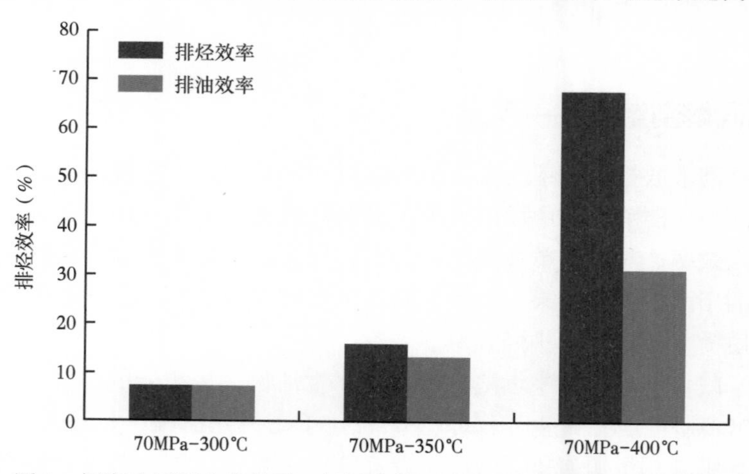

图3 恒定地层压力条件下，烃源岩排烃效率随演化程度的变化趋势

4.2 有机质类型

模拟实验结果表明，相同热演化阶段的烃源岩，Ⅰ型、$Ⅱ_1$型、$Ⅱ_2$型、Ⅲ型的排烃效率依次降低。偏腐泥型（Ⅰ型、$Ⅱ_1$型）烃源岩排烃效率要比相同演化阶段的偏腐殖型（$Ⅱ_2$型、Ⅲ型）烃源岩的排烃效率高为10%~20%（图2）。说明有机质类型对排烃效率的影响相当明显。同时可以看出，随着热演化程度的增加，不同有机质类型烃源岩的排烃效率差异表现出逐渐减弱的趋势。

4.3 有机质丰度

实验模拟的结果（图2）表明有机质丰度越高，排烃效率越高。

采用地质剖面解释法得出的结果同样证实了这一观点。以霸县凹陷兴隆1井为例，该井沙河街组以砂泥互层为主，该井段范围内成熟度变化不大，但排烃效率上下差别较大，其中沙二段、沙三中、上亚段烃源岩排烃效率在30%左右；而沙三下亚段烃源岩排烃效率在60%左右（图4）。主要原因是下部有机质丰度高，体现出了丰度对排烃效率的影响。

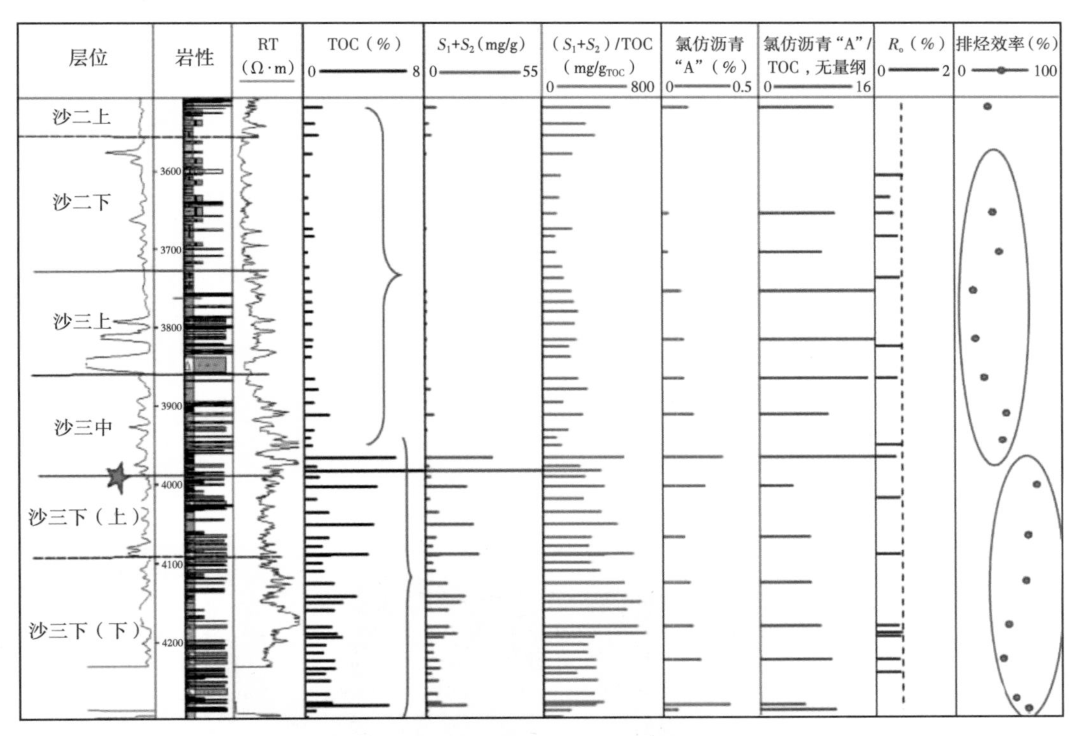

图4　霸县凹陷兴隆1井排烃效率综合剖面

4.4 源储配置关系与烃源岩厚度

排烃效率还受烃源岩单层厚度与源储配置关系的控制，烃源岩源储配置关系指烃源岩与分布其中的砂岩的组合模式。本文设计了3种源储配置关系模型（砂岩—泥岩—砂岩组合的砂泥叠置上排烃模型、砂岩—泥岩上排烃模型和泥岩—砂岩下排烃模型），进行了排烃模拟实验，并求取了不同源储配置关系下烃源岩的排烃效率，结果表明砂泥叠置有利于排烃，砂层在烃源岩上部，有利于排烃（图5）。从地质剖面法反演得到的结果也可以看出，砂泥互层的烃源岩排烃效率明显大于大段泥岩。例如，渤海湾盆地港深47井沙一下亚段—沙一中亚段烃源岩处于主生油窗阶段，砂泥互层接触，岩心观察发现，港深47井岩心薄层砂岩与泥岩互层现象非常普遍，泥岩没有构成大套连续发育（图6）。利用地质剖面法计算的排烃效率大都在45%~60%之间（图7），远远高于渤海湾盆地歧口凹陷该演化阶段烃源岩普遍的排烃效率（20%~45%）[38]。如此高的排烃效率主要受控于其砂泥岩频繁交互的源储配置关系。

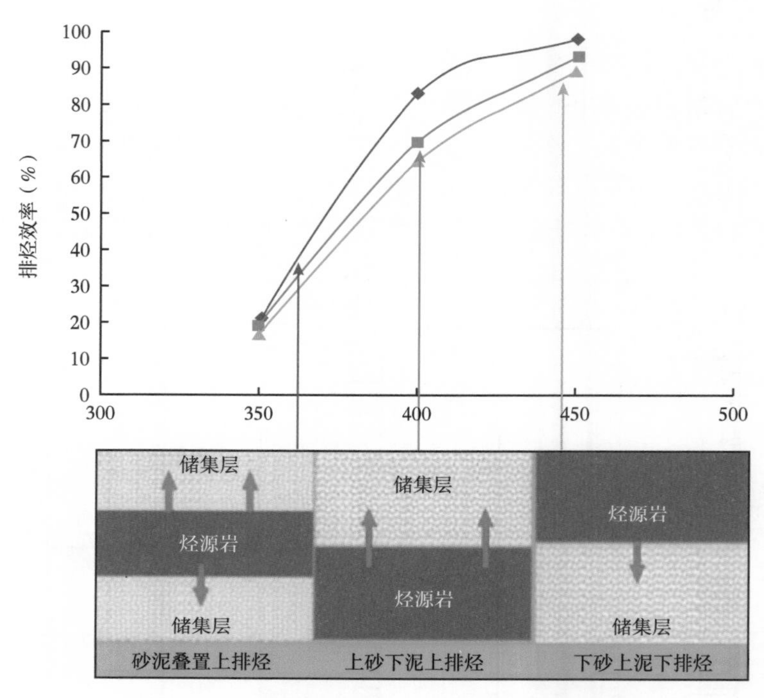

图5　不同源储配置关系下烃源岩的排烃效率

Es_1，4060~4075m

图6　港深47井砂泥岩互层岩心观察

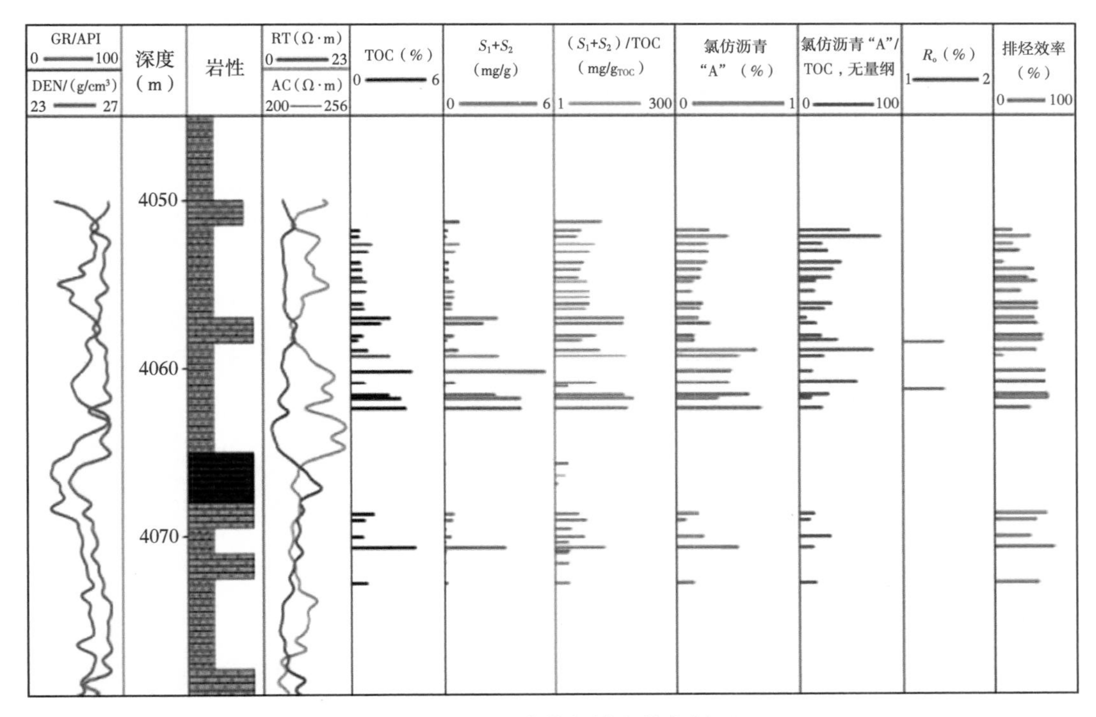

图 7　港深 47 井排烃效率综合剖面

但是对于厚度对排烃效率的影响及厚层泥岩的有效排烃厚度的认识分歧较大，综合各学者的观点，有效排烃厚度从 4～30m 不等，还有学者认为有效排烃厚度与泥岩单层厚度呈近似线性关系，也有学者认为排烃无厚度限制等[21,33,39-41]。为了研究厚度对排烃效率的影响及有效排烃厚度，选取辽河西部凹陷双深 3 井的烃源岩，通过地质剖面解剖，求取排烃效率，绘制了双深 3 井的综合地质剖面图（图 8）。排烃效率除受丰度、热演化程度影响之外，突出表现出了厚度对排烃的影响，厚层段泥岩段处于主生油窗，排烃效率在6%～50%之间，平均为 26%。大套厚层泥岩明显不利于排烃，连续发育的厚层泥岩有效排烃厚度上下各约 100m。排烃效率受烃源岩单层厚度的控制，大段泥岩的上下约 100m 为有效排烃段，从中心向两端排烃效率逐渐增大。吉木萨尔凹陷吉 174 井二叠系芦草沟组发育 105m 厚层泥岩（图 9），但都能有效排烃，说明 100m 连续发育的厚层泥岩作为有效排烃厚度基本可取。从单井的页岩地质剖面图上看（图 10），泥页岩含气量明显受厚度的控制，在 1910～1960m 深度的页岩总厚度约 50m，上段含气量均值为 187m^3/t_{TOC}，中间段含气量均值为 311m^3/t_{TOC}，在 1938m 的含气量最高，达到 614m^3/t_{TOC}厚层泥岩段中部含气量比两端高很多，也说明中部排烃效率低（图 8）。在 2040～2065m 深度的页岩总厚度约 25m，含气量平均值为 276m^3/t_{TOC}，中间 2053.72m 的含气量最高，达到 820m^3/t_{TOC}。

4.5　地层压力

生烃作用产生的流体压力是排烃的驱动力，这一认识已被广大学者认可和接受[42-46]。那么，其他外因产生的地层压力，诸如快速埋深导致的异常高压，是否也会促进排烃，目

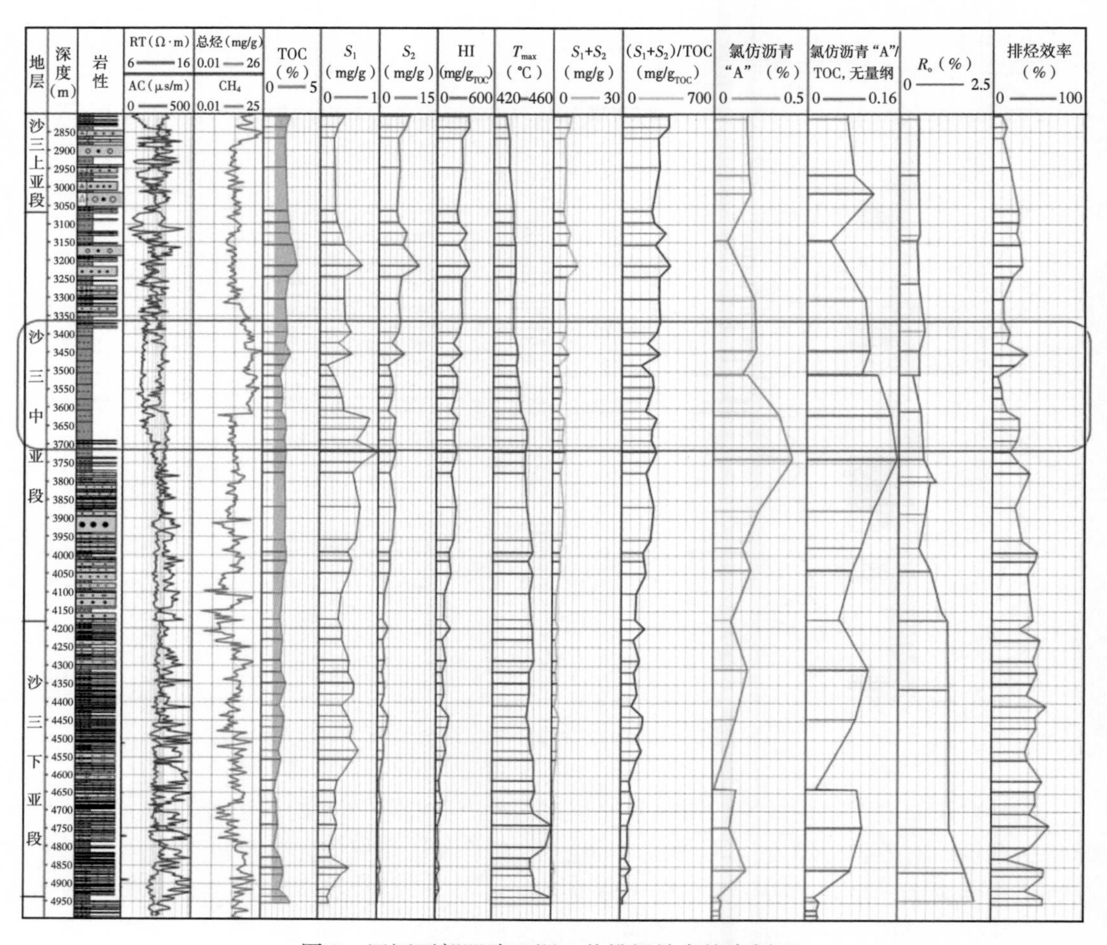

图 8 辽河西部凹陷双深 3 井排烃效率综合剖面

前很少有相关的文献进行论证。为了研究沉积过程形成的异常高压对排烃效率的影响，本文选择将同一块烃源岩样品分成均匀的 3 份，分别进行 24h 恒温（400℃）生排烃热模拟实验，实验过程中对第一块样品施加 40MPa 的地层压力，对第二块样品施加 50MPa 的地层压力，对第三块样品施加 70MPa 的地层压力，以此模拟其在沉积过程中的超压。实验结果表明，相同热模拟时间，第一块样品的排烃效率与排油效率分别为 74%、58%；第二块样品的排烃效率与排油效率分别 71%、56%；第三块样品的排烃效率与排油效率分别为 68%、49%。由此可见，说明沉积过程中的地层超压会抑制排烃，沉积形成的地层超压越大，排烃效率越小（图 11）。这是因为早期沉降过程中形成的超压抑制了有机质热演化和生烃作用的各个方面。沉积超压抑制了有机质生烃反应，尤其对产物浓度变化速率高、体积膨胀效应强的热演化反应产生抑制作用，在封闭体系的沉积环境中，这一作用效果更加显著[45]。

所以地层超压对排烃效率影响与否，取决于异常高压形成的原因。生烃引起的高压才是发生排烃的主要驱动力。

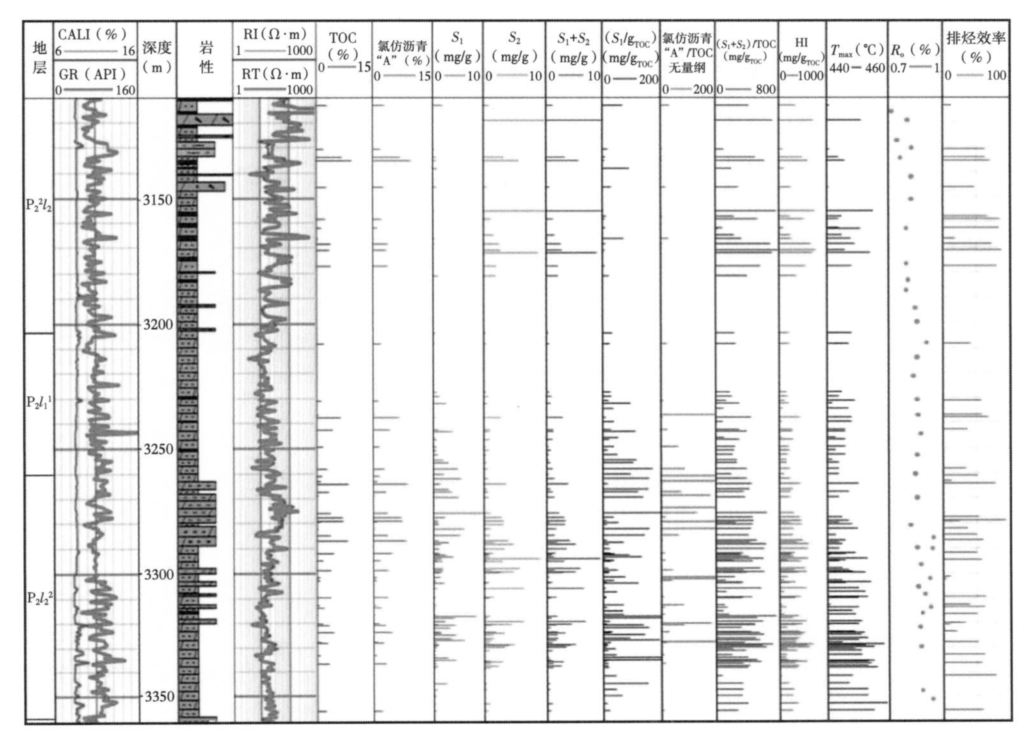

图 9　吉 174 井排烃效率综合剖面

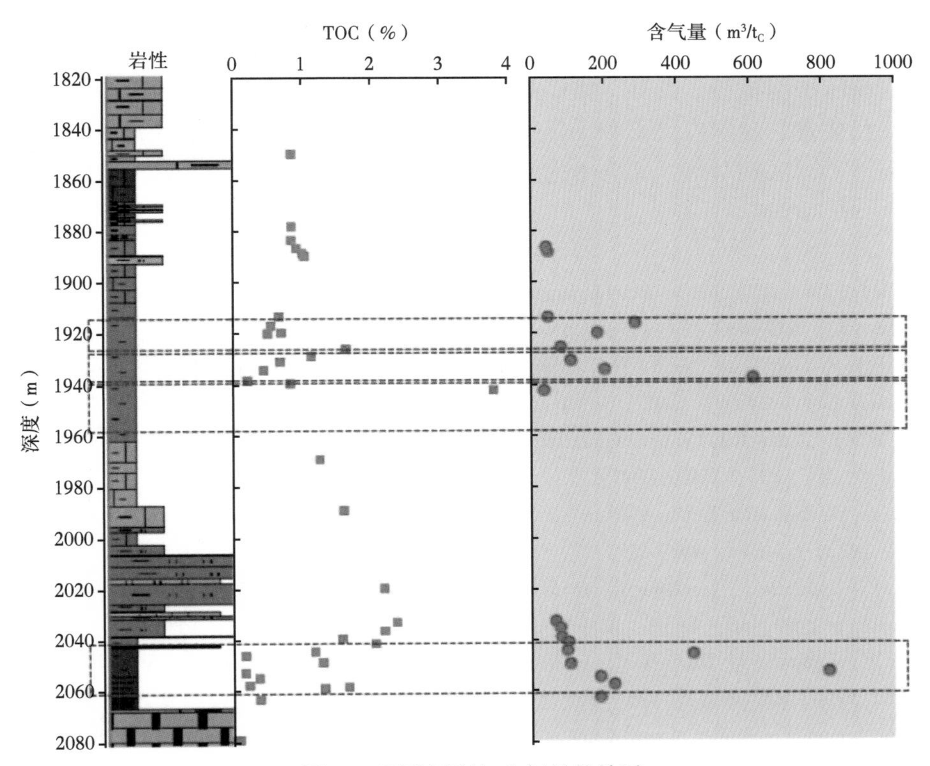

图 10　页岩厚度与含气量的关系

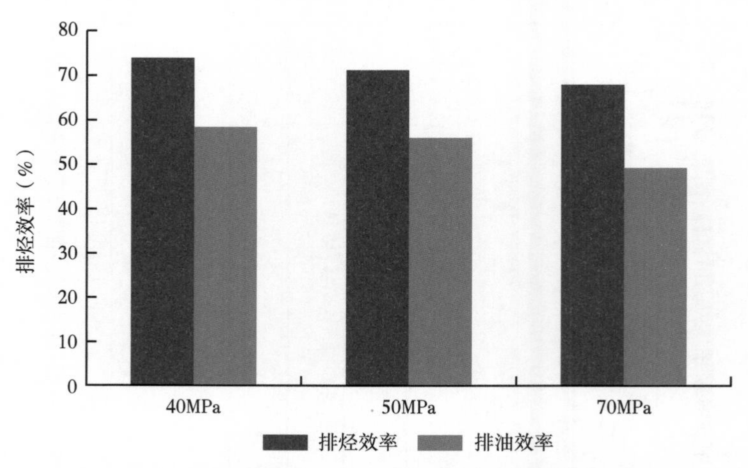

图 11　恒温变压模拟条件下，歧 86 井排烃效率的变化趋势

5　结论

（1）成熟阶段，腐泥型有机质的排烃效率为 30%～60%；高过成熟阶段的排烃效率达到 80%以上。相同演化阶段，腐殖型有机质排烃效率低约为 20%。

（2）排烃效率受多种因素的控制，有机质丰度、有机质类型及热演化效应决定了排烃效率的一般演化规律，有机质丰度越高、有机质类型越好、热演化程度越高的烃源岩排烃效率越高。而地层超压对排烃效率的影响不能一概而论。生烃增压促进排烃，沉积过程中形成的地层超压抑制排烃。此外，排烃效率受烃源岩厚度影响，厚层连续分布的烃源岩相对于源储交互叠置的烃源岩更不利于排烃。因此预测排烃效率和滞留烃量时，不同地区应根据地质条件不同区别对待，充分考虑到各种因素的影响。

参考文献

[1] Pepper A S，Corvi P J. Simple kinetic models of petroleum formation［J］. Marine and Petroleum Geolog，1995，12（3）：417-452.

[2] Sandvik E I，Young W A，Curry D J. Expulsion from hydrocarbon sources：The role of organic absorption［J］. Organic Geochemistry，1992，19（1-3）：77-87.

[3] Thomas M M，Clouse J A. Primary migration by diffusion through kerogen［J］. Geochimica et Cosmochimica Acta，1990，54（10）：2793-2797.

[4] Leythaeuser D，Schaefer R G，Yukler A，et al. Role of diffusion in primary of hydrocarbons［J］. AAPG Bulletin，1982，66（4）：408-429.

[5] Lafargue E，Espitalie J，Jacobsen T，et al. Experimental simulation of hydrocarbons expulsion［J］. Organic Geochemistry，1990，16（1-3）：121-131.

[6] Lafargue W，Espitalie J，Broks T M，et al. Experimental simulation of primary migration［J］. Organic Geochemistry，1994，22（3-5）：575-586.

[7] Price L C. Aqueous solubility of petroleum as applied to its origin and primary migration［J］. AAPG Bulletin，1976，12（2）：213-244.

[8] Barker C. Primary migration-the importance of water-organic-mineral matter interactions in the source rock

[J]. AAPG Studies in Geology, 1980, 34 (10): 19-31.
[9] Roberts W H, Cordell R J. Problems of petroleum migration [J]. AAPG Studies in Geology, 1980, 118 (3): 47-68.
[10] Allan U S. Model for hydrocarbon migration and entrapment within faulted structures [Jv]. AAPG Bulletin, 1989, 73 (7): 803-811.
[11] Castelli A, Chiaramonte M A, Beltrame P L, et al. Thermal degradation of kerogen by hydrous pyrolysis, A kinetic study [J]. Organic Geochemistry, 1990, 16 (1-3): 75-82.
[12] Duppenbeckev S, Horsfield B. Compositional in formation for kinetic modeling and petroleum typeprediction [J]. Organic Geochemistry, 1990, 16 (1-3): 259-266.
[13] Cooles G P, Mackenzie A S, Quigley T M. Calculation of petroleum masses generated and expelled from source rocks [J]. Organic Geochemistry, 1986, 10 (1-3): 235-245.
[14] Pang Xiongqi, Li Sumei, Jin Zhijun, et al. Quantitative assessment of hydrocarbon expulsion of petroleum systems in the Niuzhuang Sag, Bohai Bay Basin, East China [J]. Acta Geologica Sinica: English Edition, 2004, (3): 615-625.
[15] Nelson P. Pore throat sizes in sandstones, tight sandstones, and shales [J]. Geologic Note, 2008, 93 (3): 329-340.
[16] Ulrich R. Fractionation of petroleum during expulsion from kerogen [J]. Journal of Geochemical Exploration, 2003, 78/79 (8): 417-420.
[17] Andrew S P, Timothy A D. Simple kinetic models of petroleum formation, Part Ⅱ: Oil-gas cracking [J]. Marine and Petroleum Geology, 1995, 12 (3): 321-340.
[18] Andrew S P, Peter J C. Simple kinetic models of petroleum formation, Part Ⅰ: Oil and gas Generation from kerogen [J]. Marine and Petroleum Geology, 1995, 12 (3): 291-319.
[19] Andrew S P, Peter J C. Simple kinetic models of petroleum formation, Part Ⅲ: Modelling an open system [J]. Marine and Petroleum Geology, 1995, 12 (4): 417-452.
[20] 李武广，杨胜来，徐晶，等．考虑地层温度和压力的页岩吸附气含量计算新模型［J］. 天然气地球科学，2012，23（4）：791-796.
[21] 陈中红，刘伟．控制东营凹陷烃源岩排烃的几个关键因素［J］. 西安石油大学学报：自然科学版，2007，6（1）：40-43，49.
[22] 郭显令，熊敏，周秦，等．烃源岩生排烃动力学研究——以惠民凹陷临南洼陷沙河街组烃源岩为例［J］. 沉积学报，2009，27（4）：723-731.
[23] 刘立峰，姜振学，周新茂，等．烃源岩生烃潜力恢复与排烃特征分析——以辽河西部凹陷古近系烃源岩为例［J］. 石油勘探与开发，2010，37（3）：378-384.
[24] 刘伟．东营凹陷沙河街组烃源岩结构对排烃及成藏的控制作用［J］. 油气地质与采收率，2005，12（5）：34-36，87.
[25] 柳广弟，黄志龙，郝石生．烃源岩生排烃组分法模型研究与应用［J］. 沉积学报，1997，15（2）：130-133.
[26] 卢双舫，王雅春，庞雄奇，等．煤系源岩排烃门限影响因素的模拟计算［J］. 石油大学学报：自然科学版，2000，24（4）：48-52，57.
[27] 庞雄奇，Ian Lerch，陈章明，等．地质因素对源岩排烃相态的影响及其贡献评价［J］. 石油学报，1998，19（2）：23-31，4.
[28] 童亨茂．地应力对排烃的影响方式及作用模型［J］. 石油实验地质，2006，22（3）：201-205.
[29] 王振平，赵锡嘏，付晓泰，等．塔里木盆地源岩排烃模拟实验及视排油效率［J］. 石油实验地质，1995，17（4）：372-376.
[30] 王兆云，程克明，张柏生，等．泥灰岩的生、排烃模拟实验研究［J］. 沉积学报，1996，14（1）：

127-134.

[31] 王东良，刘宝泉，国建英，等．塔里木盆地煤系烃源岩生排烃模拟实验［J］．石油与天然气地质，2001，22（1）：38-41.

[32] 廖玉宏．陆相烃源岩的生排烃机理研究［D］．北京：中国科学院研究生院，2006.

[33] 陈安定．排烃机理及厚度探讨［J］．复杂油气藏，2010，3（3）：1-5.

[34] 马卫，王东良，李志生，等．湖相烃源岩生烃增压模拟实验［J］．石油学报，2013，34（1）：65-69.

[35] 陶一川，范土芝．排烃效率研究的一种新方法及应用实例［J］．地球科学，1989，14（3）：259-269.

[36] Bowker K A. Recent development of the Barnett Shale play，Fort Worth Basin［J］. West Texas Geological Society Bulletin，2003，42（6）：4-11.

[37] Montgomery S L，Jarvie D M，Bowker K A，et al. Mississippi an Barnett Shale，Fort Worth Basin，north central Texas：Gasshale play with multitrillion cubic foot potential［J］. AAPG Bulletin，2005，89（2）：155-175.

[38] 李剑，王义凤，马卫，等．深层—超深层古老烃源岩滞留烃及其裂解气资源评价［J］．天然气工业，2015，35（11）：9-15.

[39] Tissot B P，Welte D H. Petroleum Formation and Occurrence［M］. New York：Springer Verlag，1984.

[40] Leythaeuser D，Schaefer R G，Radke M. On The Primary Migration of Petroleum［C］. Proceeding 12th World Congress，1987，2（2）：227-236.

[41] 陈建平，孙永革，钟宁宁，等．地质条件下湖相烃源岩生排烃效率与模式［J］．地质学报，2014，88（11）：2006-2028.

[42] 胡海燕．超压的成因及其对油气成藏的影响［J］．天然气地球科学，2004，15（1）：99-102.

[43] 赵品，钟宁宁，黄志龙．碳酸盐岩烃源岩生烃增压规律及其含义［J］．石油与天然气地质，2005，26（3）：344-355.

[44] Mudford B S，Best M E. Venture gas field，offshore Nova Scotia：Case study of overpressuring in region of low sedimentation rate［J］. AAPG Bulletin，1989，73（11）：1383-1396.

[45] 张善文，张林晔，张守春，等．东营凹陷古近系异常高压的形成与岩性油藏的含油性研究［J］．科学通报，2009，54（11）：1570-1578.

[46] 郝芳，邹华耀，方勇，等．超压环境有机质热演化和生烃作用机理［J］．石油学报，2006，27（5）：9-15.

本文原刊于《天然气地球科学》，2016 年第 27 卷第 9 期。

川西北下三叠统飞仙关组泥灰岩的油气及 H_2S 生成模拟实验研究

李　剑　谢增业　张光武　李志生　王春怡

中国石油勘探开发研究院廊坊分院，河北廊坊

摘要：由于川东北飞仙关组海相烃源岩成熟度高、有机质丰度低，在讨论天然气来源时多不考虑飞仙关组自身的贡献。对采自川西北剑阁县上寺下三叠统飞仙关组泥灰岩样品进行烃类生成的热压模拟实验，再现了飞仙关组烃源岩的生烃演化过程及特点，证实了四川盆地飞仙关组烃源岩在成熟程度适当的条件下具有较大的生烃潜力：泥灰岩最大产油率为142.2kg/t，生油高峰范围在 R_o 为0.63%～1.2%之间；累计产气率为793.9m^3/t。同时，通过模拟实验证实了烃源岩在生烃过程中也能生成较高含量的 H_2S 气体，为川东北飞仙关高含硫天然气中 H_2S 的成因解释提供了一种新的思路。

关键词：泥灰岩；热模拟；产烃率；H_2S；天然气；飞仙关组；四川盆地

四川盆地在川东北下三叠统飞仙关组已发现了普光、罗家寨、渡口河、铁山坡等大中型气田，天然气探明地质储量达到了3988.25×10^8m^3，展现了四川盆地飞仙关组天然气的广阔勘探前景。由于川东北飞仙关组海相烃源岩成熟度高、有机质丰度低，在讨论天然气来源时多不考虑飞仙关组自身的贡献，多数学者认为普光、罗家寨等大气田天然气主要来自上二叠统、志留系、寒武系等烃源岩[1-4]，但是，飞仙关组一段烃源岩对其上部飞二段、飞三段储层的天然气有没有贡献？这是我们一直关注的问题。

四川盆地是一个多套烃源岩叠置的含油气盆地，前人的研究[5-17]均未对下三叠统飞仙关组一段的烃源层的生烃潜力做出确切的评价，也没有进行过烃类生成的模拟实验和烃类生成过程中 H_2S 气体组分生成的探索。本文针对四川盆地海相碳酸盐岩烃源岩普遍具有高成熟度、低有机质丰度的特点，以加水热压模拟实验装置为主，研究了川西北下三叠统飞仙关组低成熟、高有机质丰度的泥灰岩在热模拟过程的烃类和非烃气体（主要是 H_2S）的演化规律。所得结论对客观评价四川盆地飞仙关组烃源岩的生烃潜力和正确认识四川盆地海相储层中普遍含有较高的 H_2S 气体具有一定的参考价值。

1　实验样品及实验方法

1.1　实验样品

实验样品采自四川剑阁县上寺下三叠统飞仙关组地层剖面飞一段底部，构造上属于龙门山推覆体构造带，地层倾角在45°左右。在一采石场的新鲜露头剖面中发现飞仙关组一段的薄层泥灰岩与中厚层含油灰岩呈互层状[18]。从出露地层估计，该泥灰岩累计厚度为20～30m，为斜坡—陆棚相沉积的产物。样品的基本地球化学参数见表1。

表 1　川西北飞仙关组泥灰岩样品地球化学参数表

<table>
<tr><td colspan="2">TOC（%）</td><td colspan="2">2.53</td></tr>
<tr><td colspan="2">S_1+S_2（mg/g）</td><td colspan="2">10.29</td></tr>
<tr><td colspan="2">氯仿沥青“A”（%）</td><td colspan="2">0.0771</td></tr>
<tr><td colspan="2">T_{max}（℃）</td><td colspan="2">427</td></tr>
<tr><td colspan="2">R_o（%）</td><td colspan="2">0.48</td></tr>
<tr><td colspan="2">HI（mg/g）</td><td colspan="2">523</td></tr>
<tr><td colspan="2">H/C</td><td colspan="2">1.25</td></tr>
<tr><td colspan="2">O/C</td><td colspan="2">0.06</td></tr>
<tr><td colspan="2">$\delta^{13}C_{干}$（‰）</td><td colspan="2">-27.5</td></tr>
<tr><td rowspan="4">烃源岩硫含量（%）</td><td colspan="2">硫酸盐硫</td><td>0.08</td></tr>
<tr><td colspan="2">硫化铁硫</td><td>4.12</td></tr>
<tr><td colspan="2">有机硫</td><td>0.08</td></tr>
<tr><td colspan="2">全硫</td><td>4.28</td></tr>
</table>

1.2　实验仪器、方法及条件

1.2.1　实验仪器

本次加水热模拟实验是委托中国石油华北油田分公司勘探开发研究院生油实验室的刘宝泉教授等完成的。实验仪器主要由 3 部分组成：（1）反应釜，采用的大连自控设备厂生产的 GCF-0.25L 型反应釜，设计压力 19.6MPa；（2）温控仪，采用 XMT-131 数字显示调节仪；（3）热解气及凝析油（或轻烃）收采分离系统，由液氮冷却的液体接受管、冰水冷却的螺旋状冷凝管及带刻度的气体收集计量管组成。

1.2.2　实验条件

（1）样品用量为 50~100g；（2）样品颗粒大小为 2~10mm；（3）加水量为样品质量的 10%；（4）为了了解样品从低成熟→成熟→高成熟→过成熟整个演化阶段的生、排烃率及产物和残渣的演化规律，模拟温度选择了 200℃、250℃、275℃、300℃、325℃、350℃、375℃、400℃、450℃和 500℃共 10 个温度点；（5）加温时间均采用 24h。

1.2.3　实验方法

将样品和去离子水加入反应釜中，反应釜密封后，充入 4~6MPa 的氮气，放置试漏，待不漏后，放出氮气并用真空泵抽空再充氮气，反复 3~5 次，最后抽空。然后进行加温实验，达到设定温度后恒温 24h，反应完毕，待釜内温度降到 250℃时开始放气。热解气首先通过液氮冷却的液体接受管，再通过冰水冷却的螺旋管，最后进入计量管收集并计量其体积，并备作热解气组成及其他项目分析。

液体接受管中的水和凝析油，为避免凝析油中轻烃的损失，加入二氯甲烷后再进行分离，并用二氯甲烷萃取水液 3 次。二氯甲烷中的凝析油通过色谱法和质量进行定量。高压釜盖、内壁和岩石表面附着的油状物用二氯甲烷冲洗，二氯甲烷挥发后，即得到排出的轻烃。模拟后的残样称重后，用氯仿沥青“A”，称为残留油。

热模拟实验中常规气体组分含量的检测是在 HP-6890plus 四阀五柱型气体分析仪上进行的；在 Agilent 6890N（TCD）仪器上检测 H_2S 气体的丰度。采用的色谱柱为 HP-PLOTQ，规格为 25m × 320μm×10μm，进样口温度为 200℃。

2 实验结果与讨论

2.1 各样品不同演化阶段气、液态烃产率

模拟实验产出的液态烃类的计量包括 3 部分，即收集气体时冷凝析出的凝析油、附着在高压釜壁上的轻质油和残渣中的氯仿沥青“A”，气态烃类体积的计量则包括直接计算出的烃类气体体积和由 1/2 氢气折算成的 CH_4 气体的体积。模拟实验生成的液态烃和气态烃计量结果见表 2。

表 2 川西北泥灰岩热模拟产油、气数据

模拟温度（℃）	气态烃产率（m^3/t）		液态烃产率（kg/t）		R_o（%）	备注
	阶段	累计	阶段	累计		
原样		0	42.3	42.3	0.48	模拟实验残样未测镜质组反射率，表中 R_o 值为统计值；表中“-”号表示液态烃类的减少
200	38	38	7	49.3	0.56	
250	2.8	40.8	65.9	115.2	0.63	
275	62.3	103.1	-17.2	98	0.74	
300	5.5	108.6	44.2	142.2	0.87	
325	136.4	245	-50.1	92.1	1.02	
350	53.6	298.6	-16.6	75.5	1.2	
375	98.7	397.3	-26.5	49	1.4	
400	91.3	488.6	-24.2	24.8	1.65	
450	123.7	612.3	-13.8	11	2.28	
500	181.6	793.9	-3.3	7.7	3.13	

实验结果表明，川西北低成熟泥灰岩具有较大的生烃潜力，500℃时总的产烃率可达到 578.4kg/t，其中累计产气率达到 793.9m^3/t，生烃高峰期（300℃）的最大液态烃产率为 142.2kg/t。从表 2 还可以看出，烃源岩产气的高峰期主要在 325℃以后，尤其是 500℃时的产气率达到最大值，阶段产气率为 181.6m^3/t；液态烃类大量生成的时期则在 250~300℃之间（其中 275℃时的阶段产油率为负值，可能是实验过程中计量上出现的误差，实际的产油量应该比表中数值高），随着模拟实验温度的升高，液态烃类逐渐发生裂解，裂解时期主要发生在 325~450℃之间。

2.2 模拟实验中液态烃产物的生成与演化

本次加水热模拟实验收集到的液态烃类包括在收集气态烃类时冷凝收集的凝析油、直接从试样中游离出的液态烃（轻质油）和残留油（各模拟温度点的残样用氯仿抽提出的

残余可溶有机物)。凝析油和轻质油统称为排出油，排出油与残留油之和称为总油。

如图 1 所示，川西北泥灰岩的液态烃生成具有以下特点。

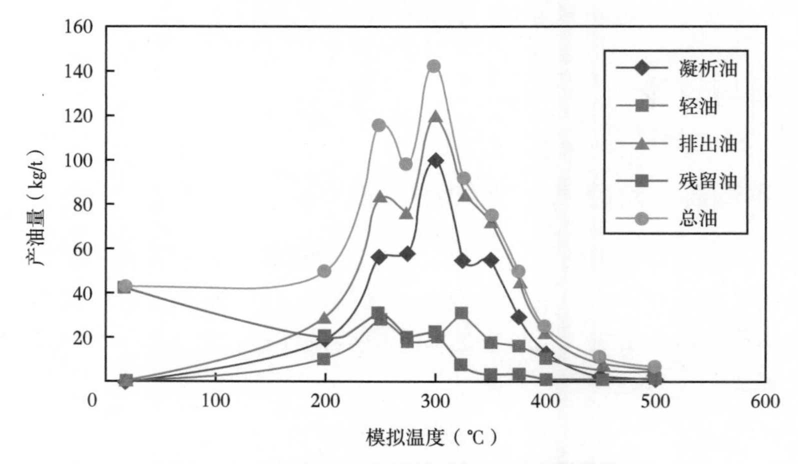

图 1　川西北泥灰岩热模拟液态烃演化曲线

（1）液态烃生油高峰期在模拟温度 300℃以前，相当于镜质组反射率 R_o<1.0%之前。

（2）原样中残留油（即氯仿沥青“A”）含量比较高，达到 42.3kg/t。在成熟度较低的烃源岩中，存在较高的氯仿沥青“A”含量，可能与其母质的有机组成有一定的联系。谢增业等应用有机岩石学方法研究了该烃源岩的有机组成，结果表明其有机组分主要为矿物沥青基质，由细分散的腐泥质与黏土矿物均匀混合而成，此外，尚含少量的壳质体、镜质体组分等，主要属于腐泥型有机质。

2.3　模拟实验中烃类气体产物的生成与演化

热模拟烃类气体组分包括甲烷、乙烷、丙烷、异丁烷、正丁烷、异戊烷、正戊烷及少量的乙烯、丙烯、C_4—C_5 烯烃等，同时在模拟过程中也产生了大量的氢气。各类气体的演化曲线如图 2 所示，具有下列特点。

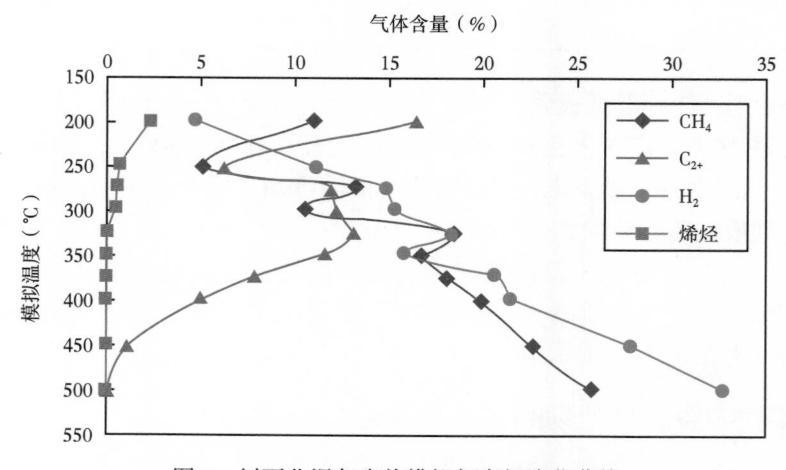

图 2　川西北泥灰岩热模拟气态烃演化曲线

（1）烃类气体的含量一般占总气体组分含量的11%～32%，其中，甲烷含量为5%～26%，随模拟温度的升高，甲烷含量增加；C_{2+}含量为0.23%～16.5%，随温度升高其含量逐渐降低。

（2）烯烃含量较低，主要在温度低于325℃的阶段内出现，含量分布在0.20%～2.44%左右，随温度升高，含量逐渐降为零。

（3）氢气含量分布在4.74%～32.79%之间，随温度的升高，氢气含量增加，不同温度点上的氢气含量与甲烷含量基本相当甚至超过甲烷。热模拟过程中，氢的含量主要源于有机质的缩合及烃类的环化和芳构化，另一可能来源是密闭釜中含碳物质在高温状态下的水煤反应，即$CO+H_2O \rightarrow CO_2+H_2$[19-20]。

2.4 模拟实验中非烃气体产物的生成与演化

热模拟实验中常规气体组分含量的检测是在HP-6890plus四阀五柱型气体分析仪上进行的，但此分析方法只能检测出氮气、一氧化碳、二氧化碳等非烃气体组分，而硫化氢组分只能通过Agilent 6890N（TCD）仪器单独进行定性检测。

2.4.1 氮气、一氧化碳、二氧化碳组分含量的变化

如图3所示，模拟结果中非烃气体的组成主要是二氧化碳，其含量分布在38.4%～74.1%之间，随模拟温度的升高，二氧化碳含量呈降低的趋势。二氧化碳含量高，一方面与干酪根早期降解成烃过程中的脱羧基有关；另一方面与岩样中较高的碳酸盐含量有关，因为碳酸盐在高温下分解产生大量的二氧化碳。氮气和一氧化碳的含量较低，以小于5%为主。

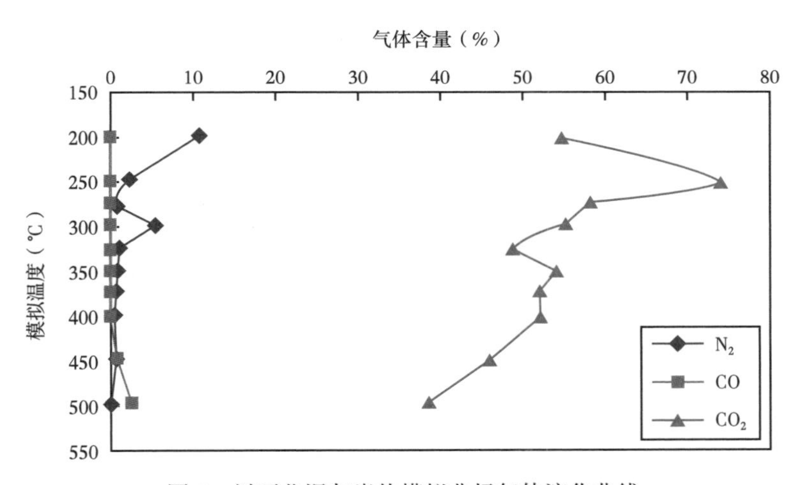

图3 川西北泥灰岩热模拟非烃气体演化曲线

2.4.2 硫化氢组分含量的变化

虽然目前应用Agilent 6890N（TCD）仪器还不能进行硫化氢气体含量的定量测定，但可以通过与其他组分相对含量的变化特征来探讨硫化氢的生成与演化特点。

表3是模拟实验得到的H_2S气体组分含量与CH_4含量相对比值的数据。为便于对比，作者同时以四川盆地普光气田普光5、普光6井高含H_2S的天然气（普光气田天然气中H_2S体积分数超过10%）作为参照物（图4）。由表3可见，模拟温度在250～400℃均可

以检测到较高丰度的 H_2S，尤其是275℃和300℃时，H_2S 气体组分含量与 CH_4 含量的相对比值达到最大值，比普光5井、普光6井天然气中的相应比值高出一个数量级。值得注意的是，H_2S 气体是活性很强的气体，它与金属容器极易发生反应而消耗 H_2S 的含量，但仍然能从普光5井、普光6井天然气中检测到 H_2S，其与 CH_4 的比值低主要是因为这些天然气是以 CH_4 为主的干气；而模拟气体中，CH_4 含量普遍较低，因而出现了较高的 H_2S/CH_4 比值。

表3　热模拟气体及普光天然气中 H_2S 与 CH_4 相对比值的变化

气体类型	模拟温度（℃）	H_2S/CH_4	备注
热模拟气体	200		未检测到
	250	0.2237	排水法采气
	275	0.8178	排水法采气
	300	0.5268	排水法采气
	325	0.1415	排水法采气
	350	0.3012	排水法采气
	375	0.2219	排水法采气
	400	0.1482	排水法采气
	450		未检测到
	500		未检测到
天然气	普光5	0.0413	在高压铜瓶中保存了30多天
	普光6	0.0816	

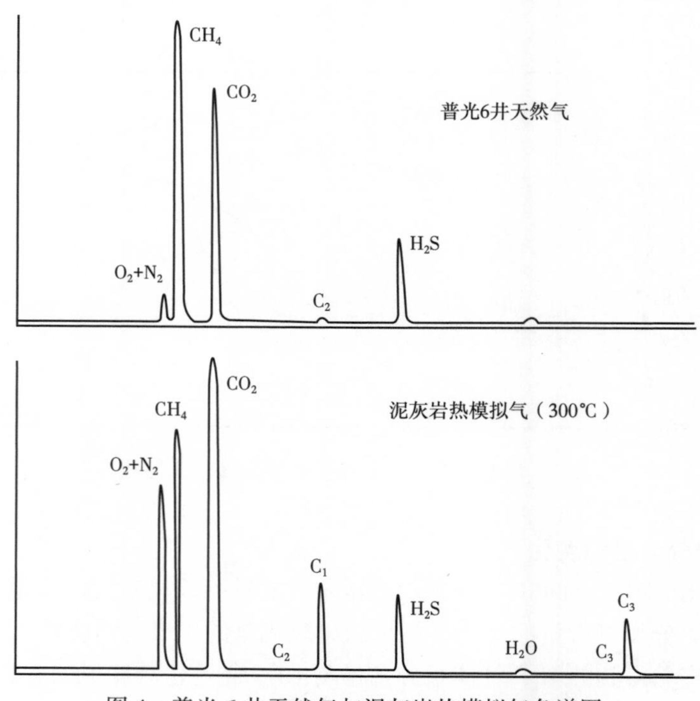

图4　普光6井天然气与泥灰岩热模拟气色谱图

作者在此列举普光5、普光6井天然气中的硫化氢作为参照物的目的并不在于将其与模拟气体中H_2S含量进行对比，主要目的是要说明在海相低成熟烃源岩的模拟实验中，同样可以产生较高含量的H_2S（这在以往的模拟实验中往往是被忽略了）。对于低成熟泥灰岩模拟过程中H_2S的形成是由于含有较多的硫化物还是有其他的成因，我们仍在继续关注。但这一认识可以为目前四川盆地发现的海相储层天然气中普遍含有数量不等的H_2S气体及对其成因的解释[21-22]提供一种新的思路。

3 实验结果的意义

（1）四川盆地飞仙关组在斜坡—陆棚相的地质背景下发育的泥灰岩类的优质烃源岩，生油气潜力大。这一研究成果为在四川盆地其他地区寻找类似的飞仙关组烃源岩和对其生烃潜力的重新认识提供了重要的线索。

（2）低成熟泥灰岩在生烃过程中可以生成较高的H_2S气体，为H_2S气体的热化学成因提供了重要的实验证据，同时也为四川盆地目前发现的海相储层天然气中普遍含有数量不等的H_2S气体及对其成因的解释提供一种新的思路。

参考文献

[1] Li Jian，Dai Jinxing，Xie Zengye，et al. Geochemistry and Origin of Sour Accumulations in the lower Triassic Oolitic Shoal Reservoirs of the Eastern Sichuan Basin，SW China. Geochemistry. 2005，27（5）：456-461.

[2] 马永生，蔡勋育，李国雄．四川盆地普光大型气藏基本特征及成藏富集规律［J］．地质学报，2005，79（6）：858-865.

[3] 马永生，傅强，郭彤楼，等．川东北地区普光气田长兴—飞仙关气藏成藏模式与成藏过程［J］．石油实验地质，2005，27（5）：455-461.

[4] 蔡立国，饶丹，潘文蕾，等．川东北地区普光气田成藏模式研究［J］．石油实验地质，2005，27（5）：462-467.

[5] 四川油气区石油地质志编写组．中国石油地质志卷十（四川油气区）［M］．北京：石油工业出版社，1989.

[6] 王世谦．四川盆地侏罗系—震旦系天然气的地球化学特征［J］．天然气工业，1994，14（6）：1-6.

[7] 黄籍中，陈盛吉，宋家荣，等．四川盆地烃源体系与大中型气田形成［J］．中国科学（D辑），1996，26（6）：504-510.

[8] 王兰生，苟学敏，刘国瑜，等．四川盆地天然气的有机地球化学特征及其成因［J］．沉积学报，1997，15（2）：49-53.

[9] 叶军，王亮国，岳东明．从新场沥青地化特征看川西天然气资源前景［J］．天然气工业，1999，19（3）：18-22.

[10] 王顺玉，戴鸿鸣，王海清，等．四川盆地海相碳酸盐岩大型气田天然气地球化学特征与气源［J］．天然气地球科学，2000，11（2）：10-17.

[11] 王顺玉，戴鸿鸣，王海清，等．大巴山、米仓山南缘烃源岩特征研究［J］．天然气地球科学，2000，11（4-5）：4-16.

[12] 王世谦，罗启后，邓鸿斌，等．四川盆地西部侏罗系天然气成藏特征［J］．天然气工业，2001，21（2）：1-8.

[13] 戴金星，夏新宇，卫延召，等．四川盆地天然气的碳同位素特征［J］．石油实验地质，2001，23（2）：115-121.

[14] 吴世祥，汪泽成，张林，等．川西坳陷 T_3 成藏主控因素与有利勘探区带分析［J］．中国矿业大学学报，2002，31（1）：75-79.
[15] 杨家静，王一刚，王兰生，等．四川盆地东部长兴组—飞仙关组气藏地球化学特征及气源探讨［J］．沉积学报，2002，20（2）：349-353.
[16] 蔡开平，王应蓉，杨跃明，等．川西北广旺地区二、三叠系烃源岩评价及气源初探［J］．天然气工业，2003，23（2）：10-14.
[17] 谢邦华，王兰生，张鉴，等．龙门山北段烃源岩纵向分布及地化特征［J］．天然气工业，2003，23（5）：21-23.
[18] 谢增业，魏国齐，李剑，等．川西北地区发育飞仙关组优质烃源岩［J］．天然气工业，2005，25（9）：26-28.
[19] 蒂索 B P，威尔特 D H. 石油形成和分布［M］. 北京：石油工业出版社，1989.
[20] 郝石生．郝石生石油天然气学术论文选集［M］. 北京：石油工业出版社，2002.
[21] 王一刚，窦立荣，文应初，等．四川盆地东北部三叠系飞仙关组高含硫气藏 H_2S 成因研究［J］．地球化学，2002，31（6）：517-524.
[22] 朱光有，戴金星，张水昌，等．含硫化氢天然气的形成机制及分布规律研究［J］．天然气地球科学，2004，15（2）：166-170.

本文原刊于《中国石油勘探》，2006 年第 4 期。

柴达木盆地东坪地区原油裂解气的发现及成藏模式

田继先[1] 李 剑[1] 曾 旭[1] 孔 骅[1]
沙 威[2] 郭泽清[1] 张 静[2] 付艳双[3]

1. 中国石油勘探开发研究院，河北廊坊
2. 中国石油青海油田公司勘探开发研究院，甘肃敦煌
3. 中国石油青海油田公司勘探事业部，甘肃敦煌

摘要：柴达木盆地东坪地区发现了中国陆上地质储量最大的基岩气田——东坪气田，其天然气来源于侏罗系高成熟—过成熟阶段的裂解气，但深层裂解气藏的成因较为复杂，特别是在东坪气田以西的坪西和尖顶山构造带，由于不发育侏罗系，新发现的基岩气藏来源不明，影响了深层天然气的勘探认识。利用天然气组分和同位素分析数据，结合东坪地区地质特征对深层裂解气开展分析，建立了天然气的成藏模式。研究表明，东坪地区深层基岩气藏具有原油裂解气，基岩储层中发育沥青包裹体，表明该地区发育古油藏裂解气。柴达木盆地北缘的侏罗系烃源岩以湖相泥岩为主，有机质丰度高、类型好，经历了长期的深埋过程，具备形成原油裂解气的物质基础和温度条件。东坪地区深层基岩气藏的成藏具有早期充油、后期高温裂解、晚期调整的特征。东坪地区原油裂解气的发现拓展了柴达木盆地北缘天然气的勘探领域，对深化柴达木盆地深层天然气勘探具有重要指导意义。

关键词：原油裂解气；古油藏；成藏模式；柴达木盆地；湖相泥岩

烃源岩高演化阶段形成的裂解气既可来源于干酪根，也可来源于原油。高演化阶段的原油裂解气是天然气储量增长和天然气勘探的重要类型[1-3]。原油裂解气是目前很多天然气藏的重要来源，在多源、多期成藏的盆地和地区，如塔里木盆地、准噶尔盆地、鄂尔多斯盆地、四川盆地及中国南方和华北广大古生界海相高演化碳酸盐岩分布地区，原油裂解气是非常重要的勘探对象。塔里木盆地塔北地区和塔中地区、四川盆地威远地区和安岳地区、鄂尔多斯盆地靖边地区海相碳酸盐岩中相继发现一大批大、中型原油裂解气田[4-7]。国内外学者在深层原油裂解气的成因判别、成藏机理及资源潜力等方面做了大量研究[8-11]，但陆相原油裂解气较少，仅在渤海湾盆地部分地区发现原油裂解气藏[12-13]，对陆相烃源岩形成的古油藏裂解气藏鲜有报道。笔者以柴达木盆地北缘（柴北缘）地区侏罗系烃源岩形成的天然气为基础，探索陆相原油裂解气的特征。

柴北缘地区长期以来以原油勘探为主。2011 年，柴达木盆地阿尔金山山前东段东坪地区钻探了东坪 1 井，在基岩中获得工业气流，发现中国陆上地质储量最大的基岩气藏——东坪气田，打破了柴达木盆地天然气勘探近 20 年无突破的僵局[14]。前人分析了柴北缘地区东坪气田的生—储—盖配置关系，初步明确了天然气来源及分布特征[15-18]，指出东坪气田的天然气来源于附近坪东凹陷侏罗系烃源岩在高成熟—过成熟阶段生成的裂解气，但

对于深层天然气的成因类型，特别是裂解气是来自干酪根裂解还是原油裂解仍不清楚。近年来，东坪气田以西的坪西和尖顶山等构造带的深层基岩中相继发现工业气藏，这 2 个气藏处于构造低部位，本身不发育侏罗系，其天然气来源、不同构造带气藏的含油性差异及柴达木盆地侏罗系湖相煤系能否形成原油裂解气藏等问题在勘探研究中一直存在争议，这也关系到裂解气藏成藏条件的认识，影响柴北缘地区深层天然气勘探的部署和决策。笔者以东坪地区天然气的实验分析为基础，结合牛东气田成熟度较低样品的分析结果，以裂解气成因理论为依据，对东坪地区深层裂解气进行全面分析，并综合分析该地区裂解气的形成条件，明确尖顶山和坪西地区天然气的来源，在此基础上结合实际地质条件，建立东坪地区天然气成藏模式，以期指导阿尔金山山前深层天然气勘探部署，同时也为其他类似气藏研究提供借鉴。

1 地质背景

东坪地区位于柴达木盆地北部阿尔金山南缘中段，西起尖顶山、东至牛中地区、南抵碱山一带，面积近 3000km^2，含气层位主要为古生代基岩[14]。目前，东坪地区的基岩气藏主要分布在尖北斜坡和东坪鼻状隆起（包括东坪 1 构造、东坪 3 构造和坪西构造），牛中斜坡基岩中也发现多个含气构造（图 1），其中，东坪气田主要指东坪 1 构造和东坪 3 构造上的 2 个气田。勘探实践证实，东坪地区的储层以古生代基岩为主，岩性主要为花岗岩和花岗片麻岩，成分主要为石英、斜长石、钾长石和黑云母等[19]。基岩气藏受构造控制明显，储集空间为裂缝及溶蚀孔，具有双重孔隙结构，气藏内部受裂缝分布和岩性变化影响，表现出非均一性。盖层主要为古近系路乐河组底部的膏泥岩，封盖能力强，储—盖组合条件好。东坪地区沟通深层气源的断裂发育，邻近的凹陷中烃源岩生成的天然气在源外基岩中聚集成藏，勘探潜力巨大[20]。

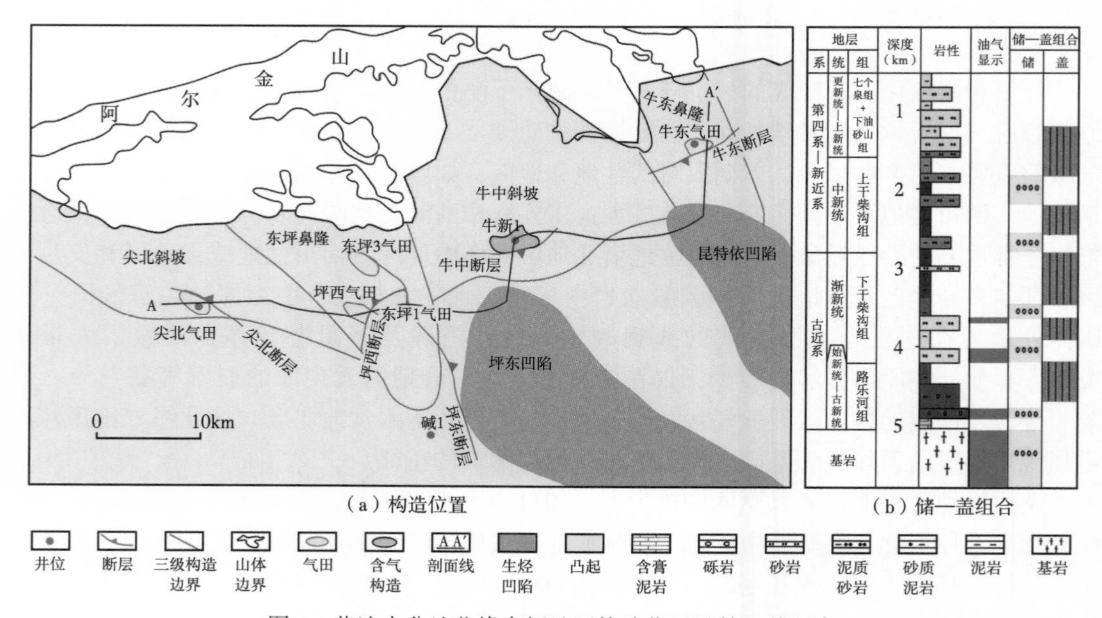

图 1 柴达木盆地北缘东坪地区构造位置及储—盖组合

基岩气藏的埋深变化较大，气藏中不同程度含油（图 2）。其中，东坪 3 构造气藏埋深为 1810~1890m，含油较多；东坪 1 构造气藏埋深为 3050~3550m，含油较少；在东坪气田以西的坪西和尖顶山地区，基岩工业气流的埋藏深度大，坪西气藏埋深为 4338~4788m，试气见油花，尖北气藏埋深为 4550~4950m，为纯气藏。前人研究已证实，在东坪 1 构造和东坪 3 构造，气田的天然气来自坪东凹陷侏罗系烃源岩供烃[17]，其中，坪东凹陷发育厚度为 2km 的暗色泥岩和煤系烃源岩，最大埋深近 10km，处于高成熟—过成熟演化阶段，以生成裂解气为主，生气潜力大，油气资源丰富。坪西和尖顶山地区远离坪东凹陷，气田埋藏较深。最新三维地震显示，东坪气田以西侏罗系不发育，侏罗系沉积中心主要在阿尔金山山前西段。在尖北斜坡，深层中生界发育烃源岩的可能性较小，浅层古近系烃源岩埋藏浅，不具备形成高成熟天然气的条件。坪西和尖顶山地区深层基岩的天然气来源及成藏问题制约了该地区进一步的勘探部署和决策。

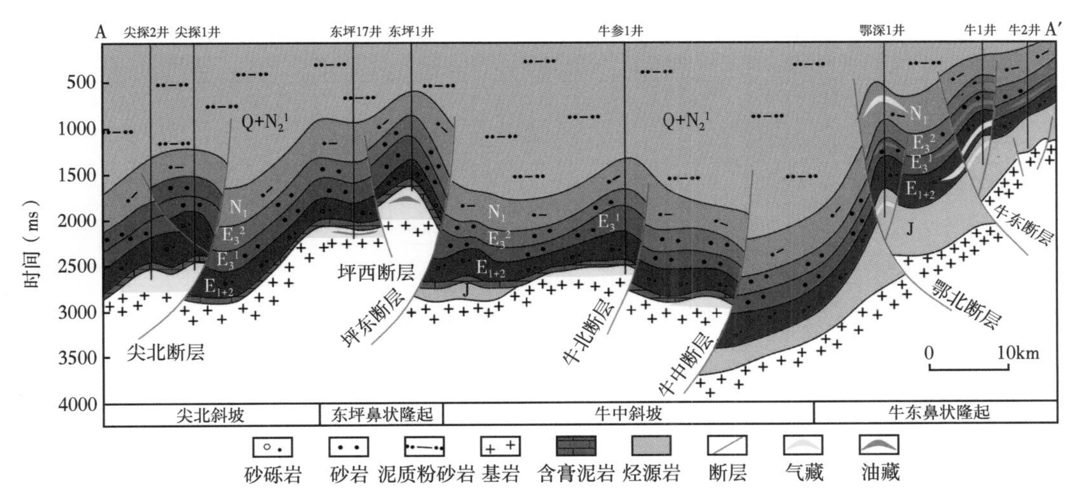

$Q+N_2{}^1$—第四系+新近系下油砂山组；N_1—新近系上干柴沟组；$E_3{}^2$—古近系下干柴沟组下段；$E_3{}^1$—古近系下干柴沟组上段；E_{1+2}—古近系路乐河组；J—侏罗系

图 2　阿尔金山山前东段地质剖面（剖面位置如图 1 所示）

2　天然气地球化学特征

通过天然气样品分析测试，结合前人研究成果，笔者综合分析了东坪地区天然气地球化学特征。东坪地区已发现气藏和油气显示井中，天然气样品的组分测试在 Agilent 6890N 型气相色谱仪上完成；碳同位素分析在 HP6890A-DeltaPlus XP 型色谱-同位素质谱仪上完成，选用 PDB 为标准物质，分析精度为±0.5‰，测试结果见表 1。

东坪气田（东坪 1 构造和东坪 3 构造）的天然气甲烷含量在 70.11%~94.54%，重烃含量较低，干燥系数在 0.97~0.98，为典型的干气（表 1）。坪西气藏甲烷含量大于 91.86%，重烃和非烃含量较低；尖北气藏甲烷含量在 83.18%~83.71%，重烃含量低、非烃含量较高，干燥系数大于 0.96，表现为典型的干气。阿尔金山山前牛东气田的甲烷含量相对较低，主要以湿气为主，反映天然气来自较低成熟度烃源岩。

表1　柴达木盆地东坪—牛东地区天然气组分与碳同位素特征

气田	井号	产气层段(m)	层位	碳同位素含量(‰)			组分含量(%)			干燥系数	R_o(%)
				$\delta^{13}C_1$	$\delta^{13}C_2$	$\delta^{13}C_3$	甲烷	乙烷	丙烷		
牛东	牛 101	1288.0~1292.0	下干柴沟组上段	-32.8	-24.9	-22.9	95.28	2.77	0.74	0.96	1.23
	牛 9	2657.0~2698.0	下干柴沟组下段	-34.6	-27.2	-25.1	89.71	4.91	1.47	0.93	1.02
	牛 9-3-2	3024.0~3026.0	下干柴沟组下段	-32.2	-25.5	-24.2	92.63	3.31	1.01	0.94	1.31
	牛 1	1506.0~1516.0	下干柴沟组下段	-35.3	-24.1	-22.3	86.18	6.02	1.91	0.90	0.95
	牛 10	2282.0~2290.0	侏罗系	-36.1	-25.3	-23.7	87.14	7.13	2.88	0.88	0.88
	牛 1-2-12	2064.8~2137.0	侏罗系	-35.8	-25.6	-22.7	88.49	6.91	2.28	0.89	0.90
	牛 1-2-5	2095.4~2127.2	侏罗系	-36.6	-25.5	-24.3	85.20	7.81	2.81	0.87	0.83
尖北	尖探 1	4637.0~4647.0	基岩	-25.3	-20.5	-21.0	83.71	2.40	0.20	0.96	2.65
	尖探 2	4598.0~4608.0	基岩	-26.3	-20.7	-18.0	83.18	2.34	0.18	0.97	2.39
东坪1	东坪 1	3159.0~3182.0	基岩	-25.4	-22.7	-23.8	92.89	1.93	0.39	0.97	2.63
	东坪 103	3198.0~3202.0	基岩	-25.1	-20.5	-23.0	93.19	2.04	0.35	0.97	2.71
	东坪 H101	3208.0~3213.0	基岩	-25.3	-22.4	-23.9	94.54	1.90	0.32	0.98	2.65
	东坪 H102	3240.0~3680.0	基岩	-25.1	-22.2	-23.5	91.60	2.16	0.30	0.97	2.71
坪西	东坪 17	4338.0~4351.0	基岩	-31.2	-23.1	-25.1	93.71	2.67	0.58	0.96	1.45
	东坪 171	4778.0~4788.0	基岩	-30.8	-21.9	-25.2	95.01	2.45	0.38	0.96	1.51
	东坪 172	4475.0~4485.0	基岩	-33.1	-21.6	-19.7	91.86	2.53	0.34	0.97	1.19
东坪3	东坪 303	1870.0~1890.0	基岩	-20.3	-23.7	-24.7	94.03	1.94	0.32	0.98	4.44
	东坪 306	1904.0~1924.0	基岩	-20.8	-22.7	-24.2	83.81	1.02	0.18	0.98	4.21
	东坪 3H-6-2	1985.0~2090.0	基岩	-19.9	-23.3	-25.2	90.53	1.29	0.24	0.98	4.62
	东坪 3H-6-4	1950.0~2250.0	基岩	-19.8	-25.0	-25.2	70.11	1.01	0.20	0.98	4.67

注：R_o 为烃源岩成熟度，采用文献［21］的计算式获得，即 $\delta^{13}C_1=22.42\lg R_o-34.8$。

碳同位素分析表明，东坪地区 $\delta^{13}C_2$ 值为-25.0‰~-20.5‰，为典型的煤型气，表明母质类型以偏腐泥型烃源岩为主，而与烃源岩成熟度有关的甲烷碳同位素（$\delta^{13}C_1$）变化较大。东坪1构造的 $\delta^{13}C_1$ 值平均为-25.2‰，计算的烃源岩成熟度（R_o）为2.68%，达到裂解阶段；东坪3构造的 $\delta^{13}C_1$ 值为-20.8‰~-19.8‰，R_o 最高达4.67%，同位素反转现象明显，主要由高温裂解造成[20]。东坪3构造的天然气为高成熟—过成熟阶段形成的裂解干气，来源于邻近坪东凹陷侏罗系高成熟—过成熟演化阶段的烃源岩，这意味着东坪3构造的天然气受晚期坪东凹陷烃源岩影响大。坪西气田 $\delta^{13}C_1$ 值平均为-31.7‰，烃源岩成熟度较低，R_o 平均为1.38%。尖北地区 $\delta^{13}C_1$ 值平均为-25.8‰，烃源岩成熟度较高，R_o 平均为2.52%，达到高成熟裂解气阶段。牛东地区 $\delta^{13}C_1$ 值为-36.6‰~-32.2‰，R_o 为0.83%~1.31%，油气混合，为成熟阶段的热解气，来自埋藏相对较浅的昆特伊凹陷。

3　裂解气成因鉴别

东坪地区深层天然气以裂解气为主，但其来源于干酪根高温裂解还是烃源岩先期生成原油、后期裂解生气仍不清楚。如果东坪地区深层天然气主要来源于原油裂解气，那么，侏罗系烃源岩先期生成的油气及形成的油气藏在喜马拉雅运动期可能未完全遭受破坏，预示着地层深部存在古近系形成的古油藏，且目前处于大量裂解生气阶段；相反，如果干气主要来源于干酪根晚期裂解气，那么，侏罗系烃源岩先期生成的油气及形成的油气藏可能已遭受破坏，气源只能来自烃源岩晚期裂解气，气源的供气量也将受到很大影响。明确东坪地区裂解气的成因对研究区的天然气勘探评价具有重大意义。

目前仍没有一种方法能成功区分干酪根高温裂解和原油后期裂解成因的天然气，其原因在于这两种成因的天然气常常混合在一起，很难区分，除非两种天然气混合的比例相差很大。尽管如此，Pinzhofer 等[22]根据 Bahar 等[23]的研究绘制的 ln（C_2/C_3）—ln（C_1/C_2）和（$\delta^{13}C_3$—$\delta^{13}C_2$）—ln（C_2/C_3）图版在一定程度上可用于天然气成因判别。图版法主要根据天然气组分和同位素变化来区分两种裂解气，在解释安哥拉和美国堪萨斯地区裂解气的成因中有过成功应用，针对中国不同盆地中裂解气的成因识别也有良好效果。在 ln（C_2/C_3）—ln（C_1/C_2）图版上，原油裂解气中的 C_1/C_2 比值会保持相对稳定，而 C_2/C_3 比值变化较大；相比之下，干酪根裂解气中的 C_2/C_3 比值会相对不变（甚至减小），C_1/C_2 比值则逐渐增大，因此，在 ln(C_2/C_3)—ln(C_1/C_2) 关系判识图上，烃类二次裂解产生的天然气，其数值分布近乎垂直，这一特征常作为判识原油裂解气的标识。图 3（a）显示，牛东气藏中 ln(C_2/C_3) 随 ln(C_1/C_2) 增大而相对保持稳定，表明该气藏以干酪根裂解生气为主，而东坪地区气藏中 ln（C_1/C_2）相对保持稳定，ln（C_2/C_3）则变化较大，具有原油裂解气的特征。

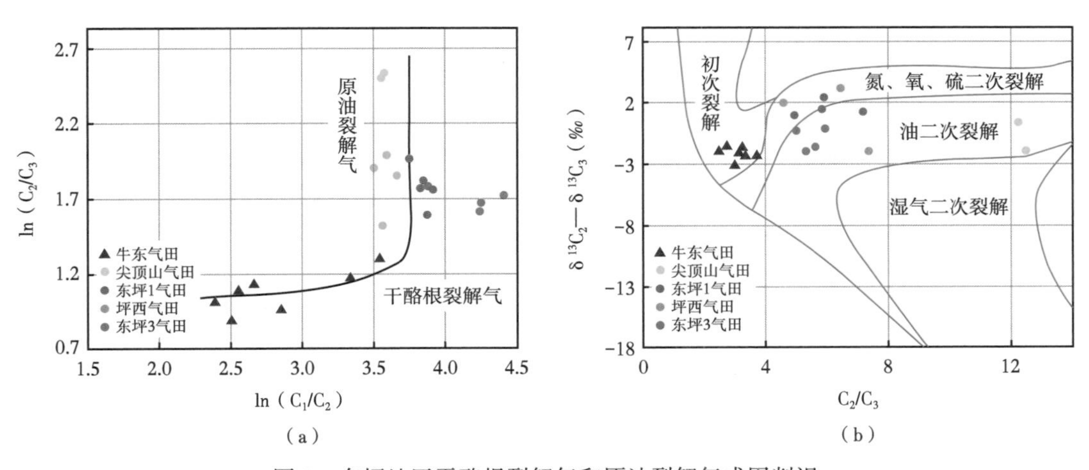

图 3　东坪地区干酪根裂解气和原油裂解气成因判识

在同位素特征上，原油裂解气和干酪根裂解气的碳同位素具有不同的分馏效应。原油裂解所形成天然气的碳同位素较轻，且在相同演化阶段，原油裂解气的碳同位素轻于干酪根裂解气的碳同位素，因此常用（$\delta^{13}C_3$—$\delta^{13}C_2$）—ln（C_2/C_3）关系来判识原油裂解气。Lorant 等[8]通过不同类型模拟实验提出了改进的（$\delta^{13}C_3$—$\delta^{13}C_2$）—(C_2/C_3）判别图，并在研究中得到了广泛应用。图3（b）显示，牛东地区气藏主要为干酪根初次裂解气，东坪地区气藏具有明显的二次裂解特征，其中既有油的二次裂解气，又有液态烃中含氮、硫和氧的化合物的裂解，这也是原油裂解气的一种。分析表明，牛东地区的天然气主要为干酪根裂解气，而东坪地区的天然气则主要为原油裂解气。

原油裂解气的来源包括烃源岩中液态烃裂解气和储层中的油藏裂解气。刘德汉等[24]认为，原油裂解成因气藏中常有高温成因的中间相焦沥青、高温流体包裹体和含沥青的矿物包裹体，而煤成气和干酪根热解成因气藏中一般不含沥青和矿物包裹体，因此，根据储集层中的沥青和矿物包裹体可判识原油裂解成因气与干酪根热解成因气。从东坪地区基岩的储层特征可以看出（图4），在尖北气藏尖探1井基岩中可见明显的沥青充填，在坪西气藏的东坪172井基岩中可见明显的沥青条带，这些沥青可能为油藏裂解后形成的沥青，表明两个气藏中的原油裂解气主要为古油藏裂解的天然气。东坪1井和东坪3井的基岩中没有见到沥青相关的特征，主要以深层液态烃裂解气为主。

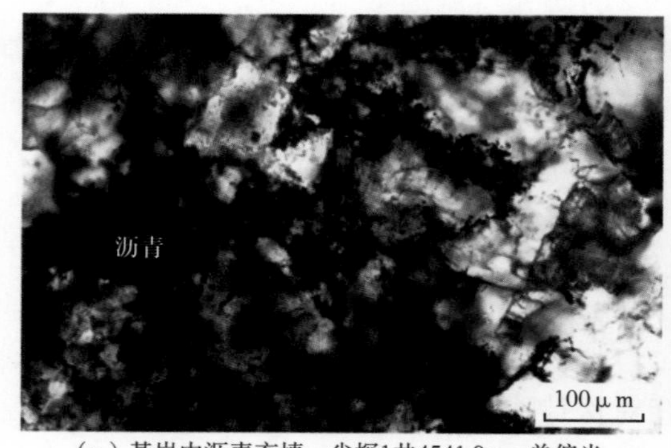

（a）基岩中沥青充填，尖探1井4541.9m，单偏光

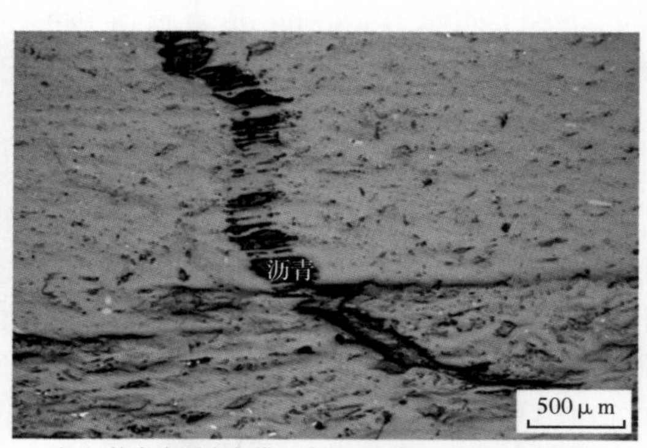

（b）基岩中沥青条带，东坪172井4545.8m，反射光

图4　东坪地区基岩储层沥青特征

4　原油裂解气的形成条件

原油裂解气通常包括滞留在烃源岩里的液态烃及古油藏在后期深埋过程中受热裂解形成的天然气。因此，烃源岩的发育和后期储层在埋藏过程中所经历的温度是关键。

4.1　生油物质基础

柴北缘地区侏罗系以湖相沉积为主，坪东凹陷以中—下侏罗统烃源岩为主，包括湖相泥岩、碳质泥岩和煤层等。柴北缘地区钻遇侏罗系的钻井少，主要集中在盆地边缘，沼泽相沉积较多，盆内侏罗系埋深大，已到达生气阶段，因此长期以来认为柴北缘地区发育煤系，以生气为主。近年来，深层钻井及三维地震资料分析表明，尽管柴北缘地区侏罗系为煤系，但优质烃源岩以深湖相泥岩为主，其有机质丰度集中分布在2%~10%，生烃潜量（S_1+S_2）集中分布在5~20mg/g，有机质类型以混合Ⅱ型为主，部分地区为Ⅲ型，为一套好—优质的烃源岩（图5）。此外，在柴达木盆地鱼卡地区发现的中侏罗统油页岩中，有机碳含量最高达10%、生烃潜量高达100mg/g、氢指数大于300mg/g、有机质类型以Ⅰ型—Ⅱ_1型为主[25-26]。

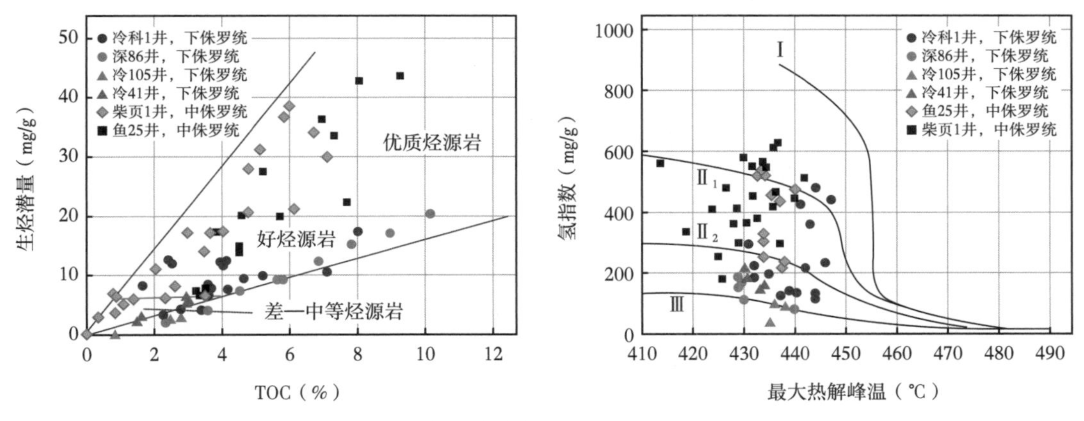

图 5　柴达木盆地北缘侏罗系湖相泥岩烃源岩特征

油页岩和暗色泥岩中含有比较高的类脂组，类脂组是有机质显微组成中生成石油潜量最高的成分，表明研究区有生油的物质基础。目前，在盆缘侏罗系埋深较浅、成熟度较低的地区已发现冷湖、牛东、鱼卡及马仙等多个油田，其原油均来自侏罗系湖相泥岩，证实侏罗系具有好的生油能力。在盆地内部的坪东、伊北等凹陷，侏罗系埋深较大，目前以生气为主，但早期具有较高的生油能力，早期储层中可聚集原油，为后期原油裂解提供丰富的物质基础。

4.2　原油裂解条件

在埋藏条件下，原油发生裂解必然受到温度、压力等各种因素制约，只有早期形成的原油达到一定温度后才能裂解生成气藏。Horsfield 等[27]认为挪威北海盆地海相原油的裂解温度为 165~175℃；赵文智等[2]认为海相原油在 160℃开始裂解；耿新华等[28]认为海相碳酸盐岩烃源岩生成的原油将从 150℃开始热裂解并生成大量天然气，温度达到 220℃时，裂解生气基本结束，天然气全部取代石油。笔者通过综合分析推测柴北缘地区古油藏的原油约在 160℃开始裂解，在 180℃以上开始大量裂解，并且开始生成干气。也就是说，只要研究区的原油温度在历史时期曾达到过 160℃，就有存在原油裂解气的可能。

坪东凹陷目前侏罗系的埋深超过 8km，温度在 220℃以上，已处于高成熟—过成熟阶段，滞留在烃源岩的液态烃早已达到原油裂解温度。而对于源外的东坪、尖北等构造带，基岩埋藏深度变化较大，加之构造运动复杂，因此油气成藏条件的分析需要恢复这些构造带的历史地温演化特征。笔者基于盆地模拟对研究区不同构造带单井基岩的温度演化史进行恢复（图 6）的结果表明，东坪地区不同构造带的温度演化差异较大。其中，尖北地区尖探 1 井在上干柴沟组沉积早期储层温度已达到 180℃，在上油砂山组沉积期达到 240℃，油藏完全裂解，以纯干气为主；坪西气藏的东坪 174 井在下油砂山组沉积期达到 160℃，在上油砂山组沉积期最大温度达到 195℃，进入了大量裂解阶段，但后期抬升导致温度减小，因而没有完全裂解，钻井试气中带有少量油花；东坪 1 井现今温度低，但在上油砂山组沉积期最高温度可达 180℃，原油发生过未完全裂解，因此试油中含少量原油；东坪 3 构造带上的东坪 306 井在上油砂山组沉积期最高温度未达到 160℃，因此不具备古油藏裂解的条件，含油多，天然气主要来自坪东凹陷的裂解气。

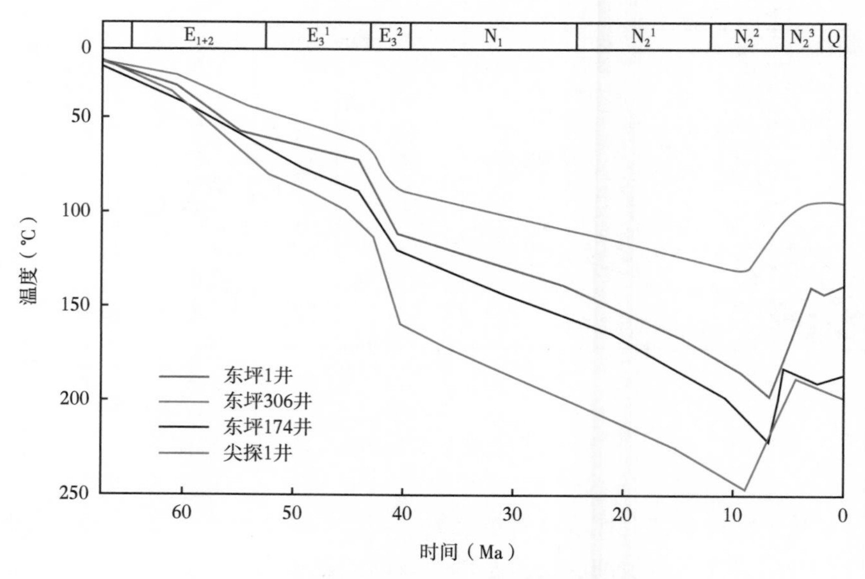

图 6　东坪地区单井中基岩的地温演化史

E_{1+2}—古近系路乐河组；$E_3{}^1$—古近系下干柴沟组下段；$E_3{}^2$—古近系下干柴沟组上段；N_1—新近系上干柴沟组；$N_2{}^1$—新近系下油砂山组；$N_2{}^2$—新近系上油砂山组；$N_2{}^3$—新近系狮子沟组；Q—第四系

温度演化史表明，尖探 1 井和坪西构造的基岩气藏为古油藏裂解气，在东坪地区以西没有侏罗系生烃凹陷的情况下，古油藏裂解气是该地区勘探的重要类型。此类气藏在埋藏更大的盆地腹部经历的地温更高，油藏裂解作用更大，勘探潜力更大。

5　原油裂解气的成藏过程

综合分析表明，阿尔金山山前坪东凹陷泥质烃源岩的热演化在生油窗阶段生成了一定规模的原油，赋存在烃源岩中或者运移至附近构造高部位的东坪地区基岩中聚集成油藏，也有少部分油气运移到古近系砂岩中成藏，而富集于基岩中的原油随着埋深的增加和温度的升高则进一步裂解成天然气。结合研究区古构造演化、烃源岩演化及古地温等成果，可建立东坪地区深层原油裂解气的成藏模式（图 7）。

坪东凹陷侏罗系湖相泥岩是原油裂解气形成的物质基础，该套烃源岩于古新世—始新世末期（路乐河组沉积末期）进入生烃门限（R_o>0.5%），开始生油[17]，而在下干柴沟组沉积末期开始大量生油，东坪 1 构造、尖北构造及坪西构造等一直处于构造高部位，生成的油在坪东断裂的输导作用下运移至古隆起基岩中聚集成油藏，为后期原油裂解奠定了基础。

在中新世末期（上干柴沟组沉积晚期），坪东凹陷烃源岩的 R_o 已达到 1.3%，进入大量生油气阶段，油气持续进入东坪 1 构造和坪西构造，而尖顶山构造由于受抬升作用影响，天然气无法充注，保存了古油藏，并在基岩温度达到 180℃后原油开始裂解。

在上新世中期（上油砂山组沉积期），坪东凹陷的烃源岩进入过成熟阶段，凹陷中心的 R_o 达到 3.0%，甚至更高，此时东坪地区的基岩埋深最大，尖北构造的基岩温度达 240℃，造成早期油藏完全裂解并形成尖北气藏以纯气藏为主的特征。东坪 17 井区在该时

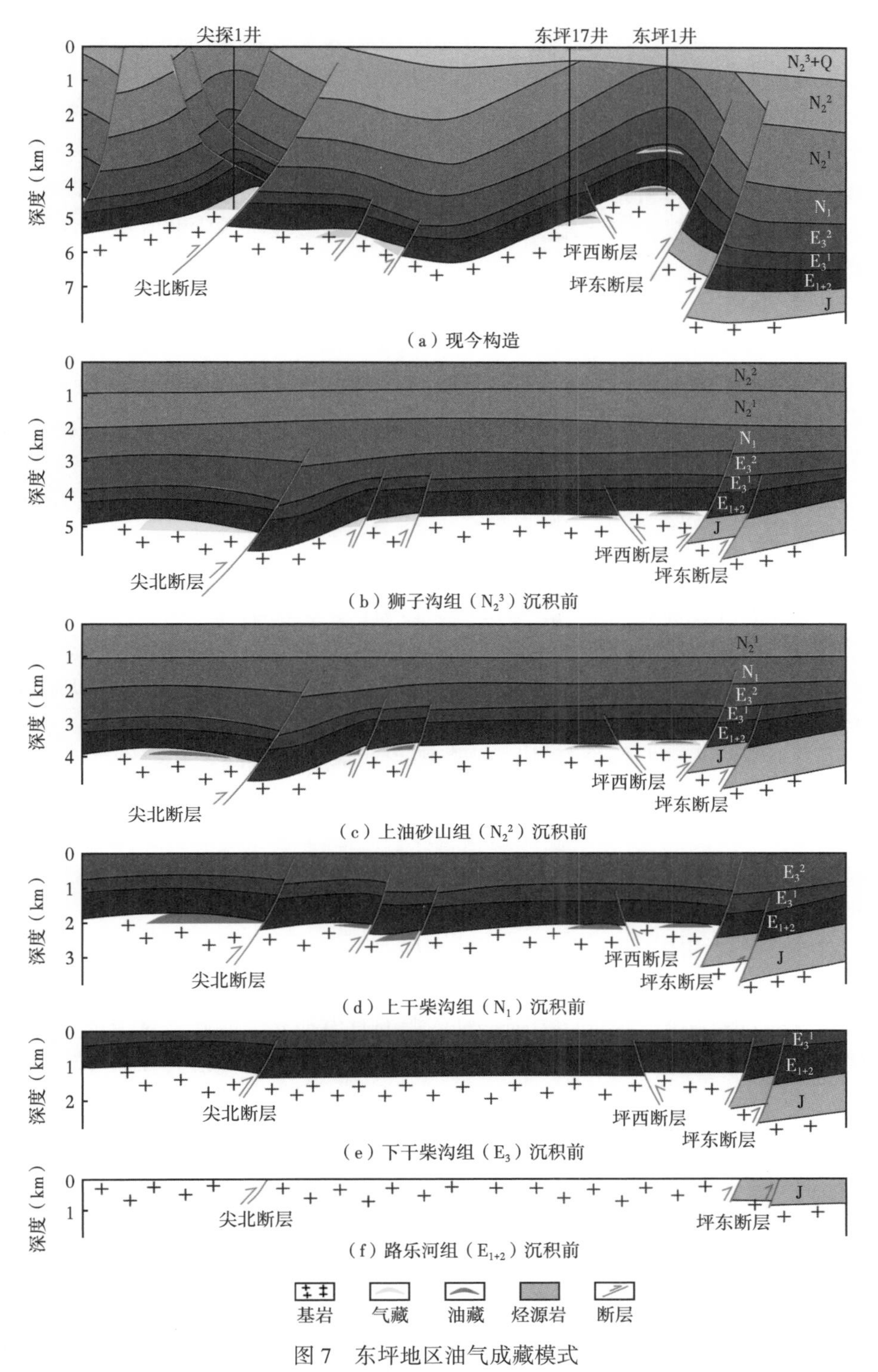

图 7　东坪地区油气成藏模式

$N_2{}^3$+Q—新近系狮子沟组+第四系；$N_2{}^2$—新近系上油砂山组；$N_2{}^1$—新近系下油砂山组；N_1—新近系上干柴沟组；$E_3{}^2$—古近系下干柴沟组上段；$E_3{}^1$—古近系下干柴沟组下段；E_{1+2}—古近系路乐河组；J—侏罗系

期基岩温度最高已达195℃，油藏绝大部分已裂解，气藏中含少量油花。东坪1井区基岩温度已达180℃，油藏开始部分裂解，且坪东凹陷埋深大，烃源岩内部的滞留烃和干酪根已达到裂解程度，可持续为东坪1井区和东坪3井区充注。

在上新世晚期（上油砂山组沉积期后），受喜马拉雅中—晚期构造运动影响，东坪地区构造大幅度抬升，形成了目前的构造格局，气藏进入调整阶段。由于基岩上覆的路乐河组中发育的膏泥岩是非常好的一套区域盖层，古油藏的裂解气能够在后期调整中保存下来。气藏的区域分布受烃源岩演化及构造运动控制，埋藏较深的尖北气藏和坪西气藏为古油藏裂解气；东坪1构造和东坪3构造紧邻坪东生气凹陷，发育沟通凹陷深层的断裂，油气可持续充注，油气充注特征明显反映在油气相态、天然气同位素及组分中。

总体上，东坪地区尽管油气藏较多，但不同油气藏的成藏过程差异较大，其中，尖北地区和坪西地区的气藏具有古油藏裂解气的特征，而东坪1构造和东坪3构造紧邻坪东凹陷，凹陷内烃源岩生成的油气可持续充注。东坪地区的油气藏具有早期充油、后期高温裂解，晚期调整的特征。

6 地质意义

柴达木盆地北缘原油裂解气的发现进一步明确了侏罗系过成熟阶段天然气的来源，增强了裂解气的勘探潜力；古油藏裂解气的发现极大拓展了柴达木盆地北缘天然气的勘探领域。作为陆相湖盆烃源岩，原油裂解气的发现表明该套烃源岩中湖相泥岩的生油潜力大，能够形成原油裂解气藏，具有重要的地质意义。

柴达木盆地北缘受晚期构造运动影响明显[29]。侏罗系烃源岩在持续深埋和后期抬升过程中，早期具备生油条件和能力，湖盆中心发育的泥质烃源岩所形成的原油可以沿着断裂、不整合等输导体系向盆缘构造的高部位运移聚集成油藏，这些古油藏在后期埋深过程中随着温度和压力的增加，将进一步裂解成气藏。因此，在侏罗系烃源岩生油期发育的基岩古隆起是天然气勘探的有利地区，除东坪地区外，阿尔金山山前东段、祁连山山前和马仙古隆起的深层基岩圈闭也是天然气勘探的有利地区。此外，尽管盆内侏罗系烃源岩的演化程度高，伊北凹陷 R_o 最高达5.0%以上，干酪根裂解的生气能力有限，但源内滞留烃二次裂解的生气资源潜力大，生气能力强，是气源的有力补充。因此，对于现今埋深较大的侏罗系烃源岩而言，其生烃潜力依然巨大，具备形成大、中型气田的有利气源条件。

7 结论

（1）柴达木盆地北缘东坪地区发育原油裂解气，尖北构造和坪西构造中的气藏为古油藏裂解气，来源于坪东凹陷早期形成的原油，并在后期高温条件下裂解成气藏。

（2）柴达木盆地北缘具备形成原油裂解气的条件。侏罗系湖相泥岩有机质丰度高，母质类型好，具有较好的生油物质基础。冷湖、马仙及牛东等油田的发现证实了该套烃源岩具有较强的生油能力。受晚期构造抬升影响，深层储层在历史时期经历了更大埋深和更高地温，尖北气藏的基岩最高温度达240℃，古油藏完全裂解，凹陷内烃源岩早已达到裂解温度，因此深层圈闭具备形成原油裂解气的条件。

（3）东坪地区深层基岩气藏具有早期充油、后期高温裂解、晚期调整的特征。尖北气藏和坪西气藏附近没有侏罗系烃源岩，但由于早期处于构造高部位，坪东凹陷早期生成的原油能够在断裂输导下在此聚集，并在后期受高温裂解成藏。东坪1构造和东坪3构造的气藏具有早期充注、持续充注的特点。

（4）柴达木盆地北缘原油裂解气的发现证实了其陆相湖盆烃源岩具备形成原油裂解气的条件，极大地拓展了柴达木盆地北缘天然气的勘探领域，古油藏裂解气成为天然气勘探的新类型。深层高成熟—过成熟阶段的侏罗系烃源岩生气潜力依然巨大，具备形成大、中型气田的有利气源条件。

参考文献

[1] 赵文智，王兆云，张水昌，等．有机质“接力成气”模式的提出及其在勘探中的意义［J］．石油勘探与开发，2005，32（2）：1-7.

[2] 赵文智，王兆云，张水昌，等．油裂解生气是海相气源灶高效成气的重要途径［J］．科学通报，2006，51（5）：589-595.

[3] 陈中红．原油裂解成气研究进展［J］．山东科技大学学报：自然科学版，2012，31（3）：22-31.

[4] 魏国齐，杨威，谢武仁，等．四川盆地震旦系—寒武系天然气成藏模式与勘探领域［J］．石油学报，2018，39（12）：1317-1327.

[5] 徐旺林，胡素云，李宁熙，等．鄂尔多斯盆地奥陶系中组合内幕气源特征及勘探方向［J］．石油学报，2019，40（8）：900-913.

[6] 李剑，王晓波，魏国齐，等．天然气基础地质理论研究新进展与勘探领域［J］．天然气工业，2018，38（4）：37-45.

[7] 郭秋麟，武娜，闫伟，等．深层天然气资源评价方法［J］．石油学报，2019，40（4）：383-394.

[8] Lorant F, Prinzhofer A, Behar F, et al. Carbon isotopic and molecular constraints on the formation and the expulsion of thermogenic hydrocarbon gases［J］. Chemical Geology, 1998, 147（3/4）: 249-264.

[9] 田辉，肖贤明，杨立国，等．原油高温裂解生气潜力与气体特征［J］．科学通报，2009，54（6）：781-786.

[10] 陈世加，付晓文，马力宁，等．干酪根裂解气和原油裂解气的成因判识方法［J］．石油实验地质，2002，24（4）：364-366.

[11] 李君，吴晓东，王东良，等．裂解气成因特征及成藏模式探讨［J］．天然气地球科学，2013，24（3）：520-528.

[12] 杨显成，蒋有录，耿春雁．济阳坳陷深层裂解气成因鉴别及其成藏差异性［J］．天然气地球科学，2014，25（8）：1226-1232.

[13] 李延钧，宋国奇，李文涛，等．济阳坳陷东营凹陷北带丰深1井区深层沙四下古油藏与天然气成因［J］．石油与天然气地质，2010，31（2）：173-179.

[14] 付锁堂，马达德，陈琰，等．柴达木盆地阿尔金山前东段天然气勘探［J］．中国石油勘探，2015，20（6）：1-13.

[15] 曹正林，孙秀建，汪立群，等．柴达木盆地阿尔金山前东坪—牛东斜坡带天然气成藏条件［J］．天然气地球科学，2013，24（6）：1125-1131.

[16] 田继先，李剑，曾旭，等．柴达木盆地北缘天然气地球化学特征及其石油地质意义［J］．石油与天然气地质，2017，38（2）：355-362.

[17] 周飞，张永庶，王彩霞，等．柴达木盆地东坪—牛东地区天然气地球化学特征及来源探讨［J］．天然气地球科学，2016，27（7）：1312-1323.

[18] Tian Jixian, Li Jian, Pan Chunfu, et al. Geochemical characteristics and factors controlling natural gas accumulation in the northern margin of the Qaidam Basin［J］. Journal of Petroleum Science and Engineering,

2018, 160: 219-228.

[19] Guo Zeqing, Ma Yinsheng, Liu Weihong, et al. Main factors controlling the formation of basement hydrocarbon reservoirs in the Qaidam Basin, western China [J]. Journal of Petroleum Science and Engineering, 2017, 149: 244-255.

[20] 田继先，李剑，曾旭，等．柴北缘深层天然气成藏条件及有利勘探方向 [J]．石油与天然气地质，2019，40（5）：1095-1105.

[21] 刘文汇，徐永昌．煤型气碳同位素演化二阶段分馏模式及机理 [J]．地球化学，1999，28（4）：359-366.

[22] Prinzhofer A A, Huc A Y. Genetic and post genetic molecular and isotopic fractionations in natural gases [J]. Chemical Geology, 1995, 126 (3/4): 281-290.

[23] Behar F, Kressmann S, Rudkiewicz J L, et al. Experimental simulation in a confined system and kinetic modelling of kerogen and oil cracking [J]. Organic Geochemistry, 1992, 19 (1/3): 173-189.

[24] 刘德汉，肖贤明，田辉，等．应用流体包裹体和沥青特征判别天然气的成因 [J]．石油勘探与开发，2009，36（3）：375-382.

[25] 翟志伟，张永庶，杨红梅，等．柴达木盆地北缘侏罗系有效烃源岩特征及油气聚集规律 [J]．天然气工业，2013，33（9）：36-42.

[26] 田继先，孙平，张林，等．柴达木盆地北缘山前带平台地区天然气成藏条件及勘探方向 [J]．天然气地球科学，2014，25（4）：526-531.

[27] Horsfield B, Schenk H J, Mills N, et al. Aninvestigation of the inreservoir conversion of oil to gas: compositional and kinetic findings from closed system programmed temperature pyrolysis [J]. Organic Geochemistry, 1992, 19 (1/3): 191-204.

[28] 耿新华，耿安松．源自海相碳酸盐岩烃源岩原油裂解成气的动力学研究 [J]．天然气地球科学，2008，19（5）：695-700.

[29] 曹正林，孙秀建，吴武军，等．柴达木盆地盆缘冲断古隆起的形成演化及对油气成藏的影响 [J]．石油学报，2018，39（9）：980-989.

本文原刊于《石油学报》，2020 年第 41 卷第 2 期。

三、天然气藏盖层封盖机理

柴达木盆地三湖地区第四系生物气盖层封闭机理的特殊性

李　剑[1]　严启团[1]　张　英[1]　柳广弟[2]　王晓波[3]

1. 中国石油勘探开发研究院廊坊分院，河北廊坊

2. 中国石油大学油气资源与探测国家重点实验室，北京

3. 中国矿业大学，北京

摘要：柴达木盆地东部第四系生物气藏时代新、埋藏浅，作为盖层的泥岩成岩程度都很低，具有高孔隙度、高渗透率的特点。按常规天然气藏泥质岩盖层评价标准来衡量，这些岩石不能作为盖层。但是，正是在这种岩石盖层的封闭下形成了柴达木盆地的大型高效生物气藏，其盖层的封闭机理具有特殊性。对这种盖层岩石的特殊封闭机理进行了模拟实验与研究，结果表明柴达木盆地生物气盖层的封闭性与岩石的含水饱和度有密切关系，饱含盐水的盖层能够有效地阻止天然气渗流散失和扩散散失，而且多套储盖层组合具有累积封闭效应，使得大气田得以形成。对于该地区盖层的封闭能力已经不能采用常规盖层参数的评价方法来评价。

关键词：柴达木盆地；生物气；盖层；封闭机理；含水饱和度；累积封闭扩散

盖层是位于储集层之上能阻止油气向上渗漏或散失的岩层[1]，它是控制油气成藏的关键因素之一，也是石油天然气地质研究的重点内容。盖层研究包括盖层分类、盖层封闭机理、盖层实验和盖层评价等方面的内容[2-5]。按岩性盖层可分为三大类：泥质岩、蒸发岩（膏岩和盐岩等）和致密灰岩[6]，以泥质岩和蒸发岩最为主要。据 Klemme[7] 和 Grunau[8] 的统计，世界 334 个大油气田中，以泥质岩为盖层的占 65%，以蒸发岩为盖层的占 33%。封闭机理和封闭性研究是盖层研究中最重要的内容，随着油气勘探的深入，盖层的封闭性和封闭机理研究取得了显著的进展。

1980 年，AAPG 主办了油气盖层讨论会，较早地对盖层研究经验进行了交流。Downey[9] 通过盖层宏观和微观特性的论述，对油气藏的盖层条件进行了评价。Watts[10] 对盖层封闭机理进行了深入研究并提出“薄膜封闭”的概念，付广等[11]、郑德文[12] 分别对物性封闭研究方法和评价标准进行了详细的研究。随着盖层封闭机理的深入研究，又出现了超压封闭机理[13-18] 和烃浓度封闭机理[19-21]。Hunt[22] 根据异常流体压力系统中油气生成和运移的研究，提出“流体封存箱”的概念。张义纲[23] 根据轻烃扩散原理提出“烃浓度封闭”。

目前，盖层封闭机理日趋完善和系统化，物性封闭、压力封闭和烃浓度封闭成为盖层封闭的三大机理普遍已被接受。尽管国内外学者在天然气盖层的封闭性和封闭机理研究上做了大量工作[24-26]，但对封闭机理及其特殊性的研究工作开展的较少。本文针对柴达木盆地三湖地区第四系生物气盖层封闭机理的特殊性进行研究，既可以丰富生物气盖层封闭机理及其特殊性的研究成果，也可指导同类生物气田的勘探，因此，具有重要理论和实践意义。

1 柴达木盆地第四系生物气藏及盖层特征

柴达木盆地位于青藏高原北部，总面积约为12.1×10⁴km²，是我国著名的十大内陆盆地之一，中、新生界最大沉积岩厚度达17200m。印支运动后，柴达木盆地经历了裂陷阶段、挤压阶段、挤压断陷与局部走滑阶段和挤压褶皱坳陷阶段。在复杂的地质作用下，柴达木盆地的沉积、沉降中心由西向东不断迁移，在盆地的不同部分沉积了多套烃源岩，形成了多套含油气系统。到更新世，柴达木盆地的沉积、沉降中心已移至三湖坳陷，到第四纪，沉积了一套厚达3000m的湖相砂泥岩互层叠置的地层。在特殊的地质条件，造就了大型生物气藏。

柴达木盆地生物气的勘探从1958年盐湖气田的发现开始，历经40多年，目前在柴达木盆地已发现5个第四系生物气田，分别为涩北一号气田、涩北二号气田、台南气田、盐湖气田、驼峰山气田，探明含气面积134km²，探明储量2770.95×10⁸m³。其中涩北一、二号和台南气田，3个气田的探明含气面积为127.2km²，探明储量为2768.56×10⁸m³[27]，是世界上唯一的第四系大型生物气田聚集地。但是，柴达木盆地第四系气藏泥岩盖层压实程度差，成岩作用弱，孔隙度值与作为储层的粉砂岩和泥质粉砂岩相近，均值达到33%，泥岩盖层渗透率值虽然小于储层，但平均值也高达19mD（表1），远高于常规盖层0.001mD的标准[28]。按盖层常规标准衡量，第四系盖层封闭性能很差，完全不能作为盖层，但在区内，又实实在在地起到了封盖作用，这种盖层的封闭作用必然有其特殊的封闭机理[29]。

表1 柴达木盆地第四系物性数据表

岩性	孔隙度（%）			渗透率（mD）			样品块数
	最小值	最大值	平均值	最小值	最大值	平均值	
粉砂岩	31.5	40.1	36.3	19.8	612	180.7	12
含泥粉砂岩	17	41.1	31.4	0.372	469	34.9	125
泥质粉砂岩	10.3	43.4	32	0.119	400	29.7	315
粉砂质泥岩	21.6	42	33.4	0.458	327	24.6	161
泥岩	23.6	42	33.2	0.307	170	19	59

2 柴东第四系生物气盖层的封闭机理

尽管相同深度的第四系泥岩和砂岩的孔隙度基本相近，没有明显差别，但不同岩性的渗透率的差异却比较明显，作为主要储集层的粉砂岩与泥质粉砂岩、粉砂质泥岩和泥岩的渗透率具有比较明显的差异（图1）。对于柴东第四系盖层的封闭机理，盖层的封闭作用主要依靠盖层的最大喉道和储层的最小孔隙之间的毛细管压力差来封盖圈闭中的天然气[4]，从理论上讲，这样的储盖组合具有一定的封闭天然气的能力。但是，这种高孔渗性盖层的绝对孔隙度值和渗透率值确实太大了，甚至比很多天然气储集层的孔渗性还要好，仅凭储盖层之间具有的毛细管压力差能否作为大型高效气藏盖层的依据仍存在很大疑问。为此，从该区盖层特殊的地质条件出发，对封盖条件进行模拟，探讨其封闭机理，并在实验室进行实验验证。

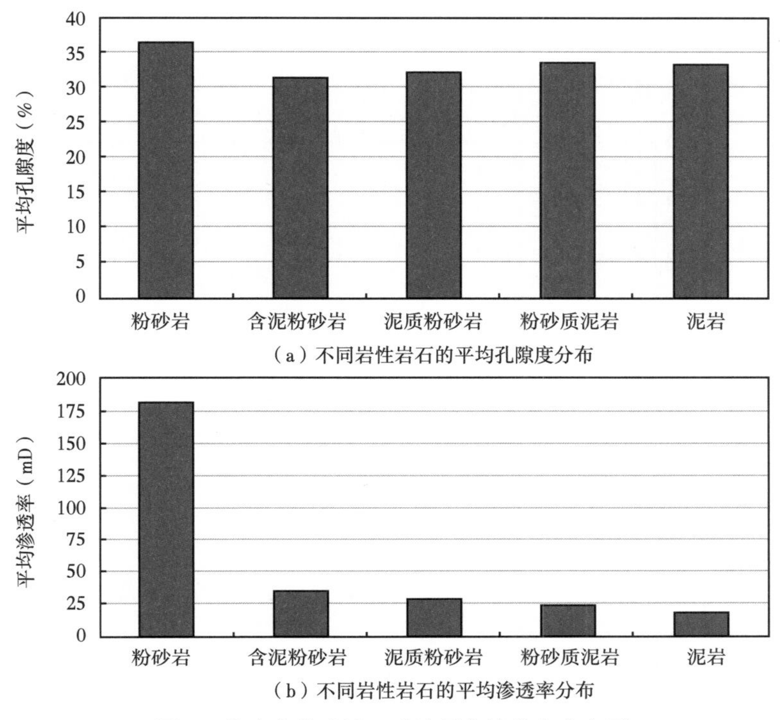

图 1　柴达木盆地第四系地层物性分布直方图

2.1　高含水泥岩的物性封闭

与常规气藏的盖层不同，柴达木盆地东部第四系盖层埋藏浅、成岩程度低、孔隙度高，其孔隙的含水饱和度也高，一般达到 80%～90%。由于泥岩粒径小，孔隙喉道小，含水饱和度增大后，突破压力增大，使盖层的封闭能力得到增强。从矿物成分看，黏土以伊利石和伊蒙混层矿物为主，这两种黏土矿物都具有很强的亲水性，天然气属非润湿相，岩石饱和水后突破压力增大使岩石具有封闭性[29]。

为了研究高含水饱和度泥岩的封闭能力，针对柴达木盆地第四系气田的具体情况，进行了不同含水饱和度下岩石封闭能力的物理模拟实验。封闭能力以突破压力参数体现。由于取得的井下岩心样品疏松易碎，所以将样品周围包裹，末端加筛网等进行特殊包装。参照涩北气田的具体地质条件，进行实验方案设计。

2.1.1　实验条件

温度：室温；围压：10MPa；含水饱和度：0～100%。

实验仪器：岩石突破压力测试装置。

泥岩含水饱和度：采用恒温加湿方法建立泥岩含水饱和度，该技术在国内属首创。

2.1.2　实验样品

本次选择了涩北气田钻井柱塞岩心和人工柱塞岩心进行了对比实验。岩心长度约

4.0cm，直径2.5cm。实验数据有四组，具有相同的规律性，本文以一组数据为例。

青海柴达木盆地钻井岩心样品为泥岩，孔隙为30.7%，渗透率为0.26mD。

人工岩心由砂子加树脂做成，孔隙度为17.3%，渗透率为0.12mD。

2.1.3 实验结果与认识

实验表明随着含水饱和度的增加，柴达木盆地第四系岩石对天然气的封闭能力呈指数增加。当含水饱和度大于60%时，岩心突破压力随含水饱和度的增加而显著增加（图2）。

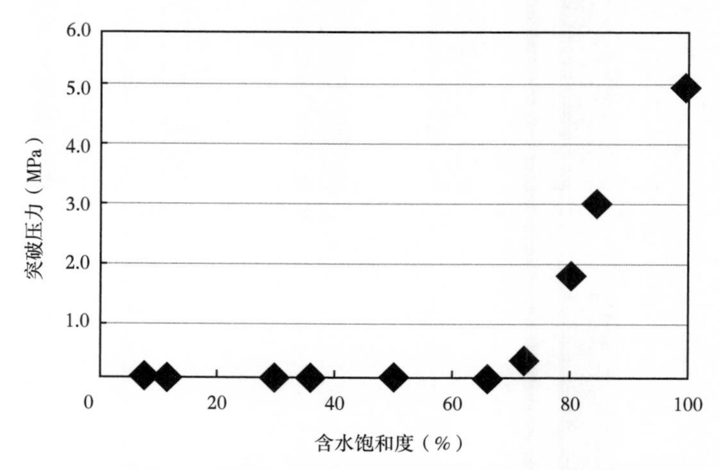

图2 天然岩心样品不同含水饱和度下突破压力的变化特征

人造砂质岩心突破压力随岩石含水饱和度的增加也有所增加（图3）。但即使达到饱含水状态时，其突破压力值仍然很小，仅0.14MPa，不具有封闭性。这和柴达木生物气藏的盖层岩心形成明显的对比。

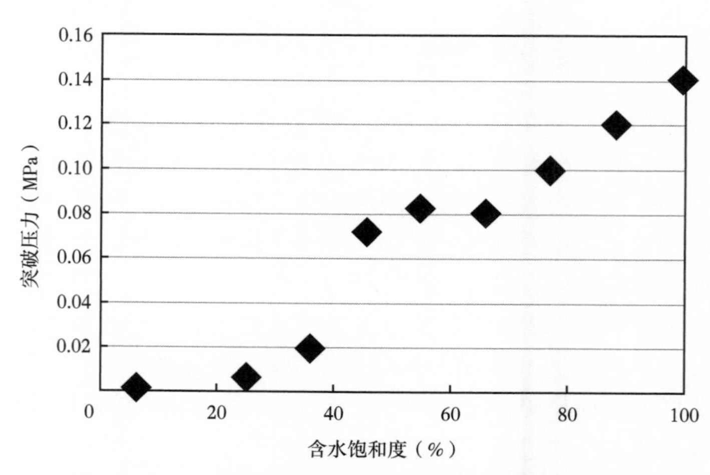

图3 人造岩心样品不同含水饱和度下突破压力的变化特征

相对于天然岩心样品，人造岩心样品的孔隙度和渗透率都低。单从物性考虑，人造岩心应该具有更强的封闭能力，然而实验结果证明这种岩石不具有封闭性。造成这种结果的原因不仅与岩石孔隙结构有关，也与天然岩心中含有的黏土矿物成分有关。第四系泥质岩中含有较多的黏土矿物，黏土总量一般在60%以上，由于黏土结构为层状硅酸盐，具有很强的亲水性和膨胀性，黏土饱和水后体积膨胀，堵塞部分孔隙及喉道，使得岩石毛细管压力增大，气体通过性变差，封闭能力增强。通过十多次的模拟实验，认为柴达木盆地泥岩高孔隙度、高渗透率的盖层仍能封闭住大气田与含水饱和度有密切关系，说明高含水泥岩具有很强的封闭能力。

2.2 上覆盖层厚度累加封闭

2.2.1 盖层厚度与气柱高度的统计关系

柴达木盆地泥岩盖层物性封闭能力差，除含水饱和度高使盖层的封闭能力有一定增强外，泥岩厚度的增加也在一定程度上补偿了物性封闭能力的不足[30]。以涩19井为例，含气高度与直接盖层厚度的统计分析表明，含气单元气柱高度与其直接盖层泥岩厚度关系不明显（图4），说明直接盖层不能起到完全封闭的作用；而气柱高度与各气层组内上覆泥岩累加厚度呈较好的正相关关系（图5），说明泥岩累加厚度越大，所能封住的气柱高度越大。

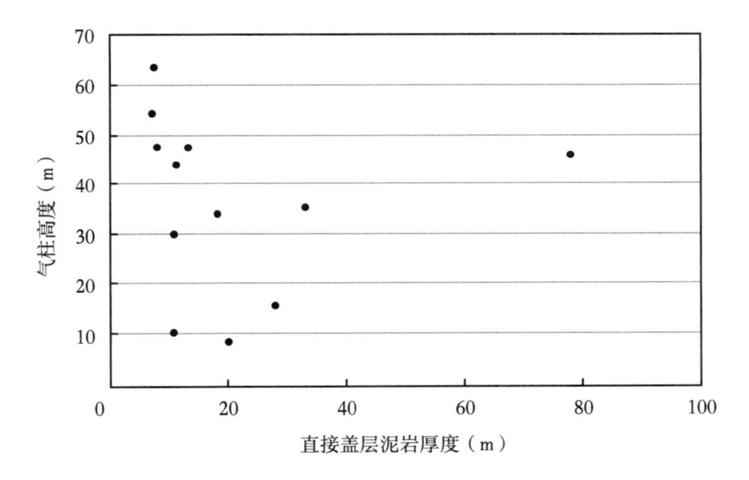

图4　涩19井直接盖层泥岩厚度与含气单元气柱高度关系图

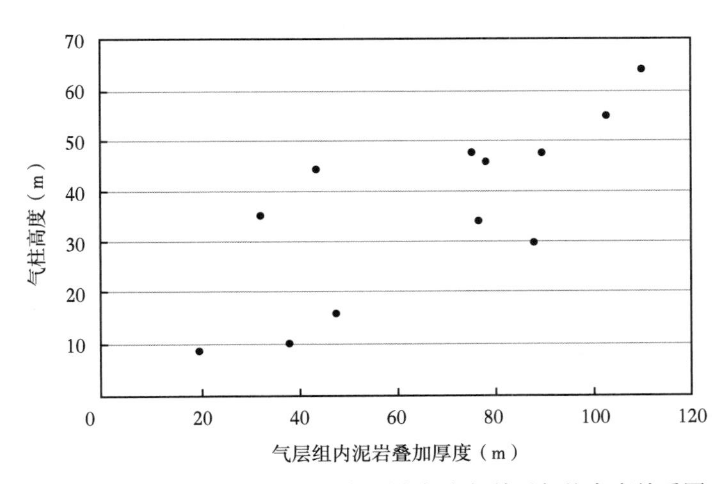

图5　涩19井气层组内泥岩叠加厚度与含气单元气柱高度关系图

2.2.2 厚度累加封闭的模拟实验

为了考察多层薄泥岩的累加封闭效应，进行了实验室物理模拟实验。

（1）实验方法。模拟地层储盖层配置关系，设计了两种实验方案。

实验方案一：首先测定单个岩心的突破压力，然后把突破压力接近、长度接近的 4 块岩心中间夹高渗透层拼接，再测定岩心长度累加后的突破压力值。

实验方案二：选择突破压力有差异的多块岩心，把突破压力接近、长度接近的 2 块岩心作为一组，分别测定岩心长度累加后的突破压力值，与算术求和值比较，考察岩心是否具有累积封闭效应。

（2）实验结果与认识。两种实验方法均证明，随着累积厚度增加，岩石的突破压力增大，即多层泥岩盖层叠加，可以增强封闭能力。以前人们认为突破压力与岩石的孔隙结构有关，与岩石长度无关，随着近年来认识的发展，人们已经意识到或推测突破压力物理模拟测试值与岩心长度有密切的关系，但缺乏实验数据的证明。该实验结论很好地揭示了岩石突破压力与长度的关系，说明岩心长度增加，流体运移阻力增大，因此突破压力增大。

图 6 为实验方案一的结果。分别测定 4 块岩心样品的突破压力值，获得 4 块岩心长度与突破压力数据。每块岩心的长度约 6cm，突破压力值分别为 1.5MPa，1.7MPa，1.8MPa，2.1MPa，再把 4 块样品叠加在一起，测定叠加后突破压力值。实验结果表明，岩石叠加后累计长度为 24cm，实验测得的岩石叠加后突破压力为 6.0MPa，与 4 块岩心突破压力算术相加值 7.2MPa 相近。图 6 是把 4 块岩心作为一组叠加，直接反映突破压力随着盖层厚度的叠加具有累加效应。

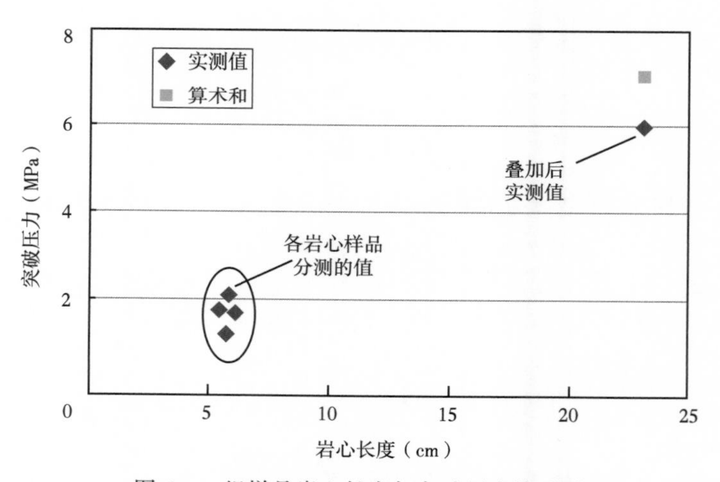

图 6　一组样品岩心长度与突破压力关系图

图 7 为实验方案二的结果。20 块突破压力不同的岩心分为 10 组，每块岩心的直径 2.5cm，长度约 5cm。把突破压力接近的 2 块岩心作为一组。每组叠加后测得的突破压力值作为纵坐标，每一组的 2 块岩心单独测得的突破压力值算术和作为横坐标。图 7 纵坐标是实测值，横坐标是理论计算值，图 7 说明盖层岩心长度叠加后突破压力实测值和理论值具有一致性。

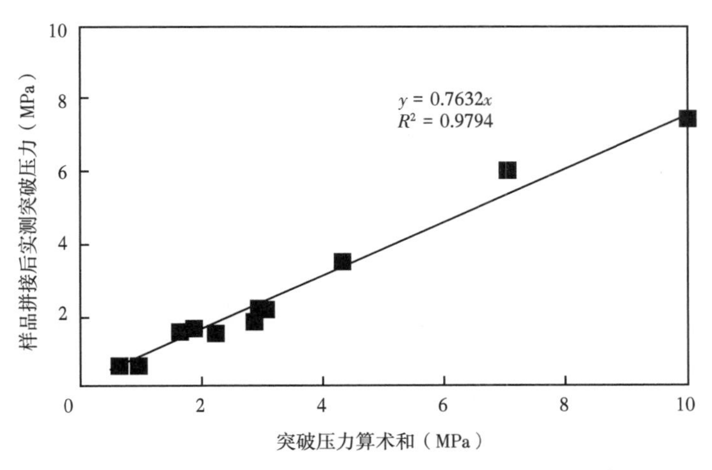

图 7　多组岩石突破能力实验反映叠加效应的统计

2.3　生物气泥质岩盖层的扩散能力

在研究泥质岩盖层对扩散相天然气封闭机理时，对柴达木盆地生物气泥质岩盖层的扩散能力进行了研究。通常情况下泥质岩盖层饱和水后扩散系数与干样品的扩散系数相差 1 个数量级，而柴达木盆地第四系盖层饱和水后扩散系数与干样品的扩散系数相差 4 个数量级（表 2），饱和水后岩石的扩散系数接近常规天然气良好盖层的扩散数值，说明这种盖层对生成的生物气扩散散失起到良好的封闭作用。通过盖层对扩散相天然气封闭性与气源岩排气期之间的匹配关系研究，认识到饱和水后的岩石在该区天然气聚集与保存中起到了重要作用。不仅可以预测其对扩散相天然气封闭能力的演化，也可以研究其封闭扩散相天然气的有效性。

表 2　柴达木盆地生物气盖层对扩散相天然气的封闭能力

井号	井深（m）	孔隙度（%）	渗透率（mD）	样品描述	扩散系数（cm^2/s）
台 5-7	1032	34.6	0.737	干燥样品	2.50×10^{-3}
台 5-7	1030	34.2	1.08	饱和地层水	6.65×10^{-7}

一个气藏形成后，如果没有天然气继续补充到该圈闭，仅靠扩散作用，经过漫长的地质时间就可使原来已形成的天然气藏破坏掉或部分散失掉；气藏形成的时间距今越久远，气藏散失量就会越大，残留量越小。因此，气藏的形成过程存在着“聚”和“散”两种作用过程[31]。一方面烃源岩中生成的天然气通过运移，不断进入圈闭，聚集成藏；另一方面聚集在圈闭中的天然气因扩散和渗透作用不断通过盖层逸散。当来自烃源岩的补充量大于通过盖层的散失量时，圈闭中的天然气不断富集，反之，圈闭中的天然气就不断减少以至枯竭，即天然气成藏过程一直处于一种聚和散的动态平衡过程中[21,26]。通过模拟计算表明，柴达木盆地台南气田天然气扩散散失量约为天然气地质储量的 10%。

3 柴东第四系生物气盖层封闭能力的评价标准

盖层的岩性、厚度、空间分布及突破压力是反映盖层封闭能力的重要指标。

良好的区域盖层是形成柴达木盆地生物气大气藏的必要条件。区域盖层在部分地区厚度超过500m（指靠近盆地中心的台南、涩北一号、涩北二号地区）。区域盖层越厚，形成的气田规模越大，如台南、涩北一号、涩北二号气田的探明储量远远大于盐湖和驼峰山气田。

突破压力是反映盖层岩石封闭能力的主要实验室参数之一，与盖层岩石毛细管压力的大小相关。该参数可以评价盖层岩石所能封闭的最大气柱高度。因此，生物气盖层封闭性评价可以突破压力为主，以扩散系数、烃浓度、含水饱和度、渗透率等为辅进行评价。

扩散系数，也是反映天然气保存条件的主要参数之一。生物气盖层岩石与常规天然气盖层在岩石性质和封盖机理上有很大差异，因此扩散机理和扩散系数值会有较大的差别，在聚散动平衡的研究中有重要意义。

岩石孔隙度、渗透率、粒度、矿物成分、孔隙结构等可作为辅助参数用于评价生物气盖层。例如，对于柴达木生物气藏，即使高孔隙度、高渗透率泥质岩在饱含水时也可以作为良好的盖层。

综合柴东第四系生物气盖层的特点，表3用实验室参数对生物气盖层封闭能力进行评价，这些参数一般具有较好的相关性。表3中突破压力指盖层岩石饱和水后单位（cm）长度上所测得的气体突破压力值，含水饱和度指仅存在气水两相条件的含水饱和度，渗透率为干燥岩石的气体渗透率，扩散系数为岩石饱和地层水条件下对于甲烷的扩散系数。

表3 生物气盖层封闭能力评价

评价参数	等级划分		
	好	中等	差
突破压力（MPa）	>1.0	1.0~0.1	<0.1
含水饱和度（%）	>80	80~60	<60
渗透率（mD）	<0.1	0.1~1	>1
扩散系数（cm^2/s）	$<10^{-7}$	$10^{-7}\sim10^{-6}$	$>10^{-6}$

4 结论

通过对柴达木盆地天然气盖层封堵性特征的研究，得出了一些新的观点和认识。认为柴达木盆地生物气盖层封闭机理具有特殊性。

除了常规天然气盖层所具有的封闭机理以外，柴达木盆地生物气盖层还具有高含水封闭和累积封闭的特征。较低渗透率的泥质岩含水饱和度是影响岩石物性封闭性的主要因素。渗透率低于10mD的泥质岩，当地层含水饱和度大于60%时可作为气藏盖层，封闭能力会随含水饱和度的增大而迅速增强。由于多套储盖层组合的存在，盖层不仅具有累加封闭效应，而且上一气层或直接盖层的高含气饱和度有效地阻止了气体的向上扩散[31]，形成烃浓度封闭[32-33]。因此评价生物气盖层封闭能力的主要参数为盖层岩石的突破压力、含水饱和度、渗透率和扩散系数。

参考文献

[1] 张厚福，方朝亮，高先志，等．石油地质学［M］．北京：石油工业出版社，1999. 35-89.
[2] 郝石生，黄志龙．天然气盖层实验研究及评价［J］．沉积学报，1991，9（4）：20-26.
[3] 游秀玲．天然气盖层评价方法探讨［J］．石油与天然气地质，1991，12（3）：32-38.
[4] 付广，陈章明，姜振学．盖层封堵能力评价方法及其应用［J］．石油勘探与开发，1995，22（3）：46-50.
[5] 何光玉，张卫华．泥岩盖层研究现状及发展趋势［J］．天然气地球科学，1997，8（2）：9-12.
[6] 陈荣书．石油及天然气地质学［M］．武汉：中国地质大学出版社，1994. 53-55.
[7] Klemme H. World oil and gas reserves from analyses of giant fields and basins (Provinces) [J]. Chapter12. In: Meeyer R, ed. The Future Supply of Nature made Petroleum and Gas. Pergamon Press, 1977. 173-256.
[8] Grunau H R. A worldwide look at the caprock problem [J]. J Petrol Geol, 1987, 10 (3): 245-266.
[9] Downey M W. Evaluation seals for hydrocarbon accumulation [J]. AAPG Bull, 1984, 68 (11): 1752-1763.
[10] Watts N L. Theoretical aspects of cap rock and fault seals for single and two phase hydrocarbon columns [J]. Mar Petrol Geol, 1987, 4: 274-307.
[11] 付广，陈章明，姜振学．盖层物性封闭能力的研究方法［J］．中国海上油气（地质），1995，9（2）：83-88.
[12] 郑德文．天然气毛细管封闭盖层评价标准的建立［J］．天然气地球科学，1994，23（5）：29-33.
[13] 真柄钦夫．压实与流体运移［M］．陈荷立，邱世祥，汤锡元，等译．北京：石油工业出版社，1981. 111-122.
[14] 刘方槐．盖层在气藏保存与破坏中的作用及其评价方法［J］．天然气科学，1991，1（5）：220-232.
[15] 吕延防，付广，高大岭，等．油气藏封盖研究［M］．北京：石油工业出版社，1996. 4-30.
[16] 付广，姜振学，李椿．压力封闭在盖层封闭油气中的应用［J］．天然气工业，1995. 5，15（3）：12-18.
[17] 吕延防，付广，张发强，等．超压盖层封烃能力的定量研究［J］．沉积学报，2000，18（3）：465-468.
[18] 付广，陈章明，姜振学，等．欠压实泥岩在封盖油气中的作用［J］．中国海上油气（地质），1995，（3）：164-169.
[19] Pandey G N, Rasin M T, Donalol Z K. Diffusion of fluids through porous media with implication in petroleum geology [J]. AAPG Bull, 1974, 58: 291-303.
[20] 付广，姜振学，庞雄奇．盖层烃浓度封闭能力评价方法探讨［J］．石油学报，1997. 1，18（1）：39-44.
[21] 郝石生，黄志龙，高耀斌．轻烃扩散系数研究及天然气运聚动平衡原理［J］．石油学报，1991，12（3）：17-24.
[22] Hunt J M. Generation and migration of petroleum from abnormally pressured fluid compartments [J]. AAPG Bulletin, 1990, 74: 1-12.
[23] 张义纲．天然气的生成聚集和保存［M］．南京：河海大学出版社，1991. 32-34.
[24] 付广，陈昕，姜振学，等．烃浓度封闭及其在盖层天然气中的重要作用［J］．大庆石油学院学报，1995，19（2）：22-27.
[25] 黄志龙，郝石生．天然气扩散与浓度封闭作用的研究［J］．石油学报，1996，17（4）：37-43.
[26] 郝石生，黄志龙，杨家琦．天然气运聚动平衡及其应用［M］．北京：石油工业出版社，1994. 3-29.

[27] 魏国齐，刘德来，张英，等. 柴达木盆地第四系生物气形成机理、分布规律与勘探前景 [J]. 石油勘探与开发，2005，32 (4)：84-89.
[28] 李国平，郑德文，欧阳永林，等. 天然气封盖层研究与评价 [M]. 北京：石油工业出版社，1996. 24-30.
[29] 张祥，纪宗兰. 柴达木盆地第四系泥岩盖层的封盖机理 [J]. 天然气工业，1997，17：75-76.
[30] 吕延防，张绍臣，王亚明. 盖层封闭能力与盖层厚度的定量关系 [J]. 石油学报，2003，3：27-28.
[31] 付广，陈章明，王鹏岩. 泥质岩盖层对扩散相天然气的封闭作用及研究方法 [J]. 石油实验地质，1997，19 (2)：46-47.
[32] 付广，陈章明，吕延防. 上覆烃浓度盖层对下覆天然气扩散的屏蔽作用及其应用 [J]. 中国海上油气，1995，9 (6)：385-386.
[33] 付广，吕延防. 泥岩盖层浓度封闭演化特征——以松辽盆地下白垩统泥岩为例 [J]. 地质科学，2003，38 (2)：165-171.

本文原刊于《中国科学 D 辑：地球科学》，2007 年第 37 卷增刊 2。

高温高压致密气藏岩石扩散系数测定及影响因素

王晓波[1,2,3]　陈践发[1]　李　剑[2,3]　王东良[2,3]
李志生[2,3]　柳广弟[1]　谢增业[2,3]　孙明亮[1]

1. 中国石油大学油气资源与探测国家重点实验室，北京
2. 中国石油天然气股份有限公司勘探开发研究院廊坊分院，河北廊坊
3. 中国石油天然气集团公司天然气成藏与开发重点实验室，河北廊坊

摘要：根据气体在浓度梯度下通过岩样自由扩散的原理，利用建立的高温高压致密气藏岩石扩散系数测定方法，对四川盆地须家河组、鄂尔多斯盆地上古生界致密气藏岩石样品开展试验分析，并探讨物性、温度、注气平衡压力、围压、饱和介质等因素对致密气藏岩石扩散系数的影响。研究表明：物性是致密气藏岩石扩散能力的基础，对其具有重要控制作用，二者呈正幂函数相关关系；温度对致密气藏岩石扩散系数具有促进作用，二者呈指数相关关系；孔隙流体压力、上覆地层压力对致密气藏岩石扩散能力均具有抑制作用，呈负幂函数相关关系，且上覆地层压力的影响与岩性密切相关（泥岩大于砂岩）；饱和介质条件致密气藏岩石干样、湿样扩散系数总体相差2~3个数量级。

关键词：高温高压；致密气藏；扩散系数；影响因素；孔隙流体压力；上覆地层压力；饱和介质条件

扩散是指烃类气体在浓度梯度作用下，从高浓度区通过各种介质向低浓度区自由迁移达到平衡的一种物理过程。扩散是油气运移的重要机制之一[1-4]，尤其对于天然气的运移、聚集、成藏、保存和破坏起至关重要作用。苏联学者Antonov[5]最早测定了轻烃（C_1—C_8）在不同岩性沉积岩中的扩散系数，Stklyanin等[6-7]进一步对扩散在初次运移中作用、轻烃扩散系数的试验测定开展了深入研究。国内肖无然[8]首次测试了岩石甲烷的扩散系数；20世纪90年代以来，许多学者在扩散系数试验、扩散研究方法、扩散散失量评价、封盖保存条件评价、天然气扩散的地质应用等方面开展了大量研究工作[9-15]。扩散系数是评价天然气通过岩石扩散速度快慢的重要参数。目前，常规岩石扩散系数测定受试验温压及地质时间等限制，不能真实反映实际地层条件下地质历史时期岩石真正扩散能力。因此，笔者依据气体在浓度梯度下通过岩样自由扩散的原理，通过对现有仪器的改进，建立高温高压下致密气藏岩石扩散系数测定方法，并对典型致密气藏岩石样品进行扩散系数测定，重点对物性、温度、注气平衡压力、围压、饱和介质条件等对扩散系数的影响进行详细分析。

1　致密气藏岩石扩散系数测定

1.1　试验装置

对常规扩散系数测定装置及条件（室温、注气平衡压力0.2MPa，围压3MPa）进行改进，采用耐高温高压岩心夹持器及温控箱等组件进行替换及管线改造，以实现高温（大于90℃）、高压（注气平衡压力可超过3MPa，围压可高于20MPa）条件下致密气藏岩石扩散系数测定。改进后的装置主要由耐高温高压岩心夹持器、温控箱、加压泵、样品、左扩散室、右扩散室、CH_4气源、N_2气源、色谱检测仪和计算机控制系统组成（图1），还包括精密电子秤、岩石饱和水装置、真空泵、精密压力表、检漏水、记录本等辅助部件和材料。

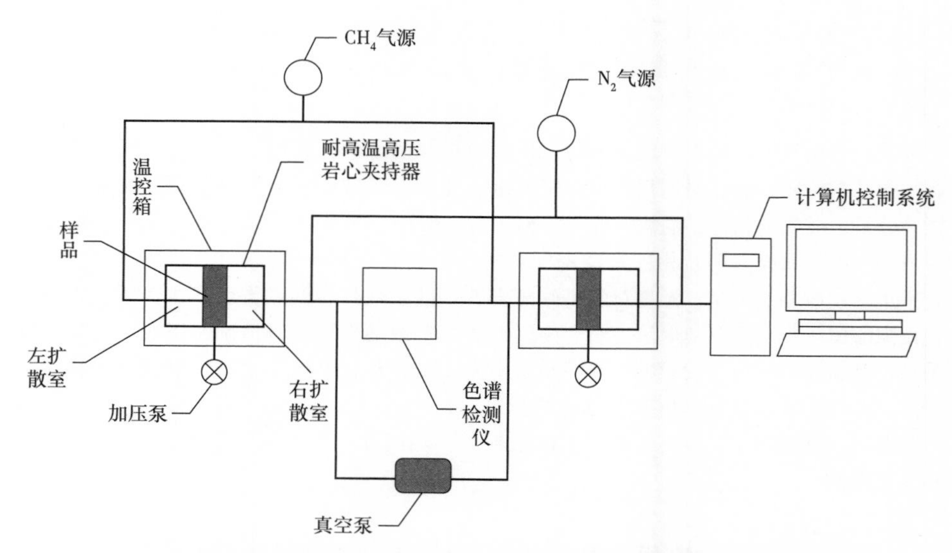

图1　高温高压条件下致密气藏岩石扩散系数测定装置组成示意图

1.2　试验样品

本次研究挑选了四川盆地须家河组和鄂尔多斯盆地上古生界12块致密气藏岩石样品（表1）。孔隙度、渗透率测定依据石油天然气行业标准《岩心分析方法》（SY/T 5336—2012），样品氦孔隙度分布在0.2%~6.8%，样品空气渗透率分布在0.0014~0.671mD。扩散系数测定样品规格为直径2.5cm、长度0.5~0.6cm的小圆柱体。

表1　四川盆地须家河、鄂尔多斯盆地上古生界致密气藏岩石样品基本参数

井号	井深 H（km）	岩性	渗透率 K（mD）	孔隙度 ϕ（%）
广安109	2.06600	泥岩	0.003	0.2
广安106	2.36320	泥岩	0.0088	0.4
广安001-16	1.52060	砂岩	0.171	6.6

续表

井号	井深 H（km）	岩性	渗透率 K（mD）	孔隙度 ϕ（%）
广安 002-39	1.87410	砂岩	0.0043	0.9
广安 138	2.53720	砂岩	0.027	6.8
广安 138	2.50915	砂岩	0.038	2.9
榆 11	1.47270	泥岩	0.0023	1.3
桃 3	3.38900	泥岩	0.671	4.0
苏 2	3.59100	泥岩	0.0014	0.7
陕 26	3.48110	泥岩	0.068	1.3
苏 4	3.31660	砂岩	0.059	6.7
榆 19	2.28901	砂岩	0.177	4.0

1.3 试验方法、流程及结果

试验具体方法及流程如下：（1）将岩心样品放入烘箱，80℃条件下烘干；（2）干样样品放入空锥形瓶抽真空 6h 以上，饱和水样品单独装入含水锥形瓶抽真空使之充分饱和水直至无气泡溢出；（3）将岩心样品放入夹持器，通过加压泵设定围压；（4）打开左右两侧扩散室进气阀，通入 CH_4 和 N_2 气源，对岩心夹持器两端、扩散室两端及管线接口处进行试漏，确保不存在渗漏；（5）设定温控箱的试验温度；（6）测定干样样品，对岩心夹持器、两扩散室及管线抽真空（饱和水样品不需要）；（7）两扩散室分别设定相同压力 CH_4 和 N_2 气源；（8）利用气相色谱间隔 0.5~2h 测量并记录干样两室甲烷和氮气浓度（饱和水样品间隔 2~12h）；（9）每个样品试验大于 12h 且完成 6 组以上记录停止试验；（10）按上述（3）~（9）的方法，完成剩余样品分析及数据记录；（11）根据菲克第二定律，计算岩石烃类扩散系数：

$$D = \ln(\Delta C_0/\Delta C_i)/E(t_i - t_0)$$

其中，

$$E = A(1/V_1 + 1/V_2)/L$$

式中，D 为烃类气体在岩石中扩散系数，cm^2/s；t_0 为初始时刻；t_i 为 i 时刻；ΔC_i 为 i 时刻烃类气体在扩散室中浓度差,%；ΔC_0 为初始时刻烃类气体在扩散室中浓度差,%；A 为岩样的截面积，cm^2；L 为岩样的长度，cm；V_1 和 V_2 分别为左扩散室和右扩散室的容积，cm^3。

按上述方法开展以下试验：（1）围压 10MPa，注气平衡压力 3MPa，温度分别 30℃、50℃、70℃、90℃；（2）围压 10MPa，注气平衡压力 0.2MPa，温度分别为 30℃、50℃、70℃、90℃；（3）围压 3MPa，注气压力 0.2MPa，温度分别为 30℃、40℃、50℃、60℃等不同温压下多组试验。试验结果如图 2 至图 7 所示，见表 2。

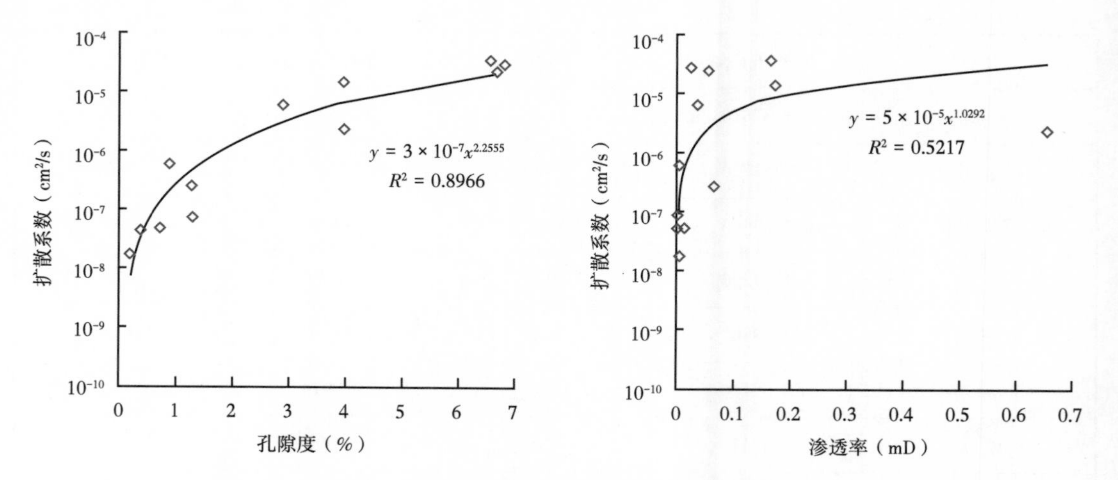

图 2　注气平衡压力 0.2MPa，围压 3MPa，60℃下致密气藏岩石干样扩散系数与物性关系

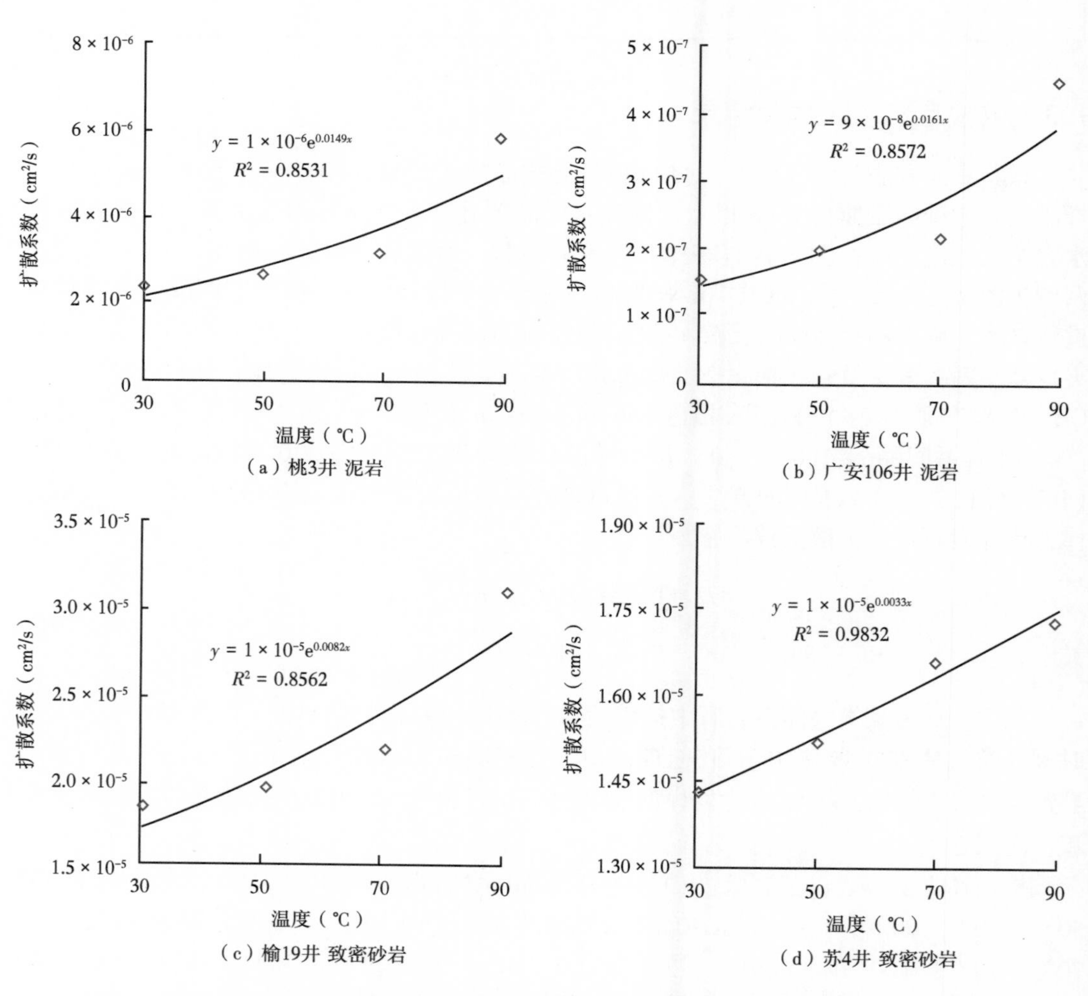

图 3　围压 10MPa、注气平衡压力 3MPa 下致密气藏岩石干样扩散系数与温度之间关系

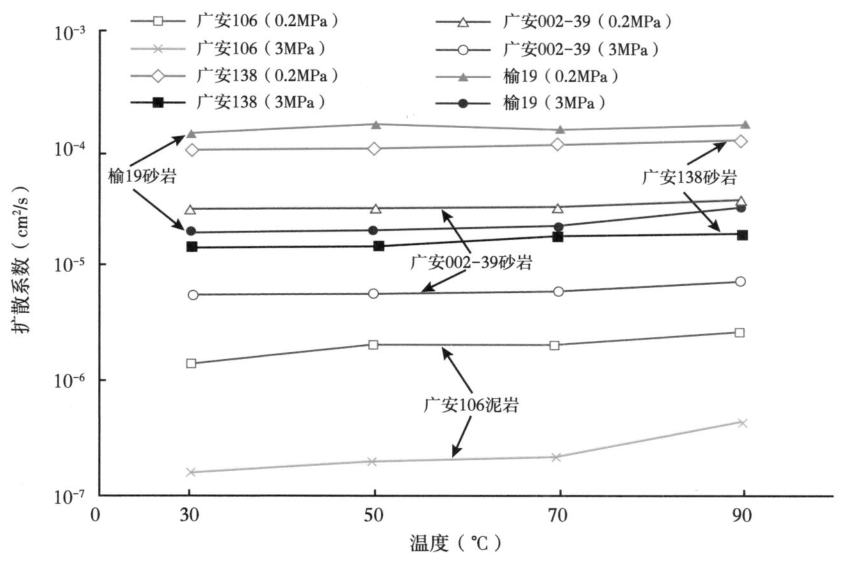

图 4　相同围压（10MPa）和温度系列、不同注气平衡压力（0.2MPa、3MPa）下干样扩散系数对比

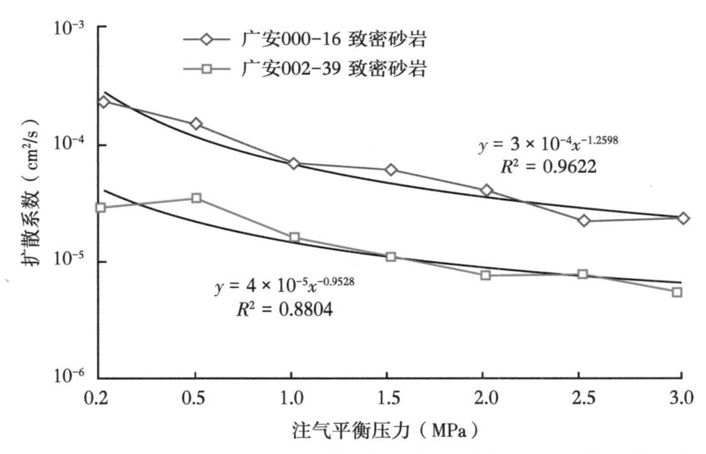

图 5　围压 10MPa、温度 30℃、不同注气平衡压力与干样扩散系数之间关系

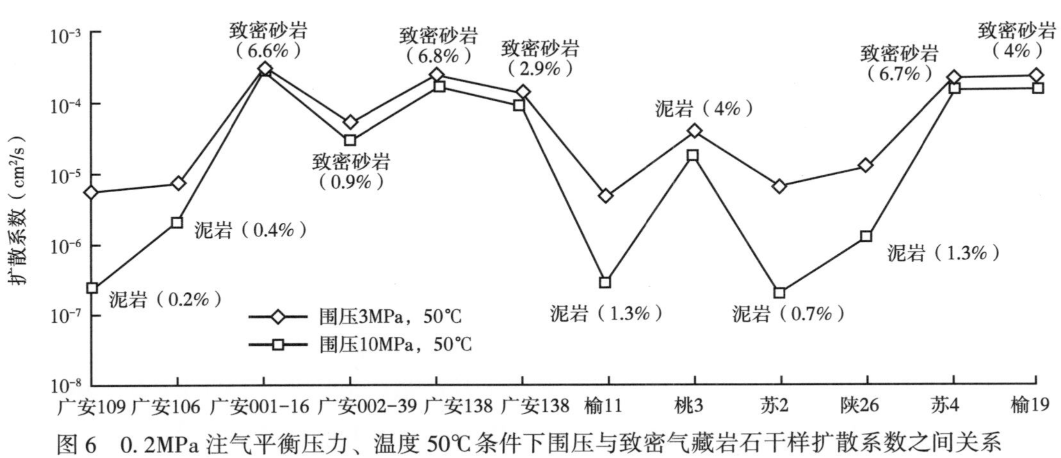

图 6　0.2MPa 注气平衡压力、温度 50℃条件下围压与致密气藏岩石干样扩散系数之间关系

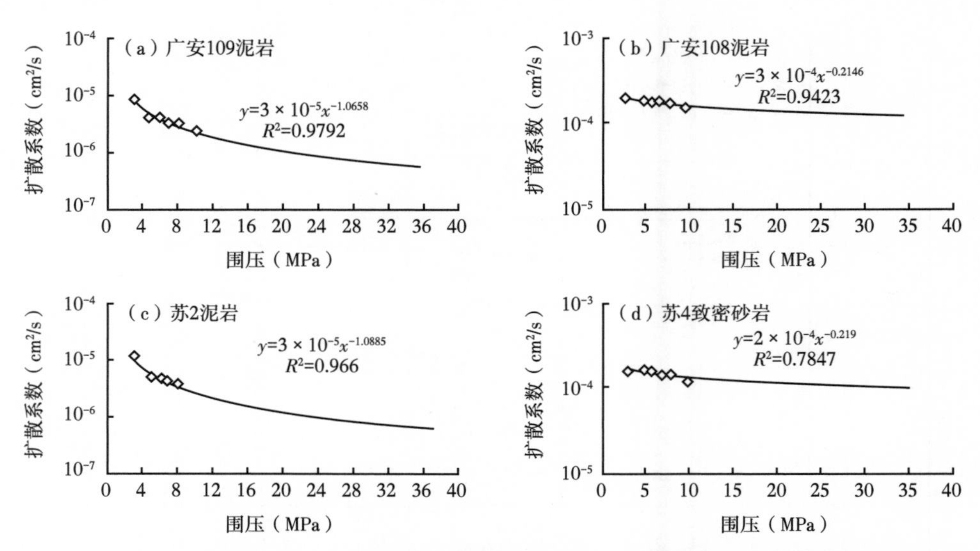

图 7　0.2MPa 注气平衡压力、室温条件下不同围压与致密气藏岩石干样扩散系数之间关系

表 2　注气平衡压力 0.2MPa、3MPa 围压、室温条件下致密气藏岩石干、湿样扩散系数测定结果

井号	岩性	干样扩散系数（cm^2/s）	湿样扩散系数（cm^2/s）	干湿比
苏 4	砂岩	2.05×10^{-4}	7.21×10^{-7}	284
榆 19	砂岩	2.01×10^{-4}	1.04×10^{-6}	193
苏 4	砂岩	2.05×10^{-4}	6.74×10^{-7}	304
榆 19	砂岩	2.01×10^{-4}	8.69×10^{-7}	231
苏 4	砂岩	2.05×10^{-4}	6.57×10^{-7}	312
榆 19	砂岩	2.01×10^{-4}	1.35×10^{-6}	149
广安 001-16	砂岩	3.16×10^{-4}	9.23×10^{-7}	342
广安 002-39	砂岩	6.83×10^{-5}	3.29×10^{-7}	208
广安 138	砂岩	2.38×10^{-4}	6.25×10^{-7}	381
广安 138	砂岩	1.52×10^{-4}	5.78×10^{-7}	263

2　致密气藏岩石扩散系数影响因素

2.1　物性

天然气在岩石中的扩散主要是在连通孔道中进行，受孔道数量、孔径、弯曲程度、孔隙连通性等影响[5-7,11-12]。根据气体在多孔介质中的扩散机制[16-17]，可以用表示孔隙直径 d 和分子运动平均自由程 λ 之比的诺森数 Kn，将扩散分为 Fick 型扩散（$Kn\geqslant10$）、Knudsen 型扩散（$Kn\leqslant0.1$）和过渡型扩散（$0.1<Kn<10$）。总体上，从 Fick 型扩散、过渡型扩

散到 Knudsen 型扩散，岩石的扩散能力在不断减弱。

从致密气藏岩石扩散系数与物性关系可以发现（图 2）：样品扩散系数与物性呈较好的正幂函数相关关系。此外，岩石扩散系数总体与孔隙度具有更好的相关性。根据天然气在多孔介质的扩散机制进行分析，当天然气分子在致密气藏岩石孔隙介质中扩散时，物性提高意味着分子扩散孔隙直径 d 增大，在分子扩散的主体 CH_4 及平均自由程 λ 保持相对不变的情况下，反映岩石扩散类型的诺森数 Kn 相对增大，分子扩散类型总体向较好方向发展，岩石扩散能力不断增强；最终表现为随着物性增大岩石扩散系数呈幂函数关系增加。

2.2 温度

从致密气藏岩石干样扩散系数与温度关系可以看出：随着温度从 30℃增加到 50℃、70℃、90℃，二者呈较好的指数相关关系增加；在 30～70℃，扩散系数增加幅度相对较小，总体提高 1～1.4 倍；在 70～90℃，扩散系数相对快速增大，总体提高 2.6～2.9 倍（图 3）。从微观机制上进行分析，分子扩散是分子热运动的结果，温度对气体分子扩散的影响，主要改变了气体分子的均方根速度和平均自由行程[18]。在分子扩散空间保持相对不变情况下，随着温度不断升高，气体分子活动性增强，分子运动速度加快，气体分子均方根速度显著增加，而平均自由行程缓慢增加，二者共同作用，使气体分子扩散能力显著增强，表现出岩石扩散系数与温度呈指数关系增加的特征。此外，温度的提高也有利于改变孔隙结构，使孔隙中微孔隙和微裂隙发生扩张，对于提高岩石扩散能力也起了一定作用。

2.3 注气平衡压力

常规扩散系数测定设定相同注气平衡压力一般较小（约为 0.2MPa），没有考虑到气藏中天然气不仅受浓度梯度控制，同时还具有较高的孔隙流体压力。为弄清其对样品扩散能力的影响，本次设计了不同注气平衡压力（0.2MPa、3MPa）、相同围压（10MPa）和温度系列的两组试验（图 4）。研究表明：在围压和温度相同情况下，随着注气平衡压力从 0.2MPa 提高到 3MPa，致密气藏岩石扩散系数减小为原来的 0.13～0.2 倍（平均 0.16 倍），整体降低约 1 个数量级。进一步对 2 块致密砂岩样品开展不同注气平衡压力系列、相同温度 30℃和围压 10MPa 下扩散系数测定试验（图 5），随着注气平衡压力增大，扩散系数呈幂函数关系递减。从分子动力学和扩散机制角度进行分析，根据理想气体状态方程，保持温度不变，增大注气平衡压力，相当于减小气体分子扩散空间体积，分子扩散主体 CH_4 且平均自由程保持相对不变情况下，分子扩散的诺森数 Kn 相对减小，表明扩散方式由较好的 Fick 扩散型扩散向较差的 Knudsen 型扩散转化，岩石扩散能力总体不断减弱，因此宏观上表现为随着注气平衡压力增大，岩石扩散系数呈幂函数关系递减。

2.4 围压

围压主要用于模拟上覆地层压力，常规设定值只要求保证样品与夹持器接触之间不漏，而对围压与上覆地层压力是否接近（或一致）及其对样品扩散系数的影响未开展深入讨论。本次设计了不同围压下（10MPa 和 3MPa）、相同注气平衡压力（0.2MPa）和温度（50℃）的两组试验，对比研究围压对致密气藏岩石扩散系数的影响（图 6）。由图 6 可知：在相同注气平衡压力及温度下，致密气藏岩石干样扩散系数随着围压增大整体呈减小趋势，10MPa 围压下的扩散系数减小为 3MPa 的 3%~83%，平均为 44%；其中，泥岩减小为 3%~43%，平均为 16%，整体降低约 1 个量级；砂岩减小为 65%~83%，平均 73%，整体降低约 1/4；降低程度与样品岩性密切相关。进一步设计了相同室温和注气平衡压力、不同围压系列的多组试验，研究发现（图 7）：致密气藏岩石扩散系数与围压呈负幂函数关系。从扩散微观机制角度分析，在上覆地层压力作用下，岩石骨架和孔隙结构受到压缩发生变化；颗粒与颗粒接触更加紧密，孔隙及喉道空间变小，部分喉道甚至闭合，分子扩散空间变小；在扩散分子平均自由程保持相对不变情况下，诺森数 Kn 相对减小，岩石扩散能力发生明显下降；最终宏观上表现为岩石扩散系数随着上覆地层压力增加呈负幂函数关系减小，并且泥岩的降幅较大，砂岩降幅较小。

2.5 饱和介质条件

同一岩样饱和不同介质扩散系数也不同，甲烷通过饱和空气（即干样）岩样扩散系数最大，其次是饱和淡水，而饱和盐水的最小[6-7,13]。前人研究认为人造石英粉砂岩岩心干样与湿样扩散系数比为 4.64~7.27，平均约为 6.06 倍[13]。考虑到人造岩心可能无法反映真实岩心的实际情况，本次选取多个致密砂岩岩心样品，孔隙度分布在 0.9%~6.8%，渗透率为 0.0043~0.177mD，实测室温条件下岩石干样和饱和水湿样扩散系数（表 2），得到干湿比为 149~381，平均值为 267。研究表明：实测致密气藏岩石干、湿样扩散系数大约相差 2~3 个数量级，远大于通常所认为的一个数量级。

3 地层条件校正

由于泥岩样品不易饱和水、天然气扩散通过饱和水岩样需要时间太长、长时间高温易使饱和水蒸发等原因，导致饱和水岩样扩散系数分析试验周期长、效果差且不易获取，因此实验室通常测试岩石干样扩散系数，但实际地层条件既含水又具有高温、高压，本次测得高温高压岩石干样扩散系数与实际地层条件地质历史时期岩样古扩散系数存在着饱和介质、古地温和地层压力差异，必须进行饱和介质条件转化和地质历史时期古地温和压力恢复与校正（岩石物性差异主要由地面和实际地层条件下温压场变化引起，不用重复考虑）。

3.1 饱和介质条件转化

利用本次试验实测的多个致密气藏岩石干湿样品扩散系数平均值 267，对实测岩石干样扩散系数进行饱和介质条件转化（表 3）。

表 3 致密气藏岩石扩散系数地层条件校正后汇总数据

井号	井深 (km)	岩性	岩石扩散系数（cm^2/s）			
			饱和介质转化	古地温恢复校正	孔隙流体压力校正	上覆地层压力校正
广安 109	2.06600	泥岩	3.19×10^{-8}	3.57×10^{-8}	4.10×10^{-9}	1.33×10^{-10}
广安 106	2.36320	泥岩	4.91×10^{-8}	5.53×10^{-8}	6.35×10^{-9}	2.06×10^{-10}
广安 001-16	1.52060	砂岩	1.03×10^{-6}	1.13×10^{-6}	1.29×10^{-7}	6.48×10^{-8}
广安 002-39	1.87410	砂岩	1.78×10^{-7}	1.98×10^{-7}	2.28×10^{-8}	1.14×10^{-8}
广安 138	2.53720	砂岩	7.98×10^{-7}	9.03×10^{-7}	1.04×10^{-7}	5.19×10^{-8}

续表

井号	井深（km）	岩性	岩石扩散系数（cm^2/s）			
			饱和介质转化	古地温恢复校正	孔隙流体压力校正	上覆地层压力校正
广安 138	2.50915	砂岩	4.91×10^{-7}	5.55×10^{-7}	6.37×10^{-8}	3.19×10^{-8}
榆 11	1.47270	泥岩	1.84×10^{-8}	2.04×10^{-8}	2.34×10^{-9}	4.22×10^{-11}
桃 3	3.38900	泥岩	1.36×10^{-7}	1.56×10^{-7}	1.80×10^{-8}	3.24×10^{-10}
苏 2	3.59100	泥岩	3.60×10^{-8}	4.16×10^{-8}	4.78×10^{-9}	8.62×10^{-11}
陕 26	3.48110	泥岩	4.95×10^{-8}	5.71×10^{-8}	6.56×10^{-9}	1.18×10^{-10}
苏 4	3.31660	砂岩	6.93×10^{-7}	7.99×10^{-7}	9.17×10^{-8}	4.09×10^{-8}
榆 19	2.28901	砂岩	7.87×10^{-7}	8.94×10^{-7}	1.03×10^{-7}	4.57×10^{-8}

3.2 地质历史时期古地温恢复及校正

由于试验温度依据现今地温梯度及地层温度设定，与样品实际地质历史时期地层条件下古地温梯度及古地温仍存在一定差异，必须进行地质历史时期古地温恢复和校正。四川盆地川中地区须家河组现今地温梯度大约为2.31℃/100m，伍大茂等[19]推算川中隆起古地温梯度约为3.38℃/100m，现今地表温度和古地表温度相同大约为20℃。任战利等[20]认为鄂尔多斯盆地古生代到中生代早期地温梯度都较低，为2.2~3.0℃/100m，与现今平均地温梯度2.89℃/100m相近。若古地温梯度按3.0℃/100m，古地表温度也按15℃考虑，则岩样古地温 $T_o=15+3H/100$。古地温恢复和校正后的样品扩散系数见表3。

3.3 地层条件下压力校正

如果四川盆地须家河组、鄂尔多斯盆地上古生界气藏储层的上覆地层压力分别按25MPa、40MPa计算，孔隙流体压力均按10MPa计算，分别利用建立的致密气藏岩石样品注气平衡压力、围压与扩散系数关系对孔隙流体压力和围压的影响进行校正。

4 结论

（1）物性是致密气藏岩石扩散能力的基础，对其具有重要控制作用，二者具有较好的正幂函数相关关系，且与孔隙度具有更好的相关性。

（2）温度对致密气藏岩石扩散能力具有积极促进作用，二者呈较好的指数相关关系递增。

（3）孔隙流体压力对致密气藏岩石扩散能力具有明显抑制作用，二者呈负幂函数关系递减。

（4）上覆地层压力对致密气藏岩石扩散能力具有显著抑制作用，二者呈负幂函数关系递减；且降低程度与岩性密切相关，泥岩降幅大，砂岩降幅小。

（5）饱和介质条件对致密气藏岩石扩散能力也具有重要影响，致密砂岩干样、湿样扩散系数大体相差2~3个数量级，远大于通常所认为的一个量级。

参考文献

[1] Leythaeuser D, Schaefer R G, Yukler A. Role of diffusion in primary migration of hydrocarbons [J]. AAPG Bulletin, 1982, 66 (4): 408-429.

[2] 李明诚．石油与天然气运移 [M].3 版．北京：石油工业出版社，1999：190-225.

[3] 吴晓东，张迎春，李安启．煤层气单井开采数值模拟的研究 [J]. 石油大学学报（自然科学版），2000，24 (2)：47-49.

[4] 姚军，孙海，樊冬艳，等．页岩气藏运移机制及数值模拟 [J]. 中国石油大学学报（自然科学版），2013，37 (1)：91-98.

[5] Antonov P L. On the diffusion permeability of some claystones [J]. Sb Geokhi Met Poisk Nefti I Gaza (Gostoptekhizdat, Moscow, in Russian): Trudy NIIGGR, 1954, 2: 39-55.

[6] Stklyanin Y I, Litvinova V N. On the parameters of methane diffusion through a water saturated core [J]. Geologiya Neftii Gaza, 1971, 15 (1): 19-22.

[7] Krooss B M, Schaefer R G. Experimental measurements of the diffusion parameters of light hydrocarbons in water saturated sedimentary rocks-Ⅰ: a new experimental procedure [J]. Organic Geochemistry, 1987, 11 (3): 193-199.

[8] 肖无然，陈伟钧．天然气藏的研究方法 [M]. 北京：地质出版社，1988：1-64.

[9] 郝石生，黄志龙，高耀斌．轻烃扩散系数的研究及天然气运聚动平衡原理 [J]. 石油学报，1991，10 (3)：17-24.

[10] 查明，张晓达．扩散排烃模拟研究及其应用 [J]. 石油大学学报（自然科学版），1994，18 (5)：14-20.

[11] 李国平，郑德文，欧阳永林，等．天然气封盖层研究与评价 [M]. 北京：石油工业出版社，1996：25-105.

[12] 付广，吕延防．天然气扩散作用及其研究方法 [M]. 北京：石油工业出版社，1999：1-88.

[13] 李海燕，付广，彭仕宓．天然气扩散系数的实验研究 [J]. 石油实验地质，2001，23 (1)：108-113.

[14] 王晓波，李剑，王东良，等．天然气盖层研究进展及发展趋势 [J]. 新疆石油地质，2010，31 (6)：664-668.

[15] 柳广弟，赵忠英，孙明亮，等．天然气在岩石中扩散系数新认识 [J]. 石油勘探与开发，2012，39 (5)：559-565.

[16] 林瑞泰．多孔介质传热传质引论 [M]. 北京：科学出版社，1995：152-156.

[17] 何学秋，聂百胜．孔隙气体在煤层中扩散的机理 [J]. 中国矿业大学学报，2001，30 (1)：1-4.

[18] 王绍亭，陈涛．动量、热量与质量传递 [M]. 天津：天津科学技术出版社，1986：16-47.

[19] 伍大茂，吴乃苓，郜建军．四川盆地古地温研究及其地质意义 [J]. 石油学报，1998，19 (1)：18-23.

[20] 任战利，赵重远，张军，等．鄂尔多斯盆地古地温研究 [J]. 沉积学报，1994，12 (1) 56-65.

本文原刊于《中国石油大学学报：自然科学版》，2014 年第 38 卷第 3 期。

四、天然气成藏机理与富集规律

中国致密砂岩大气田成藏机理与主控因素
——以鄂尔多斯盆地和四川盆地为例

李　剑　魏国齐　谢增业　刘锐娥　郝爱胜

中国石油勘探开发研究院廊坊分院，中国石油天然气集团公司天然气成藏与开发重点实验室，河北廊坊

摘要：致密砂岩气是全球非常规天然气勘探的重要领域，中国致密砂岩气资源丰富。截至2011年底，已探明16个致密砂岩大气田，探明储量占全国大气田总探明储量的49.5%，已成为近些年中国天然气储产量增长的主体。致密砂岩大气田分布在鄂尔多斯、四川和塔里木盆地，储层时代为石炭纪、二叠纪、三叠纪、侏罗纪、白垩纪和古近纪，气藏的圈闭类型主要包括岩性、构造和岩性—构造或构造—岩性复合等类型，储层平均有效厚度主要分布于5~20m，平均有效孔隙度主要分布在5%~12%，平均渗透率主要为（0.12~1.40）mD，以低储量丰度为主，压力系数变化大，平均含气饱和度为50%~70%，甲烷含量主要为80%~97%；发育源—储大面积交互或紧邻叠置、孔—缝网状输导的成藏地质条件。典型地质解剖与模拟实验结果表明，致密砂岩气的运移充注动力主要来源于烃源岩的生烃超压，运移方式主要为低速非达西渗流和扩散作用，聚集方式主要表现为“动力圈闭”。致密砂岩大气田表现为准连续充注、一期成藏，具有近源高效聚集的特征，运聚系数可达3.0%~5.2%。这种高效聚集使得大面积致密砂岩在烃源岩生气强度为$10\times10^8m^3/km^2$的区域可以形成大气田，突破了大气田形成于生气强度大于$20\times10^8m^3/km^2$的认识。致密砂岩大气田的成藏富集主要受四大因素控制，即构造控制天然气的运移方向与富集程度，储层控制气藏的规模，有效烃源控制气藏的充满度，裂缝控制富集与高产。

关键词：致密砂岩气；大气田；动力圈闭；成藏机理；主控因素；四川盆地；鄂尔多斯盆地

致密砂岩气藏是指覆压基质渗透率小于或等于0.1mD的砂岩气藏，其单井一般无自然产能或自然产能低于工业气流下限，但在一定经济条件和技术措施下可以获得工业气流[1]。致密砂岩气是非常规天然气的主要类型，也是目前国际上开发规模最大的非常规天然气资源[2-6]。中国致密砂岩气资源非常丰富，根据中国第三轮油气资源评价结果，中国致密砂岩气的资源量超过$30\times10^{12}m^3$，可采资源量为$(8.8\sim12.1)\times10^{12}m^3$，勘探开发前景广阔[7]。近年来，致密砂岩气的勘探开发成效显著，截至2011年底，在中国发现的48个大气田中致密砂岩大气田有16个，其探明的天然气地质储量为$3.38\times10^{12}m^3$，占全国大气田总探明地质储量的49.5%，年产量为$222.5\times10^8m^3$，占2011年中国天然气总产量的24.6%，且其所占的比例将继续增加。目前，中国已形成了鄂尔多斯盆地上古生界与四川盆地上三叠统须家河组两大致密砂岩大气区，并且塔里木盆地库车坳陷东部侏罗系致密砂

岩、松辽盆地深层砂砾岩、吐哈盆地北部山前带和渤海湾盆地深层都具有较大的勘探开发潜力。

笔者以鄂尔多斯盆地上古生界和四川盆地须家河组致密砂岩大气田为例，通过地质解剖与模拟实验，研究了致密砂岩大气田的成藏机理及主控因素，以期为致密砂岩大气田的高效勘探与开发起到积极的推动作用。

1 致密砂岩大气田基本特征

截至2011年底，中国已探明的16个致密砂岩大气田主要分布在鄂尔多斯盆地、四川盆地和塔里木盆地，储层时代为石炭纪、二叠纪、三叠纪、侏罗纪、白垩纪和古近纪。致密砂岩气藏的圈闭类型要包括岩性、构造和岩性—构造或构造—岩性复合型，储层平均有效厚度主要分布于5~20m，平均有效孔隙度主要分布在5%~12%，平均渗透率主要为0.1~5mD，以低储量丰度为主，压力系数变化大，平均含气饱和度为50%~70%，甲烷含量为80%~97%（表1）。

1.1 致密砂岩大气田的储量丰度

康竹林等[8]将气藏储量丰度划分为4级，即高丰度（$\geqslant 10\times10^8 m^3/km^2$）、中等丰度［$(5\sim10)\times10^8 m^3/km^2$］、低丰度［$(1\sim5)\times10^8 m^3/km^2$］和特低丰度（$<1\times10^8 m^3/km^2$）。鄂尔多斯盆地是以岩性圈闭（成岩圈闭，主要靠物性差异遮挡）为主的气田，其储量丰度为$(0.75\sim2.50)\times10^8 m^3/km^2$，属于低—特低储量丰度气田。四川盆地的气田丰度为$(2.00\sim5.01)\times10^8 m^3/km^2$，比鄂尔多斯盆地略高，属于低丰度气田，但新场气田的储量丰度却达$12.70\times10^8 m^3/km^2$，属于高丰度气田。塔里木盆地的大北气田和迪那2气田均为高丰度气田，储量丰度分别为$13.57\times10^8 m^3/km^2$和$14.02\times10^8 m^3/km^2$。因此，可以看出致密砂岩大气田以低—特低储量丰度为主。

1.2 致密砂岩大气田的压力环境

气藏压力的分类一般以压力系数为依据，根据压力系数的大小可将气藏划分为低压气藏（<0.9）、常压气藏（0.9~1.3）、高压气藏（1.3~1.8）和超高压气藏（⩾1.8）[9]。由表1可见，气田储量规模与气藏压力系数之间没有必然的联系，在超高压、高压、常压和低压环境均找到了致密砂岩大气田。

鄂尔多斯盆地的大气田基本上是以低压为主[10]，部分为常压，压力系数为0.77~1.10。四川盆地的大气田压力系数分布比较复杂，既有高压和常压，又有超高压[11-12]，但以高压和常压为主。塔里木盆地的两个千亿立方米级大气田即大北气田和迪那2气田就分别为高压和超高压[13]。由此可见，压力环境对气藏规模的影响不大，在各种压力环境下均能找到大型致密砂岩气田。

表 1　中国致密砂岩大气田基本特征

编号	气田名称	储层时代	储量（10^8m^3）	孔隙度（%）	渗透率（mD）	有效厚度（m）	圈闭类型	储量丰度（$10^8m^3/km^2$）	压力系数	含气饱和度（%）	甲烷含量（%）
1	大北	K	1093	5.7~7.9/7.0	0.06~0.29/0.12	22.7~83.7/59.7	断块构造	13.57	1.51~1.62	67.9~71.8/70.0	91.80~95.82/93.81
2	迪那 2	$E_{2-3}s$、$E_{1-2}km$	1752	7.5~10.6/9.5	0.20~1.41/1.08	8.3~35.6/17.7	背斜构造	14.02	2.04~2.15	64.6~69.0/66.4	86.90~88.90/87.72
3	苏里格	P_1x_8、P_1s_{1-2}	12726	7.0~11.0/8.6	0.52~1.00/0.97	4.9~11.5/6.6	岩性	1.60	0.85~0.97	58.4~67.0/61.9	89.07~96.50/92.29
4	乌审旗	P_1x_8、P_1s_1	1012	7.2~10.0/8.5	0.97~5.80/1.99	6.3~11.0/8.0	岩性	1.16	0.90~0.98	64.0~75.5/66.9	94.17~95.73/95.00
5	大牛地	C_2、P_1	4168	6.0~10.6/8.1	0.41~0.95/0.65	5.3~14.8/8.4	岩性	2.50	0.80~0.97	56.3~77.7/65.3	72.78~96.15/88.30
6	榆林	P_1s_2	1808	6.0~6.6/6.2	1.80~8.20/5.10	6.5~10.8/8.1	岩性	1.05	0.96~1.02	74.0~75.0/74.5	93.54~96.99/98.80
7	子洲	P_1x_8、P_1s_2	1152	5.8~8.5/7.2	0.74~1.27/0.92	6.6~9.0/7.6	岩性	0.97	0.97~1.00	66.6~73.0/70.1	95.30~97.00/96.30
8	米脂	P_1x_6、P_1x_7	358	6.4~8.0/7.4	0.55~0.88/0.82	4.6~6.5/5.5	岩性	0.75	1.05~1.10	66.0~72.0/69.2	93.36~98.87/94.40
9	神木	P_1s_1、P_1s_2、P_1t	935	7.5~7.8/7.6	0.64~2.48/1.16	5.8~8.8/7.1	岩性	1.13	0.77~0.82	55.9~71.9/67.9	91.80~95.70/93.70
10	新场	T_3x、J_2、J_3	2045	4.7~14.4/10.7	0.10~1.70/0.60	2.5~52.3/14.5	岩性—构造 构造—岩性	12.70	1.10~2.00	43.0~85.7/57.0	92.13~97.20/94.40
11	邛西	J、T_3x	323	2.9~6.9/5.2	0.06~1.72/0.51	15.3~95.3/49.1	构造	3.99	1.10~1.21	49.1~61.6/56.7	94.00~96.50/95.70
12	洛带	J_3	324	7.0~15.0/11.2	0.40~1.90/0.93	6.2~20.0/13.0	构造—岩性	2.00	0.96	48.0~67.0/55.8	91.15~94.01/86.80
13	安岳	T_3x	2082	8.8	0.48	22.5	岩性	2.78	1.48~1.54	59.3~61.8/60.7	80.25~85.89/84.00
14	合川	T_3x	2299	8.0~9.0/8.5	0.20~0.40/0.30	9.2~23.0/17.9	构造—岩性	2.17	1.21~1.37	59.2~69.0/61.7	85.94~93.29/89.85
15	八角场	J_1、T_3	351	10.0~11.7/10.8	0.60~2.20/1.40	9.5~25.6/17.6	构造	5.01	1.76~1.82	53.0~58.0/55.5	86.14~91.96/90.01
16	广安	T_3x	1356	9.1~9.8/9.4	0.13~2.64/1.38	10.6~34.2/22.4	构造—岩性	2.34	1.23~1.47	53.7~56.0/54.8	88.00~90.90/89.40

注：储量数据为截至 2011 年底的数据；$E_{2-3}s$ 为始新统—渐新统苏维依组；$E_{1-2}km$ 为古新统—始新统库姆格列木群；K_1bs 为下白垩统巴什基奇克组；T_3x 为上三叠统须家河组；P_1s_1、P_1s_2 为下二叠统山西组一段、二段；P_1x_6、P_1x_7、P_1x_8 分别为下二叠统下石盒子组六段、七段、八段；P_1t 为下二叠统太原组；“/”之后为平均值。

2 致密砂岩大气田成藏地质条件

2.1 致密砂岩大气田的源—储关系

源—储交互叠置是指在海相稳定克拉通之上发展起来的缓坡型（坡度为 0.5°~3°）三角洲沉积体系中的源—储接触关系。本文主要指鄂尔多斯盆地上古生界发育遍布全盆地的石炭系—二叠系煤系烃源岩与大型缓坡型辫状河三角洲沉积砂体（面积为 $21\times10^4km^2$）在空间上呈近邻垂向叠置，四川盆地须家河组煤系烃源岩与大型三角洲沉积砂体（面积为 $18\times10^4km^2$）在空间上呈交互叠置，这就为大面积致密砂岩大气田的形成奠定了基础。

2.1.1 鄂尔多斯盆地上古生界源—储关系

鄂尔多斯盆地现今构造呈现东高西低、北高南低的格局，构造平缓，盆地内部为地层倾角不足 1°的西倾大单斜[14]。上古生界主要发育山西组二段（简称山二段）、太原组和本溪组 3 套烃源岩，且具有"广覆式"分布的特点[15]，储集层主要为下石盒子组八段（简称盒八段）、山西组一段（简称山一段）和山西组二段（简称山二段），同时在太原组和本溪组也发育有利的储集砂体。源—储在空间上形成两类主要源—储配置关系，即源—储垂向叠置（如山二段生，盒八段—山一段储）和源—储交互发育（如山二段自生自储）。相对高渗透砂体与致密砂体或泥岩之间构成良好的储—盖组合关系（图 1）。

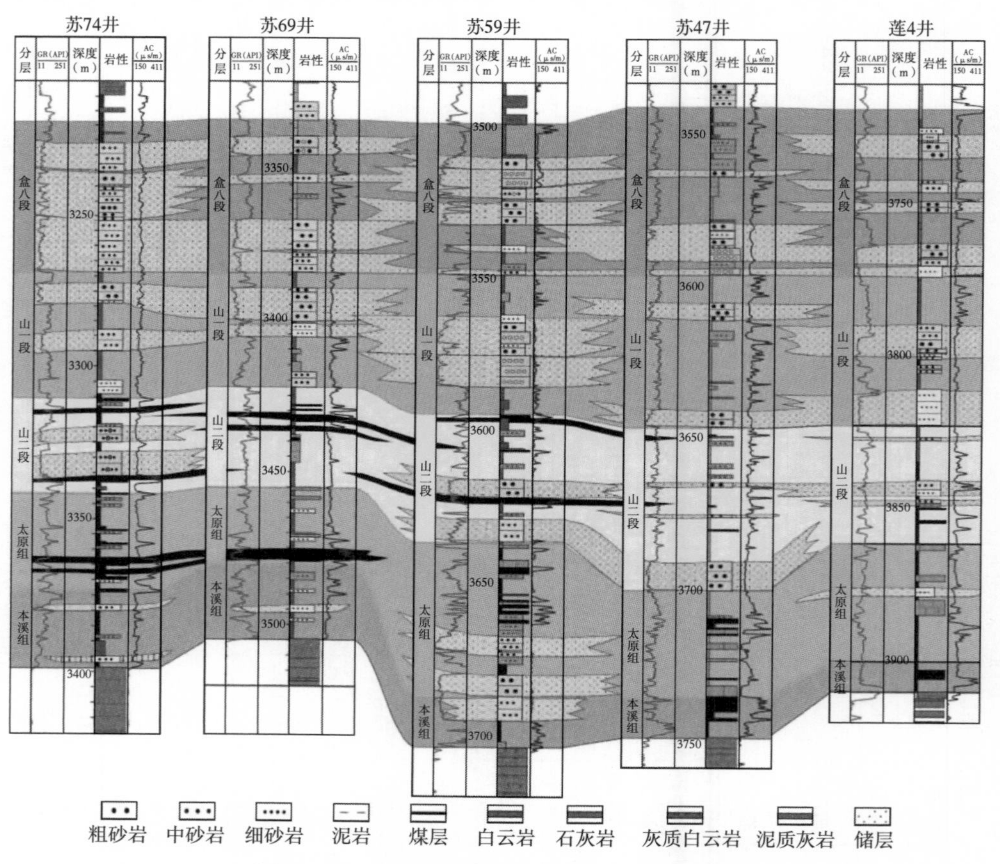

图 1 鄂尔多斯盆地上古生界源—储组合分布

鄂尔多斯盆地上古生界本溪组上部—太原组—山西组的煤系烃源岩煤和暗色泥岩[16]，在盆地西部最厚，东部次之，中部厚度薄而稳定。其中，煤层累计厚度为6~20m，在盆地西部、东北部达25m以上，有机碳含量高达70.8%~83.2%；暗色泥岩一般厚度为40~120m，有机碳含量达2.25%~3.33%。

上古生界烃源岩具有广覆型生气的特点，盆地面积为$25\times10^4km^2$，烃源岩分布面积达$23\times10^4km^2$，生烃强度大于$12\times10^8m^3/km^2$的区块占盆地总面积的71.6%，大部分地区处于有效供气范围。盆地内烃源岩有机质热演化程度高，R_o值为0.6%~3.0%，并且以盆地南部演化程度最高，处于过成熟干气阶段，同时向边缘呈环带状降低，依次过渡为过成熟干—湿气过渡带、湿气带和凝析油—湿气带。

鄂尔多斯盆地上古生界石英砂岩储层具有粒度粗（以中—粗粒度为主）、砂岩成分成熟度高、石英次生加大普遍发育的特点。储层基本组分普遍具有双重性，即骨架组分稳定而填隙物组分复杂多变，这种特征决定了储层成岩类型的多样性和储层物性的非均质性强。孔隙类型分区、分层位明显，太原组—山二段主要发育粒间孔型石英砂岩储层，盒八段—山一段主要发育溶孔型石英砂岩储层。储层整体具有低孔低渗透的特点，孔隙度为4%~10%，渗透率为0.01~0.5mD，且北部埋深较浅，同时靠近物源区，物性明显优于南部，是上古生界的主要勘探区域。

2.1.2 四川盆地上三叠统须家河组源—储关系

四川盆地由西向东总体上为大斜坡背景，局部断层发育。受构造运动的影响，不同区域呈现不同的构造格局。川东为NNE向高陡背斜褶皱区；川中为近EW向平缓构造区，地层倾角一般为2°~3°；川西龙门山前为冲断构造区；川西—川中之间为平缓凹陷区。目前在各区须家河组都有天然气藏发现，但以川中和川西为主。

四川盆地上三叠统须家河组自下而上一般可细分为6段（图2）。其中，须家河组一段、三段、五段（简称须一段、须三段、须五段）以泥岩、页岩为主夹薄层粉砂岩、碳质页岩和煤线，是主要的烃源岩，但其中的砂岩也是重要的储层，迄今已在须家河组一段、三段、五段的砂岩储层中获得了工业气流；须家河组二段、四段、六段（简称须二段、须四段、须六段）以细—中砂岩为主夹薄层泥岩，也是主要的储集层，但其中的泥岩是重要的烃源岩，可在局部区域对其中的砂岩提供充足的气源。这种烃源岩、储层的交互发育构成了大面积成藏“三明治”结构[17]的良好空间配置关系（图2）。

四川盆地上三叠统须家河组烃源岩主要发育在须家河组一段、三段、五段，同时在须家河组二段、四段、六段也有暗色泥岩和煤层分布。须家河组暗色泥质烃源岩厚度为10~1500m，总体上具有“广覆式”分布的特点，厚度中心在川西，由西向东厚度逐渐变薄。煤层在川西、川北和川中北部，一般厚度在3m以上，累计厚度可达25m以上。成烃高峰期在晚侏罗世—白垩纪，烃源岩热演化程度总体上处于成熟—高成熟—过成熟阶段。以须家河组中部须家河组三段烃源岩为例，在川西南部和川西北部地区相对较高，目前处于过成熟阶段，而盆地的广大区域则主要处于成熟—高成熟阶段。

四川盆地须家河组储集层为一套成分成熟度较低而结构成熟度较高的陆源碎屑岩。在纵向上，储集岩的成分成熟度有向上逐层降低的趋势。储集岩类型主要是细—中粗粒岩屑长石砂岩、长石岩屑砂岩、长石石英砂岩等。孔隙类型主要为粒内溶孔、粒间孔，裂缝是重要的渗流通道，在改善储渗能力方面起重要的作用。储集类型主要为裂缝—孔隙型和孔隙型。川中及蜀南地区储层孔隙以粒间孔、粒间及粒内溶孔为主，基质孔隙、微裂缝较为

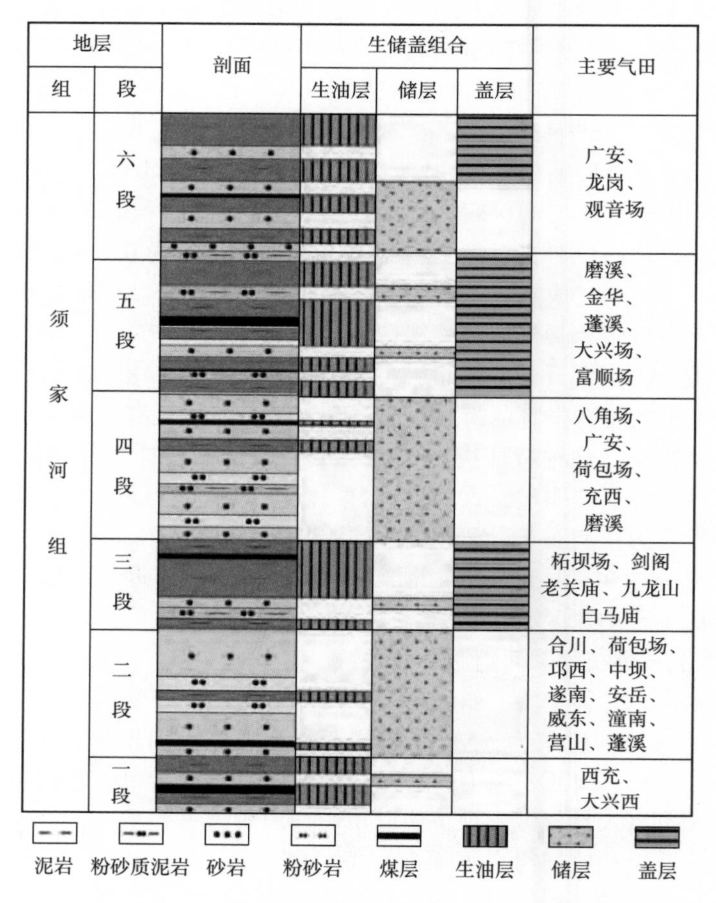

图 2　四川盆地上三叠统须家河组生—储—盖组合关系

发育，储层平均孔隙度一般为 5%~8%，渗透率一般为 0.01~0.10mD，总体上属于低孔低渗透储层，但在局部地区也发育中—高孔储层，平均孔隙度可超过 10%。川西以溶孔为主，基质孔隙相对欠发育，但断裂、裂缝发育，有效储层的孔隙度下限最低可至 3.5%（川西南部主要是裂缝非常发育）。

2.2　致密砂岩大气田的孔—缝网状输导体系

孔—缝网状输导是指烃源岩中生成的天然气通过烃源岩微裂缝、扩散运移等方式进行初次运移后，进入孔隙和微裂缝发育的致密砂岩中，孔隙和裂缝在空间上构成了网状系统，为天然气在致密砂岩储层中的运移和聚集提供了良好的网状输导体系[18]。尽管鄂尔多斯盆地上古生界和四川盆地须家河组大面积致密砂岩气藏发育区具有构造平缓、断裂不发育的特点，但通过野外露头剖面观察、钻井岩心描述、地震资料和成像测井资料解释等，可以认为这些区域的小型、微裂缝非常发育，并与大面积分布砂体背景下局部发育的相对高孔渗“甜点”在空间上构成良好的匹配，形成良好的孔—缝网状输导体系。

多项资料显示川中须家河组砂岩微裂缝发育，以合川、潼南等地区为代表的须家河组岩心水平、垂直、斜交裂缝均很发育，并且从地震资料中解释出许多小型断裂，成像测井资料也显示其发育裂缝。虽然这些小断裂一般仅断开须家河组内部某一、两个层段（如须家河组一段至二段、三段至四段等)，但其可以成为油气运移非常重要的通道。

鄂尔多斯盆地上古生界无论是从野外露头剖面观察，还是从岩心宏观描述和微观分析等均显示出微裂缝非常发育的特点，而且目前高产气井的分布与裂缝分布具有很好的一致性（图3)，这都充分体现了孔—缝网状体系在油气成藏中的作用。

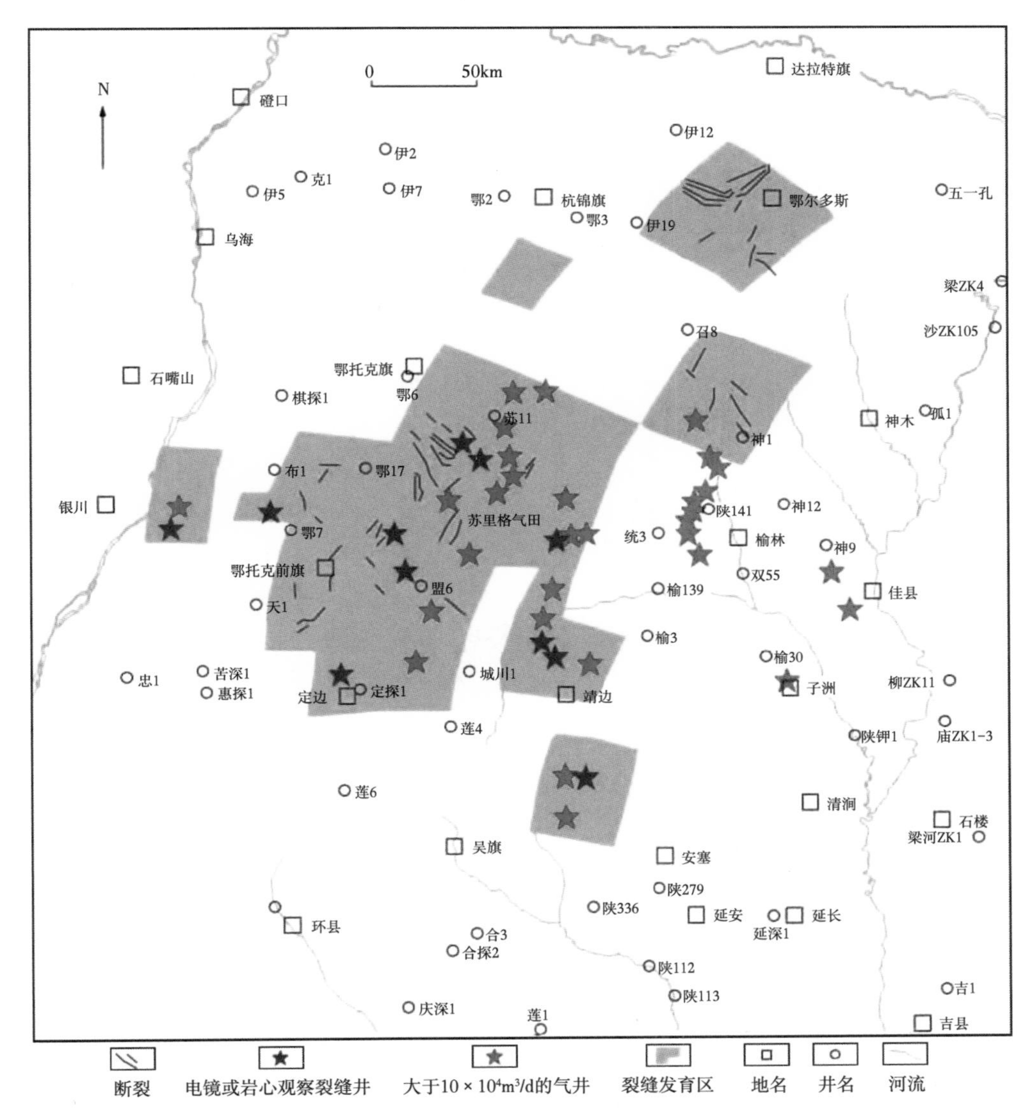

图3　鄂尔多斯盆地上古生界构造裂缝发育区分布

3　致密砂岩大气田充注机制

3.1　致密砂岩气的运移动力

烃源岩在演化过程中除提供天然气源外，还会产生超压为向致密砂岩层系中的排烃和充注提供动力。这是因为在生烃过程中，由干酪根支撑的有效压应力会转移到孔隙流体上来，若流体不能及时排出就必将产生异常高压。根据 Swarbrick[19-20] 的计算结果，含 10%

干酪根体积的烃源岩在大量生烃过程中，当其干酪根消耗一半时可产生 10MPa 的超压。川中地区须家河组地层致密，封闭性强，超压不仅在大量生烃的过程中产生，即使在地层抬升后超压仍能保持至今。川中地区除须家河组六段气藏为常压外，其下各段气藏均为超压或超高压（压力系数在 1.4 以上）。超压的产生为天然气成藏提供了最重要的充注和运聚动力，因为在既致密又很平缓的地层中，浮力和水动力很难成为充注和运聚的主要动力，只能在裂缝和一些大孔、高渗透处起作用。根据对川中地区 5 个气田单井的研究，须家河组的压力演化可分为 3 个阶段：150Ma 之前为常压阶段，此时烃源岩尚未进入大量生气阶段；150~100Ma 为超压发育阶段，压力系数为 1.1~1.6，对应烃源岩的大量生气阶段；100Ma 至今为地层压力降低而压力系数却继续增加，现今的压力系数为 1.4~2.0，对应地层抬升至今的时期。

现今地层中的超压主要反映了地层的封闭性强、天然气散失少、古压力得以保存；此外由于地层压力和地温降低，煤系地层中吸附气的解吸和排出，也补充和加强了气源，促使压力系数不降反升。虽然超压是最主要的成藏动力，但天然气的扩散也相当重要，特别是当压力充注无法达到或实现时，天然气的扩散就成为主要的运移方式。因此这也是低渗透、致密储层中大面积含气的重要原因。从成藏动力学角度推断，整个 150~100Ma 为天然气充注富集成藏的主要时期并持续至今。

鄂尔多斯盆地苏里格地区上古生界石盒子组地层压力存在 3 个变化阶段，即从沉积初期到 208Ma 为常压阶段，从 208—90Ma 为超压阶段，从 90Ma 至今为泄压阶段(图 4)。石盒子组超压在早白垩世末达到最大，超压值约为 4MPa。早白垩世之前储层压实作用已经结束，此处的超压只与天然气充注有关。通过对川中地区须家河组地层压力演化的研究可知，150~100Ma 是超压产生和最大发育阶段，压力系数由 1.1 增至 1.6，其为天然气充注、运聚成藏的主要时期。因此，超压的产生为致密砂岩气提供了重要的充注和运聚动力。

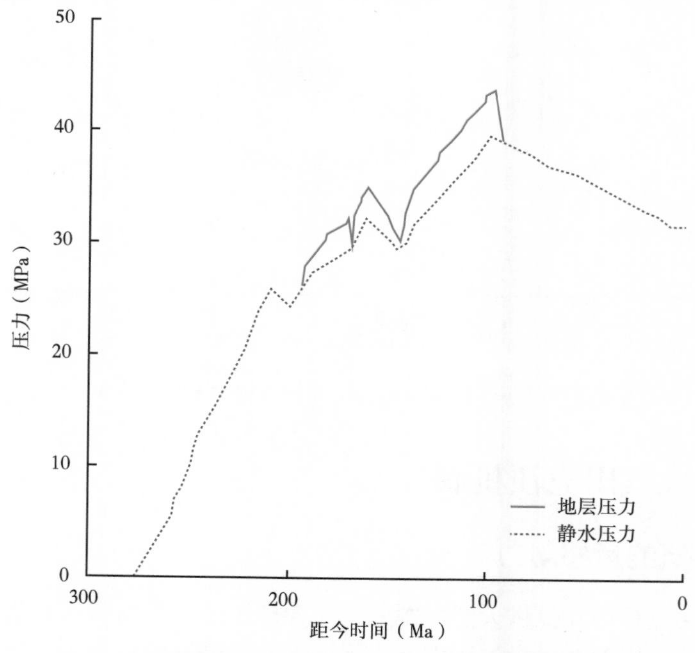

图 4　鄂尔多斯盆地苏 10 井石盒子组地层压力演化史

3.2 致密砂岩气在储层中的运移方式

3.2.1 非达西渗流

由于致密储层孔喉细小、孔隙结构复杂、黏土矿物多、比表面积大、液—固相间分子作用力强、液相边界层厚度大使得有效渗流空间进一步减小，非润湿相的油气还要受到克服变形的毛细管阻力和贾敏效应等作用的影响，使得流体在超微孔喉中的渗流速度很慢，致使流速与压力梯度之间呈非线性关系，因此属于低速非达西渗流[20]。天然气向致密储层中充注运移时，就只有当充注压力梯度大于等于启动压力梯度时流体才开始有充注运移发生。

通过对鄂尔多斯盆地上古生界不同渗透率砂岩样品的充注模拟实验，得到了不同样品的压力梯度与气流流速的关系（图5），由此可以看出砂岩渗透率影响着渗流曲线的位置、非线性段的曲线曲率和变化范围及直线段的斜率和范围。砂岩渗透率越低，渗流曲线越偏向压力梯度轴，砂岩渗透率越高，渗流曲线越偏向流速轴；砂岩渗透率越低，渗流曲线非线性段延伸越长，曲线曲率越小，直线段在压力梯度轴的截距越大。这说明储层渗透率越低，天然气渗流所需克服的启动压力越大。

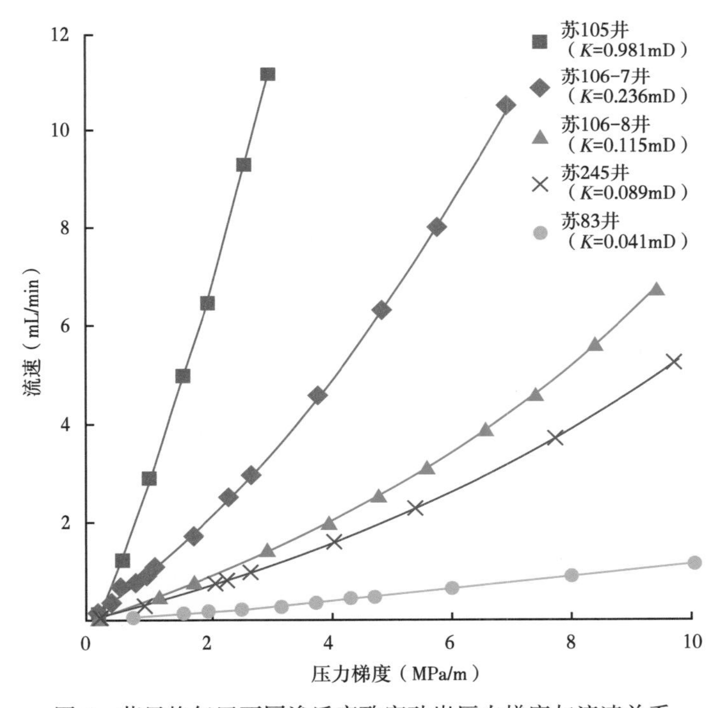

图5 苏里格气田不同渗透率致密砂岩压力梯度与流速关系

3.2.2 扩散作用

致密砂岩气与常规天然气不同，常规天然气主要以浮力为动力进行充注，但是浮力在致密砂岩中克服不了毛细管阻力，因此超压驱动（源—储压力差）就是致密砂岩气的主要充注动力。扩散作用对常规和致密砂岩都起作用，只是在致密砂岩中显得更加重要，特别是当压力充注无法达到或实现时，天然气扩散就成为主要的运移方式。胡朝元等[21]认为，鄂尔多斯盆地陕北斜坡的扩散气占烃源岩总排出气的比例约为27.5%。通过致密砂岩天然气扩散运移模拟实验可知，致密砂岩经过天然气扩散运移后含水饱和度与物性呈正相关［图 6（a）］，含气饱和度变化与物性呈负相关［图 6（b）］，与渗透率相比含气饱和度与孔隙度具有更好的线性相关性［图 6（c）］。浓度梯度驱动下的天然气扩散运移对致密砂岩天然气含气饱和度的增加起了极其重要的作用和贡献。随着致密砂岩物性条件变好，天然气扩散运移对含气饱和度增加的贡献在变小；而致密砂岩随着物性条件的变差，天然气扩散运移对含气饱和度增加的贡献在变大［图 6（b）］。随着物性条件进一步降低，对于孔隙及喉道相对狭小的致密砂岩储层，当游离相天然气在压力驱动下无法实现时，天然气扩散运移将成为最重要也是唯一的方式。利用高温高压扩散系数测定实验测得苏里格气田致密砂岩的扩散系数为 $9.5\times10^{-11}m^2/s$，计算得到苏里格地区成藏期天然气向孔隙度为 3% 的储层扩散充注量约为 $2.5\times10^{12}m^3$。

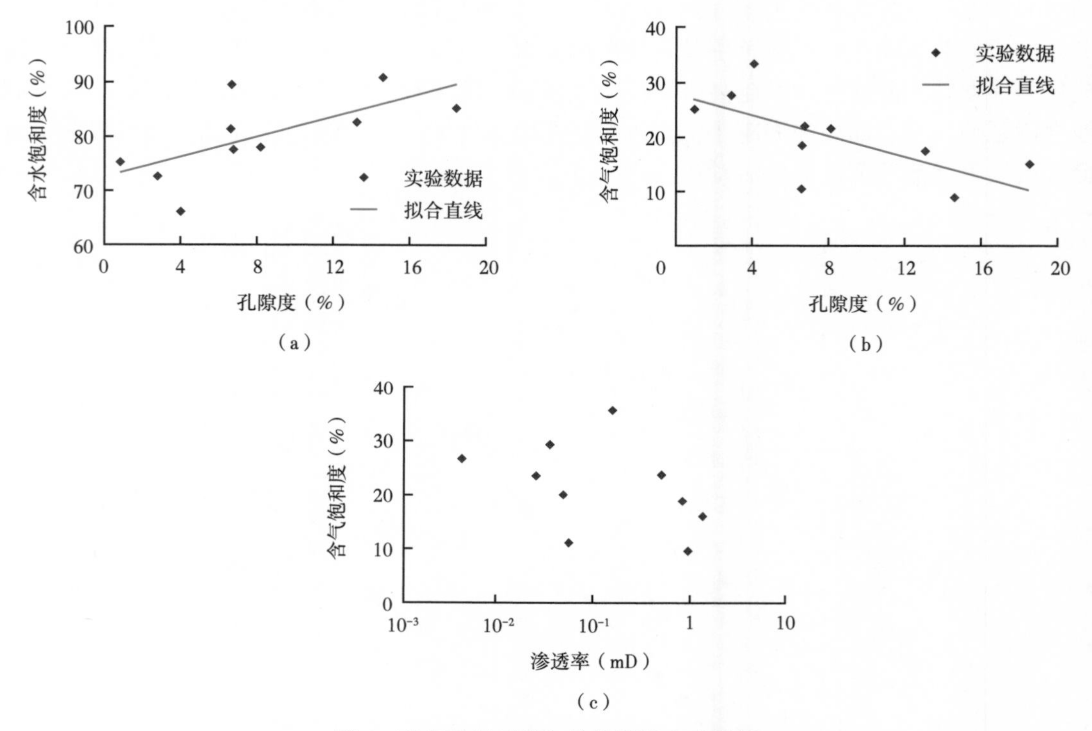

图 6　致密砂岩天然气扩散模拟实验结果

3.3　致密砂岩气的聚集方式

随着地层的深埋，烃源岩开始大量生烃并产生超压，同时与之相邻的储集砂岩也日益致密化（尤其是煤系地层中的砂岩更易早期致密），此时排烃的主要动力已由差异压实所产生的瞬时剩余压力转变为生烃过程中所产生的超压，并推动油气向邻近低渗透砂岩储层中的较大孔喉充注。随着埋深和成熟度的增加，超压和超压梯度也不断增加，油气缓慢地在致密储层较大孔喉中延伸并逐渐扩展到相邻的较小孔喉中。在推进的过程中，由于水容易排出且总是运移在前，并更多地保留或占据在小孔喉中；油气由于运移困难且总是驱替在后，并且更多地占据较易进入的大孔喉。因此在非均质性很强、结构复杂的三维孔喉网络空间中，就会没有统一的烃—水界面，形成没有一定形状的烃—水混杂分布状态。如果超压足够大、烃源又充足，那么油气充注的距离和范围就大，孔喉中的含烃饱和度也高，即使砂岩储层的致密程度较高、孔喉相对较小，也能达到相对较好的充注效果。可见，油气充注范围的大小、含烃饱和度的高低完全取决于生烃超压的强弱及致密储层中孔喉的大小和分布。当地层抬升生烃停滞或生烃强度减弱（古地温降低、有机质丰度不足等原因），生烃超压也就不再增加，向致密储层中的充注和运移也就停止了。此时，烃类在致密储层中到达的边界和滞留的三维空间，也就是圈闭的边界和油气藏的范围。李明诚等[20]把致密储层中油气的成藏过程和机制统称为动力圈闭。由此可见，动力圈闭是油气在致密储层中滞留的一个三维空间，且动力圈闭成藏的范围和大小主要取决于超压充注的强度，超压梯度越大，油气充注的距离和圈闭滞留的范围就大，含烃饱和度也相对较高。通过典型气藏的解剖和天然气成藏模拟实验进一步说明了天然气具有优势聚集的特点，并可按照充注的能级顺序依次聚集在由粗砂到细砂的不同粒径砂层中。

3.3.1 致密砂岩气藏具有动力圈闭特征

烃源岩生成油气后将使烃源岩体积发生膨胀，从而产生超压，在超压驱动下，油气沿断裂或微裂缝运移至就近储层，置换出储层中的原始地层水，并优先聚集在物性相对较好的部位。广安须家河组六段气藏就是其中的典型实例，其天然气主要富集在广安 2、广 51 和广安 103 等井区的相对高孔储集体中（图 7），平均孔隙度分别为 11.55%、10.1%和 8.2%，且广参 2 井等储层孔隙相对较低处同样含气（平均孔隙度为 7.8%），只是由于物性相对较差而以微产气为主。含油气的边界和范围完全随超压梯度的大小和储层物性的非均质而变化。成藏范围和大小主要取决于超压充注的强度，超压梯度越大，油气能够充注的储层下限就越低，砂体含气的范围就越大。

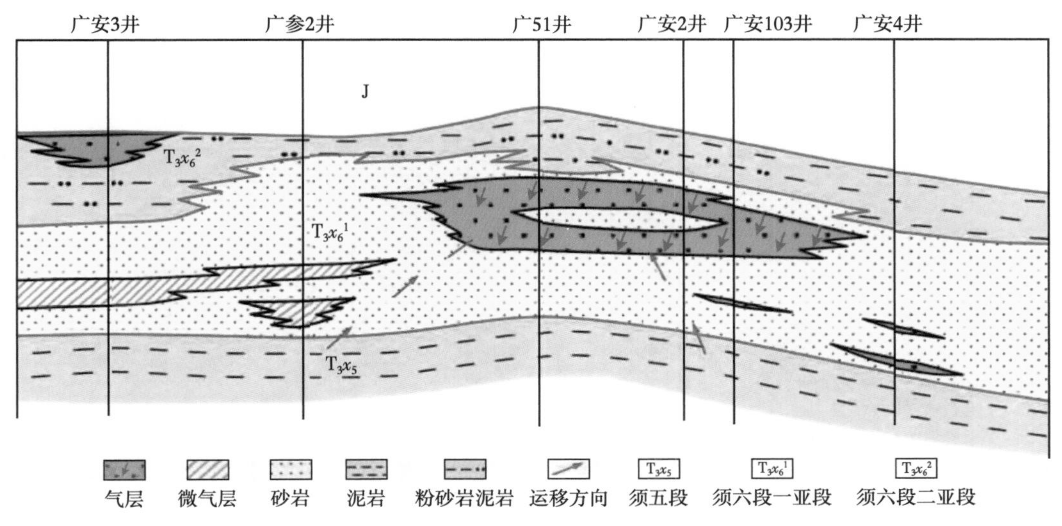

图 7　四川盆地广安气田须家河组六段气藏动力圈闭聚集模式

通过鄂尔多斯盆地盒八段的气藏剖面[15]也同样可以看出，在一定的充注压力下，有效砂体之间的低渗透砂岩（致密砂岩）可以构成有效储层的“阻流层”，随着充注动力的增大，“阻流层”的范围逐渐缩小。因此，在平缓背景下低渗透砂岩储层的非均质性易形成动力圈闭气藏。

3.3.2 二维成藏物理模拟实验

为了验证气藏解剖的现象，开展了多轮二维成藏模拟实验。第一轮模拟实验主要从定性角度说明了物性差异对天然气富集的影响。将两种不同粒径的砂（粗砂为 20～40 目，细砂为 40～60 目）制成实验模型，并采用底部注气方式（图 8）。通过实验可见在 3 个相对粗砂中形成了天然气富集（砂体颜色发白）。这一实验说明只要存在物性差异，就可在相对粗砂层中形成天然气的富集。

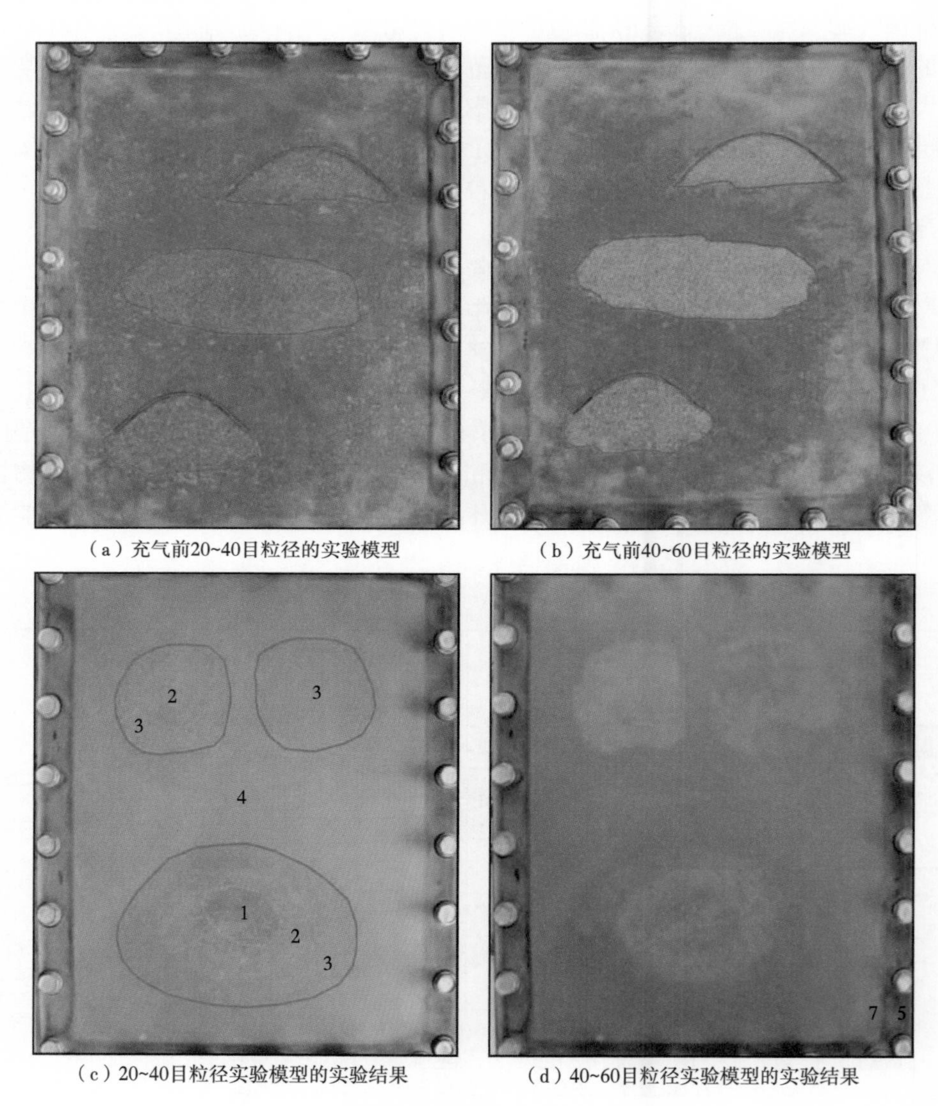

（a）充气前20~40目粒径的实验模型　（b）充气前40~60目粒径的实验模型

（c）20~40目粒径实验模型的实验结果　（d）40~60目粒径实验模型的实验结果

图 8　砂岩成藏物理模拟实验

红线之内为粗砂，周围为细砂；砂体颜色发白处为天然气富集处

为了说明不同粒径砂对天然气富集的影响，采用了 4 种不同粒径的砂（1～4 号砂的粒径分别为 20～30 目、30～40 目、40～60 目和 60～80 目）制成如图 8 的模型，并仍然采用底部注气方式。

从实验结果可以看出，天然气首先聚集在下部的 1 号砂体，然后是下部的 2 号砂体和左上部的 2 号砂体。2 号砂体聚气后，依次聚集到下部的 3 号砂体和上部的两处 3 号砂体。4 号砂体中虽然没有像其他砂体那样明显含气，但由于其含气程度相对较低，就没有形成“规模”聚集。该实验说明了天然气具有优势聚集的特点，可按照充注的能级顺序依次聚集在由粗砂到细砂的不同粒径砂层中。

图 9 的实验结果进一步说明了砂体含气或含水与其充注动力有关。实验模型采用不同粒级砂进行排列，砂粒相对大小为：细砂 1<细砂 2<粗砂 1<粗砂 2，并采用底部注气。通过实验结果表明，在较小的充注压力下，气体主要聚集在粗砂 1 中［图 9（a）］，而未能突破里层的细砂 1，致使中间部位的粗砂 2 没有聚气。随着充注压力的增大，气体能突破细砂 1 进入粗砂 2 中［图 9（b）］，且随充注压力的增大，气体进入细砂 2 的时间缩短［图 9（c）、图 9（d）］。

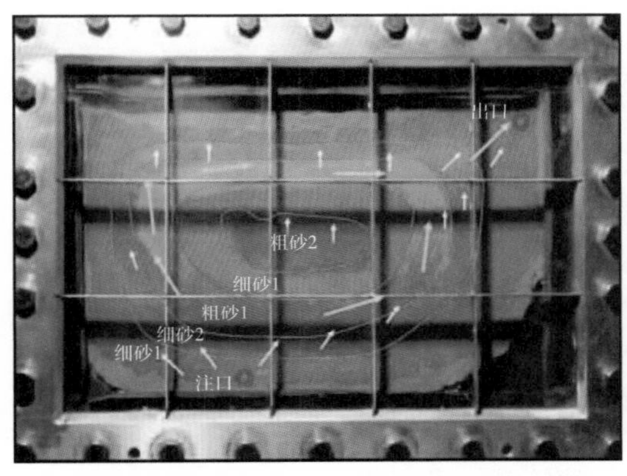

（a）0.01MPa注气压力下，注气382min后实验达到稳定

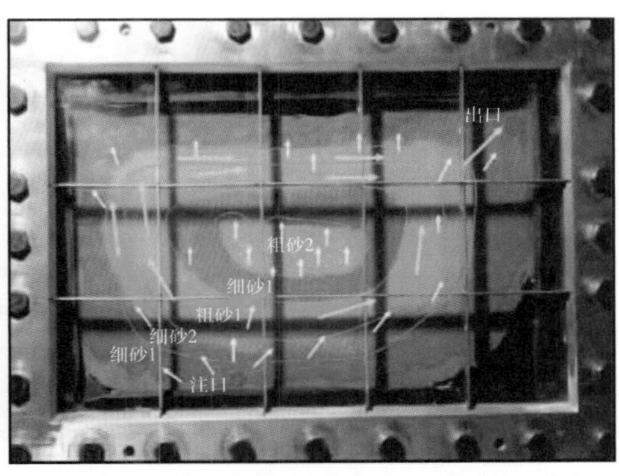

（b）0.02MPa注气压力下，注气533min后实验达到稳定

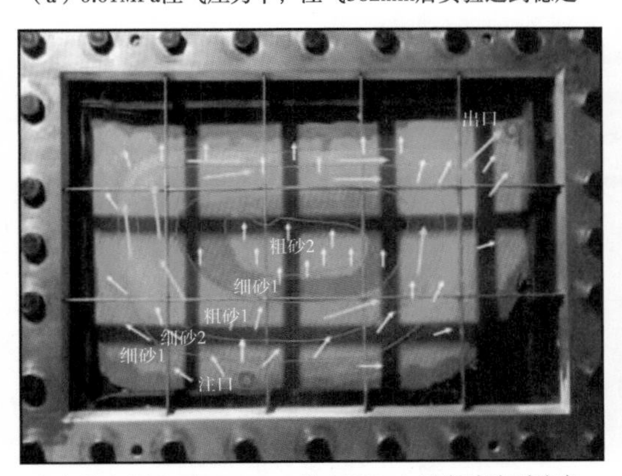

（c）注气压力至0.04MPa，注气353min后实验达到稳定

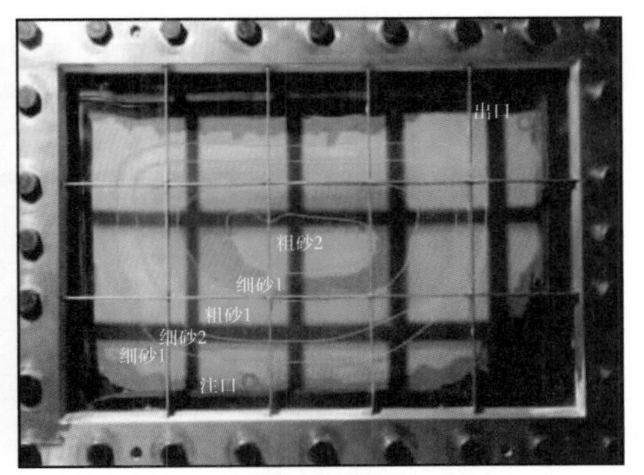

（d）注气压力至0.1MPa，注气247min后实验达到稳定

图 9　砂岩气藏二维成藏模拟实验结果

4　致密砂岩大气田成藏特征

4.1　准连续充注、一期成藏

赵靖舟等[22]根据鄂尔多斯盆地上古生界天然气成藏的地质条件及特征，提出了“准连续型”聚集模式。而对于致密砂岩气藏天然气的充注过程，也可以称之为“准连续”

充注。包裹体分析数据表明，上古生界致密砂岩气藏天然气具有连续充注、一期成藏的特征。从统计结果来看，鄂尔多斯盆地上古生界包裹体均一温度分布范围很宽（图 10），总体上呈单峰形态，虽然鄂尔多斯盆地在晚侏罗世和早白垩世有两次构造运动，但从包裹体均一温度分布呈单峰形态来看，晚三叠世到早白垩世天然气从烃源岩层一直向储层充注，由于与纯粹的连续充注不同，因此可定义为准连续充注（介于连续和非连续之间），主成藏期为晚侏罗世—早白垩世。从四川盆地须家河组不同构造的 39 块含烃类包裹体的测试结果可以看出，其均一温度分布范围为 75～190℃，主要分布在 85～150℃，主峰在 115～120℃（图 10）。这表明烃类充注属于准连续充注，且应视为一次充注，只是其充注的时间跨度较大。

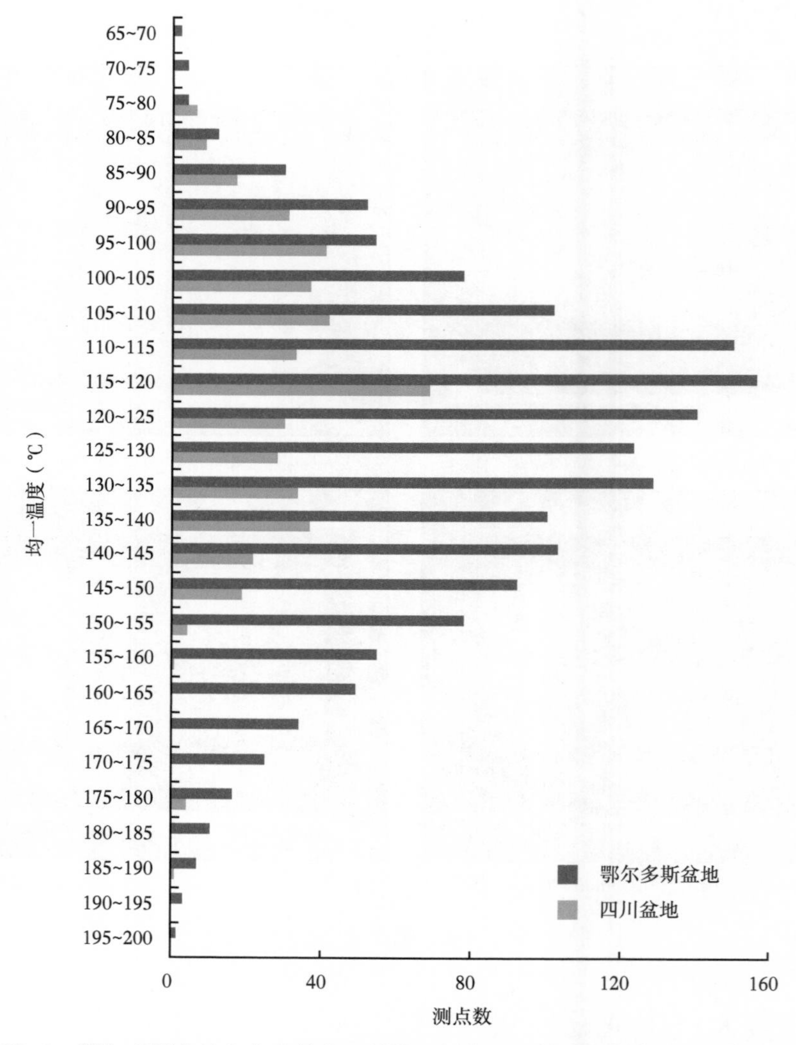

图 10　鄂尔多斯盆地上古生界和四川盆地须家河组储层包裹体均一温度分布

4.2　近源高效聚集

近源高效聚集包含了近源充注和高效聚集两方面的涵义。近源充注是指致密砂岩气藏的天然气组分、同位素特征和烃源岩成熟度具有良好的一致性，即烃源岩成熟度相对较高的区域，天然气组分偏干，甲烷碳同位素偏重。如四川盆地须家河组四段所含的天然气紧邻下伏的须家河组三段烃源岩，因此，在横向上，相对较重的天然气甲烷碳同位素值主要分布在烃源岩成熟度相对较高的区域，天然气组分中的甲烷含量也有相似的分布规律。在纵向上，同一气田下部层段天然气成熟度略高于上部层段，天然气 $\delta^{13}C_1$ 值自上而下变重，甲烷含量增高，干燥系数增大（图 11）。鄂尔多斯盆地上古生界天然气组分、同位素分布格局与石炭系—二叠系烃源岩的成熟演化趋势具有较好的相似性，曹锋、李贤庆等[23-24]也论证了鄂尔多斯盆地上古生界天然气近源运聚的特征。这些证据都揭示了克拉通平缓背景下致密砂岩天然气主要为近源充注、聚集的特征。

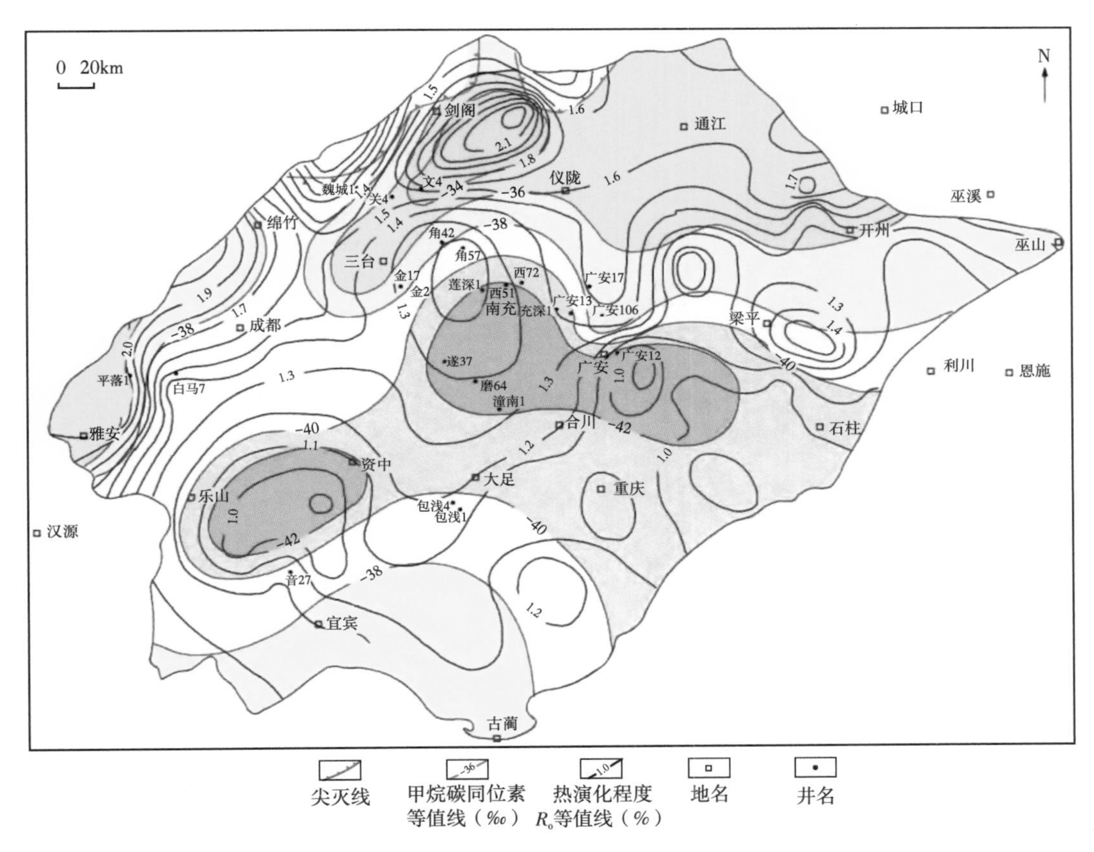

图 11　四川盆地天然气甲烷碳同位素与烃源岩热演化趋势

这种近源高效聚集的“高效”与时间无关，是指天然气运聚的量占总生气量的比例高，即运聚系数高。致密砂岩气藏由于储层致密，天然气进入储层以后难以散失，聚集效率比常规气藏相对要高。通过典型气藏（刻度区）的解剖，致密砂岩天然气的运聚系数较高，可达 3%~5.2%，如鄂尔多斯盆地苏里格气田等气藏的运聚系数为 3.0%~3.8%，四川盆地须家河组气藏的运聚系数为 4.6%~5.2%（表 2）。这种高效聚集使得致密砂岩在烃源岩生气强度为 $10\times10^8m^3/km^2$ 的区域可以形成大气田（图 12），这就突破了大气田形成于生气强度大于 $20\times10^8m^3/km^2$ 的认识。

表 2　四川盆地和鄂尔多斯盆地刻度区运聚系数

刻度区	单元面积（km^2）	生气量（10^8m^3）	储量（10^8m^3）	运聚系数（%）
广安	1733	29470	1356	4.6
八角场	208.8	7308	351	4.8
合川	3532.3	44154	2296	5.2
苏里格西一区	8033	160821	6169	3.8
苏里格中区	6261	150452	5337	3.5
苏里格东一区	6692	170579	6115	3.6
榆林	3241	69617	2094	3.0

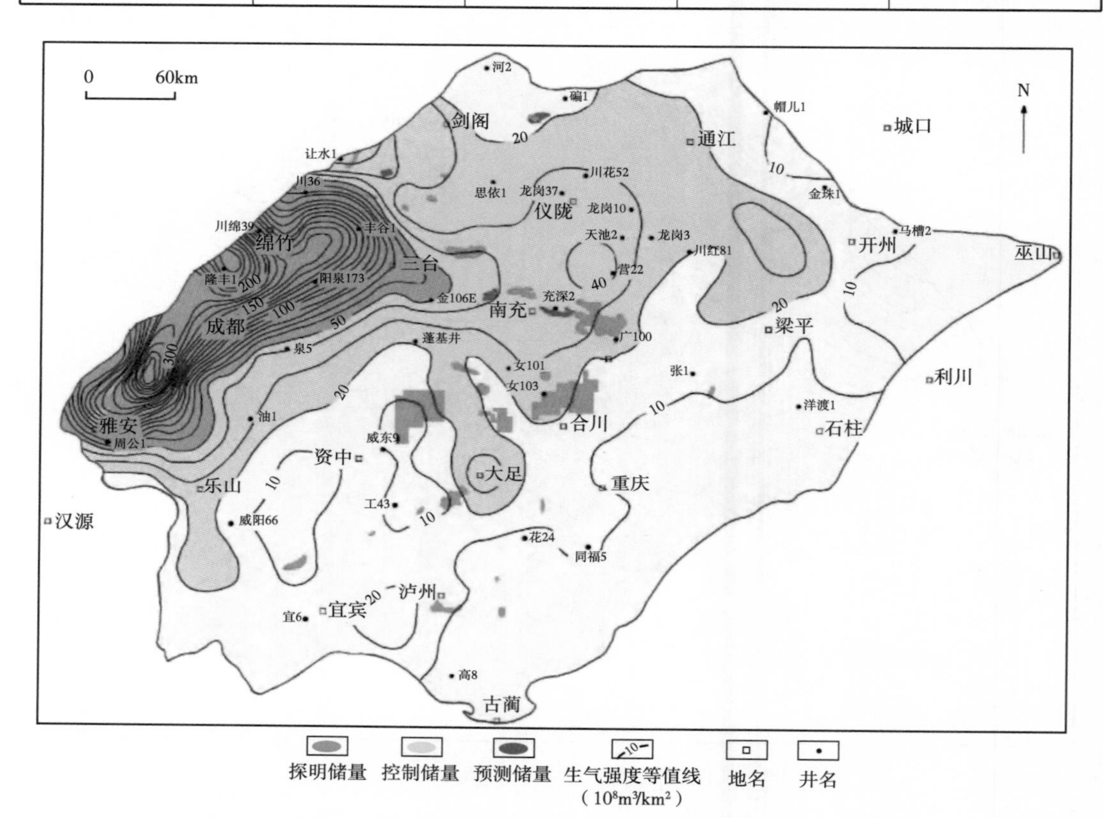

图 12　四川盆地须家河组烃源岩生气强度等值线与气藏叠合图

5　致密砂岩大气田成藏主控因素

5.1　构造控制天然气的运移方向与富集程度

构造对油气富集的控制作用包括古构造和现今构造两个方面。古构造对须家河组大气田的形成有较大的影响[25-27]。印支期古隆起控制华蓥山断裂以西的天然气富集，川西地区发现的气田或含气构造主要分布在燕山期古隆起及其周缘地区。

对构造型气藏而言，现今构造无疑对气藏的形成起着重要的作用，所有天然气均聚集在与构造相关的圈闭中，并且具有明显的气—水边界。而对于大面积分布的岩性、复合型气藏而言，局部构造对大面积聚集、局部富气起到一定的控制作用，同时对气—水分异也有较大的影响。四川盆地须家河组有源—储交互叠置的有利条件，使其具有烃源岩广覆生烃、天然气大面积聚集成藏的特点。此外局部构造的发育则是局部富气的主要控制因素之一，其对广安须家河组六段气藏的天然气富集及气—水分布影响较为显著，构造高部位的含气丰度和气—水分异程度都很高。如须家河组六段在构造高部位（广安 2—广安 103 井区）的气柱高度、储量丰度比低部位（广安 109—广安 111 井区）要高。其中高部位的气柱高度为 60~150m、储量丰度为 $4.2\times10^8m^3/km^2$；低部位的气柱高度为 20~60m、储量丰度为（0.5~0.8）$\times10^8m^3/km^2$。高部位气—水分异程度高，低部位含水增多，含气饱和度为 46.6%~62.2%，均值为 52.1%。广安须家河组四段气藏虽然含水程度整体较高，但对于同一砂体，仍然遵循高部位产气、低部位产水的规律；营山、龙岗构造虽然各自均没有统一的气—水界面，尤其是营山 103 井、营山 105 井、营山 106 井和龙岗 172 井在须家河组二段均不同程度的产水，但目前大部分的纯产气井都主要分布在局部构造高点上。

5.2 优质储层控制气藏的规模

大面积致密砂岩储层的发育主要受沉积相、岩石相和成岩相的控制。储层的发育进一步控制着天然气富集的部位和规模。

5.2.1 天然气的分布

沉积相的研究结果表明，四川盆地须家河组主要发育海陆交互相（须家河组一段、二段、三段）和陆相（须家河组四段、五段、六段）的三角洲沉积相和湖泊沉积相，沉积微相主要包括三角洲平原、沼泽、分流河道、河口坝、席状砂和浅湖相等。其中，分流河道是储层物性相对较好的地带[28]，也是控制气藏分布最主要的沉积相带。

须家河组六段砂体分布受 5 个方向的物源控制，即川西南、川北、川东北、川东和川东南方向。其中，川北方向物源控制着八角场构造的砂体；川东北方向物源控制着龙岗、营山和广安等构造的砂体；川东方向物源控制着荷包场和界石场等构造的砂体。各砂体发育水下分支河道沉积微相，在水下分支河道前方发育大面积的席状砂。与须家河组二段和须家河组四段相似，获工业油气流的井也主要分布在水上分支河道和水下分支河道沉积的有利相带中，如龙岗构造获工业油气流的龙岗 3 井、龙岗 9 井、龙岗 10 井和龙岗 20 井等，以及大足—河包场等构造均分布于水下分流河道沉积微相中。

鄂尔多斯盆地低孔渗碎屑岩优质储层主要发育于河道微相中。根据对鄂尔多斯盆地上古生界的沉积微相研究，鄂尔多斯盆地上古生界中粗粒砂岩主要分布在辫状水道和分流河道微相中[29]，这些相带的储层物性相对好（图 13），因此有效储层以辫状水道和水下分流

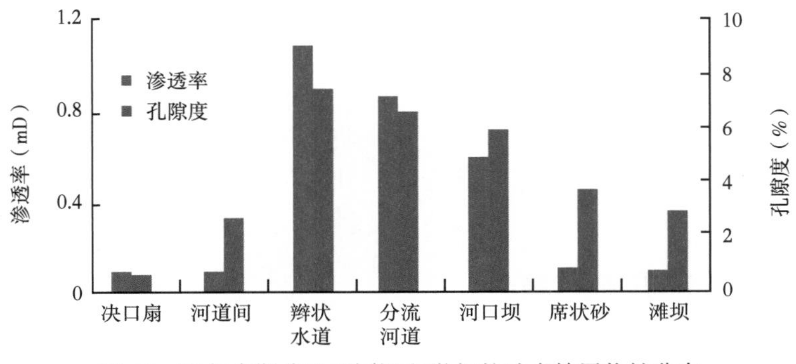

图 13 鄂尔多斯盆地不同沉积微相的砂岩储层物性分布

河道砂体为主，有利于油气的富集。目前已发现的气藏主要分布在辫状水道和水上（下）分流河道中。

5.2.2 天然气的富集

根据砂体沉积时物源的供应速率与可容纳空间增长之间关系的变化，可将须家河组砂体划分为水退式、加积式及水进式3种砂体叠置方式。研究表明，在纵向上，加积式砂体的储集性能最佳，是油气富集的主要部位[30]。在平面上，储层的广泛发育控制了天然气的大面积成藏，而相对高孔、高渗储层的发育控制了局部富气，大气田主要分布于多套优质储层叠置区。须家河组储层的大面积分布为天然气的大面积成藏奠定了基础，但储层的非均质性又是造成局部富气的重要原因之一。从须家河组二段、四段、六段储层孔隙度平面分布分别与各自气藏分布的叠合中也可以看出，气藏主要分布在储层孔隙相对发育的区域。

鄂尔多斯盆地已发现的气藏主要分布在辫状水道和水上（下）分流河道中，这些相带的储层物性相对好，有利于油气富集。统计结果表明，苏里格气区盒八段、山一段水层、含气—水层的孔隙度主要集中在6%~12%，气层的孔隙度主要集中在9%~15%，水层、含气—水层的渗透率主要分布在0.1~0.6mD，气层渗透率主要分布在0.3~1.0mD。气层段物性明显好于含水层段，且相对高孔、高渗水层只是局部分布。这表明储层物性对天然气富集控制作用明显。

5.3 有效烃源岩控制气藏的充满程度

由于须家河组各层系烃源岩生成的油气主要在紧邻烃源层的上、下储集体中聚集，因此，主要储层段须家河组四段、六段均可分别接受来自其上、下烃源岩的油气，且一般不存在烃源不足的问题。而须家河组二段储层处在须家河组的烃源岩厚度减薄或缺失处，其源控特征就比较突出，最为典型的就是安岳、合川及九龙山地区。威东—磨溪、界市场—荷包场地区在须家河组沉积前发育两排古构造，在这些区域，须家河组一段烃源岩缺失或厚度较薄，从而对该区域须家河组二段下亚段的天然气充满程度产生了一定的影响。安岳地区须家河组二段上亚段的含气性明显优于下亚段，其上段主要产气，下段气—水同产或产水。如安岳2井须家河组二段上亚段日产气$0.8646\times10^4m^3$；岳101井上亚段日产气$11.43\times10^4m^3$，下亚段日产气$0.083\times10^4m^3$，日产水$2.4m^3$；岳5井上亚段日产气$0.638\times10^4m^3$，下亚段日产气$0.108\times10^4m^3$，日产水$6.5m^3$；岳3井下亚段日产气$1.26\times10^4m^3$，日产油8.27t，日产水$26m^3$；岳10井下亚段测试结果为干层。

合川气田须家河组二段气藏的气—水分布也具有相似的特征，产水部位主要分布在须家河组二段储层的中下部，向上以产气为主，并且产水的概率较低。

鄂尔多斯盆地上古生界气藏的气源供给总体上是比较充足的，但由于烃源岩发育的差异性及储层的非均质性导致了近源聚集的特点，使得在烃源岩生气强度较低的地区，气藏的充满程度较低或含水增多。生气强度大于$16\times10^8m^3/km^2$为气区，含水较少；生气强度在（12~16）$\times10^8m^3/km^2$为气—水过渡区；生气强度小于$12\times10^8m^3/km^2$为含气—水区。

5.4 裂缝控制天然气富集与高产

尽管四川盆地、鄂尔多斯盆地大面积致密砂岩气藏发育区具有构造平缓、大型断裂不发育的特点，但通过钻井岩心描述、地震资料和成像测井资料解释等，认为这些区域的小型、微裂缝非常发育。如须家河组的小断裂一般仅断开须家河组内部某一、两个层段（如须家河组一段至二段、三段至四段等），但其也可成为油气运移非常重要的通道，并控制着天然气的高产，如岳 101 井、岳 103 井、岳 105 井、合川 109 井、合川 138 井、潼南 1 井、潼南 111 井和广安 5 井等在测试中都获得了高产气流，并且鄂尔多斯盆地上古生界目前高产气井的分布也与裂缝分布具有很好的一致性（图 3）。

6 结论

（1）克拉通平缓背景上的致密砂岩大气田具备源—储交互叠置或紧邻叠置的有利地质条件，通过对天然气地球化学数据的研究进一步揭示了其具有近源聚集特征。

（2）致密砂岩大气田天然气运移方式主要为低速非达西渗流，运移充注的动力主要是烃源岩的生烃超压，扩散作用是辅助的运移方式，运移的通道主要是由孔隙、裂缝组成的孔—缝网状体系，聚集的方式主要表现为“动力圈闭”。这些因素的共同作用，使得克拉通平缓背景上的致密砂岩在生气强度为 $10\times10^8m^3/km^2$ 的区域就可以形成大气田，这丰富了大气田形成于生气强度大于 $20\times10^8m^3/km^2$ 的认识。

（3）致密砂岩大气田的成藏富集主要受四大因素的控制，即构造控制天然气的运移方向与富集程度、储层控制气藏的规模、有效烃源控制气藏的充满度、裂缝控制天然气富集与高产。

参 考 文 献

[1] 国家能源局 . SY/T 6832—2011 致密砂岩气地质评价方法 [S]. 北京：石油工业出版社，2011.

[2] 马新华，贾爱林，谭健，等 . 中国致密砂岩气开发工程技术与实践 [J]. 石油勘探与开发，2012，39（5）：572-578.

[3] British Petroleum Company. BP statistical review of world energy 2012 [R]. London：British Petroleum Company，2012.

[4] 戴金星，倪云燕，吴小奇 . 中国致密砂岩气及在勘探开发上的重要意义 [J]. 石油勘探与开发，2012，39（3）：257-264.

[5] 童晓光，郭彬程，李建忠，等 . 中美致密砂岩气成藏分布异同点比较研究与意义 [J]. 中国工程科学，2012，14（6）：9-15

[6] 李建忠，郭彬程，郑民，等 . 中国致密砂岩气主要类型、地质特征与资源潜力 [J]. 天然气地球科学，2012，23（4）：607-614.

[7] 贾承造，郑民，张永峰 . 中国非常规油气资源与勘探开发前景 [J]. 石油勘探与开发，2012，39（2）：129-136.

[8] 康竹林，傅诚德，崔淑芬，等 . 中国大中型气田概论 [M] . 北京：石油工业出版社，2000.

[9] 国家能源局 . SY/T6168-2009 气 藏分类 [S]. 北京：石油工业出版社，2009.

[10] 李剑，罗霞，单秀琴，等 . 鄂尔多斯盆地上古生界天然气成藏特征 [J]. 石油勘探与开发，2005，32（4）：54-59.

[11] 郝国丽，柳广弟，谢增业，等 . 川中—川南地区上三叠统须家河组气藏异常压力分布及成因 [J]. 世界地质，2010，29（2）：298-304.

[12] 马德文，邱楠生，谢增业，等 . 川中地区上三叠统须家河组气田异常高压演化研究 [J]. 沉积学报，2011，29（5）：953-961.

[13] 张凤奇，王震亮，赵雪娇，等 . 库车坳陷迪那 2 气田异常高压成因机制及其与油气成藏的关系

[J]. 石油学报，2012，33（5）：739-747.

[14] 何自新，付金华，席胜利，等. 苏里格大气田成藏地质特征 [J]. 石油学报，2003，24（2）：6-12.

[15] 付金华，魏新善，黄道钧. 鄂尔多斯大型含煤盆地岩性气藏成藏规律与勘探技术 [J]. 石油天然气学报：江汉石油学院学报，2005，27（1）：137-141.

[16] 杨华，付金华，刘新社，等. 鄂尔多斯盆地上古生界致密气成藏条件与勘探开发 [J]. 石油勘探与开发，2012，39（3）：295-303.

[17] 赵文智，王红军，徐春春，等. 川中地区须家河组天然气藏大范围成藏机理与富集条件 [J]. 石油勘探与开发，2010，37（2）：146-157.

[18] 魏国齐，李剑，张水昌，等. 中国天然气基础地质理论问题研究新进展 [J]. 天然气工业，2012，32（3）：6-13.

[19] Swarbrick R E，Osborne M J. Mechanisms that generate abnormal pressure：an overviews [G]//Law B E，Ulmishek G E，Slavin V I. Abnormal pressures in hydrocarbon environments. AAPG Memoir 70，1998：13-34.

[20] 李明诚，李剑. “动力圈闭”——低渗透致密储层中油气充注成藏的主要作用 [J]. 石油学报，2010，31（5）：718-721.

[21] 胡朝元，钱凯，王秀芹，等. 鄂尔多斯盆地上古生界多藏大气田形成的关键因素及气藏性质的嬗变 [J]. 石油学报，2010，31（6）：879-884.

[22] 赵靖舟，付金华，姚泾利，等. 鄂尔多斯盆地准连续型致密砂岩大气田成藏模式 [J]. 石油学报，2012，33（S1）：37-48.

[23] 曹锋，邹才能，付金华，等. 鄂尔多斯盆地苏里格大气区天然气近源运聚的证据剖析 [J]. 岩石学报，2011，26（5）：858-867.

[24] 李贤庆，李剑，王康东，等. 苏里格低渗砂岩大气田天然气充注运移及成藏特征 [J]. 地质科技情报，2012，31（3）：55-62.

[25] 罗文军，李延钧，李其荣，等. 致密砂岩气藏高渗透带与古构造关系探讨：以川中川南过渡带内江—大足地区上三叠统须二段致密砂岩气藏为例 [J]. 天然气地球科学，2008，19（1）：70-74.

[26] 曹烈，安凤山，王信. 川西坳陷须家河组气藏与古构造关系 [J]. 石油与天然气地质，2005，26（2）：224-229.

[27] 李宗银，李耀华，王翎入. 川中—川西地区上三叠统天然气成藏主控因素 [J]. 天然气勘探与开发，2005，28（1）：5-7.

[28] 魏国齐，杨威，金惠，等. 四川盆地上三叠统有利储层展布与勘探方向 [J]. 天然气工业，2010，30（1）：11-14.

[29] 刘新社. 鄂尔多斯盆地东部上古生界岩性气藏形成机理 [D]. 西 安：西北大学，2008.

[30] 杜金虎，徐春春，魏国齐，等. 四川盆地须家河组岩性大气区勘探 [M]. 北京：石油工业出版社，2011.

本文原刊于《石油学报》，2013 年第 34 卷增刊 1。

裂谷盆地致密砂岩气成藏机制与富集规律

——以松辽盆地与渤海湾盆地为例

李　剑[1,2]　姜晓华[1,2]　王秀芹[1]　程宏岗[1,2]　郝爱胜[1,2]

1. 中国石油勘探开发研究院天然气地质研究所，河北廊坊

2. 中国石油天然气集团公司天然气成藏与开发重点实验室，河北廊坊

摘要：裂谷盆地致密砂岩气是当前勘探的新领域，本文以松辽盆地与渤海湾盆地为重点，对裂谷盆地致密砂岩气成藏机制与富集规律进行了全面系统分析，明确了裂谷盆地有别于克拉通盆地的致密砂岩气气藏特征，指出裂谷盆地致密砂岩气成藏机制表现为：多因素促源快速生气、多物源催生有利储层、长距离运移立体成藏、先致密后成藏有利配置。气藏富集规律上具有断槽控制气藏分布、沉积相带与构造带控制成藏、次生孔隙带与物性下限控制气藏富集段的特点。分析了松辽盆地与渤海湾盆地致密砂岩气勘探前景，明确了下一步勘探方向。

关键词：气藏特征；成藏机制；致密砂岩气；裂谷盆地；松辽盆地；渤海湾盆地

全球致密砂岩气资源量大约为 $2037\times10^{12}m^3$[1]。据中国石油最新数据，截至 2016 年底，我国天然气总资源量为 $56.8\times10^{12}m^3$，其中致密砂岩气资源量为 $20\times10^{12}m^3$。占总资源量的 35.2%。2016 年我国致密砂岩气产量约 $270\times10^8m^3$，约占全国天然气总产量的 27.5%。裂谷盆地作为重要的含油气盆地，致密砂岩气资源也比较丰富。随着我国经济的飞速发展，能源供给压力不断增大，致密砂岩气作为裂谷盆地一个新的接替领域的重要性日益凸显。

我国裂谷盆地致密砂岩气勘探起步较晚，在成藏机制及富集规律方面研究不够深入，缺乏系统的认识，制约着下一步勘探。松辽盆地与渤海湾盆地是我国最主要两大裂谷盆地，天然气资源丰富，探明率低。松辽盆地自发现油气半个多世纪以来一直以火山岩勘探为主，虽然前期已在昌德、汪家屯、兴城等气田及长深 1 井区发现了致密砂岩气并提交了探明储量，但储量规模整体较小。松辽盆地沙河子组作为主力烃源岩层烃源岩，与砂岩大面积互层分布，源储一体，具有形成规模致密砂岩气藏的有利条件，且近几年徐深 401 等一批探井证实沙河子组致密砂岩气藏巨大的勘探潜力。渤海湾盆地作为我国重要的富油型新生代裂谷盆地多年来以潜山油气藏及新近系和古近系油气藏勘探为主，其深层（埋深>3500m）天然气总资源量为 $9500\times10^8m^3$，探明储量为 $200\times10^8m^3$，探明率不足 2%，剩余资源潜力大。“十一五”期间，歧口凹陷滨海斜坡和歧北斜坡发现了滨海 4 井和滨深 22 井等致密砂岩气藏，目前已在滨深 22 井区块提交探明储量，揭示了渤海湾盆地深层致密砂岩气良好的资源前景。研究认为，沙河街组是渤海湾盆地断陷湖盆鼎盛期形成的一套主力烃源岩层系，同样具备可观的致密砂岩气资源。通过对松辽盆地致密砂岩气的深入研究，

取得了其成藏及气藏富集规律方面多项认识，指导了沙河子组致密砂岩气勘探，先后在宋深 9H 与徐探 1 井获得突破。其中，宋深 9H 井获日产 20.8×10^4m^2 高产气流，徐探 1 井获日产 9.1×10^4m^2 高产气流。本文以松辽盆地与渤海湾盆地两大裂谷盆地为重点研究对象，阐述了裂谷盆地致密砂岩气成藏机制与富集规律，以期为裂谷盆地致密砂岩气勘探提供借鉴。

1 裂谷盆地致密砂岩气藏特征

克拉通盆地是指在长时间内变形很小的稳定地壳（克拉通）上形成的面积广、形状不规则、沉降速率相对较慢并以坳陷为主要特征的盆地。克拉通盆地内部发育稳定大型平缓斜坡[2]，是致密砂岩气藏发育的有利地质背景。鄂尔多斯盆地上古生界和四川盆地川中须家河组都具有克拉通基底，构造稳定，形成了典型的克拉通盆地型致密砂岩气藏。克拉通盆地致密砂岩气气藏主要为岩性气藏，且以原生气藏为主，气藏具有大面积、准连续分布的特征[3]，气藏一般无边水底水、压力系数低、储量丰度低、含气饱和度低，平均约 57%～68%（表 1）。

表 1 裂谷盆地与克拉通盆地致密砂岩气藏特征对比

气藏特征	裂谷盆地		克拉通盆地	
	松辽盆地中生界白垩系沙河子组	渤海湾盆地新生界古近系沙河街组	鄂尔多斯盆地上古生界石炭—二叠系太原组—石盒子组	四川盆地中生界三叠系须家河组
气藏类型	既有原生，也有次生	既有原生，也有次生	原生为主	原生为主
边水、底水	部分存在边水、底水	部分存在边水、底水	极少数存在边水、底水	少数存在底水、边水
压力系数（平均值）	1.00～1.50，高压为主	1.20～1.60，高压为主	0.51～2.50，常压或负压[5-6]	0.96～2.00[6]，常压—高压
含气饱和度（%）	45.00～64.00	60.00～85.00	55.90～77.70[6]	43.00～85.70[6]
储量丰度（$10^8m^3/km^2$）	0.73～4.97	2.40～8.60	0.75～2.50[6]	2.00～12.70[6]

裂谷盆地这一定义是基于盆地地貌构造形态和板块构造背景提出的，是指在地质历史时期经历了裂陷作用的盆地，从盆地形成的动力学机制上分属于伸展拉张型盆地，是地壳或岩石圈在引张作用下减薄、破裂和沉陷形成的盆地。其相对于克拉通盆地而言岩浆活动强烈，构造样式复杂。松辽盆地与渤海湾盆地这两大典型裂谷盆地致密砂岩气藏与克拉通盆地致密砂岩气藏相比，存在着多项差异性。裂谷盆地气藏多位于断陷陡缓坡，以岩性气藏为主，断阶带与背斜带也发育构造—岩性气藏（图 1）。由于裂谷盆地后期构造活动频繁，使得早先生成的致密砂岩气藏发生调整再次运移形成次生气藏，因此气藏类型既有原生又有次生。同时，单个气藏面积小，但横向连片，纵向叠置，部分存在边水底水，含气饱和度为 45%～85%，气藏压力系数大，按照压力系数大于 1.35 为高压气藏标准[4-6]，松辽盆地营城组及沙河子组致密砂岩气藏压力系数为 1～1.5，平均约 1.35，高压特征明显。

渤海湾盆地歧口凹陷沙三段气藏压力系数为1.2~1.6，平均约1.4，属于高压系统。目前发现的裂谷盆地致密砂岩气藏储量丰度不太高，且差异大，大多属于中—低丰度气藏，松辽盆地致密砂岩气藏储量丰度为（0.73~4.97）×$10^8m^3/km^2$，渤海湾盆地致密砂岩气藏储量丰度为（2.4~8.6）×$10^8m^3/km^2$（表1）。

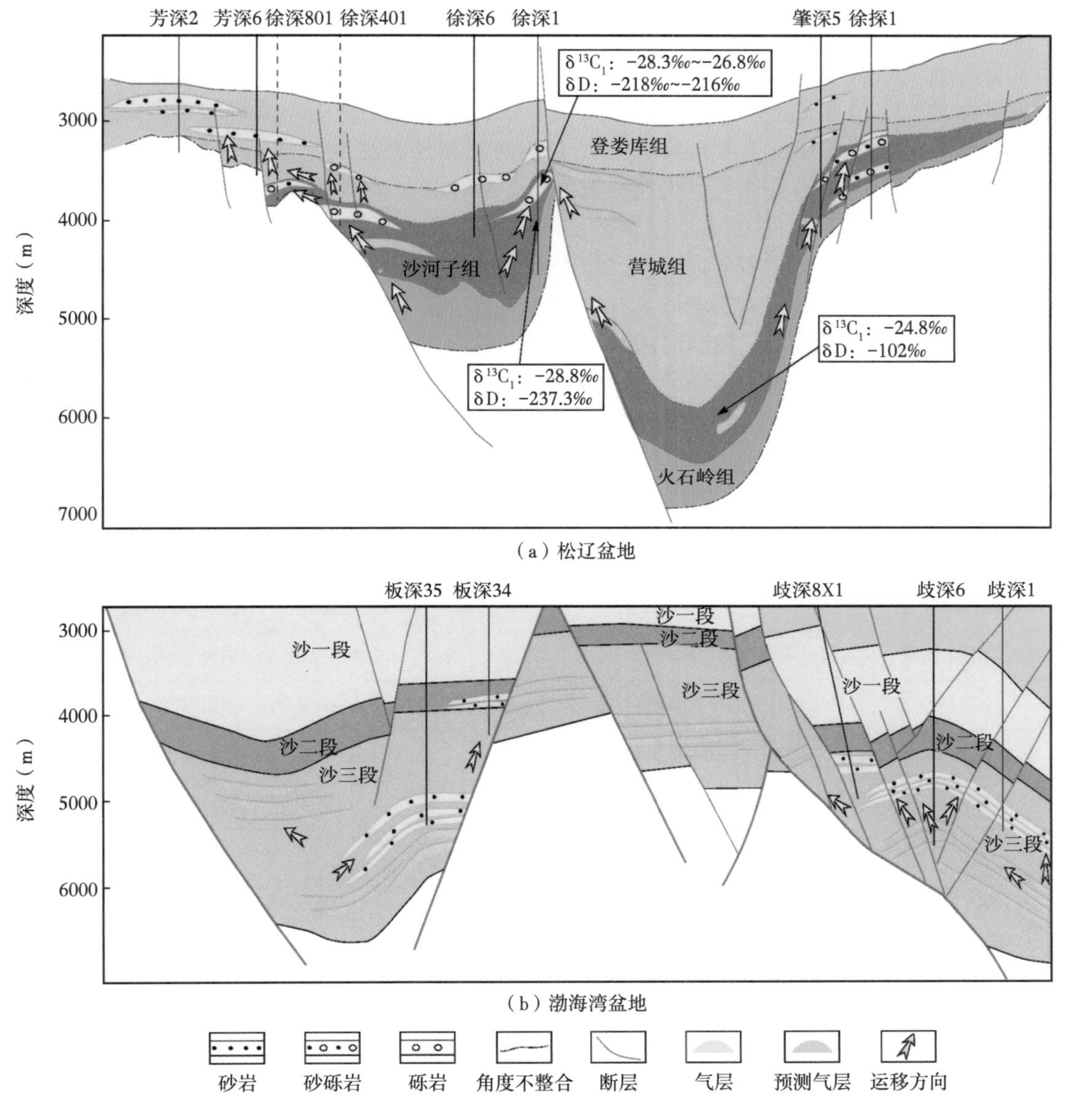

图1 裂谷盆地致密砂岩气气藏剖面

2 裂谷盆地致密砂岩气成藏机制

前人对致密砂岩气成藏特征与机制做了大量研究[7-12]，但主要以克拉通盆地为主。克拉通盆地致密砂岩气藏多位于稳定宽缓的大型斜坡背景上，由造山带提供物源形成一套远源长距离搬运的大型浅水三角洲体系，与大面积分布的湖相泥岩交互叠置，形成“广覆式”致密砂岩气藏，整体上为一个含油气系统。储层岩石类型多为石英砂岩、岩屑砂岩，以岩性圈闭为主，砂岩“甜点”发育，储层本身一定程度上可起到遮挡作用，形成储盖双重阻挡，天然气近距离运移成藏。同时，克拉通背景致密砂岩气具有准连续充注，近源高效聚集的特征，天然气在超压充注与扩散作用下通过孔缝网状输导经过短距离垂向与长距离侧向运移后进入致密砂岩圈闭成藏。

裂谷盆地致密砂岩气在成藏上既具有致密砂岩气成藏的普遍规律又有其特殊性。一方面裂谷盆地与克拉通盆地一样，致密砂岩气成藏上都具有近源优先聚集的特点。同时，由于都是低孔低渗透储层，主要运移方式以非达西流超压充注与扩散运动为主；另一方面，由于裂谷盆地与克拉通盆地成盆机制及地质特征的差异，成藏特征上又有明显不同于克拉通盆地的地方（表2）。裂谷盆地致密砂岩气藏多发育于断陷的陡缓坡，烃源岩分布于各生烃断槽内，平面上形成多个烃源灶，每个烃源灶自成含气系统，因此裂谷盆地具有多个含油气系统。裂谷盆地断陷期砂体具有多物源、短物源为主的特点，主要由断陷间隆起提供物源，砂体多以陡坡扇三角洲、缓坡辫状河三角洲沉积的形式赋存。砂体以成分成熟度低的长石砂岩和砂砾岩为主。输导体系包括断裂、砂体和不整合多重输导，因此可长距离垂向与侧向运移形成岩性气藏及构造背景下的构造—岩性气藏，储层致密早于成藏期，有利于天然气聚集成藏。

表2　裂谷盆地与克拉通盆地致密砂岩气成藏特征对照

关键要素	裂谷盆地致密砂岩气藏	克拉通盆地致密砂岩气藏
构造背景	断陷内陡缓坡	克拉通稳定大型宽缓斜坡
物源及沉积体系	多物源，扇三角洲、辫状河三角洲—湖泊体系	远物源，大型三角洲—湖泊体系
烃源岩	烃源岩受生烃断槽控制，快速生气	烃源岩大面积分布，持续生气
砂体分布	砂体厚度大	薄互层叠加，横向连片，大面积分布
优势岩类	长石砂岩、长石岩屑砂岩、砂砾岩	石英砂岩、岩屑砂岩
储集空间	溶蚀孔隙、贴砾缝、砾间孔为主	次生溶蚀孔隙为主
封盖机制	泥岩封盖为主	储盖双重阻挡
圈闭类型	岩性圈闭与构造—岩性圈闭均发育	岩性圈闭为主，少数构造—岩性圈闭
输导条件	断裂、砂体、不整合多重输导	孔缝网状输导
充注机制	超压充注与扩散作用	超压充注与扩散作用
运移距离	可长距离垂向与侧向运移	短距离垂向与长距离侧向运移
富集规律	近源聚集，断阶带、背斜带高效富集	近源高效富集，局部构造高部位富集

裂谷盆地致密砂岩气藏除了以上特征以外，在成藏过程中还具有其独有的特点，主要表现为多因素促源快速生气，多物源催生有利储层，长距离运移立体成藏，先致密后成藏有利配置（图2）。

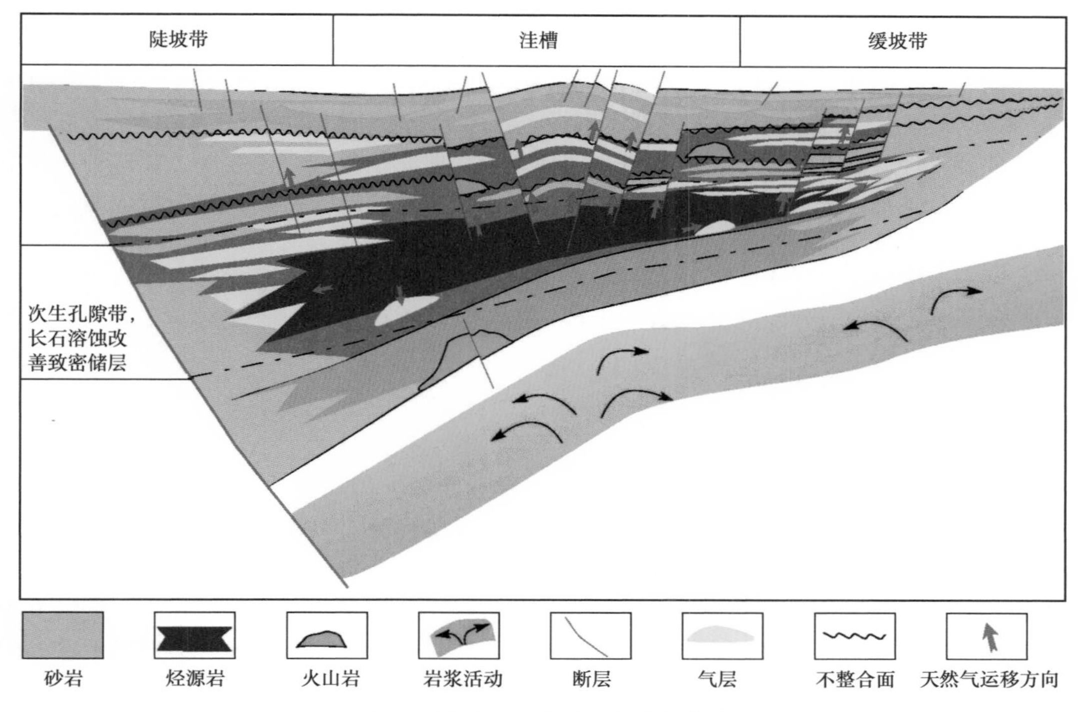

图 2　裂谷盆地致密砂岩气成藏模式

2.1　多因素促源快速生气

温度在有机质演化生烃过程中具有重要作用，在烃源岩达到过成熟之前，较高的温度有利于烃源岩中的有机质向油气转化。裂谷盆地一方面岩浆活动强烈、地壳厚度较薄，具有较高的热流值和地温梯度从而形成高地温场，另一方面由于在成盆过程中的快速深埋使得烃源岩进一步在短时间内进入高的地温场。

2.1.1　高地温场加快烃源岩成熟

裂谷盆地地温梯度高，受高热流值和强烈的火山活动影响，烃源岩更易于成熟。松辽盆地白垩纪末的地温梯度达 42.6~48.0℃/km[13]，沙河子时期地温梯度基本在 52.6℃/km[14]，高热流值加快了烃源岩成熟的进程，使得生烃门限浅。松辽盆地沙河子组烃源岩于距今 145Ma 开始沉积，在距今 130Ma 进入生烃门限，平均埋深 1600~2100m，仅用了 10Ma，即距今 110Ma 左右 R_o 达到 1.3%，进入大量生气阶段，持续至明水期末。渤海湾盆地古近系地温梯度为 20~50℃/km，沙河街组沙三、四段地温梯度则相对更高，平均达到 40℃/km，渤海湾盆地古近系和新近系烃源岩在约 2000m 进入生烃门限，但由于新生界烃源岩有机质的受热时间短，同时受超压作用对生烃有一定的抑制[15]，所以生气门限相对变深，烃源岩基本在埋深 3500m 以下才进入生气阶段。以渤海湾盆地次级生油凹陷中沙河街组烃源岩演化程度最高的凹陷之一的南堡凹陷为例，沙河街组烃源岩在 3100m 以下进入生烃门限，约 3700m 进入生气门限[16]。渤海湾盆地古近系烃源岩距今 40~50Ma 开始沉积，距今 40Ma 进入生烃门限，早期生油晚期生气，持续生油，集中生气。鄂尔多斯盆地上古生界烃源岩从沉积到成熟经历了 100Ma 以上[17]，可见松辽盆地与渤海湾盆地这两大裂谷盆地烃源岩只经历 10~20Ma 成熟，时间远小于以鄂尔多斯盆地为代表的克拉通盆地。

2.1.2 快速沉降深埋促烃源岩快速生气

裂谷盆地沉降速率快。松辽盆地白垩系断陷期构造沉降速率 15.5~48m/Ma，总沉降速率达到 529.6~1891.2m/Ma[18]，渤海湾盆地古近系东营组仅构造沉降速率就达到 50~140m/Ma，而作为克拉通盆地代表的鄂尔多斯上古生界构造沉降速率仅 5.8~12.2m/Ma[19]，快速深埋使得烃源岩在短时间内进入较高的地温场，促使烃源岩快速生烃。在这种地质背景下，裂谷盆地烃源岩生烃作用相对集中，不同于克拉通盆地的持续生烃缓慢成藏，而是形成短时间内快速生气快速成藏的特点。

这种多因素综合作用促进了烃源岩快速生气，而快速生气可以使烃源岩层在短时间内产生超压，造成源储压力差大，有利于天然气向致密砂岩储层运移成藏[6,20]。

2.2 多物源催生有利储层

2.2.1 多物源促生砂体发育

裂谷盆地主要发育两大类物源，一是造山带远物源，二是断（坳）陷间隆起近物源（图 3）。对于断陷内砂岩而言，断陷间隆起物源是主要物源。裂谷盆地隆起与断（坳）陷相间发育，不同的隆起各自构成了物源区，具有多物源的特点，沉积供给速率快，砂体发育。裂谷盆地受构造演化、断裂活动及气候的联合作用，水进、水退频繁发生，湖盆发生多次振荡。纵向上形成多套砂岩与泥岩互层砂体，与烃源岩大面积接触，为形成致密砂岩气创造了条件。松辽盆地与渤海湾盆地都属于主动裂谷盆地，主动裂谷盆地受热事件的多次扰动，存在多个次一级旋回，湖相沉积与砂体交替发育，形成了良好的生储盖组合[21]。对松辽盆地徐家围子断陷安达地区沙河子组沉积相研究发现，砂体覆盖面积约占湖盆面积的 30%~50%，最大可达 80%以上。而渤海湾盆地的富油气凹陷中，主水系砂体与烃源岩接触的面积高达 80%以上[22]。

图 3 裂谷盆地砂岩物源模式

2.2.2 短物源及溶蚀作用形成有利储层

裂谷盆地快速沉降、多物源和短物源条件下往往形成成分成熟度较低的砂岩及砂砾岩，其主要特征是长石含量高，长石溶蚀孔是裂谷盆地致密砂岩储集空间的主要贡献者之一。

烃源岩生排烃过程对致密砂岩储层具有建设性作用。一方面产生大量有机酸，可以促进岩石中长石溶蚀形成次生孔隙，另一方面形成地层超压，对次生孔隙起到一定保护作用。烃源岩的生烃强度与有机酸产量呈正相关性，从而也影响了次生孔隙的发育。松辽盆地白垩系发育煤系烃源岩，煤系烃源岩相对于一般烃源岩能产生更多的有机酸，从而促进溶蚀孔隙发育。渤海湾盆地同一深度下生烃强度较高的黄骅坳陷和辽河坳陷砂岩储层物性明显好于生烃强度低的冀中坳陷砂岩储层[23]，也证明了有机酸对储层的有利改造。此外，不同温压条件下砂岩溶蚀试验发现，富含长石的砂岩对高温高压条件敏感，高温高压能增大溶蚀率，改善砂岩储层物性，长石岩屑砂岩、长石石英砂岩在150~180℃，40~50MPa下溶蚀速率增大2~3倍[24]。

松辽盆地深层砂岩岩石类型主要为岩屑长石砂岩，长石含量平均高达25.64%。渤海湾盆地砂岩类型多为长石砂岩或岩屑长石砂岩，长石含量高，其中歧口凹陷致密砂岩长石含量平均高达46.1%。正是由于松辽盆地与渤海湾盆地在短物源条件下发育富含长石的砂岩，深层砂岩溶蚀孔隙发育，此外，松辽盆地深层砂砾岩由于颗粒支撑结构及贴砾缝发育(图4)，是致密砂岩气储层优势岩性[25]。基于以上条件，松辽盆地与渤海湾盆地这两大裂谷盆地深层发育多个次生孔隙带。松辽盆地砂岩储层在3000m以下达到致密，砂砾岩储层在4280m以下达到致密，渤海湾盆地砂岩储层虽然随着埋深增加物性变差，但由于特殊的

（a）砂砾岩，长石内溶蚀孔，宋深4井，埋深2773.14m，单偏光

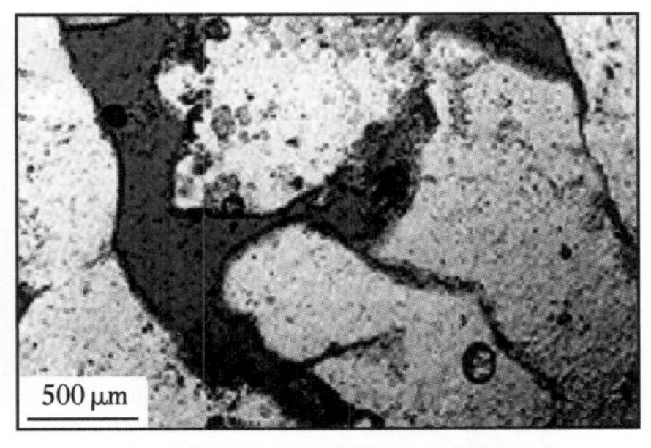

（b）砂岩，长石粒间溶孔，板深35井，埋深5075363m，单偏光

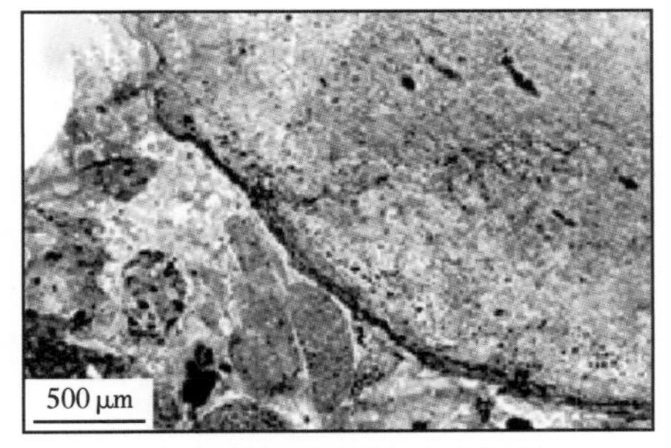

（c）砂砾岩，贴砾缝，达深21井，埋深4101.00 m，单偏光

图4 致密砂（砾）岩溶蚀孔隙、贴砾缝镜下照片

沉积机制及欠压实作用存在，在深埋条件下物性仍然相对较好，4270m 砂岩储层变致密，但致密带非常窄，很快进入次生孔隙发育带。5000m 以下孔隙度仍能达到 10%，渗透率达到 0. 1mD。通过对大量样品物性数据的统计发现，松辽盆地在 3200~4500m 发育次生孔隙带（图 5）。渤海湾盆地发育两个次生孔隙带，第一个为 3700~4000m，第二个为 4500~5000m。第一个次生孔隙带较窄，以第二个次生孔隙带为主（图 5）。

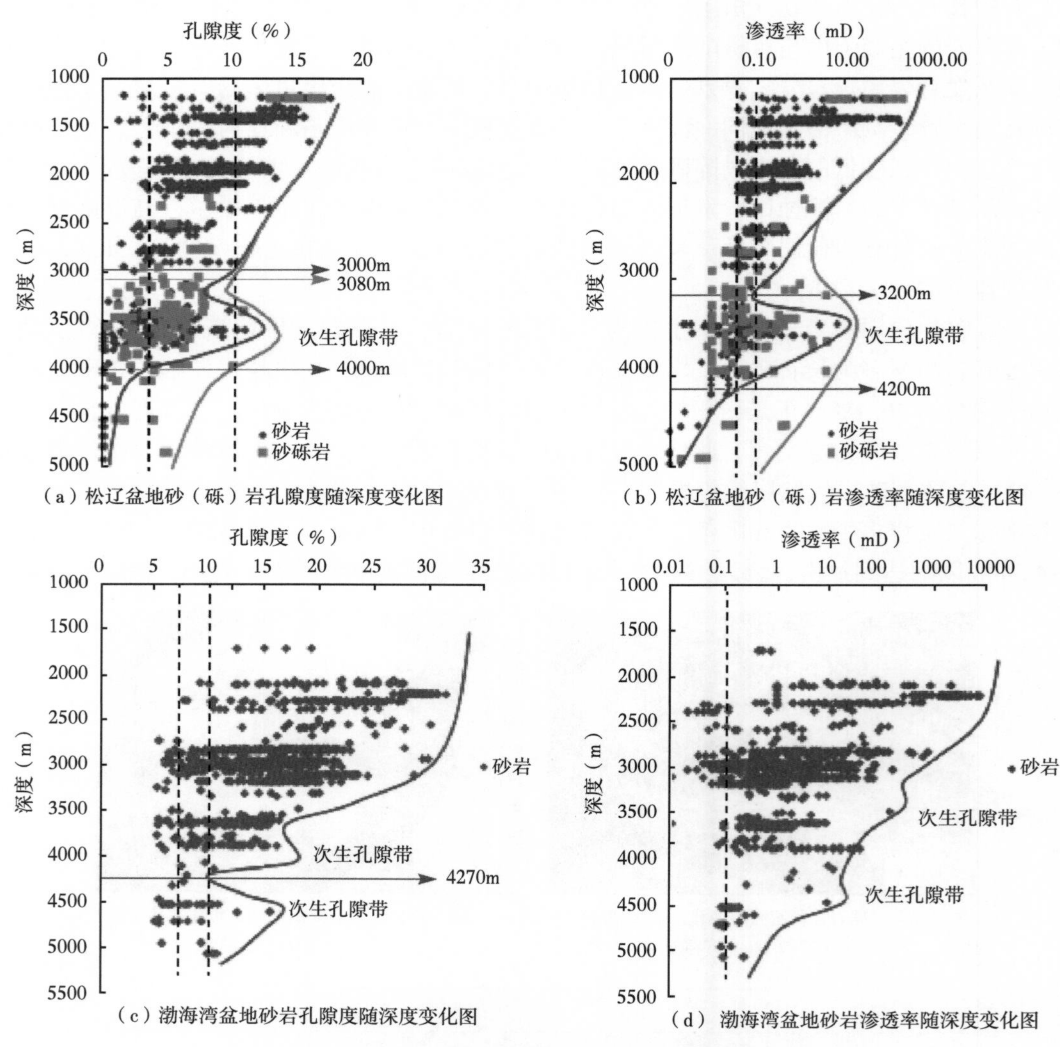

图 5　松辽盆地与渤海湾盆地砂（砾）岩物性随深度变化图

2. 3　长距离运移立体成藏

裂谷盆地致密砂岩气除了同克拉通盆地一样具有近源聚集的特点，其成藏上还具有长距离运移的优势。克拉通盆地由于地势平缓，不可能形成较大的浮力，同时由于构造稳定，断裂、不整合面等运移输导体系不发育，因此多不具备天然气大规模长距离运移的条件。鄂尔多斯盆地上古生界致密砂岩气藏主要为初次运移和短距离二次运移[26]。对于裂谷盆地而言，一方面断陷深而陡，同时由于较高的温度与压力，天然气携水能力增强，气藏多具有底水与边水，因此天然气浮力较大；另一方面，由于断裂、不整合面发育[27]，断裂往往直接沟通烃源岩通过断裂本身或联合不整合面、砂体等构成“T”形、阶梯形等多种立体输导格架[28-32]，使得天然气进行二次运移形成致密砂岩气藏。浮力及以断裂为主的多输导体系的存在使得裂谷盆地致密砂岩气运移距离增大，在侧向与垂向上长距离运移进入不同层系圈闭中成藏，形成立体成藏的格局（图 2）。

松辽盆地除了在主力烃源岩层系沙河子组内部形成致密砂岩气藏外，通过断层及其联合体系输导，可在下部火石岭组、上部营城组及登娄库组成藏。目前已经在松辽盆地发现了以沙河子组烃源岩为源的不同层系的致密砂岩气藏[33-37]。渤海湾盆地致密砂岩气除了在主力烃源岩层沙河街组内部成藏以外，同样可以在下部孔店组和上部东营组及馆陶组中成藏。

2.4 先致密后成藏有利配置

通过对裂谷盆地致密砂岩储层的研究认为砂岩致密成因主要受两大方面影响，一是岩石成分，二是成岩作用。石英、长石和岩屑作为砂岩的 3 大主要成分，抗压实能力由强到弱。松辽盆地与渤海湾盆地致密砂岩主要为岩屑长石砂岩和长石砂岩，岩屑与长石含量高，其抗压实能力差，因此在受到机械压实作用尤其是裂谷盆地快速沉降深埋这种强压实作用下孔隙度迅速减小。另一方面胶结作用也是减孔导致储层致密的主要因素，对松辽盆地与渤海湾盆地致密砂岩的镜下分析发现岩石颗粒之间以线接触为主，胶结物主要为碳酸盐，呈孔隙式或基底式胶结，岩石孔隙被大量充填，储层致密（图 6）。

（a）长石岩屑砂岩，颗粒线—凹凸接触，压实作用强，徐深44井，埋深4135.90m，沙河子组，正交偏光

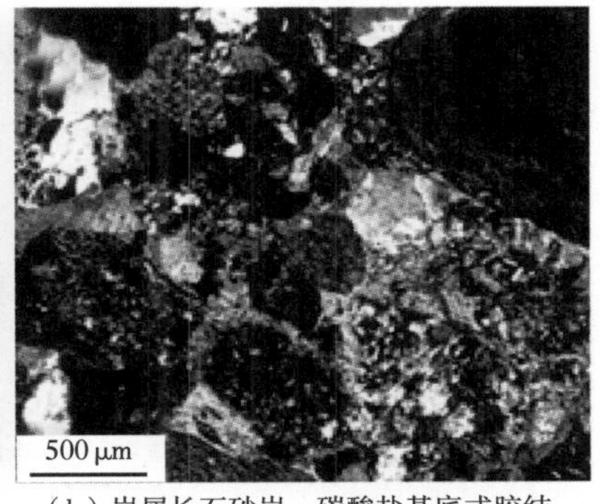

（b）岩屑长石砂岩，碳酸盐基底式胶结，孔隙被充填，达深21井，埋深3886.00m，沙河子组，正交偏光

（c）长石岩屑砂岩，颗粒线—凹凸接触，板深35井，埋深4180.56m，正交偏光

（d）岩屑长石砂岩，碳酸盐孔隙式—基底式胶结，孔隙被充填，板深 35 井，埋深4731.20m，正交偏光

图 6　裂谷盆地致密砂岩镜下特征

通过对松辽盆地致密砂岩气主力层系沙河子组（K_1sh）与渤海湾盆地致密砂岩气主力层系沙河街组（E*s*）埋藏史与孔隙度演化史分析认为，松辽盆地与渤海湾盆地砂岩储层致密期早于成藏期（图 7）。前已分析松辽盆地砂岩储层 3000m 以下达到致密，对应埋藏史约为 110Ma 开始致密，渤海湾盆地砂岩储层 4270m 以下达到致密，对应埋藏史约 27Ma 开始致密。松辽盆地天然气主成藏期为 100—75Ma[38]，渤海湾盆地天然气存在两期成藏，东营期—馆陶期与明化镇期[39-40]，以明化镇期为主，成藏时间为 10Ma 以后。可见，松辽盆地与渤海湾盆地砂岩储层在主成藏期以前已经达到致密，这种储层致密期早于成藏期有利于形成大面积规模储层，从而形成大面积岩性气藏。

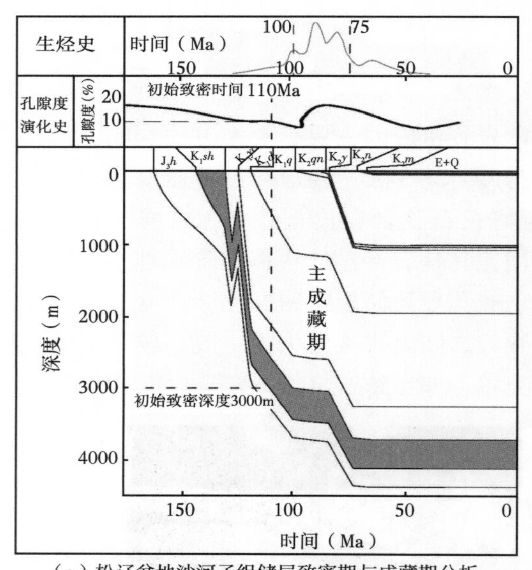

（a）松辽盆地沙河子组储层致密期与成藏期分析

（b）渤海湾盆地沙河街组储层致密期与成藏期分析

图 7　裂谷盆地砂岩储层致密期与成藏期分析

J_3h—火石岭组；K_1sh—沙河子组；K_1yc—营城组；K_1d—登娄库组；K_1q—泉头组；K_2qn—青山口组；K_2y—姚家组；K_2n—嫩江组；K_2m—明水组；E+Q—古近—新近系+第四系；E*s*—沙河街组；E*d*—东营组；E*g*—馆陶组；E*m*—明化镇组；Q—第四系

3　裂谷盆地致密砂岩气富集规律

3.1　近源聚集，断槽控制气藏分布

裂谷盆地致密砂岩气与常规天然气一样，具有近源优势聚集的特点。由于烃源岩分布受生烃断槽的控制，断槽从而控制了致密砂岩气气藏的分布。徐家围子断陷与歧口凹陷分别是目前松辽盆地与渤海湾盆地致密砂岩气勘探程度最高的地区，致密砂岩气气藏临近断槽分布，受断槽控制（图 8）。

松辽盆地徐家围子断陷徐深 1 井区沙河子组致密砂岩气 $\delta^{13}C_1$ 为 −28.3‰～−26.8‰，δD 为 −218‰～−216‰[41]，而该井区烃源岩 $\delta^{13}C_1$ 为 −28.8‰，δD 为 −237.3‰[42]，沉降中心徐东断槽深洼处烃源岩 $\delta^{13}C_1$ 为 −24.8‰，δD 为 −102‰［图 1（a）］，可见徐深 1 井区

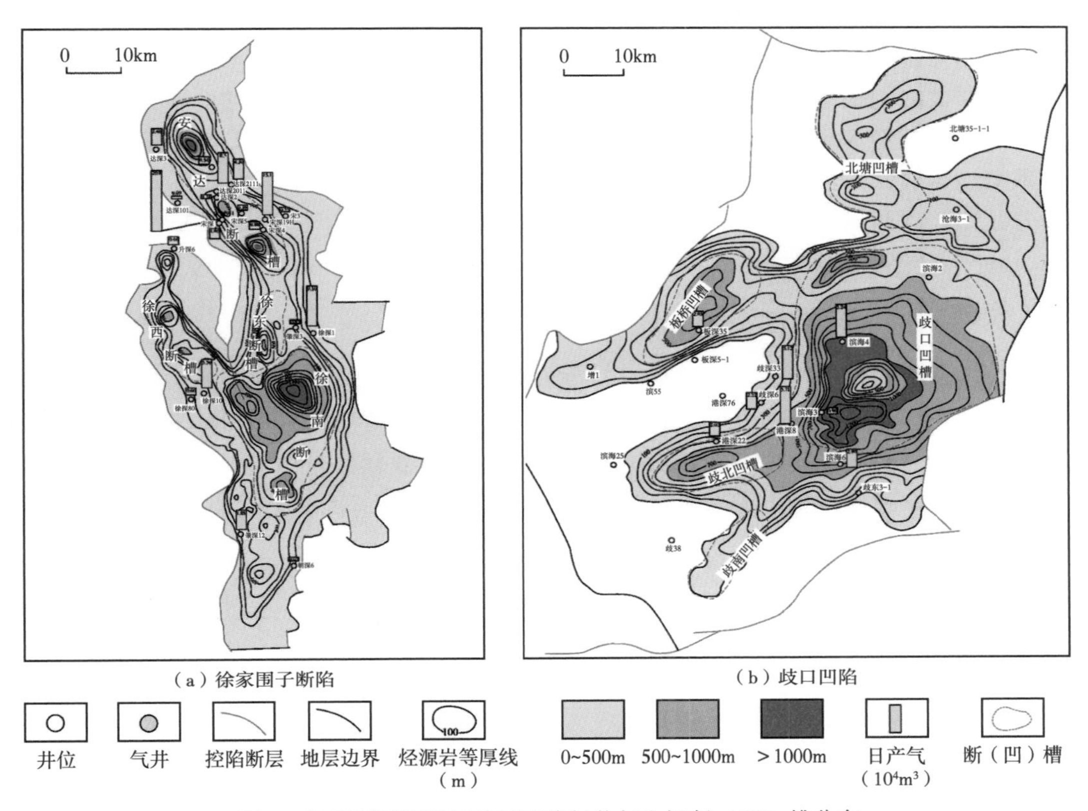

图 8 徐家围子断陷与歧口凹陷气井与生烃断(凹)槽分布

致密砂岩气藏 $\delta^{13}C_1$ 与 δD 值与该井区烃源岩更接近，从而说明了该井区烃源岩对致密砂岩气的成藏贡献更大，而距离较远的沉降中心徐东断槽烃源岩贡献较小，说明致密砂岩气近源成藏的规律。渤海湾盆地歧口凹陷歧深 1 井气源对比分析表明，该井沙三段天然气与沙三段泥岩热解轻烃可比性好，均含有高丰度的苯与甲苯，从而证实了气源来自沙三段烃源岩，为自源型气藏[43]，也体现了致密砂岩气近源聚集的特点。

3.2 沉积相带与构造带控制成藏有利区

3.2.1 陡缓两带三角洲前缘相为有利相带

裂谷盆地湖盆陡缓坡是天然气运移的指向区，在具备有利圈闭条件下富集成藏（图 2）。裂谷盆地砂体主要以陡缓两带扇三角洲与辫状河三角洲形式存在。三角洲前缘砂体一方面与湖盆内流体接触面积大，时间长，受流体溶蚀作用易发育溶蚀孔隙，另一方面与湖盆内烃源岩指状接触，互层发育，烃源岩生烃过程中排酸进一步对储层进行溶蚀改造形成大量溶蚀孔隙从而形成有利储层。松辽盆地陡坡带扇三角洲前缘与缓坡带辫状河三角洲前缘砂体物性好，砂砾岩平均孔隙度超过 5.0%，砂岩平均孔隙度超过 4.0%[44]。渤海湾盆地歧口凹陷研究资料表明，辫状河三角洲前缘及扇三角洲前缘砂岩物性好，平均孔隙度分别可达到 9.7%，9.2%，扇三角洲/辫状河三角洲前缘砂岩物性好于扇三角洲/辫状河三角洲平原物性，孔隙度大于 6%的砂岩可达 93%。

3.2.2 断阶带与背斜带是有利构造带

对于克拉通盆地而言，致密砂岩气的分布主要受岩性控制，而对于裂谷盆地而言，由于其盆地内部构造样式多样，构造带是控制致密砂岩气富集的一个不可忽视因素。裂谷盆地构造带主要包括断阶带及背斜带，二者都是有利的致密气聚集区（图 2）。断阶带由多组同向断层及之间夹持的地层组成，是致密砂岩气富集有利区，松辽盆地新突破的徐探 1 井就是典型的断阶带致密砂岩气藏类型［图 1（a）］。在渤海湾盆地歧北斜坡也发现了断阶型致密砂岩气藏。背斜带型致密砂岩气藏目前主要在渤海湾盆地有发现，如歧口凹陷歧深 6 井。因此，断阶带及背斜带等构造带往往也是致密砂岩气聚集成藏的有利指向区［图 1（b）］。

3.3 次生孔隙带与物性下限控制气藏富集段

次生孔隙带的出现打破了常规条件下储层物性随埋深增大变差的规律，改善了致密砂岩储层物性，为深层致密砂岩气勘探带来了新希望[45]。通过对松辽盆地与渤海湾盆地致密砂岩气产气井的统计发现，在较大的深度中仍然可以获得高产气流（图 9），这也侧面印证了次生孔隙带往往也是致密砂岩气富集段。

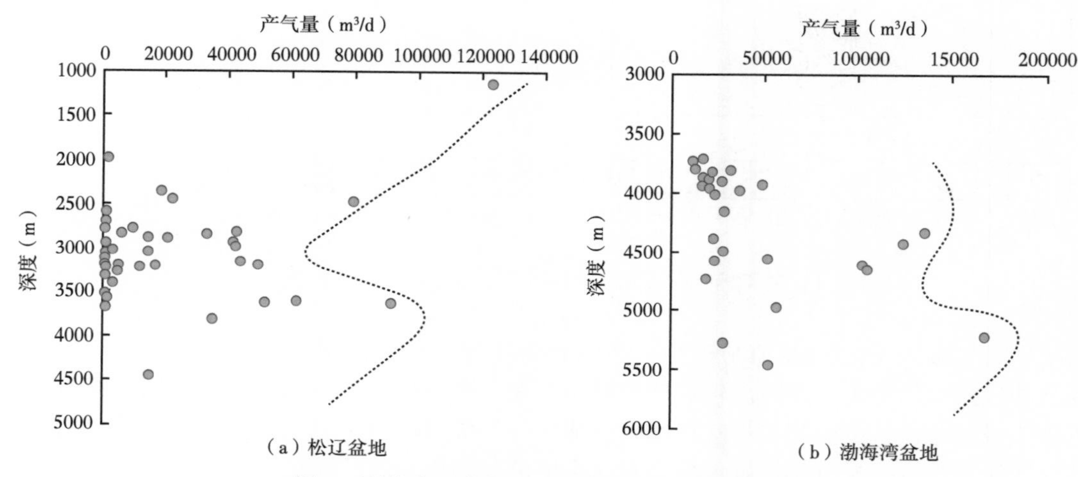

图 9　裂谷盆地致密砂岩气井产气量与深度关系

除了次生孔隙带以外，储层物性下限也控制气藏富集段，同时也一定程度决定了勘探深度。不同的裂谷盆地，储层致密程度随深度变化不同，致密砂岩气藏的储层物性下限也存在差别。前人对松辽盆地沙河子组碎屑岩致密储层的物性下限进行了研究，对于不同类型致密砂岩气储层，物性下限存在差异。砾岩由于裂缝发育，排驱压力明显低于砂岩及压裂效果好于砂岩等原因物性下限较砂岩低。前人研究提出砂岩物性下限为孔隙度为 3.5%，渗透率为 0.053mD，砾岩物性下限为孔隙度 2.7%，渗透率 0.05mD[44,46]。渤海湾盆地目前针对少数凹陷开展了致密砂岩储层物性下限研究，且各凹陷由于构造演化背景及储层成岩演化过程存在差异，物性下限也不一样。有学者对渤海湾盆地歧口凹陷砂岩储层物性下限进行了研究，认为深层天然气孔隙度下限为 7%，推测砂岩有效勘探深度大于 5800m[47]。在不考虑次生孔隙发育假设储层物性随深度是线性变化的情况下，结合松辽盆地深层沙河子组砂砾岩致密砂岩气物性统计图（图 5），分析认为沙河子组致密砂岩气砂岩储层有效勘探深度为 4000m 左右，砂砾岩储层物性受深度增加影响小，推测有效勘探深度达到 5000m 甚至更深。与松辽盆地相比，同样深度下，渤海湾盆地砂岩储层物性明显要好，由于缺少 5000m 以下深层物性数据，根据现有数据推测，以孔隙度下限为 7%作为标准，推测深层致密砂岩气有效勘探深度大于 6000m。

4 裂谷盆地致密砂岩气勘探应用与前景

4.1 勘探应用

在裂谷盆地致密砂岩气成藏理论认识的指导下，在松辽盆地徐家围子断陷陡坡与缓坡先后部署了宋深 9H 井与徐探 1 井，两口井均在沙河子组砂砾岩中获得高产气流。宋深 9H 井位于安达宋站地区陡坡扇三角洲前缘相，出气段砂砾岩储层孔隙度平均为 4.1%，渗透率平均为 0.05mD，徐探 1 井位于徐东地区缓坡断阶带辫状河三角洲前缘相，出气段砂砾岩储层孔隙度平均为 5.3%，渗透率平均为 0.44mD。宋深 9H 井与徐探 1 井的突破打开了松辽盆地深层沙河子组致密砂岩气勘探的场面。

自宋深 9H 井和徐探 1 井获得突破后，先后又在安达、徐西部署完钻了宋深 12H 井、达深 20HC 井、宋深 10 井和徐深 46H 等 12 口井，目前 9 口井获得工业气流，2 口待试。宋深 9H 井采用定产降压试采，压降基本稳定，产量 $5\times10^4m^3/d$，累计产气 $1219.36\times10^4m^3$，证实沙河子致密气可有效动用。2016 年在安达宋站地区提交了预测储量。

4.2 勘探前景与方向

我国裂谷盆地数量多，包括二连盆地、松辽盆地、渤海湾盆地等 11 个，总面积达 $1.35\times10^6km^2$，这些裂谷盆地油气资源丰富，同时也蕴含丰富的致密砂岩气资源。目前，由于受勘探程度的限制，致密砂岩气勘探主要在松辽盆地和渤海湾盆地有发现，这两大裂谷盆地致密砂岩气资源量高达 $2.67\times10^{12}m^3$，是近期增储稳产的重点现实领域。

中国石油第四次资源评价结果揭示松辽盆地致密砂岩气资源量约为 $2.2\times10^{12}m^3$，仅徐家围子断陷致密砂岩气资源量约为 $2395\times10^8m^3$[8]。以致密砂岩气勘探程度最高的徐家围子安达地区作为刻度区，优选断陷面积等 5 项参数对全盆地 26 个重点断陷进行排队，优选徐家围子、长岭等 8 个有利断陷作为松辽盆地致密砂岩气勘探有利区，预测有利面积约为 $5673km^2$，总资源量约为 $1.2\times10^{12}m^3$（表 3）。

表 3 松辽盆地致密砂岩气有利断陷资源分布

断陷	面积（km^2）	烃源岩厚度（m）	砂岩有利面积（km^2）	生气强度（$10^8m^3/km^2$）	资源量（$10^{12}m^3$）
徐家围子	3731	500～1200	1295	135.1	3500
长岭	3010	600～1000	1053	88.6	2500
梨树	2500	500～1100	875	110.5	2000
德惠	2608	400～800	900	58.5	1200
王府	1718	400～900	620	74.5	1000
莺山	1661	400～900	350	46.75	500
英台	688	400～900	300	59.9	600
孤店	603	200～800	280	40.9	500

渤海湾盆地深层致密砂岩气目前勘探程度非常低，有学者估算渤海湾盆地致密砂岩气资源量达到 $6.3\times10^{12}m^3$[48]，而古近系致密砂岩气资源量约 $4200\times10^8m^3$（埋深大于 4000m），主要分布在黄骅坳陷歧口凹陷及辽河坳陷，渤海湾盆地相比松辽盆地致密砂岩气藏具有埋藏更深的特点，但物性却相对更好。热演化程度相比松辽盆地低，既生油又生气。因此，对于渤海湾盆地而言，应结合不同凹陷地质特征、成烃演化史，准确评价烃源岩演化阶段，寻找有利气源岩，以气源灶为中心寻找有利砂岩储层。通过对渤海湾盆地综合地质特征及勘探现状分析认为，歧口凹陷歧北斜坡、滨海斜坡、板桥次凹、辽河西部凹陷双南—双台子构造带、辽河滩海中央构造带两翼斜坡带及冀中霸县凹陷文安斜坡等 6 个区带是致密砂岩气勘探的有利地区。

5 结论

（1）以松辽盆地与渤海湾盆地为代表的裂谷盆地致密砂岩气藏是受生烃断槽控制下的一类非常规气藏，气藏多发育于断陷陡缓坡，以岩性气藏为主，断阶带与背斜带发育构造—岩性气藏。气藏类型既有原生又有次生，高压特征明显，气藏部分存在边水底水，含气饱和度为 45%~85%。大多属于中—低丰度气藏。

（2）裂谷盆地致密砂岩气成藏机制上表现为多因素促源快速生气、多物源催生有利储层、长距离运移立体成藏，先致密后成藏有利配置。气藏富集上具有近源聚集，断槽控制气藏分布，沉积相带与构造带控制成藏有利区，次生孔隙带与物性下限控制气藏富集段的特点。

（3）中国裂谷盆地分布面积大，致密砂岩气资源量丰富。松辽盆地与渤海湾盆地致密砂岩气资源量达 $2.67\times10^{12}m^3$，具备良好的勘探前景。

参考文献

[1] Dong Z, Holditch S A, McVay D A, et al. Global unconventional gas resource assessments [R]. SPE, 2011.

[2] 田纳新，殷进垠，陶崇智，等．中东—中亚地区重点盆地油气地质特征及资源评价 [J]. 石油与天然气地质，2017，38（3）：582-591.

[3] 赵靖舟，李军，曹青，等．论致密大油气田成藏模式 [J]. 石油与天然气地质，2013，34（5）：573-583.

[4] 国家能源局．SY/T 6168—2009 气藏分类 [S]. 北京：石油工业出版社，2009.

[5] 杨华，刘新社，闫小雄．鄂尔多斯盆地晚古生代以来构造—沉积演化与致密砂岩气成藏 [J]. 地学前缘，2015，22（3）：174-183.

[6] 李剑，魏国齐，谢增业，等．中国致密砂岩大气田成藏机理与主控因素：以鄂尔多斯盆地和四川盆地为例 [J]. 石油学报，2013，34（增刊 1）：257-264.

[7] 李建忠，郭彬程，郑民，等．中国致密砂岩气主要类型、地质特征与资源潜力 [J]. 天然气地球科学，2012，23（4）：607-615.

[8] 邹才能，陶士振，袁选俊，等．“连续型”油气藏及其在全球的重要性：成藏、分布与评价 [J]. 石油勘探与开发，2009，36（6）：669-682.

[9] 孙丽娜，张明峰，吴陈君，等．不同成因类型致密砂岩气成藏过程及机理研究进展 [J]. 沉积学报，2015，33（5）：1013-1022.

[10] 邹才能，朱如凯，吴松涛，等．常规与非常规油气聚集类型、特征、机理及展望：以中国致密油和致密气为例［J］．石油学报，2012，33（2）：173-187.
[11] 蒋裕强，郭贵安，陈义才，等．川中地区须家河组天然气成藏机制研究［J］．天然气工业，2006，26（11）：1-3.
[12] 徐昉昊，袁海峰，黄素，等．川中地区须家河组致密砂岩气成藏机理［J］．成都理工大学学报（自然科学版），2012，39（2）：158-163.
[13] 任战利，萧明德，迟元林．松辽盆地古温度恢复［J］．大庆石油地质与开发，2001，20（1）：13-15.
[14] 杜金虎．松辽盆地中生界火山岩天然气勘探［M］．北京：石油工业出版社，2010：1-187.
[15] 张守春，张林晔，查明，等．压力抑制条件下生烃定量模拟实验研究：以渤海湾盆地济阳坳陷为例［J］．石油实验地质，2008，30（5）：522-526.
[16] 朱光有，张水昌，王拥军，等．渤海湾盆地南堡大油田的形成条件与富集机制［J］．地质学报，2011，85（1）：97-113.
[17] 杨华，席胜利，魏新善，等．鄂尔多斯盆地大面积致密砂岩气成藏理论［M］．北京：科学出版社，2016，1-378.
[18] 胡望水，吕炳全，张文军，等．松辽盆地构造演化及成盆动力学探讨［J］．地质科学，2005，40（1）：16-31.
[19] 卞从胜，汪泽成，徐兆辉，等．构造沉降梯度对盆地沉积体系发育的控制作用［J］．中国石油勘探，2014，19（3）：31-39.
[20] 马德文，邱楠生，谢增业，等．川中地区上三叠统须家河组气田异常高压演化研究［J］．沉积学报，2011，29（5）：953-961.
[21] 窦立荣．陆内裂谷盆地的油气成藏风格［J］．石油勘探与开发，2004，31（2）：29-31.
[22] 赵文智，邹才能，汪泽成，等．富油气凹陷“满凹含油”论：内涵与意义［J］．石油勘探与开发，2004，31（2）：5-13.
[23] 孟元林，李亚光，牛嘉玉，等．渤海湾盆地北部深层碎屑岩储层孔隙度影响因素探讨［J］．中国海上油气，2007，19（3）：154-156.
[24] 刘锐娥，吴浩，魏新善，等．酸溶蚀模拟实验与致密砂岩次生孔隙成因机理探讨：以鄂尔多斯盆地盒8段为例［J］．高校地质学报，2015，21（4）：758-766.
[25] 赵泽辉，徐淑娟，姜晓华，等．松辽盆地深层地质结构及致密砂岩气勘探［J］．石油勘探与开发，2015，43（1）：12-23.
[26] 李军，赵靖舟，凡元芳，等．鄂尔多斯盆地上古生界准连续型气藏天然气运移机制［J］．石油与天然气地质，2013，34（5）：592-599.
[27] 胡阳，吴智平，钟志洪，等．珠江口盆地珠一坳陷始新世中—晚期构造变革特征及成因［J］．石油与天然气地质，2016，37（5）：779-785.
[28] 张善文，张林晔，李政．济阳坳陷孤北潜山煤成气成藏过程分析［J］．天然气地球科学，2009，20（5）：670-677.
[29] 李丕龙，庞雄奇．陆相断陷盆地隐蔽油气藏形成：以济阳坳陷为例［M］．北京：石油工业出版社，2009：54-94.
[30] 李运振，刘震，赵阳，等．济阳坳陷断陷湖盆类型与输导体系发育特征的关系分析［J］．西安石油大学学报（自然科学版），2007，22（4）：47-52.
[31] 张成，解习农，郭秀蓉，等．渤中坳陷大型油气系统输导体系及其对油气成藏控制［J］．地球科学（中国地质大学学报），2013，38（4）：807-818.
[32] 李洪香，董越琦，王国华，等．歧口凹陷斜坡区岩性油气藏成藏机制与富集规律［J］．特种油气藏，2013，20（3）：19-22.

[33] 贾东，武龙，闫兵，等．全球大型油气田的盆地类型与分布规律［J］．高效地质学报，2011，17（2）：170-184.
[34] 张晓东，于晶，张大智，等．徐家围子断陷沙河子组致密气成藏条件及勘探前景［J］．大庆石油地质与开发，2014，33（5）：86-91.
[35] 张大智，张晓东，杨步增．徐家围子断陷沙河子组致密气地质甜点综合评价［J］．岩性油气藏，2015，27（5）：98-103.
[36] 刘超．徐家围子断陷沙河子组致密气生储盖条件及成藏特征研究［D］．大庆：东北石油大学，2015.
[37] 冯子辉，王循，李欣，等．致密砂砾岩气形成主控因素与富集规律：以松辽盆地徐家围子断陷下白垩统营城组为例［J］．石油勘探与开发，2013，40（6）：650-656.
[38] 陆加敏，刘超．断陷盆地致密砂砾岩气成藏条件和资源潜力：以松辽盆地徐家围子断陷下白垩统沙河子组为例［J］．中国石油勘探，2013，40（6）：53-60.
[39] 于学敏，姜文亚，何炳振，等．歧口凹陷古近系天然气藏主要特征［J］．石油与天然气地质，2012，33（2）：183-189.
[40] 董越崎，李洪香，王莉，等．歧口凹陷歧北斜坡岩性油气藏及其勘探方法［J］．天然气地球科学，2014，25（10）：1630-1636.
[41] 戴金星，等．中国煤成气大气田及气源［M］．北京：科学出版社，2014：1-424.
[42] 薛海涛，刘海英，卢双舫，等．松辽盆地徐深1井气藏气源的氢、碳同位素特征［J］．地质科学，2009，44（2）：635-644.
[43] 国建英，于学敏，李剑，等．歧口凹陷歧深1井气源综合对比［J］．天然气地球科学，2009，20（3）：392-399.
[44] 王成，赵海玲，邵红梅，等．松辽盆地北部登娄库组砂岩次生孔隙形成时期与油气成藏［J］．矿物岩石学杂志，2007，26（3）：253-258.
[45] 秦伟军，李娜，付兆辉．高邮凹陷深层系有效储层形成控制因素［J］．石油与天然气地质，2015，36（5）：788-792.
[46] 蔡来星，卢双舫，王蛟，等．松辽盆地北部肇州区块沙河子组致密储层主控因素［J］．成都理工大学学报（自然科学版），2016，43（1）：24-34.
[47] 滑双君，于超，孙超囡．歧口凹陷深层储层控制因素与有效储层下限分析［J］．延安大学学报（自然科学版），2014，33（4）：56-60.
[48] 李欣，李建中，杨涛，等．渤海湾盆地油气勘探现状与勘探方向［J］．新疆石油地质，2013，34（2）：140-144.

本文原刊于《石油与天然气地质》，2017年第38卷第6期。

致密砂岩天然气运聚可视化定量模拟新技术及应用

谢增业[1] 李 剑[1] 吴 飞[2] 董才源[1]
国建英[1] 张 璐[1] 赵 洁[3]

1. 中国石油勘探开发研究院廊坊分院,
中国石油天然气集团公司天然气成藏与开发重点实验室
2. 苏州纽迈分析仪器股份有限公司
3. 中国科学院大学渗流流体力学研究所

摘要: 大面积致密砂岩含气饱和度普遍较低、气水分布关系复杂,其内在控制因素及如何定量表征仍需深入研究。研发了将低场核磁共振与一维成藏物理模拟技术有机结合的天然气运聚可视化在线定量物理模拟新技术,不仅实现了高压下天然气在岩样中运聚的动态可视化,而且可以定量表征不同压力下各孔径的储集空间对流体饱和度的贡献。结果表明,四川盆地须家河组气藏储层孔隙半径为0.01~20μm,孔隙半径大于10μm和0.01~0.1μm的这些孔隙所占比例均很小,它们对含气饱和度的贡献不大;当充注压差小于1MPa和1~10MPa时,对含气饱和度贡献大的分别是1~10μm和0.1~1μm孔径的储集空间;压差大于10MPa时,各部分孔隙的含气饱和度变化均不大。在30MPa左右的充注压力下,最终含气饱和度为66%左右,与须家河组气藏的实际含气饱和度值(主峰50%~65%)非常吻合。天然气充注压力和储层孔隙半径大小是控制储层含气饱和度的关键因素。新技术可为不同类型天然气成藏机制、气水分布规律等研究提供重要技术支持,应用前景广阔。

关键词: 致密砂岩;天然气;可视化;模拟实验;核磁共振;须家河组;四川盆地

致密砂岩气在中国天然气储量中占举足轻重的地位[1]。随着天然气勘探的不断深入和资源劣质化的加剧,致密砂岩气在整个天然气中的比重将逐渐增大。截至2015年底,我国探明天然气地质储量达$11.2\times10^{12}m^3$,其中致密砂岩气储量为$4.6\times10^{12}m^3$,约占总探明天然气储量的41%。这些已发现致密砂岩气藏低孔、低渗透—特低渗透的特征,使得流体在这些致密砂岩储层中的流动性差,导致气藏中气、水分布关系复杂[2-8],勘探开发难度增大。如四川盆地大川中地区已发现的安岳、合川、广安、充西、荷包场等一批大中型须家河组致密砂岩气田,探明天然气地质储量超过$6000\times10^8m^3$,但气藏含水普遍,储层孔隙度主要为6%~13%,渗透率主要为0.05~1mD,含气饱和度为40%~80%(主体区间50%~65%)。可见,须家河组气藏含水饱和度高是导致气、水分布关系复杂的主要原因,但控制含气(或含水)饱和度的关键因素是什么?以及如何来定量表征含气饱和度与控制因素的关系?针对这些问题,作者以近年迅速发展起来且应用广泛的核磁共振技术为核心,将其与一维物理模拟实验技术有机结合,研发了高温高压下天然气运聚可视化在线定量模拟实验新技术,可实现天然气在致密砂岩中运聚过程的可视化,并定量表征流体饱和度与天然气充注动力、岩石孔隙半径的关系，为致密砂岩天然气成藏机制、开发渗流机理及气、水分布规律等研究提供新的技术手段。

1 实验技术方法与条件

1.1 技术方法

研究天然气运聚的物理模拟实验技术包括一维、二维和三维模拟技术[9]。一维运聚模拟主要是确定天然气注入真实岩心（主要为砂岩）所需的临界条件（主要是压力），确定天然气运移的渗流特征，判断天然气运移的渗流流态（达西流/非达西流）[10-11]，研究砂岩储层天然气的成藏动力。不足之处是饱和度测定过程较为烦琐，每次驱替后需将岩心样品取出后用天平进行称量，这既有来自天平的系统误差，又有样品取出后暴露在空气中水分自然挥发带来的不利影响；天然气充注动力压力梯度的测定一般采用逐步增压或衰减法测定，这两种方法均有不足之处，逐步增压的实验中，每个压力点只恒压一定时间，如果出口端没有气体流出，就认为天然气没有发生充注，需要增加到下一个压力点再进行恒压，直到夹持器出口端产出均速气流为止，实际上，天然气充注动力是天然气进入样品时所需的压力，由于样品有一定长度，气体注入流速又很慢，因此，在一个恒定时间段内，气体很可能无法到达出口端，而按照实验规程，此时的充注压力已经升到下一个压力点，所以，通过增压法测定的天然气充注动力往往偏大；而衰减法测定的是含气饱和度比较高情况下的充注压力，比天然气要进入完全饱和水的岩心所需的压力要低。此外，一维运聚模拟不能实现模拟过程的可视化。二维、三维天然气成藏物理模拟技术虽然可以可视化模拟过程，不足之处是实验只能在室温条件的填砂模型上进行，不能反映真实岩心的实际情况，且二维模拟最大充注压力仅为1MPa，三维模拟最大工作压力小于或等于5MPa，难以再现地层条件下天然气的运聚特征。

低场核磁共振技术是近年来迅速发展起来的一种快速、无损分析技术，主要是测量岩石孔隙中含H流体的弛豫特征。将样品放入磁场中之后，通过发射一定频率的射频脉冲，使H质子发生共振，H质子吸收射频脉冲能量。当射频脉冲结束之后，H质子会将所吸收的射频能量释放出来，通过专用的线圈就可以检测到H质子释放能量的过程，这就是核磁共振信号[12]。由于油、气、水中均含有氢核，其能量释放速度不同，它们会产生不同的核磁共振信号，因此，核磁共振技术不仅可以检测岩石样品的孔径分布、孔隙度、渗透率和可动流体百分数等重要物性参数，还可以识别岩石中的油、气、水。利用核磁共振来研究岩石孔隙结构、流体（主要是油和水）饱和度等的技术较为成熟，相关研究成果也较多[13-21]，但在较高实验压力条件下，实现天然气在致密砂岩储层中的运聚可视化模拟及定量表征天然气充注压力、储层孔隙半径、流体饱和度之间关系的研究尚未见报道。为了实现这些目标，作者研发的天然气可视化在线定量模拟实验新装置最高温度达170℃，最大工作压力70MPa。实验过程中，通过在线检测不同充注实验条件下岩石样品的横向弛豫时间 T_2 分布谱，可以得到不同弛豫时间下的流体饱和度，并可建立弛豫时间与岩石孔径之间的关系。因此，该技术可以在线无损耗确定天然气运聚模拟过程中天然气压力、储层非均质性（如孔喉大小）等的定量关系，实时可视化监测天然气充注、运聚过程，解决实际地层条件下，天然气在不同渗透率储层运聚过程中渗流能力，合理解释致密砂岩等气藏复杂的气、水分布关系等现象。

1.2 样品与条件

实验样品采自四川盆地安岳气田岳8井须二段2251.89~2252.09m砂岩，样品孔隙度为11.5%，渗透率为0.437mD，岩石密度为2.35g/cm^3。充注用气体为高纯甲烷气。

实验是在中国石油勘探开发研究院廊坊分院天然气成藏与开发重点实验室设备“天然气成藏与开发可视化动态模拟系统（MacroMR12-150H-HTHP-I）”上完成的。设备主要包括油气充注系统（高温高压岩心夹持器、供气源等）、流体检测系统（大口径低场核磁共振仪）和数据采集、成像处理系统等，由苏州纽迈电子科技有限公司生产。该设备共振频率12MHz；磁体均匀区为直径150mm球体；探头线圈均匀区为直径70mm×长度60mm圆柱体；磁体温度25~35℃；核磁共振专用岩心夹持器耐温170℃，耐压70MPa，岩心直径25mm，岩心长度60mm。核磁共振弛豫测量采样参数：等待时间TW=3500ms；回波间隔TE=0.2ms；回波个数NECH=5000；累加次数NS=64次。核磁共振成像测量采样参数：等待时间TW=250ms；FOV：80mm×80mm；累加次数NS=16次。利用该设备，可以得到岩样饱和水及不同充注压力下流体的T_2谱。岩样饱和水状态下的T_2分布与压汞孔喉分布结合可得到T_2弛豫时间与喉道半径的对应关系，对比不同充注状态下水相核磁信息的变化即可得到可动水及残余水在孔隙中的分布，并进一步确定甲烷取代可动水的含量。具体实验步骤如下。

（1）将岩心放入真空饱和装置中抽真空，然后在30MPa条件下饱和水8~12h。

（2）将已饱和水的岩心样品装进岩心夹持器中，连接好两端气路。按同样的充注压力，以固定回压和固定充注压差两种方式进行模拟实验（表1）。充注压力指的是进入岩心夹持器（即岩样）之前的压力，回压是经过岩样之后的出口端压力，入口压力与回压的差值即为充注压差。实验中，还需在岩心夹持器外围施加高于充注压力5MPa左右的围压。

表1 模拟实验压力条件参数表

实验	充注压力（MPa）	回压（MPa）	充注压差（MPa）
实验1	0.5；0.7；0.9；1.1；1.3；1.6；1.9；2.2；2.6；3；3.6；5.6；8.6；10.7；12.5；16；20.5；24.7；30	0.5	初始；0.2；0.4；0.6；0.8；1.1；1.4；1.7；2.1；2.5；3.1；5.1；8.1；10.2；12；15.5；20；24.2；29.5
实验2	0.5；0.9；1.1；1.3；1.85；2.15；2.5；3.0；3.5；5.5；7.5；9.5；12.5；15.5；20.5	初始；0.4；0.6；0.8；1.0；1.35；1.65；2.0；2.5；3.0；5.0；7.0；9.0；12；15；20	0.5

2 实验结果及应用

2.1 运聚过程可视化

低场核磁共振设备原本用于食品、生物医药领域，样品直接放入核磁共振的磁体腔内进行测试。为了研究流体在岩心中的流动状态，纽迈电子与上海大学联合开发了首套低场核磁共振岩心流动成像系统，并实现了流体运移过程的可视化[22]，但其局限于常温常压下的水驱油的实验。为了适应地层条件下天然气运聚状态的模拟，中国石油勘探开发研究院廊坊分院与纽迈电子科技有限公司联合研发了首套高温高压天然气可视化动态模拟系统，并应用该设备开展了致密砂岩气运聚可视化的成像初步研究。实验结果表明，在回压恒定为 0.5MPa 和压差恒定为 0.5MPa 条件下，随着充注压差的增大，甲烷驱替砂岩中孔隙水的动态变化如图 1 所示。图 1（a）至图 1（f）展示了 0.5MPa 回压不同压差下岩石中水的赋存状态及含量变化的核磁共振成像效果图。初始状态的图像即为岩石被甲烷驱替前完全饱和水的状态，颜色越深处，反映岩石含水量越多；随着甲烷驱替压力的增大，岩石中的游离水逐渐被排出，颜色变浅；最终残留在岩石中的即视为不能被驱替的束缚水。图 1（g）至图 1（l）展示了 0.5MPa 压差不同回压下的成像效果图，随着回压的最大，图像颜色有些变化，但变化不很明显，反映其残留在岩样中的水含量仍然较高，这主要是由于实验压差较小所致。

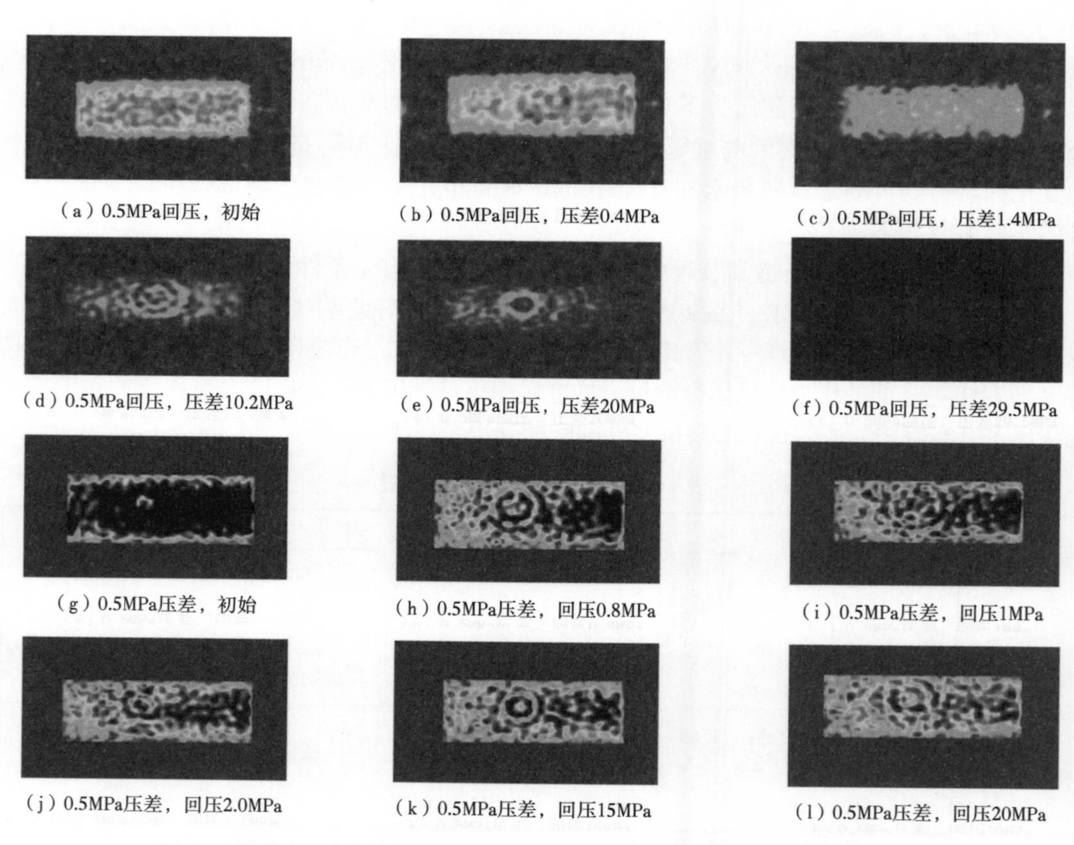

图 1　不同压差、不同回压下甲烷驱替饱和水砂岩的核磁共振成像效果图

2.2　流体饱和度定量表征

岩石中游离水、束缚水及甲烷含量的变化可在图 2 中进行定量表征。图 2（a）为不同压差下甲烷驱替岩石中水的原始横向弛豫时间 T_2 谱图，纵坐标为核磁共振信号强度，强度越大，表示岩石中含氢流体的含量越高；横坐标为弛豫时间，坐标值越大，反映岩石孔

隙半径越大。初始（0）的曲线包络线反映了岩石中游离水、束缚水总的核磁共振强度，信号强度越大，反映含水量越高；当充注压力增大到某一定值时，0与该压力的曲线包络线之间的差值即为排出的游离水量；最大压力（29.5MPa）的曲线包络线即视为岩石的束缚水量。由图可见，随着充注压差的最大，岩石中被驱替出的游离水量逐渐增大，而且大孔径中的游离水量较小孔径的变化明显。

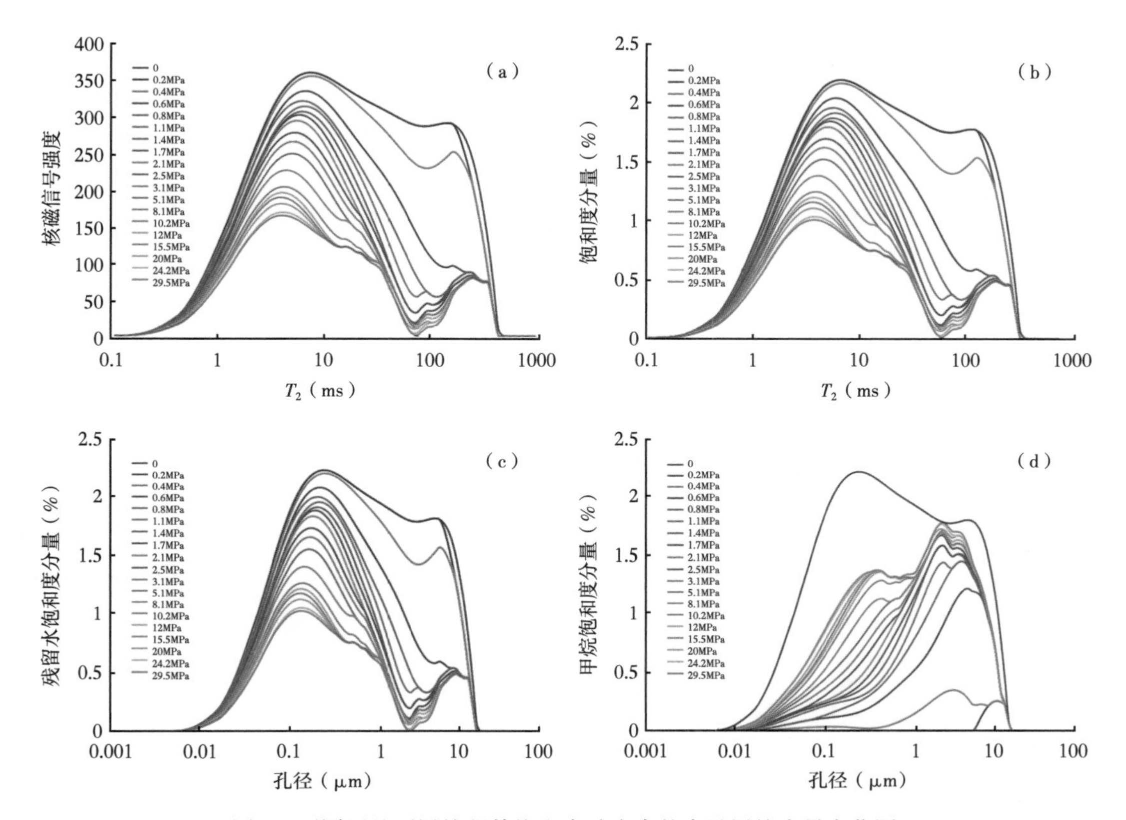

图2 不同压差下甲烷驱替饱和水砂岩中的水及甲烷含量变化图

核磁共振 T_2 谱曲线不仅可以定性分析含氢流体的变化，而且可以定量表征岩石的孔隙结构、流体饱和度［图2（b）］等，具有相当丰富的数字信息。由孔隙介质核磁共振弛豫理论可知，孔隙流体的横向弛豫机制包括自由弛豫、表面弛豫、扩散弛豫，如下式所示：

$$\frac{1}{T_2}=\frac{1}{T_{2B}}+\frac{1}{T_{2S}}+\frac{1}{T_{2D}} \tag{1}$$

式中，T_2 是孔隙流体的横向弛豫时间；T_{2B}是横向自由弛豫时间；T_{2S}是横向表面弛豫时间；T_{2D}是横向扩散弛豫时间。

自由弛豫，也称体弛豫，是流体本身的核磁共振弛豫性质，它由流体的物理性质（黏度、化学成分等）决定，同时还受温度、压力等环境因素的影响。

表面弛豫是孔隙中的流体分子与固体颗粒表面不断碰撞造成能量衰减的过程，其表达式如下式：

$$\frac{1}{T_{2S}}=\rho_2\frac{S}{V} \tag{2}$$

式中，ρ_2是岩石横向表面弛豫强度；S/V 是岩石比表面积。

存在固定磁场梯度时，分子扩散引起的增强横向弛豫速率称为扩散弛豫，其表达式如下：

$$\frac{1}{T_{2D}}=\frac{(\gamma G T_E)^2 D}{12} \tag{3}$$

式中，D 是流体的扩散系数；γ 是氢核的旋磁比；G 是磁场梯度；T_E 是 CPMG 脉冲序列的回波间隔。

由于 T_{2B}的数量级是秒，T_{2S}的数量级是毫秒，并且主磁场是均匀场（$G=0$），T_E 使用最小回波间隔，因此 T_{2D}和 T_{2B}可以忽略，如下式：

$$\frac{1}{T_2}\approx\frac{1}{T_{2S}}=\rho_2\frac{S}{V} \tag{4}$$

假设岩心的孔隙形状是半径为 r 的圆柱，满足下式：

$$\frac{1}{T_2}=\rho_2\frac{S}{V}=\rho_2\frac{2}{r} \tag{5}$$

因此，通过上式就可以建立 T_2与孔隙半径 r 的对应关系，许多学者对此进行过研究[12-15]。图 2（c）为岩石孔径与不同孔径对应的残留水饱和度分量（即甲烷驱替过程中，孔隙剩余水中某个弛豫时间或者某个孔径对应的孔隙体积占总孔隙体积的百分比）关系图，该岩石孔隙半径分布在 0.01~20μm 之间，主要为 0.01~3μm。孔径大于 1μm 左右时，随压力增大，岩石中被驱替的游离水变化明显，最终残留水少；孔径小于 1μm 左右时，虽然也有随压力增大残留水含量降低的趋势，但变化幅度相对较低。由于实验中所用气体为甲烷，孔隙中游离水被驱替出后，其原有空间被甲烷所取代，因此，可以建立岩石孔径与不同孔径对应的甲烷饱和度（即甲烷驱替过程中，甲烷占据的某个弛豫时间或者某个孔径对应的孔隙体积占总孔隙体积的百分比）的关系，随压力增大，甲烷饱和度增加［图 2（d）］。

不同压力下，岩石中不同孔径对含气饱和度究竟有多大的贡献？为此，建立了充注压差与含气饱和度的关系图（图 3）。由图 3 可见，对于孔隙半径小于 0.01μm 的这部分孔隙，随压力增大，其含气饱和度甚微且基本不变，表明这部分孔隙几乎没有贡献。孔隙半径大于 10μm 和 0.01~0.1μm 的这些孔隙所占比例均很小，因此它们对含气饱和度的贡献也不大。对含气饱和度贡献最大的当属 1~10μm 和 0.1~1μm 这些孔隙，其中，当压差小于 1MPa 时，主要是 1~10μm 的这些孔隙起主要作用，当压差大于 1MPa 时，1~10μm 的这些孔隙的含气饱和度变化不大，而起主要作用的是 0.1~1μm 这部分孔隙，直至压差大于 10MPa 时，这部分孔隙才基本充满，压力增大后，这些孔隙的含气饱和度也变化不大。从这个样品的累积含气饱和度分析，压差小于 1MPa 时，累积含气饱和度小于 40%；压差小于 10MPa 时，累积含气饱和度小于 60%；压差达到 29.5MPa 时，含气饱和度为 66%；即使实验压力再增大，最终的含气饱和度的增加量也非常有限。也即表明这一样品的含气饱和度充其量只有 70%左右。这一结果可以很好地解释四川盆地大川中地区须家河组气藏气水分布复杂的现象。

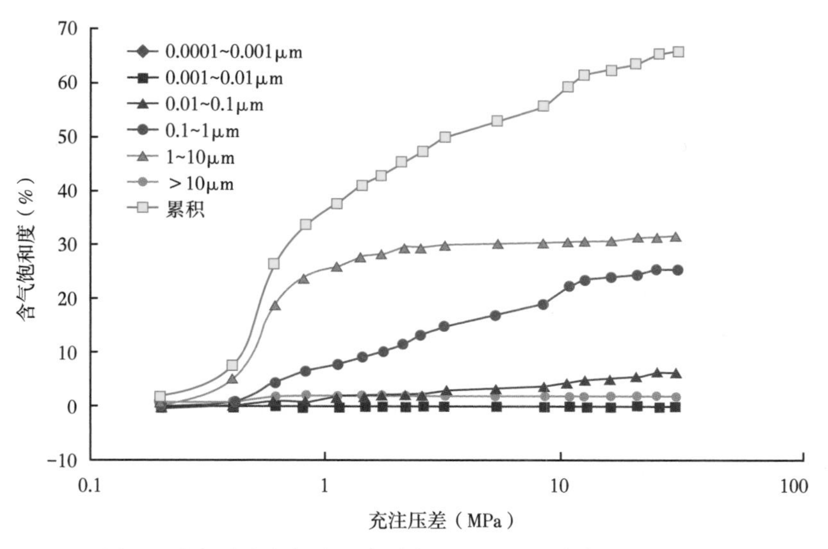

图 3　致密砂岩含气饱和度随充注压差及孔隙半径的变化图

压差恒定为 0.5MPa，随着充注压力和回压的增大，只有 1~10μm 这些孔隙中的水被驱替出去的现象较为明显，小于 1μm 孔径的这些部分则无明显变化（图 4），这就导致其最终含气饱和度小于 40%。这一结果说明了在充注动力不足时，天然气难以进入致密砂岩储层中，从而形成储层含水饱和度高的现象。

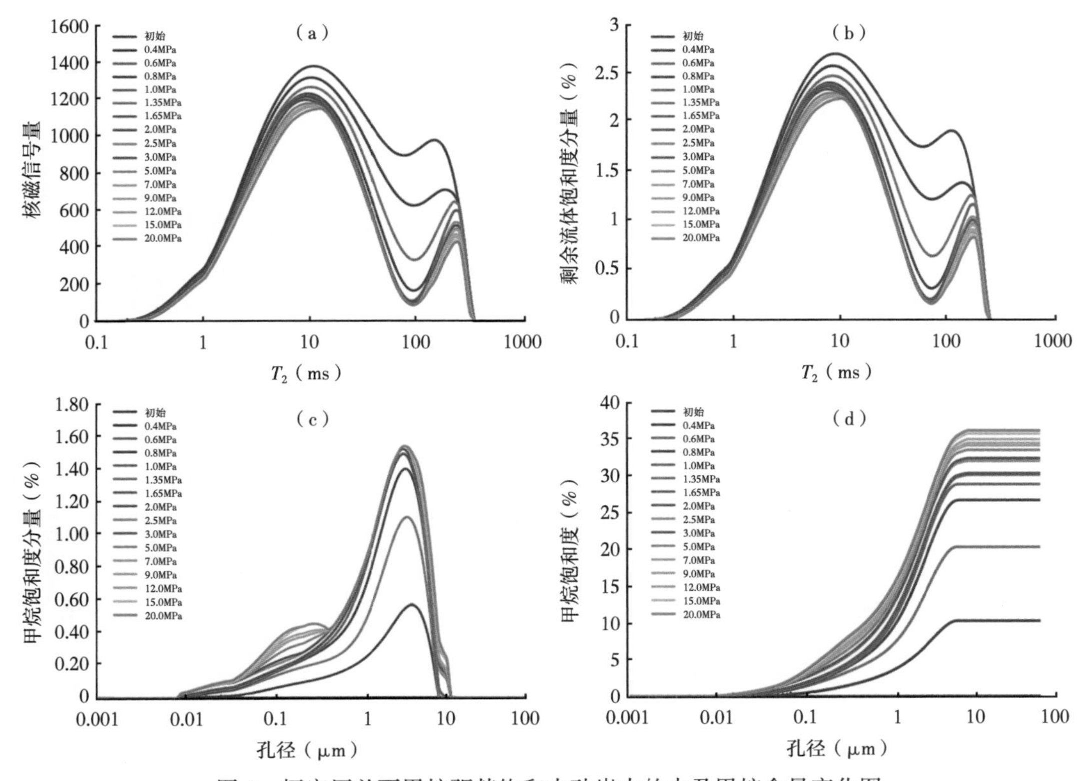

图 4　恒定压差下甲烷驱替饱和水砂岩中的水及甲烷含量变化图

四川盆地大川中地区须家河组已发现的安岳、合川、广安、充西、荷包场等大中型气田，含气饱和度分布在40%~80%，主要区间为50%~65%，不同气田、不同层段的含气饱和度略有差异（图5）。层系上，须六气藏含气饱和度最低，含气饱和度小于60%的占98%；须二段和须四段气藏含气饱和度大体相当，主体分布区间均为50%~65%。区域上，须四气藏含气饱和度是充西（均值60.9%）>广安（均值56.9%）>荷包场（均值57.9%）；须二气藏含气饱和度是合川（均值60.2%）>安岳（均值58.3%）>荷包场（均值56.3%）。这些气田的气藏含气饱和度相对较低也就意味着含水饱和度相对较高，从而出现了气、水分布复杂的现象，而其内在的本质则是受储层孔隙大小及气源供给压力等因素耦合的控制。

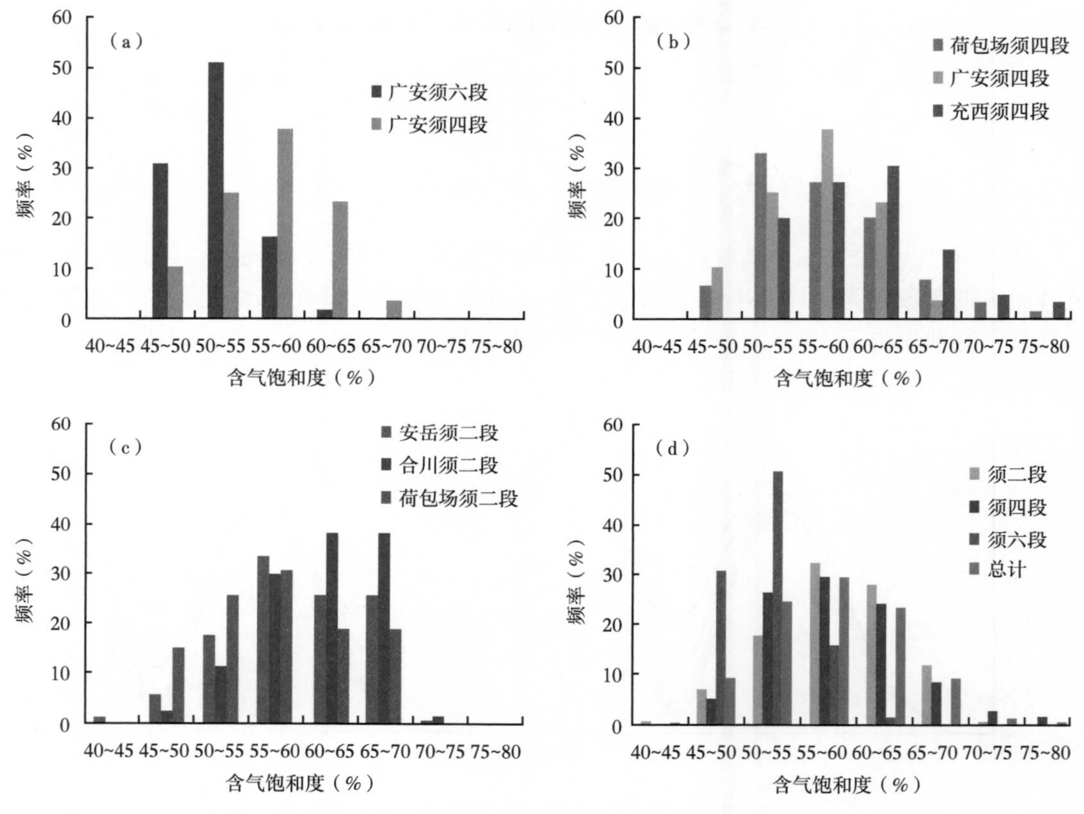

图5　四川盆地主要气田须家河组气藏含气饱和度频率分布直方图

统计结果表明，四川盆地大川中地区主要气田须家河组气藏储层孔隙度平均值介于8.2%~11.0%，平均渗透率介于0.176~3.174mD，最大孔喉连通半径介于0.684~4.42μm，中值喉道半径0.093~0.483μm（表2）。另外，大川中地区须家河组烃源岩的生气强度一般小于$20\times10^8m^3/km^2$，充注动力相对较低。马德文等[23]研究了川中地区须家河组气藏异常压力演化史，认为在烃源岩生烃阶段，储层压力也相应的增加，烃类充注的异常压力形成的主要因素之一，储层中剩余压差可达5~25MPa，在不同区域有所差异，八角场地区最大。从具有相似地质背景及生气强度值的鄂尔多斯盆地苏里格气田上古生界在主成藏期烃源岩产生的流体过剩压力为13~22MPa[24]情况推测，四川盆地须家河组烃源岩在主成藏期产生的流体过剩压力最大也不过30MPa左右。因此，须家河组致密砂岩储层的低孔、低渗透及低孔喉半径的特征及相对低的充注压力，决定了须家河组气藏的含气饱和度以小于70%为主，模拟实验结果比较客观地反映了须家河组气藏含气饱和度较低、气水分布复杂的内在原因。

表 2　四川盆地须家河组主要气田储层物性参数表

气田	层位	孔隙度（%）	渗透率（mD）	孔喉大小（μm）
安岳	须二段	7.1~12.9/8.6	0.001~8.99/0.48	最大孔喉连通半径 0.501~1.147/0.684 中值孔喉半径 0.033~0.175/0.093
合川	须二段	6.4~14.6/8.2	0.022~1.656/0.191	最大孔喉连通半径 0.4~3.25 中值孔喉半径 0.045~0.34
广安	须六段	6.1~13.7/8.3	0.025~1.589/0.176	最大孔喉连通半径 0.404~9.94 中值孔喉半径 0.035~0.42
	须四段	6.3~12.8/9.1	0.095~1.362/0.327	最大孔喉连通半径 0.25~40.15/2.05 中值孔喉半径 0.03~2.223/0.174
充西	须四段	6.2~14.4/8.8	0.287~2.673/0.607	最大孔喉连通半径 0.81~6.193/4.42 中值孔喉半径 0.169~1.00/0.483
荷包场	须四段	7.2~16.5/9.4	0.142~26.9/2.357	最大孔喉连通半径 0.629~39.24/4.167 中值孔喉半径 0.038~0.348/0.168
	须二段	8.3~16.0/11.0	0.114~21.07/3.174	最大孔喉连通半径 0.252~25.287/3.794 中值孔喉半径 0.015~0.577/0.230

注：最小值~最大值/平均值。

3　结论与展望

（1）低场核磁共振与一维成藏模拟有机结合的新技术，实现了天然气在致密砂岩中运聚的可视化动态模拟，并可定量表征流体饱和度与充注动力、岩石孔径大小的关系。

（2）天然气充注压力与储层孔径大小是控制含气饱和度的关键因素，两者的耦合决定了储层的含气饱和度。低孔径、相对较低生气强度是决定须家河组致密砂岩含气饱和度低（主体为50%~65%）、气水分布复杂的主要原因。

（3）因文中涉及的新技术目前只开展室温和30MPa条件下的实验，高温高压的模拟测试工作正在调试中。届时新技术将可以进行致密砂岩、碳酸盐岩、火山岩、页岩、煤等各类岩石孔隙度、孔径分布、渗透率、含油饱和度等常规参数分析，实现高温高压条件下的气水赋存状态及运聚的可视化在线检测及岩石中油、水（束缚水、自由水）的可视化识别及定量分析等，具有广阔的应用前景。

参 考 文 献

[1] 戴金星，倪云燕，吴小奇．中国致密砂岩气及在勘探开发上的重要意义［J］．石油勘探与开发，2012，39（3）：257-264.
[2] 邹才能，陶士振，朱如凯，等．“连续型”气藏及其大气区形成机制与分布：以四川盆地上三叠统

须家河组煤系大气区为例［J］. 石油勘探与开发，2009，36（3）：307-319.
［3］赵靖舟，李军，曹青，等. 论致密大油气田成藏模式［J］. 石油与天然气地质，2013，34（5）：573-583.
［4］罗超，贾爱林，何东博，等. 四川盆地广安气田须四段、须六段致密砂岩气藏气水分布对比［J］. 天然气地球科学，2016，27（2）：359-370.
［5］郝国丽，柳广弟，谢增业，等. 广安气田上三叠统须家河组致密砂岩储层气水分布特征［J］. 中国石油大学学报（自然科学版）2010，34（3）：1-7.
［6］陈涛涛，贾爱林，何东博，等. 川中地区须家河组致密砂岩气藏气水分布形成机理［J］. 石油与天然气地质，2014，35（2）：218-223.
［7］黄小琼，张连进，郑伟，等. 安岳地区上三叠统须二上亚段致密砂岩气藏气井产能控制因素［J］. 天然气工业，2012，32（3）：65-69.
［8］李梅，赖强，黄科，等. 低孔低渗碎屑岩储层流体性质测井识别技术——以四川盆地安岳气田须家河组气藏为例［J］. 天然气工业，2013，33（6）：34-38.
［9］魏国齐，李剑，杨威，等. 中国陆上天然气地质与勘探［M］. 北京：科学出版社，2014.
［10］李明诚，李剑. “动力圈闭”：低渗透致密储层中油气充注成藏的主要作用［J］. 石油学报，2010，31（5）：718-721.
［11］李剑，魏国齐，谢增业，等. 2013. 中国致密砂岩大气田成藏机理与主控因素——以鄂尔多斯盆地和四川盆地为例［J］. 石油学报，34（增刊1）：14-28.
［12］周科平，李杰林，许玉娟，等. 基于核磁共振技术的岩石孔隙结构特征测定［J］. 中南大学学报（自然科学版），2012，43（12）：4796-4800.
［13］李海波，朱巨义，郭和坤. 核磁共振 T_2 谱换算孔隙半径分布方法研究［J］. 波谱学杂志，2008，25（2）：273-280.
［14］李爱芬，任晓霞，王桂娟，等. 核磁共振研究致密砂岩孔隙结构的方法及应用［J］. 中国石油大学学报（自然科学版），2015，39（6）：92-98.
［15］白松涛，程道解，万金彬，等. 砂岩岩石核磁共振 T_2 谱定量表征［J］. 石油学报，2016，37（3）：382-391，414.
［16］周尚文，郭和坤，薛华庆，等. 基于核磁共振技术的储层含油饱和度参数综合测试方法［J］. 科学技术与工程，2014，14（21）：224-229.
［17］王振华，陈刚，李书恒，等. 核磁共振岩心实验分析在低孔渗储层评价中的应用［J］. 石油实验地质，2014，36（6）：773-779.
［18］郭旭升，李宇平，刘若冰，等. 四川盆地焦石坝地区龙马溪组页岩微观孔隙结构特征及其控制因素［J］. 天然气工业，2014，34（6）：9-16.
［19］Sigai R F，Odusina E. Laboratory NMR Measurements on methane saturated Barnett Shale samples［J］. Petrophysics，2011，52（1）：32-49.
［20］Horch C，Schlayer S，Stallmach F. High-pressure low-field ^{1}H NMR relaxometry in nanoporous materials［J］. Journal of Mamnetic Resonance，2014，240，24-33.
［21］Yanbin Yao，Dameng Liu，Songbin Xie. Quantitative characterization of methane adsorption on coal using a low-field NMR relaxation method［J］. International Journal of Coal Geology，2014，131，32-40.
［22］程毅翀. 基于低场核磁共振成像技术的岩心内流体分布可视化研究［D］. 上海：上海大学，2013.
［23］马德文，邱楠生，谢增业，等. 川中地区上三叠统须家河组气田异常高压演化研究［J］. 沉积学报，2011，29（5）：953-961.
［24］陈占军，任战利，万单夫，等. 鄂尔多斯盆地苏里格气田上古生界气藏充注动力计算方法［J］. 天然气工业，2016，36（5）：38-44.

本文原刊于《2016年天然气学术年会》。

鄂尔多斯盆地上古生界天然气成藏特征

李　剑[1]　罗　霞[1]　单秀琴[1]　马成华[1]
胡国艺[1]　严启团[1]　刘锐蛾[1]　陈红汉[2]

1. 中国石油勘探开发研究院廊坊分院
2. 中国地质大学（武汉）

摘要： 鄂尔多斯盆地上古生界具有含气丰富和低孔、低渗透、低压的特征。通过储集层流体包裹体均一温度、包裹体激光拉曼光谱、沥青分布与成因、岩石薄片等分析，结合天然气组分、C_5—C_8 轻烃、单体碳同位素实验数据，分析了鄂尔多斯盆地上古生界天然气成藏基本特征和成藏过程，总结了高效储集层的主控因素，划分出 3 种上古生界天然气成藏组合，即源内成藏组合（山 2 段—太原组）、源顶成藏组合（山 1 段—盒 8 段）、源外成藏组合（石千峰组）。并应用上述方法剖析了不同类型气藏天然气成藏过程及成藏主控因素。

关键词： 天然气；成藏规律；上古生界；鄂尔多斯盆地

鄂尔多斯盆地是我国第二大含油气盆地，其古生代沉积岩面积为 $25\times10^4 km^2$，目前在上古生界发现的气田（藏）有苏里格气田（盒八段—山一段）、乌审旗气田（盒八段）、榆林气田（山二段）、大牛地气田、米脂气田、神木气藏（千五段）等。截至 2004 年底，天然气探明储量达 $11513.41\times10^8 m^3$，近期在盆地东部的子洲—清涧地区、统万城—镇北台地区的山二段勘探中取得了重大突破，天然气预测储量 $1043.99\times10^8 m^3$，探明加控制储量 $1056.13\times10^8 m^3$，在盆地西南部山一段、盒八段的勘探也已取得新发现，显示了鄂尔多斯盆地上古生界天然气勘探的广阔前景。

鄂尔多斯盆地上古生界含气广泛，气藏无明显边底水，压力低（天然气流体静压力为 6.94~36.32MPa，压力梯度为 0.38~1.09MPa/100m，平均压力梯度为 0.89MPa/100m），储集层为低孔低渗透类型（孔隙度为 4%~12%，渗透率为 0.1~1mD）。正是由于上述特征，该地区天然气勘探的重点是寻找相对高效储集层，而成藏地球化学研究的重点也紧紧围绕这些勘探难点。许多学者从不同角度对鄂尔多斯盆地上古生界天然气地球化学及成藏特征进行了探讨[1-7]。由于储集空间类型、气源岩生气期的差异，不同地区、不同层位的天然气成藏过程及成藏的主控因素不相同，必须应用多种分析手段，多学科结合，将储集层特征与成藏过程有机结合，剖析不同类型气藏的成藏过程及成藏主控因素。

1　天然气地球化学特征

上古生界天然气 C_1—C_4 碳同位素、C_5—C_8 轻烃及碳同位素分析表明，上古生界天然气主要来源于煤系，特征表现为：（1）$\delta^{13}C_1$ 值主要为 −34‰~−30‰，$\delta^{13}C_2$ 值基本大于

−26‰（图1）。从西向东，$\delta^{13}C_1$、$\delta^{13}C_2$ 逐渐变轻，由苏里格的−32.68‰、−24.07‰变化到神木—米脂的−34.39‰、−26.31‰。中东部地区 $\delta^{13}C_2$ 偏轻的原因是类型较好的石炭系灰岩主要发育于盆地东部地区。（2）天然气轻烃分布中，环烷烃占绝对优势，正构烷烃含量相对较低，正庚烷/甲基环己烷值为0.2~0.25。（3）轻烃碳同位素的各项参数值均较接近，为同一来源。（4）不同气藏天然气组分有一定差异。苏里格气田 CH_4 含量相对较低，C_{2+} 含量相对较高，C_1 指数 $C_1/(C_1—C_5)$ 小于0.95，以湿气为主。榆林气田及其以东地区 CH_4 含量相对较高，C_{2+} 相对较低，大部分样品 C_1 指数大于0.95，以干气为主，含少量湿气。这与其气源岩的成熟度东高西低是一致的。

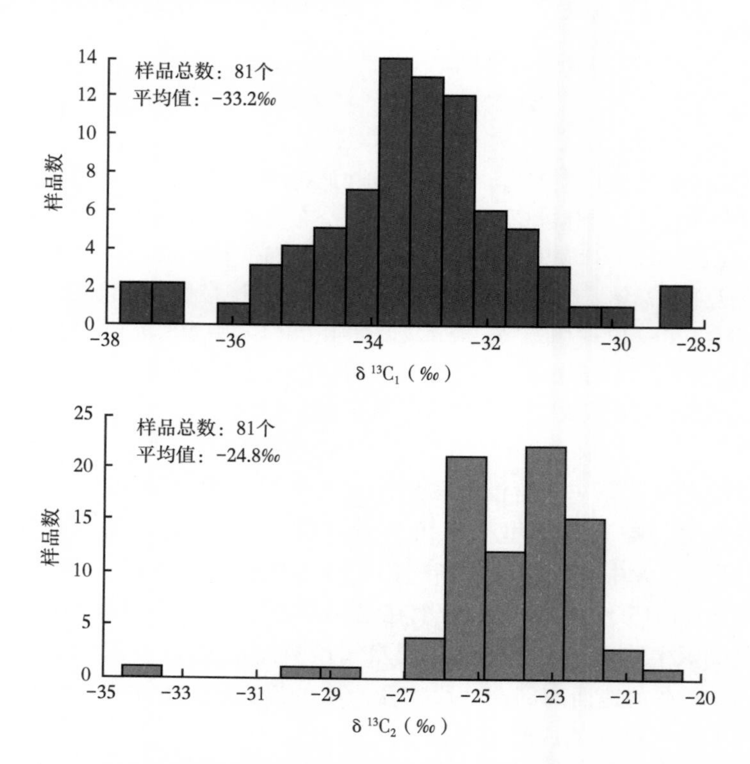

图1　鄂尔多斯盆地上古生界天然气甲烷、乙烷碳同位素频率直方图

2　天然气成藏条件分析

2.1　烃源岩生烃特征

鄂尔多斯盆地广泛分布本溪组上部—太原组—山西组的煤系烃源岩，西部最厚，东部次之，中部薄而稳定[8]。其中，煤层累计厚10~20m，暗色泥岩厚约100m，太原组石灰岩主要分布在盆地东部，厚10~30m，最厚40m，有机碳含量为0.5%~3%。盆地内烃源岩处于高—过成熟阶段，R_o 值为1.6%~2.6%，盆地边缘 R_o 值为0.9%~1.6%。上古生界烃源岩东西各有相对生气中心，但属广覆型生气，具有连续生气、生气高峰东早西晚的特征。烃源岩在晚三叠世—早侏罗世处于快速埋藏期，中、晚侏罗世处于缓慢沉降期，早白垩世末以后为抬升期，其生烃期应主要在早白垩世或以前。地层温度模拟结果[9]显示：晚

三叠世烃源岩进入生、排烃门限，东部米脂凹陷石灰岩进入生成液态烃时期；早侏罗世烃源岩处于成熟阶段，能生成部分天然气及相对少量的液态烃，东部的部分地区进入高成熟阶段，太原组石灰岩生成大量液态烃；早白垩世是烃源岩的主要生气期，烃源岩处于高—过成熟阶段，进入生气高峰期。

2.2 储盖特征

上古生界发育多套储集层，石盒子组底砂岩（盒八段）广覆型分布，山西组一段、二段砂岩在部分地区分布。上石盒子组发育分布稳定的河漫湖相泥质岩，厚100m以上[10]，构成上古生界气藏的区域盖层，气藏上覆泥岩及上倾方向致密泥岩提供了良好的直接盖层及侧向封堵条件。盖层评价[11]表明，盆地内不同地区的上石盒子组在早、中侏罗世埋深已达到2000m，因此侏罗纪即成为良好的盖层。

2.3 地层压力演化特征

上古生界天然气藏现今具有低压特征，采用流体包裹体PVT模拟方法恢复不同时期地层古压力（通过不同类型宿主矿物中包裹体温度、荧光测定，结合埋藏史确定流体充注期次，再利用包裹体压力—温度相图和等容线求得不同时期地层的古压力），晚三叠世—早白垩世末上古生界压力处于增长时期，早白垩世末至今压力降低，压力系数也有与压力演化相似的特征（图2）。气源岩大量生气形成古高压，因此压力增长阶段是气源岩大量生气的阶段，早白垩世末以后地层抬升，天然气散失，压力降低。

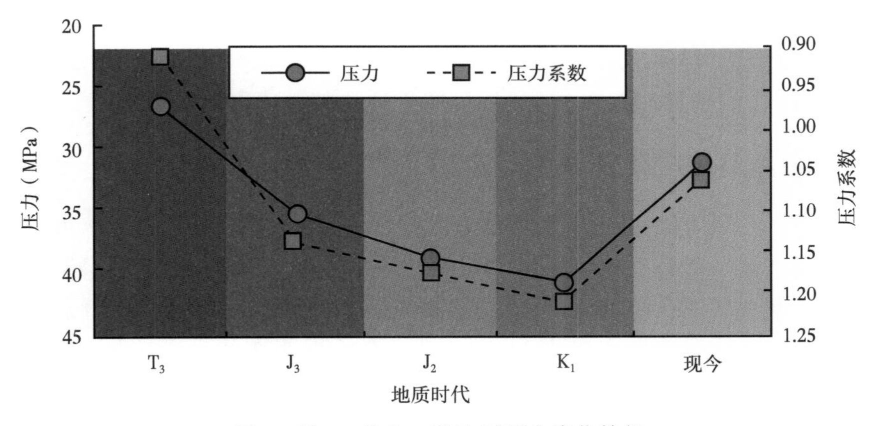

图2 陕47井山二段地层压力演化特征

盆地中东部地区山二段在不同时期压力演化特征为：晚三叠世末古压力为20~30MPa，压力系数为0.87~1.15；早侏罗世末古压力为20~36MPa，具有北低南高的特征，榆林以南、甘泉以北地区有一个压力低值区，压力值小于30MPa，压力系数为0.95~1.2；中、晚侏罗世古压力为28~42MPa，具有北低南高的特征，压力系数普遍增大（1.05~1.3）；早白垩世末古压力继续增加，为34~46MPa，具有西高东低的特征，压力系数为1.05~1.4，普遍大于1.2。随着盆地在早白垩世末以后抬升，地层温度降低、生气停止，再加上天然气散失等因素，致使气藏中的压力降低而成为现今的低压气藏。

3 高效储集层形成的主控因素

鄂尔多斯盆地上古生界高效储集层主要为中粗粒石英砂岩，有3类孔隙组合：溶孔+粒间孔型、粒间孔+溶孔型、原生粒间孔型。溶孔+粒间孔型高效储集层主要发育于山一段—盒八段，成岩作用已进入晚成岩B期，压实、压溶胶结作用强，颗粒间多呈线、面接触，因此，孔隙类型以晚期不同类型溶孔为主。粒间孔+溶孔型高效储集层主要发育于山二段—太原组，成岩作用已进入晚成岩B期，压实胶结作用强，颗粒间多已呈线、面接触，但由于烃类早期充注保存了较多的粒间孔隙。原生粒间孔型高效储集层主要发育于石千峰组，埋藏较浅，分布于演化程度较低（R_o值小于1.0%）的西缘断褶带、伊盟隆起北部、东胜地区及盆地东部地区，成岩作用为晚成岩A期，压实作用弱，砂岩颗粒间多呈点、线接触，粒间孔发育。不同类型储集层的主控因素不同。

3.1 山二段高效储集层的主控因素

山二段高效储集层为粒间孔+溶孔型，主要分布于高能水道（三角洲平原分流河道和三角洲前缘水下分流河道）砂体。物源分布和烃类早期充注控制了山二段高效储集层发育。盆地东西部物源差异明显，西部物源以元古宇为主；东部物源以太古宇酸性侵入岩为主。由烃类充注期分析可知，盆地东部地区烃类充注期早于盆地西部地区，榆林气田陕118井、陕119井储集层中广泛分布有沥青，其成熟度相当于R_o值为1.5%~2.0%，与上古生界烃源岩的成熟度相近，沥青碳同位素值为-25.4%，与上古生界石灰岩碳同位素值（-26‰）相近，说明沥青可能来源于上古生界太原组的石灰岩。由于烃类早期充注，抑制了石英的次生加大，有利于原生孔隙的保存，因此，东部地区山二段储集层主要为粒间孔+溶孔型储集层（如榆林气田），烃类的早期充注是其主要影响因素之一。

3.2 山一段—盒八段高效储集层的主控因素

山一段—盒八段高效储集层为次生溶孔+粒间孔型，主要分布于高能水道（辫状河道、三角洲平原分流河道）砂体，高能水道和易溶物质的分布控制了高效储集层发育，苏里格气田即为该种类型。次生孔隙形成的基本条件是孔隙中存在溶解流体，岩石中存在可溶矿物，流体与矿物发生反应而形成次生溶孔[11-15]。为了查明次生孔隙成因，进行了酸（有机酸）—岩反应模拟实验，反应溶出离子分析结果显示：Ca^{2+}溶出速率远远高于其他元素的离子（图3）。这说明方解石的溶出速率大大高于各种铝硅酸盐矿物。但该地区的方解石胶结物分布不均匀，而且含量较少，因此，方解石的溶蚀对次生孔隙的形成作用较小。

在整个溶蚀过程中Na^{+}、Mn^{2+}、Fe^{2+}的溶蚀反应比Si^{4+}、Al^{3+}活跃。能谱资料反映，Fe主要存在于凝灰质填隙物中，填隙物中Na含量较低，Na主要存在于长石中（图4），说明长石的溶蚀和凝灰质的溶蚀是同时进行的，电镜图片也反映出凝灰质和长石均被溶蚀（图5）。对于长石类砂岩而言，主要为钠长石溶蚀，因为Na^{+}的溶出速率远远高于K^{+}，是K^{+}的1.2~4.5倍（表1）。以上实验表明，凝灰质和钠长石是山一段—盒八段储集层易溶物质，其分布控制了山一段—盒八段次生溶孔+粒间孔型高效储集层的发育。

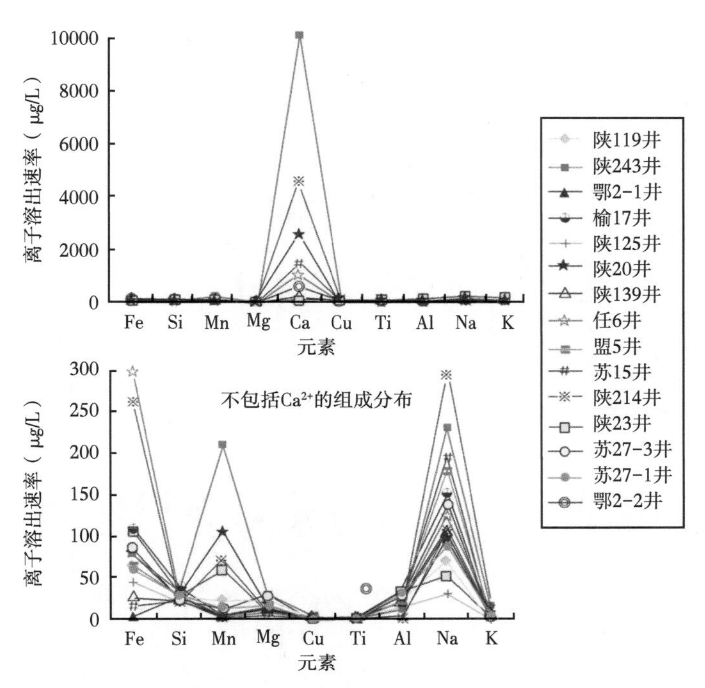

图 3　有机酸与岩石反应后元素的溶蚀离子组成分析

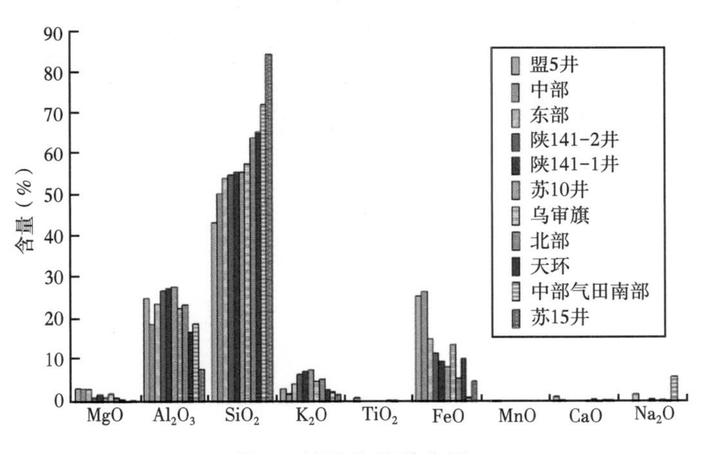

图 4　填隙物能谱分析

表 1　K、Na 的离子溶出速率

井号	Na^+（mg/L）	K^+（mg/L）	井号	Na^+（mg/L）	K^+（mg/L）
陕 119	1.5	0	任 6	2.6	0.2
陕 243	4.8	0.3	盟 5	3.8	0.3
鄂 2-1	2.1	0.2	苏 15	4.14	0.1
榆 17-1	6.2	0.2	陕 214	2.3	0.1
榆 17-2	3.14	0.1	陕 27	1.2	0
陕 125	0.7	0	苏 27-1	1.5	0
陕 20	2.9	0.2	苏 27-3	1.9	0
陕 139	3.8	0	鄂 2-2	2.2	0

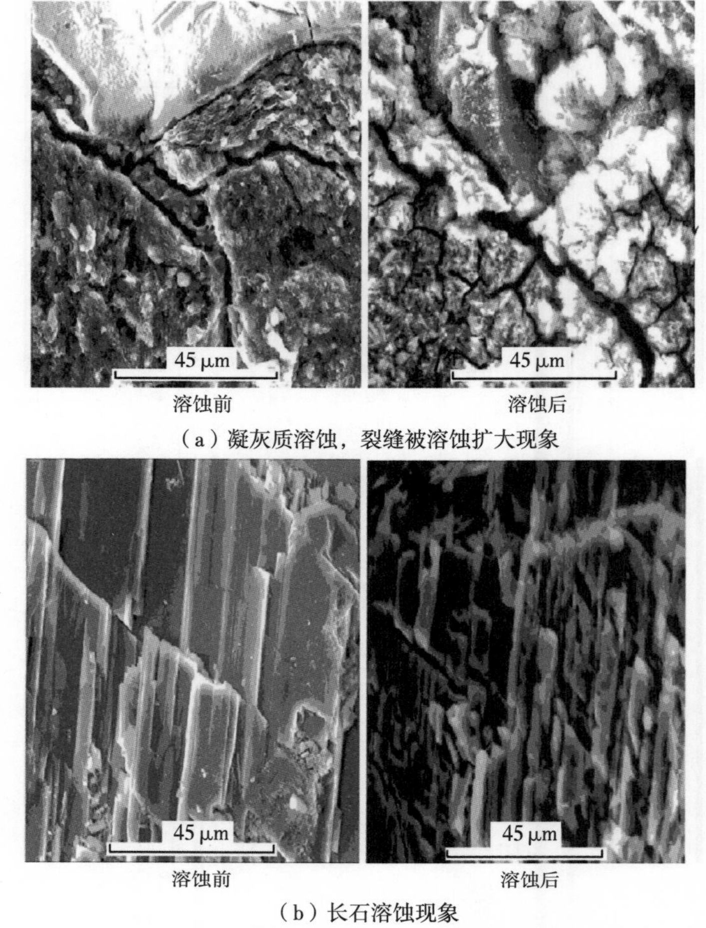

（a）凝灰质溶蚀，裂缝被溶蚀扩大现象

（b）长石溶蚀现象

图 5 凝灰质填隙物与长石溶蚀前后比较图

4 天然气成藏组合划分

通过分析鄂尔多斯盆地上古生界天然气生储盖特征（图 6）及上古生界天然气基本地球化学特征，认为鄂尔多斯盆地上古生界天然气有 3 种成藏组合，即源内组合型、源顶组合型和源外组合型。

源内组合型指烃源岩与储集层为同一层位，主要分布于盆地中东部地区。这类成藏组合有利于聚集不同时期形成的天然气，也有利于保存相当部分原生孔隙。这类成藏组合储集空间类型以原生粒间孔（山二段）及原生孔隙—石灰岩裂缝（太一段）为特征，山二段上部泥岩为其直接盖层，榆林气田是其代表。

源顶组合型以下生上储为主，储集层的层位主要为山一段—盒八段，孔隙类型以次生溶蚀孔隙为主，盒八段上部泥岩为其直接盖层，苏里格、乌审旗气田是其代表。这类成藏组合中，次生孔隙形成期与天然气大量生气期匹配关系的优劣控制了气田形成规模。由于次生孔隙主要通过有机酸溶蚀形成[13,15]，因此确定次生孔隙形成期与生气高峰期的匹配关

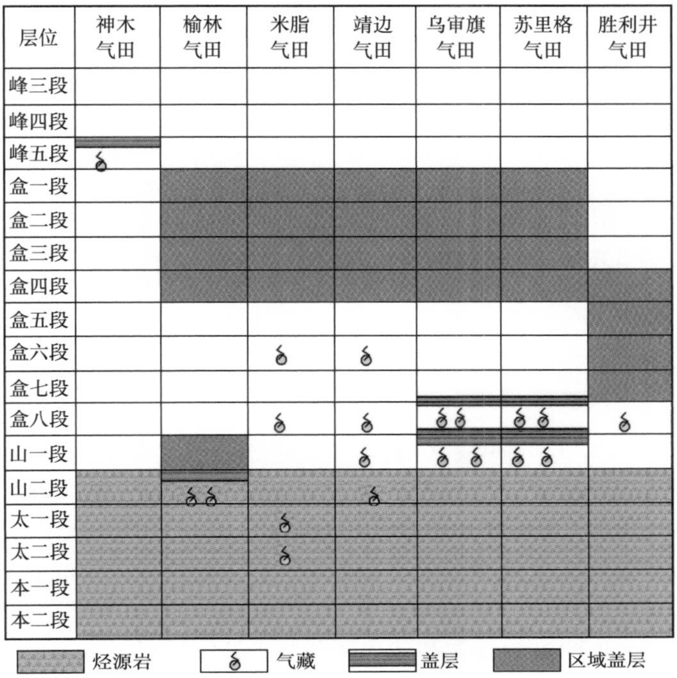

图 6　鄂尔多斯盆地上古生界天然气成藏组合特征

系是关键。热模拟实验表明，上古生界不同成熟度的煤吸附的有机酸随着成熟度的增加而逐渐减少，在 R_o 值为 1.0%~2.0%时达最低值，其后又逐渐增加，即煤的吸附作用在大量生、排烃时期减弱，煤生成的有机酸得以排出，为次生孔隙的形成提供了条件。未成熟煤的有机酸生成模拟实验表明，随热模拟温度的增高，有机酸含量呈先增后减的变化趋势，在 360℃（R_o 值约为 1.59%）达最大值，但在无烟煤阶段（R_o 值约为 2.37%）有机酸含量仍较高。这些特征反映有机酸在整个煤化过程中均能产生，随着煤化过程加深有机酸逐渐增多，在煤生气高峰期前达到最高峰，此时期也是煤吸附能力较弱的时期，生成的有机酸大量排出，使储集层发生溶蚀作用，产生次生孔隙。这从另一方面反映鄂尔多斯盆地上古生界次生孔隙形成早于天然气大量生成期或与其同时，由此控制的源顶组合型具有良好的生储配置关系。

源外组合型指天然气藏分布于区域盖层之上，已发现气藏的主要储集层位为石千峰组，气藏特点是通过断裂—裂缝体系沟通深、浅层[16-17]，通过二次运移形成次生气藏。如榆 17 井石千峰组天然气甲烷含量（95.64%）和干燥系数（0.9801）均比盒八段天然气（CH_4 为 91.2%，干燥系数为 0.93）高；石千峰组天然气甲烷、乙烷碳同位素值为-37‰、-28‰，明显轻于石盒子组甲烷、乙烷碳同位素值（-34‰、-26‰），而丙烷、丁烷碳同位素值较相近。这说明石千峰组气藏为石盒子组气藏天然气向上扩散形成的次生气藏。这类气藏以浅层原生粒间孔隙储气为特征，石千峰组洪泛湖相泥岩为次生气藏的直接盖层及区域盖层，主要发育于东部地区，成藏主控因素是有无沟通气源与上覆储集层的通道，这类成藏组合以神木气田为代表。

5 天然气成藏过程——以榆林气田为例

榆林气田位于陕西省榆林市境内，累计探明天然气地质储量 $1132.81\times10^8m^3$，主要产层为山 2 段，孔隙度平均为 6.6%，渗透率平均为 3.5mD。气藏属低渗透砂岩定容岩性气藏，压力系数为 0.9592，属正常压力，流体性质稳定，无边底水。

5.1 天然气成藏期次

本文将流体包裹体激光拉曼组成分析与流体包裹体的均一温度分析相结合，根据煤在不同成熟阶段生成产物的组成变化及埋藏史，确定包裹体被捕获的时期，进而确定天然气成藏期。

根据烃源岩的埋藏史及对各时期的温度分析认为，晚三叠世末烃源岩开始生、排烃，侏罗纪末基本达到生气高峰，早白垩世的迅速沉降使温度迅速增高，继续大量生、排气。包裹体均一温度显示 90~170℃ 均有烃类流体活动，说明天然气成藏是连续过程，相对来说主要有 4 个温度段：第 1 个温度段是 90~110℃，包裹体主要分布于未切穿加大边的石英颗粒裂隙及加大边尘埃圈中，这期流体活动的时间较早，对应于晚三叠世末—早侏罗世；第 2 个温度段是 120~130℃，包裹体主要分布于石英加大边中，对应于中侏罗世；第 3 个温度段是 140~150℃，包裹体主要分布于晚期石英加大边及方解石胶结物中，对应于晚侏罗世；第 4 个温度段是 170℃，包裹体存在于晚期裂隙中，对应于早白垩世末。

激光拉曼光谱分析结果（表 2）表明，榆林地区在地质历史过程中有 3 种类型的含烃流体活动：第 1 类是含液态烃包裹体，CO_2 占 60%以上；第 2 类是液态烃包裹体，C_2 以上的重烃在烃类中占 80%以上；第 3 类是气态烃包裹体，CH_4 占烃类气体的 80%以上。这 3 种类型的流体代表了不同地质时期运移进入榆林气田储集层的烃类。

表 2 榆林气田储集层流体包裹体成分激光拉曼光谱分析结果

取样井（层位）	包裹体类型	包裹体成分（%）														
		H_2O	CH_4	C_2H_2	C_2H_4	C_2H_6	C_3H_6	C_3H_8	C_4H_6	C_6H_6	H_2S	N_2	CO	CO_2	CH_4	C_{2+}
陕 118	液态烃、CO_2	16.65	6.32	1.50	0.71	2.60	0.96	1.02	1.01	1.33	1.80	2.07	0.91	62.52	40.91	59.09
山二段	液态烃	38.52	8.34	3.28	3.78	6.56	6.49	6.58	2.81	3.13	1.69	4.25		14.57	20.36	79.64
陕 207	气态烃	15.43	62.94	0.89	4.64	2.49	0.85	1.18	0.90	1.51	0.84	0.63		2.03	83.47	16.53
山二段	气态烃	19.38	61.11	1.58	1.41	3.57	1.56	3.10	0.89	2.29	1.70	0.91		2.49	80.93	19.07
陕 207-4	气态烃	6.78	83.58	0.17	0.53	0.46	1.06	0.18	0.1	0.63	0.11	1.12	1.10	4.23	96.39	3.61
山二段	气态烃	12.84	61.89	0.49	1.32	0.51	0.99	0.96	0.27	0.48	0.66	13.62	3.14	2.84	92.50	7.50

包裹体捕获流体过程与煤生气过程紧密相连。从煤在各成熟阶段生烃的组成变化（图 7）可见，R_o 在 0.8%以前，煤生成产物中 CO_2 含量可达 60%以上，随后 CO_2 的含量迅速降低；R_o 在 0.8%~1.1%时，煤生成的烃类中 C_2 以上的组分占总烃量 80%以上；R_o 在 1.4%时，CH_4 生成的量迅速增加，可占烃类总量的 50%以上；R_o 为 2.2%时，CH_4 的含量可达 95%以上。这说明烃源岩生烃史与流体包裹体形成时期有对应关系，即早期形成液态含 CO_2 包裹体，中期形成液态烃包裹体，晚期形成气态烃包裹体，对应的时期分别大致为

晚三叠世末、侏罗纪、早白垩世。

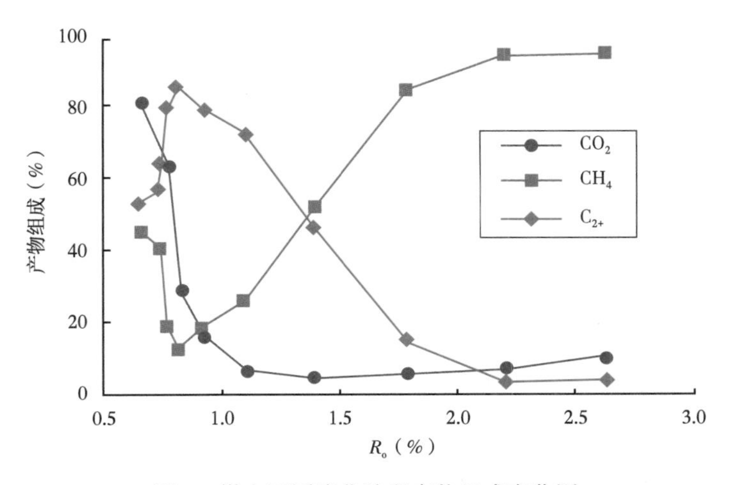

图 7　煤在不同演化阶段产物组成变化图

5.2　榆林气田天然气成藏过程

通过对榆林气田天然气成藏过程分析认为：烃源岩在晚三叠世的快速埋藏期刚进入生烃门限，主要生成含烃的 CO_2 气体，东部太原组石灰岩进入生烃门限，开始生成液态烃。侏罗纪缓慢埋藏期，烃源岩进一步埋藏，由于地热梯度较高，进入成熟—高成熟阶段，太原组的石灰岩在早侏罗世处于生成液态烃的高峰期，烃类进入储集层，抑制了石英次生加大，对原生孔隙的保存起了积极作用；而煤和泥岩则在中侏罗世进入生气高峰。早白垩世快速埋藏期，烃源岩迅速达到高—过成熟阶段，继续大量生气，早期生成的液态烃裂解形成天然气。早白垩世末之后整体抬升，由于温度降低及地层抬升，气藏整体处于散失期，压力也逐渐降低，形成现今气藏。榆林气田成藏的主控因素为物源差异及烃类充注。

6　结论

鄂尔多斯盆地上古生界气藏主要有 4 个成藏阶段：CO_2 气体充注阶段；轻质液态烃充注阶段；气态烃大量充注阶段；散失与煤层吸附气补充的动态平衡阶段。气藏形成的主控因素为储集条件和气藏形成时的生储组合时空匹配关系。在不同的生储组合条件下形成的气田成藏的主控因素不同：源内组合气藏成藏的主控因素为物源与早期烃类充注，物源决定了石英高含量带的分布，早期烃类充注抑制了石英次生加大，有利于原生孔隙的保存；源顶组合气藏成藏的主控因素为次生孔隙形成期与生气高峰期的匹配及沟通有机酸与可溶物质的通道，上古生界煤的有机酸生成高峰期略早于煤生气高峰期（早白垩世），形成了有效次生孔隙，气藏生储关系配置良好；源外组合气藏成藏的主控因素为沟通下部气源和上覆储集层的通道。主控因素不同，形成的气藏类型不同，分布地区不同，其勘探的主要方向不同。苏里格气田和榆林气田的成藏模式是鄂尔多斯盆地上古生界天然气勘探的重点成藏类型。

参考文献

[1] 戴金星，陈践发，钟宁宁，等．中国大气田及其气源［M］．北京：科学出版社，2003.
[2] 闵琪，付金华，席胜利，等．鄂尔多斯盆地上古生界天然气运移聚集特征［J］．石油勘探与开发，2000，27（4）：26-29.
[3] 付金华，段晓文，席胜利．鄂尔多斯盆地上古生界气藏特征［J］．天然气工业，2000，20（6）：16-19.
[4] 刘新社，席胜利，付金华．鄂尔多斯盆地上古生界天然气生成［J］．天然气工业，2000，20（6）：19-23.
[5] 赵林，夏新宇，戴金星．鄂尔多斯盆地上古生界天然气的运移与聚集［J］．地质地球化学，2000，28（3）：48-53.
[6] 王震亮，陈荷立，王飞燕，等．鄂尔多斯盆地中部上古生界天然气运移特征分析［J］．石油勘探与开发，1998，25（6）：1-4.
[7] 夏新宇．碳酸盐岩生烃与长庆气田气源［M］．北京：石油工业出版社，2000.
[8] 杨俊杰．鄂尔多斯盆地构造与演化［M］．北京：石油工业出版社，2000.
[9] 付金华，席胜利，刘新社，等．鄂尔多斯盆地上古生界盆地分析模拟及资源潜力研究［R］．西安：中国石油长庆油田公司，1999.
[10] 付金华，席胜利，刘新社，等．鄂尔多斯及外围盆地油气资源评价［R］．西安：中国石油长庆油田公司，2002.
[11] 马新华，陈更生，付金华，等．鄂尔多斯盆地和四川盆地川东复杂低渗气藏勘探技术研究［R］．西安：中国石油长庆油田公司，2003.
[12] 吴胜和，熊琦华．油气储层地质学［M］．北京：石油工业出版社，1998.
[13] 赵国泉，李凯明，赵海玲，等．鄂尔多斯盆地上古生界天然气储集层长石的溶蚀与次生孔隙的形成［J］．石油勘探与开发，2005，32（1）：53-55，75.
[14] 何东博，贾爱林，田昌炳，等．苏里格气田成岩作用及有效储集层成因［J］．石油勘探与开发，2004，31（3）：69-72.
[15] 刘锐蛾，孙粉锦，拜文华，等．苏里格庙盒8气层次生孔隙成因及孔隙演化模式探讨［J］．石油勘探与开发，2002，29（4）：47-49.
[16] 汪泽成，赵文智，门相勇，等．基底断裂“隐性活动”对鄂尔多斯盆地上古生界天然气成藏的作用［J］．石油勘探与开发，2005，32（1）：9-13.
[17] 王桂成，王秀林，莫小国，等．鄂尔多斯盆地富县探区上古生界天然气运移模式［J］．石油勘探与开发，2004，31（3）：30-33.

本文原刊于《石油勘探与开发》，2005年第32卷第4期。

中国海相碳酸盐岩大气田成藏特征与模式

谢增业[1,2]　魏国齐[1,2]　李　剑[1,2]　杨　威[1,2]
张光武[1]　国建英[1,2]　张　莉[1,2]

1. 中国石油勘探开发研究院廊坊分院，河北廊坊
2. 中国石油天然气集团公司天然气成藏与开发重点实验室，河北廊坊

摘要：中国海相碳酸盐岩大气田主要分布在四川、塔里木和鄂尔多斯三大克拉通盆地，层系上主要富集在中—下三叠统、上二叠统、石炭系、奥陶系及震旦系5大层系。截至2010年底，12个碳酸盐岩大气田储量为$1.69\times10^{12}m^3$，占全国45个大气田储量的27.2%。碳酸盐岩大气田由单个或多个相对独立的大中型气藏组成；储层总体以低孔为主，并有随储层时代变新其孔隙度增大的趋势，单个气藏储量大于$10\times10^8m^3$的储层平均渗透率以大于1mD为主；有效储层厚度一般为15~75m，含气面积主要为10~100km²；储量丰度除鄂尔多斯盆地靖边大气田为$0.56\times10^8m^3/km^2$外，其他多大于$5\times10^8m^3/km^2$，表现为中—高丰度特征；埋藏深度范围大（1000~6370m），以超深层、深层—中深层为主；气藏压力系数除磨溪气田大于2.0外，其他多小于1.3，主要表现为常压；由构造、岩性（含古潜山）等圈闭所组成的复合型气藏是碳酸盐岩大气田的主要气藏类型。继承性大型古隆起、多套优质烃源岩的高强度充注、断裂及侵蚀沟槽的有效输导、大面积溶蚀孔洞型空间的规模聚集、膏盐岩及泥质岩的有效封盖等要素的时空有效配置造就了碳酸盐岩天然气的规模富集与成藏。高地温场背景下的古油藏原油裂解形成干气藏、煤成气与液态烃裂解气混合形成干气藏、低地温场背景下的油藏受到干气气侵作用形成凝析气藏是碳酸盐岩大气田的三类典型成藏模式。

关键词：碳酸盐岩；大气田；气藏特征；主控因素；成藏模式；原油裂解气；气侵

中国海相碳酸盐岩的油气勘探始于1958年的四川盆地川中会战[1-2]。50多年来，虽然在中国南方、华北和西部广大碳酸盐岩沉积区都进行了不同程度的油气勘查和勘探，但规模气藏的发现目前主要集中在四川、塔里木和鄂尔多斯三大克拉通盆地中；层系上主要分布在三叠系（中—下统）、二叠系（上统）、石炭系、奥陶系和震旦系。截至2010年底，中国已发现的45个天然气地质储量大于$300\times10^8m^3$的大气田中，碳酸盐岩大气田有12个，探明天然气地质储量为$1.69\times10^{12}m^3$，占大气田总储量的27.2%。按储层成因的差异可将这些碳酸盐岩气藏划归为台缘礁滩气藏、岩溶风化壳气藏、层状白云岩气藏、台内礁滩气藏等，以台缘礁滩和岩溶风化壳气藏为主。近年在四川盆地高石梯—磨溪地区震旦系—下古生界、塔里木盆地塔中—塔东地区奥陶系、鄂尔多斯盆地奥陶系等碳酸盐岩台缘、岩溶风化壳勘探领域获得重大突破，进一步揭示了中国海相碳酸盐岩巨大的油气勘探潜力。深入研究各类气藏的特征、成藏机理及主控因素的差异，对进一步寻找大型碳酸盐岩气田具有重要意义。

1　海相碳酸盐岩大气田基本特征

中国碳酸盐岩大气田总体具有气藏数量多，规模大，储层厚度大，非均质性强，含气饱和度高，气藏压力系数低，中—高储量丰度，埋藏深度大，干气藏与凝析气藏均发育等特点。储层平均有效厚度普遍较大，主要介于 15～75m；储层孔隙度总体以低孔（<6%）为主，但四川盆地罗家寨、普光、渡口河、铁山坡等台缘带的鲕粒白云岩储层孔隙度大于6%；渗透率变化大，总体以大于 1mD 为主，罗家寨、普光、渡口河、铁山坡等气田的渗透率则大于 8mD。含气饱和度基本上小于 60%，CH_4 含量为 70%～99.1%；除磨溪气田压力系数大于 2.0 以外，其他以小于 1.3 为主，多为常压型气藏（表 1）。

1.1　碳酸盐岩大气田由单个或多个相对独立的大中型气藏构成

碳酸盐岩大气田与低渗透砂岩大气田在气藏规模的构成上具有明显的差异，低渗透砂岩大气田主要由多个中小型气藏组成，而碳酸盐岩大气田本身具有较多的整装大型气藏，如渡口河、铁山坡、威远、和田河、卧龙河等基本上是由一个主层系组成的大型气藏。由多个气藏组成的大气田也包含许多相对独立的大中型气藏，如罗家寨大气田主要包括罗家寨（储量 $581\times10^8m^3$）和滚子坪（储量 $139\times10^8m^3$）2 个整装气藏；普光大气田主要包括普光 2 井区（储量 $2511\times10^8m^3$）、大湾区块（储量 $1016\times10^8m^3$）、普光 8 井区（储量 $272\times10^8m^3$）、毛坝区块（储量 $266\times10^8m^3$）4 个整装气藏；大天池大气田主要包括五百梯（储量 $409\times10^8m^3$）、沙坪场（储量 $398\times10^8m^3$）、龙门（储量 $212\times10^8m^3$）3 个整装气藏；磨溪大气田主要包括雷口坡组（储量 $349\times10^8m^3$）和嘉陵江组（储量 $327\times10^8m^3$）2 个整装气藏；塔中Ⅰ号大气田主要包括中古 8（储量 $1366\times10^8m^3$）、中古 43（储量 $1159\times10^8m^3$）、塔中 83（储量 $312\times10^8m^3$）、塔中 82（储量 $263\times10^8m^3$）和塔中 62（储量 $366\times10^8m^3$）5 个整装气藏。

1.2　碳酸盐岩大气田以中、高储量丰度为主

碳酸盐岩大气田储量丰度除鄂尔多斯盆地靖边气田为 $0.56\times10^8m^3/km^2$ 外，其他以大于 $5\times10^8m^3/km^2$ 为主，尤其在四川和塔里木盆地，储量丰度大于 $10\times10^8m^3/km^2$ 的区块有 7 个，分别是普光气田普光 2 区块（$55.06\times10^8m^3/km^2$）、塔中Ⅰ号气田中古 8 区块（$52.77\times10^8m^3/km^2$）、铁山坡气田坡 2 区块（$28.29\times10^8m^3/km^2$）、普光气田毛坝区块（$23.40\times10^8m^3/km^2$）、大湾区块（$21.13\times10^8m^3/km^2$）、普光 8 区块（$10.77\times10^8m^3/km^2$）、渡口河气田（$10.62\times10^8m^3/km^2$）等。储量丰度介于（5～8）$\times10^8m^3/km^2$ 的区块有 5 个，分别是罗家寨气田罗家寨区块（$7.56\times10^8m^3/km^2$）、滚子坪区块（$7.27\times10^8m^3/km^2$）、铁山坡气田坡 1-4 区块（$6.83\times10^8m^3/km^2$）、塔中Ⅰ号气田塔中 83 区块（$6.23\times10^8m^3/km^2$）、大天池气田沙坪场区块（$5.63\times10^8m^3/km^2$）等。

1.3　碳酸盐岩大气田气藏类型多，以复合型为主

中国海相碳酸盐岩大气田的圈闭类型多，主要包括构造、岩性（含古潜山）圈闭及由这些圈闭所组成的复合型圈闭等，如岩性—构造、构造—岩性、构造—地层、古地貌—岩性等圈闭。从各气藏类型与发现储量的统计结果看，复合型气藏是碳酸盐岩大气田的主要

表 1　中国大型海相碳酸盐岩气田基本特征

序号	气田名称	产气层位	探明储量（10^8m^3）	气藏类型	孔隙度（%）	渗透率（mD）	有效厚度（m）	气藏埋深（m）	压力系数	储量丰度（$10^8m^3/km^2$）	含气饱和度（%）	甲烷含量（%）
1	塔河	O_1、T、K	365	地层—岩性	0.2~24.6/15.7	3.8~809/362.8	3.1~91.3/14.0	4100~6300	1.02~1.09	2.92	50~90/64.3	77.5~94.4/84.7
2	和田河	C、O	617	背斜、古潜山	2.08~4.85/3.2	2.9~25.5/14.2	11.5~47.8/27.6	1546~2272	0.9~1.17	4.30	68~78/74.2	76.1~82.2/79.0
3	塔中 I 号	O	3535	岩性、古潜山	0.1~5/2.96	0.11~4.5/1.79	11.6~62.3/42.3	4867~6370	1.22~1.27	4.97	74.8~90/79.8	80.2~94.2/88.0
4	靖边	O_1m	4311	古地貌—岩性	4.5~7.4/5.76	0.6~5.5/3.6	3.1~8.1/5.4	3150~3765	0.945	0.32~0.93/0.56	75.5~80/78.4	87.13~98.6/93.9
5	威远	Z、P_1	409	背斜	3.15	0.1	90	1500~3000	1.02	1.89		86
6	卧龙河	T_1、P_1、P_2、C_2	405	断层背斜	3~15	0.01~3.8	3.5~20	1000~5493	1.22~1.69	4.43	77	93~97.58
7	大天池	T、P、C	1068	岩性—构造、构造—地层、岩性	5.2~6.5/5.62	0.7~23.1/11.7	18.8~38.7/29.8	2489~4900	0.97~1.33	3.89	77.9~86/80.2	87.95~96.8/94.5
8	磨溪	T_1、T_2	676	岩性—构造	7.1~7.5/7.3	0.34~3.1/1.72	8.7~12.1/10.4	2650~3251	2.14~2.26	1.13~2.12/1.69	55.1~64.5/59.8	97.6~97.8/97.7
9	普光	T_1、P_2ch	4122	构造—岩性	2.9~10.3/6.46	0.004~200/70.8	5.6~111.7/43.06	3586~6006	0.94~1.84	1.57~55.1/17.6	69.9~90/83.6	70.1~99.1/81.6
10	铁山坡	T_1f	374	构造	6.4~7.9/7.15	8.3	34.2~122/78.3	3700	1.33	15.04	82.7~87.9/85.3	77.64~78.5/78.1
11	渡口河	T_1f	359	构造	8.6	85.7	42.5	4300	1.08	10.62	89	80.89
12	罗家寨	T_1f、P_2ch、C	797	构造—岩性、地层—构造、构造、岩性	5.1~7/6.12	3.6~25.5/12.73	16.8~55.4/33.4	3018~4302	1.13	2.57~7.55/5.04	82.5~89/85.5	75.29~96.7/85.5

注：O_2m—中奥陶统马家沟组；P_2ch—上二叠统长兴组；T_1f—下三叠统飞仙关组；大气田储量数据为截至 2010 年底碳酸盐岩储层中探明的天然气储量，磨溪、卧龙河、靖边大气田数据中未包含碎屑岩储量数据；“/”之后为平均值。

气藏类型，该类大型气藏的储量约 10948×10^8m^3，占碳酸盐岩大气田总储量的 64.9%，岩性型和构造型气藏分别占 22.2%和 12.9%。

1.4 碳酸盐岩大气田埋藏深度变化大，以超深层、深层—中深层为主

碳酸盐岩大气田气藏埋深变化大，埋深最小的为四川盆地卧龙河气田嘉陵江组气藏，约为 1000m；埋深最大的为塔里木盆地塔中Ⅰ号气田塔中 86 奥陶系气藏，约为 6370m，中古 43 奥陶系气藏埋深 6090m。从不同埋深的气藏储量分析，大于 4500m 的超深层气藏分布于塔里木盆地塔河奥陶系、塔中Ⅰ号气田奥陶系、四川盆地普光气田普光 2 区长兴组—飞仙关组、普光 8 区长兴组—飞仙关组、大湾区飞仙关组、毛坝区长兴组、大天池气田五百梯石炭系、龙门石炭系、观音桥石炭系气藏等。这些气藏的储量约为 8098×10^8m^3，占碳酸盐岩大气田总储量的 48%。

超深层气藏主要分布在四川盆地渡口河飞仙关组、铁山坡飞仙关组、普光气田双庙嘉陵江组和飞仙关组、毛坝飞仙关组和长兴组、清溪场飞仙关组、大天池气田沙坪场石炭系、卧龙河气田石炭系气藏等。这些气藏的储量约为 1594×10^8m^3，占碳酸盐岩大气田总储量的 9.5%。

中深层—深层气藏主要包括鄂尔多斯盆地的靖边奥陶系气藏，四川盆地的罗家寨、威远、磨溪气藏，以及塔里木盆地的和田河奥陶系气藏等。这些气藏的储量约为 6479×10^8m^3，占碳酸盐岩大气田总储量的 38.4%。

1.5 碳酸盐岩大气田以烃类气体为主，部分气田非烃气体（H_2S、CO_2 和 N_2）含量高

碳酸盐岩大气田天然气除塔里木盆地为湿气外，四川、鄂尔多斯盆地的天然气均为干气。天然气组成以烃类气体为主，CH_4 含量以大于 70%为主（表 1）。部分气田天然气中 H_2S、CO_2、N_2 等非烃含量高是碳酸盐岩天然气组成的一大特征。四川盆地东北部长兴组—飞仙关组礁滩气藏天然气以 H_2S 和 CO_2 含量高为特征，如罗家寨飞仙关组气藏，CH_4 含量仅为 75%~84%，H_2S 含量为 7.13%~10.4%，CO_2 含量为 5.13%~10.41%；普光气田普光 2 井区天然气 CH_4 平均含量为 75.52%，H_2S 平均含量为 15.16%，CO_2 平均含量为 8.64%。

塔里木盆地和田河气田、四川盆地威远气田则以高含 N_2 为特征。和田河天然气 CH_4 含量为 72.84%~86.08%，N_2 含量为 7.05%~20.61%；威远天然气 CH_4 含量为 80.16%~95.36%，N_2 含量为 5.34%~10.3%。

2 成藏地质条件

中国海相碳酸盐岩大气田的形成与长期继承性大型古隆起背景、优质烃源岩高强度充注、断裂及侵蚀沟槽等的有效输导、大面积溶蚀孔洞型优质储层发育、膏盐岩及泥质岩有效封盖与遮挡等因素密切相关。

2.1 大型古隆起与古油气藏

海相克拉通盆地长期发育的古隆起是油气富集的主要场所，这是普遍的规律[3]。古隆起在油气藏形成中的作用主要体现在有利于形成优质储层和控制油气运移聚集的方向等方面。四川、塔里木和鄂尔多斯盆地的勘探实践已揭示了迄今发现的碳酸盐岩大气田均与其

所处的长期继承性古隆起密切相关，如四川盆地威远震旦系大气田天然气虽储存于喜马拉雅期形成的构造圈闭中，但属于加里东期形成的乐山—龙女寺古隆起范围的古油藏原油裂解气重新调整形成[4]；四川盆地川东高陡构造带的大天池、卧龙河石炭系大气田，开江—梁平海槽东侧的普光、罗家寨、渡口河、铁山坡长兴组—飞仙关组礁滩大气田，川中磨溪雷口坡组—嘉陵江组大气田等均是由印支期开江古隆起控制的古油藏裂解气经喜马拉雅期构造运动改造调整后，在原地或附近二次运聚成藏[5-7]；塔里木盆地塔中Ⅰ号奥陶系大气田、塔西南和田河大气田及塔北塔河大油气田分别受控于塔中古隆起、巴楚古隆起和塔北古隆起[8-11]；鄂尔多斯盆地靖边大气田受控于大型古潜台[12]。此外，最近在四川盆地高石梯—磨溪地区震旦系—下古生界勘探的重大突破与其长期处于乐山—龙女寺继承性大型古隆起高部位密切相关。

2.2 优质烃源岩生烃强度大

中国海相碳酸盐岩大气田的气源包括不同类型（泥岩、煤系泥岩和碳酸盐岩）烃源岩和烃源岩在生油窗阶段生成的液态烃二次裂解气等。在不同的克拉通盆地由于当时所处的古地理位置和古气候的不同，烃源岩发育的时代和岩性有较大的差异。

四川盆地发育的烃源层系最多，迄今与已发现碳酸盐岩大气田相关的烃源岩主要是下寒武统筇竹寺组页岩、下志留统龙马溪组页岩、上二叠统煤系泥岩及碳酸盐岩等。筇竹寺组泥质烃源岩厚度一般为40~350m，最厚处在盆地西南部的天宫堂地区，有机质类型以腐泥型为主，TOC值为0.5%~7.56%，平均为1.88%，R_o值为2.0%~5.0%，生气强度一般为（20~120）×$10^8m^3/km^2$，是威远震旦系气藏的主力烃源层。龙马溪组黑色页岩厚度一般在100~600m，有机质类型以腐泥型为主，TOC值为0.4%~1.6%，R_o值为2.0%~4.5%，生气强度一般为（20~80）×$10^8m^3/km^2$，是大天池、卧龙河等川东石炭系气藏的主力烃源岩。上二叠统烃源岩包括泥质岩、碳酸盐岩和煤，泥质岩厚度一般为10~150m，在川东北的普光5井钻揭黑色泥质岩厚度为200m[13]，有机质类型以腐殖型或腐泥—腐殖型为主，TOC值为0.5%~12.55%，平均为2.91%；碳酸盐岩烃源岩厚度一般为10~284m，有机质类型以腐泥型为主，TOC值为0.2%~1.5%；煤层厚度一般为2~10m，在川中、川南地区厚度较大，女基井厚达17.5m，开江—梁平海槽西侧龙岗地区长兴组—飞仙关组礁滩气藏天然气呈现出煤成气特征，这与该区域发育较厚的煤层有一定关系；上二叠统烃源岩R_o值一般为1.6%~2.8%，生气强度一般为（10~60）×$10^8m^3/km^2$，是普光、罗家寨、渡口河、铁山坡等长兴组—飞仙关组大气田，以及磨溪嘉陵江组、雷口坡组大气田的主力烃源层。此外，最近发现的震旦系（灯影组、陡山沱组）泥岩和暗色泥质白云岩等优质烃源岩对川中高石梯—磨溪震旦系气藏有重要贡献；下二叠统梁山组薄层（厚度一般为5~20m）碳质页岩、暗色碳酸盐岩对二叠系—中下三叠统气藏有一定贡献。

塔里木盆地台盆区对塔中地区提供油气的烃源岩主要有两套[14]，一套是分布于塔中低凸起北侧、满加尔凹陷西部地区的过成熟、高有机质丰度的中—下寒武统泥质岩，烃源岩厚30~200m，TOC最高可达2.43%，R_o为1.5%~2.3%，最高大于3%，处于高—过成熟阶段；另一套是中—上奥陶统烃源岩，其中的上奥陶统烃源岩厚约80m，主要为碳酸盐岩陆棚内的洼地沉积，在塔中低凸起上普遍分布，有机质丰度较低，TOC一般为0.5%~5.54%，R_o一般为0.81%~1.30%，处于成熟阶段；满西地区中奥陶统烃源岩厚20~60m，TOC为0.5%~1.3%，R_o为1.5%~2.0%，处于高—过成熟阶段；中奥陶统黑土凹组烃源岩，分布于满加尔凹陷西部地区。对和田河气田提供油气的烃源岩主要为分布在阿瓦提凹陷的中—下寒武统泥质岩，烃源岩厚度一般为 100~200m。总之，这些烃源岩厚度大、分布广，其生成的油气资源丰富，为塔中、和田河等奥陶系大型油气藏的形成奠定了物质基础。

鄂尔多斯盆地奥陶系碳酸盐岩大气田的气源主要来源于上覆的上石炭统本溪组—下二叠统山西组煤系地层（包括煤层、碳质泥岩和暗色泥岩），煤层厚度介于 3~6m，碳质泥岩及暗色泥岩厚度介于 60~120m[15]，靖边大气田附近的烃源岩生气强度达（20~36）×$10^8m^3/km^2$。此外，部分奥陶系油型气则来源于奥陶系自身的腐泥型烃源岩。无论是石炭系—二叠系，还是奥陶系烃源岩，目前均处于高—过成熟阶段。

2.3 大面积溶蚀孔洞型优质储层发育

中国海相碳酸盐岩大气田储层主要发育在奥陶系、石炭系、上二叠统长兴组、下三叠统飞仙关组和嘉陵江组、中三叠统雷口坡组。储层类型包括岩溶风化壳储层（塔里木盆地下奥陶统、鄂尔多斯盆地中奥陶统、四川盆地震旦系及石炭系）、台缘礁滩储层（塔里木盆地上奥陶统、四川盆地长兴组—飞仙关组）及台地、粒屑滩相的白云岩储层（四川盆地嘉陵江组、雷口坡组）等。储层岩性主要为细—粉晶白云岩、角砾溶孔白云岩、鲕粒溶孔白云岩、砂屑白云岩、亮晶生屑灰岩等。储层总体上以低孔为主，并有随储层时代变新其孔隙度增大的趋势，如：塔里木盆地奥陶系储层孔隙度为 2.1%~5.0%，平均为 3.72%；鄂尔多斯盆地奥陶系储层孔隙度为 4.5%~7.4%，平均为 5.76%；四川盆地石炭系储层孔隙度为 5.2%~6.5%，平均为 5.67%；长兴组储层孔隙度为 4.9%~7.4%，平均为 6.2%；飞仙关组储层孔隙度为 4.3%~10.3%，平均为 6.9%；嘉陵江组储层孔隙度为 7.1%；雷口坡组储层孔隙度为 7.45%~8.4%，平均为 7.92%。单个气藏储量大于 $10\times10^8m^3$ 的储层渗透率以大于 1mD 为主，尤其是普光、罗家寨、渡口河等飞仙关组气藏的储层平均渗透率均大于 10mD。储层孔隙度和渗透率虽影响气藏的规模，但这不是主要的因素，储层有效厚度与含气面积才是决定气藏规模的关键要素（图 1）。这些碳酸盐岩大气田除鄂尔多

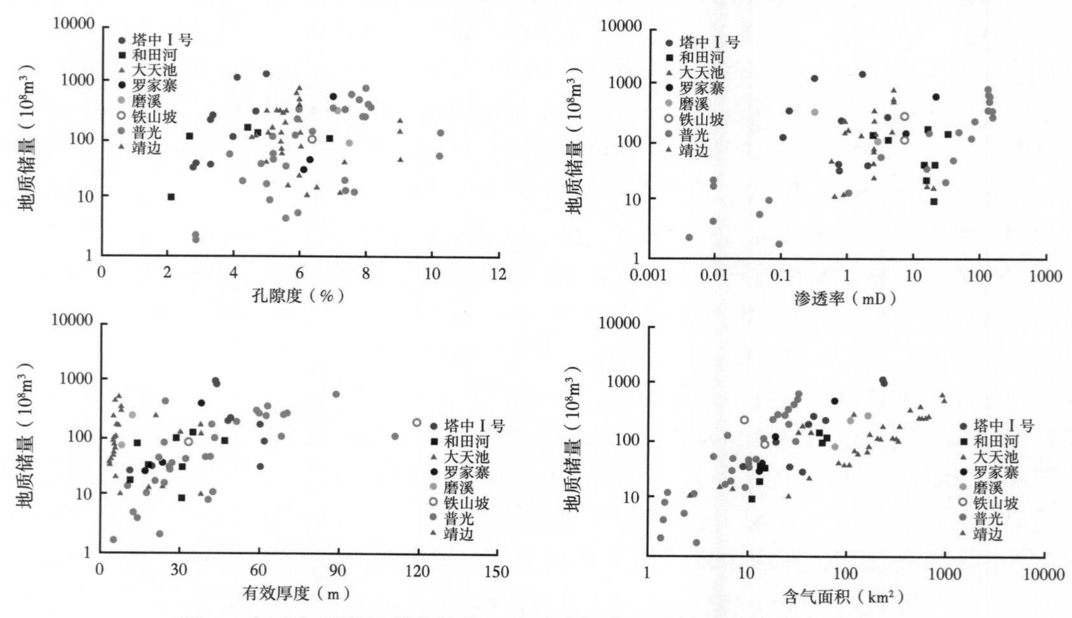

图 1　中国大型海相碳酸盐岩气田单个气藏地质储量与储层参数关系

斯盆地奥陶系大气田表现为面积大（26.6~1008.6km²）、厚度薄（3.1~8.1m）的特点外，其他大气田单个气藏的厚度主要为15~75m、含气面积主要为10~100km²，有效厚度与含气面积均与气藏储量具有较好的正相关关系。

2.4 断裂和侵蚀沟槽等有效输导体系发育

从烃源岩与储层的相对关系而言，中国海相碳酸盐岩大气田主要属于源—储分离的它源型成藏体系，油气运移通道是其成藏的关键要素之一。目前发现的碳酸盐岩大气田主要发育两类输导体系，一类是以断裂作为输导通道，如：四川盆地普光、罗家寨、渡口河、铁山坡等气田的长兴组—飞仙关组气藏天然气主要来源于下伏的二叠系煤系及碳酸盐岩烃源岩[13]［图2（a）、图2（b）］；川东高陡构造带大天池气田石炭系气藏天然气主要来源于下伏的下志留统龙马溪组页岩［图2（c）］；川中平缓构造背景下的磨溪大气田嘉陵江组、雷口坡组气藏天然气主要来源于下伏的龙潭组（大隆组）烃源岩［图2（d）］；塔里木盆地塔中Ⅰ号大气田奥陶系气藏天然气主要来源于下伏的中—下寒武统烃源岩［图2（e）］；

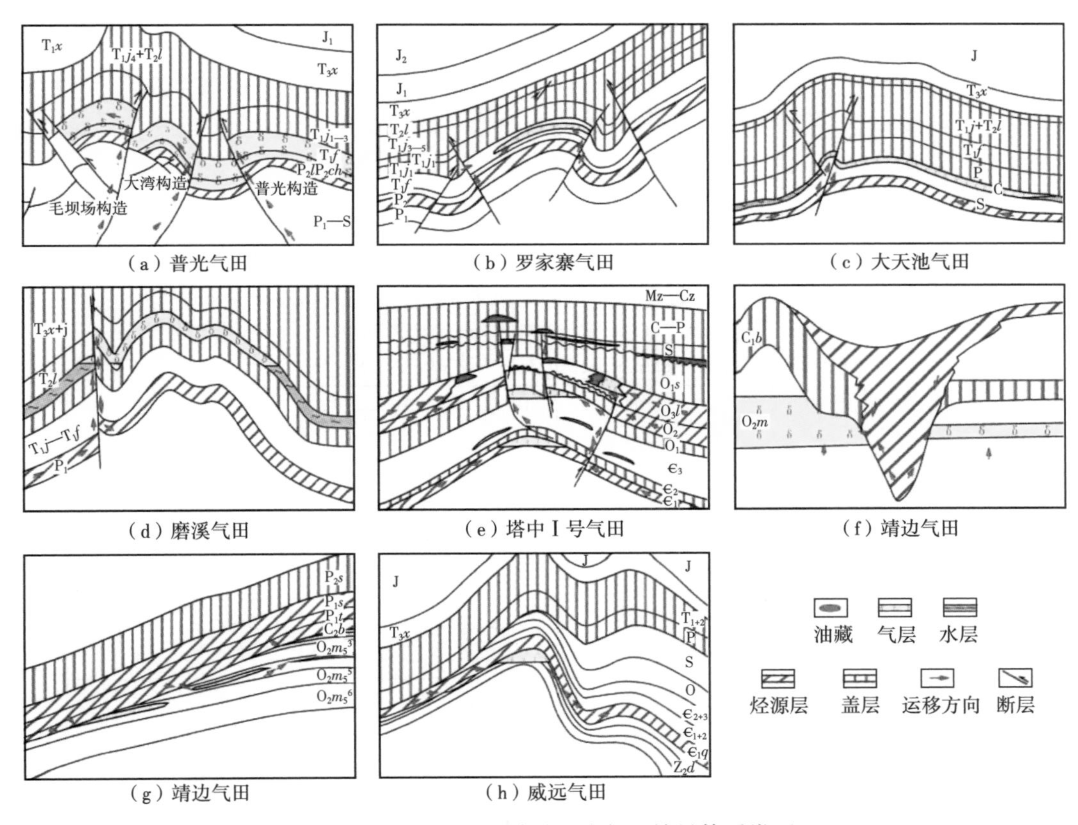

（a）普光气田　（b）罗家寨气田　（c）大天池气田

（d）磨溪气田　（e）塔中Ⅰ号气田　（f）靖边气田

（g）靖边气田　（h）威远气田

图2　中国大型海相碳酸盐岩气田输导体系类型

注：Cz—新生界；Mz—中生界；T_3x—上三叠统须家河组；T_2l—中三叠统雷口坡组；T_1j—下三叠统嘉陵江组；T_1j_1—嘉陵江组一段；T_1j_2—嘉陵江组二段；T_1j_3—嘉陵江组三段；T_1j_4—嘉陵江组四段；T_1j_5—嘉陵江组五段；T_1f—下三叠统飞仙关组；P_2ch—上二叠统长兴组；P_2l—上二叠统龙潭组；P_2s—上二叠统石盒子组；P_1s—下二叠统山西组；P_1t—下二叠统太原组；C_2b—上石炭统本溪组；O_3s—上奥陶统桑塔木组；O_3l—上奥陶统良里塔格组；O_2m—中奥陶统马家沟组；$O_2m_5{}^3$—马家沟组五段三亚段；$O_2m_5{}^5$—马家沟组五段五亚段；$O_2m_5{}^6$—马家沟组五段六亚段；$€_1q$—下寒武统筇竹寺组；Z_2d—上震旦统灯影组

塔里木盆地和田河气田天然气主要来源于下伏的寒武系烃源岩。这些大气田的形成均与大型断裂的沟通密切相关，断裂的发育程度影响气藏的充满度及规模。大断裂发育，输导条件好的区域，天然气藏的充满度一般较高，如川东北地区气藏充满度为86.5%~100%，平均为90%，而四川盆地龙岗地区平缓构造带，断裂欠发育，且断层规模小，天然气充注成藏主要靠裂缝，因此天然气藏的充满度相对较低，飞仙关组鲕滩气藏充满度为48%~73%，平均为58%，长兴组生物礁气藏充满度为41%~100%，平均为72%。

另一类是以不整合面或侵蚀沟槽作为输导通道，如：鄂尔多斯盆地靖边大气田奥陶系马家沟组风化壳气藏天然气主要来源于上覆石炭系—二叠系煤系烃源岩，烃源岩生成的油气主要沿不整合或古侵蚀沟槽侧向进入奥陶系风化壳岩溶储层聚集成藏[15]［图2（f）、图2（g）］；四川盆地威远震旦系大气田天然气主要来源于上覆下寒武统筇竹寺组页岩，油气主要沿不整合面侧向进入震旦系灯影组风化壳岩溶储层聚集成藏［图2（h）］；高石梯—磨溪地区震旦系天然气有震旦系和寒武系烃源岩的贡献，其中寒武系烃源岩生成的天然气也主要通过侵蚀面侧向进入震旦系储层中。

2.5 膏盐岩和泥质岩盖层的有效封闭和遮挡

中国海相碳酸盐岩大气田盖层的岩石类型包括膏盐岩、泥质岩和碳酸盐岩等（图3）。这些大气田的盖层可分为两类：（1）主要以泥岩和含泥灰岩作为盖层；（2）以膏盐岩和泥质岩作为盖层。

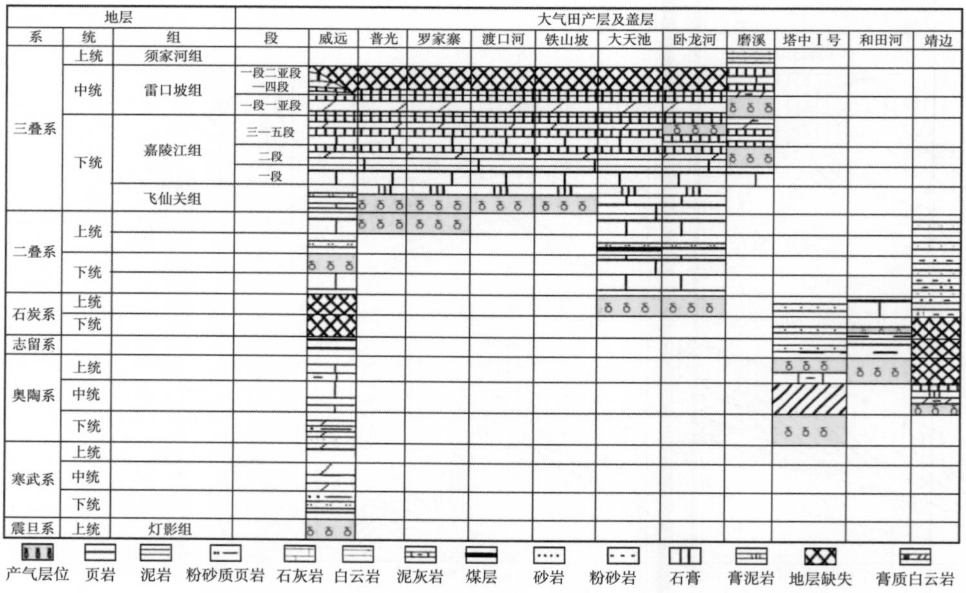

图3　碳酸盐岩大气田天然气产层与盖层关系示意图

以泥岩和含泥灰岩作为盖层的主要有塔里木盆地塔中Ⅰ号及和田河大气田等。塔中Ⅰ号大气田下奥陶统鹰山组气藏的直接盖层为上奥陶统良里塔格组良三段—良五段含泥灰岩，厚度一般超过100m；上奥陶统良里塔格组气藏的直接盖层则为上奥陶统桑塔木组厚层泥层，厚度为388~1093m，它同时也是鹰山组气藏的区域盖层。和田河大气田上奥陶统良里塔格组碳酸盐岩气藏的直接盖层为其上覆的下石炭统巴楚组下泥岩段泥岩；巴楚组生屑灰岩段气藏的直接盖层为下石炭统卡拉沙依组中泥岩段泥岩；卡拉沙依组砂泥岩气藏的直接盖层为砂岩—泥岩互层中的泥岩。石炭系泥岩盖层厚度在和田河大气田区域达到450~500m，在塔中地区为100~250m；排替压力值介于5~20MPa，封闭能力强，是一套优质的区域性盖层，对塔中Ⅰ号及和田河大气田的保存均发挥了重要作用。

其他大气田均在不同程度上有膏盐岩作为直接盖层或区域性盖层。如：鄂尔多斯盆地靖边奥陶系大气田，直接盖层主要是各气层之间的泥质白云岩、白云质泥岩、含膏白云岩、膏质白云岩、膏岩及本溪组底部的铁铝质泥岩、泥岩及泥质粉砂岩等，铁铝质泥岩厚度一般为10~15m，铝土岩的渗透率为6.5×10^{-6}mD，饱含空气时突破压力为5MPa，铝土质泥岩饱含空气的突破压力为15MPa，封闭性能好；区域盖层主要为二叠系上石盒子组和石千峰组的湖相泥质岩，泥质岩厚度达240~350m，在盆地中部分布广泛，其气体绝对渗透率为（7~10.8）$\times10^{-6}$mD，饱含空气时的突破压力为2~6MPa，具有较强的封闭性。四川盆地普光、罗家寨、渡口河、铁山坡等大气田长兴组—飞仙关组气藏的直接盖层是长兴组之上的致密碳酸盐岩、飞仙关组之上的致密碳酸盐岩、飞仙关组四段的膏质白云岩、泥岩及泥质白云岩，飞仙关组四段膏岩及泥岩厚度一般为7~30m；区域盖层为中—下三叠统的膏盐岩系，膏盐岩厚度一般为100~300m。大天池、卧龙河等石炭系大气田的直接盖层是上覆下二叠统梁山组泥质岩，厚度一般为10~15m，分布稳定，与石炭系储层间有明显的压力差，排驱压力相差大，盖层条件好；区域盖层位于直接盖层之上，包括中—下三叠统膏盐岩及下二叠统茅口组的高压层，茅口组地层压力系数达1.65，佐证了间接盖层保存完好。威远震旦系大气田的直接盖层为下寒武统筇竹寺组页岩，威远—资阳一带可厚达300~350m，平均排替压力36.85MPa，均值喉道半径0.0065μm，封盖能力强；中—下三叠统由致密的泥粉晶灰岩、泥岩及较厚的硬石膏层组成，可作为封隔能力较强的区域盖层。磨溪大气田雷口坡组一段1亚段气藏上覆的雷口坡组一段2亚段—雷口坡组四段厚度约400m的泥质白云岩、膏质白云岩、石膏及石灰岩等是其直接盖层，嘉陵江组二段气藏的直接盖层为嘉陵江组三段—五段厚度约400m的石膏、盐岩、石灰岩与白云岩等。

3 成藏机制与模式

油气藏分类通常按圈闭成因及相态将其划分为构造油气藏、地层—岩性油气藏和复合型油气藏三大类，不同类型的气藏其形成机制有别。本文主要从油气藏性质（干气藏、凝析气藏）出发，重点讨论以古油藏原油裂解气经调整改造而成的四川盆地长兴组—飞仙关组礁滩干气藏、以早期油藏受到晚期干气的气侵改造形成的塔里木盆地塔中奥陶系凝析气藏和以两源混合型裂解气为主的鄂尔多斯盆地靖边奥陶系干气藏。它们是大型碳酸盐岩干气藏和凝析气藏的典型代表。

3.1 原油裂解型气藏的成藏机制与模式

3.1.1 原油裂解机理及条件

原油裂解型气藏是指烃源岩生成的液态烃类经运移聚集形成的古油藏或分散状液态烃在高温高压条件下发生裂解而成的气藏。与干酪根热裂解生成油气的过程相似，油藏中原油的热蚀变作用（裂解）本质上是原油在一定的温度下发生裂解反应，生成气态烃和残渣（固体沥青）的过程。已有研究表明[16-17]，当地层温度大于160℃时，古油藏原油或分散状液态烃将开始发生裂解，裂解过程包括了4种类型的反应，（1）干酪根及其重质产物（如沥青质）等的C—O或/和C—S键的断裂，产物以可溶的不稳定化合物为主，而气态烃和液态烃的产率均很低；（2）C_{6+}饱和烃基上的C—C键的断裂反应，主要产生短链脂肪族烃类，但甲烷和乙烷的产量仍然很少；（3）C_9—C_{13}芳香烃、C_{14+}稠环芳香烃等的脱甲基反应，生成的产物主要是气态烃；（4）C_3—C_5脂肪族链的C—C键断裂反应，主要产物是甲烷和乙烷，乙烷在更高活化能下进一步裂解成甲烷。当地层温度达到200℃时，则原油基本裂解完毕。

四川盆地迄今已发现的碳酸盐岩大气田的天然气组成以烃类气体为主，甲烷含量大于70%，C_{2+}重烃气体含量甚微，表现为典型的干气，干燥系数大于0.95。这些领域均具备了原油发生裂解的地质条件，同时有多种证据揭示这些大气田的天然气属于原油裂解气，主要证据包括：（1）岩心肉眼观察与显微镜下微观鉴定结果表明，储层中发育丰富的原油裂解成气后的沥青；（2）天然气组分C_1/C_2比值变化小、C_2/C_3比值变化大，天然气C_6—C_7轻烃组成富含环烷烃和异构烷烃，具有原油裂解气特征[18-20]。

3.1.2 原油裂解型气藏成藏模式

以四川盆地长兴组—飞仙关组礁滩气藏为代表的原油裂解型气藏是由古油藏或分散液态烃裂解成气的古气藏，经后期调整改造形成的现今气藏［图4（a）］。对于川东北罗家寨气田和其他大多数鲕滩气田来说，有如下成藏特征：其成藏要素在空间上属于“下生上储顶盖式”的正常组合[21]；成藏作用在时间上属于“早生晚聚”的晚期成藏型；在聚烃相态类型上，都有早期为油藏，晚期为裂解气藏的成藏转变；在油气圈闭类型上，都具有早期岩性圈闭，晚期构造圈闭的复合圈闭特征。

长兴组—飞仙关组礁滩天然气主要来源于上二叠统烃源岩[22-23]，包括暗色泥岩、煤系及碳酸盐岩，累计厚度达120~440m。目前该套烃源岩镜质组反射率普遍达到2.2%~3.2%，已进入高—过成熟阶段。有机质演化模拟结果表明，上二叠统烃源岩在晚三叠世前处于未熟期（R_o<0.6%）；晚三叠世晚期—早侏罗世早期，有机质开始生油，并在中侏罗世进入生烃高峰，大量液态烃生成；晚侏罗世—白垩纪，进入湿气—干气阶段（R_o为1.35%~2.3%）。因此，礁滩气藏的形成在时间演化上大致可划分为3个阶段，即古油藏阶段、古气藏阶段、古气藏调整最终定型阶段。

印支晚期—燕山早期，烃源岩处于成油高峰阶段，烃源岩中生成的烃类沿早期的边界断裂及其相邻裂缝系统，向上运移至飞仙关组台地边缘的鲕滩储层后，在台缘储层发育区内孔隙性好的鲕粒岩中富集，并与周围的致密岩层形成一种很好的岩性圈闭油气藏，即形成了古油藏。这一阶段充填在白云岩重结晶后晶间溶洞亮晶方解石中的流体包裹体均一化温度一般小于120℃，为液相烃类包裹体，标志着早期液态烃充注。

燕山中期，随着油气藏埋深的增大和地层温度的升高，液态烃类逐渐发生裂解，形成小分子烃类，直至生成以甲烷为主的干气。这一时期的包裹体主要产于方解石脉及溶蚀充填方解石中的包裹体，包裹体均一化温度主要分布于120~180℃，为气—液两相烃类包裹体，反映液态烃及其伴生气混合充注。

燕山晚期—喜马拉雅期，构造圈闭最终形成，原来形成的气藏进行内部调整，在流体重力分异作用下，形成现今圈闭中的上气下水的分布格局。这一时期的包裹体主要产于溶洞石英晶体及方解石脉中，包裹体均一化温度大于180℃，反映液态烃高温裂解生气成藏事件。

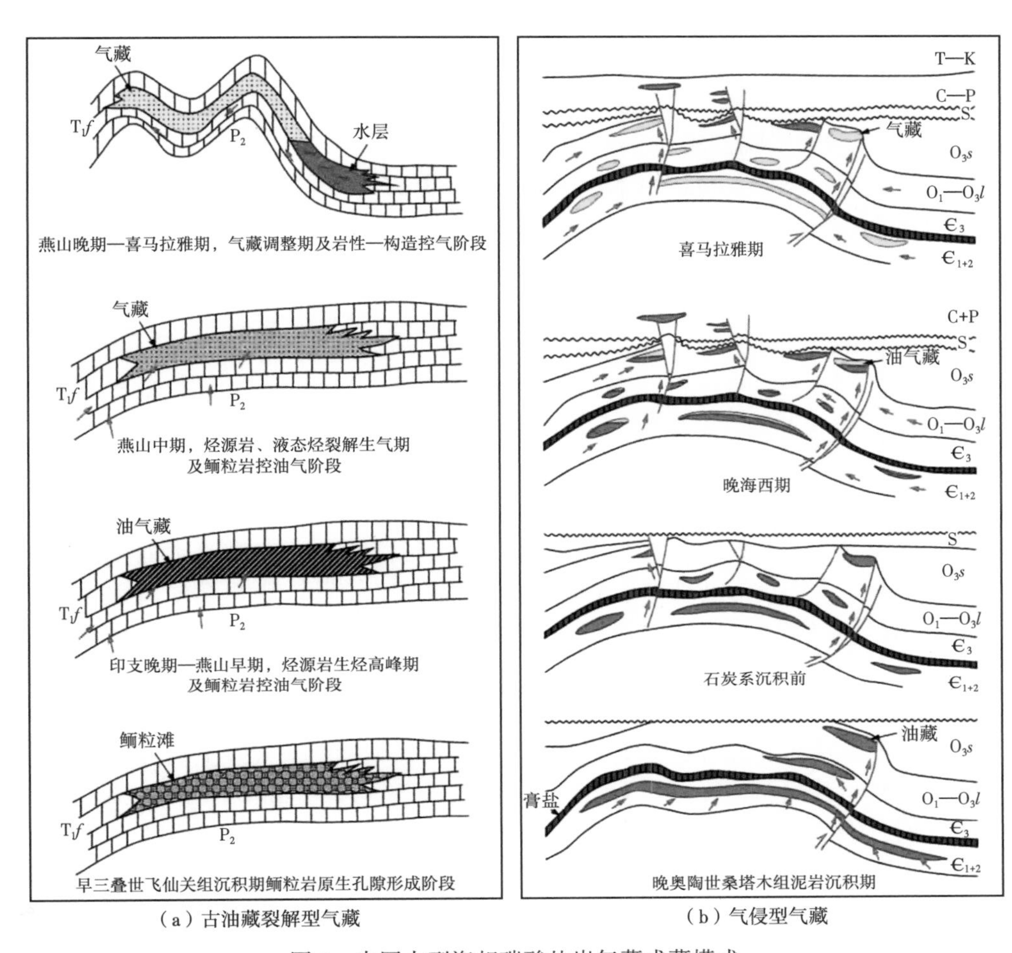

（a）古油藏裂解型气藏　　（b）气侵型气藏

图 4　中国大型海相碳酸盐岩气藏成藏模式

3.2　气侵型气藏的形成机制与成藏模式

3.2.1　气侵作用机理及条件

气侵作用是指圈闭中先富集原油，遭受后期天然气注入，引起原油密度降低、气油比升高、差异聚集或者形成凝析油气藏的现象。当先期聚油量较少，后期有过量干气向圈闭充注，地层压力增大，导致原始油气藏相态发生改变，形成新的凝析油气藏的现象被称为“气侵”。此时的凝析油气溶解了原先富集的原油，这导致发生过气侵的凝析油气藏含蜡量较高。当断裂活动破坏保存条件导致压力降低时，气相组分分异出来形成凝析气藏，残留的富高碳数烷烃组分形成蜡质油。

塔里木盆地塔中地区地温梯度一般为 1.8~2.3℃/ha，塔中地区埋深约 6000m 的地温仅 140~150℃，未达到原油发生裂解的温度门限，主要产层压力系数达 1.12~1.26，在一定的压力作用下，气态烃对一定数量的液态烃产生萃取抽提，使液态烃溶解到气体中。因此，低地温场和适当压力场的有效配置是大型凝析气藏形成的关键。从塔中Ⅰ号坡折带气油比、含蜡量和饱芳比自 NE 向 SW 方向减小、自 SE 向 NW 方向减小的趋势，以及塔中Ⅰ号断裂（坡折）带天然气组分干、甲烷碳同位素偏重、乙烷碳同位素偏轻，而远离塔中Ⅰ号断裂带天然气组分较湿、甲烷碳同位素偏轻、乙烷碳同位素偏重等多种证据显示，发生气侵的干气主要来源于紧邻塔中地区的满加尔凹陷中。塔中地区发育多个走滑断层系，断层交汇处是干气充注的有利部位，而且走滑断层越发育，表现出的晚期气侵越强烈；相反，走滑断层的结构越简单，其气侵的程度越小。

3.2.2 气侵型气藏的成藏模式

已有研究表明[14,24-26]，与塔里木盆地塔中地区奥陶系气藏密切相关的烃源岩主要是中—下寒武统和中—上奥陶统。烃源岩的差异熟化形成了多期（加里东期、晚海西期、喜马拉雅期）油气充注与成藏。塔中地区和满加尔凹陷西部的中—下寒武统烃源岩在晚加里东期达到生油高峰，在晚海西期达到生气高峰，目前处于过成熟干气阶段；塔中低凸起中—上奥陶统烃源岩在二叠纪末—燕山早期进入生油门限，在喜马拉雅期达到生油高峰；满加尔凹陷西部的中—上奥陶统烃源岩在晚海西期进入生油高峰期，在喜马拉雅期进入生气高峰。烃源岩的生烃史及构造演化决定了气侵型气藏的形成演化模式，总体上具有多源供烃、晚期气侵的特点［图 4（b）］。

塔中古隆起形成于早奥陶世，奥陶纪中晚期满加尔凹陷中—下寒武统烃源岩进入生油高峰，生成的油气主要聚集在寒武系膏盐层之下，形成广泛分布的大型古油藏；在膏盐层被断裂断开的区域，油气沿断裂向位于高部位的寒武系白云岩、下奥陶统风化壳、上奥陶统礁滩体圈闭运移聚集。该时期捕获的与烃类相伴生的盐水包裹体均一化温度分布在 70～100℃。

志留纪末至石炭系沉积前，塔中大部分地区整体抬升，泥盆系、志留系及奥陶系遭到严重剥蚀。早期聚集的油气沿断裂向上运移遭受破坏，大量的油气发生散失，形成志留系普遍赋存的沥青与稠油。

晚海西期，中—下寒武统烃源岩进入高成熟期，中—上奥陶统优质烃源岩进入生烃高峰期，来源于该两套烃源岩的油气在塔中奥陶系优质储层发生混源成藏，形成塔中北斜坡奥陶系大面积分布的混源油气藏。该时期捕获的与烃类相伴生的盐水包裹体均一化温度分布在 90～125℃。

进入中生代—新生代后，塔中地区进入了稳定的演化阶段，主要表现为整体沉降或抬升，对石炭系之下的隆起形态影响不大。因此，喜马拉雅期，塔中地区的深埋作用，促使烃源岩进一步熟化，塔中及满加尔西部的中—上奥陶统烃源岩分别进入生油高峰和高成熟期，为奥陶系储层提供了大量液态烃，而此时满加尔凹陷的中—下寒武统烃源岩则进入大量干气生成阶段，生成的干气侧向运移至塔中地区，之后干气沿断裂向上运移至下奥陶统及上奥陶统，对已在储层中聚集的油藏产生强烈气侵，形成现今塔中北斜坡大面积分布的凝析气藏。该时期捕获的与烃类相伴生的盐水包裹体均一化温度分布在 120～155℃。

3.3 两源混合型裂解气藏的形成机制与成藏模式

3.3.1 两源混合型裂解气藏形成条件

两类烃源岩生烃、风化壳溶孔白云岩储集和膏盐岩有效封盖等要素的时空匹配是两源混合型裂解型气藏形成的关键。鄂尔多斯盆地发育石炭系—二叠系海陆过渡相煤系烃源岩、石灰岩和奥陶系海相碳酸盐岩两类烃源岩[27-29]。石炭系—二叠系煤系是一套优质气源岩，在鄂尔多斯盆地广泛分布，煤层总厚度一般为 10～15m，局部达 40m 以上；泥岩累计厚度达 200m 以上，在盆地中、东部一般为 70～130m；本溪组石灰岩厚度较小，一般为 2～5m，分布局限；太原组中上部石灰岩较发育，一般为 3～5m，在盆地的中东部厚度较大，最厚可达50m，靖边大气田一带厚度约为40m。煤、暗色泥岩及石灰岩的残余有机碳含量分别为70.8%~83.2%、2.0%~3.0%和0.3%~1.5%。煤和暗色泥岩的有机质类型为典型的腐殖型（Ⅲ型），石灰岩则为腐殖—腐泥型。石炭系—二叠系烃源岩总体处于高—过成熟阶段，总生气强度为（8~40）$\times 10^8 m^3/km^2$。

奥陶系沉积后，加里东运动使鄂尔多斯盆地整体抬升，奥陶系经历了长期风化剥蚀形成了准平原化的侵蚀古地貌。在不同的地史阶段，奥陶系先后经历了层间岩溶、风化壳岩溶和压释水岩溶的叠加改造，造就了分布广泛的孔洞缝储集空间[30]，在总体低孔隙、低渗透背景上，存在着孔渗性相对较好的区块，且层间差异明显，如马家沟组五段一亚段气藏孔隙型储层的孔隙度一般为5.6%~10%，最大为19.8%，渗透率一般为1~11.5mD，最大为316mD；裂缝溶孔型储层的孔隙度一般为4%~8%，渗透率大于1mD，此类储层约占主力气层的80%以上，是气田储层的主要储集类型。

奥陶系气层之间的硬石膏泥质间隔层（局部盖层）、奥陶系上覆的本溪组底部铝土质泥岩（直接盖层）及二叠系上石盒子组厚达240~350m的湖相泥质岩（区域盖层）的相互配置，构成了气藏的良好保存条件。

3.3.2 气藏的成藏模式

鄂尔多斯盆地靖边奥陶系气藏具有两源混合成藏的特征。靖边奥陶系天然气既表现出煤成气特征，以石炭系—二叠系煤系烃源岩的贡献为主，也表现出天然气乙烷碳同位素轻，属于典型腐泥型气的特征，奥陶系气藏中储层沥青的存在[31]，进一步说明奥陶系腐泥型烃源岩有贡献。两类不同烃源岩生成天然气混合成藏形成两种结果：（1）在靖边气田的北部、西部和南部区域，以下古生界烃源岩来源气为主（占60%~70%），上古生界烃源岩来源气为辅（占30%~40%）；（2）靖边气田东部，以上古生界烃源岩来源气为主（约占70%），以下古生界烃源岩来源气为辅（约占30%）[19]。

奥陶系烃源岩一般在中—晚三叠世达到生油高峰，中侏罗世达到高成熟湿气生成阶段。侏罗纪末期至早白垩世一次岩浆侵入活动造成的地温急剧升高热事件（古地温梯度可达3.3~4.5℃/hm），加快了烃源岩的熟化及已生成液态烃类裂解的速率，此时期奥陶系和石炭系—二叠系煤系两套烃源岩有机质热演化均已进入高成熟—过成熟大量生气阶段，早期生成的液态烃已裂解成干气，同时，石炭系—二叠系大量高—过成熟煤成气也沿侵蚀沟槽及不整合面侧向运移并不断充注到奥陶系储层中［图2（f）、图2（g）］。因此，高地温场背景下，石炭系—二叠系过成熟煤成气和奥陶系腐泥型烃源岩生成的液态烃裂解气混合形成了靖边奥陶系干气藏。

4 结论

（1）中国海相碳酸盐岩大气田具有储层厚度大、非均质性强、规模整装气藏多、中—高储量丰度、埋藏深度大、常压等特点，圈闭类型多样，由构造、岩性（含古潜山）等圈闭所组成的复合型圈闭气藏是碳酸盐岩大气田的主要气藏类型。

（2）四川、鄂尔多斯及塔里木三大克拉通背景下发育的继承性大型古隆起奠定了中国海相碳酸盐岩大气田形成的基础。多套优质烃源岩的高强度充注、断裂及侵蚀沟槽的有效输导、大面积溶蚀孔洞型空间的规模聚集、膏盐岩及泥质岩的有效封盖与遮挡等要素的时空有效配置造就了碳酸盐岩天然气的规模富集与成藏。

（3）多源多期油气充注、混合成藏是中国海相碳酸盐岩大气田的共同特征。高地温场背景下的古油藏原油裂解形成干气藏、煤成气与油型液态烃裂解气混合形成干气藏、低地温场背景下的油藏受到干气气侵作用形成凝析气藏是碳酸盐岩大气田的三种典型成藏模式。

参考文献

［1］邱中建，龚再升．中国油气勘探［M］．北京：石油工业出版社，地质出版社，1999.

［2］金之钧．中国海相碳酸盐岩层系油气勘探特殊性问题［J］．地学前缘，2005，12（3）：15-22.

［3］邱中建，张一伟，李国玉，等．田吉兹·尤罗勃钦碳酸盐岩油气田石油地质考察及对塔里木盆地寻找大油气田的启示和建议［J］．海相油气地质，1998，3（1）：49-56.

［4］魏国齐，焦贵浩，杨威，等．四川盆地震旦系—下古生界天然气成藏条件与勘探前景［J］．天然气工业，2010，30（12）：5-9.

［5］戴金星．中国大、中型气田形成的主要控制因素［M］//天然气地质和地球化学论文集（卷二）．北京：石油工业出版社，2000：8-21.

［6］李晓清，汪泽成，张兴为，等．四川盆地古隆起特征及对天然气的控制作用［J］．石油与天然气地质，2001，22（4）：347-351.

［7］谢增业，田世澄，魏国齐，等．川东北飞仙关组储层沥青与古油藏研究［J］．天然气地球科学，2005，16（3）：283-288.

［8］周新源，杨海军，邬光辉，等．塔中大油气田的勘探实践与勘探方向［J］．新疆石油地质，2009，30（2）：149-152.

［9］周新源，王招明，杨海军，等．中国海相油气田勘探实例之五：塔中奥陶系大型凝析气田的勘探和发现［J］．海相油气地质，2006，11（1）：45-51.

［10］周新源，杨海军，李勇，等．中国海相油气田勘探实例之七：塔里木盆地和田河气田的勘探与发现［J］．海相油气地质．2006，11（3）：55-62.

［11］杨宁，吕修祥，陈梅涛．塔里木盆地塔河油田奥陶系碳酸盐岩油气成藏特征［J］．西安石油大学学报（自然科学版），2008，23（3）：1-5.

［12］马振芳，陈安宁，王景．鄂尔多斯盆地中部古风化壳气藏成藏条件研究［J］．天然气工业，1998，18（1）：9-13.

［13］马永生．四川盆地普光超大型气田的形成机制［J］．石油学报，2007，28（2）：9-14.

［14］张水昌，张保民，王飞宇，等．塔里木盆地两套海相有效烃源岩-Ⅰ：有机质性质、发育环境及控制因素［J］．自然科学进展，2001，11（3）：261-268.

［15］杨华，包洪平．鄂尔多斯盆地奥陶系中组合成藏特征及勘探启示［J］．天然气工业，2011，31（12）：11-20.

［16］Schenk H J，Primio R D，Horsfield B. The conversion of oil into gas in petroleum reservoirs Part 1：comparative kinetic investigation of gas generation from crude oils of lacutrine，marine and fluviodelaic origin by programmed temperature closed sysytem pyrolysis［J］. Organic Geochemistry，1997，26（7/8）：467-481.

［17］Waples D W. The kinetics of in reservoir oil destruction and gas formation：constraints from experimental and empirical data，and from thermodynamics［J］. Organic Geochemistry，2000，31（6）：553-575.

［18］Prinzhofer A A，Huc A Y. Genetic and post-genetic molecular and isotopic fractionations in natural gases［J］. Chemical Geology，1995，126（3/4）：281-290.

［19］李剑，胡国艺，谢增业，等．碳酸盐岩油气成藏机制［M］．北京：石油工业出版社，2012：125-140.

[20] 胡国艺，肖中尧，罗霞，等．两种裂解气中轻烃组成差异性及其应用［J］．天然气工业，2005，25（9）：23-25.
[21] Li Jian，Xie Zengye，Dai Jinxing，et al. Geochemistry and origin of sour gas accumulations in the northeastern Sichuan Basin，SW China［J］. Organic Geochemistry，2005，36（12）：1703-1716.
[22] 杨家静，王一刚，王兰生，等．四川盆地东部长兴组—飞仙关组气藏地球化学特征及气源探讨［J］．沉积学报，2002，20（2）：349-353.
[23] 谢增业，田世澄，李剑，等．川东北飞仙关组鲕滩天然气地球化学特征与成因［J］．地球化学，2004，33（6）：567-573.
[24] 肖中尧，卢玉红，桑红，等．一个典型的寒武系油藏：塔里木盆地塔中62井油藏成因分析［J］．地球化学，2005，34（2）：155-160.
[25] 邬光辉，陈利新，徐志明，等．塔中奥陶系碳酸盐岩油气成藏机理［J］．天然气工业，2008，28（6）：20-22.
[26] 杨海军，朱光有，韩剑发，等．塔里木盆地塔中礁滩体大油气田成藏条件与成藏机制研究［J］．岩石学报，2011，27（6）：1865-1885.
[27] 程付启，金强，刘文汇，等．鄂尔多斯盆地中部气田奥陶系风化壳混源气成藏分析［J］．石油学报，2007，28（1）：38-42.
[28] 王传刚，王毅，许化政，等．论鄂尔多斯盆地下古生界烃源岩的成藏演化特征［J］．石油学报，2009，30（1）：38-45.
[29] 杨华，付金华，魏新善，等．鄂尔多斯盆地奥陶系海相碳酸盐岩天然气勘探领域［J］．石油学报，2011，32（5）：733-740.
[30] 何自新，郑聪斌，王彩丽，等．中国海相油气田勘探实例之二：鄂尔多斯盆地靖边气田的发现与勘探［J］．海相油气地质，2005，10（2）：37-44.
[31] 谢增业，胡国艺，李剑，等．鄂尔多斯盆地奥陶系烃源岩有效性判识［J］．石油勘探与开发，2002，29（2）：29-32.

本文原刊于《石油学报》，2013年第34卷增刊1。

四川盆地震旦系、寒武系烃源岩特征、资源潜力与勘探方向

魏国齐[1,2] 王志宏[1,2] 李 剑[1,2] 杨 威[1,2] 谢增业[1,2]

1. 中国石油勘探开发研究院廊坊分院，河北廊坊

2. 中国石油天然气集团公司天然气成藏与开发重点实验室，河北廊坊

摘要：2013年四川盆地川中地区震旦系—寒武系发现了安岳特大型气田，储量规模达万亿立方米，在全球古老地层天然气勘探中尚属首次。气源研究认为，震旦系天然气来源于震旦系和寒武系烃源岩，开展震旦系及寒武系古老烃源岩系统研究，对全球古老地层油气地质领域具有重要的科学和实践意义。通过对四川盆地震旦系、寒武系钻井资料和野外剖面观察，利用28000km地震资料解释结果和新钻井资料，结合2315样次烃源岩地球化学分析，系统研究了下寒武统优质烃源岩中心，主要沿绵竹—长宁克拉通内裂陷分布，累计厚度可达200~450m，其他地区烃源岩厚度为50~100m，裂陷范围内烃源岩对震旦系—寒武系天然气资源贡献约占全盆地的56%~63%；系统评价了震旦系灯影组灯三段泥质烃源岩及其分布，TOC含量介于0.04%~4.73%，平均为0.65%，川中地区厚度在10~30m之间；首次系统研究了能够形成大气田的中国最古老震旦系烃源岩，大川中地区震旦系烃源岩总生气强度为（15~28）×$10^8m^3/km^2$，具备形成大气田的气源条件。采用成因法、类比法重新评价全盆地震旦系、寒武系天然气资源量为（4.65~5.58）×$10^{12}m^3$，天然气资源潜力巨大。川中区块天然气资源量约占全盆地总资源量的66%，是当前勘探的首选。

关键词：烃源岩；资源潜力；震旦系；寒武系；四川盆地

自发现威远气田以来，诸多学者对四川盆地震旦系、寒武系烃源岩开展了大量研究，认为下寒武统筇竹寺组是震旦系气藏的主要烃源岩层[1-6]。对于震旦系烃源岩的研究认为，灯影组富藻白云岩具有一定生烃能力，但总体生烃能力弱，不具备形成大气田的条件[1-3]。近2年的勘探在川中高石梯—磨溪地区发现了震旦系—寒武系万亿立方米级特大型气田，在全球古老地层天然气勘探中尚属首次[7,8]，对其气源研究认为，寒武系龙王庙组天然气主要来自下寒武统筇竹寺组烃源岩，震旦系灯影组天然气来源于震旦系和寒武系烃源岩[8-11]，可见震旦系烃源岩也可具备形成大气田的有利烃源岩条件。近些年，对于震旦系、寒武系烃源岩已有学者研究，笔者对其也有涉及，但多以烃源岩基础地球化学评价为主，且侧重于筇竹寺组烃源岩的分布[6-14]。对于震旦系、寒武系烃源岩及资源分布尚未有开展过系统研究。随着勘探的深入，资料的不断丰富，以及绵竹—长宁克拉通内裂陷的发现、高石梯—磨溪古隆起对大气田有控制作用、震旦系烃源岩对大气田有贡献等地质认识发生了重大改变[8-17]，有必要对震旦系、寒武系烃源岩与资源重新开展系统研究，不仅可对川中地区进一步扩大油气勘探提供资源依据，而且有助于丰富古老地层油气成藏地质理论，对全球中—新元古界至下古生界古老地层油气勘探具有重要的借鉴意义。

本文研究通过系统分析四川盆地震旦系、寒武系45口钻井、24条野外剖面资料，利

用28000km地震资料，结合2315样次烃源岩实验分析及1000多样次数据统计分析，系统评价震旦系、寒武系烃源岩及资源潜力。研究重新厘定了下寒武统优质烃源岩中心，主要沿绵竹—长宁克拉通内裂陷分布，裂陷内烃源岩对震旦系—寒武系天然气资源的贡献约占全盆地的56%~63%。首次系统研究了能够形成大气田的中国最古老震旦系烃源岩，大川中地区震旦系烃源岩总生气强度为（15~28）$\times 10^8 m^3/km^2$。在此基础上预测了震旦系、寒武系天然气资源量，指出下步勘探方向。

1 震旦系烃源岩特征

1.1 地球化学特征

1.1.1 灯影组灯三段

高石梯—磨溪地区灯三段主要为黑色页岩，零星夹薄层灰色云质泥岩，总体厚度不大，在10~30m之间，高科1井厚度相对较大，钻遇黑色泥岩35.5m。盆地周缘灯三段厚度较薄，岩性主要为蓝灰色泥岩，如先锋剖面灯三段黑色泥岩厚约20cm，蓝灰色泥岩厚约40cm。有机质丰度相对较高，TOC含量介于0.04%~4.73%，平均为0.65%[10-11]，TOC>0.5%的占59.8%。干酪根碳同位素值介于-33.4‰~-28.5‰，平均为-32.0‰，有机质类型属腐泥型（Ⅰ型）。等效R_o值介于3.16%~3.21%，达到过成熟阶段。

1.1.2 灯影组泥质碳酸盐岩

本文研究采集了大量的野外及井下样品开展灯影组富藻的泥质碳酸盐岩的研究，分析认为其也具有较好的生烃潜力。415块样品的TOC含量介于0.20%~3.67%，平均为0.61%[10,11]，若将井下样品和露头样品分别进行统计，则可以看出，露头样品由于长期遭受风化破坏，残余有机碳含量以小于0.5%为主，而以高石梯—磨溪地区和威远地区为代表的井下样品虽也以低有机碳含量为主，但部分层段有机质也具有较高的丰度（图1）。统计显示TOC含量大于0.2%的占31.3%，这其中TOC含量在0.2%~0.5%之间的占54.4%，TOC含量在0.5%~1.0%之间的占31.8%，TOC含量大于1.0%的占13.8%。干酪根碳同位素值介于-32.8‰~-23.8‰，平均为-29.4‰，有机质类型属腐泥腐殖型（混合型）。成熟度高，等效R_o值介于1.97%~3.46%，达到过成熟阶段。

对从岩石中富集出的藻类的热模拟实验显示，其最大总产气率为3 471L/$t_{藻}$；对富藻白云岩的热模拟结果显示，总产气率为69L/t，可见过成熟富藻白云岩中仍然具有较高生烃潜力。薄片分析结果显示，显微镜下富藻云岩中存在大量原生沥青，表明富藻云岩也具备生气潜力。

1.1.3 陡山沱组

陡山沱组主要为一套泥质岩沉积，底部发育白云岩，地层厚度变化大，从数米至220m。陡山沱组泥质烃源岩有机质丰度高，如遵义松林六井剖面陡山沱组泥岩35个样品的TOC含量介于0.11%~4.64%，平均为1.51%；干酪根碳同位素值介于-31.5‰~-30.3‰，平均为-30.8‰，为腐泥型；等效镜质组反射率为2.08%~2.34%，处于过成熟阶段。遵义松林大石墩剖面陡山沱组泥岩13个样品的TOC含量介于0.62%~3.33%，平均为1.92%；干酪根碳同位素值介于-31.2‰~-30.7‰，平均为-30.9‰，为腐泥型；等效镜质组反射率为3.46%~3.82%，处于过成熟阶段。

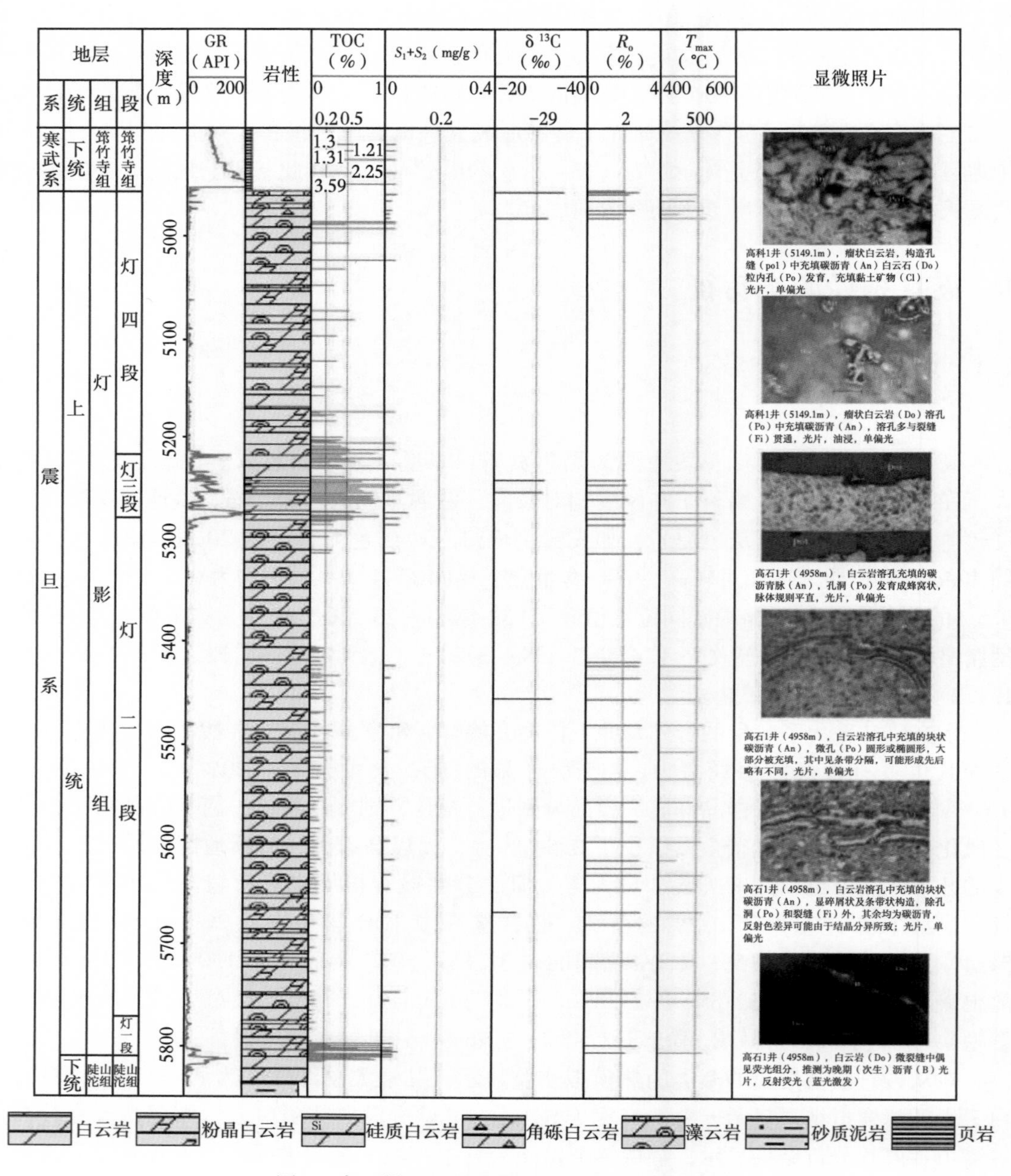

图 1　高石梯地区震旦系烃源岩地球化学剖面

1.2　分布特征

对于钻井较少的地区，地震是最为常用的资料之一。本文在以往研究基础上，以区域地震资料为基础，通过地震属性及岩性反演确定烃源岩分布范围，结合钻井统计及标定，最终确定不同层系烃源岩厚度分布。从地震反射特征看，震旦系顶、底为区域性不整合面，寒武系底界在岩溶斜坡地区会出现超覆现象，与此对应的震顶会出现削蚀现象（图 2）；寒武系底界为泥岩，下部为白云岩，是一个强阻抗差界面，为一个强波峰反射。

灯二段顶部为一短暂暴露的侵蚀面，灯三段为泥岩，下伏为白云岩，是一个强阻抗差界面，为一个强波峰反射；灯一段底界以泥晶云岩为主，为一个较强阻抗差界面，反射特征为强波峰反射（图 3），据此可确定震旦系不同层段地层厚度分布。对高石 1 等 30 口钻井、峨边先锋等 19 个露头资料的统计显示，震旦系灯影组富藻泥质白云岩一般占地层厚度 10%~50%，平均为 37%，据此可确定泥质碳酸盐岩厚度分布。对震旦系灯三段、陡山沱组提取地震属性 40 种，通过与钻井对比，确定出均方根、最大值、绝对值等 9 种属性与烃源岩发育拟合关系较好，根据地震属性结合钻井统计可确定灯三段与陡山沱组泥岩厚度分布。

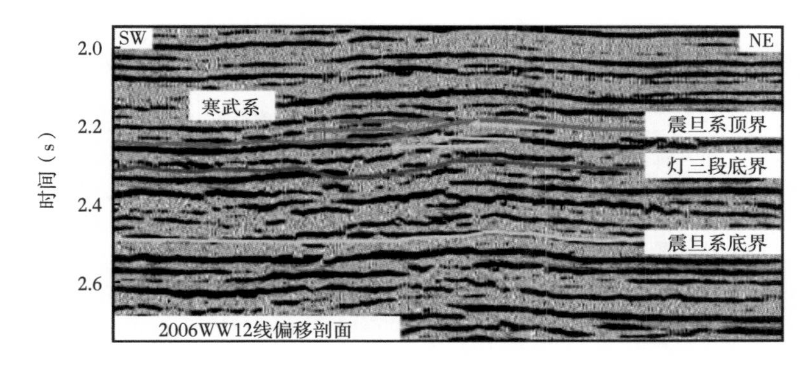

图 2　川中地区 2006WW12 线地震剖面

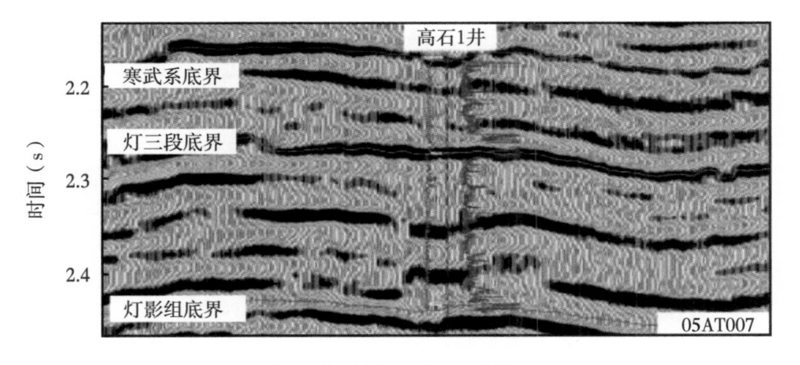

图 3　过高石 1 井地震剖面

已有研究显示灯三段泥岩主要分布于大川中地区[6]，本文新补充露头、钻井数据，并结合新的地震资料，重新预测了灯三段泥岩厚度分布。结果显示，灯三段泥岩北部地区厚度相对较大，一般为 20~30m，高石梯—磨溪地区泥岩厚度较薄，一般为 10~30m，且分布局限，盆地南部宜宾至绥江地区，灯三段泥岩也较发育，厚度一般在 5~10m（图 4）。灯影组泥质碳酸盐岩分布范围广，全盆地均有分布，厚度在 100~400m，厚度中心分布于高石梯构造及以东地区、宜宾—古蔺地区（图 5）。陡山沱组泥岩在盆地周缘较为发育，盆地内部由于埋藏深，少有井钻遇。盆地内部厚度较薄，一般为 10~30m。周缘露头显示厚度较大，川北地区厚度在 30~90m 之间（图 6），紫阳紫黄剖面揭示陡山沱组泥岩厚约为 96m；盆地南部露头厚度为 30~60m，遵义松林剖面揭示暗色泥岩厚度为 65m。

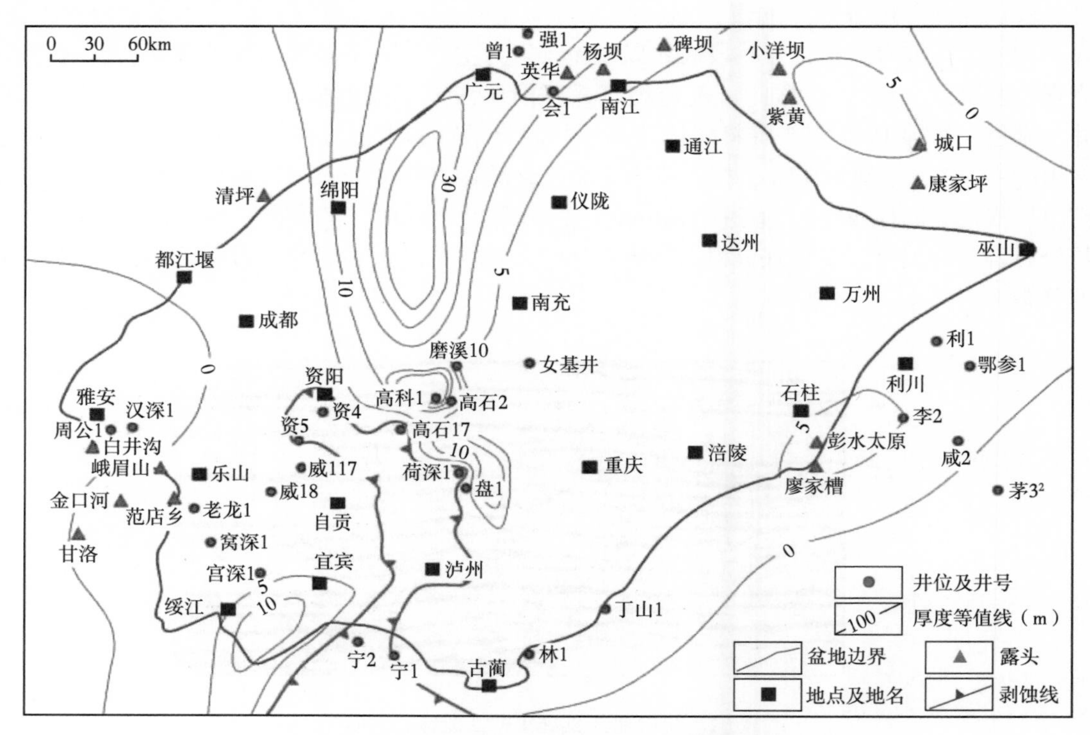

图4 四川盆地震旦系灯三段泥质烃源岩厚度等值线

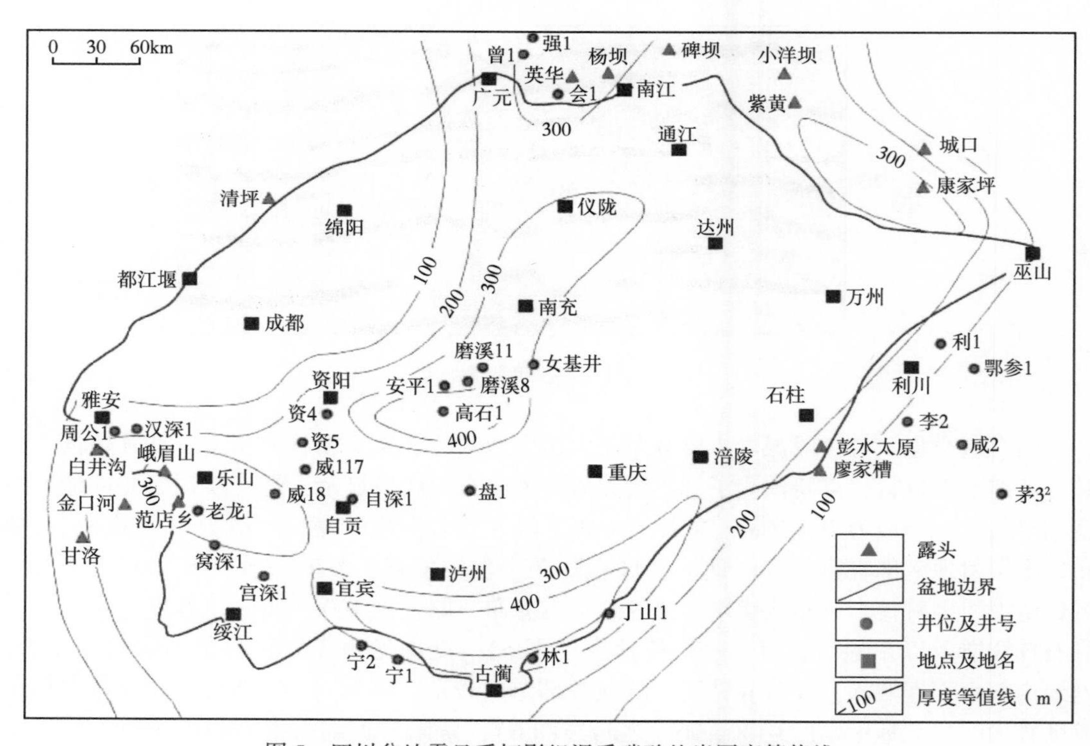

图5 四川盆地震旦系灯影组泥质碳酸盐岩厚度等值线

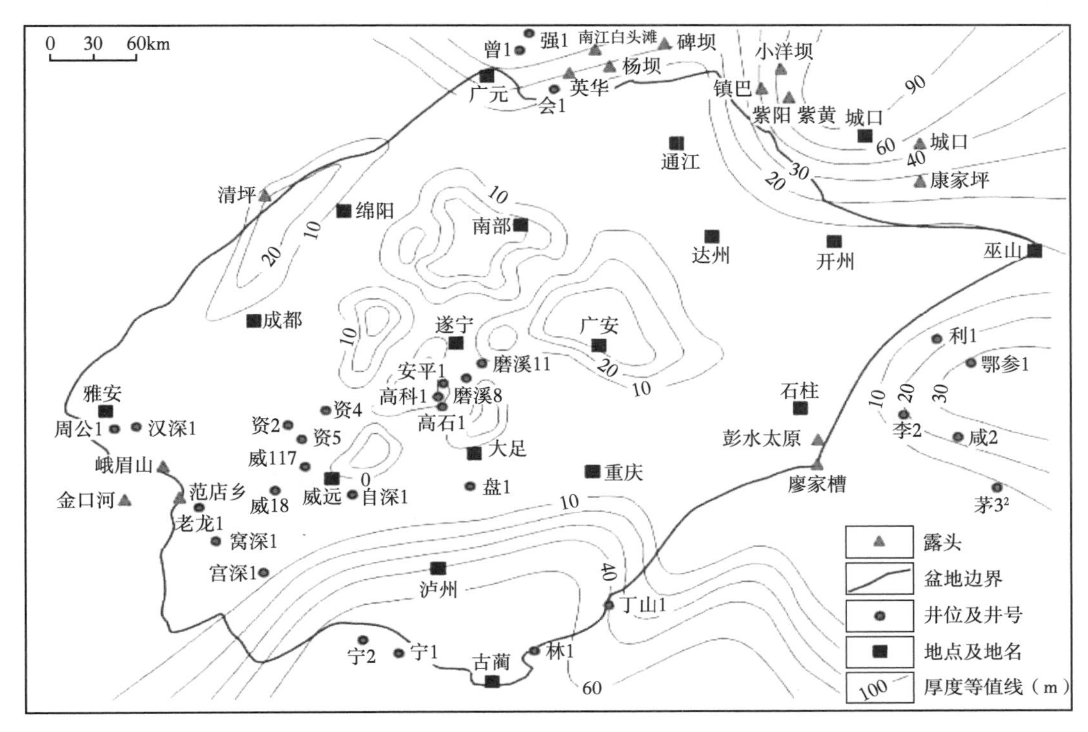

图6 四川盆地震旦系陡山沱组泥质烃源岩厚度等值线

1.3 烃源岩热演化

镜质组反射率是确定烃源岩成熟度最常用、最有效的指标。但是，在震旦系—下古生界中缺乏镜质组。已有研究表明，储层沥青反射率与镜质组反射率存在对应关系[18]。本文即通过将岩石中的沥青反射率换算成等效镜质组反射率，并结合单井热演化史分析了川中地区震旦系—寒武系烃源岩生烃演化特征。从高石梯—磨溪地区热演化史图可见(图7)，高石梯—磨溪地区震旦系烃源岩开始生烃期为中—晚寒武纪，志留纪末的构造抬

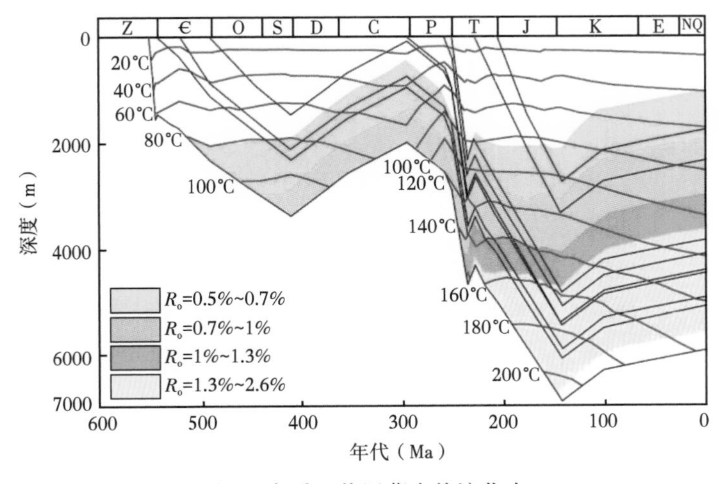

图7 磨溪8井埋藏史热演化史

升，使得烃源岩的演化处于停止状态，并持续到石炭纪末，这一阶段烃源岩一直处于生油窗阶段；从二叠纪开始，烃源岩再次深埋，并进一步熟化生成原油和湿气，因此原油保持期基本在晚三叠世之前；从晚三叠世开始，地层温度大于160℃，原油开始发生裂解生气。寒武系烃源岩开始生烃期要晚于震旦系，主要开始于志留纪，大量生油的时期主要为二叠纪—三叠纪，早侏罗世开始进入湿气生成期，原油开始裂解生气的时期主要在中侏罗世以后。

2 寒武系烃源岩特征

2.1 地球化学特征

2.1.1 筇竹寺组

筇竹寺组烃源岩主要为黑色、灰黑色泥页岩、碳质泥岩，局部夹粉砂质泥质和粉砂岩。富含三叶虫化石和小壳化石。烃源岩有机质丰度高，443 个样品 TOC 含量介于 0.50%~8.49%，平均为 1.95%[10-11]，其中 TOC>1.0%的占 71.3%。局部层段发育黑色碳质泥岩，有机质丰度高，如磨溪 9 井钻遇近 10m 的黑色碳质泥岩，TOC 含量介于 2.49%~6.19%，平均为 4.4%。绵竹—长宁克拉通内裂陷内有多口井钻遇筇竹寺组烃源岩，有机质丰度较高，如高石 17 井筇竹寺组 35 个样品的 TOC 含量介于 0.37%~6.00%，平均为 2.17%（图8）。平面上，裂陷发育区由于水体较深，有利于高丰度烃源岩的发育，有机碳含量也高于其他地区。

筇竹寺组烃源岩的显微组分以腐泥组为主（占 95%以上），有机质为无定形，表明原始有机物主要为低等水生生物，扫描电镜下表现为絮状体（图 8）。干酪根碳同位素组成普遍较轻，碳同位素值分布在-36.0‰~-31.0‰之间，平均为-33.3‰，属典型的腐泥型烃源岩。有机质成熟度高，等效 R_o 值介于 1.84%~2.42%，达到高过成熟阶段。

2.1.2 麦地坪组

麦地坪组烃源岩主要为硅质页岩、碳质泥岩等，有机质丰度较高，TOC 含量介于 0.52%~4.00%，平均为 1.68%。干酪根碳同位素值介于-36.4‰~-32.0‰，平均为-34.3‰，属典型的腐泥型烃源岩。有机质成熟度高，等效 R_o 值介于 2.23%~2.42%，达到高过成熟阶段。

2.2 分布特征

地层研究结果表明，麦地坪组与下伏灯影组、上覆筇竹寺组不整合接触，以含小壳动物化石，含胶磷矿、层状硅岩为特征[19-20]①，测井曲线表现为低伽马夹高伽马，电阻率明显降低，以此区别于上覆筇竹寺组（高伽马—低、中阻）和下伏灯影组（稳定的低伽马—高阻）。构造—岩相古地理研究表明，早寒武世麦地坪期主要表现为填平补齐，泥质岩分布受裂陷控制明显。而钻井结果也显示，裂陷范围内主要为含硅磷的泥质岩发育区，如高石 17 井麦地坪组为含磷质、碳质页岩，中部夹泥粉晶云岩、泥质云岩段，资 4 井为

---

① 张宝民，邹才能，张师本，等．早寒武世梅树村期早期地层划分对比与分布．中国石油勘探开发研究院．内部资料，2013.

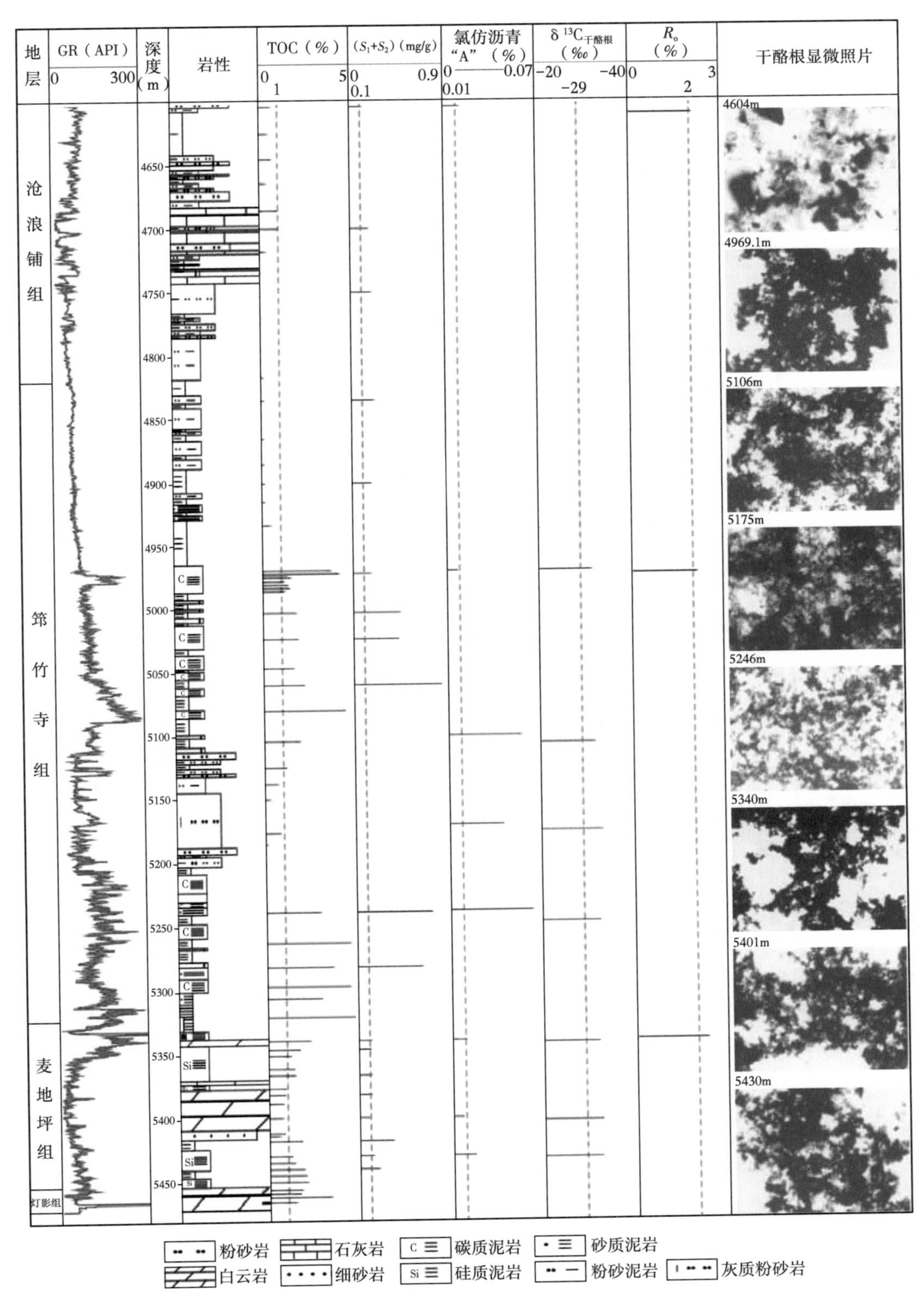

图 8　高石 17 井寒武系地球化学剖面

灰黑色、页岩夹砂岩或云岩；裂陷范围外主要为含磷灰岩、白云岩发育区，如老龙1井主要为含胶磷矿云岩，资7井主要为含灰质含磷灰质云岩。

研究认为，四川盆地受桐湾运动影响，发育2个大型古隆起，分别为高石梯—磨溪和资阳—威远古隆起，2个古隆起之间震旦纪至早寒武世发育绵竹—长宁大型克拉通内裂陷，该裂陷的存在明显控制了盆地内下寒武统优质烃源岩的分布[14,15,21-23]。在此认识指导下，补充新钻井、露头及地震资料，重新预测了筇竹寺组及麦地坪组烃源岩厚度分布。

2.2.1 筇竹寺组

沿裂陷方向烃源岩厚度最大，厚度一般在300~350m之间（图9），如裂陷内部的高石17井烃源岩厚度超过400m，北部天1井区厚度也超过350m，蜀南地区最大厚度超过450m。裂陷两侧烃源岩厚度明显减薄，在西侧威远—资阳地区厚度在200~300m之间，向西快速减薄至50~100m。东侧高石梯—磨溪地区厚度一般在120~150m之间。盆地周缘临近海槽区厚度明显增大，如北部通江—南江沙滩一带发育一个厚度中心，厚度在200~300m之间。

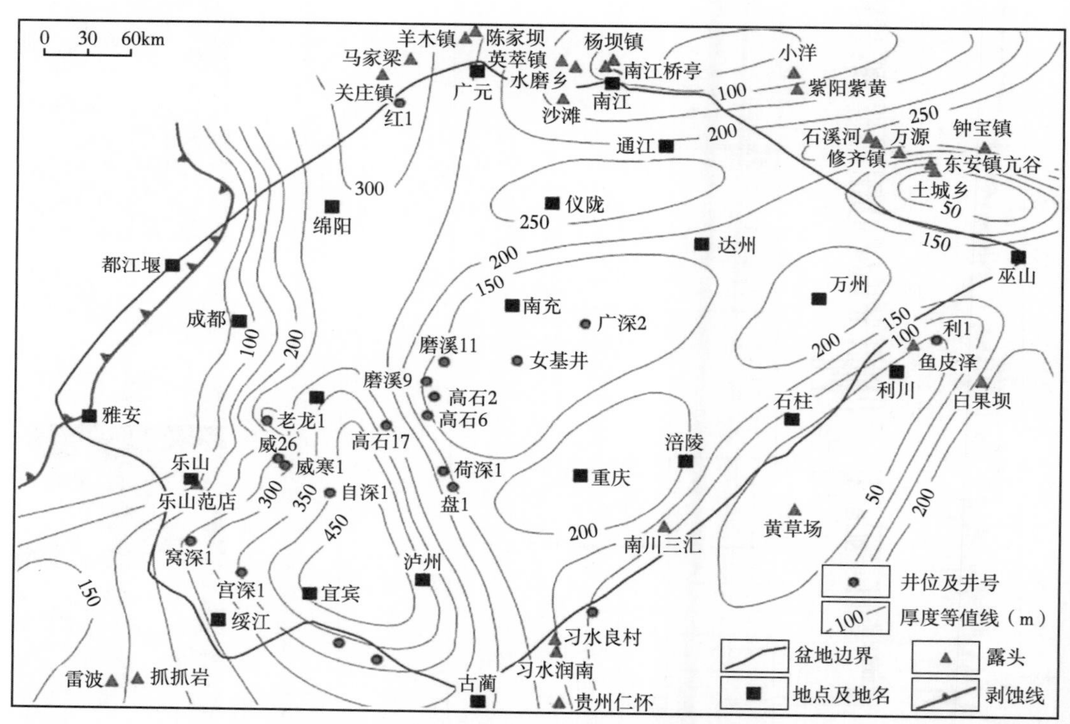

图9 四川盆地下寒武统筇竹寺组烃源岩厚度等值线（据魏国齐等修改，2015[11]）

2.2.2 麦地坪组

麦地坪组沉积时期裂陷规模最大，沉积水体最深，裂陷内沉积充填泥页岩厚度最大。桐湾运动末期的隆升剥蚀作用导致麦地坪组在四川盆地内分布局限，如裂陷内部高石17井厚度为128m，资4井厚度为198m；裂陷东侧高石1井该套地层遭受到剥蚀，筇竹寺组黑色泥岩直接与下伏灯影组白云岩接触。麦地坪组烃源岩也主要分布在裂陷内，厚度在50~100m之间（图10）。

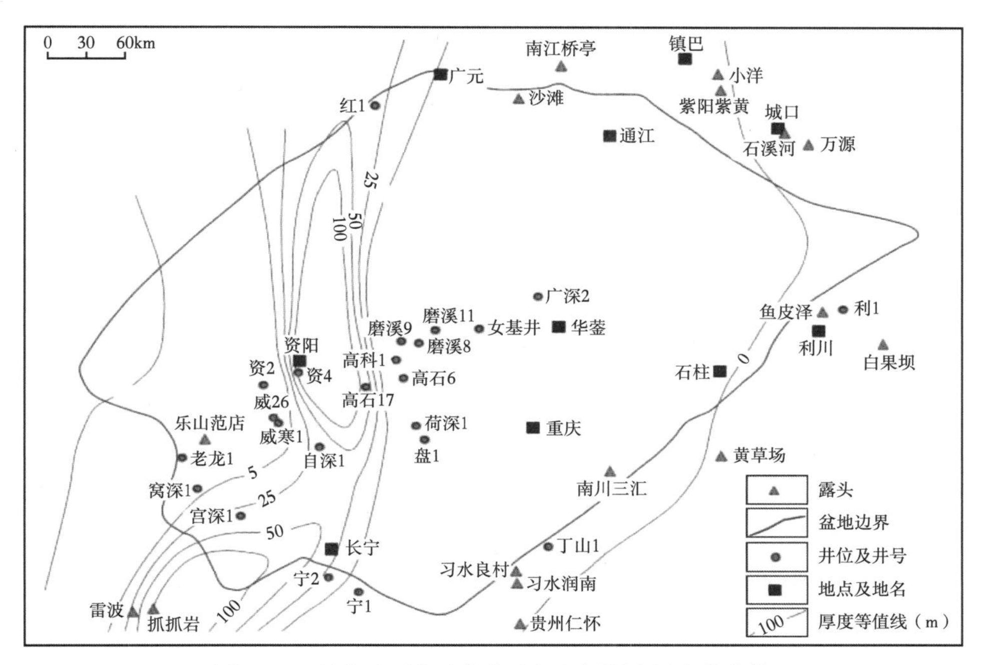

图 10　四川盆地下寒武统麦地坪组烃源岩厚度等值线

3　资源潜力与勘探方向

四川盆地震旦系、寒武系龙王庙组天然气勘探主要集中在威远—资阳及高石梯—磨溪地区，盆地其他地区勘探程度低，震旦系、寒武系相关资料把握程度较差，因此对于天然气资源的评价方法以成因法为主，通过类比，预测了四川盆地震旦系、寒武系龙王庙组天然气资源量，并结合基础地质分析，指出不同地区天然气勘探方向。

3.1　资源潜力

3.1.1　参数选取

应用成因法计算烃源岩生气量主要涉及的参数包括烃源岩的体积、烃源岩中有机质的丰度、类型、热演化程度及烃源岩产气率等参数。前 3 项参数为烃源岩所固有的性质，前述研究中已经确定。由于震旦系—寒武系烃源岩已经达到高—过成熟阶段，因此本文研究中生烃参数（产气率、生烃动力学等）主要采用廊坊分院在封闭体系下热模拟所确定的相关参数，如Ⅰ型泥岩产气率为 540～762m^3/t_{TOC}，碳酸盐岩产气率为 385～690m^3/t_{TOC}[24]。烃源岩的热演化与盆地热史（古地温梯度或古热流演化史）密切相关，前人对四川盆地晚震旦世以来的构造演化及热流演化进行过研究[25-28]，本文主要借鉴其研究成果。

3.1.2　生气强度及生气量

筇竹寺组烃源岩生气强度最大，最高超过 $140×10^8m^3/km^2$，平均为 $70×10^8m^3/km^2$，绝大多数地区大于 $20×10^8m^3/km^2$，盆地内大于 $60×10^8m^3/km^2$ 的面积达 $5.73×10^4km^2$。生气中心分布与裂陷分布大体一致（图 11），裂陷内生气强度一般大于 $80×10^8m^3/km^2$，最高达 $153×10^8m^3/km^2$。震旦系烃源岩高生气强度区主要分布盆地周缘，盆地内大川中地区生气强度一般大于 $15×10^8m^3/km^2$，最高达 $28×10^8m^3/km^2$（图 12），具备了形成大气田的

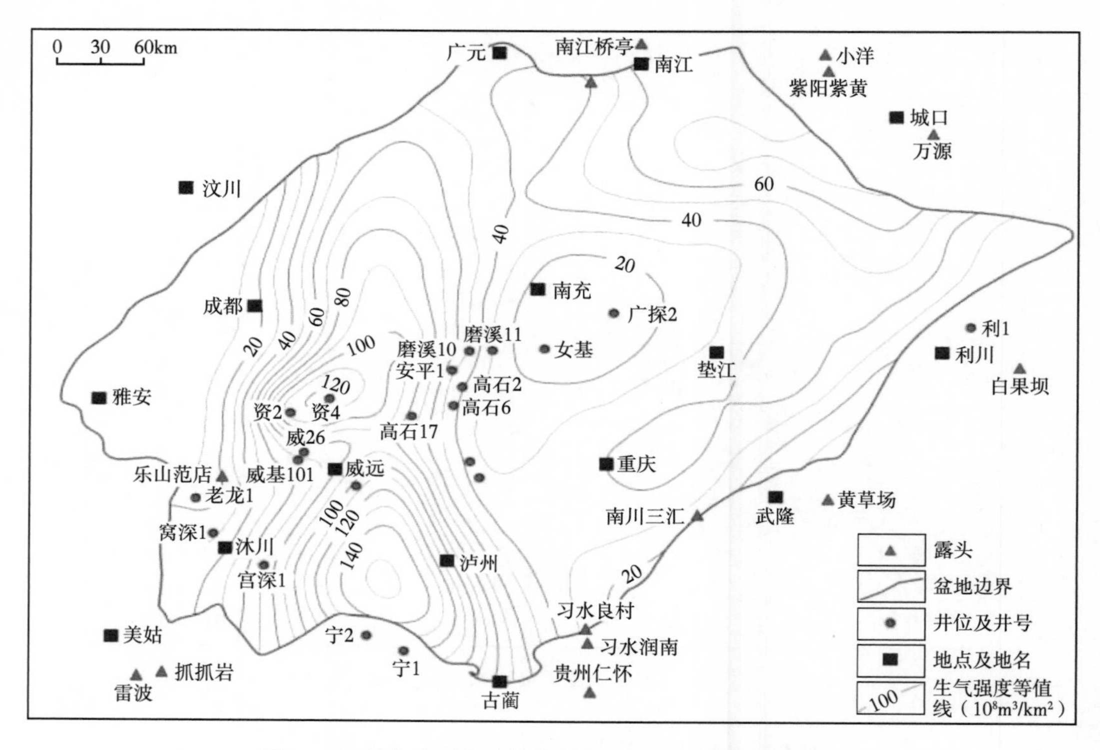

图 11　四川盆地下寒武统筇竹寺组烃源岩现今生气强度

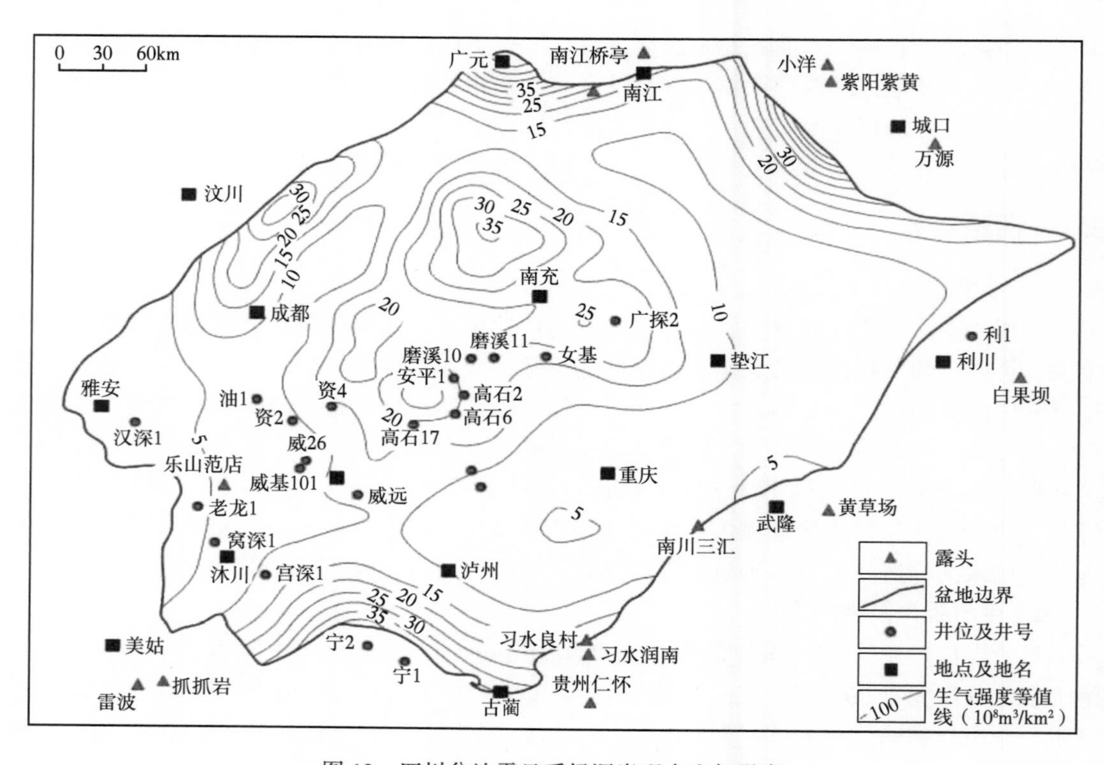

图 12　四川盆地震旦系烃源岩现今生气强度

基础。盆地模拟结果显示，寒武系筇竹寺组+麦地坪组烃源岩总生气量为 $1638\times10^{12}m^3$，其中，裂陷范围内烃源岩生气量约为 $1010\times10^{12}m^3$，占全盆地下寒武统烃源岩总生气量的 61.7%；震旦系烃源岩总生气量约为 $300\times10^{12}m^3$，在大川中范围内生气量约为 $122\times10^{12}m^3$。

3.1.3 天然气资源量

（1）运聚单元及运聚系数。

热演化研究表明，震旦系及寒武系筇竹寺组烃源岩在晚三叠世时期达到生油高峰，此时的古构造圈闭是油气聚集的主要场所。本文研究以 28000km 地震资料为基础，恢复了古构造特征，结合晚三叠世震旦系、寒武系龙王庙组古流体运聚趋势，划分出川中、川东南、川东北、川西北及川西南 5 个大的运聚单元（图 13、图 14）。

研究表明灯影组气藏天然气来源于震旦系和寒武系烃源岩，龙王庙组气藏天然气主要来源于下寒武统烃源岩[8-11]，李剑等[29]实验研究表明油气向下运移的量占总量的 25%~40%，据此本文确定寒武系筇竹寺组+麦地坪组烃源岩向震旦系的供烃量按照总生气量的 1/3 来计算，向龙王庙组的供烃量为总量的 2/3，而震旦系烃源岩生成的天然气则主要向震旦系气藏供给。由于高石梯—磨溪地区勘探程度高，选取其作为刻度区并确定震旦系灯影组运聚系数为3.2‰~5.67‰，龙王庙组运聚系数为 3.71‰。

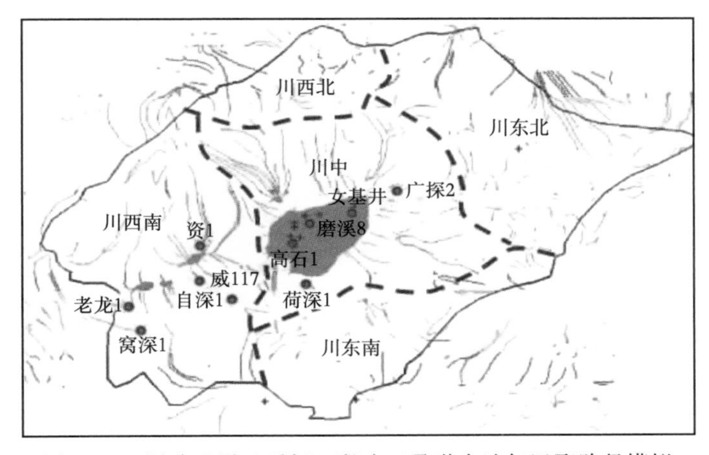

图 13　四川盆地震旦系灯二段晚三叠世末油气运聚路径模拟

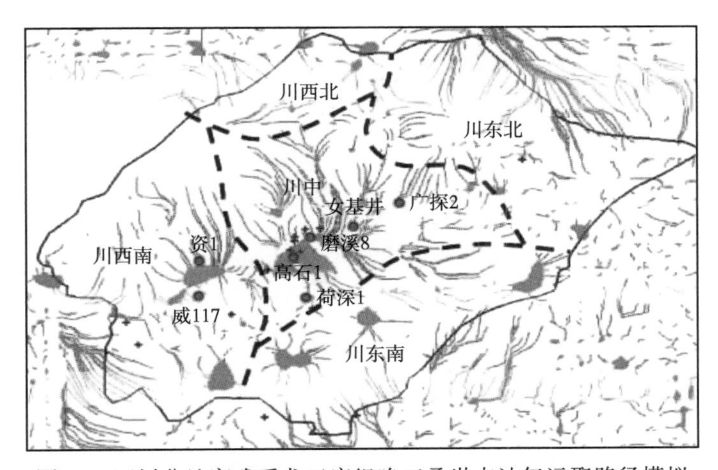

图 14　四川盆地寒武系龙王庙组晚三叠世末油气运聚路径模拟

（2）资源预测。

根据预测区与刻度区类比确定的运聚系数，结合不同区块天然气供烃量可计算出不同运聚单元天然气资源量（表1）。计算结果为震旦系、寒武系龙王庙组天然气总资源量为 $(4.65\sim5.58)\times10^{12}m^3$，其中震旦系为 $(2.55\sim3.07)\times10^{12}m^3$，寒武系龙王庙组为 $(2.11\sim2.51)\times10^{12}m^3$；川中区块总资源量为 $(2.95\sim3.49)\times10^{12}m^3$，其中震旦系为 $(1.78\sim2.12)\times10^{12}m^3$，寒武系龙王庙组为 $(1.17\sim1.37)\times10^{12}m^3$。裂陷范围内震旦系、寒武系烃源岩对震旦系、寒武系龙王庙组天然气资源贡献为 $(2.92\sim3.11)\times10^{12}m^3$，约占全盆地总资源量的56%~63%。

表1　四川盆地震旦系、寒武系天然气资源预测统计（10^8m^3）

层系	川中区块	川东北区块	川东南区块	川西南区块	川西北区块	合计
寒武系龙王庙组	11685~13689	2507~3091	3286~4121	3210~3689	376~484	21064~25074
震旦系	17830~21197	2063~2323	2030~2448	3061~4164	490~547	25474~30679
小计	29515~34886	4570~5414	5316~6569	6271~7853	866~1031	46538~55753

3.2　勘探方向

从天然气资源分布来看，川中区块天然气资源最为丰富，资源量为 $(2.95\sim3.49)\times10^{12}m^3$，约占全盆地资源量的66%。该地区长期继承性发育高石梯—磨溪—龙女寺构造，其西侧紧邻下寒武统生烃中心，是油气运聚的主要指向区。灯影组灯二段、灯四段在桐湾运动中遭受抬升剥蚀，形成大量溶蚀孔洞，岩溶储层发育，多口井已获百万立方米高产气流；龙王庙组发育孔隙型白云岩储层，平均孔隙度为4.81%，平面分布稳定，厚度在12.0~64.5m之间，磨溪地区龙王庙组已探明地质储量为 $4403\times10^8m^3$，天然气剩余资源量大，是勘探的首选地区。构造斜坡带荷深1井获得工业气流，研究认为其具有晚期成藏特征，而且古隆起斜坡带在燕山期—喜马拉雅期形成众多大型构造圈闭，有利于油气的运移聚集，斜坡带的局部构造或岩性圈闭是下一步勘探的重点。

川西南区块预测天然气资源量约为（6200~7800）$\times10^8m^3$，已发现威远、资阳2个含气构造，探明天然气地质储量为 $400\times10^8m^3$。该区在印支期曾形成大型油藏，但晚期构造运动导致天然气破坏调整严重。研究区内在印支期处于构造较低部位的地区，震旦系岩性或构造岩性圈闭是下一步勘探的优选。其他区块，虽然后期构造活动强烈，构造复杂，但是也具有一定的资源潜力，震旦系—寒武系较为落实的构造圈闭值得探索。

4　结论

（1）四川盆地筇竹寺组优质烃源岩厚度中心位于绵竹—长宁克拉通内裂陷区，累计厚度可达200~450m，其他地区烃源岩厚度为50~100m；麦地坪组烃源岩，平均有机碳含量可达1.68%，主要沿绵竹—长宁内裂陷分布，厚度为50~100m。下寒武统生气强度普遍大于 $20\times10^8m^3/km^2$，裂陷内最高可达 $153\times10^8m^3/km^2$。

（2）精细刻画了震旦系灯影组灯三段泥质烃源岩，在盆地内部广泛分布，与灯影组泥质碳酸盐岩和陡山沱组泥质烃源岩共同构成中国最古老震旦系烃源岩，大川地区震旦系烃源岩生气强度为（15~25）$\times10^8m^3/km^2$，具备了形成大气田的烃源岩条件。

（3）以高石梯—磨溪为刻度区，采用成因法、类比法重新预测震旦系、寒武系龙王庙组天然气总资源量为（4.65~5.58）×$10^{12}m^3$，其中震旦系为（2.55~3.07）×$10^{12}m^3$，寒武系龙王庙组为（2.11~2.51）×$10^{12}m^3$。裂陷范围内烃源岩对震旦系—寒武系天然气资源的贡献约为（2.92~3.11）×$10^{12}m^3$，占全盆地总资源量的56%~63%。

（4）根据不同区域资源分布及有利成藏条件，确定了当前震旦系勘探的方向及重点：川中区块古隆起斜坡带局部构造及岩性圈闭是当前勘探的重点；川西南区块次之，其他区块具有一定的资源潜力，值得探索。

参考文献

[1] 徐永昌，沈平，李玉成．中国最古老的气藏—四川威远震旦纪气藏［J］．沉积学报，1989，7（4）：3-12.

[2] 陈文正．再论四川盆地威远震旦系气藏的气源［J］．天然气工业，1992，12（6）：28-32.

[3] 黄籍中，陈盛吉．四川盆地震旦系气藏形成的烃源地化条件分析：以威远气田为例［J］．天然气地球科学，1993，4（4）：16-20.

[4] 戴金星．威远气田成藏期及气源［J］．石油实验地质，2003，25（5）：473-479.

[5] 姚建军，陈孟晋，华爱刚，等．川中乐山—龙女寺古隆起震旦系天然气成藏条件分析［J］．石油勘探与开发，2003，30（4）：7-9.

[6] 魏国齐，沈平，杨威，等．四川盆地震旦系大气田 形成条件与勘探远景区［J］．石油勘探与开发，2013，40（2）：129-138.

[7] 杜金虎，邹才能，徐春春，等．川中古隆起龙王庙组特大型气田战略发现与理论技术创新［J］．石油勘探与开发，2014，41（3）：268-277.

[8] 邹才能，杜金虎，徐春春，等．四川盆地震旦系—寒武系特大型气田形成分布、资源潜力与勘探发现［J］．石油勘探与开发，2014，41（3）：278-293.

[9] 魏国齐，谢增业，白贵林，等．四川盆地震旦系—下古生界天然气地球化学特征及成因判识［J］．天然气工业，2014，34（3）：44-49.

[10] 魏国齐，谢增业，宋家荣，等．四川盆地川中古隆起震旦系—寒武系天然气特征及成因［J］．石油勘探与开发，2015，42（6）：702-711.

[11] 魏国齐，杨威，谢武仁，等．四川盆地震旦系—寒武系大气田形成条件、成藏模式与勘探方向［J］．天然气地球科学，2015，26（5）：785-795.

[12] 徐春春，沈平，杨跃明，等．乐山—龙女寺古隆起震旦系—下寒武统龙王庙组天然气成藏条件与富集规律［J］．天然气工业，2014，34（3）：1-7.

[13] 杨跃明，文龙，罗冰，等．四川盆地乐山—龙女寺古隆起震旦系天然气成藏特征［J］．石油勘探与开发，2016，43（2）：179-188.

[14] 魏国齐，杨威，杜金虎，等．四川盆地震旦纪-早寒武世克拉通内裂陷地质特征［J］．天然气工业，2015，35（1）：24-35.

[15] 魏国齐，杨威，杜金虎，等．四川盆地高石梯—磨溪古隆起构造特征及对特大型气田形成的控制作用［J］．石油勘探与开发，2015，42（3）：257-265.

[16] 李玲，王铜山，汪泽成，等．四川盆地震旦系灯影组天然气晚期成藏特征及意义［J］．天然气地球科学，2014，25（9）：1378-1386.

[17] 田兴旺，胡国艺，李伟，等．四川盆地乐山—龙女寺古隆起地区震旦系储层沥青地球化学特征及意义［J］．天然气地球科学，2013，24（5）：982-990.

[18] 丰国秀，陈盛吉．岩石中沥青反射率与镜质体反射率之间的关系［J］．天然气工业，1988，8（8）：20-25.

[19] 殷继成，丁莲芳，何廷贵，等．四川峨眉高桥震旦系—寒武系界线［J］．中国地质科学院院报，1980，2（1）：59-74.
[20] 陈孟莪．四川峨眉麦地坪剖面震旦系—寒武系界线的新认识及有关化石群的记述［J］．地质科学，1982（3）：253-261.
[21] 刘树根，孙玮，罗志立，等．兴凯地裂运动与四川盆地下组合油气勘探［J］．成都理工大学学报：自然科学版，2013，40（5）：511-521.
[22] 汪泽成，姜华，王铜山，等．四川盆地桐湾期古地貌特征及成藏意义［J］．石油勘探与开发，2014，41（3）：305-312.
[23] 姜华，汪泽成，杜宏宇，等．乐山—龙女寺古隆起构造演化与新元古界震旦系天然气成藏［J］．天然气地球科学，2014，25（2）：192-200.
[24] 李剑，刘成林，谢增业，等．天然气资源评价［M］．北京：石油工业出版社，2004：41-63.
[25] 何丽娟，许鹤华，汪集旸．早二叠世—中三叠世四川盆地热演化及其动力学机制［J］．中国科学：地球科学版，2011，41（12）：1884-1891.
[26] 饶松，朱传庆，王强，等．四川盆地震旦系—下古生界烃源岩热演化模式及主控因素［J］．地球物理学报，2013，56（5）：1549-1559.
[27] Richardson N J，Densmore A L，Seward D，et al. Extraordinary denudation in the Sichuan Basin：Insights from low-temperature thermochronology adjacent to the eastern margin of the Tibetan Plateau［J］. Journal of Geophysical Research，2008，113（B044094）：1-23.
[28] Zhang B，Zhao Z，Zhang S C，et al. Discussion on marine source rocks thermal evolvement patterns in the Tarim basin and Sichuan basin，west China［J］. Chinese Science Bulletin，2007，52（S1）：141-149.
[29] 李剑，胡国艺，谢增业，等．中国大中型气田天然气成藏物理化学模拟研究［M］．北京：石油工业出版社，2001：154-157.

本文原刊于《天然气地球科学》，2017 年第 28 卷第 1 期。

中国陆上大气田成藏主控因素及勘探方向

李　剑[1,2]　曾　旭[1,3]　田继先[1]　佘源琦[1]　程宏岗[1]　谢武仁[1]

1. 中国石油勘探开发研究院

2. 中国石油天然气集团有限公司天然气成藏与开发重点实验室

3. 中国石油大学（北京）地球科学学院

摘要： 中国陆上天然气气藏类型多样，依据综合地质条件及勘探规模潜力，可划分为古老碳酸盐岩气藏、前陆冲断带气藏、致密砂岩气藏、基岩—火山岩气藏 4 种类型。为了指导中国陆上下一步天然气勘探的方向和目标，结合天然气最新地质理论研究及勘探进展、基础成藏条件等方面，从控制油气成藏的关键地质要素出发，系统总结了中国陆上不同类型天然气富集主控因素：海相碳酸盐岩气藏受优质烃源岩、规模储层及大型圈闭控制，前陆冲断带气藏受优质烃源岩、储盖组合及构造圈闭等因素控制，致密砂岩气藏受构造背景、源储组合方式及储层分布等因素控制，而基岩—火山岩气藏受生烃凹陷、储层类型及输导体系等因素控制。同时，对陆上大气田的富集规律进行了总结：(1) 优质烃源岩决定了天然气宏观分布，烃源岩中心周缘普遍分布大气藏；(2) 优质储层类型多、分布广，天然气富集控制作用明显；(3) 稳定构造期形成多期盖层是天然气多期成藏的关键因素；(4) 现今构造格局控制了天然气分布的方向性。在富集主控因素及规律认识基础上，对不同类型天然气勘探领域下一步重点勘探区带进行梳理，指出了陆上天然气勘探主攻领域，天然气勘探仍需立足四川、鄂尔多斯和塔里木三大盆地。

关键词： 天然气；主控因素；富集规律；勘探区带

“十三五”以来我国天然气勘探开发成果丰硕，理论认识创新引领天然气勘探进入规模发现期，储量快速增长，在我国陆上沉积盆地古老海相层系碳酸盐岩、页岩、中—新生代陆相层系致密砂岩、前陆冲断带转换带、基岩—火山岩、煤系气等领域发现和建成了克深、苏里格、安岳、顺北、川南、中秋、博孜—大北等一批大型及超大型常规—非常规气田，在塔中—塔北、简阳—三台、金秋、青石峁、准南等地区天然气勘探见到了好的苗头，有力支撑了国内天然气储量、产量的快速增长。自 2007 年储量增长高峰期工程实施以来，累计探明天然气地质储量 $7.8\times10^{12}m^3$，年均新增天然气地质储量 $5567\times10^8m^3$，是历史上持续时间最长的储量增长高峰期。

在这样快速发展的勘探开发节奏下，我国天然气供应形势仍然紧迫，对外依存度逐年递增，保障我国油气能源安全仍是一个长期的命题。据国家发展和改革委员会历年公布数据统计，我国天然气对外依存度由 2000 年的 15.9% 增长到 2020 年的 43%，并逐年递增；而天然气储量接替率由 2000 年的 23.15% 逐年下降，2019 年仅为 2.4%。因此，在目前勘探对象越来越复杂、勘探程度越来越高的勘探开发形势下，理论创新的重要性在油气勘探中日益凸显，每次认识的变革均孕育着重大发现。为此，本文从现实领域大气田富集规律、不同类型大气田的主控因素及勘探方向等方面进行分析，提出下一步陆上天然气勘探方向及主要新领域，以期为天然气储量、产量的增长提供参考依据。

1 中国陆上大气田分布特征

1.1 大气田主要类型

前人依据盆地类型、构造单元、储层类型、烃源岩类型、埋藏深度、成因类型等多个方面划分了我国大中型气田类型[1-3]。从这 10 年勘探进展、勘探新技术进步及油气新地质理论发展可知，陆上天然气勘探领域由浅层、常规气藏逐渐向深层、致密层、非常规气藏转变。大型气田勘探领域丰富多样，成藏过程复杂，对于大气田类型的划分不仅要以地质特征的共性为基础，同时应对天然气未来的上产主攻领域有明确的指示意义。通过统计“十三五”以来天然气勘探形势发现，从盆地类型方面看，目前天然气规模增储领域主要集中在四川、鄂尔多斯、塔里木、准噶尔、松辽 5 个盆地，主体为稳定的克拉通盆地及大型的前陆盆地冲断带；从储层类型方面看，主体为致密砂岩、碳酸盐岩储层，与石油勘探类型差异较大，天然气重大发现集中在岩性—地层、海相碳酸盐岩和前陆冲断带三大领域，“十二五”以来占比为 72.5%。近期陆上 20 个获战略突破的区带表明，陆上常规天然气资源量近 $18.2\times10^{12}m^3$，海相碳酸盐岩、低渗透致密砂岩、前陆盆地是实现储量规模接替的主要领域，预计每年可增加探明天然气地质储量（6000~8000）$\times10^8m^3$[4]。综合以上分析可知，克拉通盆地古老碳酸盐岩、富烃凹（断）陷致密砂岩、前陆盆地冲断构造不仅是现今规模探明天然气地质储量的主体领域，也是未来天然气增储上产的重点方向。而近 10 年以来，基岩—火山岩勘探形势喜人，在断陷盆地、克拉通盆地、前陆盆地 3 种不同类型盆地内均有大规模发现，1200~7000m 深度均见到高产工业油气流，10 年累计探明天然气地质储量 $5000\times10^{12}m^3$[5,6]。有鉴于此，将我国目前大气田类型分为海相碳酸盐岩气田、前陆冲断带气田、致密砂岩气田及基岩—火山岩气田 4 种。目前，我国页岩气每年新增探明地质储量达到（4000~6000）$\times10^8m^3$，页岩气资源潜力巨大，逐渐成为我国天然气勘探开发的“半壁江山”，但是页岩气在聚集方式、成藏关键因素、圈闭类型等方面与常规天然气差异巨大，故本文未讨论页岩气这一天然气类型。

1.2 大气田分布特征

根据 2000 年国土资源部颁布的《矿产资源储量规模划分标准》，统计了目前陆上天然气探明地质储量大于 $300\times10^8m^3$的大型气田及部分探明地质储量在 $100\times10^8m^3$的中型气田的分布（图 1）。从我国陆上已探明天然气地质储量分布看，陆上天然气分布具有以下两个特征：（1）我国陆上天然气分布整体呈现西富东稀中集中的特点，即主要集中于受特提斯构造域控制的塔里木盆地、鄂尔多斯盆地、四川盆地，三大盆地天然气探明地质储量占总探明地质储量的 76%；（2）从构造位置看，探明天然气资源主要分布在中东部盆地内部稳定区、西部前陆盆地盆山结合部。

海相碳酸盐岩气田在中国南方、华北和西部广大地区均有分布，资源量为 $36.9\times10^{12}m^3$，但储量规模较大的气田主要集中在四川、塔里木和鄂尔多斯三大克拉通盆地[7]（表 1）。按储层成因可将海相碳酸盐岩气田分为台缘礁滩气田、台内礁滩气田、岩溶风

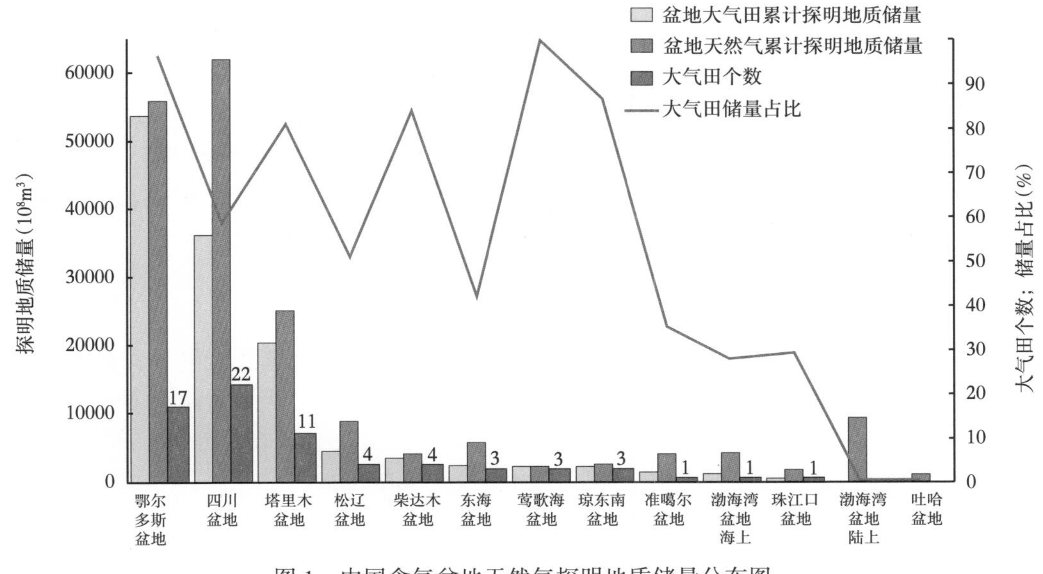

图 1　中国含气盆地天然气探明地质储量分布图

化壳气田及层状白云岩气田等类型[8]。四川盆地碳酸盐岩大气田主要分布在台缘带，该相带的大气田探明地质储量占碳酸盐岩大气田探明地质储量的 76%左右；塔里木盆地塔中地区上奥陶统台缘带中也发现了塔中 62 等大气田。四川、塔里木和鄂尔多斯三大盆地碳酸盐岩大气田整体上表现为裂解气供气、古隆起控藏、礁滩和岩溶储层控制富集的特征[9-12]。

表 1　陆上大气田基本情况简表

类型	资源量（$10^{12}m^3$）	探明地质储量（$10^{12}m^3$）	主要层系	典型气田
海相碳酸盐岩	36.9	4.2	C、T、O、Є、Z	高石梯—磨溪、塔中、靖边、和田河、龙岗、塔中Ⅰ号
前陆冲断带	6.8	1.6	N、E、K、Pt	迪那 2、克拉 2、大北、克拉苏、东坪
致密砂岩	30.7	5.6	E、K、P、T、J、C	苏里格、合川、成都、新场
基岩—火山岩	4.7	0.52	K、P、T、J、C	长岭Ⅰ号、龙深、徐深、克拉美丽

前陆冲断带大气田在我国中西部叠合盆地广泛分布，资源量为 $6.8\times10^{12}m^3$，其成藏条件与富集控制要求较为严苛[13]，主要受烃源岩发育、储层发育、圈闭条件、盖层条件综合影响；由于逆冲断裂发育，断裂在油气的运移成藏中发挥着重要作用[14]，前陆盆地保存条件非常关键，优质盖层区是大气田发育有利区[15]。

致密砂岩气田分布广阔，在不同类型的含油气盆地中均有分布[3]，资源量为 $30.7\times10^{12}m^3$，如在相对稳定、以整体升降为主的平缓背景下的四川盆地、鄂尔多斯盆地，挤压构造背景下的吐哈山前带、塔里木前陆区、准噶尔前陆区，伸展裂陷背景下的松辽、渤海湾盆地深层等。其中大型致密砂岩气田主要分布在鄂尔多斯盆地和四川盆地[16]。

基岩—火山岩气田在中国东部和西部皆有发育，资源量为 $4.7\times10^{12}m^3$。东部中—新生代盆地的火山岩主要见于晚侏罗世—早白垩世盆地和古近纪盆地的充填序列中，松辽盆地深层白垩系营城组火山岩中已发现徐深气田和长深气田[17]。西部塔里木、准噶尔等盆地的火山岩主要发育于海西晚期和燕山期，准噶尔盆地已探明克拉美丽大气田[18]。四川盆地二叠系火山岩获得重要发现，其喷发期为茅口组沉积晚期—龙潭组沉积期，川西南部以溢流相玄武岩为主，成都—简阳以喷溢相火山碎屑熔岩为主，烃源条件优越，通源断裂发育，保存条件好，发育形成规模的构造—岩性气藏[19]。

1.3 大气田“十三五”勘探进展

“十三五”以来，在大气田理论创新及实践方面取得了多个重要进展。深层海相碳酸盐岩勘探方面，在先前“四古”及礁滩的“一礁一藏”等成藏理论与认识基础上，进一步完善了古隆起周缘、古裂陷内及周缘地层的成藏理论认识，同时提出了深层结构地球物理重力、磁法、电法、地震“四位一体”综合解释、断控缝洞型储层精细预测、古老碳酸盐岩储层产能预测等勘探与评价关键技术。其中满深 1 井、轮探 1 井、角探 1 井、篷探 1 井等风险探井获重大突破，四川盆地古裂陷槽内及古隆起斜坡带，有望形成除安岳气田外，第二个万亿立方米前景的大气田。塔里木盆地塔北隆起带的轮探 1 井在 8000m 的寒武系吾松格尔组获日产油 $134m^3$、天然气 $45917m^3$ 高产油气流，上震旦统奇格布拉克组测试出口见气，点火焰高 0.5~1m，展示了震旦系—寒武系良好的勘探前景；满深 1 井在奥陶系 7510~7665m 井段进行酸化测试，获日产油 $624m^3$、天然气 $37.1\times10^4m^3$ 高产油气流。塔里木盆地塔中—塔北地区有望油气连片，展现出万亿立方米大气区的规模。

前陆冲断带深层勘探进展丰硕，形成了冲断带深层“堆垛状”油气持续强充注、“四位一体”天然气规模成藏理论，以及宽方位 + 高密度、多次覆盖叠加地震采集 + 三位一体建模解释、高效 PDC+ 垂直钻井、高密度、高强度复合堵漏钻完井等完整技术序列。“十三五”期间，库车地区勘探成果最为显著：克拉—克深地区新发现气藏 6 个，累计发现气藏 17 个，探明天然气地质储量达到万亿立方米；博孜—大北地区新发现气藏 12 个，有望形成万亿立方米气区；秋里塔格构造带也取得突破，有望成为重要的战略接替区带。准噶尔盆地南缘高探 1 井、康 2 井接连获得突破，有望形成新的规模油气区。

致密砂岩气勘探方面，深化了克拉通致密砂岩气成藏机理研究，新建了裂谷盆地、前陆盆地致密砂岩气成藏模式，形成了黄土塬束状非纵地震、多波地震采集与处理、叠前地震储层预测、测井精细评价及低饱和气藏识别、强化直井多层、水平井分段体积压裂等关键技术。鄂尔多斯盆地苏里格地区天然气勘探新增探明地质储量 $6491\times10^8m^3$，盆地东部天然气多层系立体勘探落实两个千亿立方米规模储量区，西南部甩开勘探新增探明、预测地质储量 $2374\times10^8m^3$。松辽盆地南部深层天然气勘探取得重要突破，长深 40 井获日产 $5.4\times10^4m^3$ 工业气流，已经落实松辽盆地南部天然气资源量 $6100\times10^8m^3$。

基岩—火山岩勘探成果丰硕，提出了以生烃断槽为基本单元的“主断裂控陷、断槽控源、源储断共控”成藏认识，建立了复杂类型岩性划分及测井识别技术、潜山内幕结构识别及刻画技术、优势岩性及裂缝型储层叠前 / 叠后联合地震预测技术。指导了四川盆地永探 1 井、柴达木盆地尖探 1 井、昆 2 井、松辽盆地隆探 2 井、隆平 1 井、准噶尔盆地车探 1 井的部署，在松辽盆地中央隆起带、柴达木盆地阿尔金山前、四川盆地二叠系火山岩、准噶尔盆地石炭系落实了多个千亿立方米级的气田。

2 大气田地质特征及主控因素

近几年来，中国陆上在海相碳酸盐岩、致密砂岩、前陆冲断带和基岩—火山岩领域勘探取得重大突破，在气藏特征、关键成藏要素及成藏模式研究方面取得重要进展，明确了不同领域气藏的主控因素（表 2），为大气田的富集区优选奠定了基础。

表 2 中国陆上不同类型大气田富集主控因素

领域类型	气藏类型	典型领域	主控因素	有利富集区
海相碳酸盐岩	构造—岩性气藏	四川盆地下古生界—震旦系	①优质烃源岩叠置；②大面积高能相带丘滩体；③大型岩性圈闭	紧邻生烃凹陷、构造发育的古隆起岩溶储层及礁滩发育区
		鄂尔多斯盆地寒武系	①多个生烃凹陷；②大面积分布岩溶储层；③大型构造圈闭	古裂陷发育的周缘高能碳酸盐岩储层分布区
前陆冲断带	构造气藏	塔里木盆地库车、准噶尔盆地南缘、四川盆地龙门山前带	①多套优质烃源岩；②良好的生储盖组合；③成排、成带大面积连片分布的构造圈闭	膏盐岩、泥岩等优质盖层下的构造圈闭
致密砂岩	岩性气藏	四川盆地须家河组、松辽盆地深层	①稳定宽缓的构造背景；②广覆式优质烃源岩；③大面积分布的非均质致密储层	生气强度大、致密储层发育的源储叠置优势区
基岩—火山岩	复合气藏	松辽盆地深层	①成排、成带裂陷槽；②良好的源储配置关系；③优势岩性与裂缝发育程度	紧邻生烃中心、断裂沟通的爆发相、溢流相
		柴达木盆地基岩	①紧邻生烃凹陷；②多类型优质输导体系；③大面积分布的缝洞储层	主力生烃凹陷周缘的古隆起

2.1 海相碳酸盐岩大气田富集主控因素——以安岳大气田为例

自 2011 年四川盆地高石 1 井灯影组二段（灯二段）获得重大突破发现了安岳特大型气田以来，在古老碳酸盐岩“四古”控藏等成藏理论指导及相关勘探、工程技术配合下，迄今已在川中古隆起高石梯—磨溪地区探明天然气地质储量 $1.03\times10^{12}m^3$。安岳气田形成的关键是四川盆地经历震旦纪—早寒武世的 3 期桐湾运动后，形成了高石梯—磨溪、资阳—威远两个巨型古隆起和德阳—安岳大型古裂陷[20-21]。这一古构造格局奠定了厚层优质烃源岩发育、大面积高能相带丘滩体及大型岩性圈闭形成的地质基础。(1) 发育多套优质烃源岩。下寒武统筇竹寺组泥岩是安岳气田震旦系—寒武系非常重要的气源岩，德阳—安岳古裂陷是优质烃源岩发育中心，烃源岩厚度在裂陷内一般为 250～300m，裂陷外一般为 150～250m，由安岳气区向北斜坡烃源岩厚度增大[3]。震旦系灯三段黑色页岩在盆地内分布较为局限，厚度一般为 10～30m；灯二段、灯四段泥质碳酸盐岩也具有一定的生烃能力[22]。此外，陡山沱组沉积时期，现今四川盆地范围也呈现出隆凹相间格局，其中绵阳—成都—遂宁—宜宾—泸州—重庆—开江及达州—通江地区为凹陷区[15]，凹陷区地层厚度一般为 50~200m，由安岳气区向北斜坡陡山沱组沉积厚度增大，预测在凹陷区发育陡山沱组烃源岩。多套优质烃源岩的叠置发育，奠定了大型油气田形成的物质基础。(2) 具备多层叠置的大面积高能相带丘滩体。灯二段、灯四段台缘带丘滩体及大面积分布的龙王庙组台内颗粒滩为安岳气田优质储层的发育奠定了良好地质基础。已有研究表明，震旦系灯影组藻云岩储层以藻叠层云岩、藻凝块云岩、藻砂屑云岩为主，溶孔、溶洞发育，储层孔隙度为 2%~8%，平均为 4%，以裂缝—孔洞型储层为主[23-24]。就台缘带丘滩体发育位置而言，安岳气区灯二段、灯四段分布位置基本叠合，丘滩体沿台缘带呈“U”形展布，展布面积为 3×10^4km²。寒武系龙王庙组滩相白云岩储层以细—中晶颗粒云岩为主，粒间溶孔、晶间溶孔、溶洞发育，储层孔隙度为 2%~10%，平均为 4.8%，主要为孔隙型储层和裂缝—孔隙型储层，沿安岳古隆起展布面积达 8×10^4km²[25]。(3) 发育大型岩性圈闭。处于川中古隆起高部位的安岳气区，灯二段气藏主要受构造圈闭控制，为具有底水的构造气藏；灯四段气藏主要受构造、地层控制，为构造—地层气藏；龙王庙组（$\epsilon_1 l$）主要为构造—岩性气藏[10]。北斜坡则发育大量被寒武系泥岩所包围的灯二段孤立丘滩体、被滩间致密带所分割的灯二段、灯四段台缘丘滩体（图 2），以及沧浪铺组（$\epsilon_1 c$）下段洼陷边缘滩，可在斜坡背景下形成大型岩性圈闭。这些大型圈闭紧邻优质烃源岩生烃中心，处于古油藏范围[26]，是大型岩性气藏有利富集区。

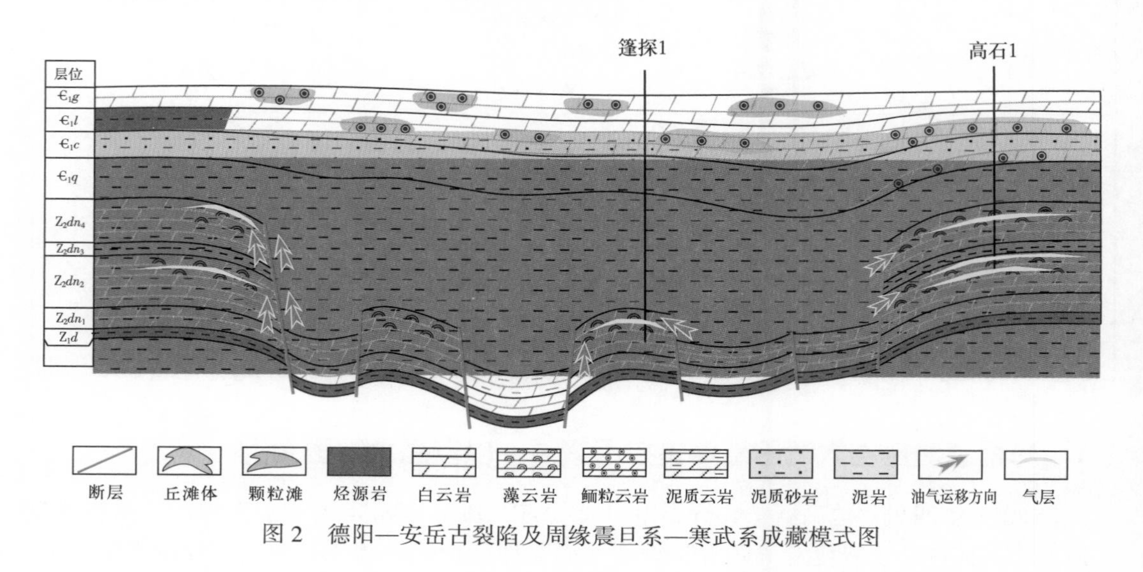

图 2　德阳—安岳古裂陷及周缘震旦系—寒武系成藏模式图

2.2　前陆冲断带大气田富集主控因素——以塔里木盆地库车地区为例

我国中西部叠合盆地历经多期改造，在经历燕山—喜马拉雅强烈构造运动后，形成了多条大型前陆冲断带[27]，冲断带内圈闭面积大、输导体系高效[28]，油气资源潜力巨大，在我国陆上油气勘探中占有重要地位。

塔里木盆地库车地区天然气富集主控因素有以下几个方面：(1) 库车地区发育多套优质烃源岩，整个构造带位于高效烃源灶之上，其中克拉苏构造带位于三叠系、侏罗系生烃中心[28]。库车坳陷发育两套优质烃源岩，上三叠统湖相泥岩及中—下侏罗统煤系地层，厚度最大可达 1100m，分布面积达 14000km^2，有机碳含量平均为 1.63%~3.78%，处于大量生气阶段，最大生气强度达 $400\times10^8m^3/km^2$。根据第 4 次资源评价成果，构造带整体资源量大，累计生油量为 234×10^8t，生气量为 $102.6\times10^{12}m^3$，总生烃量为 1051×10^8t 油当量。(2) 形成了良好的生储盖组合匹配。白垩系巴什基奇克组主要为辫状河三角洲前缘沉积，砂体横向连续，厚度大（200~300m），砂地比高（80%~90%），储层物性好，"构造桥"可以承载部分沉积负荷，形成"减重"效应，大幅降低压实作用强度，有效保护储层，原生粒间孔、粒间溶孔和粒内溶孔较发育，7500m 深层碎屑岩储层孔隙度保持在 4%~7%，减孔率约为 76%[29-31]。(3) 具备成排、成带大面积连片分布的构造圈闭（图 3），与褶皱相关的断层均是高效优质的油气输导通道。克拉苏构造带自燕山期以来受南天山持续隆升挤压，前段受到塔北隆起遮挡影响，在三叠系—侏罗系泥岩和煤层、古近系膏盐层两套滑脱层间，形成多排近北东向的大型冲断构造，构造内发育多种类型的断层相关褶皱，呈"鱼鳞状"叠置，形成连片分布的圈闭群，为油气大规模聚集提供了有利场所，断层与圈闭演化同步，圈闭与输导体系形成良好的耦合匹配关系[13,32]。(4) 古近系库姆格列木群、新近系吉迪克组膏盐岩、膏泥岩区域分布面积超 $2\times10^4km^2$，受挤压应力及断裂影响，部分地区厚度剧增，最厚可达 4000m，突破压力大、封盖能力强，形成良好的保存条件[33]。

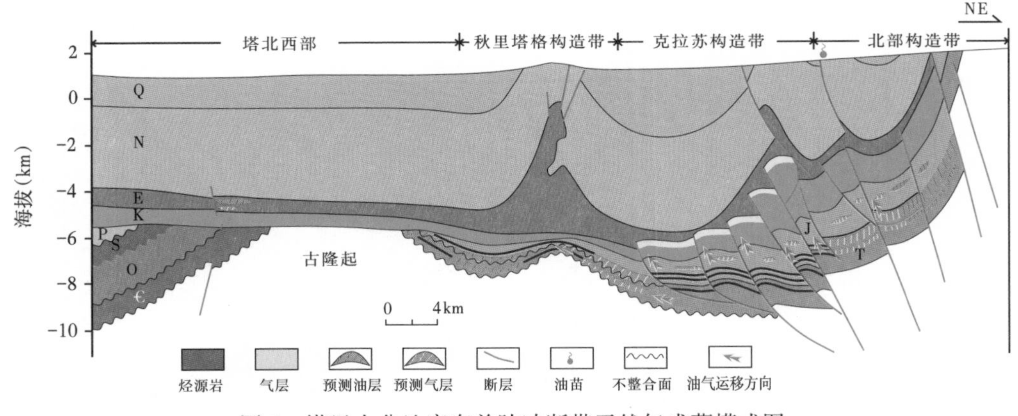

图 3 塔里木盆地库车前陆冲断带天然气成藏模式图

2.3 致密砂岩大气田富集主控因素——以四川盆地须家河组大气田为例

勘探实践表明，致密气成藏与常规油气有显著区别。致密气成藏主要受构造背景、优质烃源岩、大面积非均质致密储层、源储紧密接触等因素控制。(1) 稳定宽缓的构造背景是致密气成藏的前提条件。致密气储层几乎分布在所有盆地类型中，陆相断陷盆地、坳陷盆地、前陆盆地和海相克拉通盆地均普遍发育。虽然盆地类型、致密储集体类型和展布特征不同，但均具有稳定宽缓的构造背景。目前须家河组气田已探明地质储量主要集中于川西坳陷—川中过渡带，在广安、合川、潼南和安岳取得了勘探成功。川中过渡带多发育低缓构造，断层长度为 20~50km，断层落差在 40~600m，断层延伸较短、落差较小，断层主要发育于广安、南充和营山等构造区域，区内只有威远构造核部出露须家河组，其他主要被新生代地层所覆盖，总体来看川中低缓构造带构造变形较弱。川西坳陷地层平缓，梓潼向斜和成都盆地是其内部主要两大构造带，构造变形强度弱[34]。(2) 广覆式优质烃源岩是致密气成藏的重要物质基础。大面积有利烃源岩是致密气形成的重要物质基础，致密气藏的烃源岩以煤系地层为主，如北美落基山地区白垩系—古近系致密砂岩气藏、我国鄂尔多斯盆地石炭系—二叠系与四川盆地上三叠统须家河组致密砂岩气藏。与常规油气相比，致密气更强调大面积高丰度烃源岩源内或近源短距离供烃特征，其他生烃指标与演化参数等特征基本相同[35]。须一段烃源岩厚达 400m，须三段、须五段烃源岩厚度为 40~360m；须二段、须四段、须六段烃源岩厚度较小，为 10~160m，须六段烃源岩厚度最大处位于川中南部，向盆地中心厚度逐渐减小。总体而言，须家河组烃源岩厚度大，分布范围广，有利于天然气大规模生成。(3) 非均质致密储层大面积分布、优越的源储配置有利于致密气大规模成藏。在宽缓的凹陷与斜坡地区，地形平缓，普遍发育大型的三角洲沉积体系，有利于发育大面积致密储层[36]。但是其内部的致密储层非均质性强，这是由于沉积微相快速变化、岩石类型分异、成岩作用不同和构造改造程度差异等因素导致的。须家河组致密砂岩储层储集空间以次生孔为主，少量原生孔，局部发育裂缝。据铸体薄片鉴定，储集空间中次生孔占 85%；储层物性差，孔隙度、渗透率之间相关性较差，相关系数 (R^2) 仅为 0.27，表明渗透率大小不仅与总孔隙多少有关，更主要受孔隙结构、裂缝发育状况控制。近源运聚是致密气成藏的主要方式，这就要求致密气成藏需要良好的生储关系匹配。四川盆地须家河组均为煤系地层沉积体系，表现为湖盆宽阔、水体不深、砂体连片发育，平面上非均质性致密储层与烃源岩紧密接触、大范围连续成藏（图 4）。

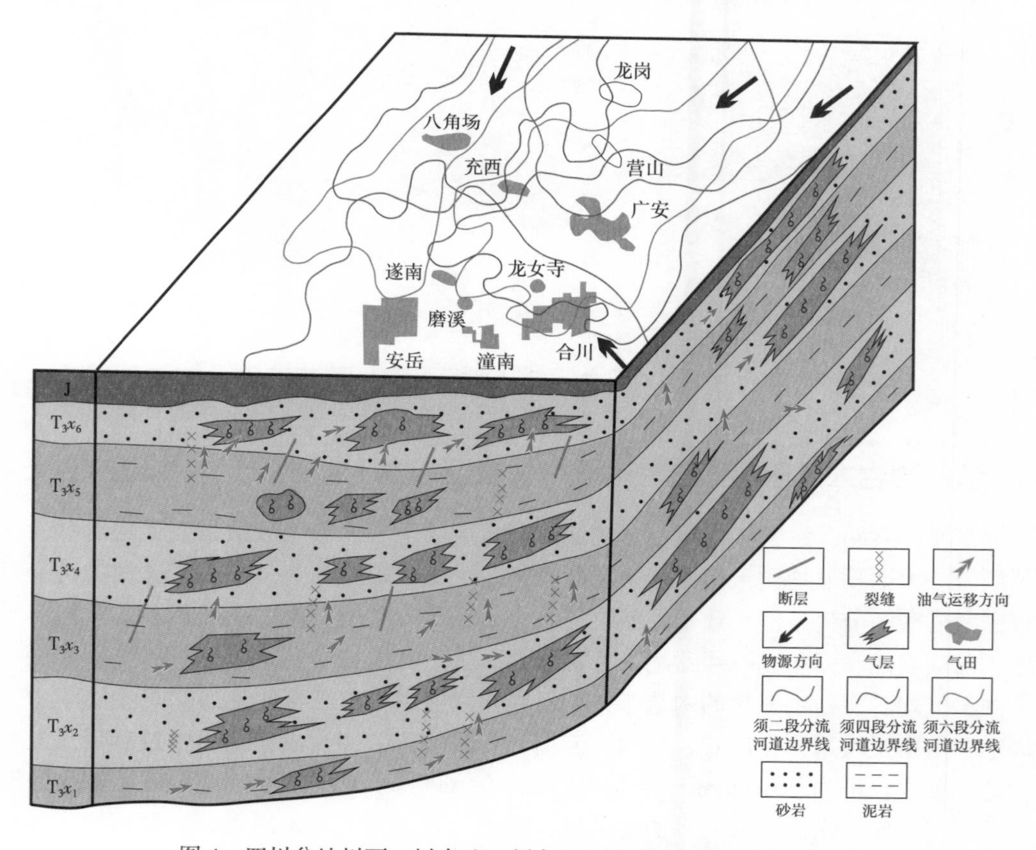

图 4　四川盆地川西—川中地区须家河组致密砂岩气成藏模式图

2.4 基岩—火山岩气田富集主控因素——以松辽盆地中央隆起带为例

松辽盆地中央隆起带是长期继承性发育的古隆起，位于东北部徐家围子断陷和西南部长岭断陷之间，中央隆起带不仅有良好的烃源岩条件，也具备良好的天然气藏形成条件，是油气的主要指向区带，是该盆地天然气风险勘探的重要领域之一。截至目前，中央隆起带及其周边钻入基岩探井160余口，其中见显示气井39口，隆平1、隆探2、汪902、昌102、肇深1、肇深3、农103等井已获得工业气流，通过与失利井分析对比，中央隆起带基岩气藏富集主控因素有以下几个方面。（1）中央隆起带基岩气藏分布受控于断陷期生烃凹陷规模及烃源岩质量。中央隆起带气源来自断陷期煤系烃源岩，中央隆起带整体含气丰度较低，紧邻的生烃凹陷丰度较高，徐家围子断陷生气强度大于$20\times10^8m^3/km^2$的面积为$3350km^2$，生气强度最大为$600\times10^8m^3/km^2$，侧向供烃能力强。隆探2井、隆平1井天然气干燥系数高，烃源岩演化程度高，与断陷期煤系烃源岩产气组分相似。（2）优势岩性与裂缝发育程度控制油气富集。通过已钻井分析，中央隆起带储层优势岩性为碎裂花岗岩、花岗岩、石英质岩类。（3）源储配置关系及输导体系控制油气运移优势指向（图5）。

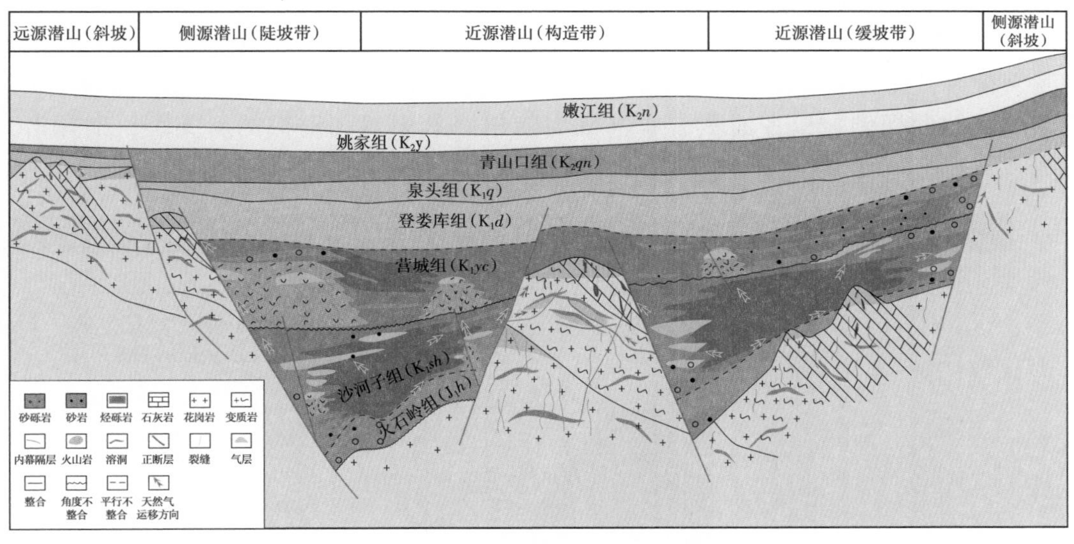

图5　松辽盆地中央隆起带基岩天然气成藏模式图

3　天然气富集规律

3.1　优质烃源岩决定天然气宏观分布，确保了天然气充注的充分性

中国陆上盆地天然气烃源岩类型总体包括两大类：腐殖型烃源岩和腐泥型烃源岩，两类烃源岩总体控制了陆上天然气纵横向的分布。腐殖型烃源岩主要以煤系烃源岩为主，储量占到中国陆上大气田70%以上，分布于克拉通海陆相近源大面积致密砂岩、前陆盆地逆冲构造带背斜构造、断陷盆地背斜与断块构造及火山岩、新生古储的碳酸盐岩等多个领域，分布广泛。我国陆上煤系烃源岩集中发育在三叠系—侏罗系，以煤、碳质泥岩、泥岩

为主，TOC 普遍偏高，其中塔里木盆地库车地区及周缘的煤系地层 TOC 最高，分布在 1.12%~76.53% 。煤系烃源岩的厚度普遍较大，达到 200m 以上，鄂尔多斯上古生界气田的烃源岩厚度最大，达到 800~1200m。腐泥型烃源岩主要存在于我国三大克拉通盆地的深层及海相地层内，其分布受盆地古构造格局控制，岩性以泥岩、页岩、碳质泥岩、泥质碳酸盐岩为主。

腐泥型烃源岩主要分布在海相盆地和部分陆相湖盆中。根据腐泥型有机质生排滞聚全过程演化模式（图 6）[37]，腐泥型烃源岩在主生油阶段（R_o 为 0.7%~1.3%）以原油伴生气为主，排烃效率为 40%~60%，生成天然气较少；高成熟—过成熟早期阶段（R_o 为 1.3%~2.5%）为干酪根裂解气主生成期，此时烃源岩以生气为主；过成熟中期阶段（R_o 为 2.5%~3.0%）以原油裂解气为主，排烃效率大于 80%，早期生成的原油在高温条件下裂解成气。高成熟—过成熟阶段干酪根降解气与原油裂解气对总生气量的贡献比大致为 1:4，因此深层原油裂解气生气能力强，资源潜力大，是海相深层大气田主要来源，比如四川盆地震旦系—寒武系大气田主要为原油裂解气。同时，原油裂解气也是陆相盆地天然气的重要来源，例如，柴达木盆地东坪深层气田为原油裂解气，柴北缘侏罗系为湖相沉积，优质烃源岩以半深湖—深湖相泥岩为主，早期具有较高的生油能力，早期生成的原油为后期原油裂解提供了丰富的物质基础。深层基岩储层在后期深埋过程中温度较高，具备形成原油裂解气的温度条件[38]。柴达木盆地陆相湖盆原油裂解气的发现意义重大，证实了柴北缘陆相煤系地层具备形成原油裂解气的条件，极大拓展了柴北缘天然气的勘探领域，古油藏裂解气成为陆相湖盆天然气勘探的新类型，勘探潜力巨大。

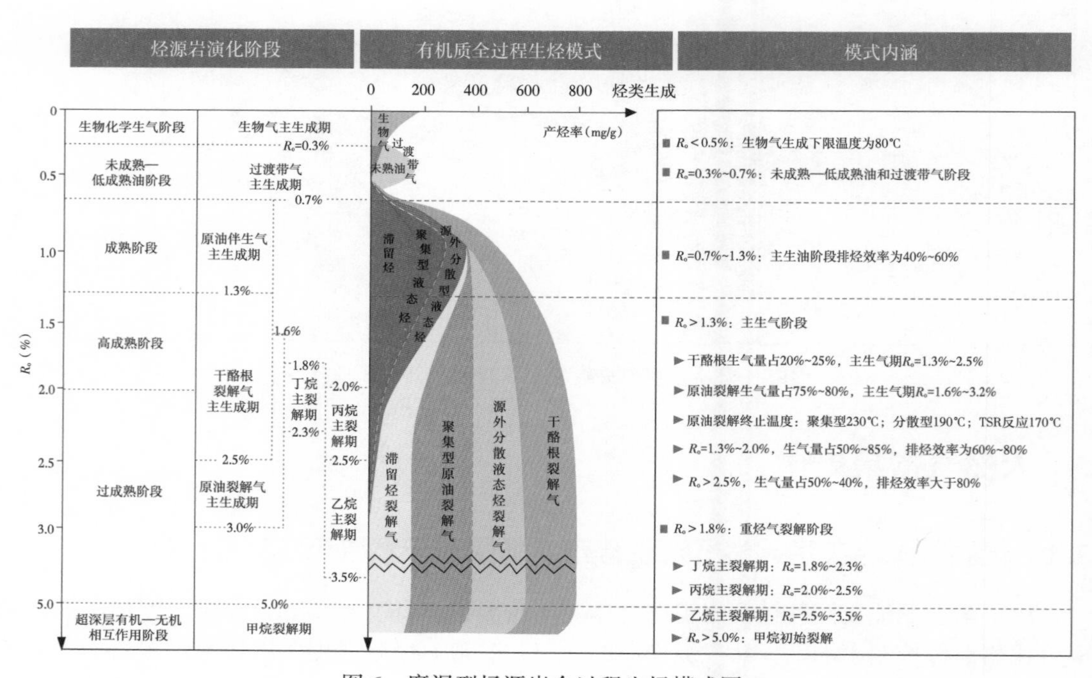

图 6　腐泥型烃源岩全过程生烃模式图

3.2 优质储层类型多、分布广，确保了天然气的规模性

我国大中型气田储层类型多样，具有明显的埋藏深度及年代跨度大、分布面积广、岩相类型多、储集空间多样的特点。

从目前三大克拉通盆地古老碳酸盐岩大气田分析看，碳酸盐岩优质储层发育均受控于沉积相带叠加岩溶作用的改造。储集空间为粒间溶孔、晶间溶孔，溶洞、裂缝发育。四川盆地安岳气田灯影组优质储层主要发育于台缘带的藻丘和颗粒滩，储层岩性主要是砂屑云岩、藻凝块云岩、叠层石云岩，经历了成岩早期、表生期、埋藏期岩溶作用的改造，形成裂缝—溶蚀孔洞型储层。塔里木盆地台盆区寒武系优质储层主要发育于台内颗粒滩和潮坪相，储层岩性为（藻）砂屑/鲕粒云岩，经历了石膏溶解、埋藏岩溶、热液岩溶改造，主要发育孔隙型储层、裂缝—孔洞型储层，有效储层厚度为30~115m。塔里木盆地奥陶系优质储层和鄂尔多斯盆地靖边气田奥陶系风化壳型储层均经历层间岩溶、风化壳岩溶和压实水岩溶的叠加改造，发育孔隙型储层、裂缝—溶孔型储层。

我国致密气成藏特征主要呈现为天然气在致密储集体中大规模成藏，气田大型化分布，呈现大面积与大范围成藏两种典型特征。储集体的物性决定了致密砂岩气藏的分布规模。在宽缓的凹陷与斜坡地区，由于相带宽、发育稳定，有利于形成大面积致密储层。由于沉积环境变化、岩石类型分异、成岩作用不同和构造改造程度差异等因素，导致大面积致密储层非均质性强。致密砂岩储层的形成主要受沉积作用、成岩作用和构造作用三大因素影响。沉积环境能量相对较低、成分和结构成熟度低、杂基含量高等因素是储层致密的基本条件；破坏性成岩作用（胶结、压实和充填等作用）导致原生孔隙大量减少，以及建设性成岩作用产生的次生孔隙欠发育是储层致密的重要因素；受构造作用控制的溶蚀和破裂等建设性成岩作用是优质储层发育的关键因素。因此，致密砂岩的成因可以划分为两大类型：一类是受沉积条件的控制，分选不好，形成原生型致密砂岩；另一类是由于复杂成岩作用和构造作用造成砂岩致密。同时，多种因素综合作用导致致密砂岩储层非均质性强。致密砂岩储层储集空间类型以粒间溶孔、粒内溶孔、微裂缝等为主，原生孔隙少见。储层物性差，孔隙度、渗透率低是致密砂岩储层最基本的地质特征，孔隙度一般为2%~10%，渗透率为0.001~1mD。

基岩气藏是一种特殊类型的气藏，基岩因长期暴露地面，经受风化、剥蚀、淋滤、溶解及强烈的构造运动，形成了分布极不均匀的大量次生孔隙。基岩储层是柴达木盆地深层气藏主要储层类型，已发现东坪、尖北及昆特依等气藏。受燕山运动影响，柴达木盆地基底隆升，长期遭受风化剥蚀，形成大面积分布的基岩缝洞型储集体，经后期深埋，与上覆古近系—新近系泥质岩形成了有效配置。基岩储层储集空间类型主要包括溶蚀缝、溶蚀孔和构造缝，储层孔隙度平均为3.7%，渗透率平均为1mD，并且基岩储层纵向分布超过500m，横向分布稳定，其物性不受埋深控制，深层基岩受多期构造运动及长期风化淋滤作用的影响，裂缝及溶蚀孔非常发育，极大改善了基岩的储集性能，广泛发育的基岩储层具备广阔的勘探前景。

3.3 多期盖层动态封闭确保了天然气富集的持续性

封盖条件对天然气成藏具有重要的影响，盖层的好坏直接影响到气藏的富集程度，对于深层—超深层的气藏尤为重要，因为该类气藏经历构造运动较多，只有在良好的封盖条

件下才能形成大规模的天然气聚集。

研究发现，目前不同气藏的盖层主要有 3 种岩性：泥页岩、蒸发岩和碳酸盐岩[39]。泥页岩分布最广，占比最大，其封闭能力与压实程度密切相关，与成岩演化程度关系不明显。在持续埋藏条件下，泥质盖层主要表现为孔隙度降低、渗透率不断减小、排替压力增大，封闭性增强。深埋地下的高演化泥岩，只要后期构造改造过程中没有遭受破坏，同样可以具有优质的封闭性能[40]。如四川盆地震旦系气藏的直接盖层寒武系筇竹寺组泥岩、苏里格气田下石盒子组泥岩、塔中北部斜坡上奥陶统桑塔木组泥岩均具有横向分布广、厚度大、排替压力较高的特点，是优质的区域盖层。

蒸发岩主要指盐岩和膏岩，尤其是盐岩，本身较为致密，具有很高的排替压力，有很强的油气封堵能力。蒸发岩由于在一定埋深的温度和压力下具有塑性特征，能防止断裂、裂缝的破坏，所以可以形成良好的油气盖层。在我国，四川盆地中—下三叠统膏盐岩、库车古近系—新近系膏盐岩等在地层条件下展现出良好的柔塑性，不易产生裂缝，对下伏的油气藏起到了直接或间接的封盖作用。

除了传统的盖层外，大量研究证明碳酸盐岩在一定条件下也可以作为油气的封盖层。部分泥晶灰（云）岩、泥质云岩、膏质云岩等岩石，内部孔隙极不发育，微裂缝不发育，排替压力高，在深部地层条件下也具有柔塑性，从而形成一定封盖能力，尤其是在膏盐岩、泥岩盖层不发育的地区，碳酸盐岩也可以作为优质盖层。如塔里木盆地轮南—古城台缘带寒武系的致密膏质云岩和泥质云岩、四川盆地飞仙关组鲕滩气藏之上的致密石灰岩和泥质云岩，均可以作为优质盖层封盖油气。

随着天然气勘探程度不断加深，叠合盆地内的大型天然气藏表现为多源多灶多期成藏、多源单灶多期成藏、混源多灶多种流体的多期成藏等复杂的特点。因此动态封闭能力的评价应考虑盖层封闭能力的演化及源—盖匹配等多方面因素。通过盖层排替压力演化、力学性质演化、地层压力演化、圈闭调整等要素，建立了多构造期盖层封闭能力动态评价方法。以塔里木盆地寒武系碳酸盐岩盖层为例，利用碳酸盐岩突破压力预测公式，其自然伽马值保持不变，声波时差值随地质时期的不同发生改变，得到不同地质时期的突破压力数据，并绘制演化曲线。由图 7 可以看出，碳酸盐岩盖层的突破压力自沉积之后至二叠纪末期保持较小值且变化幅度不大，之后逐渐增大，经历了侏罗纪的快速增大后，突破压力保持稳定。

根据塔里木盆地研究区内埋藏史恢复数据和孔隙度演化数据，便可以得到碳酸盐岩盖层屈服强度的演化史，结合盖层正应力演化史分析（图 7），便可以得到塔里木盆地碳酸盐岩盖层不易形成压裂缝且有利于封闭的地质时期。可以发现，自二叠纪末期，盖层的正应力总体上小于屈服强度，盖层不会形成压裂缝，进入长效的保存有利期。

同时，结合埋深与时间的关系，获得白云岩盖层屈服强度随埋深的演化历史。可以确定白云岩盖层在埋深 1000m 左右进入首次脆性—塑性转换，但由于在成岩作用下盖层本身结构发生变化，埋深 2000m 和 4000m 处，在地层压应力作用下又分别发生塑性—脆性和脆性—塑性的转换。目前在地层压应力作用下白云岩盖层均不会形成裂缝，十分致密，有利于形成封闭性较好的局部盖层。

通过对塔里木盆地寒武系白云岩盖层微观封闭能力和力学性质演化的研究，综合分析认为，在不考虑构造活动影响的情况下，自二叠系沉积之后，白云岩盖层有利于形成对油气的保存条件。

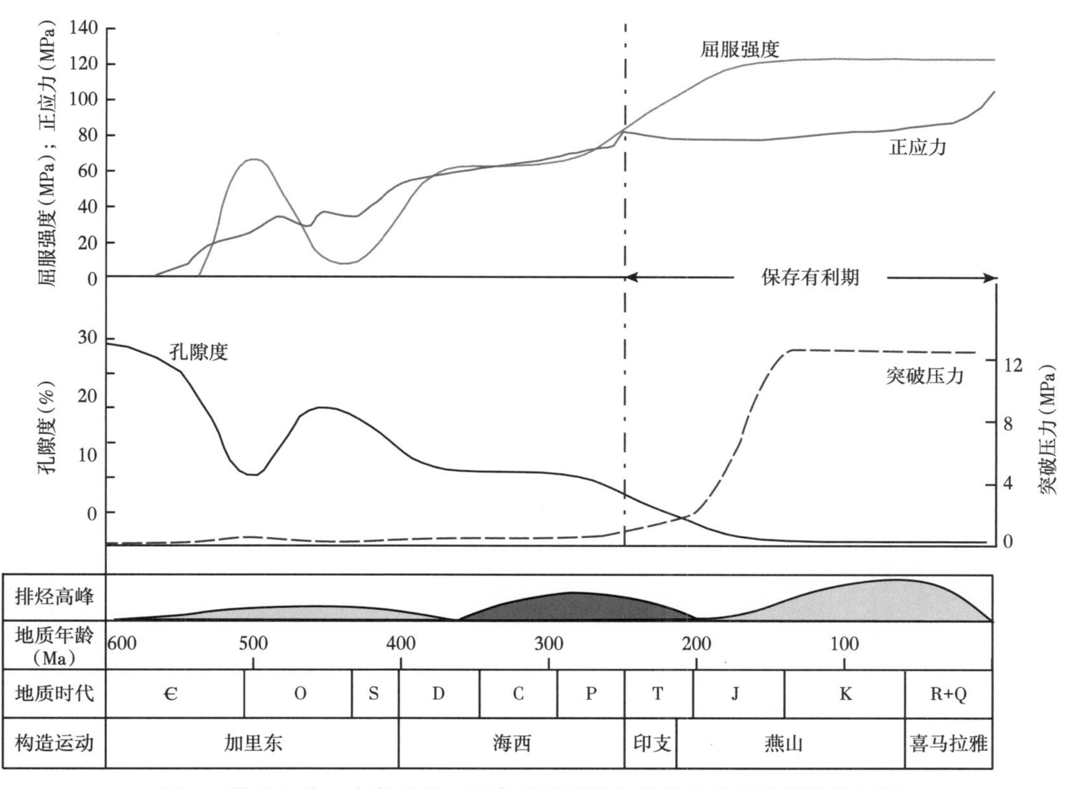

图7　塔里木盆地中寒武统—下寒武统碳酸盐岩盖层抗压强度演化史图

3.4　现今构造格局控制了天然气分布的方向性

大型气藏的形成需要油气成藏要素与成藏作用在时间、空间上的匹配。关键成藏期后的构造演化对天然气的富集有重要影响，总体上晚期构造稳定有利于沉积重新形成整体封闭体系，从而富集形成大型气田。三大海相克拉通盆地在印支运动（中三叠世—晚三叠世末）后，经历多期构造活动，在盆地内部形成断裂构造带，但部分地区依然发育稳定的古构造圈闭[41]，例如四川盆地的开江、泸州、剑阁、汉南等古隆起及鄂尔多斯盆地伊陕斜坡等，它们是圈闭集中发育的场所，勘探也已证明这些部位是主要的油气富集区带。如果后期构造运动引起地层隆升剥蚀、褶皱变形、断裂切割等，会使盖层岩石失去塑性，原来已形成的油气藏若遭到活动断层的切割，封盖条件被破坏，油气藏的平衡条件被打破，油气沿断层向上运移进入其他储层或运移至地表散失，使原油气藏遭到部分或全部破坏。塔里木盆地多个大型构造钻探未获成功的主要原因是由后期构造运动的破环引起，例如吐东2井获突破后吐格尔明构造带勘探连续失利，研究发现失利井所处构造附近均发育大型断裂，断距可达400~600m，从而造成气藏被破坏。四川盆地的高石梯—磨溪背斜台缘带紧邻裂陷槽，气源充足，储层厚度大，勘探目的层多，发育完整的背斜构造；威远鼻隆—背斜台缘带的成藏条件与其类似，且背斜面积更大，但是两者在后期保存条件上差别极大。高石梯—磨溪背斜台缘带断裂断距小，变形弱，保存条件好，该带是四川盆地内天然气成藏条件最好的区带，已发现高石梯、磨溪等大型天然气田，实现了规模建产；威远鼻隆—背斜台缘带晚期构造抬升强烈，构造带上威远气田的储量、产量规模远远小于高石梯—磨溪气田（图8）。

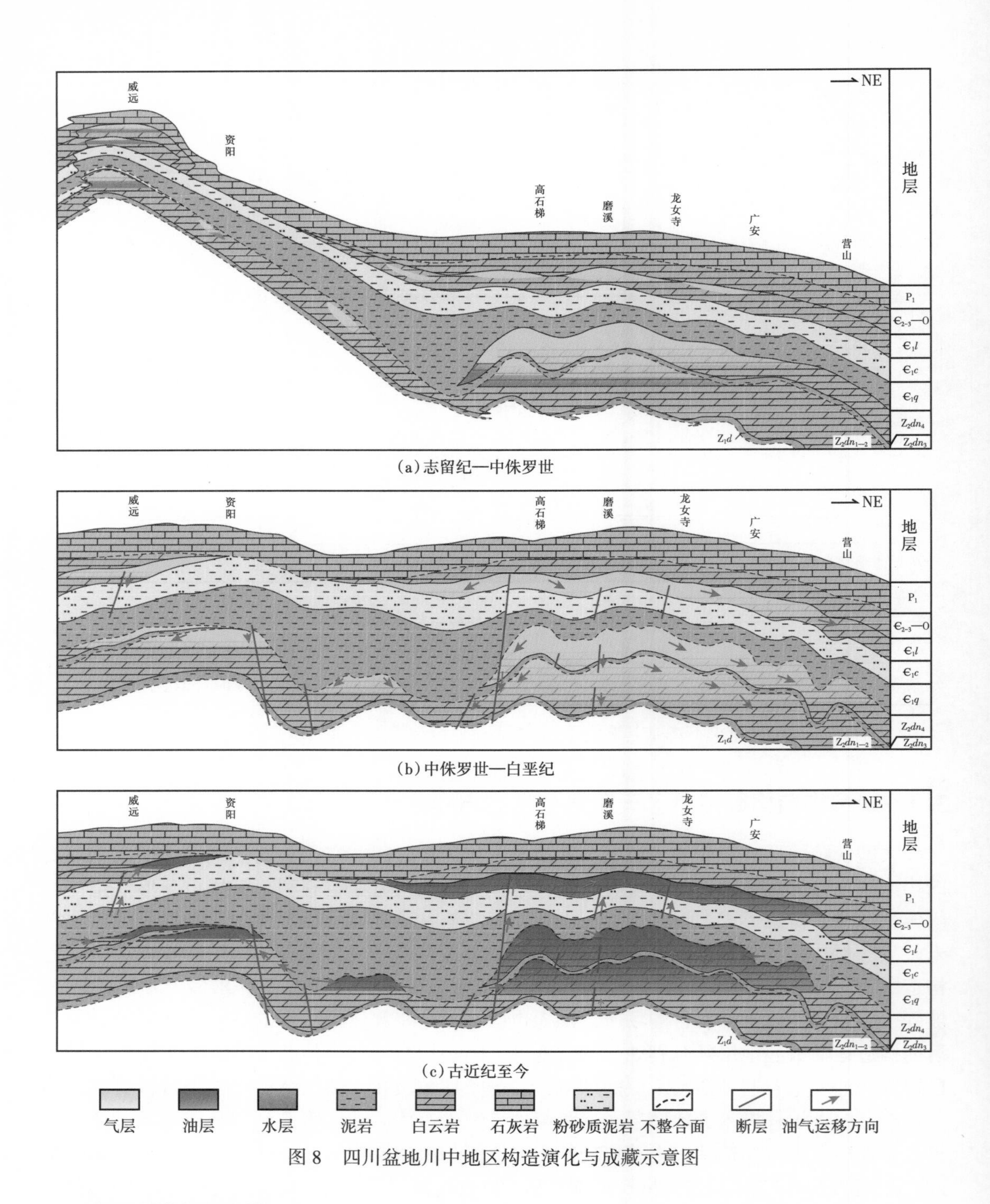

图 8　四川盆地川中地区构造演化与成藏示意图

4　有利勘探区带

区带评价的主要内容是在盆地评价的基础上，对有利油气聚集的构造带和非构造区带进行石油地质综合研究。主要研究生储盖组合的空间展布和类型、含油气区带的划分与评价、圈闭的发育与构成、圈闭的有效性等，其目的是优选勘探方向、确定主攻区带、锁定预探目标，是油气勘探的重要研究内容[42]。

本文以上述不同类型大气田成藏主控因素分析为基础，对不同领域内区带地质评价参数体系与取值标准进行了标定，以此科学地得出未来不同领域内主攻勘探区带。

4.1 海相碳酸盐岩领域重点围绕烃源灶面向深层，同时积极探索构造稳定区

我国沉积岩分布占所有岩石总面积的75%，而碳酸盐岩覆盖面积占沉积岩的55%。我国南方的震旦系、古生界及三叠系，以及北方的元古宇及古生界，均以碳酸盐岩为主，分布比较广泛。近年来我国的天然气勘探在碳酸盐岩领域取得了多项重大发现，充分说明了碳酸盐岩的油气勘探前景[43-44]。按照油气充注条件、储层条件、保存条件、构造背景等地质要素，对三大克拉通盆地重点区带进行了评价（表3）。

4.1.1 德阳—安岳古裂陷北侧台缘带

德阳—安岳古裂陷北侧台缘带南北长约200km，东西宽60km，面积约为3500km^2。台缘带紧邻裂陷槽，气源充足，储层厚度大，勘探目的层多，储层以藻叠层云岩、藻凝块云岩、藻砂屑云岩为主，溶孔、溶洞发育，储层孔隙度为2%~10%，平均为4.8%，以裂缝—孔洞型储层为主。从构造角度分析，该台缘带处于稳定缓坡背景，断裂不发育，局部发育低幅度背斜构造。从保存条件看，盖层为膏泥岩，封盖好，断裂断距小，变形弱，保存条件较好，侧向以岩性变化对接，具备封堵条件。北侧台缘带为古构造高部位，有利于油气早期聚集，是规模资源发现的战略区带。已落实众多不同类型的圈闭，灯影组台缘带发育构造—地层（岩性）圈闭，成藏条件好；龙王庙组发育4个大型滩体，复合圈闭面积为3200km^2，资源量为10550×10^{8}m^3；洗象池组滩体发育，可立体勘探。

表3 海相碳酸盐岩领域有利区带评价优选表

盆地	领域	评价因子（要素）										资源量（10^{8}m^3）	探明率（%）	评价结果
		油气充注条件			储层条件			保存条件			构造背景			
		烃源岩质量	烃源岩厚度（m）	源储关系	沉积相带	后期溶蚀	储层特征	盖层条件	侧向封堵	晚期活动				
	德阳—安岳古裂陷北侧台缘带	好—极好	150~450	邻源—源内	台缘带	溶蚀带发育	厚度为50~190m；孔隙度为2%~10%，平均为4.8%；灯影组、龙王庙组、沧浪浦组等多层兼探	高效盖层	相变或断裂对接	活动较弱，发育数条走滑断裂	缓坡背景，局部发育低幅度背斜			主攻
四川	德阳—安岳古裂陷槽内	好—极好	250~350	邻源—源内	古残丘、颗粒滩	溶蚀带较发育	厚度为30~70m；孔隙度为2%~5.6%，平均为4.7%；灯影组、龙王庙组、沧浪浦组等多层兼探	高效盖层	相变或断裂对接	活动较弱，发育数条走滑断裂	缓坡背景，局部发育低幅度背斜，盖层厚度巨大	35221	26.6	主攻
	古隆起台洼斜坡带	好—极好	100~200	邻源—源内	颗粒滩、台内丘滩	溶蚀带较发育	厚度为20~60m；孔隙度为3%~5.6%，平均为4.7%；灯影组、龙王庙组、沧浪浦组等多层兼探	高效盖层	相变或断裂对接	活动较弱，发育数条走滑断裂	斜坡背景，局部发育低幅度背斜			扩大

续表

盆地	领域	评价因子（要素）										资源量（10^8m^3）	探明率（%）	评价结果
		油气充注条件			储层条件			保存条件			构造背景			
		烃源岩质量	烃源岩厚度（m）	源储关系	沉积相带	后期溶蚀	储层特征	盖层条件	侧向封堵	晚期活动				
塔里木	塔北隆起及周缘	极好	20~50	源上、源下	台缘带、台内丘滩	溶蚀欠发育	轮探1井储层厚度为39m，孔隙度为3%~5%；奇格布拉克组、吾松格尔组、沙依里克组等多层兼探	有效盖层	相变或断裂对接	构造抬升中等，发育数条断裂	斜坡背景上的低幅度背斜或鼻隆构造	25098	8.1	主攻
	塔中隆起	极好	0~20	源上、源下	台内丘滩、颗粒滩	溶蚀欠发育	厚度为20~40m，中深1C井日产气$15.8\times10^4m^3$	有效盖层	相变或断裂对接	构造抬升较强，发育数条断裂	斜坡背景上的低幅度背斜或鼻隆构造	17320	20.9	主攻
	巴楚隆起	极好	0	远源输导	台内滩	溶蚀较发育	厚度为20~60m；孔隙度为4.3%~9.7%；肖尔布拉克组为主要目的层	高效盖层	岩性变化	晚期抬升，断裂发育	背斜或鼻隆构造为主	3273	19.0	探索
鄂尔多斯	东部奥陶系	好		远源输导	台内丘滩、颗粒滩	溶蚀较发育	厚度为20~60m；孔隙度为5.2%~10%；奥陶系盐下为主要目的层	高效盖层	岩性变化	晚期抬升，断裂发育	低幅度背斜或鼻隆构造为主	23636	29.1	探索
	南部寒武系	一般		远源输导	台内丘滩、颗粒滩	溶蚀较发育	厚度为10~30m；孔隙度为3.2%~20%；上寒武统为主要目的层	高效盖层	岩性变化	晚期抬升，断裂发育	背斜或断块为主	—	—	探索

4.1.2 德阳—安岳古裂陷槽内

德阳—安岳古裂陷槽南北延伸逾600km，东西宽20~100km，面积约为5000km^2。裂陷槽内烃源岩厚度为250~350m，是邻区2~3倍，生气强度大于$60\times10^8m^3/km^2$，是邻区1~2倍，是四川盆地资源丰度最高的地区。除发育灯二段台缘带储层外，还发育“颗粒滩相+同生期溶蚀”控制的寒武系龙王庙组储层，龙王庙组白云岩储层以孔洞型储层为主，颗粒滩相白云岩最有利。颗粒云岩、残余颗粒云岩和细—中晶云岩孔隙度为2%~5.6%，平均为4.7%，水平渗透率平均为4.75mD。构造背景为稳定缓坡，发育局部低幅度背斜圈闭，利于油气聚集。该区断裂断距小，变形弱，盖层巨厚，保存条件很好，成藏的关键是侧向封堵条件。蓬探1井已获突破[45]，说明该区具备良好的勘探前景，已落实众多不同类型的圈闭，裂陷槽内初步刻画灯四段滩体 12 个，面积为 944km^2，其中德胜滩体群面积为 82km^2，付家庙滩体面积为 388km^2。

4.1.3 塔北隆起及周缘

塔北隆起位于塔里木盆地北部，总体近东西走向，略呈北东东向展布，东西长约 480km，南北宽 70~100km，由东向西倾没。塔北隆起是海相、陆相油气长期运聚的有利指向区，该区储层类型和油气藏类型丰富，目前已发现 11 套含油气组合，是塔里木盆地探明地质储量和石油产量最多的一级构造单元。

勘探实践和研究证实，塔北隆起是一个多油源、多油气藏类型、受多因素控制的复式油气富集带，既富油又富气[46]。最近钻探的轮探 1 井中寒武统吾松格尔组获工业油气流，寒武系盐下获得重大突破，又证实了塔北隆起南翼是寒武系盐下原生油气藏勘探最有利区[47]。吾松格尔组、沙依里克组在轮南大背斜区自西向东存在泥坪、云滩、台缘带及斜坡—深海带，呈南北向条带状展布，可形成白云岩丘滩相岩性油气藏。塔北隆起构造背景好、规模大，奥陶系油藏富集，与下伏地层存在互补共生，预示着寒武系盐下具有较大的勘探潜力。

4.2 优质成藏组合、圈闭形态好、地震资料品质较好地区是前陆冲断带领域下一步主攻方向

前陆盆地的冲断带蕴藏丰富的油气资源，纵观我国前陆冲断带 70 余年的勘探历史，可以看出：(1) 大规模的油气发现是在有了数字地震以后，可以对地下构造进行成像，找准地下构造的具体位置，可见圈闭落实是一个十分重要的环节。(2) 虽然历经多年多轮次的大规模集中勘探，但是目前寻找到的储量主要还是位于大中型构造圈闭内。所以，前陆冲断带的区带评价优选，以保存条件及构造圈闭落实为重点，本文按照油气充注条件、储层条件、保存条件、构造背景与资料品质等地质勘探要素，对塔里木盆地、准噶尔盆地、四川盆地、柴达木盆地的前陆冲断带进行评价（表 4）。

表 4 前陆冲断带领域有利区带评价优选表

盆地	领域	评价因子（要素）										资源量（10^8m^3）	探明率（%）	评价结果
		油气充注条件			储层条件			保存条件			构造背景与资料品质			
		烃源岩质量	烃源岩厚度（m）	源储关系	储层厚度（m）	储层孔隙度	多层兼探	盖层条件	侧向封堵	晚期活动				
塔里木	克拉苏—秋里塔格构造带	极好	480~1040	源上—源内	240~400	8%~14%	白垩系、侏罗系	高效	岩性变化	活动强烈，断层发育	背斜或断背斜，资料品质较差	39032	18.6	主攻
	库车北部构造带	极好	400~800	源内	25~330	4%~12%	侏罗系、三叠系	有效	岩性变化	活动较强烈	背斜或鼻隆，资料品质较好	5136	7.8	扩大
	塔西南山前构造带	好—极好	50~500	源上	20~300	5%~12%	石炭系—二叠系、白垩系、古近系	有效	岩性变化	活动强烈，断层发育	背斜或断背斜，资料品质差	45887	11.1	探索

续表

盆地	领域	评价因子（要素）										资源量（10^8m^3）	探明率（%）	评价结果
		油气充注条件			储层条件			保存条件			构造背景与资料品质			
		烃源岩质量	烃源岩厚度（m）	源储关系	储层厚度（m）	储层孔隙度	多层兼探	盖层条件	侧向封堵	晚期活动				
准噶尔	准南山前冲断带	好—极好	300~2000	源上—源内	50~150	5%~12%	新近系、古近系、白垩系、侏罗系	高效	岩性变化	活动强烈，断层发育	背斜或断背斜，资料品质较好	9827	3.5	主攻
四川	川西北前陆构造带	好—极好	200~500	下生上储	30~100	2%~25%，平均为7.3%	二叠系、三叠系	有效	岩性变化	活动强烈，断层发育	背斜或断背斜，资料品质较差	21876	14.2	主攻
柴达木	阿尔金山前冲断带	好	20~300	下生上储	20~80	8%~15%	古近系、侏罗系	有效	岩性与断裂	活动较强烈，断裂发育	背斜、鼻隆、断块，资料品质优	32053	11.2	主攻

4.2.1 塔里木盆地库车地区

库车地区3个万亿立方米大气田区已初具雏形，克拉—克深构造区已建成万亿立方米大气田区，博孜—大北构造区具备形成万亿立方米大气田基础，中秋构造区万亿立方米大气田初见端倪。库车地区有利勘探区带目前主要有3个：克拉苏—秋里塔格构造带、库车北部构造带和塔西南山前构造带。库车前陆区内发育三叠系、侏罗系两套煤系烃源岩，烃源岩厚度大、分布广、有机质丰度高，现今成熟度普遍较高，以生气为主，生烃强度大（$>200\times10^8m^3/km^2$），高效气源灶为大气田形成提供了物质基础。勘探类型多样，克拉苏构造带的博孜—大北构造区带背斜、断背斜圈闭面积大、幅度高，以寻找构造圈闭为主。库车北部构造带优质烃源岩厚度大，可以在大型缓坡区寻找构造油气藏、构造—岩性油气藏。秋里塔格构造带构造圈闭、盐下构造圈闭发育，但构造幅度低，地震识别难度大，有利勘探目标取决于构造圈闭的精细刻画和落实程度[48]。

4.2.2 准南山前冲断带

准噶尔南缘山前冲断带面积为$2.3\times10^4km^2$，资源量为$9827\times10^8m^3$，剩余资源量为$9454\times10^8m^3$，发育上、中、下3套成藏组合[49]。中—上组合是指白垩系—新近系成藏组合，发现3个油气田、2个气田，探明石油地质储量5574×10^4t（探明率13.31%）、天然气地质储量$346\times10^8m^3$（探明率3.5%）；下组合指侏罗系自生自储组合，勘探程度低，是下一步勘探的重要领域。

下组合发育齐古、呼图壁、玛河3排构造带，第二排构造中东段圈闭与烃源灶时空匹配最好。第一排、第二排构造形成时间早，与生气高峰匹配好，第三排构造形成晚于生气高峰；第一排构造破坏较严重，第二排构造保存较好，第三排构造保存好但与生气高峰匹配不佳。侏罗系煤系烃源岩深埋，6000~8000m达到高演化，其生气中心位于中东段，资源集中在下组合，南缘中东段资源量为$9738\times10^8m^3$，占比达99%，其中下组合资源量为$7608\times10^8m^3$，相对集中，占比为78%。基于高成熟烃源灶与圈闭匹配，优选前陆冲断带第二排构造和前渊斜坡地层—岩性两大风险勘探方向。前陆冲断带第二排构造下组合发育 8 个背斜圈闭，面积为 918.5km^2，圈闭资源量为 4861×10^8m^3；前渊斜坡区地层—岩性领域预测多层系岩性圈闭 16 个，面积为 1563km^2，圈闭资源量为 4000×10^8m^3[50]。

4.3 油气源充足、储层物性相对较好区带是致密砂岩领域下一步主攻方向

4.3.1 鄂尔多斯盆地煤系气

煤系气，是指煤系地层中煤、碳质泥页岩和暗色泥页岩生成的天然气，包括在煤、碳质泥页岩和暗色泥页岩等煤系烃源岩中滞留的煤层气、页岩气，以及从煤系烃源岩中运移出来的在煤系地层中或其外聚集形成的天然气。鄂尔多斯盆地煤系气资源丰富，资源量约为 20×$10^{12}m^3$[51-52]。其中，盆地二叠系山西组山 2 段泥岩厚度大、煤层生烃潜力大，是煤系气勘探的有利层系。盆地东部山 2 段煤系气埋深在 1500~2500m 之间的分布面积约为 1.7×10^4km^2，石楼、榆林—子洲—清涧、延长一带煤层厚度大，位于生烃中心，含气量好，是下一步有利的勘探方向（表 5）。

表 5 致密砂岩领域有利区带评价优选表

盆地	领域	评价因子（要素）									含气饱和度（%）	资源量（10^8m^3）	评价结果
		油气充注条件			储层条件			保存条件					
		烃源岩质量	烃源岩厚度（m）	源储关系	储层厚度（m）	储层孔隙度（%）	裂缝发育程度	盖层条件	侧向封堵	晚期活动			
塔里木	库车北部	好	300~800	叠置	250~420	6~10	构造转折部位裂缝发育	好	断层砂泥对接	剧烈	50~65	5136	主攻
鄂尔多斯	上古生界	极好	30~100	叠置	200~800	4~10	裂缝整体发育一般	好	岩性变化	腹部无大型构造运动	40~80	133180	主攻
四川	须家河组	好	50~800	自生自储	20~80	4~12	断裂带附近裂缝发育	高效	岩性变化	活动一般，裂缝发育	45~70	315678	扩大
柴达木	柴西	好—极好	100~500	源内—源上	20~200	4~18	层理缝发育	有效	岩性变化	活动强烈，断层发育	40~50	8000	探索
松辽	沙河子组	好—极好	200~1200	源内	20~500	2~13	构造缝发育一般	有效	岩性与断裂	活动较强烈	45~64	22482	主攻
吐哈	侏罗系	好	50~200	下生上储	20~90	5~10	构造缝发育一般	有效	岩性与构造	断裂相对不发育	40~70	5088	探索

4.3.2 松辽盆地深层致密砂岩气

松辽盆地长岭断陷长深 40 井的突破，预示着断陷深层天然气巨大的勘探潜力，目前松辽盆地发育 30 余个富烃断陷，天然气资源量约为 4.2×$10^{12}m^3$，目前仅探明 0.35×$10^{12}m^3$，剩余资源量为 3.85×$10^{12}m^3$，潜力巨大，前期主要集中于环洼勘探，洼槽主体的勘探潜力

还未挖潜，下洼勘探将成为松辽盆地深层天然气勘探的重要突破方向。徐家围子、德惠、长岭等面积大、烃源岩发育的断陷是下一步重点的勘探方向。

4.4 富油气凹陷周缘是基岩—火山岩领域重点勘探方向

火山岩气藏勘探开发始于20世纪70年代，2000年以来进展较快，2002年徐深1井获突破，2006年长深1井、滴西10井、滴西14井、滴西17井、滴西18井获突破，2018年永探1井获突破。我国基岩油气藏勘探始于20世纪50年代的酒泉盆地，2013年柴达木盆地发现了我国陆上最大的基岩气田——东坪气田。几乎所有的含油气盆地均存在基岩油气藏。基岩—火山岩气藏成藏受控因素多，因而其分布虽然广泛，但储层非均质性极强。通过对主要含油气盆地基岩—火山岩领域的梳理，认为四川盆地、柴达木盆地、松辽盆地是下一步主攻方向（表6）。

4.4.1 四川盆地二叠系火山岩

四川盆地成都—简阳地区永探1井区处于斜坡带，上倾方向被溢流相火山岩所遮蔽，同时还有上覆的龙潭组泥岩、下三叠统区域膏岩作为盖层，进而形成大型构造—岩性气藏。永探1井火山岩天然气为腐泥型，干燥系数较高，为典型干气。永探1井火山岩气藏和磨溪龙王庙组气藏天然气碳同位素特征十分接近，认为其母源均来自有机质成熟度高的筇竹寺组页岩。成都—简阳地区具有优质储层，烃源丰富、保存条件佳、油气成藏条件匹配关系较好，是火成岩天然气有利勘探区[53]。整个四川盆地火成岩面积为25300km²，其中，储层条件最为优越的爆发—溢流相火山角砾岩与玄武岩，储层较发育，面积为15580km²，中江—三台地区火山岩分布面积超4000km²，与简阳地区具有相似的成藏条件，是下一步勘探集中突破的有利区。

表6 基岩—火山岩领域有利区带评价优选表

盆地	领域	评价因子（要素）								评价结果
		油气充注条件			储层条件		保存条件			
		资源及规模	圈闭类型	源储关系	孔洞及构造裂缝	岩性岩相	盖层条件	侧向封堵	晚期活动	
四川	成都—简阳、中江—三台	大型裂陷槽、油气源充足	岩性—构造	下源上储、深大断裂沟通	气孔、粒间孔隙发育，少量构造裂缝	以玄武岩和火山角砾岩为主，储层物性好	盖层为龙潭组泥岩，封存条件好	好	构造活动相对稳定	主攻
柴达木	阿尔金山前	大中型湖盆、油气源充足但分布不均	构造圈闭为主	旁生侧储、深大断裂沟通	基质微孔发育，平均孔隙度达12%	新元古代—早古生代花岗岩为主，普遍经历浅变质作用	古近系膏岩、泥岩为主	随机封堵	构造活动强烈、具一定破坏性	主攻
准噶尔	滴水泉、阜康		岩性—构造	源内为主，部分为源侧	基质微孔及裂缝发育	岩相以裂隙—中心式喷发相为主，岩性以安山岩、玄武岩、火山岩、角砾岩为主	致密火山岩和二叠系泥岩	侧向致密带封堵	构造活动强烈、具一定破坏性	扩大

续表

盆地	领域	评价因子（要素）								评价结果
		油气充注条件			储层条件		保存条件			
		资源及规模	圈闭类型	源储关系	孔洞及构造裂缝	岩性岩相	盖层条件	侧向封堵	晚期活动	
二连	洪浩尔舒特、赛汉塔拉、阿南等富烃凹陷	中小型断陷湖盆、资源规模中等	构造圈闭为主	源内为主，部分为源侧	粒间孔隙、构造裂缝发育	阿南凹陷小阿北安山岩油藏储层非均质性强，孔隙度为3%~20%	盖层为大套暗色泥岩，封存条件好	较好	构造活动较弱，利于保存	探索
松辽	中央隆起带、徐家围子等	大中型断陷，油气源充足	构造圈闭为主	旁生侧储、深大断裂沟通	基质微孔及裂缝发育	岩相以中心式喷发溢流相为主，岩性以流纹岩、安山岩、火山角砾岩为主	盖层为大套暗色泥岩，封存条件好	好	构造活动较弱，利于保存	主攻

4.4.2 松辽盆地中央隆起带

从20世纪60年代开始，就开展了对松辽盆地中央隆起带基岩潜山领域的探索，重点针对肇州凸起、汪家屯凸起及昌德凸起，其中隆探2井获$2.43\times10^4m^3/d$工业气流，隆平1井获$11.5\times10^4m^3/d$工业气流，中央隆起带基岩潜山勘探获重大突破。结合已经发现的气藏来看，中央隆起带的基岩潜山构造为先期构造，有利于天然气的聚集。同时隆起带位于两大生烃凹陷中间，沙河子组暗色泥岩TOC为0.53%~14.63%，平均为1.38%，生烃潜量为0.52~4.08mg/g，达到中等—好烃源岩标准，气源充足。古风化剥蚀作用控制着中央隆起带储集体的分布，也控制着天然气聚集。“基底花岗岩”和“花岗岩+糜棱岩”较发育，并且也较易被风化，可能是形成风化壳的有利区带，斜坡区是最有利的储集体发育区。综合以上关键成藏要素分析，中央隆起带有利勘探区带是：北部的卫星凸起和汪家屯凸起、中部的昌德凸起、南部的肇州西凸起等构造。

5 结论

（1）中国陆上常规天然气大气田主要分布于鄂尔多斯盆地、塔里木盆地及四川盆地，结合气藏的资源规模及勘探潜力、主要赋存空间及关键成藏要素，目前陆上大气田可分为海相碳酸盐岩、前陆冲断带、致密砂岩及基岩—火山岩4种类型。其中，海相碳酸盐岩、致密砂岩、前陆冲断带为现今及未来规模探明天然气地质储量的主体领域。

（2）不同类型大气田成藏主控因素存在差异，海相碳酸盐岩大气田主要分布于生烃凹陷周缘，优质规模储层发育及有利的圈闭背景是其成藏关键因素；前陆冲断带大气田主要受控于良好的生储盖组合、规模展布的圈闭及优质的保存条件；致密砂岩气田主要富集于稳定宽缓背景下的优质储集体内，广覆式优质烃源岩是其重要的成藏基础；基岩—火山岩大气田成藏则受控于优质烃源岩、优质储层及优质输导体系的分布。虽然成藏主控因素各异，但天然气的富集主要受烃源岩质量及演化过程、储层发育规模及质量、盖层分布及演化、保存条件控制。

（3）根据不同领域天然气成藏主控因素，建立了不同领域区带评价体系，同时指明未来天然气勘探方向及主要区带，即海相碳酸盐岩：四川盆地德阳—安岳古裂陷内及北侧台缘带、塔里木盆地塔北隆起及其周缘；前陆冲断带：塔里木盆地库车地区及准噶尔盆地准南地区；致密砂岩：鄂尔多斯盆地上古生界煤系气、松辽盆地深层；基岩—火山岩：四川盆地二叠系火山岩及松辽盆地中央隆起带。

参考文献

[1] 魏国齐，李君，佘源琦，等. 中国大型气田的分布规律及下一步勘探方向［J］. 天然气工业，2018，38（4）：12-25.

[2] 李剑，佘源琦，高阳，等. 中国陆上深层—超深层天然气勘探领域及潜力［J］. 中国石油勘探，2019，24（4）：403-417.

[3] 佘源琦，高阳，杨桂茹，等. 新时期我国天然气勘探形势及战略思考［J］. 天然气地球科学，2019，30（5）：751-760.

[4] 李鹭光. 中国天然气工业发展回顾与前景展望［J］. 天然气工业，2021，41（8）：1-11.

[5] 朱如凯，崔景伟，毛治国，等. 地层油气藏主要勘探进展及未来重点领域［J］. 岩性油气藏，2021，33（1）：12-24.

[6] 何登发，李德生，童晓光，等. 中国沉积盆地油气立体综合勘探论［J］. 石油与天然气地质，2021，42（2）：265-284.

[7] 赵文智，沈安江，胡安平，等. 塔里木、四川和鄂尔多斯盆地海相碳酸盐岩规模储层发育地质背景初探［J］. 岩石学报，2015，31（11）：3495-3508.

[8] 赵文智，沈安江，郑剑锋，等. 塔里木、四川及鄂尔多斯盆地白云岩储层孔隙成因探讨及对储层预测的指导意义［J］. 中国科学：地球科学，2014，44（9）：1925-1939.

[9] 谢增业，李剑，杨春龙，等. 川中古隆起震旦系—寒武系天然气地球化学特征与太和气区的勘探潜力［J］. 天然气工业，2021，41（7）：1-14.

[10] 谢增业，魏国齐，李剑，等. 中国海相碳酸盐岩大气田成藏特征与模式［J］. 石油学报，2013，34（增刊1）：29-40.

[11] 杨威，谢武仁，魏国齐，等. 四川盆地寒武纪—奥陶纪层序岩相古地理、有利储层展布与勘探区带［J］. 石油学报，2012，33（增刊2）：21-34.

[12] 魏国齐，杨威，杜金虎，等. 四川盆地高石梯—磨溪古隆起构造特征及对特大型气田形成的控制作用［J］. 石油勘探与开发，2015，42（3）：257-265.

[13] 贾承造，张永峰，赵霞. 中国天然气工业发展前景与挑战［J］. 天然气工业，2014，34（2）：8-18.

[14] 魏国齐，王志宏，李剑，等. 四川盆地震旦系、寒武系烃源岩特征、资源潜力与勘探方向［J］. 天然气地球科学，2017，28（1）：1-13.

[15] 杨跃明，文龙，罗冰，等. 四川盆地达州—开江古隆起沉积构造演化及油气成藏条件分析［J］. 天然气工业，2016，36（8）：1-10.

[16] 付金华，董国栋，周新平，等. 鄂尔多斯盆地油气地质研究进展与勘探技术［J］. 中国石油勘探，2021，26（3）：19-40.

[17] 白雪峰，梁江平，张文婧，等. 松辽盆地北部深层天然气地质条件、资源潜力及勘探方向［J］. 天然气地球科学，2018，29（10）：1443-1454.

[18] 王小军，宋永，郑孟林，等. 准噶尔盆地复合含油气系统与复式聚集成藏［J］. 中国石油勘探，2021，26（4）：29-43.

[19] 罗冰，夏茂龙，汪华，等. 四川盆地西部二叠系火山岩气藏成藏条件分析［J］. 天然气工业，

2019，39（2）：9-16.
［20］杨威，魏国齐，谢武仁，等. 四川盆地下寒武统龙王庙组沉积模式新认识［J］. 天然气工业，2018，38（7）：8-15.
［21］魏国齐，杨威，杜金虎，等. 四川盆地震旦纪早寒武世克拉通内裂陷地质特征［J］. 天然气工业，2015，35（1）：24-35.
［22］周慧，李伟，张宝民，等. 四川盆地震旦纪末期—寒武纪早期台盆的形成与演化［J］. 石油学报，2015，36（3）：310-323.
［23］Xiao D，Cao J，Luo B，et al. Neoproterozoic postglacial paleoenvironment and hydrocarbon potential：a review and new insights from the Doushantuo Formation Sichuan Basin，China［J］. Earth Science Reviews，2021，212：103-453.
［24］杨跃明，杨雨，杨光，等. 安岳气田震旦系、寒武系气藏成藏条件及勘探开发关键技术［J］. 石油学报，2019，40（4）：493-508.
［25］徐春春，沈平，杨跃明，等. 四川盆地川中古隆起震旦系—下古生界天然气勘探新认识及勘探潜力［J］. 天然气工业，2020，40（7）：1-9.
［26］魏国齐，杜金虎，徐春春，等. 四川盆地高石梯—磨溪地区震旦系—寒武系大型气藏特征与聚集模式［J］. 石油学报，2015，36（1）：1-12.
［27］王招明，李勇，谢会文，等. 库车前陆盆地超深层大油气田形成的地质认识［J］. 中国石油勘探，2016，21（1）：37-43.
［28］赵孟军，鲁雪松，卓勤功，等. 库车前陆盆地油气成藏特征与分布规律［J］. 石油学报，2015，36（4）：395-404.
［29］易士威，李明鹏，范土芝，等. 塔里木盆地库车坳陷克拉苏和东秋断层上盘勘探突破方向［J］. 石油与天然气地质，2021，42（2）：309-324.
［30］孙海涛，钟大康，李勇，等. 超深低孔特低渗砂岩储层的孔隙成因及控制因素：以库车坳陷克深地区巴什基奇克组为例［J］. 吉林大学学报（地球科学版），2018，48（3）：693-704.
［31］王珂，杨海军，张惠良，等. 超深层致密砂岩储层构造裂缝特征与有效性：以塔里木盆地库车坳陷克深 8 气藏为例［J］. 石油与天然气地质，2018，39（4）：719-729.
［32］李萌，汤良杰，杨勇，等. 塔里木盆地主要山前带差异构造变形及对油气成藏的控制［J］. 地质与勘探，2015，51（4）：776-788.
［33］吴海，赵孟军，卓勤功，等. 膏盐岩对地层温度及烃源岩热演化的影响定量分析：以塔里木库车前陆盆地为例［J］. 石油勘探与开发，2016，43（4）：550-558.
［34］谢增业，杨春龙，李剑，等. 四川盆地致密砂岩天然气成藏特征及规模富集机制：以川中地区上三叠统须家河组气藏为例［J］. 天然气地球科学，2021，32（8）：1201-1211.
［35］康玉柱. 中国致密岩油气资源潜力及勘探方向［J］. 天然气工业，2016，36（10）：10-18.
［36］谢增业，杨春龙，李剑，等. 致密砂岩气藏充注模拟实验及气藏特征：以川中地区上三叠统须家河组砂岩气藏为例［J］. 天然气工业，2020，40（11）：31-40.
［37］李剑，马卫，王义凤，等. 腐泥型烃源岩生排烃模拟实验与全过程生烃演化模式［J］. 石油勘探与开发，2018，45（3）：445-454.
［38］田继先，李剑，曾旭，等. 柴达木盆地东坪地区原油裂解气的发现及成藏模式［J］. 石油学报，2020，41（2）：154-162，225.
［39］张璐，国建英，林潼，等. 碳酸盐岩盖层突破压力的影响因素分析［J］. 石油实验地质，2021，43（3）：461-467.
［40］付广，王彪，史集建. 盖层封盖油气能力综合定量评价方法及应用［J］. 浙江大学学报（工学版），2014，48（1）：174-180.
［41］何登发，马永生，蔡勋育，等. 中国西部海相盆地地质结构控制油气分布的比较研究［J］. 岩石学

报，2017，33（4）：1037-1057.
[42] 刘超英，闫相宾，高山林，等. 油气预探区带评价优选方法及其应用［J］. 石油与天然气地质，2015，36（2）：314-318，329.
[43] 杨雨，文龙，谢继容，等. 四川盆地海相碳酸盐岩天然气勘探进展与方向［J］. 中国石油勘探，2020，25（3）：44-55.
[44] 李阳，康志江，薛兆杰，等. 碳酸盐岩深层油气开发技术助推我国石油工业快速发展［J］. 石油科技论坛，2021，40（3）：33-42.
[45] 赵路子，汪泽成，杨雨，等. 四川盆地蓬探1井灯影组灯二段油气勘探重大发现及意义［J］. 中国石油勘探，2020，25（3）：1-12.
[46] 田军. 塔里木盆地油气勘探成果与勘探方向［J］. 新疆石油地质，2019，40（1）：1-11.
[47] 杨海军，陈永权，田军，等. 塔里木盆地轮探1井超深层油气勘探重大发现与意义［J］. 中国石油勘探，2020，25（2）：62-72.
[48] 杜金虎，田军，李国欣，等. 库车坳陷秋里塔格构造带的战略突破与前景展望［J］. 中国石油勘探，2019，24（1）：16-22.
[49] 蔚远江，杨涛，郭彬程，等. 中国前陆冲断带油气勘探、理论与技术主要进展和展望［J］. 地质学报，2019，93（3）：545-564.
[50] 王彦君. 准噶尔盆地多期构造控藏作用及深层油气勘探［D］. 南京：南京大学，2020.
[51] 付金华，范立勇，刘新社，等. 鄂尔多斯盆地天然气勘探新进展、前景展望和对策措施［J］. 中国石油勘探，2019，24（4）：418-430.
[52] 唐红君，黄金亮，潘松圻，等. 我国天然气探明未开发储量评价及发展对策建议［J］. 石油科技论坛，2020，39（6）：37-44.
[53] 马新华，杨雨，张健，等. 四川盆地二叠系火山碎屑岩气藏勘探重大发现及其启示［J］. 天然气工业，2019，39（2）：1-8.

本文原刊于《中国石油勘探》，2021年第26卷第6期。